图 4.5 大型强子对撞机(LHC)的 ATLAS 探测器内两个质子的碰撞

图 6.8 近乎完美的爱因斯坦环 LRG 3‑757

图 6.12　由于引力透镜，命名为 RX J1131－1231 的类星体在这里
显现为 4 个像，环左边的 3 个亮点和右边的 1 个亮点

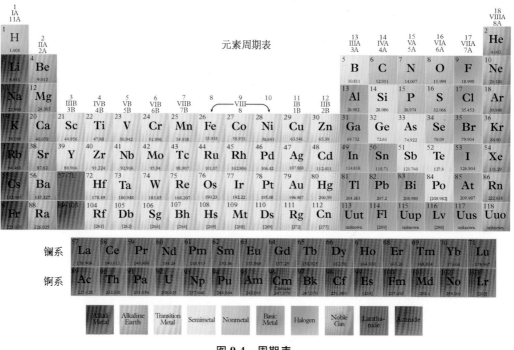

图 9.4　周期表

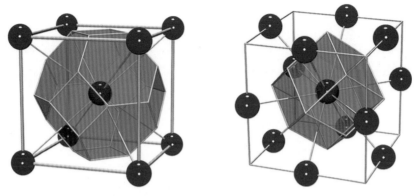

图 9.23 左：bcc 晶格中的维格纳-赛茨晶胞是一个平截的八面体；
右：fcc 晶格的维格纳-赛茨晶胞是一个菱形十二面体

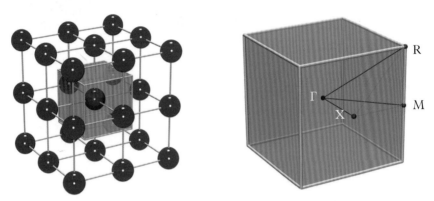

图 9.26 左：简单立方晶格的维格纳-赛茨晶胞是一个立方体；
右：维格纳-赛茨晶胞的高对称性的点用它们的常规标号表示

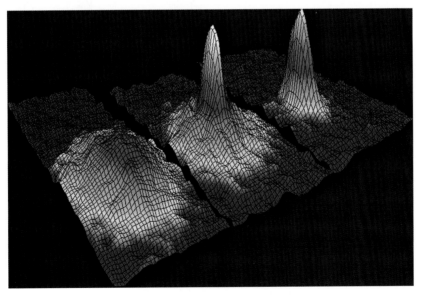

图 10.8 玻色-爱因斯坦凝聚

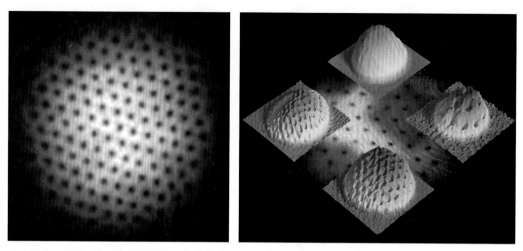

图 10.9 　左图：钠原子的旋转凝聚物中存在一种规则的涡旋点阵；右图：凝聚物暴增 20e 重数的复制品

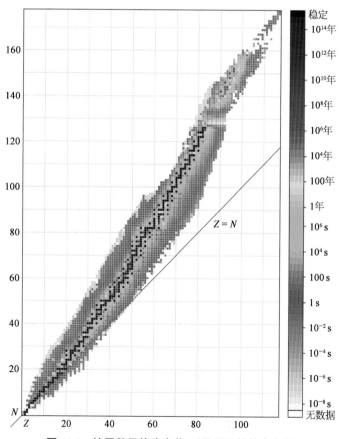

图 11.1 　核子数目的稳定谷，以及原子核的半衰期

图 11.9　在核内,强力使得轨道角动量和核子的自旋取向改变

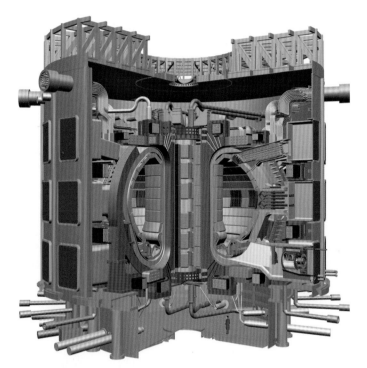

图 11.19　当前正在建造的 ITER 聚变反应堆剖面图

图 11.22　左：^{9}Be 核由两个 α 粒子加上一个中子组成；
右：^{12}C 由三个 α 粒子组成

图 11.23　左：晕核^{11}Li；右：^{208}Pb 原子核，其大小与^{11}Li 相当

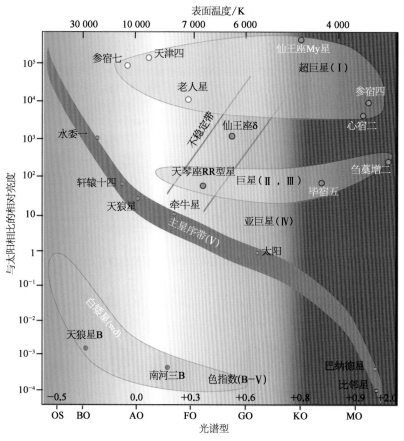

图 13.3　赫罗图

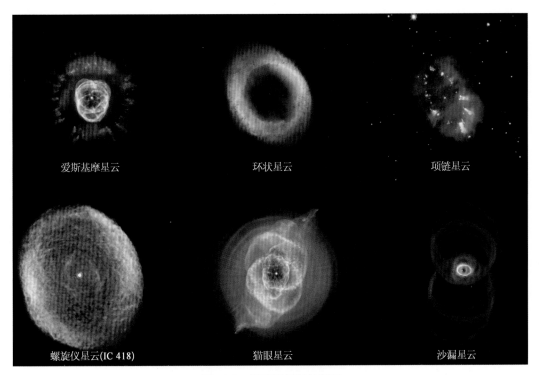

爱斯基摩星云　　　　　　　环状星云　　　　　　　项链星云

螺旋仪星云(IC 418)　　　　　猫眼星云　　　　　　　沙漏星云

图 13.8　行星状星云的例子

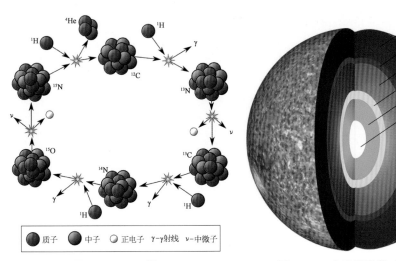

图 13.7　CNO 循环

图 13.10　在晚期阶段,巨星的核心正在聚
变碳,还可能会有一层正在聚变
的氦和一层正在聚变的氢

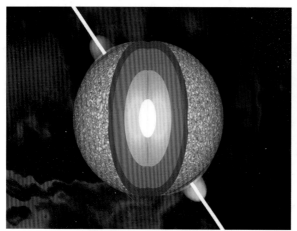

图 13.12　中子星的内部结构

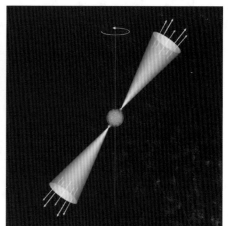

图 13.13　脉冲星是快速旋转并产生辐射的中子星

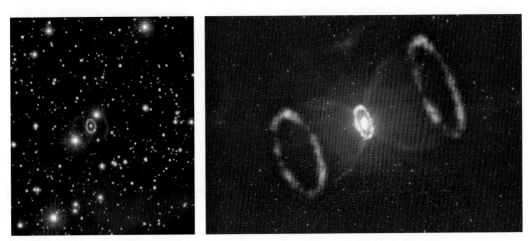

图 13.15　左：哈勃太空望远镜(HST)所见的 SN1987A 图像，可见在中央的超新星周围有三个环；
右：印象派艺术家在不同角度下的三环系统作品，展示了其 3D 结构

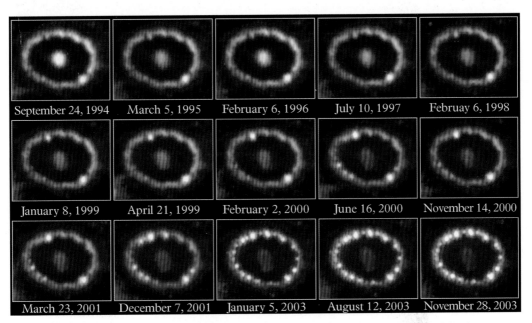

图 13.16　"SN1987A"的 HST 连续图像。爆发的冲击波追上并激发了致密的中央物质环，
这个物质环是爆发前 20 000 年由该恒星喷射出来的

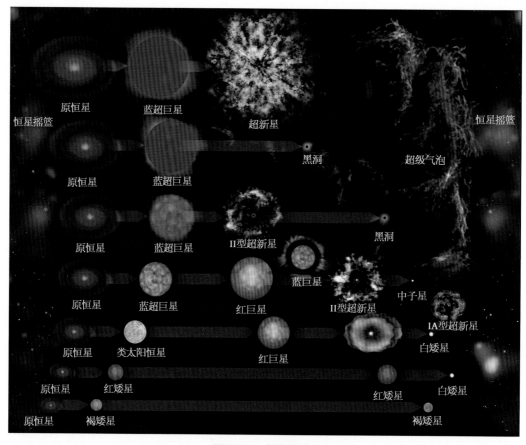

图 13.18　恒星演化

图 14.4　由 WMAP 收集的数据扣除地球相对微波背景的特殊
运动的影响后,CMB 在整个天空中的细微变化

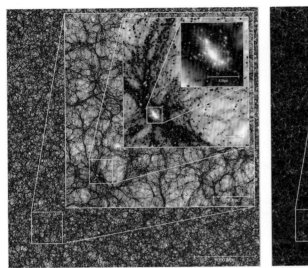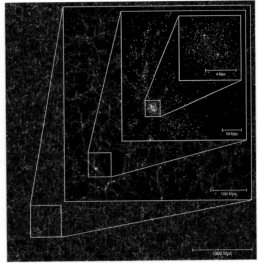

图 14.5　左图：黄金时代 XXL 模拟的当前年代质量密度场；
右图：左边的质量密度场对应的预测星系分布

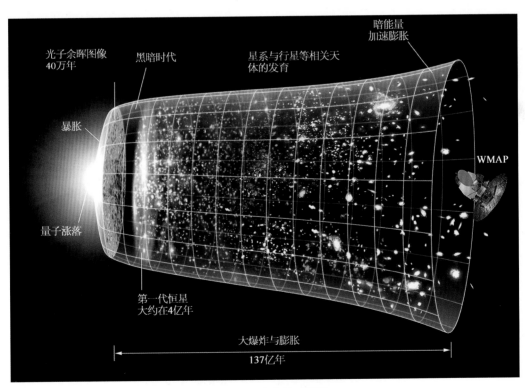

图 14.10　宇宙的时间表

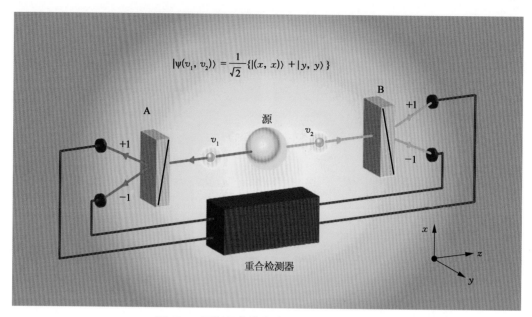

$$|\psi(v_1, v_2)\rangle = \frac{1}{\sqrt{2}}\{|(x, x)\rangle + |y, y\rangle\}$$

图 15.1　阿斯佩克特实验所用仪器的示意图

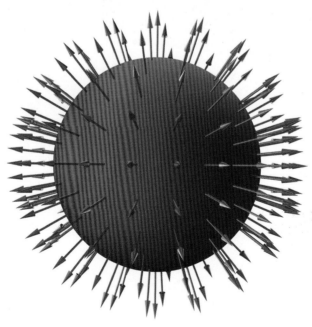

图 15.4　斯凯尔米子

后费曼物理学讲义：
基础物理的启发之旅

［英］尼古拉斯·曼顿（Nicholas Manton）
尼古拉斯·米（Nicholas Mee）　著

李新洲　翟向华　奚　萍
李　平　林瑞辉　译

上海科学技术出版社

图书在版编目（CIP）数据

后费曼物理学讲义：基础物理的启发之旅 / （英）
尼古拉斯·曼顿（Nicholas Manton），（英）尼古拉斯·
米（Nicholas Mee）著；李新洲等译. -- 上海：上海
科学技术出版社，2021.1（2024.11重印）
ISBN 978-7-5478-5091-6

Ⅰ. ①后… Ⅱ. ①尼… ②尼… ③李… Ⅲ. ①物理学
－高等学校－教材 Ⅳ. ①O4

中国版本图书馆CIP数据核字（2020）第171440号

THE PHYSICAL WORLD: AN INSPIRATIONAL TOUR OF FUNDAMENTAL PHYSICS
By Nicholas Manton and Nicholas Mee
© Nicholas Manton and Nicholas Mee 2017
THE PHYSICAL WORLD: AN INSPIRATIONAL TOUR OF FUNDAMENTAL PHYSICS
was originally published in English in 2017. This translation is published by arrangement with
Oxford University Press. Shanghai Scientific & Technical Publishers is solely responsible for this
translation from the original work and Oxford University Press shall have no liability for any
errors, omissions or inaccuracies or ambiguities in such translation or for any losses caused by
reliance thereon.

上海市版权局著作权合同登记号　图字：09-2018-525号

后费曼物理学讲义：基础物理的启发之旅

[英] 尼古拉斯·曼顿（Nicholas Manton）　尼古拉斯·米（Nicholas Mee）　著

李新洲　瞿向华　奚　萍　李　平　林瑞辉　译

上海世纪出版（集团）有限公司
上海科学技术出版社　出版、发行
（上海市闵行区号景路 159 弄 A 座 9F - 10F）
邮政编码 201101　www.sstp.cn
浙江新华印刷技术有限公司印刷
开本 787×1092　1/16　印张 32.75　插页 6
字数 656 千字
2021 年 1 月第 1 版　2024 年 11 月第 3 次印刷
ISBN 978 - 7 - 5478 - 5091 - 6/O·94
定价：148.00 元

本书如有缺页、错装或坏损等严重质量问题，请向印刷厂联系调换

译 者 序

　　我的许多朋友,尽管智力上乘,接受过最好的高等教育,在各自专业领域取得过令人敬佩的成就,但是他们的几何知识停留在2 300年前的欧几里得《几何原本》;他们对时空的认识停留在300年前的牛顿绝对空间、绝对时间;他们对物质的认识停留在100年前玻尔的原子论。当我与他们讲述起非欧几何、广义相对论或量子诠释时,他们或将我看作怪人,或将我看作圣人。究其根源,在于国内的大学物理或者普通物理教材,在数十年中虽有改进,但没有彻底革新,以至于他们谈到现代物理学时,只知道夸克、黑洞和纠缠这样一些名词,至多再加上一些从科幻小说或电影中来的不正确知识。事实上,真正的教育家懂得教学的目的,不仅是增加就业机会,还在于提升受教育者的学识、道德修养和工作能力。物理教学的目的,还在于使受教育者保持对世界的好奇心,勇于探索自然的奥秘。

　　物理科学的知识指数式地增长,面对浩瀚的知识海洋,人们未免会感到学得太慢,老得太快。如何能进入现代物理领域是一个紧迫的问题,要找到一本理想的教材并非易事。流行的费曼讲义的内容不够现代化,朗道和栗弗席茨教程又偏颇于理论。作为无垠宇宙无数个体中的一个,以一己之力去体验或了解宇宙的本源,难免会有些自不量力。循着历史轨迹,亦步亦趋,循序前进,也绝非佳法。除少数异禀者,大部分人难以进入现代物理王国,很可能成为倭仁式的腐儒,皓首穷《太上感应篇》一经。我们需要对物理教学进行改革,首先要对教材进行改革。我们需要一本既简明又全面,既重理论又涉及实验与观测,而且用全局观叙述物理的教材。《后费曼物理学讲义:基础物理的启发之旅》是这样一本理想教材的候选者,这是一本可供综合性大学、理工科大学和师范院校的通用教材。它以最小作用量原理作为主线,串联起牛顿力学到今日物理的整个物理学。它也讲述了大量的发现过程,包括当代的宇宙微波背景观测,希格斯粒子和引力波的发现。

　　《后费曼物理学讲义:基础物理的启发之旅》,石破天惊,彻底打破了传统教材体系,物理学不再被人为地割裂成一个个专题,不再满足于讲述发现史上的一颗颗珍珠,寻觅各个分支中的一块块钻石,而是将这些发现和成果镶嵌成一顶美轮美奂的物理学皇冠。作为一个整体来讲述物理学好处极多。比如,将牛顿力学的场论描述安排在电磁理论之后,那么引力场自然而然成了静电学的类比了。又比如,诸如苯环那样的分子结构也可以纳入最小作用量原理讲述,足以使科学功利主义者汗颜。再比如,宇宙基本特性之一,引力的逆平方律,尽管牛顿猜出了它,但只是作为一条经验定律,然而,本书用浅显的几何学导出了它，不得不使人感叹物理学之美，《后费曼物理学讲义：基础物理的启发之旅》安排之巧。瞎子摸象，不会得到象的整体形象。物理学本身是一个整体，整体就得用整体的方法讲述，决不能急用先学，那不可能一通百通。

在科幻影片盛极一时那些日子里，黑洞潮汐曾引起众人的关注，而不少学者不经意间对潮汐力说错了话。这与我国的传统教材有关，中学以后的任何课程不再讲述自由落体。事实上，两个自由落体不仅有向下的加速度，它们之间还存在相对加速度。《后费曼物理学讲义：基础物理的启发之旅》用一个简单的图示，就阐明了潮汐力，并用拉普拉斯方程的解做出了定量计算。学习物理是为了明白物之理，使自己变得潇洒和从容，拥有一份与他人无干，只有自己领悟的快乐。将《后费曼物理学讲义：基础物理的启发之旅》作为精读教材，会使人多一点恬静，少一点狂躁；多一点自由，少一点功利；多一点善自珍摄，少一点投机取巧。

400多年前，伽利略在帕多瓦将望远镜指向了月球，这个事件标志着近代科学的开始。科学为何发端于西方是一个见仁见智的问题。中国古代有各种各样的科学活动，如在天文学、数学、气象学、地震学和医学等领域的研究，但是中国古代社会没有为"科学而科学"的纯科学留下空间。古代中国的司天监归属礼部，司法机构称为刑部，其中端倪，不难看出一二。尽管我们无法回答下述问题：近代科学发生于西方，究竟是历史命运的顿挫，还是地缘乾坤的定数？但是，我们明确知道功利主义对现今社会十分有害，所以极力提倡用《后费曼物理学讲义：基础物理的启发之旅》作为大学本科的通才教育的教材，为了让学子心中留下一点纯科学的空间。

本书在翟向华教授、奚萍副教授和李平、林瑞辉两位博士的齐心协力下，我们在译文上花费了大量精力，想必会得到广大读者的喜爱。鉴于本书硕大的篇幅、广博的题材，又限于我们的学识，谬误之处难免，望读者指正。

曼顿和米都取名尼古拉斯，即希腊语中的胜利者。确实如此，他们已在物理教材革命中取得了一场大胜利。他们说，撰写本书是人生一大幸事；我们也说，翻译本书何尝不是人生一大乐事呢？

李新洲

己亥大暑日于上海

序

撤写本书是人生一大幸事。它使我们有机会全面思考物理学的所有主要分支,并将它们串联起来组成物理世界的整体图像。我们对这门学科进行了既简明又全面的全景考察。正像诸如理查德·费曼和吉姆·哈利利那样的许多评论家所强调的,数学自然而然成了描述我们周围大千世界的语言,要真正理解物理学,数学是必不可少的。因此,我们的描述必然是数学化的。对于支撑现代基础物理学的数学论证,我们将给出了清晰的解释,并不规避呈现关键方程以及它们的解。

对宇宙科学的全面阐述,如此强烈的渴望,这是前所未有的。我们的目的是为那些至少学过高中物理和数学的人,不仅对基础物理学提供一个易于理解,而且还是一个启迪灵感的旅程。对于刚刚离开中学的人,本书可以使他们对大学课程所覆盖的多数物理学内容有一个初步了解。本书也适合那些已经在大学里学过为科学家或工程师所开设的数学课,并有意愿了解基础物理学,直至当前研究前沿的人。对于那些想要了解更多物理学的数学家和计算机科学家,本书也极具吸引力。

阐释物理世界是代代相传的事业。今天最好的理论是建立在过去的伟大理论之上的,所以,必须很好地了解牛顿、麦克斯韦、爱因斯坦和其他许多对理解宇宙万物做出贡献的前人所建立的物理学,否则就几乎不可能欣赏现代物理学。为此,本书大部分内容看上去是在讲述历史。然而,本书内容是以一种与原始形式极其不同的现代方式演绎的。我们所采用的做法有一个主要特征,那就是用一个统一的观点贯穿整个物理世界。这就是变分原理,它最重要的范例就是最小作用量原理。几乎所有的成功物理理论都能利用这个观点进行阐述,它是现代物理学的核心。本书也涉及近些年来的重要进展,包括 WMAP 和普朗克卫星对宇宙微波背景辐射的观测,大型强子对撞机上希格斯玻色子的发现,以及 LIGO 所发现的引力波。

在这里,我们要对许多朋友、同事和亲属表示由衷的感谢,这本书的写作是在他们的鼓励下完成的。我们特别感谢巴罗(John Barrow)和埃文斯(Jonathan Evans)给予的鼓励和建议。

曼顿感谢查尔斯沃思(Anthony Charlesworth)、艾塔(Helena Aitta)、厄曼(Roger Heumann)和史密斯(Alan Smith),感谢他们对本书的兴趣和讨论。他还要感谢他的母校德威士学院的物理社团,以及查特豪斯公学,给他机会向中六年级学生讲述最小作用量原理。他特别感谢肯尼迪(Alasdair Kennedy),直到最近肯尼迪还在德威士学院。他还要感谢安内利（Anneli）和本（Ben），他们给了他鼓励，并在一轮又一轮的写作和编辑中非常耐心。

米要感谢他的父母，他们给了他持久的支持。他非常感激伊斯特伍德（John Eastwood），在许多签售活动中给予了帮助，包括2013年在剑桥大学的大众天文学会的会议上，遇到曼顿并促成这本书的写作。他也要感谢埃文斯，在那次活动中，在冈维尔与凯斯学院给予了热情款待。他也要感谢希基（Mark Sheeky）和奈廷格尔（Debra Nightingale）所给予的帮助和启发。他要对他的通信组所有成员以及他的博客读者的鼓励和热情表示真诚的感谢。他特别感谢安吉（Angie）在另一个长期项目中表现出的耐心和毅力。

我们感谢牛津大学出版社的阿德隆（Sonke Adlung）和弗龙斯基（Ania Wronski），为使本书问世所投入的个人参与，以及卡伦巴伊兰（Suganiya Karumbayeeram）和同事们在制作本书过程中所起到的作用。我们还感谢格雷（Mhairi Gray）编制了索引。我们在写作本书时参阅了一些著作，我们对所有作者表达谢意。在每章结尾，我们提供了一个拓展阅读材料，列出了一些重点书目和论文。

目　录

引　言

我们赖以生存的世界有趣极了,在每个尺度上都充满了种种使人迷恋的现象。我们的膨胀宇宙布满了无数星系,星系中心被超重黑洞所占据着。爆炸的星体用自己的尘埃播下星系的种子,离我们不太远的那个核熔炉,在8分钟内将燃烧释放的能量送达我们,这使得地球郁郁葱葱,生机勃勃。我们这颗多水的蔚蓝星球也许是唯一的,也许是已进化形成智慧生命的众多星球中的一颗。在较小的尺度上,所有可见物质是由不多的几类基本粒子构成,而这些粒子又能组合出一百多种不同的原子,后者又以多得无法计数的不同方式束缚在一起。

对我们而言,或许最令人惊奇的是,我们不仅可以知道这些,还能正确地理解这些。利用天然和人造的材料,我们建造了使人难以相信的设备,改变了我们的生活,帮助我们不断深入探索宇宙。一些重要的物理现象已达到我们能观测的极限。利用最灵敏的仪器,我们探测到了空间结构上的微小涟漪,这是两个黑洞发生偶然碰撞所产生的。作为基本粒子的一种,难以捉摸的中微子每天大量通过我们,但是我们只能在硕大的地下实验室里偶尔探测到它。在人类历史的绝大部分时间里,人们只利用少得可怜的物理世界知识,从事他们的日常生活。我们实在是幸运的,因为我们生活在这样一个幸运的时代,物理世界的众多奥秘已展现在人类面前。

作为物理学家,我们怀着永不消逝的好奇心,不断地寻觅与探索自然的内在本性。这本是哲学家的传统领域,但是一些难以捉摸的缘由,今日只有物理学家才能真正做到这一点。

天才的顿悟是建立在实验研究与优雅的数学模型两根支柱之上,正如理查德·费曼所言:"倘若你想学习自然,鉴赏自然,懂得它所说的语言是必不可少的。"为此,我们不得不将本讲义的风格定格在数学性上。

我们将探讨物理理论基础,并展现众多基本单元的主题。我们的目的是给予物理学一个全面的概述,提供一个必要的背景和动机,我们将在以后各章中深入探究这些课题。我们覆盖了所有物理定律,并选择这些定律相对简单的应用。在材料的选取中,基本的定律和它们的哲学内涵,定律的数学描述,实验基础和历史发展,流行见解的短处,以及尚待理解的未决问题,这些信息相互交融,构成了一个整体。为了给现代物理专业学生对课题一个真正理解,我们信奉阿尔伯特·爱因斯坦的格言:"解释应当尽可能简单,而不是较简单。"我们的目标是出现一个诱人的描述,让每个重要结果有一个简明的由来,每一步有清晰解释的风格。数学水准大体与《费曼物理学讲义》所采用的相当。我们假定的数学预备知识是,矩阵和行列式,笛卡儿坐标和极坐标描述的几何,初等微积分和复数。

在第 1 章中，我们提到了一些导论性的概念：矢量，物理学中的变分原理和偏微分。由于偏微分是诸如麦克斯韦电磁场方程、量子力学中的薛定谔方程和狄拉克方程、广义相对论中的爱因斯坦方程，这样一些物理学基本方程的关键要素，第 1 章包含了关于它的一个浅显易懂的导引。第 2 章讲述牛顿力学以及牛顿引力定律对太阳系中物体运动的应用。第 3 章主要讨论的是关于麦克斯韦方程的电磁场。

粒子和场是经典物理中的关键概念，但是牛顿运动定律和麦克斯韦方程并不完全相互自洽。爱因斯坦创造狭义相对论的时候，解决了这个问题，我们在第 4 章进行了描述。在狭义相对论中，通过引入时空这个新概念，将时间和空间统一起来；不过由于狭义相对论与牛顿引力理论并不相容，会产生进一步的问题。爱因斯坦通过他的广义相对论完成了革命大业，表明了粒子、场和引力的自洽理论要求时空是弯曲的。第 6 章讨论了这个理论以及它的重要推论，比如黑洞的存在性。为了说明这一章中的一些概念，我们先在第 5 章讨论了弯曲空间及其一些物理应用。弯曲空间比弯曲时空容易想象。

第 7 章和第 8 章是关于量子力学的，这是 20 世纪的另一个革命性观念，在原子尺度上本质地理解了各种现象。在第 9 章中，将量子力学应用到物质的结构和性质，并且阐述了化学和固体物理的基本原理。第 10 章讲述热力学，构建了温度和熵的概念。我们讨论了包括黑体辐射在内的几个例子，黑体辐射导致了量子革命。第 11 章概括论述原子核的性质和变化。具有高能粒子束的核研究，还深入到物质的结构，寻找终极结构的砖块。第 12 章探讨粒子物理，包含量子场论、标准模型和希格斯机制的一些简短描述。

通观全书，我们以对基础物理学用特有的敏锐眼光，细心地选择了应用。第 13 章讨论了恒星，这是对于多个物理分支，引力、量子力学、热力学、核和粒子物理的延伸。第 14 章是关于宇宙学的，从叙述大爆炸开始，讲述宇宙作为整体的结构和演化。本书结束于第 15 章，讨论了诸如量子力学的诠释和粒子本性这样的未决问题。一些激动人心但属推测性的想法也在其中，包括更好地理解粒子以及统一引力与粒子物理的力等想法。具体内容包括超对称性、弧子和弦论。

在本讲义中，处处强调在物理学中使用变分原理，特别是最小作用量原理，这是在现代理论物理学中处于核心地位的一种方法，但是它在极大多数引论性课程中受到了忽视。我们认为这个概念应当大力发扬。使作用量成为理论物理学的重心，是费曼的伟大成就之一。我们提供了一种简单而有点新奇的解释，说明最小作用量原理是如何作为牛顿运动定律的基础的，并且简要解释了作用量在电磁理论和广义相对论中所起的作用。我们用基于薛定谔方程的传统方法处理量子力学，但我们也讨论了作用量的地位，以及它如何导致了量子力学的费曼路径积分方法。

尽管本书大量论述的是已确立的物理学，但我们也描述了诸如天体物理学、相对论、核和粒子物理这些关键领域的最新进展。具体包括引力透镜、超重黑洞、石墨烯、玻色-爱因斯坦凝聚、超重核、暗物质、中微子振荡，以及希格斯玻色子和引力波的发现。

拓展阅读材料

R. P. Feynman. *Feynman Lectures on Physics* (New Millennium ed.). New York：Basic，2010. *

M. Longair. *Theoretical Concepts in Physics: An Alternative View of Theoretical Reasoning in Physics* (2nd ed.). Cambridge：CUP，2003.

R. Penrose. *The Road to Reality: A Complete Guide to the Laws of the Universe*. London：Vintage，2005.

---

* 3卷本《费曼物理学讲义》最新中文版已于 2020 年 3 月由上海科学技术出版社出版发行。——译者注

第 1 章　基 本 概 念

1.1　变 分 原 理

追求某些量的最优化,成了我们在日常生活中的一种行为准则。在完成各种任务时,人们往往将费力最小或者耗时最少作为追求的目标。试以驾车作为一个耗时最少的简单例子,为此,我们应当尽可能沿着高速公路行驶。图 1.1 是一幅从 A 处到 B 处的行车路线图。车行速度在普通公路上是 $50\,\text{km/h}$,在高速公路上是 $70\,\text{km/h}$。F、G 和 H 是高速公路的 3 个出入口。$AFGB$ 将是耗时最少的路径,耗时 1 小时 24 分,尽管它并不是最短路径。

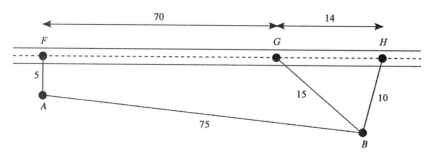

图 1.1　以千米为单位的道路图。普通道路上的时速为 $50\,\text{km/h}$,
高速公路上的时速为 $70\,\text{km/h}$

值得注意的是,众多自然过程皆可简化成某个量的最优化问题。我们将此说成过程满足变分原理。两端之间的一段弹性带沿着直线伸展,便是最短路径的伸展过程,同时也是弹性带能量最小化的伸展过程。下面我们将阐述为什么直线是最短路径。首先,我们假设最短路径确实存在着。尽管在当前的例子中这是显而易见的,不过还存在着没有最优解的更复杂的优化问题。现在假设最短路径的某处有一个弯曲的部分。如图 1.2 所示,弯曲的任意片段可用圆周的一部分来近似。稍用一点三角学的知识,就能够验证直弦 CD 比圆弧 CD 短。事实上,圆弧具有长度 $2R\alpha$,直弦长度是 $2R\sin\alpha$,所以后者较短,从而与最短路径具有弯曲部分的假设相矛盾。由此,我们已经证明直线是最短路径。

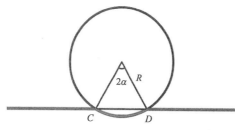

图 1.2　路径的任意一个弯曲部分都能近似
为圆周的一部分。直的弦总是比弯
的弧要短

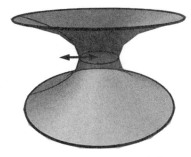

另一个相似的能量最优化的物理实例是肥皂膜。尽管肥皂膜在初始时刻会发生振动,但膜最终会静止下来。这样,它的能量为恒定的表面张力与面积的乘积。也就是说,当面积最小的时候,能量也就最小。笛卡儿空间中的任意光滑曲面具有两个主曲率半径 r_1、r_2;对于面积最小的曲面,这两个半径是相等的,但方向相反。如图 1.3 所示,膜表面的每个部分都是马鞍形的。我们能从表面张力的物理来阐明,为什么会产生这样的效果。在膜表面上的任取一个小的部分,这两个曲率产生了力。如果这两个力大小相等、方向相反,它们就会相互抵消,从而使得这个小的表面部分达

图 1.3　肥皂膜是面积最小曲面。两个主曲率半径大小相等、方向相反,一个曲率导致的力与另一个曲率导致的力指向相反,保持平衡

到稳定。于是,我们就得到了一个关于物理思想与几何概念之间的密切关系——能量与力对应着最小面积。在第 5 章还会进一步讨论曲面几何学。

1.1.1　几何光学——反射与折射

物理学中被首次讨论的最优化原理,是光学中的费马原理。早在 1662 年,它已由皮埃尔·费马表述。几何光学研究的是理想的、无限窄的光束,也就是说,研究对象是光线。在现实世界中,接近于理想光线的窄光束可由使用抛物型的镜面,或通过具有窄缝的屏来得到。实际上,这仍然是一个在不同方向上传播的光线束的集合,光线并不能严格地依照它的定义在现实世界中得到。

费马原理表述为,在给定 A、B 两点之间传播的光线,其轨迹是耗时最少的路径。当光通过不同的介质时,其路径可能是直的,或是弯折的,甚至是弯曲的。基本的假定是在同一给定的介质中,光具有确定的、有限的速度。在诸如空气、水或真空这样的特定介质中,传播时间等于路径的长度除以光速。由于光速是恒定的,耗时最少的路径,也是最短路径,即通过 A、B 的直线路径。因此,在一特定的介质中,光路是直线便得到了证明。即使光源 A 向四面八方发光,只要在 A、B 之间的直线段上,任意处放置一个小的障碍物,都将阻止光从 A 传播到 B,从而在 B 处投射出一个阴影。

两条光学基本定律——折射定律和反射定律,均可用费马原理导出。首先,考虑如何导出反射问题。设在某一特定的介质中,放置一面长的平面镜,而且光源在 A 处。如图 1.4 所示,设 B 是光线的接收点,它在镜子同一边。考虑由镜面反射一次的从 A 到 B 所有可能的路径。如果光线从 A 传播到 B 的时间最短,那么在反射前和反射后光路都是直线。下面我们将研究反射点 X 的具体位置。

图中 x 轴在镜面上,且反射点 X 位于 $x = X$。暂不考虑 ϑ 和 φ 角,只考虑图上不同的长度。利用勾股定理,直接得到路径的长度。可以发现,由 A 经过 X 到达 B 处的光线传播的时间为

$$T = \frac{1}{c}\left(\sqrt{a^2 + X^2} + \sqrt{b^2 + (L - X)^2}\right). \tag{1.1}$$

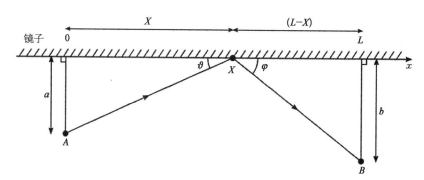

图 1.4　由镜子反射的光线

此处 c 为反射前后的光速。T 对 X 的导数为

$$\frac{\mathrm{d}T}{\mathrm{d}X} = \frac{1}{c}\left\{\frac{X}{\sqrt{a^2+X^2}} - \frac{L-X}{\sqrt{b^2+(L-X)^2}}\right\}, \tag{1.2}$$

且当导数为零时传播时间最短，由此得到关于 X 的方程：

$$\frac{X}{\sqrt{a^2+X^2}} = \frac{L-X}{\sqrt{b^2+(L-X)^2}}. \tag{1.3}$$

现在角度被派上了用场，式 (1.3) 等价于

$$\cos\vartheta = \cos\varphi. \tag{1.4}$$

从图 1.4 也可得到这个答案。由此可知 ϑ 和 φ 相等。我们并没有直接找到 X，但没有关系。所得的重要结论是光线的入射角等于出射角。这就是光线反射定律。事实上，通过化简 (1.3) 式，或考虑 $\cot\vartheta = \cot\varphi$，得到 $\dfrac{X}{a} = \dfrac{L-X}{b}$，这样 X 就很容易得到。

折射定律的导出与此相类似。此时，光线从一种速度为 c_1 的介质进入另一种速度为 c_2 的介质。折射几何与反射并不完全相同，但也有点相似。我们使用类似的坐标（见图 1.5）。由费马原理，实际的从 A 到 B 的光路，或从 B 到 A 的光路使得耗时最少。注意到，除非 $c_1 = c_2$，否则从 A 到 B 的直线光路，并非最短路径。如同我们前面考虑的通过高速公路的情形，耗时最少的路径具有一个转折点。

从 A 到 X 和从 X 到 B 的光路必须是直的，因为它们分别处在同一种特定的介质中，以同一速度传播。因此，从 A 到 B 传播总时间为

$$T = \frac{1}{c_1}\sqrt{a^2+X^2} + \frac{1}{c_2}\sqrt{b^2+(L-X)^2}. \tag{1.5}$$

当 T 对 X 的微分为零时，时间 T 有最小值，即

$$\frac{\mathrm{d}T}{\mathrm{d}X} = \frac{1}{c_1}\frac{X}{\sqrt{a^2+X^2}} - \frac{1}{c_2}\frac{L-X}{\sqrt{b^2+(L-X)^2}} = 0. \tag{1.6}$$

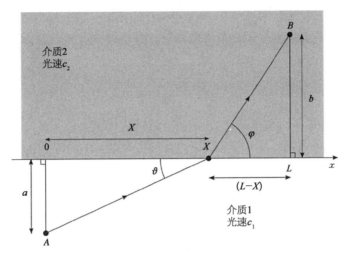

图 1.5　光的折射。在介质 2 中的光速 c_2 比介质 1 中的光速 c_1 小

可得关于 X 的方程为

$$\frac{1}{c_1} \frac{X}{\sqrt{a^2 + X^2}} = \frac{1}{c_2} \frac{L - X}{\sqrt{b^2 + (L - X)^2}}. \tag{1.7}$$

我们并不直接去解这个方程，而是用更几何的方法表示它。用图 1.5 中的 ϑ 和 φ 角，(1.7)式可以表示为

$$\frac{1}{c_1} \cos\vartheta = \frac{1}{c_2} \cos\varphi. \tag{1.8}$$

(1.8)式还可以表达成另一个更有用的形式：

$$\cos\varphi = \frac{c_2}{c_1} \cos\vartheta. \tag{1.9}$$

这就是斯涅耳折射定律[①]。它将光线的角度与光速 c_1 和 c_2 的比值联系了起来。即使我们不知道光速的值，也能通过实验来验证斯涅耳定律。为此，入射光线与介质分界面之间的夹角必定会变化，即 A 与 B 不再固定。将函数 $\cos\varphi$ 相对于 $\cos\vartheta$ 作图像，结果是一条通过原点的直线。

　　假设光是从空气进入水。水中的光速比空气中的光速小，即 c_2 小于 c_1，于是 $\cos\varphi$ 小于 $\cos\vartheta$，也就是说 φ 比 ϑ 大。很容易得到这样的结论，光在进入水中后会变弯折（见图 1.5）。

　　斯涅耳定理有许多有趣的结论。它是处理透镜系统的关键因素。它也解释了所有的全反射现象。当光从介质速度小的 B 处出发，以一个十分小的 φ 角入射到界面。当 φ

---

　　① 斯涅耳定律可以用更熟悉方式 $\sin\varphi' = \frac{c_2}{c_1}\sin\vartheta'$ 来描述，其中 φ' 与 ϑ' 是光线和（垂直于表面的）法线之间的夹角，即 $\varphi' = \pi/2 - \varphi$ 与 $\vartheta' = \pi/2 - \vartheta$。

小到使 $\cos\varphi$ 接近于 1 而要求 $\cos\vartheta > 1$，就会发生全反射。因为没有满足该条件的 ϑ 角，所以光不能通过界面到达介质 1 而被全部反射。全反射入射的临界角 φ_c 依赖于两种介质之间的光速比。式(1.9)给出 $\cos\varphi_c = \dfrac{c_2}{c_1}$。这个结果已被应用到光在光纤中的传播过程中。

起初,折射定律是由反射率的比值[式(1.9)右边]来表达的。通过费马原理的考虑,物理学家发现比率可以理解为光速的比值。后来,当介质中的光速可以被直接测量时,人们发现光在真空中的传播速度最大,而在空气中只减少了一点点。然而,在诸如水或玻璃等致密物质中,光速将会明显降低,大约降低了 $20\% \sim 40\%$。真空中的光速是常量,为 $299\,792\,458\,\mathrm{m/s}$,经常被近似地写作 $3 \times 10^8\,\mathrm{m/s}$。在致密介质中,传播的光速会依赖于光的波长,当光从空气进入玻璃或水中时也会如此,这就是被三棱镜和水滴反射的白光,会出现多种颜色的原因。

1.1.2 变分原理的思想

我们已经给出了关于部分数学定理,是如何由变分法来表达的。这种原理事实上更为普适,它适用于所有的物理过程。从粒子的运动,到场的波形,从量子态到时空本身,我们发现自然过程总是在使得某些物理量最优化。通常这种最优化是一个物理量达到的最大值或最小值,有时候也有可能是鞍点[①]。这种最重要的物理量被称为作用量。许多物理定律便由最小作用量原理得到。分析这些原理的数学方法被称为变分法。它是普通微分学的一种拓展,但是带有自身额外方法,后面我们将会讲到它。

早在 18 世纪,达朗贝尔、欧拉和拉格朗日就意识到牛顿三定律可由最小作用量原理导出。这个过程由哈密顿在 19 世纪 30 年代达到完善。我们现在知道麦克斯韦方程也可由电磁场的作用量原理导出。在 1915 年,爱因斯坦发现了引力描述为弯曲时空效应的方程,希尔伯特显示了如何采用作用量原理,导出这个方程。甚至经典物理和量子物理,也在使用作用量原理上,得到了同一性。这种思想首先由狄拉克提出,由费曼达到完善。时至今日,人们认为作用量原理,是描述粒子和场的一种最好方法。

我们这样构建物理学的缘故,是因为最小作用量原理不仅简单而且方便记忆。例如,在麦克斯韦原始的电磁场理论中,电磁场方程共有 20 个。由吉布斯用现代矢量记号来表述,仍有 4 个麦克斯韦方程,外加关于带电粒子的洛伦兹力定律。另一方面,我们将在第 3 章中看到,作用量却是由电磁场构造的单个量组成,同时还描写带电粒子的轨迹。在第 12 章,我们还将看到,这种简约性在发展描述基本粒子的更复杂的规范理论时,显得尤为重要。对于诸如弦理论那样,极难理解的深奥理论更是如此。

我们将在第 2 章中,重新回到这些想法,并展示如何用最小作用量原理,去构造牛顿力学。通过物体在空间的运动,考虑所有可能发生的无穷小变量,我们就可以导出牛顿运动定律。然而,发生这些运动所需的舞台,我们必须首先描述它。

---

① 例如景观中的山隘就是鞍点,它是高度的稳定点,但它既不是最大值点,也不是最小值点。

1.2　欧几里得时空

常见的 3 维欧几里得空间，又简称为 3 维空间，记作 $\mathbb{R}^3$，是物理世界剧本演出的舞台。这部物理剧按时间发生，但在非相对论物理中时空并不统一，所以我们并不要求时间用几何来描述。3 维空间具有平移和转动对称性，这里的平移是指没有转动的刚性运动。最基本的几何概念是两点间的距离，它不随平移和转动而发生改变。一种自然的想法就是，物理定律的表述方式，独立于位置和方向。当整个物理系统平移或者转动时，物理定律的形式应当不变。这些想法给出了物理定律的几何意义。

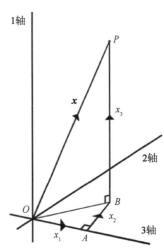

用笛卡儿坐标很容易描述空间中的一点。为此，我们需要找到一个原点 O，和相互正交的坐标轴集合。每一点 P 都由 3 个实数唯一地确定，记作矢量 $\boldsymbol{x} = (x_1, x_2, x_3)$。我们通常不去区分点和表示它的矢量。如图 1.6，从 O 点开始，先沿 1 轴移动 x_1 到达 A 点；再沿 2 轴移动 x_2 到达 B 点；最后沿 3 轴移动 x_3，最终到达 P 点。原点 O 本身由矢量 $(0, 0, 0)$ 来表示。

矢量 $\boldsymbol{x}$ 的长度就是点 O 到点 P 之间的距离，写作 $|\boldsymbol{x}|$。这段距离能够通过勾股定理来计算。OAB 是一个直角三角形，因此从 O 到 B 的距离为 $\sqrt{x_1^2 + x_2^2}$，OBP 也是一个直角三角形，从 O 到 P 的距离为 $\sqrt{(x_1^2 + x_2^2) + x_3^2}$，因此，距离的平方为

图 1.6　点 P 的矢量 $\boldsymbol{x}$ 表示

$$|\boldsymbol{x}|^2 = x_1^2 + x_2^2 + x_3^2. \tag{1.10}$$

它实际上就是笛卡儿的勾股定理。当围绕 O 点转动时，距离仍然保持不变。

将 $\boldsymbol{x}$ 主动转动到 $\boldsymbol{x}'$，使得 $\boldsymbol{x}$ 与 $\boldsymbol{x}'$ 成为不同的两点。转动也可能是通过被动方式来实现的，这意思是指，坐标轴转动而点 $\boldsymbol{x}$ 实际上并未改变。不管怎样，需要用新的坐标 $\boldsymbol{x}' = (x_1', x_2', x_3')$ 来表示坐标轴转动后的 $\boldsymbol{x}$，坐标转动前后仍然保持 $|\boldsymbol{x}| = |\boldsymbol{x}'|$。

点 $\boldsymbol{x}$ 和 $\boldsymbol{y}$ 之间距离的平方是

$$|\boldsymbol{x} - \boldsymbol{y}|^2 = (x_1 - y_1)^2 + (x_2 - y_2)^2 + (x_3 - y_3)^2. \tag{1.11}$$

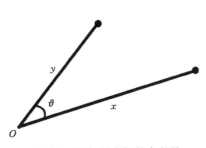

图 1.7　两矢量之间的点积是
$\boldsymbol{x} \cdot \boldsymbol{y} = |\boldsymbol{x}||\boldsymbol{y}|\cos\vartheta$

这段距离不受平移和转动的影响。平移使得所有的点改变一个固定的距离 $\boldsymbol{c}$，即点 $\mathbf{x}$ 和 $\mathbf{y}$ 分别变换到点 $\mathbf{x} + \mathbf{c}$ 和 $\mathbf{y} + \mathbf{c}$。

当考虑一对矢量 $\boldsymbol{x}$ 和 $\boldsymbol{y}$ 时，引入点积是十分有用的。

$$x \cdot y = x_1 y_1 + x_2 y_2 + x_3 y_3. \tag{1.12}$$

一个特殊的情况就是 $x \cdot x = x_1^2 + x_2^2 + x_3^2 = |x|^2$，即 x 点乘自身就是长度的平方。$x \cdot y$ 是否与转动无关并不是显而易见的。然而，当我们展开式(1.11)的左边时，就可以得到

$$|x-y|^2 = |x|^2 + |y|^2 - 2x \cdot y. \tag{1.13}$$

由于 $|x|$，$|y|$ 和 $|x-y|$ 都不受转动影响，因此 $x \cdot y$ 也不可能受到转动影响。用这个结果，我们就能够得到 x 和 y 点积的另一个非常有用的表达式：

$$x \cdot y = \frac{1}{2}(|x|^2 + |y|^2 - |x-y|^2) = |x||y|\cos\vartheta, \tag{1.14}$$

其中 ϑ 是矢量 x 和 y 之间的夹角。

据上分析，如果 $x \cdot y = 0$，且矢量 x 和 y 都不为 0，那么 $\cos\vartheta = 0$，即矢量 x 和 y 之间的夹角为 $\vartheta = \pm\dfrac{\pi}{2}$。换句话说，矢量 x 和 y 是相互垂直。例如，笛卡儿坐标系三个轴的单位矢量$(1, 0, 0)$，$(0, 1, 0)$和$(0, 0, 1)$，其中任意两个矢量点积为零，因此它们相互垂直。

严格地说，在 3 维空间中的任意方向上转动一个角度，矢量长度及两矢量之间的夹角保持不变，这个性质才使得点积是一个十分有用的运算。诸如 $x \cdot y$ 的那些不随转动而发生变化的量，称为标量。

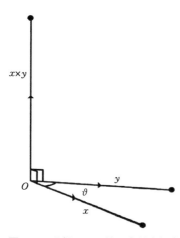

图 1.8 叉积 $x \times y$ 是一个具有长度 $|x||y|\sin\vartheta$ 的矢量

还存在另一个同样有用的运算。如图 1.8 所示，对于两个矢量 x 和 y，可以构造第三个矢量，即它们的叉积 $x \times y$。叉积的分量为

$$x \times y = (x_2 y_3 - x_3 y_2,\ x_3 y_1 - x_1 y_3,$$
$$x_1 y_2 - x_2 y_1). \tag{1.15}$$

这样定义的叉积是有用的，这是因为当矢量 x 和 y 绕着某个轴转动时，$x \times y$ 也将会随之转动[如果人们想定义叉乘具有分量 $(x_2 y_3,\ x_3 y_1,\ x_1 y_2)$，那么它就没有这个性质，因而这种另类叉乘规律几何意义不大]。不像点积那样，叉积并不是转动不变量。我们说叉积在转动下与矢量 x 和 y "协"同着 "变"化。从而"协变"一词就是"随着改变"或者"严格按照同样的方式改变"的意思。这也是一个经常会出现在物理学中的概念。

通过考虑 $x \times y$ 与第三个矢量 z 之间的点积，我们可以验证这种转动协变性。使用方程(1.15)和(1.12)，可得

$$(x \times y) \cdot z = x_2 y_3 z_1 - x_3 y_2 z_1 + x_3 y_1 z_2 - x_1 y_3 z_2 + x_1 y_2 z_3 - x_2 y_1 z_3. \tag{1.16}$$

一般而言，(1.16)式的右面并不为零，但是如果令 $z = x$ 或 $z = y$，就容易能看出上式右面

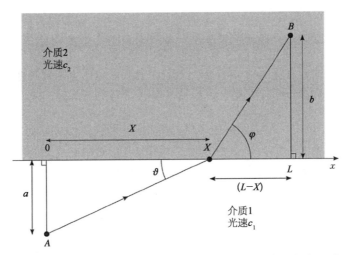

图 1.5　光的折射。在介质 2 中的光速 c_2 比介质 1 中的光速 c_1 小

可得关于 X 的方程为

$$\frac{1}{c_1}\frac{X}{\sqrt{a^2+X^2}} = \frac{1}{c_2}\frac{L-X}{\sqrt{b^2+(L-X)^2}}. \tag{1.7}$$

我们并不直接去解这个方程，而是用更几何的方法表示它。用图 1.5 中的 ϑ 和 φ 角，(1.7)式可以表示为

$$\frac{1}{c_1}\cos\vartheta = \frac{1}{c_2}\cos\varphi. \tag{1.8}$$

(1.8)式还可以表达成另一个更有用的形式：

$$\cos\varphi = \frac{c_2}{c_1}\cos\vartheta. \tag{1.9}$$

这就是斯涅耳折射定律[①]。它将光线的角度与光速 c_1 和 c_2 的比值联系了起来。即使我们不知道光速的值，也能通过实验来验证斯涅耳定律。为此，入射光线与介质分界面之间的夹角必定会变化，即 A 与 B 不再固定。将函数 $\cos\varphi$ 相对于 $\cos\vartheta$ 作图像，结果是一条通过原点的直线。

　　假设光是从空气进入水。水中的光速比空气中的光速小，即 c_2 小于 c_1，于是 $\cos\varphi$ 小于 $\cos\vartheta$，也就是说 φ 比 ϑ 大。很容易得到这样的结论，光在进入水中后会变弯折（见图 1.5）。

　　斯涅耳定理有许多有趣的结论。它是处理透镜系统的关键因素。它也解释了所有的全反射现象。当光从介质速度小的 B 处出发，以一个十分小的 φ 角入射到界面。当 φ

---

　　① 斯涅耳定律可以用更熟悉方式 $\sin\varphi' = \dfrac{c_2}{c_1}\sin\vartheta'$ 来描述，其中 φ' 与 ϑ' 是光线和（垂直于表面的）法线之间的夹角，即 $\varphi' = \pi/2 - \varphi$ 与 $\vartheta' = \pi/2 - \vartheta$。

小到使 $\cos\varphi$ 接近于 1 而要求 $\cos\vartheta > 1$，就会发生全反射。因为没有满足该条件的 ϑ 角，所以光不能通过界面到达介质 1 而被全部反射。全反射入射的临界角 φ_c 依赖于两种介质之间的光速比。式 (1.9) 给出 $\cos\varphi_c = \dfrac{c_2}{c_1}$。这个结果已被应用到光在光纤中的传播过程中。

起初，折射定律是由反射率的比值 [式 (1.9) 右边] 来表达的。通过费马原理的考虑，物理学家发现比率可以理解为光速的比值。后来，当介质中的光速可以被直接测量时，人们发现光在真空中的传播速度最大，而在空气中只减少了一点点。然而，在诸如水或玻璃等致密物质中，光速将会明显降低，大约降低了 $20\% \sim 40\%$。真空中的光速是常量，为 299 792 458 m/s，经常被近似地写作 3×10^8 m/s。在致密介质中，传播的光速会依赖于光的波长，当光从空气进入玻璃或水中时也会如此，这就是被三棱镜和水滴反射的白光，会出现多种颜色的原因。

1.1.2　变分原理的思想

我们已经给出了关于部分数学定理，是如何由变分法来表达的。这种原理事实上更为普适，它适用于所有的物理过程。从粒子的运动，到场的波形，从量子态到时空本身，我们发现自然过程总是在使得某些物理量最优化。通常这种最优化是一个物理量达到的最大值或最小值，有时候也有可能是鞍点①。这种最重要的物理量被称为作用量。许多物理定律便由最小作用量原理得到。分析这些原理的数学方法被称为变分法。它是普通微分学的一种拓展，但是带有自身额外方法，后面我们将会讲到它。

早在 18 世纪，达朗贝尔、欧拉和拉格朗日就意识到牛顿三定律可由最小作用量原理导出。这个过程由哈密顿在 19 世纪 30 年代达到完善。我们现在知道麦克斯韦方程也可由电磁场的作用量原理导出。在 1915 年，爱因斯坦发现了引力描述为弯曲时空效应的方程，希尔伯特显示了如何采用作用量原理，导出这个方程。甚至经典物理和量子物理，也在使用作用量原理上，得到了同一性。这种思想首先由狄拉克提出，由费曼达到完善。时至今日，人们认为作用量原理，是描述粒子和场的一种最好方法。

我们这样构建物理学的缘故，是因为最小作用量原理不仅简单而且方便记忆。例如，在麦克斯韦原始的电磁场理论中，电磁场方程共有 20 个。由吉布斯用现代矢量记号来表述，仍有 4 个麦克斯韦方程，外加关于带电粒子的洛伦兹力定律。另一方面，我们将在第 3 章中看到，作用量却是由电磁场构造的单个量组成，同时还描写带电粒子的轨迹。在第 12 章，我们还将看到，这种简约性在发展描述基本粒子的更复杂的规范理论时，显得尤为重要。对于诸如弦理论那样，极难理解的深奥理论更是如此。

我们将在第 2 章中，重新回到这些想法，并展示如何用最小作用量原理，去构造牛顿力学。通过物体在空间的运动，考虑所有可能发生的无穷小变量，我们就可以导出牛顿运动定律。然而，发生这些运动所需的舞台，我们必须首先描述它。

---

① 例如景观中的山隘就是鞍点，它是高度的稳定点，但它既不是最大值点，也不是最小值点。

1.2　欧几里得时空

常见的 3 维欧几里得空间,又简称为 3 维空间,记作$\mathbb{R}^3$,是物理世界剧本演出的舞台。这部物理剧按时间发生,但在非相对论物理中时空并不统一,所以我们并不要求时间用几何来描述。3 维空间具有平移和转动对称性,这里的平移是指没有转动的刚性运动。最基本的几何概念是两点间的距离,它不随平移和转动而发生改变。一种自然的想法就是,物理定律的表述方式,独立于位置和方向。当整个物理系统平移或者转动时,物理定律的形式应当不变。这些想法给出了物理定律的几何意义。

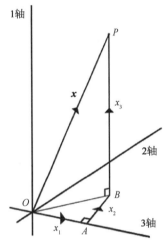

用笛卡儿坐标很容易描述空间中的一点。为此,我们需要找到一个原点 O,和相互正交的坐标轴集合。每一点 P 都由 3 个实数唯一地确定,记作矢量 $\boldsymbol{x} = (x_1, x_2, x_3)$。我们通常不去区分点和表示它的矢量。如图 1.6,从 O 点开始,先沿 1 轴移动 x_1 到达 A 点;再沿 2 轴移动 x_2 到达 B 点;最后沿 3 轴移动 x_3,最终到达 P 点。原点 O 本身由矢量$(0, 0, 0)$来表示。

矢量 $\boldsymbol{x}$ 的长度就是点 O 到点 P 之间的距离,写作 $|\boldsymbol{x}|$。这段距离能够通过勾股定理来计算。OAB 是一个直角三角形,因此从 O 到 B 的距离为 $\sqrt{x_1^2 + x_2^2}$,OBP 也是一个直角三角形,从 O 到 P 的距离为 $\sqrt{(x_1^2 + x_2^2) + x_3^2}$,因此,距离的平方为

图 1.6　点 P 的矢量 $\boldsymbol{x}$ 表示

$$|\boldsymbol{x}|^2 = x_1^2 + x_2^2 + x_3^2. \tag{1.10}$$

它实际上就是笛卡儿的勾股定理。当围绕 O 点转动时,距离仍然保持不变。

将 $\boldsymbol{x}$ 主动转动到 $\boldsymbol{x}'$,使得 $\boldsymbol{x}$ 与 $\boldsymbol{x}'$ 成为不同的两点。转动也可能是通过被动方式来实现的,这意思是指,坐标轴转动而点 $\boldsymbol{x}$ 实际上并未改变。不管怎样,需要用新的坐标 $\boldsymbol{x}' = (x_1', x_2', x_3')$ 来表示坐标轴转动后的 $\boldsymbol{x}$,坐标转动前后仍然保持 $|\boldsymbol{x}| = |\boldsymbol{x}'|$。

点 $\boldsymbol{x}$ 和 $\boldsymbol{y}$ 之间距离的平方是

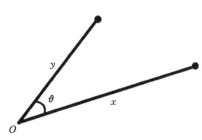

$$|\boldsymbol{x} - \boldsymbol{y}|^2 = (x_1 - y_1)^2 + (x_2 - y_2)^2 + (x_3 - y_3)^2. \tag{1.11}$$

这段距离不受平移和转动的影响。平移使得所有的点改变一个固定的距离 $\boldsymbol{c}$,即点 $\boldsymbol{x}$ 和 $\boldsymbol{y}$ 分别变换到点 $\boldsymbol{x} + \boldsymbol{c}$ 和 $\boldsymbol{y} + \boldsymbol{c}$。

图 1.7　两矢量之间的点积是
$$\boldsymbol{x} \cdot \boldsymbol{y} = |\boldsymbol{x}||\boldsymbol{y}| \cos \vartheta$$

当考虑一对矢量 $\boldsymbol{x}$ 和 $\boldsymbol{y}$ 时,引入点积是十分有用的。

$$\boldsymbol{x} \cdot \boldsymbol{y} = x_1 y_1 + x_2 y_2 + x_3 y_3. \tag{1.12}$$

一个特殊的情况就是 $\boldsymbol{x} \cdot \boldsymbol{x} = x_1^2 + x_2^2 + x_3^2 = |\boldsymbol{x}|^2$，即 $\boldsymbol{x}$ 点乘自身就是长度的平方。$\boldsymbol{x} \cdot \boldsymbol{y}$ 是否与转动无关并不是显而易见的。然而，当我们展开式(1.11)的左边时，就可以得到

$$|\boldsymbol{x} - \boldsymbol{y}|^2 = |\boldsymbol{x}|^2 + |\boldsymbol{y}|^2 - 2\boldsymbol{x} \cdot \boldsymbol{y}. \tag{1.13}$$

由于 $|\boldsymbol{x}|$，$|\boldsymbol{y}|$ 和 $|\boldsymbol{x} - \boldsymbol{y}|$ 都不受转动影响，因此 $\boldsymbol{x} \cdot \boldsymbol{y}$ 也不可能受到转动影响。用这个结果，我们就能够得到 $\boldsymbol{x}$ 和 $\boldsymbol{y}$ 点积的另一个非常有用的表达式：

$$\boldsymbol{x} \cdot \boldsymbol{y} = \frac{1}{2}(|\boldsymbol{x}|^2 + |\boldsymbol{y}|^2 - |\boldsymbol{x} - \boldsymbol{y}|^2) = |\boldsymbol{x}||\boldsymbol{y}|\cos\vartheta, \tag{1.14}$$

其中 ϑ 是矢量 $\boldsymbol{x}$ 和 $\boldsymbol{y}$ 之间的夹角。

据上分析，如果 $\boldsymbol{x} \cdot \boldsymbol{y} = 0$，且矢量 $\boldsymbol{x}$ 和 $\boldsymbol{y}$ 都不为 0，那么 $\cos\vartheta = 0$，即矢量 $\boldsymbol{x}$ 和 $\boldsymbol{y}$ 之间的夹角为 $\vartheta = \pm\frac{\pi}{2}$。换句话说，矢量 $\boldsymbol{x}$ 和 $\boldsymbol{y}$ 是相互垂直。例如，笛卡儿坐标系三个轴的单位矢量 $(1, 0, 0)$，$(0, 1, 0)$ 和 $(0, 0, 1)$，其中任意两个矢量点积为零，因此它们相互垂直。

严格地说，在 3 维空间中的任意方向上转动一个角度，矢量长度及两矢量之间的夹角保持不变，这个性质才使得点积是一个十分有用的运算。诸如 $\boldsymbol{x} \cdot \boldsymbol{y}$ 的那些不随转动而发生变化的量，称为标量。

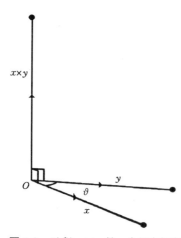

图 1.8 叉积 $\boldsymbol{x} \times \boldsymbol{y}$ 是一个具有长度 $|\boldsymbol{x}||\boldsymbol{y}|\sin\vartheta$ 的矢量

还存在另一个同样有用的运算。如图 1.8 所示，对于两个矢量 $\boldsymbol{x}$ 和 $\boldsymbol{y}$，可以构造第三个矢量，即它们的叉积 $\boldsymbol{x} \times \boldsymbol{y}$。叉积的分量为

$$\boldsymbol{x} \times \boldsymbol{y} = (x_2 y_3 - x_3 y_2,\ x_3 y_1 - x_1 y_3,$$
$$x_1 y_2 - x_2 y_1). \tag{1.15}$$

这样定义的叉积是有用的，这是因为当矢量 $\boldsymbol{x}$ 和 $\boldsymbol{y}$ 绕着某个轴转动时，$\boldsymbol{x} \times \boldsymbol{y}$ 也将会随之转动[如果人们想定义叉乘具有分量 $(x_2 y_3,\ x_3 y_1,\ x_1 y_2)$，那么它就没有这个性质，因而这种另类叉乘规律几何意义不大]。不像点积那样，叉积并不是转动不变量。我们说叉积在转动下与矢量 $\boldsymbol{x}$ 和 $\boldsymbol{y}$ "协"同着"变"化。从而"协变"一词就是"随着改变"或者"严格按照同样的方式改变"的意思。这也是一个经常会出现在物理学中的概念。

通过考虑 $\boldsymbol{x} \times \boldsymbol{y}$ 与第三个矢量 $\boldsymbol{z}$ 之间的点积，我们可以验证这种转动协变性。使用方程(1.15)和(1.12)，可得

$$(\boldsymbol{x} \times \boldsymbol{y}) \cdot \boldsymbol{z} = x_2 y_3 z_1 - x_3 y_2 z_1 + x_3 y_1 z_2 - x_1 y_3 z_2 + x_1 y_2 z_3 - x_2 y_1 z_3. \tag{1.16}$$

一般而言，(1.16)式的右面并不为零，但是如果令 $\boldsymbol{z} = \boldsymbol{x}$ 或 $\boldsymbol{z} = \boldsymbol{y}$，就容易能看出上式右面

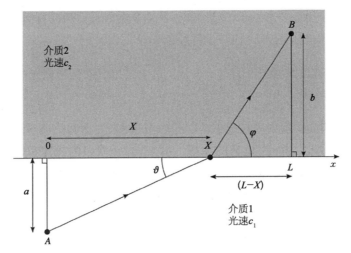

图 1.5　光的折射。在介质 2 中的光速 c_2 比介质 1 中的光速 c_1 小

可得关于 X 的方程为

$$\frac{1}{c_1}\frac{X}{\sqrt{a^2+X^2}}=\frac{1}{c_2}\frac{L-X}{\sqrt{b^2+(L-X)^2}}.\tag{1.7}$$

我们并不直接去解这个方程,而是用更几何的方法表示它。用图 1.5 中的 ϑ 和 φ 角,(1.7)式可以表示为

$$\frac{1}{c_1}\cos\vartheta=\frac{1}{c_2}\cos\varphi.\tag{1.8}$$

(1.8)式还可以表达成另一个更有用的形式:

$$\cos\varphi=\frac{c_2}{c_1}\cos\vartheta.\tag{1.9}$$

这就是斯涅耳折射定律[①]。它将光线的角度与光速 c_1 和 c_2 的比值联系了起来。即使我们不知道光速的值,也能通过实验来验证斯涅耳定律。为此,入射光线与介质分界面之间的夹角必定会变化,即 A 与 B 不再固定。将函数 $\cos\varphi$ 相对于 $\cos\vartheta$ 作图像,结果是一条通过原点的直线。

　　假设光是从空气进入水。水中的光速比空气中的光速小,即 c_2 小于 c_1,于是 $\cos\varphi$ 小于 $\cos\vartheta$,也就是说 φ 比 ϑ 大。很容易得到这样的结论,光在进入水中后会变弯折(见图 1.5)。

　　斯涅耳定理有许多有趣的结论。它是处理透镜系统的关键因素。它也解释了所有的全反射现象。当光从介质速度小的 B 处出发,以一个十分小的 φ 角入射到界面。当 φ

---

　　①　斯涅耳定律可以用更熟悉方式 $\sin\varphi'=\frac{c_2}{c_1}\sin\vartheta'$ 来描述,其中 φ' 与 ϑ' 是光线和(垂直于表面的)法线之间的夹角,即 $\varphi'=\pi/2-\varphi$ 与 $\vartheta'=\pi/2-\vartheta$。

小到使 $\cos\varphi$ 接近于 1 而要求 $\cos\vartheta > 1$，就会发生全反射。因为没有满足该条件的 ϑ 角，所以光不能通过界面到达介质 1 而被全部反射。全反射入射的临界角 φ_c 依赖于两种介质之间的光速比。式(1.9)给出 $\cos\varphi_c = \dfrac{c_2}{c_1}$。这个结果已被应用到光在光纤中的传播过程中。

起初，折射定律是由反射率的比值[式(1.9)右边]来表达的。通过费马原理的考虑，物理学家发现比率可以理解为光速的比值。后来，当介质中的光速可以被直接测量时，人们发现光在真空中的传播速度最大，而在空气中只减少了一点点。然而，在诸如水或玻璃等致密物质中，光速将会明显降低，大约降低了 $20\%\sim40\%$。真空中的光速是常量，为 299 792 458 m/s，经常被近似地写作 3×10^8 m/s。在致密介质中，传播的光速会依赖于光的波长，当光从空气进入玻璃或水中时也会如此，这就是被三棱镜和水滴反射的白光，会出现多种颜色的原因。

1.1.2　变分原理的思想

我们已经给出了关于部分数学定理，是如何由变分法来表达的。这种原理事实上更为普适，它适用于所有的物理过程。从粒子的运动，到场的波形，从量子态到时空本身，我们发现自然过程总是在使得某些物理量最优化。通常这种最优化是一个物理量达到的最大值或最小值，有时候也有可能是鞍点①。这种最重要的物理量被称为作用量。许多物理定律便由最小作用量原理得到。分析这些原理的数学方法被称为变分法。它是普通微分学的一种拓展，但是带有自身额外方法，后面我们将会讲到它。

早在 18 世纪，达朗贝尔、欧拉和拉格朗日就意识到牛顿三定律可由最小作用量原理导出。这个过程由哈密顿在 19 世纪 30 年代达到完善。我们现在知道麦克斯韦方程也可由电磁场的作用量原理导出。在 1915 年，爱因斯坦发现了引力描述为弯曲时空效应的方程，希尔伯特显示了如何采用作用量原理，导出这个方程。甚至经典物理和量子物理，也在使用作用量原理上，得到了同一性。这种思想首先由狄拉克提出，由费曼达到完善。时至今日，人们认为作用量原理，是描述粒子和场的一种最好方法。

我们这样构建物理学的缘故，是因为最小作用量原理不仅简单而且方便记忆。例如，在麦克斯韦原始的电磁场理论中，电磁场方程共有 20 个。由吉布斯用现代矢量记号来表述，仍有 4 个麦克斯韦方程，外加关于带电粒子的洛伦兹力定律。另一方面，我们将在第 3 章中看到，作用量却是由电磁场构造的单个量组成，同时还描写带电粒子的轨迹。在第 12 章，我们还将看到，这种简约性在发展描述基本粒子的更复杂的规范理论时，显得尤为重要。对于诸如弦理论那样，极难理解的深奥理论更是如此。

我们将在第 2 章中，重新回到这些想法，并展示如何用最小作用量原理，去构造牛顿力学。通过物体在空间的运动，考虑所有可能发生的无穷小变量，我们就可以导出牛顿运动定律。然而，发生这些运动所需的舞台，我们必须首先描述它。

---

① 例如景观中的山隘就是鞍点，它是高度的稳定点，但它既不是最大值点，也不是最小值点。

1.2　欧几里得时空

常见的 3 维欧几里得空间,又简称为 3 维空间,记作 $\mathbb{R}^3$,是物理世界剧本演出的舞台。这部物理剧按时间发生,但在非相对论物理中时空并不统一,所以我们并不要求时间用几何来描述。3 维空间具有平移和转动对称性,这里的平移是指没有转动的刚性运动。最基本的几何概念是两点间的距离,它不随平移和转动而发生改变。一种自然的想法就是,物理定律的表述方式,独立于位置和方向。当整个物理系统平移或者转动时,物理定律的形式应当不变。这些想法给出了物理定律的几何意义。

用笛卡儿坐标很容易描述空间中的一点。为此,我们需要找到一个原点 O,和相互正交的坐标轴集合。每一点 P 都由 3 个实数唯一地确定,记作矢量 $\boldsymbol{x} = (x_1, x_2, x_3)$。 我们通常不去区分点和表示它的矢量。如图 1.6,从 O 点开始,先沿 1 轴移动 x_1 到达 A 点;再沿 2 轴移动 x_2 到达 B 点;最后沿 3 轴移动 x_3,最终到达 P 点。原点 O 本身由矢量 $(0, 0, 0)$ 来表示。

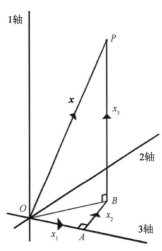

图 1.6　点 P 的矢量 $\boldsymbol{x}$ 表示

矢量 $\boldsymbol{x}$ 的长度就是点 O 到点 P 之间的距离,写作 $|\boldsymbol{x}|$。这段距离能够通过勾股定理来计算。OAB 是一个直角三角形,因此从 O 到 B 的距离为 $\sqrt{x_1^2 + x_2^2}$,OBP 也是一个直角三角形,从 O 到 P 的距离为 $\sqrt{(x_1^2 + x_2^2) + x_3^2}$,因此,距离的平方为

$$|\boldsymbol{x}|^2 = x_1^2 + x_2^2 + x_3^2. \tag{1.10}$$

它实际上就是笛卡儿的勾股定理。当围绕 O 点转动时,距离仍然保持不变。

将 $\boldsymbol{x}$ 主动转动到 $\boldsymbol{x}'$,使得 $\boldsymbol{x}$ 与 $\boldsymbol{x}'$ 成为不同的两点。转动也可能是通过被动方式来实现的,这意思是指,坐标轴转动而点 $\boldsymbol{x}$ 实际上并未改变。不管怎样,需要用新的坐标 $\boldsymbol{x}' = (x_1', x_2', x_3')$ 来表示坐标轴转动后的 $\boldsymbol{x}$,坐标转动前后仍然保持 $|\boldsymbol{x}| = |\boldsymbol{x}'|$。

点 $\boldsymbol{x}$ 和 $\boldsymbol{y}$ 之间距离的平方是

$$|\boldsymbol{x} - \boldsymbol{y}|^2 = (x_1 - y_1)^2 + (x_2 - y_2)^2 + (x_3 - y_3)^2. \tag{1.11}$$

这段距离不受平移和转动的影响。平移使得所有的点改变一个固定的距离 $\mathbf{c}$,即点 $\mathbf{x}$ 和 $\mathbf{y}$ 分别变换到点 $\mathbf{x} + \mathbf{c}$ 和 $\mathbf{y} + \mathbf{c}$。

当考虑一对矢量 $\boldsymbol{x}$ 和 $\boldsymbol{y}$ 时,引入点积是十分有用的。

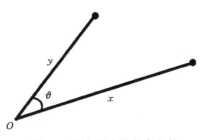

图 1.7　两矢量之间的点积是
$\boldsymbol{x} \cdot \boldsymbol{y} = |\boldsymbol{x}| |\boldsymbol{y}| \cos \vartheta$

$$x \cdot y = x_1 y_1 + x_2 y_2 + x_3 y_3. \tag{1.12}$$

一个特殊的情况就是 $x \cdot x = x_1^2 + x_2^2 + x_3^2 = |x|^2$，即 x 点乘自身就是长度的平方。$x \cdot y$ 是否与转动无关并不是显而易见的。然而，当我们展开式(1.11)的左边时，就可以得到

$$|x - y|^2 = |x|^2 + |y|^2 - 2x \cdot y. \tag{1.13}$$

由于 $|x|$，$|y|$ 和 $|x-y|$ 都不受转动影响，因此 $x \cdot y$ 也不可能受到转动影响。用这个结果，我们就能够得到 x 和 y 点积的另一个非常有用的表达式：

$$x \cdot y = \frac{1}{2}(|x|^2 + |y|^2 - |x - y|^2) = |x||y|\cos\vartheta, \tag{1.14}$$

其中 ϑ 是矢量 x 和 y 之间的夹角。

据上分析，如果 $x \cdot y = 0$，且矢量 x 和 y 都不为 0，那么 $\cos\vartheta = 0$，即矢量 x 和 y 之间的夹角为 $\vartheta = \pm\dfrac{\pi}{2}$。换句话说，矢量 x 和 y 是相互垂直。例如，笛卡儿坐标系三个轴的单位矢量$(1, 0, 0)$，$(0, 1, 0)$和$(0, 0, 1)$，其中任意两个矢量点积为零，因此它们相互垂直。

严格地说，在 3 维空间中的任意方向上转动一个角度，矢量长度及两矢量之间的夹角保持不变，这个性质才使得点积是一个十分有用的运算。诸如 $x \cdot y$ 的那些不随转动而发生变化的量，称为标量。

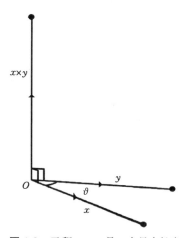

图 1.8 叉积 $x \times y$ 是一个具有长度 $|x||y|\sin\vartheta$ 的矢量

还存在另一个同样有用的运算。如图 1.8 所示，对于两个矢量 x 和 y，可以构造第三个矢量，即它们的叉积 $x \times y$。叉积的分量为

$$x \times y = (x_2 y_3 - x_3 y_2, \ x_3 y_1 - x_1 y_3, \\ x_1 y_2 - x_2 y_1). \tag{1.15}$$

这样定义的叉积是有用的，这是因为当矢量 x 和 y 绕着某个轴转动时，$x \times y$ 也将会随之转动[如果人们想定义叉乘具有分量 $(x_2 y_3, \ x_3 y_1, \ x_1 y_2)$，那么它就没有这个性质，因而这种另类叉乘规律几何意义不大]。不像点积那样，叉积并不是转动不变量。我们说叉积在转动下与矢量 x 和 y "协"同着"变"化。从而"协变"一词就是"随着改变"或者"严格按照同样的方式改变"的意思。这也是一个经常会出现在物理学中的概念。

通过考虑 $x \times y$ 与第三个矢量 z 之间的点积，我们可以验证这种转动协变性。使用方程(1.15)和(1.12)，可得

$$(x \times y) \cdot z = x_2 y_3 z_1 - x_3 y_2 z_1 + x_3 y_1 z_2 - x_1 y_3 z_2 + x_1 y_2 z_3 - x_2 y_1 z_3. \tag{1.16}$$

一般而言，(1.16)式的右面并不为零，但是如果令 $z = x$ 或 $z = y$，就容易能看出上式右面

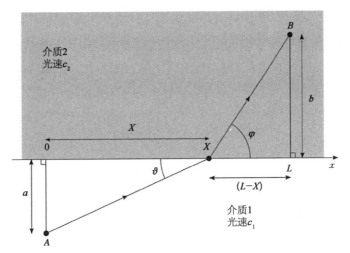

图 1.5 光的折射。在介质 2 中的光速 c_2 比介质 1 中的光速 c_1 小

可得关于 X 的方程为

$$\frac{1}{c_1}\frac{X}{\sqrt{a^2+X^2}}=\frac{1}{c_2}\frac{L-X}{\sqrt{b^2+(L-X)^2}}. \tag{1.7}$$

我们并不直接去解这个方程,而是用更几何的方法表示它。用图 1.5 中的 ϑ 和 φ 角,(1.7)式可以表示为

$$\frac{1}{c_1}\cos\vartheta=\frac{1}{c_2}\cos\varphi. \tag{1.8}$$

(1.8)式还可以表达成另一个更有用的形式:

$$\cos\varphi=\frac{c_2}{c_1}\cos\vartheta. \tag{1.9}$$

这就是斯涅耳折射定律[①]。它将光线的角度与光速 c_1 和 c_2 的比值联系了起来。即使我们不知道光速的值,也能通过实验来验证斯涅耳定律。为此,入射光线与介质分界面之间的夹角必定会变化,即 A 与 B 不再固定。将函数 $\cos\varphi$ 相对于 $\cos\vartheta$ 作图像,结果是一条通过原点的直线。

假设光是从空气进入水。水中的光速比空气中的光速小,即 c_2 小于 c_1,于是 $\cos\varphi$ 小于 $\cos\vartheta$,也就是说 φ 比 ϑ 大。很容易得到这样的结论,光在进入水中后会变弯折(见图 1.5)。

斯涅耳定理有许多有趣的结论。它是处理透镜系统的关键因素。它也解释了所有的全反射现象。当光从介质速度小的 B 处出发,以一个十分小的 φ 角入射到界面。当 φ

---

① 斯涅耳定律可以用更熟悉方式 $\sin\varphi'=\dfrac{c_2}{c_1}\sin\vartheta'$ 来描述,其中 φ' 与 ϑ' 是光线和(垂直于表面的)法线之间的夹角,即 $\varphi'=\pi/2-\varphi$ 与 $\vartheta'=\pi/2-\vartheta$。

小到使 $\cos\varphi$ 接近于 1 而要求 $\cos\vartheta > 1$，就会发生全反射。因为没有满足该条件的 ϑ 角，所以光不能通过界面到达介质 1 而被全部反射。全反射入射的临界角 φ_c 依赖于两种介质之间的光速比。式 (1.9) 给出 $\cos\varphi_c = \dfrac{c_2}{c_1}$。这个结果已被应用到光在光纤中的传播过程中。

起初，折射定律是由反射率的比值[式 (1.9) 右边]来表达的。通过费马原理的考虑，物理学家发现比率可以理解为光速的比值。后来，当介质中的光速可以被直接测量时，人们发现光在真空中的传播速度最大，而在空气中只减少了一点点。然而，在诸如水或玻璃等致密物质中，光速将会明显降低，大约降低了 20%～40%。真空中的光速是常量，为 299 792 458 m/s，经常被近似地写作 3×10^8 m/s。在致密介质中，传播的光速会依赖于光的波长，当光从空气进入玻璃或水中时也会如此，这就是被三棱镜和水滴反射的白光，会出现多种颜色的原因。

1.1.2 变分原理的思想

我们已经给出了关于部分数学定理，是如何由变分法来表达的。这种原理事实上更为普适，它适用于所有的物理过程。从粒子的运动，到场的波形，从量子态到时空本身，我们发现自然过程总是在使得某些物理量最优化。通常这种最优化是一个物理量达到的最大值或最小值，有时候也有可能是鞍点①。这种最重要的物理量被称为作用量。许多物理定律便由最小作用量原理得到。分析这些原理的数学方法被称为变分法。它是普通微分学的一种拓展，但是带有自身额外方法，后面我们将会讲到它。

早在 18 世纪，达朗贝尔、欧拉和拉格朗日就意识到牛顿三定律可由最小作用量原理导出。这个过程由哈密顿在 19 世纪 30 年代达到完善。我们现在知道麦克斯韦方程也可由电磁场的作用量原理导出。在 1915 年，爱因斯坦发现了引力描述为弯曲时空效应的方程，希尔伯特显示了如何采用作用量原理，导出这个方程。甚至经典物理和量子物理，也在使用作用量原理上，得到了同一性。这种思想首先由狄拉克提出，由费曼达到完善。时至今日，人们认为作用量原理，是描述粒子和场的一种最好方法。

我们这样构建物理学的缘故，是因为最小作用量原理不仅简单而且方便记忆。例如，在麦克斯韦原始的电磁场理论中，电磁场方程共有 20 个。由吉布斯用现代矢量记号来表述，仍有 4 个麦克斯韦方程，外加关于带电粒子的洛伦兹力定律。另一方面，我们将在第 3 章中看到，作用量却是由电磁场构造的单个量组成，同时还描写带电粒子的轨迹。在第 12 章，我们还将看到，这种简约性在发展描述基本粒子的更复杂的规范理论时，显得尤为重要。对于诸如弦理论那样，极难理解的深奥理论更是如此。

我们将在第 2 章中，重新回到这些想法，并展示如何用最小作用量原理，去构造牛顿力学。通过物体在空间的运动，考虑所有可能发生的无穷小变量，我们就可以导出牛顿运动定律。然而，发生这些运动所需的舞台，我们必须首先描述它。

---

① 例如景观中的山隘就是鞍点，它是高度的稳定点，但它既不是最大值点，也不是最小值点。

1.2　欧几里得时空

常见的 3 维欧几里得空间,又简称为 3 维空间,记作 $\mathbb{R}^3$,是物理世界剧本演出的舞台。这部物理剧按时间发生,但在非相对论物理中时空并不统一,所以我们并不要求时间用几何来描述。3 维空间具有平移和转动对称性,这里的平移是指没有转动的刚性运动。最基本的几何概念是两点间的距离,它不随平移和转动而发生改变。一种自然的想法就是,物理定律的表述方式,独立于位置和方向。当整个物理系统平移或者转动时,物理定律的形式应当不变。这些想法给出了物理定律的几何意义。

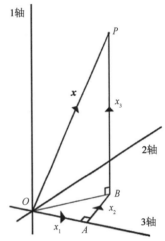

用笛卡儿坐标很容易描述空间中的一点。为此,我们需要找到一个原点 O,和相互正交的坐标轴集合。每一点 P 都由 3 个实数唯一地确定,记作矢量 $\boldsymbol{x} = (x_1,\ x_2,\ x_3)$。我们通常不去区分点和表示它的矢量。如图 1.6,从 O 点开始,先沿 1 轴移动 x_1 到达 A 点;再沿 2 轴移动 x_2 到达 B 点;最后沿 3 轴移动 x_3,最终到达 P 点。原点 O 本身由矢量 $(0,\ 0,\ 0)$ 来表示。

矢量 $\boldsymbol{x}$ 的长度就是点 O 到点 P 之间的距离,写作 $|\boldsymbol{x}|$。这段距离能够通过勾股定理来计算。OAB 是一个直角三角形,因此从 O 到 B 的距离为 $\sqrt{x_1^2 + x_2^2}$,OBP 也是一个直角三角形,从 O 到 P 的距离为 $\sqrt{(x_1^2 + x_2^2) + x_3^2}$,因此,距离的平方为

图 1.6　点 P 的矢量 $\boldsymbol{x}$ 表示

$$|\boldsymbol{x}|^2 = x_1^2 + x_2^2 + x_3^2. \tag{1.10}$$

它实际上就是笛卡儿的勾股定理。当围绕 O 点转动时,距离仍然保持不变。

将 $\boldsymbol{x}$ 主动转动到 $\boldsymbol{x}'$,使得 $\boldsymbol{x}$ 与 $\boldsymbol{x}'$ 成为不同的两点。转动也可能是通过被动方式来实现的,这意思是指,坐标轴转动而点 $\boldsymbol{x}$ 实际上并未改变。不管怎样,需要用新的坐标 $\boldsymbol{x}' = (x_1',\ x_2',\ x_3')$ 来表示坐标轴转动后的 $\boldsymbol{x}$,坐标转动前后仍然保持 $|\boldsymbol{x}| = |\boldsymbol{x}'|$。

点 $\boldsymbol{x}$ 和 $\boldsymbol{y}$ 之间距离的平方是

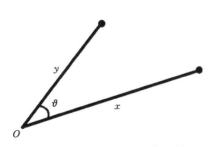

$$|\boldsymbol{x} - \boldsymbol{y}|^2 = (x_1 - y_1)^2 + (x_2 - y_2)^2 + (x_3 - y_3)^2. \tag{1.11}$$

这段距离不受平移和转动的影响。平移使得所有的点改变一个固定的距离 $\boldsymbol{c}$,即点 $\boldsymbol{x}$ 和 $\boldsymbol{y}$ 分别变换到点 $\boldsymbol{x} + \boldsymbol{c}$ 和 $\boldsymbol{y} + \boldsymbol{c}$。

图 1.7　两矢量之间的点积是 $\boldsymbol{x} \cdot \boldsymbol{y} = |\boldsymbol{x}||\boldsymbol{y}| \cos \vartheta$

当考虑一对矢量 $\boldsymbol{x}$ 和 $\boldsymbol{y}$ 时,引入点积是十分有用的。

$$\boldsymbol{x} \cdot \boldsymbol{y} = x_1 y_1 + x_2 y_2 + x_3 y_3. \tag{1.12}$$

一个特殊的情况就是 $\boldsymbol{x} \cdot \boldsymbol{x} = x_1^2 + x_2^2 + x_3^2 = |\boldsymbol{x}|^2$，即 $\boldsymbol{x}$ 点乘自身就是长度的平方。$\boldsymbol{x} \cdot \boldsymbol{y}$ 是否与转动无关并不是显而易见的。然而，当我们展开式(1.11)的左边时，就可以得到

$$|\boldsymbol{x} - \boldsymbol{y}|^2 = |\boldsymbol{x}|^2 + |\boldsymbol{y}|^2 - 2\boldsymbol{x} \cdot \boldsymbol{y}. \tag{1.13}$$

由于 $|\boldsymbol{x}|$，$|\boldsymbol{y}|$ 和 $|\boldsymbol{x} - \boldsymbol{y}|$ 都不受转动影响，因此 $\boldsymbol{x} \cdot \boldsymbol{y}$ 也不可能受到转动影响。用这个结果，我们就能够得到 $\boldsymbol{x}$ 和 $\boldsymbol{y}$ 点积的另一个非常有用的表达式：

$$\boldsymbol{x} \cdot \boldsymbol{y} = \frac{1}{2}(|\boldsymbol{x}|^2 + |\boldsymbol{y}|^2 - |\boldsymbol{x} - \boldsymbol{y}|^2) = |\boldsymbol{x}||\boldsymbol{y}|\cos\vartheta, \tag{1.14}$$

其中 ϑ 是矢量 $\boldsymbol{x}$ 和 $\boldsymbol{y}$ 之间的夹角。

据上分析，如果 $\boldsymbol{x} \cdot \boldsymbol{y} = 0$，且矢量 $\boldsymbol{x}$ 和 $\boldsymbol{y}$ 都不为 0，那么 $\cos\vartheta = 0$，即矢量 $\boldsymbol{x}$ 和 $\boldsymbol{y}$ 之间的夹角为 $\vartheta = \pm\frac{\pi}{2}$。换句话说，矢量 $\boldsymbol{x}$ 和 $\boldsymbol{y}$ 是相互垂直。例如，笛卡儿坐标系三个轴的单位矢量 $(1, 0, 0)$，$(0, 1, 0)$ 和 $(0, 0, 1)$，其中任意两个矢量点积为零，因此它们相互垂直。

严格地说，在 3 维空间中的任意方向上转动一个角度，矢量长度及两矢量之间的夹角保持不变，这个性质才使得点积是一个十分有用的运算。诸如 $\boldsymbol{x} \cdot \boldsymbol{y}$ 的那些不随转动而发生变化的量，称为标量。

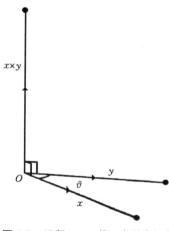

图 1.8 叉积 $\boldsymbol{x} \times \boldsymbol{y}$ 是一个具有长度 $|\boldsymbol{x}||\boldsymbol{y}|\sin\vartheta$ 的矢量

还存在另一个同样有用的运算。如图 1.8 所示，对于两个矢量 $\boldsymbol{x}$ 和 $\boldsymbol{y}$，可以构造第三个矢量，即它们的叉积 $\boldsymbol{x} \times \boldsymbol{y}$。叉积的分量为

$$\boldsymbol{x} \times \boldsymbol{y} = (x_2 y_3 - x_3 y_2, \ x_3 y_1 - x_1 y_3,$$
$$x_1 y_2 - x_2 y_1). \tag{1.15}$$

这样定义的叉积是有用的，这是因为当矢量 $\boldsymbol{x}$ 和 $\boldsymbol{y}$ 绕着某个轴转动时，$\boldsymbol{x} \times \boldsymbol{y}$ 也将会随之转动[如果人们想定义叉乘具有分量 $(x_2 y_3, \ x_3 y_1, \ x_1 y_2)$，那么它就没有这个性质，因而这种另类叉乘规律几何意义不大]。不像点积那样，叉积并不是转动不变量。我们说叉积在转动下与矢量 $\boldsymbol{x}$ 和 $\boldsymbol{y}$ "协"同着"变"化。从而"协变"一词就是"随着改变"或者"严格按照同样的方式改变"的意思。这也是一个经常会出现在物理学中的概念。

通过考虑 $\boldsymbol{x} \times \boldsymbol{y}$ 与第三个矢量 $\boldsymbol{z}$ 之间的点积，我们可以验证这种转动协变性。使用方程(1.15)和(1.12)，可得

$$(\boldsymbol{x} \times \boldsymbol{y}) \cdot \boldsymbol{z} = x_2 y_3 z_1 - x_3 y_2 z_1 + x_3 y_1 z_2 - x_1 y_3 z_2 + x_1 y_2 z_3 - x_2 y_1 z_3. \tag{1.16}$$

一般而言，(1.16)式的右面并不为零，但是如果令 $\boldsymbol{z} = \boldsymbol{x}$ 或 $\boldsymbol{z} = \boldsymbol{y}$，就容易能看出上式右面

的六项相互抵消,其结果为零。这就是说 $x \times y$ 与矢量 x 和 y 都是正交的,如图 1.8 所示。因此,当考虑转动时,三个矢量 $x \times y$, x 和 y 的方向必定同时转动。现在我们只需要验证在转动时,它的长度是保持不变。先用分量来表达 $x \times y$ 的平方:

$$| \, x \times y \, |^2 = (x_2 y_3 - x_3 y_2)^2 + (x_3 y_1 - x_1 y_3)^2 + (x_1 y_2 - x_2 y_1)^2. \qquad (1.17)$$

在经过一些代数运算之后,上式也可化为

$$| \, x \times y \, |^2 = (x \cdot x)^2 + (y \cdot y)^2 - (x \cdot y)^2, \qquad (1.18)$$

(1.18)式的右边只包含点积,点积在转动下是不变的,因此 $| \, x \times y \, |$ 也是在转动下不变的。等式右边可由长度和夹角表示为 $| \, x \, |^2 | \, y \, |^2 - | \, x \, |^2 | \, y \, |^2 \cos^2 \vartheta$。它又可以化简为 $| \, x \, |^2 | \, y \, |^2 \sin^2 \vartheta$。因此,矢量 $x \times y$ 的长度是 $| \, x \, | \, | \, y \, | \, \sin \vartheta$。

在交换矢量 x 和 y 的位置时,这两个量 $x \cdot y$ 和 $x \times y$ 将具有相反的对称性:$x \cdot y = y \cdot x$,而 $x \times y = -y \times x$。这些关系可由式(1.15)和(1.12)中得到验证。对称性显示,对于任意的矢量 x,都有 $x \times x = 0$。

对于三个矢量 x, y 和 z,可以构造两个非常有用的几何量。第一个几何量是标量 $(x \times y) \cdot z$。利用(1.16)式可知,它具有很多好的对称性,特别是

$$(x \times y) \cdot z = x \cdot (y \times z). \qquad (1.19)$$

另一个几何量是双重叉积 $x \times y \times z$,它是一个矢量。通过一个重要的等式,可以将其表示为点积的形式:

$$x \times y \times z = (x \cdot z) y - (y \cdot z) x. \qquad (1.20)$$

为了给出(1.20)式的直观图像,先利用叉积的定义(1.15)式,容易验证这个量在转动下是协变的。再注意到 $x \times y$ 垂直于由矢量 x 和 y 张成的平面,当它再叉乘 z,所得到的矢量将垂直于 $x \times y$,这意味着矢量 $x \times y \times z$,又重新回到由矢量 x 和 y 张成的平面。因此,矢量 $x \times y \times z$ 是矢量 x 和 y 的线性组合,且这个量必定垂直于 z。等式(1.20)的右边满足恒等式:

$$((x \cdot z) y - (y \cdot z) x) \cdot z = (x \cdot z)(y \cdot z) - (y \cdot z)(x \cdot z) = 0. \qquad (1.21)$$

由于物理定律的表述必须满足下述性质,在转动或者平移下整个物理系统保持不变,所以我们深入研究了 $x \cdot y$ 和 $x \times y$ 的这些性质。更重要的是,物理定律在被动转动坐标轴或者平移原点时,也保持不变。因此,点积和叉积经常出现在诸如能量和角动量这样的物理理论中。下一节我们将遇到一个称作偏微分的矢量,记为 ∇。在电磁场理论中,我们经常会遇到点积 $\nabla \cdot E$ 和叉积 $\nabla \times E$,这里的 E 是电场强度。详细的内容将会在第 3 章讲到。

在第 4 章讨论广义相对论之前,我们并不需要认真地关注时间的几何意义。在非相对论物理中,我们使用另一个笛卡儿坐标轴 t 来表示时间。给定时刻 t_1 和 t_2,只有它们之间的差 $t_2 - t_1$,才真正是具有物理意义的。物理现象不因时间平移而改变。如果一个物理过程开始于 t_1 时刻,结束于 t_2 时刻,与它开始于 $t_1 + c$ 时刻,结束于 $t_2 + c$ 时刻将是

完全相同的。假设一个物理过程开始于 $t=0$ 时刻,并在 $t=T$ 回到初始状态。那么它将一直周而复始,在 $t=2T$, $t=3T$ 等等时刻回到初始状态。这个很像时钟的规律,对我们来说不仅熟悉而且实用。

1.3　偏　微　分

3 维空间的物理经常出现包含多个变量的函数。当一个函数依赖于多个变量时,我们就需要考虑对它的所有变量的微分。假设 $\phi(x_1, x_2, x_3)$ 是 3 维空间中的光滑函数。对 x_1 的偏微分 $\dfrac{\partial \phi}{\partial x_1}$,就像是对 x_1 的常微分一样,这时将 x_2, x_3 看成是定值或常量。它在任意一点 $\boldsymbol{x}=(x_1, x_2, x_3)$ 都会有值。通过将 x_2, x_3 固定为定值,我们认为 ϕ 只是 x_1 的函数,沿着 $\boldsymbol{x}$ 平行于 1 轴的分量改变。在 $\boldsymbol{x}$ 平行于 1 轴的直线上,偏微分 $\dfrac{\partial \phi}{\partial x_1}$ 变为常微分。定义在 $\boldsymbol{x}$ 上的偏微分 $\dfrac{\partial \phi}{\partial x_2}$ 和 $\dfrac{\partial \phi}{\partial x_3}$,也可类似地看成是沿着 $\boldsymbol{x}$ 平行于 2 轴或 3 轴分量的常微分。对于一个已知的具体函数,我们就可以容易计算出它的偏微分。例如,如果 $\phi(x_1, x_2, x_3)=x_1^3 x_2^4 x_3$,那么计算 $\dfrac{\partial \phi}{\partial x_1}$ 时应将 $x_2^4 x_3$ 看成是常量,只对 x_1^3 求微分。计算 $\dfrac{\partial \phi}{\partial x_2}$ 和 $\dfrac{\partial \phi}{\partial x_3}$ 的时候也是如此。因此

$$\frac{\partial \phi}{\partial x_1}=3x_1^2 x_2^4 x_3, \quad \frac{\partial \phi}{\partial x_2}=4x_1^3 x_2^3 x_3, \quad \frac{\partial \phi}{\partial x_3}=x_1^3 x_2^4. \tag{1.22}$$

回想一下,当 δx 很小时,我们能够通过 $f(x)$ 的导数 $f'(x)$,得到 $f(x+\delta x)$ 时的近似值:

$$f(x+\delta x) \approx f(x)+f'(x)\delta x. \tag{1.23}$$

同样,将上述方法应用到偏微分 $\dfrac{\partial \phi}{\partial x_1}$ 上,我们也能得到

$$\phi(x_1+\delta x_1, x_2, x_3) \approx \phi(x_1, x_2, x_3)+\frac{\partial \phi}{\partial x_1}\delta x_1. \tag{1.24}$$

在 $\boldsymbol{x}$ 处组合对 ϕ 的 3 个偏微分后,我们就能得到一个更有意义的结果:

$$\begin{aligned}&\phi(x_1+\delta x_1, x_2+\delta x_2, x_3+\delta x_3)\\ &\approx \phi(x_1, x_2, x_3)+\frac{\partial \phi}{\partial x_1}\delta x_1+\frac{\partial \phi}{\partial x_2}\delta x_2+\frac{\partial \phi}{\partial x_3}\delta x_3.\end{aligned} \tag{1.25}$$

这正是 ϕ 在距 $\boldsymbol{x}$ 无穷小距离的点 $\boldsymbol{x}+\delta\boldsymbol{x}$ 处的近似值。

这里隐含着一个基本的前提,即 $\dfrac{\partial \phi}{\partial x_2}$ 或 $\dfrac{\partial \phi}{\partial x_3}$ 在点 $(x_1+\delta x_1, x_2, x_3)$ 的值,与在

点 (x_1, x_2, x_3) 的值完全相等。这就是为什么我们早先需要假设 ϕ 是光滑函数的原因。

将函数 ϕ 的所有偏导数,组合成为一个矢量,记为 $\nabla\phi$,

$$\nabla\phi = \left(\frac{\partial\phi}{\partial x_1}, \frac{\partial\phi}{\partial x_2}, \frac{\partial\phi}{\partial x_3}\right). \tag{1.26}$$

类似地 $\delta x = (\delta x_1, \delta x_2, \delta x_3)$ 也是一个矢量。于是,(1.25)式便可简洁地写成

$$\phi(x + \delta x) = \phi(x) + \nabla\phi \cdot \delta x. \tag{1.27}$$

这个结果将会经常用到。右边为点积,它在坐标轴转动时保持不变。$\nabla\phi$ 被称为 ϕ 的梯度。

考虑一个函数性质很好的方法就是画等高线。对于 3 维空间中的函数,等高线就是那些 ϕ 为常数的曲面。如果 δx 是任意的通过 x 且相切于等高线的矢量,那么在 δx 的线性近似下 $\phi(x + \delta x) - \phi(x) \approx 0$,即 $\nabla\phi \cdot \delta x = 0$。因此 $\nabla\phi$ 正交于 δx,也即 $\nabla\phi$ 是垂直于等高线的矢量,如图 1.9 所示。实际上,$\nabla\phi$ 指向的是函数 ϕ 最陡的上坡方向,它的值就是该方向上,函数 ϕ 的增长度,这就是"梯度"术语来源。

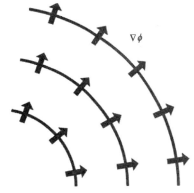

图 1.9 曲线代表 ϕ 为常数的等高线,箭头代表梯度 $\nabla\phi$

可能存在一点 x 使得三个偏微分都为零,即 $\nabla\phi = 0$,那么 x 就是 ϕ 的稳定点。稳定点究竟是最大值点,最小值点,还是鞍点,依赖于 ϕ 对 x 的二阶导数。

ϕ 的二阶偏导数,存在 9 种可能的项,它们包括 $\frac{\partial^2\phi}{\partial x_1^2}$,$\frac{\partial^2\phi}{\partial x_1\partial x_2}$,$\frac{\partial^2\phi}{\partial x_2\partial x_1}$,$\frac{\partial^2\phi}{\partial x_2^2}$ 等等。偏导数 $\frac{\partial^2\phi}{\partial x_1\partial x_2}$ 是先对 x_1 求导,再对 x_2 求导所得到的;$\frac{\partial^2\phi}{\partial x_2\partial x_1}$ 则是求导次序反了过来。例如,对于函数 $\phi(x_1, x_2, x_3) = x_1^3 x_2^4 x_3$,可以得到

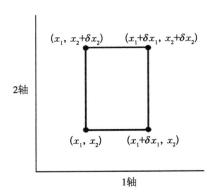

图 1.10 由函数 ϕ 在四点的值所构成的无穷小矩形

$$\frac{\partial^2\phi}{\partial x_1^2} = 6x_1 x_2^4 x_3, \quad \frac{\partial^2\phi}{\partial x_1\partial x_2} = 12x_1^2 x_2^3 x_3,$$

$$\frac{\partial^2\phi}{\partial x_2\partial x_1} = 12x_1^2 x_2^3 x_3, \quad \frac{\partial^2\phi}{\partial x_2^2} = 12x_1^3 x_2^2 x_3. \tag{1.28}$$

注意到混合项实际上是相等的,这是一个十分重要的普适结论。

为了证明这个结果,我们需要考虑如图 1.10 所示的矩形。用两种不同的计算方式计算下式:

$$\phi(x_1 + \delta x_1, x_2 + \delta x_2, x_3) - \phi(x_1 + \delta x_1, x_2, x_3) -$$
$$\phi(x_1, x_2 + \delta x_2, x_3) + \phi(x_1, x_2, x_3). \tag{1.29}$$

可以先分别计算两个垂直部分之差，再计算两者之差。

$$\{\phi(x_1 + \delta x_1, x_2 + \delta x_2, x_3) - \phi(x_1 + \delta x_1, x_2, x_3)\} -$$
$$\{\phi(x_1, x_2 + \delta x_2, x_3) - \phi(x_1, x_2, x_3)\}$$
$$\approx \frac{\partial \phi}{\partial x_2}(x_1 + \delta x_1, x_2, x_3)\delta x_2 - \frac{\partial \phi}{\partial x_2}(x_1, x_2, x_3)\delta x_2$$
$$\approx \frac{\partial^2 \phi}{\partial x_1 \partial x_2}(x_1, x_2, x_3)\delta x_1 \delta x_2. \tag{1.30}$$

另一个计算办法是，先分别计算两个横向部分之差，再计算两者之差。这只是重新安排括号。

$$\{\phi(x_1 + \delta x_1, x_2 + \delta x_2, x_3) - \phi(x_1, x_2 + \delta x_2, x_3)\} -$$
$$\{\phi(x_1 + \delta x_1, x_2, x_3) - \phi(x_1, x_2, x_3)\}$$
$$\approx \frac{\partial \phi}{\partial x_1}(x_1, x_2 + \delta x_2, x_3)\delta x_1 - \frac{\partial \phi}{\partial x_1}(x_1, x_2, x_3)\delta x_1$$
$$\approx \frac{\partial^2 \phi}{\partial x_2 \partial x_1}(x_1, x_2, x_3)\delta x_1 \delta x_2. \tag{1.31}$$

(1.30)和(1.31)两式的右边都是一样的，所以混合偏导数必定相等。这个结论被称为二阶混合偏导数的对称性，这是由于存在改变微分次序的对称性而导致的。我们在后面，例如，在推导麦克斯韦方程时，和在推导大量的热力学关系时，将会经常用到这个性质。

关于 ϕ 的二阶偏导数，还存在一个特别重要的组合，被称为 ϕ 的拉普拉斯算子，记为 $\nabla^2 \phi$，

$$\nabla^2 \phi = \frac{\partial^2 \phi}{\partial x_1^2} + \frac{\partial^2 \phi}{\partial x_2^2} + \frac{\partial^2 \phi}{\partial x_3^2}. \tag{1.32}$$

它是一个标量，在坐标轴的转动下保持不变。如果将 $\left(\dfrac{\partial}{\partial x_1}, \dfrac{\partial}{\partial x_2}, \dfrac{\partial}{\partial x_3}\right)$ 看成是一个微分矢量，那么标量的特征是明显的。

$$\nabla^2 \phi = \left(\frac{\partial}{\partial x_1}, \frac{\partial}{\partial x_2}, \frac{\partial}{\partial x_3}\right) \cdot \left(\frac{\partial \phi}{\partial x_1}, \frac{\partial \phi}{\partial x_2}, \frac{\partial \phi}{\partial x_3}\right). \tag{1.33}$$

或确切地记 $\nabla^2 \phi = \boldsymbol{\nabla} \cdot \boldsymbol{\nabla} \phi$，甚至可以更形式化记 $\nabla^2 = \boldsymbol{\nabla} \cdot \boldsymbol{\nabla}$。对于先前的例子 $\phi = x_1^3 x_2^4 x_3$，

$$\nabla^2(x_1^3 x_2^4 x_3) = \frac{\partial^2 (x_1^3 x_2^4 x_3)}{\partial x_1^2} + \frac{\partial^2 (x_1^3 x_2^4 x_3)}{\partial x_2^2} + \frac{\partial^2 (x_1^3 x_2^4 x_3)}{\partial x_3^2}$$
$$= 6x_1 x_2^4 x_3 + 12 x_1^3 x_2^2 x_3. \tag{1.34}$$

它是一个具有典型非零结果的例子。然而,还有很多函数,其拉普拉斯算子为零,例如 $x_1^2 - x_2^2$ 和 $x_1 x_2 x_3$。

在 3 维空间中,我们常常需要计算函数 $f(r)$ 的梯度算子,其中自变量 r 是指以 O 为中心的径向距离,其中 $r^2 = x_1^2 + x_2^2 + x_3^2$。这个计算需要一定的技巧,因为要想得到 r 还要开根号。如果将自变量看成是 r^2,计算起来将会简单些。

首先,通过链式法则计算梯度:

$$\mathbf{\nabla}\, r^2 = 2r \left(\frac{\partial r}{\partial x_1},\ \frac{\partial r}{\partial x_2},\ \frac{\partial r}{\partial x_3} \right) = 2r\,\mathbf{\nabla}\, r. \tag{1.35}$$

另一方面,直接计算对 $x_1^2 + x_2^2 + x_3^2$ 的偏微分,可得

$$\mathbf{\nabla}\, r^2 = (2x_1,\ 2x_2,\ 2x_3) = 2\boldsymbol{x}. \tag{1.36}$$

比较这两个表达式,有

$$\mathbf{\nabla}\, r = \frac{x}{r} = \hat{\boldsymbol{x}}, \tag{1.37}$$

其中 $\boldsymbol{x}$ 是具有 r 长度的矢量,$\hat{\boldsymbol{x}}$ 是单位朝外径向矢量。从(1.37)式中可以看出,r 的等高面是以 O 为中心的球面,且在离开 O 的任何地方,r 的增长率为单位矢量。(1.35)式很容易推广。对于一般的 $f(r)$,链式法则给出

$$\mathbf{\nabla}\, f(r) = f'(r)\,\mathbf{\nabla}\, r = f'(r)\,\frac{x}{r} = f'(r)\,\hat{\mathbf{x}}. \tag{1.38}$$

最重要的一个例子是

$$\mathbf{\nabla}\, \frac{1}{r} = -\frac{1}{r^2}\,\hat{\mathbf{x}}. \tag{1.39}$$

在考虑静电力和引力的反平方律时,(1.39)式显得尤为重要。

接下来,让我们计算 $f(r)$ 的拉普拉斯算子。运用 $\mathbf{\nabla}\, f(r) = f'(r)\,\dfrac{x}{r}$,可以得到

$$\nabla^2 f(r) = \mathbf{\nabla} \cdot \mathbf{\nabla}\, f(r) = \mathbf{\nabla} \cdot \left(\frac{1}{r}f'(r)\boldsymbol{x} \right). \tag{1.40}$$

按照莱布尼茨规则,将最后一式拆成两项。第一项为梯度算符 $\mathbf{\nabla}$,作用到 $\dfrac{1}{r}f'(r)$,得到

$$\left[\frac{1}{r}f''(r) - \frac{1}{r^2}f'(r) \right] \frac{x}{r} \cdot \boldsymbol{x} = f''^{(r)} - \frac{1}{r}f'(r), \tag{1.41}$$

此处,我们再次用到了(1.38)式。另一个是点积,梯度算符 $\mathbf{\nabla}$ 的三个分量 $\left(\dfrac{\partial}{\partial x_1},\ \dfrac{\partial}{\partial x_2}, \right.$

$\dfrac{\partial}{\partial x_3}$) 分别作用到 x,得到 3。因此,第二项的计算结果为 $\dfrac{3}{r}f'(r)$。将这两项加起来,可得

$$\nabla^2 f(r) = f''^{(r)} + \frac{2}{r} f'(r), \tag{1.42}$$

一个最重要的例子:

$$\nabla^2 \left(\frac{1}{r} \right) = \frac{2}{r^3} + \frac{2}{r} \left[\frac{-1}{r^2} \right] = 0. \tag{1.43}$$

除了 O 点外的任何其他地方,上式都成立。$\dfrac{1}{r}$ 在 O 点是无穷大,因此在此处它的梯度无法定义,从而拉普拉斯算子也无法定义。我们说 $\dfrac{1}{r}$ 在 O 点是奇异的。最一般的拉普拉斯算子为零的函数(自变量为 r)形式为 $\dfrac{C}{r} + D$,这里的 C 与 D 都是常数。

1.4　e,π 和高斯型积分

在数学和物理学中,超越数 e,π 总是会出现,在本书余下部分,会经常用到它们。指数函数 e^x,也被写为 $\exp x$,虚宗量指数函数是 e^{ix},它们都会经常用到。有两种不同类型的关系联系着 e 和 π。第一种是著名的欧拉关系:

$$e^{i\pi} = -1. \tag{1.44}$$

第二种是高斯型积分:

$$\int_{-\infty}^{\infty} e^{-x^2} \, dx = \sqrt{\pi}. \tag{1.45}$$

在本节中,我们将证明这两个公式,还将分别讨论实数指数函数和复数指数函数的应用。

指数函数由下列级数定义:

$$e^x = 1 + x + \frac{1}{2} x^2 + \frac{1}{6} x^3 + \cdots + \frac{1}{n!} x^n + \cdots, \tag{1.46}$$

对任意的 x,它都是正的。显然 $e^0 = 1$。欧拉常数 e 被定义为 e^1,是该级数取 $x=1$ 时的级数之和,数值上,$e = 2.718\cdots$。利用二项式展开,容易得到关系:

$$e^{x+y} = e^x e^y. \tag{1.47}$$

它描述了指数函数最基本的性质。这个性质使得作为级数展开的 e^x,自洽地成为 e 的第 x 次幂。例如,e^2 的级数等于两个 e^1 级数之积,即 $e^2 = e \times e$。对级数(1.46)逐项求导,很容易得到

$$\frac{\mathrm{d}}{\mathrm{d}x}(\mathrm{e}^x) = \mathrm{e}^x. \tag{1.48}$$

这个结果的重要性,将会在 1.4.1 节得到说明。

虚宗量的指数函数仍然用同样的级数展开:

$$\mathrm{e}^{\mathrm{i}x} = 1 + \mathrm{i}x - \frac{1}{2}x^2 - \frac{\mathrm{i}}{6}x^3 + \cdots + \frac{\mathrm{i}^n}{n!}x^n + \cdots. \tag{1.49}$$

其中 $\mathrm{i}^2 = -1$。 这个展开的实部和虚部分别是我们众所周知的 $\cos x$ 和 $\sin x$ 的级数展开:

$$\cos x = 1 - \frac{1}{2}x^2 + \frac{1}{24}x^4 + \cdots, \tag{1.50}$$

$$\sin x = x - \frac{1}{6}x^3 + \cdots, \tag{1.51}$$

因此

$$\mathrm{e}^{\mathrm{i}x} = \cos x + \mathrm{i}\sin x. \tag{1.52}$$

由于 $\cos\pi = -1$ 且 $\sin\pi = 0$,所以将 $x = \pi$ 代入到上式中,就可以得到欧拉关系 $\mathrm{e}^{\mathrm{i}\pi} = -1$。考虑它的 $2n$ 次幂,n 为任意的正整数,就能得到 $\mathrm{e}^{2n\mathrm{i}\pi} = 1$。

1.4.1 放射性衰变

放射性是贝克勒尔在 1896 年发现的。当一个放射性核发生衰变时,它就会变成另一种原子核。放射性核的数目 N,满足以下的衰变规律:

$$\frac{\mathrm{d}N}{\mathrm{d}t} = -\lambda N, \tag{1.53}$$

其中 λ 又称为衰变常数。(1.53)式的解,表明放射性按指数律衰变:

$$N = N_0 \mathrm{e}^{-\lambda t}. \tag{1.54}$$

此处 N_0 是初始时刻 $t = 0$ 时的衰变核数。图 1.11 画出了解。取(1.54)式两边的对数,可得

$$\ln\frac{N}{N_0} = -\lambda t. \tag{1.55}$$

时间 $\tau_{\frac{1}{2}}$ 称为放射性物质的半衰期,即核子数衰变到一半的时间。它由 $\ln\frac{1}{2} = -\lambda\tau_{\frac{1}{2}}$ 给出,因此

$$\tau_{\frac{1}{2}} = \frac{\ln 2}{\lambda}. \tag{1.56}$$

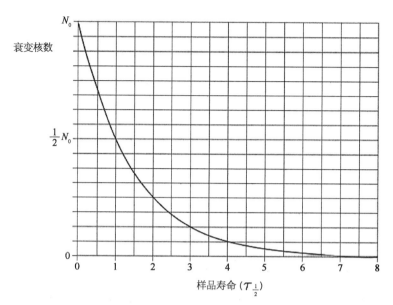

图 1.11 放射性衰变

我们也能计算放射性核的平均寿命 $\bar{t}$。考虑到所有 N_0 个核最终都将衰变，我们可以计算出平均衰变时间，

$$\bar{t} = \frac{1}{N_0} \int_0^{N_0} t \, dN$$

$$= -\frac{1}{\lambda N_0} \int_0^{N_0} \ln \frac{N}{N_0} \, dN$$

$$= -\frac{1}{\lambda N_0} \left[N \ln N - N - N \ln N_0 \right] \Big|_0^{N_0}$$

$$= \frac{1}{\lambda}. \tag{1.57}$$

上述计算的第二行，我们用到了 t 的表达式(1.55)。

放射性是一种测定文物时间工具，它极其有用。如果我们知道一个物质样品，初始包含 N_0 个放射性核，现在还剩下其中的 N 个，那么我们就能确定物质形成的时间 t，

$$t = \frac{1}{\lambda} \ln \frac{N_0}{N} = \frac{\tau_{\frac{1}{2}}}{\ln 2} \ln \frac{N_0}{N}. \tag{1.58}$$

根据相关的时间尺度，人们应使用不同的放射性核。例如，测定陨星的年代，应使用铀238，它的半衰期为 45 亿年。这已被用来测定太阳系的寿命。为了测定考古遗骸的时间，应使用碳14，它的半衰期为 5 730 年。

1.4.2 波和周期函数

如图 1.12 所示，我们可以将沿 x 轴正方向传播、随时空变化的波函数，记为 $e^{i(kx-\omega t)}$，

其中 k 和 ω 为正实数。由于欧拉关系,在那些 kx 以 2π 的整数变化的地方,波将始终保持相同,因此波长为 $\dfrac{2\pi}{k}$。类似的,在那些 ωt 以 2π 的整数变化的时刻,波也将始终相同,因此周期为 $\dfrac{2\pi}{\omega}$。k 和 ω 分别称为波的波数和角频率。

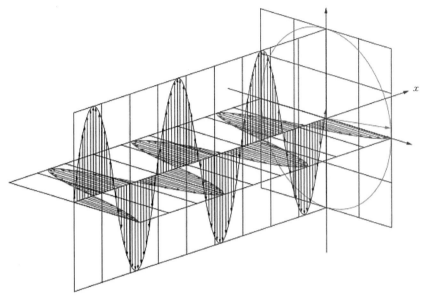

图 1.12　在 x 方向以速度 $\dfrac{\omega}{k}$ 传播的平面波 $\mathrm{e}^{\mathrm{i}(kx-\omega t)}$。随着时间流逝,在固定点的波幅是不变的,且波的相位在圆周上循环。波被分解成实部和虚部,它们是两个相位相差 $\dfrac{\pi}{2}$ 的相互垂直的正弦波

在 $kx-\omega t=$ 常数时,波的相位保持为常量。因此,在以 $\dfrac{\omega}{k}$ 沿着波移动的 x 点,其相位保持不变,也即 $\dfrac{\omega}{k}$ 为波的传播速度。如果 k 变为负的,ω 保持为正,波将会向反方向传播。

波的实部和虚部分别为 $\cos(kx-\omega t)$ 和 $\sin(kx-\omega t)$,它们被称为正弦波,但它们之间有相位差 $\dfrac{\pi}{2}$。很多种类的波都是实波,例如电磁波和液体表面所形成的波。但在量子力学中,自由粒子的波函数是一个复波。

1.4.3　高斯型积分

高斯函数 e^{-x^2} 的积分,如图 1.13 所示,不能表示成初等函数。因此,从 $-\infty$ 到 X 的不定积分不是初等的。另一方面,从 $-\infty$ 到 ∞ 的定积分具有值:

$$I=\int_{-\infty}^{\infty}\mathrm{e}^{-x^2}\,\mathrm{d}x=\sqrt{\pi}. \tag{1.59}$$

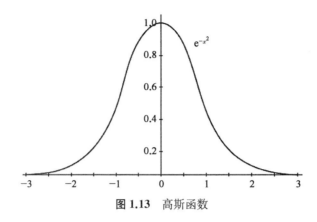

图 1.13 高斯函数

这是最简单的高斯积分。它经常出现在物理学中，后面我们将会经常用到它。

用一些数学技巧可以计算出 I 的值。为此，我们先考虑它的平方：

$$I^2 = \int_{-\infty}^{\infty} \mathrm{e}^{-x_1^2}\, \mathrm{d}x_1 \int_{-\infty}^{\infty} \mathrm{e}^{-x_2^2}\, \mathrm{d}x_2. \tag{1.60}$$

它能表示成一个 2 维积分：

$$I^2 = \int_{\mathbb{R}^2} \mathrm{e}^{-x_1^2 - x_2^2}\, \mathrm{d}^2 x, \tag{1.61}$$

它在全平面 $\mathbb{R}^2$ 上积分。现在将其变换到极坐标。令 r 为径向坐标，ϑ 为角向坐标。然后，通过勾股定理 $r^2 = x_1^2 + x_2^2$，积分测度变为 $\mathrm{d}^2 x = r\mathrm{d}r\mathrm{d}\vartheta$。因此

$$I^2 = \int_0^{2\pi} \int_0^{\infty} \mathrm{e}^{-r^2} r \mathrm{d}r \mathrm{d}\vartheta = 2\pi \int_0^{\infty} \mathrm{e}^{-r^2} r \mathrm{d}r, \tag{1.62}$$

其中 ϑ 的积分范围是 2π，理由来自几何，2π 是单位圆的周长。额外的 r 因子，使得对 r 的积分，变成初等可积，其结果为

$$I^2 = 2\pi \left[-\frac{1}{2} \mathrm{e}^{-r^2} \right]_0^{\infty} = \pi. \tag{1.63}$$

于是，得到如前所述的结果 $I = \sqrt{\pi}$.

一个更一般的高斯型积分是

$$I(\alpha) = \int_{-\infty}^{\infty} \mathrm{e}^{-\alpha x^2}\, \mathrm{d}x = \frac{1}{\sqrt{\alpha}} \int_{-\infty}^{\infty} \mathrm{e}^{-y^2}\, \mathrm{d}y = \sqrt{\frac{\pi}{\alpha}}. \tag{1.64}$$

其中我们用了替换关系 $y = \sqrt{\alpha} x$。另一个常用的数学技巧，使我们能计算一系列的高斯函数乘以 x 的偶次幂的积分。对 $I(\alpha)$ 中的 α 求导，可以得到一个 $-x^2$ 的因子，因此

$$\int_{-\infty}^{\infty} x^2 \mathrm{e}^{-\alpha x^2}\, \mathrm{d}x = -\frac{\mathrm{d}I(\alpha)}{\mathrm{d}\alpha} = -\frac{\mathrm{d}}{\mathrm{d}\alpha}\sqrt{\frac{\pi}{\alpha}} = \frac{1}{2\alpha}\sqrt{\frac{\pi}{\alpha}}. \tag{1.65}$$

对 α 求二次导数,可以得到

$$\int_{-\infty}^{\infty} x^4 \mathrm{e}^{-\alpha x^2} \mathrm{d}x = -\frac{\mathrm{d}}{\mathrm{d}\alpha}\left(\frac{\sqrt{\pi}}{2\alpha^{\frac{3}{2}}}\right) = \frac{3}{4\alpha^2}\sqrt{\frac{\pi}{\alpha}}. \tag{1.66}$$

继续对 α 求导,就可以得到所有形如 $\displaystyle\int_{-\infty}^{\infty} x^{2n} \mathrm{e}^{-\alpha x^2} \mathrm{d}x$ 的积分值。

　　如果被积函数是高斯函数乘以 x 的奇次幂,这时被积函数是奇函数,当 $x \rightarrow -x$ 时具有反对称性,因此 $\displaystyle\int_{-\infty}^{\infty} x^{2n+1} \mathrm{e}^{-\alpha x^2} \mathrm{d}x = 0$。 当积分的下限是 0 时,也可以进行计算。先变量替换 $y = x^2$,再进行分部积分,便可以得到

$$\begin{aligned}
\int_0^{\infty} x^{2n+1} \mathrm{e}^{-x^2} \mathrm{d}x &= \frac{1}{2}\int_0^{\infty} y^n \mathrm{e}^{-y} \mathrm{d}y \\
&= \left[-\frac{1}{2}y^n \mathrm{e}^{-y}\right]_0^{\infty} + \frac{1}{2}n\int_0^{\infty} y^{n-1}\mathrm{e}^{-y}\mathrm{d}y \\
&= \frac{1}{2}n\int_0^{\infty} y^{n-1}\mathrm{e}^{-y}\mathrm{d}y.
\end{aligned} \tag{1.67}$$

将这个步骤重复 n 次,就可以得到 $\displaystyle\int_0^{\infty} y^n \mathrm{e}^{-y}\mathrm{d}y = n!\int_0^{\infty}\mathrm{e}^{-y}\mathrm{d}y = n!$,因此

$$\int_0^{\infty} x^{2n+1}\mathrm{e}^{-x^2}\mathrm{d}x = \frac{1}{2}n!. \tag{1.68}$$

基本的高斯型积分及其它们的变形,在物理学的许多分支中都很有用,特别是在量子力学和量子场论中。

　　考虑 I 的 n 次幂,我们能够得到一些有兴趣的几何结果:

$$I^n = \int_{-\infty}^{\infty} \mathrm{e}^{-x_1^2}\mathrm{d}x_1 \int_{-\infty}^{\infty}\mathrm{e}^{-x_2^2}\mathrm{d}x_2 \cdots \int_{-\infty}^{\infty}\mathrm{e}^{-x_n^2}\mathrm{d}x_n. \tag{1.69}$$

它能被重新表示为 n 维积分:

$$I^n = \int_{\mathbb{R}^n} \mathrm{e}^{-x_1^2-x_2^2-\cdots-x_n^2}\mathrm{d}^n x, \tag{1.70}$$

将其变换到 n 维极坐标 r、Ω 处,Ω 表示 $n-1$ 维角坐标集合。由 n 维的勾股定理 $r^2 = x_1^2 + x_2^2 + \cdots x_n^2$,以及积分测度 $\mathrm{d}^n x$ 变为 $r^{n-1}\mathrm{d}r\mathrm{d}\Omega$,即得

$$I^n = \iint_0^{\infty} \mathrm{e}^{-r^2} r^{n-1} \mathrm{d}r\mathrm{d}\Omega. \tag{1.71}$$

其中 $\mathrm{d}\Omega$ 表示的是 n 维空间的单位球面的面积元,即 $n-1$ 维超球面的面积元。(1.71)式中的径向积分,正是我们先前考虑过的高斯型积分中的一种。

　　例如,在 I^3 情形,径向积分具有积分形式如式(1.65),但是其积分下限为 0(且 $\alpha = 1$),

它等于 $\dfrac{\sqrt{\pi}}{4}$，是高斯型积分的一半。因此，

$$I^3 = \frac{1}{4}\sqrt{\pi}A, \tag{1.72}$$

其中 A 是我们所熟知的 2 维单位球面面积。我们现在知道 $I = \sqrt{\pi}$，因此 $I^3 = \pi\sqrt{\pi}$，于是可得 $A = 4\pi$，即我们所熟知的单位球面面积。注意到在这样的积分过程中，我们不需要具体考虑角坐标，就能得到 A。

通过类似的计算，我们便能得到 4 维空间中的单位球面面积，即 3 维球面的面积，这是一个不太熟悉的结果。正如 2 维球面是 2 维曲面，它包围了一个 3 维球；3 维超球面的面积是一个 3 维体积，3 维超球面包围了一个 4 维球。这时，(1.71)式约化成

$$I^4 = V\int_0^\infty e^{-r^2} r^3 \, dr, \tag{1.73}$$

其中 V 是 3 维单位超球面的体积。利用 $I^4 = \pi^2$，以及 $n = 1$ 时的积分(1.68)，即有 $\displaystyle\int_0^\infty e^{-r^2} r^3 \, dr = \frac{1}{2}$，于是可得 $V = 2\pi^2$.

1.4.4 最速下降法

在很多物理应用中，我们得到的积分的被积函数是一系列的高斯函数和其他函数的乘积，它们并不能精确地计算出结果。例如，在 11 章考虑核聚变时，我们就会遇到这种情形。在这样的情形下，基本的高斯型积分能够用来估算更加复杂的积分。假设 $g(x)$ 在 α 和 β 之间具有一个唯一的最大值点 x_0，由于 $g'(x_0) = 0$ 且 $g''(x_0) < 0$，我们便能在靠近 x_0 处使用展开 $g(x) \approx g(x_0) - \dfrac{1}{2}\,|\,g''(x_0)\,|\,(x - x_0)^2$。这意味着积分：

$$I = \int_\alpha^\beta F(x)\exp(g(x))\,dx. \tag{1.74}$$

能够近似地约化成

$$I \approx \exp(g(x_0))\int_\alpha^\beta F(x)\exp\!\left(-\frac{1}{2}\,|\,g''(x_0)\,|\,(x - x_0)^2\right)dx. \tag{1.75}$$

如果进一步假定，$F(x)$ 在靠近 x_0 处缓慢变换，那么 $F(x)$ 可以近似地看成是常数值 $F(x_0)$。这样 $F(x_0)$ 就能提到积分号外面来。

$$I \approx F(x_0)\exp(g(x_0))\int_\alpha^\beta \exp\!\left(-\frac{1}{2}\,|\,g''(x_0)\,|\,(x - x_0)^2\right)dx. \tag{1.76}$$

由于被积函数是以 x_0 为中心的圆，我们便能将积分上下限推广到 $\pm\infty$ 而不会显著地改变积分值，因此

$$I \approx F(x_0)\exp(g(x_0))\int_{-\infty}^{\infty}\exp\left(-\frac{1}{2}\mid g''(x_0)\mid(x-x_0)^2\right)\mathrm{d}x$$

$$=F(x_0)\exp(g(x_0))\sqrt{\frac{2\pi}{\mid g''(x_0)\mid}}. \tag{1.77}$$

在最后一步中我们用到了高斯型积分公式(1.64)。

这被称为最速下降近似。它正确地表明二阶导数 $g''(x_0)$ 具有大的量值，而在 x_0 附近泰勒展开的其他高阶项，都能够忽略。

1.5　拓展阅读材料

关于变分原理和它的历史的更多介绍，请参阅

D. S. Lemons. *Perfect Form: Variational Principles, Methods, and Applications in Elementary Physics*. Princeton：PUP, 1997.

H. H. Goldstine. *A History of the Calculus of Variations: from the 17th through the 19th Century*. New York：Springer, 1980.

关于本书所用的数学的更多介绍，请参阅

K. F. Riley, M.P. Hobson and S.J. Bence. *Mathematical Methods for Physics and Engineering (3rd ed.)*. Cambridge：CUP, 2006.

第 2 章　物　体　的　运　动
——牛顿定律

2.1　引　　言

　　在现今城居时代，我们难以欣赏到天空的全部美景。天体观测看起来好像是一件饶有风趣而又靡费的事情，同时也是一种没有用处的消遣。然而，我们不能忘却，科学起源于天文学。在 16 世纪最后 30 年间，第谷·布拉赫将天文学的精度提高到一个全新的高度。他自己设计和制造新的观测仪器，在随后的几十年中，这些仪器系统而精确地用于定位夜空中的行星位置。他还引入许多分析方法，这些方法如今已经成为科学家们收集数据的常规流程，例如寻找误差源和估算它们的大小。1601 年第谷去世后，约翰内斯·开普勒沉浸在对这些数据的精心分析中，他的目的就是找到能够解释行星运动的模型。在多年的热情投入之后，开普勒于 1609 年发表了一个全新而简明的行星模型，它描述了行星是如何围绕太阳运动。他的结论可以总结为三大定律。第一定律描述的是行星轨道的形状。它是一个椭圆，太阳位于这个椭圆的一个焦点处。第二定律描述行星在椭圆轨道运行时，靠近太阳和远离太阳的相对速率。第三定律则将行星运动周期，与它到太阳间的距离联系了起来。

　　开普勒定律纯粹是描述性质的，他自己也无法找到一个真正原因来解释。他最好的推测是，太阳的转动会在某种程度上拂掠周围的行星。在 17 世纪大部分的时间里，这个问题一直悬而未决。正是为了找到开普勒定律的动力学解释才促使牛顿发展出自己的力学系统，并于 1687 年发表了《自然哲学的数学原理》。牛顿的这项工作是建立在他人的基础之上的，尤其是开普勒、伽利略和杰里迈亚·霍罗克斯(Jeremiah Horrocks)，但是牛顿的个人成就是真正的丰碑。牛顿第一次建立了理性的力学，激励了整个科学的发展。这项工作带来了革命，直接刺激并最终导致了现代世界的创生。

　　尽管牛顿是第一个理解微积分的人，他的《自然哲学的数学原理》却是用经典几何语言撰写的。我们不想详述牛顿的原本表述，而是采用牛顿很久之后所发展出来的数学形式。例如，牛顿第一个意识到对于速度、加速度和力，它们的方向与大小同样重要。因此它们必须要被看成是矢量。然而，我们所使用的矢量记号直到 19 世纪末才得以建立。

　　首先，我们将陈述牛顿运动定律，证明这些定律是如何从最小作用量原理得到。随后，我们将在 3 维空间中，考虑一些物体运动的重要例子。我们还将证明，如果假设太阳行星之间的吸引力与它们之间的距离的平方成反比，我们就能从牛顿定律得到开普勒定律。

2.2　牛顿运动定律

牛顿定律描述了单个或多个有质量物体的运动。单个物体具有确定的质量 m，物体的内部结构和形状经常被忽略，即物体能够被看成是一个具有确定位置 x 的点粒子。当它移动时，它的位置所留下的轨迹在空间中会成为一条曲线 $x(t)$。后面我们还将看到，组合体也能够当成是有一个中心位置来处理，而毋庸顾及它们的有限尺寸。这个中心位置又被称为质心。

牛顿第一定律表述为，以恒定速度运动的物体一经开始即自持的，无须外力。速度 v 是物体的位置 x 对时间 t 的微商，

$$v = \frac{\mathrm{d}x}{\mathrm{d}t}. \tag{2.1}$$

在没有外力的情况下，速度将是恒量 v_0，即 $\frac{\mathrm{d}x}{\mathrm{d}t} = v_0$。物体的位置是时间的函数：

$$x(t) = x(0) + v_0 t. \tag{2.2}$$

此处 $x(0)$ 是初始时刻 $t=0$ 的位置。物体沿着直线以匀速 $|v_0|$ 运动，如果速度为 0，物体就会静止。

牛顿第二定律定义了力意味着什么。它表述为，如果一个力作用在质量为 m 的物体上，那么这个物体就会加速。加速度 a 和力 F 是平行矢量，它们之间的关系为

$$ma = F. \tag{2.3}$$

这是牛顿力学中大部分计算的出发点。

牛顿第二定律直接和计算相关。加速度是速度对时间的导数，因此它也是位置对时间的二阶导数，

$$a = \frac{\mathrm{d}v}{\mathrm{d}t} = \frac{\mathrm{d}^2 x}{\mathrm{d}t^2}. \tag{2.4}$$

对于给定的力，(2.3)式将会成为位置函数关于时间的二阶常微分方程：

$$m\frac{\mathrm{d}^2 x}{\mathrm{d}t^2} = F. \tag{2.5}$$

如果没有力，加速度为 0，速度为常值。这也是第一定律的重新表述。因此，第一定律能看成第二定律的一种特殊情形。

(2.5)式是牛顿力学成功的关键。它具有强大的预言能力，但是我们需要知道所使用力 F 形式的一些独立信息。在第 3 章，我们将会讨论电磁场的概念来得到带电粒子的电磁力的形式。弹簧所产生的力或者其他接触力，也能用一个简单的代数式表达。这些接触力往往描述碰撞和摩擦。在引力情形，牛顿证明仅能通过一种可能性来解释开普勒定

律,即认为太阳与行星间的力服从平方反比定律。在本章后面部分,我们将回到这个问题。

牛顿的引力定律将地球表面附近的物体做了大量简化,这样它们的运动就能被确定。地球对一个质量为 m 的物体所施加的力,方向向下,大小为 mg。此处 $g = 9.81 \, \text{m/s}^2$,是一个常数。它由牛顿引力常数 G、地球的质量和半径组合得到。在这种情形下,牛顿第二定律约化成

$$ma = -mg, \tag{2.6}$$

其中 a 为向上的加速度。等式两边 m 相消,因此 $a = -g$,由引力所引起的加速度总是满足此规律。加速度为负,因此加速度总是向下的。g 被称为引力加速度。对于任何物体都是如此,并且在这种简化情形下加速度与它们的位置无关。

假设这种运动是垂直的,并将(2.6)式看成是一个微分方程。在消去两边的 m 之后,(2.6)式具有形式:

$$\frac{\mathrm{d}^2 z}{\mathrm{d}t^2} = -g, \tag{2.7}$$

其中 z 是物体关于某个参考物的高度。它的解是

$$z(t) = -\frac{1}{2}gt^2 + u_0 t + z_0. \tag{2.8}$$

此处 z_0 和 u_0 分别是时刻 $t = 0$ 时的高度和向上的加速度。如图 2.1,对于任意的 z_0 和 u_0,z 关于 t 的图像是一条抛物线,或者时间间隔有限时是抛物线的一部分。

我们也能考虑非垂直的运动,例如,发射加农炮炮弹的运动。炮弹在竖直平面内运动,z 轴为垂直坐标,x 轴为水平坐标。因为引力没有水平分量,炮弹也没有水平加速

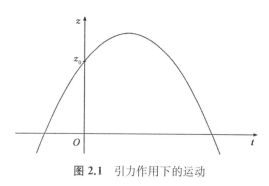

图 2.1　引力作用下的运动

度。于是 x 线性的依赖于 t。当适当地选取 x 轴的原点,x 只是常数与 t 的乘积。t 的倍数是速度的 x 分量,它为常量。我们假设这个量不为零。另一方面,垂直方向的运动同前所述,仍由(2.8)式给出。我们不再画 z 对 t 的图像,而作 z 对 x 的图像。由于 x 是常数倍的 t,这仅仅只需要将 t 重新标度。图 2.1 给出物体在 (z, x) 平面上的抛物线轨迹,它不再是高度关于时间的函数图像。

牛顿第三定律表述为对任一作用力,总存在一个相反方向的反作用力。如果一个物体施加一个力 $\boldsymbol{F}$ 到第二个物体上,第二个物体将会同时施加一个力 $-\boldsymbol{F}$ 到第一个物体上。这能从桌球的碰撞中看出来。也能从诸如双星那样质量相当的天体物体运动中看出来。的确,它是寻找恒星周围行星的一种方法。当恒星周围有一颗未知行星绕着它转动时,恒星的位置就会明显地震荡。类似地,当一个质量为 m 的物体靠近地球,地球便会

施加一个向下的力 mg。与此同时,该物体将会向地球施加一个同样大小,但是方向相反的力。这个力可能会小到无法测量。然而,如果将这个物体挂在弹簧上,弹簧将会施加一个向上的力 mg,阻止它往下掉。同时,物体将会在弹簧上施加一个向下的力 mg,这个力将拉伸弹簧,使得 m 被测量到。

对于牛顿第三定律,我们可能会有很多直接的证据。但是,它是否成立并非显而易见。下面我们将会看到。在最小作用量原理下,一个简单的几何想法就能导致第三定律的成立。

2.3　最小作用量原理

所有有质量物体的运动都具有一个共同的特点。不论是一个球抛向空中,还是行星围绕着太阳运动,相关于运动物体的能量都会存在一个量,称为作用量。当沿着物体的实际运动路径计算时,作用量取最小的可能值。沿着物体的实际运动轨迹作用量取得最小值的事实,被称为最小作用量原理。实际上,我们马上就会看到,最小作用量原理所导出的运动方程与那些由多种标准方法所导出来的是一样的。最小作用量原理表明,在所有可能发生的运动中,在某种程度上,我们观测到的实际运动是最优的。看起来,自然在以一种高效的方式运作,就像被计划过一样,只需要最少的花费。当然,自然并没有自觉地"尝试"最优化它的工作性能,也并不存在这样的计划。实际上,任何先见之明并无必要,只有局部的信息是相关的。这就是为什么轨迹最优化的条件,能够被重新表达为微分方程的原因。最小作用量原理实际上比牛顿力学更为根本。它的适用性远远超过了牛顿物理。从最小的基本粒子到膨胀宇宙中星系的运动,所有的物理定律实质上都能够用最小作用量原理及其相关推论来理解。的确,我们可以将理论物理学与应用数学的终极目标看成是,在每个物理分支中找到作用量的正确形式。

有人可能会认为,考虑最小作用量原理并非实质的。也许人们更应该考虑使用运动方程。这是物理学时常采用的传统过程。但令人惊奇的是,最小作用量原理似乎比运动方程更加基本。最著名的费曼物理学讲义,以一种特有的热情提出了这个论断。该论断的关键部分是最小作用量原理并非仅仅是为了得到经典粒子和场运动方程的一种技巧。它也在经典理论和量子理论的关系中扮演着核心角色。

使用作用量原理具有很多优点。首先是概念划一。在所有的物理学领域中,它似乎成了一个基本的和统一的原理。第二,它的数学表述是基于时空几何以及速度、能量这样的关键概念。然而在牛顿第二定律中,这些是第二性的。它们由加速度和力导出。这个优点十分有用,因为速度比加速度更加简单,能量比力更加直观,而且容易理解。当使用牛顿定律时,总是存在着力是如何出现的,以及什么决定它们的形式的问题。第三个优点是作用量原理少于运动方程的个数。所有物体系统的运动方程都服从单一原理。类似地,4 个电磁场的麦克斯韦方程也服从同一个作用量原理。最后的优点是,作用量能够在任何坐标系下写出。这使得对于一个特定的运动,它很容易被理解。例如,将运动方程从笛卡儿坐标变换到极坐标是需要相当技巧的。但是,如果从作用量原理出发,我们相对容易得到极坐标下的运动方程。

那么使用作用量原理有哪些缺点呢？我们需要更加精致的数学技巧。作用量是能量贡献的组合对时间积分，而导出运动方程的标准方法是变分计算。这种计算是在函数空间进行的，并非初等微积分。由最小作用量原理所导出的运动方程是有待求解的微分方程。

存在着一个貌似真实的物理问题，从最小作用量原理导出的运动方程中，没有摩擦力项，这蕴涵着能量守恒而运动持续，直到永远。实际上，摩擦力必须分开加入，这更多象征着一种获得，并非失去。在基础层面上，它代表能量真正的守恒。摩擦力项是一种处理能量耗散的唯象方法，即考虑那些流逝到系统之外的微观自由度上的能量。

变分计算听起来困难重重。但幸运的是，最小作用量原理及其相关推论，却能够因此变得更加容易理解。在第 1 章中，我们已经开始朝着这个方向前行，展示了在一些关于光线的费马原理中，变分计算并非必要的。通过使用几何与一些基本运算，就得到了物理上一些重要的结果。下面，我们将会展示 1 维运动物体的最小作用量原理，并重新导出牛顿第二定律。作为线性势能中的一个简单例子，我们也能使用初等微积分。所谓的线性势能，其对应的力是常数。推广这种论证，我们就能继续导出在一般势能下的运动方程。为了完整起见，我们也给出了变分导数的计算。

在 2.4 节，我们将讨论两个相互作用物体的最小作用量原理。这将导致牛顿第三定律和动量守恒定律。我们还将证明，对于具有两个或者多个部分的组合物体，会存在一个质心的自然概念。当考虑物体的总动量时，它就会从中浮现。

2.3.1　1 维运动

让我们探究如何利用最小作用量原理，才能导出牛顿第二定律。考虑单个物体沿 x 轴进行 1 维运动。这是最简单的运动情形。令 $x(t)$ 为物体可能的一条运动路径，但它不是必定发生的实际路径，物体的速度是

$$v = \frac{\mathrm{d}x}{\mathrm{d}t}. \tag{2.9}$$

它也是时间的函数。

为了建立最小作用量原理，我们认定运动的物体具有两种能量。第一种为动能，由速度产生。但是，它不依赖于速度的方向。即不论是 v 还是 $-v$ 都是相等的。这建议动量是 v^2 的倍数。那它另外还依赖什么？凭直觉可知，多个物体的动能是每个单独物体的动能之和。一组 N 个相同质量的物体，以相同的速度一起运动，总的动能将为单个物体动能的 N 倍。同时，它们也具有 N 倍的质量。因此，动能正比于质量以及速度的平方。设一个质量为 m，速度为 v 的物体，其动能 K 为

$$K = \frac{1}{2}mv^2 = \frac{1}{2}m\left(\frac{\mathrm{d}x}{\mathrm{d}t}\right)^2, \tag{2.10}$$

其中因子 $\frac{1}{2}$ 是为了方便与牛顿定律进行比较。

物体的第二种能量类型是势能。它由周围状况引起,而与速度无关。它依赖于存在的其他物体,以及它们之间诸如电、引力或其他相互作用类型。假设物体的势能是位置的函数 $V(x)$。我们需要知道在每个时刻 t,位置在 $x(t)$ 处的势能。因此严格地说,势能应该写为 $V(x(t))$。需要注意的是,V 能够在任意物体可能出现的地方进行定义(即在某个范围内的所有 x 上)。这点是重要的。我们经常也说,物体在势能 V 中运动。

势能 $V(x)$ 的形式依赖于物理条件,并且为了进行计算,必须事先知道它的具体形式。就像在牛顿第二定律中,为了计算物体的位置,必须事先知道力一样。有时 $V(x)$ 有一个简单的形式。例如,如果物体是自由的,不会明显地受环境所影响;则 V 与位置无关,是一个常数 V_0。我们将在后面看到,这个常数的值将不会有物理效应。凭直觉可知,在地球表面,提起一个物体将会消耗能量。因此物体的势能将会随高度的增加而增大。将物体提高高度 h 所需要的能量为定值。将它再次提高 h 时,所需要的能量和原来的相同。将两个质量 m 的物体,提高 h 需要两倍的能量。于是,我们假设势能为质量、高度以及某个常数 g 的乘积。即当一个物体被提高 h 时,势能会增加 mgh。后面,我们将看到 g 是由引力引起的加速度。在适当的参考坐标下,位于 x 处的物体具有完整的势能为

$$V(x) = V_0 + mgx. \tag{2.11}$$

此处常数 V_0 也不会产生物理效应。(为了一致,在本节,我们将选用 x 作为高度坐标,而非以前的 z。)对于粘在弹簧上的物体,势能为 $V = -\frac{1}{2}kx^2$,它正比于位置的平方。在其他的一些情形下,势能 V 的形式也能是已知的,或者能作为公设。

现在我们考虑物体在时刻 t_0 位于始点 x_0,而在时刻 t_1 位于终点 x_1 的 1 维运动。我们将采用哈密顿对作用量的定义。如今,这被认为是标准形式,而在历史上还存在着一些其他的定义。对于可能的运动,作用量 S 定义为

$$S = \int_{t_0}^{t_1} \left(\frac{1}{2} m \left(\frac{\mathrm{d}x}{\mathrm{d}t} \right)^2 - V(x(t)) \right) \mathrm{d}t. \tag{2.12}$$

被积函数是 t 时刻物体的动能减去势能。负号是很重要的,它解释了为什么我们先前要定义两种不同的能量形式。它们是可区分的,因为一个依赖于速度,另一个独立于速度。作用量有时又被写为简化形式:

$$S = \int_{t_0}^{t_1} (K - V) \mathrm{d}t. \tag{2.13}$$

或更简洁地写为

$$S = \int_{t_0}^{t_1} L \, \mathrm{d}t, \tag{2.14}$$

此处 $L=K-V$ 被称为拉格朗日量。作用量是拉格朗日量对时间的积分，这不仅适用于1维的物体运动，也适用于更一般的情形。

作用量原理此时表述为，在所有的连接固定端点的可能路径 $x(t)$ 中，使作用量取最小值的路径[1]，就是物体的实际运动路径 $X(t)$。

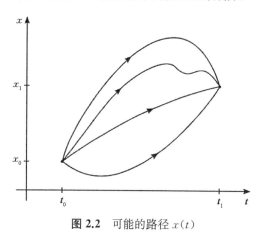

图 2.2   可能的路径 $x(t)$

注意到，我们并不是在使单个参量最小化，比方说中间时刻 $\frac{1}{2}(t_0+t_1)$ 物体的位置。恰恰相反，我们是对所有的可能路径上的无穷多个变量进行最小化。这包括所有可能出现的凹凹凸凸的线。它是一个更加奥妙的问题。为了进行计算，我们必须做一个物理上合理的假设，即路径 $x(t)$ 具有光滑性。换句话说，可接受的路径是那些具有有限加速度的路径。有限加速度意味着速度是连续的。图 2.2 展示了一些典型的可接受路径。

现在我们便解释为什么 V_0 是没有效应的。不论它是作为常数势能，还是作为非常数势能的附加物[如(2.11)式]，都是如此。把它带入积分(2.14)式，它对作用量 S 的贡献可以简单地写为 $-(t_1-t_0)V_0$。它本身是一个常量，与路径 $x(t)$ 无关。寻找使 S 最小的路径 $X(t)$，不受这种作用量 S 中的常数项贡献的影响。因此，我们常忽略 V_0。

2.3.2   简单例子和方法

作为最小作用量原理的应用，我们考虑一个简单实例，即势能 $V(x)$ 线性地依赖于 x。于是，势能 $V(x)=kx$，其中 k 为常数。我们需要确定物体在时间段 $-T \leqslant t \leqslant T$ 内的实际运动。假设初位置 $x(-T)=-X$，末位置 $x(T)=X$。这样的初始和终止的位置选取看上去相当人为。不过，我们的确可以选取初始和终止时刻的中点来作为时间 t 的原点，可以选取初始和终止位置之间的中点来作为空间 x 的原点。这样的选取只是为了使计算简化，欧几里得对称性保证了选取总是可以达到的。

从初始到终止之间的可能路径 $x(t)$ 之中，我们考虑一种十分有限的类型。如图 2.3 所示，假定 $x(t)$ 的图形是给定两端点的抛物线。因此 $x(t)$ 是一个二次函数，具有形式 At^2+Bt+C。该表达式中有三个待

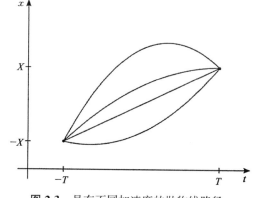

图 2.3   具有不同加速度的抛物线路径

---

[1]   通常是这种情形，有时也会处在作用量的稳定点而非最小值点。此时，运动方程并无区别。

定参数,但是只有两个端点的约束。因此还剩下一个自由参数。为了满足约束,$x(t)$ 的形式必须取为

$$x(t) = \frac{X}{T}t + \frac{1}{2}a(t^2 - T^2),\tag{2.15}$$

其中 $\dfrac{X}{T}$ 是平均速度。它由端点的 x 和 t 值所决定。a 是自由参数,它是一个常数,其物理意义是加速度 $\dfrac{\mathrm{d}^2 x}{\mathrm{d}t^2} = a$。正比于 a 的项在端点为零,因此 $x(-T) = -X$ 且 $x(T) = X$,满足端点要求。

由(2.15)式所给出的路径,速度为

$$\frac{\mathrm{d}x}{\mathrm{d}t} = \frac{X}{T} + at.\tag{2.16}$$

因此,动能为 $K = \dfrac{1}{2}m\left(\dfrac{X}{T} + at\right)^2$。在时刻 t,势能为 $kx(t)$,是(2.15)式的 k 倍。将动能和势能组合,我们便能得到作用量:

$$S = \int_{-T}^{T}\left\{\frac{1}{2}m\left(\frac{X}{T} + at\right)^2 - k\left(\frac{X}{T}t + \frac{1}{2}a(t^2 - T^2)\right)\right\}\mathrm{d}t.\tag{2.17}$$

这是一个关于 t 的二次函数的积分。由于积分区间是从 $-T$ 到 T,因此线性项的积分得到零。

将线性项消去,可以得到

$$S = \int_{-T}^{T}\left\{\frac{1}{2}m\left(\frac{X^2}{T^2} + a^2 t^2\right) - \frac{1}{2}ka(t^2 - T^2)\right\}\mathrm{d}t$$
$$= m\frac{X^2}{T} + \frac{1}{3}ma^2 T^3 + \frac{2}{3}kaT^3.\tag{2.18}$$

为了满足最小作用量原理,我们必须找到使 S 取得最小的值 a。这是标准计算。将 S 对 a 求导,可得

$$\frac{\mathrm{d}S}{\mathrm{d}a} = \frac{2}{3}maT^3 + \frac{2}{3}kT^3.\tag{2.19}$$

令该式为零,得到关系:

$$ma = -k.\tag{2.20}$$

因此使得作用量最小的加速度是 $-\dfrac{k}{m}$。代入到(2.15)式中,给出的运动方程为

$$X(t) = \frac{X}{T}t - \frac{k}{2m}(t^2 - T^2).\tag{2.21}$$

（对于这个 a 值，作用量为 $S = \dfrac{mX^2}{T} - \dfrac{k^2 T^3}{3m}$，但我们对此并不感兴趣。）

对于(2.20)式我们作出如下解释：线性势能 $V(x) = kx$ 产生了一个力 $-k$，(2.20)式是具有恒定加速度的牛顿第二定律。其加速度的值为 $-\dfrac{k}{m}$。 对于势能取 $V(x) = V_0 + kx$ 时，结论是一样的。

在这个简单实例中，我们的方法决定了实际路径。然而，这个方法看上去并不完善。因为我们并不是在连接端点的所有可能路径中寻找使 S 最小的路径。在上述方法中，我们将路径仅限于抛物线型的，具有恒定加速度的子类。接下来所讨论的方法要比现在的更好，将会得到在一般势能 $V(x)$ 中正确的运动方程。

2.3.3 一般势能的运动和牛顿第二定律

作为最小作用量原理的一种应用，让我们考虑具有一般势能 $V(x)$ 的 1 维运动。作用量 S 由(2.12)式给出，在端点仍然有 $x(t_0) = x_0$ 和 $x(t_1) = x_1$。 我们假定存在满足该条件的，且使 S 最小的路径 $X(t)$。

在 t_0 到 t_1 之间的任意较小的时间子间隔内，运动 $X(t)$ 必定使得作用量 S 达到最小。若非如此，我们就能在那个子间隔内，改变运动路径，以使得总作用量减小。因此，让我们考虑在一段小的时间间隔 T 到 $T+\delta$ 内，作用量取最小值，其中 δ 非常小。假设这段间隔中的实际路径是 $X(T)$ 到 $X(T+\delta)$，其中 $X(T+\delta)$ 十分接近 $X(T)$。 因为这些间隔在时间和空间上非常小，我们可以作一些简单的近似。最简单的选择是势能 V 是常数，且 X 线性依赖于 t。 但这种情形过于简单了，我们并不能从中了解到什么。一个略为精确的近似是在 $X(T)$ 到 $X(T+\delta)$ 之间，势能 V 线性地依赖于 x。 路径 $X(t)$ 是 t 的平方的函数。因此，它的图像是抛物线（如图 2.4）。由于 $V(x)$ 是线性的，具有常数的梯度 $\dfrac{dV}{dx}$，在 $X(T)$ 到 $X(T+\delta)$ 之间保持不变。实际路径 $X(t)$ 是时间 t 的二次函数，它的图像是抛物线，具有某一恒定的加速度。

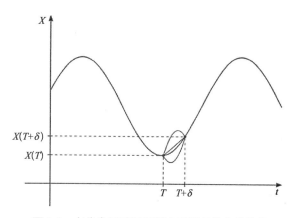

图 2.4 在非常短时间间隔内可能的抛物线路径

现在我们考虑上一小节的简单运算。如果势能是线性的，具有梯度 k，可以写为 $V(x) = V_0 + kx$。 那么在抛物线路径中，使得作用量最小的路径满足 ma 等于 $-k$。 把它应用到从 T 到 $T+\delta$ 的时间间隔内，我们就可以证明，在该无穷小间隔内 ma 等于 $-\dfrac{dV}{dx}$，即势能的梯度在 $X(T)$ 处的负值。这是一个重要的结论。通过在一小段时间上

的 $X(t)$ 的图像为抛物线,我们就得到了加速度。尽管我们只是在某个小段上,将作用量最小化了,但对于其他小段也应是如此。一般而言,$-\dfrac{\mathrm{d}V}{\mathrm{d}x}$ 在不同的小段会具有不同的值,加速度也会因此而变化。

如果我们将加速度写作 x 对时间的二阶导数,就能得到一般的运动方程:

$$m\,\frac{\mathrm{d}^2 x}{\mathrm{d}t^2} = -\frac{\mathrm{d}V}{\mathrm{d}x}. \tag{2.22}$$

这是从最小作用量原理得到的。真实的运动 $X(t)$ 是这个方程的解。

(2.22)式具有牛顿第二运动定律的形式。将作用到物体上的力 F 认同为 $-\dfrac{\mathrm{d}V}{\mathrm{d}x}$,实际上,这是我们从最小作用量原理所上的有益的一课。势能 $V(x)$ 是基本输入,而力 $F(x)$ 便由此导出。力 $F(x)$ 是势能 $V(x)$ 梯度的负值,它是 x 的函数,需要在物体所处的位置 $x(t)$ 取值。

表达式 $F = -\dfrac{\mathrm{d}V}{\mathrm{d}x}$ 司空见惯的形式为 $F\Delta x = -\Delta V$。$F\Delta x$ 是物体运动一段小距离 Δx 所做的功 ΔW。在没有摩擦力的情形下,功完全转化为动能,因此动能增加量为 ΔW。当物体加速时,动能的增加等于势能的减少,因此 $\Delta W = -\Delta V$。

牛顿第一定律是(2.22)式的一个特例。如果势能 V 为常数 V_0,那么它的导数为零。因此力也为零。运动方程为

$$m\,\frac{\mathrm{d}^2 x}{\mathrm{d}t^2} = 0. \tag{2.23}$$

它显示了 $\dfrac{\mathrm{d}x}{\mathrm{d}t}$ 为常数,即物体以恒定的速度运动。即使在非常数势能 $V(x)$ 的情形,只要在 $\tilde{x}$ 处,$\dfrac{\mathrm{d}V}{\mathrm{d}x}$ 为零,此处就没有力。该处为势能可能的平衡点,物体能够在此处保持静止。这样的平衡点稳定与否,两种情形都可能发生。

先前,我们已经展示地球表面附近的引力势能为 $V(x) = V_0 + mgx$,但还没确认 g 的解释。对于这个势能,我们有 $-\dfrac{\mathrm{d}V}{\mathrm{d}x} = -mg$。它就是出现在(2.6)式中的作用到质量为 m 物体上的引力,因此 g 是引力所引起的加速度。

因为(2.22)式是普遍的,我们可以回到 2.3.2 节,检验对线性势能 $V(x) = kx$ 的简化模型是否正确。我们所得的(2.20)式确实正确,这是因为力是常数 $-k$,因此加速度也是常数。于是,实际运动是 t 的二次函数,它的图像是抛物线。

2.3.4 变分计算

我们已经从最小作用量原理中导出了运动方程(2.22)。然而,我们所用的方法中包

含了抛物线这个特殊类，并非最严格的方法，它难以推广到更复杂的情形。为了完整起见，我们在此展示如何用变分计算来得到作用量的最小值。就像前面一样，这个方法将给出实际路径 $X(t)$ 所满足的微分方程。它就是牛顿第二定律。如果要想得到 $X(t)$，我们仍然要求解这个微分方程。

对于给定两端点 $x(t_0) = x_0$ 和 $x(t_1) = x_1$ 之间的一般路径 $x(t)$，作用量为

$$S = \int_{t_0}^{t_1} \left(\frac{1}{2} m \left(\frac{\mathrm{d}x}{\mathrm{d}t} \right)^2 - V(x(t)) \right) \mathrm{d}t. \tag{2.24}$$

如前所述，我们假设的确存在一个光滑的路径 $x(t) = X(t)$ 使得作用量最小。令 S_X 表示最优路径上的作用量，因此

$$S_X = \int_{t_0}^{t_1} \left(\frac{1}{2} m \left(\frac{\mathrm{d}X}{\mathrm{d}t} \right)^2 - V(X(t)) \right) \mathrm{d}t. \tag{2.25}$$

假设 $x(t) = X(t) + h(t)$ 是无限靠近 $X(t)$ 的路径。由于 $h(t)$ 是无穷小量，我们可以忽略 $h(t)$ 的二次项。$h(t)$ 被称为路径变量，$X(t) + h(t)$ 为变化的路径。对于变化路径，速度为

$$\frac{\mathrm{d}x}{\mathrm{d}t} = \frac{\mathrm{d}X}{\mathrm{d}t} + \frac{\mathrm{d}h}{\mathrm{d}t} \tag{2.26}$$

且动能为

$$K = \frac{1}{2} m \left(\frac{\mathrm{d}X}{\mathrm{d}t} + \frac{\mathrm{d}h}{\mathrm{d}t} \right)^2. \tag{2.27}$$

忽略 h 的二次项[①]，可得

$$K = \frac{1}{2} m \left(\frac{\mathrm{d}X}{\mathrm{d}t} \right)^2 + m \frac{\mathrm{d}X}{\mathrm{d}t} \frac{\mathrm{d}h}{\mathrm{d}t}. \tag{2.28}$$

下面我们将对势能项做相似的分析。对于变化的路径，在时刻 t 势能为 $V(X(t) + h(t))$。 我们使用通常的近似方法[如在 (1.23) 式]：

$$V(X(t) + h(t)) = V(X(t)) + V'(X(t)) h(t). \tag{2.29}$$

此处 V 是单变量函数，原本的变量是 x。 将其对 x 求导，就能得到 V'。

将 V 和 K 的结果合并起来，我们就能得到对于变化路径的作用量 S_{X+h}：

$$S_{X+h} = \int_{t_0}^{t_1} \left(\frac{1}{2} m \left(\frac{\mathrm{d}X}{\mathrm{d}t} \right)^2 + m \frac{\mathrm{d}X}{\mathrm{d}t} \frac{\mathrm{d}h}{\mathrm{d}t} - V(X(t)) - V'(X(t)) h(t) \right) \mathrm{d}t. \tag{2.30}$$

---

① 译者注：从 (2.28) 式开始的论证有误。从 $h(t)$ 是小量，不能导出 $\left(\frac{\mathrm{d}h}{\mathrm{d}t} \right)^2$ 是小量的推论，所以在推导中应在 K 中保留 $\frac{1}{2} m \left(\frac{\mathrm{d}X}{\mathrm{d}t} \right)^2$ 项，进行分部积分，导出欧拉-朗格朗日方程 (2.34)。

(2.30)式中的第一项和第三项,既不含 h,也不含 $\dfrac{\mathrm{d}h}{\mathrm{d}t}$。 因此

$$S_{X+h} = S_X + \int_{t_0}^{t_1} \left(m \, \frac{\mathrm{d}X}{\mathrm{d}t} \, \frac{\mathrm{d}h}{\mathrm{d}t} - V'(X(t))h(t) \right) \mathrm{d}t. \tag{2.31}$$

现在将(2.31)式的第一项进行分部积分,结果中就会出现正比于 $h(t)$ 的两项。分部积分的结果,一项为对 $m \, \dfrac{\mathrm{d}X}{\mathrm{d}t} h$ 的积分,另一项为对 $m \, \dfrac{\mathrm{d}X}{\mathrm{d}t}$ 的微分,即

$$S_{X+h} = S_X + \left[m \, \frac{\mathrm{d}X}{\mathrm{d}t} h(x) \right] \Big|_{t_0}^{t_1} - \int_{t_0}^{t_1} \left[m \, \frac{\mathrm{d}^2 X}{\mathrm{d}t^2} + V'(X(t)) \right] h(t) \mathrm{d}t. \tag{2.32}$$

$h(t)$ 是一般的无穷小函数。但它在 t_0 和 t_1 必定为零。因为最小作用量原理的两端 t_0 和 t_1 是固定的,不会有变化量。结果函数 $m \, \dfrac{\mathrm{d}X}{\mathrm{d}t} h(x)$ 在两端都为零,因此

$$S_{X+h} - S_X = -\int_{t_0}^{t_1} \left[m \, \frac{\mathrm{d}^2 X}{\mathrm{d}t^2} + V'(X(t)) \right] h(t) \mathrm{d}t. \tag{2.33}$$

在端点之间,$h(t)$ 是不受约束的。(我们可以任意改变它的符号。)如果与 $h(t)$ 相乘的括号积分后不为零,那么 $S_{X+h} - S_X$ 对于某个 $h(t)$ 就会变成负的[①]。这样的话,S_{X+h} 将会比 S_X 更小。与我们的假设 " X 是作用量最小的路径" 相矛盾。因此,仅当在 t_0 和 t_1 之间的所有时间 t 内,括号内的表达式都为零,S_X 才是最小的作用量。换句话说,最小作用量原理要求:

$$m \, \frac{\mathrm{d}^2 X}{\mathrm{d}t^2} + V'(X(t)) = 0. \tag{2.34}$$

这就是实际路径 $x(t)$ 必须满足的微分方程,它与(2.22)式完全相同。在变分计算的语境中,它又被称为作用量 S 的欧拉-拉格朗日方程。

如前所述,(2.34)式是牛顿第二定律的一种表述,其中力由下式给出

$$F = -V'(x). \tag{2.35}$$

我们已经从最小作用量原理导出了牛顿第二定律。而此时,力不再是基本量,基本量变为势能 V。

2.3.5 端点的普遍性

最小作用量似乎存在一个明显的问题,它需要事先在路径上预设好初始时刻 t_0 和终止时刻 t_1。 然而,事实并非如此。通常,并不需要特别地选择 t_0 和 t_1。 运动可能会早于

---

① 本结论并非显而易见。如果假设括号内的表达式是连续的,且在某些地方不为零,便能严格证明。

t_0 开始,也可能晚于 t_1 结束。不妨假设,实际上运动持续整个时间轴,而运动方程仍然满足(2.34)式。通过如下方法可以避免选择固定端点。让我们定义标准的作用量:

$$S = \int \left(\frac{1}{2} m \left(\frac{\mathrm{d}x}{\mathrm{d}t} \right)^2 - V(x(t)) \right) \mathrm{d}t. \tag{2.36}$$

不存在特殊选择的端点。我们也不将端点选为 $-\infty$ 到 ∞。 因为如果这样的话,S 就有可能成为无穷大。现在考虑用路径变量 $x(t) = X(t) + h(t)$ 去替换实际路径 $x(t) = X(t)$,其中 $h(t)$ 为无穷小量,且在某个有限而任意的时间间隔 I 内不为零。它也应该是连续的,因此在开始不为零时,或者在最后不为零时,h 都不会跃变。考虑比 I 大一点的任意一个时间间隔 I',I' 包含 I,并在 I' 上对作用量 S 积分。最小作用量原理要求,对时间间隔 I' 积分的作用量 S 在 h 任意变分的 1 阶是不变的。由于仅在 I 上 h 不为零,这蕴涵着实际的运动遵循较小间隔 I 上导出的运动方程。计算过程与前面的完全相同。实际路径通过它,是因为在 I 的两端 h 为零。我们总能选取一个比 I 更大的间隔 I'。 依次类推,在整个时间轴上,运动方程都是一样的,这是因为间隔 I 能够自由选取,而总存在包含 I 的更大间隔 I'。 我们能够任意选取 I 是因为时间间隔的选取不会破坏时间平移不变性。

图 2.5　保罗·尼兰德(Paul Nylander)画的海岸极小曲面。极小曲面的外侧可以延伸到无穷远。为了简单起见,这里只给出了三个环(图片来源:http://bugman123.com/)

对于其他的变分问题,要逃出预设的边界也是十分有用的。我们将肥皂膜模型化,作为在整个 3 维空间中伸展的极小曲面。最常见的此类曲面就是平面膜,也存在着更多的不常见的膜。由于膜的面积是无限的,我们不能说它是否真的具有最小的总面积。然而在下述意义下,我们可以考虑什么是最小曲面。如果存在一个连续无穷小形变,在某个有限区域 Σ 内,这种变换不为零。那么考虑精确到形变结果的一阶量时,在更大的区域 Σ' 内膜的面积保持不变。极小曲面的意义就在于此。正如 1.1 节最后所述,在 Σ 上的任意地方,膜满足曲率条件。即膜表面的两个主曲率大小相等,方向相反。由于 Σ 可以任意的选取,整个膜也满足曲率条件。图 2.5 显示了极小曲面的一个例子。

2.4　多体运动与牛顿第三定律

现在我们将用最小作用量原理导出牛顿第三定律。考虑这样的一个系统,两个运动的物体通过势能发生相互作用。作用量变成一个包含两个物体的单个量。令 $x^{(1)}(t)$ 和 $x^{(2)}(t)$ 分别代表质量为 $m^{(1)}$ 和 $m^{(2)}$ 物体的可能运动路径。动能是

$$K = \frac{1}{2} m^{(1)} \left(\frac{\mathrm{d}x^{(1)}}{\mathrm{d}t} \right)^2 + \frac{1}{2} m^{(2)} \left(\frac{\mathrm{d}x^{(2)}}{\mathrm{d}t} \right)^2. \tag{2.37}$$

对于势能 V，我们假设背景环境是均匀的，没有动力学效应。那么 V 的函数形式只依赖于两物体间的距离 $l = x^{(2)} - x^{(1)}$。这是因为欧几里得对称性在 1 维情形退化为 x 轴的平移对称性。所以势能 $V(l) = V(x^{(2)} - x^{(1)})$。（通常 V 只依赖于量值 $|x^{(1)} - x^{(2)}|$，但这并不是本质的。）

于是，这对物体的作用量为

$$S = \int \left(\frac{1}{2} m^{(1)} \left(\frac{\mathrm{d}x^{(1)}}{\mathrm{d}t} \right)^2 + \frac{1}{2} m^{(2)} \left(\frac{\mathrm{d}x^{(2)}}{\mathrm{d}t} \right)^2 - V(x^{(2)} - x^{(1)}) \right) \mathrm{d}t. \tag{2.38}$$

两个物体的可能路径是独立的，但是两运动路径的端点 $x^{(1)}(t_0)$，$x^{(1)}(t_1)$ 和 $x^{(2)}(t_0)$，$x^{(2)}(t_1)$ 必须事先选定。最小作用量原理表明，两物体的实际路径 $X^{(1)}(t)$ 和 $X^{(2)}(t)$ 使得作用量 S 最小。如前所述，作用量原理将导出运动方程。在独立的路径变分 $X^{(1)}(t) \to X^{(1)}(t) + h^{(1)}(t)$ 和 $X^{(2)}(t) \to X^{(2)}(t) + h^{(2)}(t)$ 下，作用量为最小的要求，是一阶小量的系数为零，由此便能导出运动方程。按照导出单个物体运动方程(2.34)的分析方法，我们可以得到具有牛顿第二定律形式的运动方程：

$$\begin{aligned} m^{(1)} \frac{\mathrm{d}^2 x^{(1)}}{\mathrm{d}t^2} + \frac{\partial V}{\partial x^{(1)}} &= 0, \\ m^{(2)} \frac{\mathrm{d}^2 x^{(2)}}{\mathrm{d}t^2} + \frac{\partial V}{\partial x^{(2)}} &= 0. \end{aligned} \tag{2.39}$$

由于 V 同时依赖于 $x^{(1)}$ 和 $x^{(2)}$，因此出现了偏微分。但是 V 是一个单变量 $l = x^{(2)} - x^{(1)}$ 函数。记 V' 表示导数 $\frac{\mathrm{d}V}{\mathrm{d}l}$。由链式法则可得 $\frac{\partial V}{\partial x^{(2)}} = V'$ 且 $\frac{\partial V}{\partial x^{(1)}} = -V'$。因此，两物体的运动方程约化为

$$\begin{aligned} m^{(1)} \frac{\mathrm{d}^2 x^{(1)}}{\mathrm{d}t^2} - V'(x^{(2)} - x^{(1)}) &= 0, \\ m^{(2)} \frac{\mathrm{d}^2 x^{(2)}}{\mathrm{d}t^2} + V'(x^{(2)} - x^{(1)}) &= 0. \end{aligned} \tag{2.40}$$

作用到物体 1 上的力是 $V'(x^{(2)} - x^{(1)})$，而作用到物体 2 上的力是 $-V'(x^{(2)} - x^{(1)})$，两者等值反号。这样我们就导出了牛顿第三定律。它是由势能的平移不变性所导致的。平移不变性是一种欧几里得空间对称性。

接下来我们将引入动量，它是质量与速度的乘积。单个物体的牛顿第二定律显示，定义动量是十分有用的。

$$p = mv = m \frac{\mathrm{d}x}{\mathrm{d}t}. \tag{2.41}$$

单个物体的运动方程(2.34)可以写为

$$\frac{\mathrm{d}p}{\mathrm{d}t} + V'(x(t)) = 0. \tag{2.42}$$

由于 $-V'$ 是作用到物体上的力，(2.42)式表明力等于物体动量的变化率。如果 V' 为零，则没有力作用到物体上，此时 p 是常数。当满足以上条件时，我们就说，动量是守恒的。

在考虑两个或者多个物体运动时，动量更为有用。如果我们将(2.40)两式相加，相互作用力相消，可得

$$m^{(1)} \frac{\mathrm{d}^2 x^{(1)}}{\mathrm{d}t^2} + m^{(2)} \frac{\mathrm{d}^2 x^{(2)}}{\mathrm{d}t^2} = 0. \tag{2.43}$$

对该式积分一次，可得

$$m^{(1)} \frac{\mathrm{d}x^{(1)}}{\mathrm{d}t} + m^{(2)} \frac{\mathrm{d}x^{(2)}}{\mathrm{d}t} = 常数. \tag{2.44}$$

用两个物体的动量 $p^{(1)}$ 和 $p^{(2)}$ 表示(2.24)式，即为

$$p^{(1)} + p^{(2)} = 常数. \tag{2.45}$$

这是一个重要的结论。尽管两物体的相互运动可能会非常复杂，但是总动量 $P_{\mathrm{tot}} = p^{(1)} + p^{(2)}$ 是不随时间变化的，即总动量守恒。导致总动量守恒的原因和导致牛顿第三定律的原因相同。由于空间是均匀的，所以只有两物体之间相互作用，而它们不与周围环境发生作用。

可以作以下解释：将两物体看作是一个组合体，整体的动量是两个单独物体的动量之和。由于没有外力作用，因此组合体的动量必定是守恒的。我们可以继续深入讨论，将组合体整体看待，它将具有一个等价的中心位置。我们注意到

$$P_{\mathrm{tot}} = m^{(1)} \frac{\mathrm{d}x^{(1)}}{\mathrm{d}t} + m^{(2)} \frac{\mathrm{d}x^{(2)}}{\mathrm{d}t} = \frac{\mathrm{d}}{\mathrm{d}t}(m^{(1)} x^{(1)} + m^{(2)} x^{(2)}), \tag{2.46}$$

而组合体的总质量是 $M_{\mathrm{tot}} = m^{(1)} + m^{(2)}$，因而得到

$$P_{\mathrm{tot}} = M_{\mathrm{tot}} \frac{\mathrm{d}}{\mathrm{d}t}\left(\frac{m^{(1)}}{M_{\mathrm{tot}}} x^{(1)} + \frac{m^{(2)}}{M_{\mathrm{tot}}} x^{(2)}\right) \tag{2.47}$$

这样，总动量可以用单个物体的动量写出来，即总质量与速度 $\dfrac{\mathrm{d}X_{\mathrm{CM}}}{\mathrm{d}t}$ 的乘积，其中速度是某个中心位置 X_{CM} 对时间 t 的导数，X_{CM} 表述为

$$X_{\mathrm{CM}} = \frac{m^{(1)}}{M_{\mathrm{tot}}} x^{(1)} + \frac{m^{(2)}}{M_{\mathrm{tot}}} x^{(2)}. \tag{2.48}$$

X_{CM} 又被称为质心，它是组合体各部分的质量加权平均值。如果每个部分的质量相等，则加权平均退化到算术平均。由于总动量守恒，X_{CM} 以恒定的速度运动。组合体满足牛顿第一定律，与各部分的内部运动无关。

这种分析可以推广到 N 个物体。如果 N 个物体间的相互作用势 V 只依赖于各部分的位置,那么我们从作用量原理就可以导出 N 体的运动方程。每一个方程都是该部分所满足的牛顿第二定律。如果整体与环境无关,那么系统就具有平移不变性,且 V 仅仅依赖于各部分之间的相对位置。在这种情形下,作用在 N 个物体上的力的总和为零,即 $F^{(1)} + F^{(2)} + \cdots + F^{(N)} = 0$。它是牛顿第三定律的一个更普遍的描述,且它蕴涵了通常的牛顿第三定律。例如,由其他物体作用到第一个物体上的力 $F^{(1)}$,等于它作用到其他物体上力的总和 $F^{(2)} + F^{(3)} + \cdots + F^{(N)}$,且方向相反。

我们能对每个物体定义动量 $p^{(1)} = m^{(1)} \dfrac{\mathrm{d}x^{(1)}}{\mathrm{d}t}$,$p^{(2)} = m^{(2)} \dfrac{\mathrm{d}x^{(2)}}{\mathrm{d}t}$,等等。总动量定义为 $P_{\text{tot}} = p^{(1)} + p^{(2)} + \cdots + p^{(N)}$。$P_{\text{tot}}$ 是守恒的。于是,对于 N 个物体,如果定义总质量 $M_{\text{tot}} = m^{(1)} + m^{(2)} + \cdots + m^{(N)}$ 和质心:

$$X_{\text{CM}} = \frac{m^{(1)}}{M_{\text{tot}}} x^{(1)} + \frac{m^{(2)}}{M_{\text{tot}}} x^{(2)} + \cdots + \frac{m^{(N)}}{M_{\text{tot}}} x^{(N)}, \tag{2.49}$$

那么质心将具有恒定的速度。我们可以认为 N 个部分组合成一个整体,又称其为组合体。组合体的质量为各部分质量之和,且其运动就是质心的运动。总动量为

$$P_{\text{tot}} = M_{\text{tot}} \frac{\mathrm{d}X_{\text{CM}}}{\mathrm{d}t}. \tag{2.50}$$

如果组合体与环境并非隔离,那么总的力 F_{tot} 将不为零。质心的运动方程为

$$M_{\text{tot}} \frac{\mathrm{d}^2 X_{\text{CM}}}{\mathrm{d}t^2} = F_{\text{tot}}. \tag{2.51}$$

这个简单的结果有助于我们理解组合系统的运动。例如,地月系绕着太阳运动。

2.5　3 维空间中的单体运动

在大多数实际问题中,我们需要考虑 3 维空间中的运动。势能 V 依赖于问题中所有物体的位置,对 N 个物体问题,V 是 $3N$ 个变量的函数。我们需要对每个参量都进行微分,因此再次需要用到偏微分。

让我们首先考虑单体问题。它的轨迹是 $\boldsymbol{x}(t)$,速度是 $\boldsymbol{v}(t)$。就像在 1 维运动中那样,物体的动能 K 正比于它的质量和速度的平方,

$$K = \frac{1}{2} m \boldsymbol{v} \cdot \boldsymbol{v} = \frac{1}{2} m \frac{\mathrm{d}\boldsymbol{x}}{\mathrm{d}t} \cdot \frac{\mathrm{d}\boldsymbol{x}}{\mathrm{d}t}. \tag{2.52}$$

由于是点乘,因此改变 $\boldsymbol{v}$ 的方向将不会改变 K 的大小。假设物体也具有势能 $V(\boldsymbol{x})$。

物体在初始时刻 t_0 和终止时刻 t_1 的位置分别为 $\boldsymbol{x}_0$ 和 $\boldsymbol{x}_1$,它们之间的运动轨迹为 $\boldsymbol{x}(t)$,该系统的作用量为

$$S = \int_{t_0}^{t_1} \left(\frac{1}{2} m \, \frac{\mathrm{d}\boldsymbol{x}}{\mathrm{d}t} \cdot \frac{\mathrm{d}\boldsymbol{x}}{\mathrm{d}t} - V(\boldsymbol{x}(t)) \right) \mathrm{d}t$$

$$= \int_{t_0}^{t_1} \left(\frac{1}{2} m \left(\frac{\mathrm{d}x_1}{\mathrm{d}t} \right)^2 + \frac{1}{2} m \left(\frac{\mathrm{d}x_2}{\mathrm{d}t} \right)^2 + \frac{1}{2} m \left(\frac{\mathrm{d}x_3}{\mathrm{d}t} \right)^2 - V(x_1(t), x_2(t), x_3(t)) \right) \mathrm{d}t.$$

$$(2.53)$$

它与(2.38)式具有相似的形式，但解释却相当不同。此处 $(x_1(t), x_2(t), x_3(t))$ 是单体运动的三个分量。而在以前，$x^{(1)}(t)$ 和 $x^{(2)}(t)$ 是 1 维运动中两个物体的位置。数学形式上，两者并没有什么区别。将最小作用量原理应用到(2.53)式，得到的运动方程为

$$m \, \frac{\mathrm{d}^2 x_1}{\mathrm{d}t^2} + \frac{\partial V}{\partial x_1} = 0, \quad m \, \frac{\mathrm{d}^2 x_2}{\mathrm{d}t^2} + \frac{\partial V}{\partial x_2} = 0, \quad m \, \frac{\mathrm{d}^2 x_3}{\mathrm{d}t^2} + \frac{\partial V}{\partial x_3} = 0. \quad (2.54)$$

我们能将(2.54)写成矢量方程：

$$m \, \frac{\mathrm{d}^2 \boldsymbol{x}}{\mathrm{d}t^2} + \boldsymbol{\nabla} V = 0, \quad (2.55)$$

其中已用到关于梯度 ∇ 的定义(1.26)式。

3 维空间中物体的动量 $\boldsymbol{p} = m\boldsymbol{v}$。 因此，(2.55)式可以写为

$$\frac{\mathrm{d}\boldsymbol{p}}{\mathrm{d}t} + \boldsymbol{\nabla} V = 0. \quad (2.56)$$

上式再次表明力是动量的时间变化率。

谐振子

一般而言，微分方程(2.55)式只能由数值积分来解。但也存在诸如谐振子那样可解析求解的特例。谐振子的势能 V 是 x_1，x_2 和 x_3 平方的函数。一般的平方函数可取为 $V(x_1, x_2, x_3) = \frac{1}{2} A x_1^2 + \frac{1}{2} B x_2^2 + \frac{1}{2} C x_3^2 + D x_1 x_2 + E x_1 x_3 + F x_2 x_3$，然而它不便于处理。利用动能 K 的转动不变性，我们便能简化它。我们总是可以选取某个新的坐标系[①]，使得 K 保持原状，且 V 不再具有交叉项，即 $V(x_1, x_2, x_3) = \frac{1}{2} A x_1^2 + \frac{1}{2} B x_2^2 + \frac{1}{2} C x_3^2$。

让我们假设 A，B，C 都是正的。势能会在原点 O 取得最小值。且为了简单起见，我们假设 $m = 1$。作用量写为

$$S = \frac{1}{2} \int_{t_0}^{t_1} \left(\left(\frac{\mathrm{d}x_1}{\mathrm{d}t} \right)^2 + \left(\frac{\mathrm{d}x_2}{\mathrm{d}t} \right)^2 + \left(\frac{\mathrm{d}x_3}{\mathrm{d}t} \right)^2 - A x_1^2 - B x_2^2 - C x_3^2 \right) \mathrm{d}t. \quad (2.57)$$

它不再具有坐标的混合项。使得作用量 S 最小，可以得到运动方程：

———————————————

① 严格地说，此处我们应该用带撇号的坐标系和分量，最后再将撇号去掉。

$$\frac{\mathrm{d}^2 x_1}{\mathrm{d}t^2} + A x_1 = 0, \quad \frac{\mathrm{d}^2 x_2}{\mathrm{d}t^2} + B x_2 = 0, \quad \frac{\mathrm{d}^2 x_3}{\mathrm{d}t^2} + C x_3 = 0. \tag{2.58}$$

这是 3 个退耦的 1 维谐振子方程,它们的通解为

$$x_1(t) = \alpha_1 \cos \sqrt{A}\, t + \beta_1 \sin \sqrt{A}\, t,$$

$$x_2(t) = \alpha_2 \cos \sqrt{B}\, t + \beta_2 \sin \sqrt{B}\, t, \tag{2.59}$$

$$x_3(t) = \alpha_3 \cos \sqrt{C}\, t + \beta_3 \sin \sqrt{C}\, t.$$

它们描述了平衡点在原点 O,分别具有频率 $\sqrt{A}$,$\sqrt{B}$ 和 $\sqrt{C}$ 的振动。

3 维谐振子是一个重要且实用的例子。甚至当势能 V 不是二次函数的时候,在平衡点附近也能当作是谐振子来处理。假设势能的平衡点在 $\tilde{x}$,对势能 V 在 $\tilde{x}$ 处做二次展开,$\tilde{x}$ 处的小振幅振动可以被看作谐振子。

如果 A,B,C 中的一个或者几个是负的或者零,方程 (2.58) 的解也能直接找到。例如,如果 $A < 0$,第一个方程具有一般解 $x_1(t) = \alpha_1 \exp \sqrt{-A}\, t + \beta_1 \exp -\sqrt{-A}\, t$;如果 $A = 0$,则 $x_1(t) = \alpha_1 t + \beta_1$。它们分别描述不稳定平衡点和中性平衡点附近的运动。

谐振子的一类特殊情形是

$$V(x_1, x_2, x_3) = \frac{1}{2} A (x_1^2 + x_2^2 + x_3^2) = \frac{1}{2} A r^2. \tag{2.60}$$

它是转动不变的,也称各向同性的。现在只剩下一个频率 $\sqrt{A}$。一般的振动解可以写成矢量形式:

$$\boldsymbol{x}(t) = \boldsymbol{\alpha} \cos \sqrt{A}\, t + \boldsymbol{\beta} \sin \sqrt{A}\, t. \tag{2.61}$$

运动是沿着由 $\boldsymbol{\alpha}$ 和 $\boldsymbol{\beta}$ 生成平面中的椭圆轨道进行的,其中心为 O。通过选取合适的初条件可以使得 $\boldsymbol{\alpha}$ 成为长半轴而 $\boldsymbol{\beta}$ 成为短半轴。霍罗克斯和一些其他的人将开普勒行星轨道和摆锤的椭圆轨道进行了比较。摆锤的轨道在小振幅振动时由谐振子势来描述。最大的不同之处在于,开普勒发现太阳位于椭圆轨道的焦点,而不是中心。

2.6　中　心　力

现在我们来考虑在牛顿的《自然哲学的数学原理》一书中所解决的关键问题,即在一般的只依赖于 r 的势能 $V(r)$ 中物体的运动。此处 r 为从原点 O 开始的径向距离。从 (1.38) 式我们可以得到 $\boldsymbol{\nabla} V(r)$ 的一般形式。由此,(2.54) 式可以化成

$$m \frac{\mathrm{d}^2 x_1}{\mathrm{d}t^2} + V' \frac{x_1}{r} = 0,$$

$$m \frac{\mathrm{d}^2 x_2}{\mathrm{d}t^2} + V' \frac{x_2}{r} = 0, \tag{2.62}$$

$$m \frac{\mathrm{d}^2 x_3}{\mathrm{d}t^2} + V' \frac{x_3}{r} = 0.$$

或者写为矢量的形式：

$$m \frac{\mathrm{d}^2 \boldsymbol{x}}{\mathrm{d}t^2} + \frac{1}{r} V'(r) \boldsymbol{x} = 0. \tag{2.63}$$

它说明加速度正比于半径矢量 $\boldsymbol{x}$，方向沿着径向向外或者向内。正因为这个理由，$V(r)$ 被称为中心势能，其产生的作用力称作中心力。各向同性谐振子就是这样的一个例子，它具有势能 $V(r) = \frac{1}{2} A r^2$，和力 $V'(r) = Ar$。

对于一个在中心势能中运动的物体，在绕着 O 点转动时，动能和势能都保持不变，而一个重要推论是存在着一个新的守恒量，即物体的角动量。角动量 $\boldsymbol{l}$ 是由位置 $\boldsymbol{x}$ 和速度 $\boldsymbol{v}$ 所定义的矢量：

$$\boldsymbol{l} = m\boldsymbol{x} \times \boldsymbol{v} = m\boldsymbol{x} \times \frac{\mathrm{d}\boldsymbol{x}}{\mathrm{d}t}. \tag{2.64}$$

角动量的另一种表达是 $\boldsymbol{l} = \boldsymbol{x} \times \boldsymbol{p}$，其中 $\boldsymbol{p}$ 是物体的线性动量。

为了证明 $\boldsymbol{l}$ 是常量，我们对 (2.64) 式求微商。使用莱布尼茨法则，再代入运动方程 (2.63) 式，由于任何矢量自身叉乘为零，最后便能得到

$$\begin{aligned}
\frac{\mathrm{d}\boldsymbol{l}}{\mathrm{d}t} &= m \frac{\mathrm{d}\boldsymbol{x}}{\mathrm{d}t} \times \frac{\mathrm{d}\boldsymbol{x}}{\mathrm{d}t} + m\boldsymbol{x} \times \frac{\mathrm{d}^2 \boldsymbol{x}}{\mathrm{d}t^2} \\
&= m \frac{\mathrm{d}\boldsymbol{x}}{\mathrm{d}t} \times \frac{\mathrm{d}\boldsymbol{x}}{\mathrm{d}t} - \frac{1}{r} V'(r) \boldsymbol{x} \times \boldsymbol{x} \\
&= 0.
\end{aligned} \tag{2.65}$$

因此，角动量 $\boldsymbol{l}$ 是守恒的。

角动量守恒将直接导致运动轨迹是平面的结果。回想一下，$\boldsymbol{l} = m\boldsymbol{x} \times \boldsymbol{v}$ 意味着 $\boldsymbol{l}$ 垂直于 $\boldsymbol{x}$ 和 $\boldsymbol{v}$。将 $\boldsymbol{l}$，$\boldsymbol{x}$ 和 $\boldsymbol{v}$ 看作为从原点 O 指向外面的矢量。（如果必要的话将 $\boldsymbol{v}$ 换成 $\boldsymbol{v}$ 的平行矢量）。由于 $\boldsymbol{l}$ 是个常量，$\boldsymbol{x}$ 和 $\boldsymbol{v}$ 必须固定在通过 O 点且垂直于 $\boldsymbol{l}$ 的平面内。因此，假设没有其他作用力，$\boldsymbol{x}$ 和 $\boldsymbol{v}$ 都将始终处在该平面内。如果我们选择 3 轴为 $\boldsymbol{l}$ 的方向，那么运动将固定在垂直于 3 轴的平面内，使用笛卡儿坐标，我们可以标记 $\boldsymbol{x}(t) = (x(t), y(t), 0)$。在开普勒分析行星运动时，他的最早发现之一，就是它们的轨道固定在太阳的横断面上。这有时又称为开普勒第零定律。我们在这里已看到任意以太阳为中心的中心势，都将产生平面运动。

用极坐标来考虑角动量守恒也是十分有用的。在极坐标中 $x = r\cos\varphi$，$y = r\sin\varphi$。用该坐标表示物体的运动位置，可写作

$$\boldsymbol{x}(t) = r(t)(\cos\varphi(t), \sin\varphi(t), 0). \tag{2.66}$$

因此，使用莱布尼茨法则：

$$\frac{\mathrm{d}\boldsymbol{x}}{\mathrm{d}t} = \frac{\mathrm{d}r}{\mathrm{d}t}(\cos\varphi(t), \sin\varphi(t), 0) + r(t) \frac{\mathrm{d}\varphi}{\mathrm{d}t}(-\sin\varphi(t), \cos\varphi(t), 0). \tag{2.67}$$

等式右边的第一项沿着 x 方向,因此它与 x 叉乘的结果为零。只有第二项会贡献到 l 中。于是,我们可以得到

$$l = mx \times \frac{\mathrm{d}x}{\mathrm{d}t} = m\left(0,\ 0,\ r^2(t)\ \frac{\mathrm{d}\varphi}{\mathrm{d}t}\right). \tag{2.68}$$

正如预期那样,l 沿着 3 轴方向。由于 l 守恒,它的大小 l 是不变的。(2.68)式显示

$$mr^2\ \frac{\mathrm{d}\varphi}{\mathrm{d}t} = l. \tag{2.69}$$

因此,在中心势能中的运动,角速度与径向距离成平方反比关系。于是,当物体远离 O 时,角速度会减小;而当物体靠近 O 时,角速度会增大。

对于这个结论有一个巧妙的几何解释。在时间 t 内,由径向矢量扫过部分的面积为

$$\frac{1}{2}\int r^2\,\mathrm{d}\varphi = \frac{1}{2}\int_0^t r^2(t')\ \frac{\mathrm{d}\varphi}{\mathrm{d}t'}\mathrm{d}t' = \frac{l}{2m}t. \tag{2.70}$$

上式对时间的导数,即扫过面积的速率为常量 $\dfrac{l}{2m}$。这就是开普勒第二定律。作为角动量守恒定律的推论,它对任意中心势能中的运动轨道都成立。

图 2.6 显示了中心势能(吸引力)中的一般运动所具有的典型轨道。其中 l 不为零。运动的平面轨线并不沿着原来的轨迹重复。尽管这样,这种轨迹的变化仍然具有周期性。这种周期又称为进动。从 A 到 B 的运动会在 B 到 C 段重复出现。它们只是转动了一个角度 φ_0。这种运动会重复无限次的出现,每次都向同一个方向转动固定的角度 φ_0。

只要 $l \neq 0$,轨道就不会通过原点 O。由 (2.64) 式可知,在 O 点 l 必定为零。(当 x 为零时,速度 v 会趋于无穷。)我们注意到,如果 $l = 0$,则 $x \times v = 0$,即 x 和 v 平行。在这种情形下,物体会沿着通过点 O 的径向做直线运动。

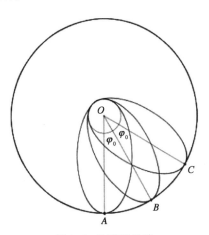

图 2.6 轨道的进动

圆轨道

如果轨道是圆周,径向距离 r 和角速度 $\dfrac{\mathrm{d}\varphi}{\mathrm{d}t}$ 为常数。这是中心势能最简单的一种情形。接下来,让我们寻找角速度与力之间的关系。

假设圆轨道是

$$x(t) = r(\cos\varphi(t),\ \sin\varphi(t),\ 0), \tag{2.71}$$

其中 r 和角速度 $\dfrac{d\varphi}{dt}$ 为常量。速度为

$$v = \frac{dx}{dt} = r\,\frac{d\varphi}{dt}(-\sin\varphi(t),\ \cos\varphi(t),\ 0). \tag{2.72}$$

速度 v 垂直于 x，所以与轨道相切。加速度为

$$a = \frac{d^2 x}{dt^2} = -r\left(\frac{d\varphi}{dt}\right)^2(\cos\varphi(t),\ \sin\varphi(t),\ 0). \tag{2.73}$$

它是位置矢量 x 与负常量的乘积。因此，加速度是一个朝向 O 点的矢量。由此，我们可以得到一个重要的结论——沿着半径为 r 的，以角速度 $\dfrac{d\varphi}{dt}$ 的圆周运动，其加速度朝向圆心，且具有大小：

$$|a| = r\left(\frac{d\varphi}{dt}\right)^2. \tag{2.74}$$

对于中心势能 $V(r)$，朝向 O 的力为 V'。因此，圆周运动所满足的运动方程 $ma = F$ 可以写为

$$mr\left(\frac{d\varphi}{dt}\right)^2 = V'(r). \tag{2.75}$$

如果力是吸引的，那么 V' 是正的。在固定半径 r 上，运动方程具有解：

$$\frac{d\varphi}{dt} = \pm\left(\frac{1}{mr}V'(r)\right)^{\frac{1}{2}}. \tag{2.76}$$

此处的正负号由绕圆周运动的方向来决定。角动量的大小为

$$l = mr^2\,\frac{d\varphi}{dt} = (mr^3 V'(r))^{\frac{1}{2}}. \tag{2.77}$$

φ 的范围是 2π，因此从 (2.76) 式可知，圆周运动的周期为

$$T = 2\pi\left(\frac{1}{mr}V'(r)\right)^{-\frac{1}{2}}. \tag{2.78}$$

对于各向同性谐振子 $V'(r) = Ar$，T 与轨道半径无关。我们知道，对于小振动的摆，周期与振幅无关。各向同性谐振子的周期刚好与此相吻合。这也排除了谐振子作为行星运动轨道的可能性。开普勒第三定律表明，对于半径为 r 的圆轨道，其周期正比于 $r^{\frac{3}{2}}$。开普勒定理蕴含着 $\left(\dfrac{1}{mr}V'(r)\right)^{-\frac{1}{2}} \propto r^{\frac{3}{2}}$，或等价的 $V'(r) \propto \dfrac{1}{r^2}$。这就是牛顿推断太阳与行星之间的引力符合逆平方律的关键所在。

2.7　逆平方律的吸引力

物理上,中心力最重要的一个例子就是逆平方律的吸引力,它具有势能 $V(r) = -\dfrac{C}{r}$,C 为正数。在该势能中,物体的运动方程为

$$m\,\frac{\mathrm{d}^2 \boldsymbol{x}}{\mathrm{d}t^2} + \frac{C}{r^3}\boldsymbol{x} = 0. \tag{2.79}$$

物体的力满足逆平方律,其大小为 $\dfrac{C}{r^2}$,朝向 O。开普勒行星运动定律唯一可能的解释是,两个球对称有质量物体之间的吸引力拥有以上形式。这就是牛顿的著名论断。如果两物体的质量分别为 $m^{(1)}$ 和 $m^{(2)}$,相距为 r,那么力的大小是

$$\frac{Gm^{(1)}m^{(2)}}{r^2}, \tag{2.80}$$

其中 G 是牛顿万有引力常数。我们将在 2.10 节讨论两物体在相互吸引下的运动。接下来我们将讨论一个更简单的情形,一个物体比另一个物体重得多时。我们可以将重的物体看成静止在原点 O,轻的物体处于环绕它运动的轨道上。对于绕着太阳运动的行星,这是一个合理的一阶近似[①]。

令在原点 O 的物体具有质量 $m^{(1)} = M$,轨道上的物体具有质量 $m^{(2)} = m$。引力是 $\dfrac{GMm}{r^3}\boldsymbol{x}$,对轨道上的物体,运动方程 (2.79) 变为

$$\frac{\mathrm{d}^2 \boldsymbol{x}}{\mathrm{d}t^2} + \frac{GM}{r^3}\boldsymbol{x} = 0. \tag{2.81}$$

正如我们所期待的,当力是万有引力时,在场方程中 m 被约去了。尽管角动量和能量的确依赖于 m,但轨道与 m 无关。为了方便起见,在本节余下的部分,我们假设 $m = 1$。

让我们来确定运动方程 (2.81) 一般轨道。由于在任意中心势能中的运动满足角动量 $\boldsymbol{l} = \boldsymbol{x} \times \boldsymbol{v}$ 守恒,所以运动是通过 O 点且垂直于 $\boldsymbol{l}$ 的平面。特别地,在平方反比引力情形下,还存在一个额外的守恒量,称为龙格-楞次矢量,

$$\boldsymbol{k} = \boldsymbol{l} \times \boldsymbol{v} + \frac{GM}{r}\boldsymbol{x}, \tag{2.82}$$

它位于运动平面内。

相比证明 $\boldsymbol{l}$ 的守恒性,证明 $\boldsymbol{k}$ 守恒稍许复杂一些。对 $\boldsymbol{k}$ 微分,可得

---

①　这只是太阳系内运动的一种近似,因为其他行星的引力也必须考虑进去。如果物体不是球形的,那么将需要考虑更高阶的近似。

$$\frac{\mathrm{d}\boldsymbol{k}}{\mathrm{d}t} = -\frac{GM}{r^3}\boldsymbol{l} \times \boldsymbol{x} + GM\left(\nabla\left(\frac{1}{r}\right) \cdot \boldsymbol{v}\right)\boldsymbol{x} + \frac{GM}{r}\boldsymbol{v}. \tag{2.83}$$

等式右边第一项来自 $\boldsymbol{v}$ 对 t 的微分，利用了（2.81）式。对于任意含空间变量的函数 f 微分，由链式法则可得 $\nabla f \cdot \dfrac{\mathrm{d}\boldsymbol{x}}{\mathrm{d}t} = \nabla f \cdot \boldsymbol{v}$，于是可以得到第二项。由 $\boldsymbol{x}$ 对 t 微分可以得到第三项。接下去的进一步，我们用 $\boldsymbol{x} \times \boldsymbol{v}$ 替代 $\boldsymbol{l}$，并用（1.39）式代换掉梯度项，可得

$$\frac{\mathrm{d}\boldsymbol{k}}{\mathrm{d}t} = -\frac{GM}{r^3}(\boldsymbol{x} \times \boldsymbol{v}) \times \boldsymbol{x} - \frac{GM}{r^3}(\boldsymbol{x} \cdot \boldsymbol{v})\boldsymbol{x} + \frac{GM}{r}\boldsymbol{v}. \tag{2.84}$$

最后，我们再利用双叉乘恒等（1.20）式，$(\boldsymbol{x} \times \boldsymbol{v}) \times \boldsymbol{x} = (\boldsymbol{x} \cdot \boldsymbol{x})\boldsymbol{v} - (\boldsymbol{x} \cdot \boldsymbol{v})\boldsymbol{x} = r^2\boldsymbol{v} - (\boldsymbol{x} \cdot \boldsymbol{v})\boldsymbol{x}$。于是，等式的右边为零。因此 $\dfrac{\mathrm{d}\boldsymbol{k}}{\mathrm{d}t} = 0$。

满足逆平方律的运动会导致一个重要事实，即龙格-楞次矢量 $\boldsymbol{k}$ 守恒。守恒导致 $\boldsymbol{k}$ 方向是固定的，因此将不会出现进动。更重要的是，轨道边界将会闭合形成椭圆。为了证明该结论，接下来我们先复习一下椭圆几何。在 (X, Y) 平面内（中心在原点）的椭圆标准方程为

$$\frac{X^2}{a^2} + \frac{Y^2}{b^2} = 1. \tag{2.85}$$

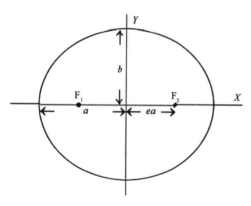

图 2.7 椭圆：F_1、F_2 是椭圆的两焦点，a 是半长轴，b 是半短轴，e 是偏心率

其中 $a > b$。为了确定椭圆的方向，设定 a 和 b 分别是椭圆的半长轴和半短轴，如图 2.7 所示。由 $b^2 = a^2(1 - e^2)$ 所定义的偏心率 e，衡量椭圆偏离圆的程度。椭圆的两焦点位于 $X = \pm ea$。对于椭圆上的任意一点，到两焦点的距离之和为 $2a$。

我们需要将位于 $X = ea$ 处的焦点平移到原点，然后再找到位于该处的椭圆方程。令 $x = X - a$ 和 $y = Y$。将此式代入（2.85）式，两边同时乘以 b^2，再用 $a^2(1 - e^2)$ 替换 b^2，可得

$$(1 - e^2)(x + ea)^2 + y^2 = (1 - e^2)a^2. \tag{2.86}$$

将其展开，可得

$$(1 - e^2)x^2 + 2e(1 - e^2)ax + (1 - e^2)e^2a^2 + y^2 = (1 - e^2)a^2. \tag{2.87}$$

两边同时减去 $(1 - e^2)e^2a^2$，可得

$$(1 - e^2)x^2 + 2e(1 - e^2)ax + y^2 = (1 - e^2)^2a^2. \tag{2.88}$$

它又能重新写为

$$x^2 + y^2 = (ex - (1-e^2)a)^2. \tag{2.89}$$

接下来,我们引入极坐标 $x = r\cos\varphi$, $y = r\sin\varphi$。对 (2.89) 式开根,便可以得到椭圆方程:

$$r = -er\cos\varphi + (1-e^2)a. \tag{2.90}$$

它又能重新写为

$$r(1 + e\cos\varphi) = (1-e^2)a. \tag{2.91}$$

这就是一个焦点位于原点的椭圆极坐标方程。

现在我们便能证明,满足逆平方律的力,所产生的运动是一个焦点位于原点的椭圆。我们注意到,运动轨道处在 (x, y) 平面上,守恒量龙格-楞次矢量 $\boldsymbol{k}$ 也在该平面内。虽然,龙格-楞次矢量的定义 (2.82) 中包含了速度和位置。但值得注意的是,我们能直接导出仅依赖于位置矢量 $\boldsymbol{x}$ 的轨道方程。为此,我们将 (2.82) 式两边同时点乘 $\boldsymbol{x}$,可得

$$\boldsymbol{k} \cdot \boldsymbol{x} = (\boldsymbol{l} \times \boldsymbol{v}) \cdot \boldsymbol{x} + GMr. \tag{2.92}$$

接下来,使用恒等式 $(\boldsymbol{l} \times \boldsymbol{v}) \cdot \boldsymbol{x} = \boldsymbol{l} \cdot (\boldsymbol{v} \times \boldsymbol{x})$,并用 $-\boldsymbol{l}$ 代替 $(\boldsymbol{v} \times \boldsymbol{x})$,可得

$$\boldsymbol{k} \cdot \boldsymbol{x} = -|\boldsymbol{l}|^2 + GMr. \tag{2.93}$$

与我们所期望的一样,它不再含有速度项。

如果我们确定轴的方向,使得 $\boldsymbol{k}$ 沿着 $\boldsymbol{x}$ 轴的负方向,那么 $\boldsymbol{k} \cdot \boldsymbol{x} = -kx = -kr\cos\varphi$,其中 k 是 $\boldsymbol{k}$ 的大小。将该式代入 (2.93) 式,得到 $-kr\cos\varphi = -l^2 + GMr$,重新整理写作

$$r\left(1 + \frac{k}{GM}\cos\varphi\right) = \frac{l^2}{GM}. \tag{2.94}$$

(2.94) 式正是焦点处在原点的椭圆方程 (2.91)。相比之下可得,偏心率为 $e = \dfrac{k}{GM}$,由龙格-楞次矢量的大小来决定。而长度参数 a 由 $(1-e^2)a = \dfrac{l^2}{GM}$ 给出,与角动量大小相关。龙格-楞次矢量和角动量的大小都由初条件决定。力的中心位于原点处,同时原点也是椭圆的一个焦点。这样,逆平方律吸引力的轨道与开普勒研究的行星轨道完全相同。开普勒第一定律表明,行星绕太阳运行的轨道是一个椭圆,而太阳位于这个椭圆的焦点上。

我们已经导出了轨道的几何,但还没有算出运动物体在轨迹上的速率。将 (2.94) 式改写为

$$\frac{1}{r} = \frac{GM}{l^2}\left(1 + \frac{k}{GM}\cos\varphi\right). \tag{2.95}$$

由关于角动量在极坐标下的理论计算(2.69)式，我们可知 $\dfrac{\mathrm{d}\varphi}{\mathrm{d}t}=\dfrac{l}{r^2}$。将式(2.95)两边平方，再乘以 l，可得角运动的微分方程：

$$\frac{\mathrm{d}\varphi}{\mathrm{d}t}=\frac{G^2M^2}{l^3}\left(1+\frac{k}{GM}\cos\varphi\right)^2. \tag{2.96}$$

这是一个可分离变量方程，它的解可写成简单的积分形式，但无法写出 $\varphi(t)$ 的显示形式。

然而，轨道周期却有一个简单的解析表达式。几何上，我们可以从(2.91)式中看出，离原点最远的轨道处在 $\cos\varphi=-1$ 处，距离为 $r_{\max}=(1+e)a$；离原点最近的轨道处在 $\cos\varphi=1$ 处，距离为 $r_{\min}=(1-e)a$。对于开普勒轨道，从(2.94)式中可知 $r_{\max}=\dfrac{l^2}{GM-k}$ 且 $r_{\min}=\dfrac{l^2}{GM+k}$。因此，

$$\frac{1}{2}(r_{\max}+r_{\min})=a=\frac{GMl^2}{G^2M^2-k^2} \tag{2.97}$$

且

$$r_{\max}r_{\min}=(1-e^2)a^2=b^2=\frac{l^4}{G^2M^2-k^2}. \tag{2.98}$$

轨道所围成的面积由椭圆面积给出 $A=\pi ab$。因此，

$$A=\pi\frac{GMl^2}{G^2M^2-k^2}\left(\frac{l^4}{G^2M^2-k^2}\right)^{\frac{1}{2}}=\pi\frac{GMl^4}{(G^2M^2-k^2)^{\frac{3}{2}}}=\pi\frac{l}{(GM)^{\frac{1}{2}}}a^{\frac{3}{2}}. \tag{2.99}$$

由(2.70)式可知，轨道周期 T 等于轨道所围成的面积 A，除以扫描的速率 $\dfrac{l}{2}$。因此

$$T=\frac{2\pi}{(GM)^{\frac{1}{2}}}a^{\frac{3}{2}}. \tag{2.100}$$

这就是一般椭圆轨道的开普勒定律——周期的平方正比于椭圆轨道半长轴的三次方。

在太阳系中，相比于其他引力物体，太阳所产生的引力占有主导地位。记太阳的质量为 $M_\odot$。于是，开普勒定律中正比于 $a^{\frac{3}{2}}$ 的常数为 $\dfrac{2\pi}{(GM_\odot)^{\frac{1}{2}}}$。这个常数的大小对于所有在太阳轨道上运行的行星、小行星以及其他星体都是一样的。对于圆轨道情形，半长轴 a 就是半径。

2.8　G 与地球质量

为了确定太阳、地球以及其他行星的质量,我们需要先确定牛顿引力常数 G 的大小。如果我们能够测量在已知距离上、已知质量物体之间的引力大小,则测量牛顿引力常数 G 是可行的。牛顿自己认为这样的测量是一件非常困难的事情。不过就在 18 世纪末期,人们就得到了非常精确的实验结果。

在 1774 年,英国皇家学会任命皇家天文学家内维尔·马斯克雷(Nevil Maskelyne)组织进行了一次相关实验。他们考察了苏格兰的斯希哈利昂,并测量了形成山的物质所产生的吸引力。他们在山附近建立了一个摆。在山的两端各自利用星体来确定方位,进行了摆弦和垂线之间的角度测量。选择斯希哈利昂是因为其地形简单,使得它的质量很容易估算。而且它还相对孤立,以致其他相邻山脉的引力效应都能被忽略。尽管如此,这次的测量仍然无法精确地得到 G 的值。

在 1798 年,亨利·卡文迪什(Henry Cavendish)使用了由约翰·米歇尔(John Michell)所设计的方法,得到了好得多的结果。他使用扭称来测量铅球之间的引力大小。装置如图 2.8 所示,它由两对铅球组成,质量为 $m^{(1)}$ 的一对置于悬臂的两端,用细丝悬挂;质量为 $m^{(2)}$ 较小的一对是固定的球。每个质量 $m^{(1)}$ 的球都会拉向附近的 $m^{(2)}$。这会使得细丝扭转,直到扭转所产生的回复力与小球间的吸引力相互平衡,就会达到稳定位置。回复力与扭转的角度之间具有线性关系 $F = c\vartheta$。 如果 c 已知,

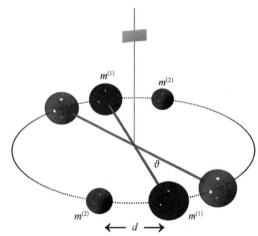

图 2.8　米歇尔-卡文迪什装置示意图

那么引力就可以被测量出来。实验最聪明的设计就在于悬臂会在平衡位置附近振动,而振动周期可以确定常数 c 的大小。由于力非常小,振动周期也非常长,大约是 20 分钟。

由于 c 值已知,引力的强度便能得到。悬线上的镜子使得悬臂转动的角度可以被精确地测量。因此,平衡位置的偏转角 ϑ 也能得到。这样就能得到回复力。回复力与 $m^{(1)}$, $m^{(2)}$ 之间的引力 $\dfrac{Gm^{(1)}m^{(2)}}{d^2}$ 保持平衡,其中 d 是位于平衡点处的距离。由于 d 和质量都是已知的,于是就可以计算得到 G。

卡文迪什在伦敦中心自己的客厅里面做了这个实验。值得一提的是,他所得的数据与现今最好的数据相差不到 1% ,引力常数的大小为

$$G = 6.67 \times 10^{-11} \text{ m}^3\text{kg}^{-1}\text{s}^{-2}. \tag{2.101}$$

利用该结果，我们便能测量地球的质量。地表附近的加速度 $g = \dfrac{GM}{R^2}$。其中 M 是地球的质量，R 是地球的半径。历史上，地球的半径早已测得。因此，只要知道 g 和 G，地球的质量 M 就可以计算出来。现在，我们已经测得地球的质量为 $M \approx 5.97 \times 10^{24}$ kg，它的平均密度为 5.51×10^3 kg m^{-3}。这个密度比我们在地表上能找到的密度最大的岩石还要致密。地震学和地磁场表明，地球内部存在金属核，而这个密度与其一致。

2.9 组合体和质心运动

当物体在中心势能中运动时，其角动量是守恒的，但是动量并不守恒。这是因为中心力破坏了平移不变性。另一方面，对于无外力作用的 N 体系统，总角动量和总动量都是守恒的。接下来，我们将讨论质心运动对这些量的贡献。

令 N 个物体的位置为 $\boldsymbol{x}^{(1)}, \boldsymbol{x}^{(2)}, \cdots, \boldsymbol{x}^{(N)}$；速度为 $\boldsymbol{v}^{(1)}, \boldsymbol{v}^{(2)}, \cdots, \boldsymbol{v}^{(N)}$，它们都是时间的函数，其中上标用以标记各个物体。系统的势能是位置的函数 $V(\boldsymbol{x}^{(1)}, \cdots, \boldsymbol{x}^{(N)})$。由欧几里得对称性，势能在位置平移任意常量 $\boldsymbol{c}$ 后，仍然保持不变。

$$V(\boldsymbol{x}^{(1)} + \boldsymbol{c}, \cdots, \boldsymbol{x}^{(N)} + \boldsymbol{c}) = V(\boldsymbol{x}^{(1)}, \cdots, \boldsymbol{x}^{(N)}). \tag{2.102}$$

对于无穷小量 $\boldsymbol{c}$，利用 (1.27) 式，可得

$$\boldsymbol{c} \cdot \boldsymbol{\nabla}^{(1)} V + \cdots + \boldsymbol{c} \cdot \boldsymbol{\nabla}^{(N)} V = 0, \tag{2.103}$$

其中 $\boldsymbol{\nabla}^{(k)}$ 是对位置 $\boldsymbol{x}^{(k)}$ 的梯度。由于 $\boldsymbol{c}$ 是任意的，便有

$$\boldsymbol{\nabla}^{(1)} V + \cdots + \boldsymbol{\nabla}^{(N)} V = 0. \tag{2.104}$$

类似的，在所有物体绕原点 O 作无穷小转动时，V 保持不变。无穷小转动将 $\boldsymbol{x}$ 变换到 $\boldsymbol{x} + \boldsymbol{\alpha} \times \boldsymbol{x}$，其中绕轴在 $\boldsymbol{\alpha}$ 方向转动无穷小角度 $|\boldsymbol{\alpha}|$。由于 V 保持不变，可得

$$\boldsymbol{\alpha} \times \boldsymbol{x}^{(1)} \cdot \boldsymbol{\nabla}^{(1)} V + \cdots + \boldsymbol{\alpha} \times \boldsymbol{x}^{(N)} \cdot \boldsymbol{\nabla}^{(N)} V = 0, \tag{2.105}$$

上式可以重新写为

$$\boldsymbol{\alpha} \cdot [\boldsymbol{x}^{(1)} \times \boldsymbol{\nabla}^{(1)} V + \cdots + \boldsymbol{x}^{(N)} \times \boldsymbol{\nabla}^{(N)} V] = 0. \tag{2.106}$$

由于 $\boldsymbol{\alpha}$ 是任意的，所以

$$\boldsymbol{x}^{(1)} \times \boldsymbol{\nabla}^{(1)} V + \cdots + \boldsymbol{x}^{(N)} \times \boldsymbol{\nabla}^{(N)} V = 0. \tag{2.107}$$

下面我们将讨论平移 (2.104) 和转动 (2.107) 不变性所导致的推论。运动方程为

$$m^{(k)} \frac{\mathrm{d}^2 \boldsymbol{x}^{(k)}}{\mathrm{d}t^2} + \boldsymbol{\nabla}^{(k)} V = 0. \ (k = 1, 2, \cdots, N). \tag{2.108}$$

将所有的运动方程相加，并利用 (2.104) 式，可得

$$m^{(1)} \frac{\mathrm{d}^2 \boldsymbol{x}^{(1)}}{\mathrm{d}t^2} + \cdots + m^{(N)} \frac{\mathrm{d}^2 \boldsymbol{x}^{(N)}}{\mathrm{d}t^2} = 0. \tag{2.109}$$

将上式积分一次,有

$$m^{(1)} \frac{\mathrm{d}\boldsymbol{x}^{(1)}}{\mathrm{d}t} + \cdots + m^{(N)} \frac{\mathrm{d}\boldsymbol{x}^{(N)}}{\mathrm{d}t} = 常数. \tag{2.110}$$

这个守恒量便是总动量 $\boldsymbol{P}_{\text{tot}}$,它是所有物体的动量 $\boldsymbol{p}^{(k)} = m^{(k)} \frac{\mathrm{d}\boldsymbol{x}^{(k)}}{\mathrm{d}t}$ 之和。$\boldsymbol{P}_{\text{tot}}$ 直接和质心相关,这是因为

$$\begin{aligned}
\boldsymbol{P}_{\text{tot}} &= \frac{\mathrm{d}}{\mathrm{d}t}(m^{(1)} \boldsymbol{x}^{(1)} + \cdots + m^{(N)} \boldsymbol{x}^{(N)}) \\
&= M_{\text{tot}} \frac{\mathrm{d}}{\mathrm{d}t}\left(\frac{m^{(1)}}{M_{\text{tot}}}\boldsymbol{x}^{(1)} + \cdots + \frac{m^{(N)}}{M_{\text{tot}}}\boldsymbol{x}^{(N)}\right) \\
&= M_{\text{tot}} \frac{\mathrm{d}\boldsymbol{X}_{\text{CM}}}{\mathrm{d}t},
\end{aligned} \tag{2.111}$$

其中

$$\boldsymbol{X}_{\text{CM}} = \frac{m^{(1)}}{M_{\text{tot}}}\boldsymbol{x}^{(1)} + \cdots + \frac{m^{(N)}}{M_{\text{tot}}}\boldsymbol{x}^{(N)} \tag{2.112}$$

是质心位置。(2.111)式是类似于(2.50)的 3 维情形。总动量是系统的总质量乘以质心速度,总动量守恒意味着质心的速度是常量。系统内物体的相对运动并不能对总动量做任何贡献。

为了得到总角动量,我们将第 k 个物体的位置叉乘它的运动方程(2.108)式,然后再相加,利用(2.107)式,可得

$$m^{(1)} \boldsymbol{x}^{(1)} \times \frac{\mathrm{d}^2 \boldsymbol{x}^{(1)}}{\mathrm{d}t^2} + \cdots + m^{(N)} \boldsymbol{x}^{(N)} \times \frac{\mathrm{d}^2 \boldsymbol{x}^{(N)}}{\mathrm{d}t^2} = 0. \tag{2.113}$$

由于 $\frac{\mathrm{d}\boldsymbol{x}^{(1)}}{\mathrm{d}t} \times \frac{\mathrm{d}\boldsymbol{x}^{(1)}}{\mathrm{d}t}$ 的结果为零,该方程可重新写为

$$\frac{\mathrm{d}}{\mathrm{d}t}\left(m^{(1)} \boldsymbol{x}^{(1)} \times \frac{\mathrm{d}\boldsymbol{x}^{(1)}}{\mathrm{d}t} + \cdots + m^{(N)} \boldsymbol{x}^{(N)} \times \frac{\mathrm{d}\boldsymbol{x}^{(N)}}{\mathrm{d}t}\right) = 0. \tag{2.114}$$

积分(2.114)式,可得

$$m^{(1)} \boldsymbol{x}^{(1)} \times \frac{\mathrm{d}\boldsymbol{x}^{(1)}}{\mathrm{d}t} + \cdots + m^{(N)} \boldsymbol{x}^{(N)} \times \frac{\mathrm{d}\boldsymbol{x}^{(N)}}{\mathrm{d}t} = 常矢量. \tag{2.115}$$

这个常矢量就是守恒的总角动量 $\boldsymbol{L}_{\text{tot}}$。它也可以写为

$$\begin{aligned}
\boldsymbol{L}_{\text{tot}} &= m^{(1)} \boldsymbol{x}^{(1)} \times \boldsymbol{v}^{(1)} + \cdots + m^{(N)} \boldsymbol{x}^{(N)} \times \boldsymbol{v}^{(N)} \\
&= \boldsymbol{x}^{(1)} \times \boldsymbol{p}^{(1)} + \cdots + \boldsymbol{x}^{(N)} \times \boldsymbol{p}^{(N)}.
\end{aligned} \tag{2.116}$$

L_{tot} 是 N 个物体的角动量之和。

下面我们将讨论质心的运动是如何影响总角动量 L_{tot} 的。（回想一下质心运动将完全决定 P_{tot}。）先假设质心静止在 O 点，且 P_{tot} 为零。由 L_{tot} 的表达式(2.116)可知，系统内物体的相对运动一般将会使得 L_{tot} 不为零。如果我们将每个相对运动作如下变换，将 $x^{(k)}$ 变换到 $x^{(k)}+X_{CM}$ 且 $v^{(k)}$ 变换到 $v^{(k)}+V_{CM}$，其中 V_{CM} 是常数，并且 $\dfrac{dX_{CM}}{dt}=V_{CM}$，那么新角动量 L'_{tot} 为

$$L'_{tot}=\sum_1^N m^{(k)}(x^{(k)}+X_{CM})\times(v^{(k)}+V_{CM})$$
$$=L_{tot}+X_{CM}\times\left(\sum_1^N m^{(k)}v^{(k)}\right)$$
$$+\left(\sum_1^N m^{(k)}x^{(k)}\right)\times V_{CM}+M_{tot}X_{CM}\times V_{CM}. \tag{2.117}$$

矢量 $\sum_1^N m^{(k)}v^{(k)}$ 是原先的总角动量，它为零。从质心的定义(2.112)式可以看出，$\sum_1^N m^{(k)}x^{(k)}$ 是 M_{tot} 乘以变换前的质心位置，这项为零。因此

$$L'_{tot}=L_{tot}+M_{tot}X_{CM}\times V_{CM}=L_{tot}+X_{CM}\times P_{tot}. \tag{2.118}$$

质心运动将 $M_{tot}X_{CM}\times V_{CM}$ 项贡献到总角动量中，该项对时间的导数仅包含 $V_{CM}\times V_{CM}$，它为零。因此，L'_{tot} 也是守恒量。

对于一般的质心运动，N 体系统的总角动量 L'_{tot} 具有两个部分，每一个部分都是与时间无关的。由于质心运动依赖于我们选取的原点，所以质心运动的贡献并不特别重要。最重要的部分是变换前的总角动量 L_{tot}，它是与质心有关的角动量。我们称这种角动量为系统的内禀角动量，或又称其为系统的自旋。在讨论量子力学时，我们就会发现粒子或者原子的自旋是量子化的。量子化的意义在于，它的取值只能正比于普朗克常数 $\hbar$ 的分立值。自旋与质心的运动无关。

具有相互运动的系统可以看成是转动的组合体，例如恒星组成的星系或原子组成的固体。倘若系统刚性旋转，特别对于固体，这是一种极好的解释。固体的自旋角动量与整体的角速度以及惯性矩有关。

2.10 开普勒 2 体问题

在本节中，我们将讨论两个物体在自身相互引力作用下的运动。就如我们在 2.7 节中所讨论的那样，两体运动可约化成单体的中心力问题。

如以前一样，令两个物体的质量分别为 $m^{(1)}$ 和 $m^{(2)}$。它们的运动方程为

$$m^{(1)}\frac{d^2 x^{(1)}}{dt^2}+\frac{Gm^{(1)}m^{(2)}}{|x^{(1)}-x^{(2)}|^3}(x^{(1)}-x^{(2)})=0,$$
$$m^{(2)}\frac{d^2 x^{(2)}}{dt^2}+\frac{Gm^{(1)}m^{(2)}}{|x^{(1)}-x^{(2)}|^3}(x^{(2)}-x^{(1)})=0. \tag{2.119}$$

其中逆平方力等值反向。

　　将两式相加,可知质心具有恒定的速度。同时,消去相同的质量项后,再将两式相减,可得

$$\frac{\mathrm{d}^2(\boldsymbol{x}^{(2)}-\boldsymbol{x}^{(1)})}{\mathrm{d}t^2}+\frac{G(m^{(1)}+m^{(2)})}{\mid \boldsymbol{x}^{(1)}-\boldsymbol{x}^{(2)}\mid^3}(\boldsymbol{x}^{(2)}-\boldsymbol{x}^{(1)})=0, \tag{2.120}$$

这是相对运动方程。间隔矢量 $\boldsymbol{x}^{(2)}-\boldsymbol{x}^{(1)}$ 服从逆平方中心力的规律(2.81),其中的 GM 由 $GM_{\mathrm{tot}}=G(m^{(1)}+m^{(2)})$ 来替代。因此,间隔矢量将遵从开普勒第三定律,在椭圆轨道上运行。

　　第二个物体相对于质心运动的路径为 $\boldsymbol{x}^{(2)}-\boldsymbol{X}_{\mathrm{CM}}$,其中 $\boldsymbol{X}_{\mathrm{CM}}$ 的定义为(2.112)式。于是有以下关系式:

$$\boldsymbol{x}^{(2)}-\frac{m^{(1)}\boldsymbol{x}^{(1)}+m^{(2)}\boldsymbol{x}^{(2)}}{m^{(1)}+m^{(2)}}=\frac{m^{(1)}}{m^{(1)}+m^{(2)}}(\boldsymbol{x}^{(2)}-\boldsymbol{x}^{(1)}), \tag{2.121}$$

因此,第二个物体相对于质心的运动,是间隔矢量的标度缩减形式。假设间隔矢量在半长轴为 a 的椭圆轨道上运动,那么第二个物体将沿着半长轴为 $a^{(2)}=\dfrac{m^{(1)}}{M_{\mathrm{tot}}}a$ 的椭圆轨道上运动,质心在焦点上。将标记 $^{(1)}$ 和 $^{(2)}$ 互换,我们得知第一个物体也有一个椭圆轨道,质心在焦点上,但是半长轴为 $a^{(1)}=\dfrac{m^{(2)}}{M_{\mathrm{tot}}}a$。 将这些结论合起来,便有

$$a=a^{(1)}+a^{(2)}, \ \frac{a^{(1)}}{a^{(2)}}=\frac{m^{(2)}}{m^{(1)}}. \tag{2.122}$$

此处的开普勒第三定律具有以下形式:

$$T=\frac{2\pi a^{\frac{3}{2}}}{(GM_{\mathrm{tot}})^{\frac{1}{2}}}=\frac{2\pi(a^{(1)}+a^{(2)})^{\frac{3}{2}}}{G^{\frac{1}{2}}(m^{(1)}+m^{(2)})^{\frac{1}{2}}}. \tag{2.123}$$

已经证明,这些关系式对于天文学家十分有用。图 2.9 给出了这样的两体运动的轨迹。该图显示,当考虑两体运动时,由间隔矢量所决定的椭圆焦点都具有动力学意义。

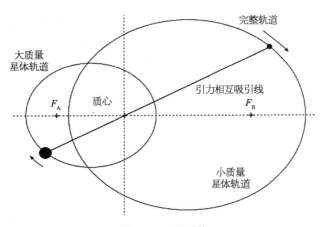

图 2.9　双星系统

双星

我们经常会发现双星系统。许多双星系统在几十年甚至上百年前就被观测到，它们在空中的位置变化也被我们记录了下来。如果双星运动的轨道平面与我们的视线垂直，我们就能知道该双星系统离我们的距离[①]。于是，我们就能确定每一个星体的质量。由于距离已知，轨道的实际大小亦可由测量天空中的位置来确定。如果我们知道每个星体的半长轴，那么它们的质量比满足 $\dfrac{m^{(2)}}{m^{(1)}} = \dfrac{a^{(1)}}{a^{(2)}}$。由于半长轴之和满足 $a = a^{(1)} + a^{(2)}$，通过观测轨道周期，利用开普勒第三定律（2.123）式，便得到双星的总质量 M_{tot}。这样，我们就能确定每个星体的质量。

这个方法唯一的缺点是大部分的双星轨道并非面朝着我们，由此给这种方法带来不确定性因素。图 2.10 给出了夜空中最亮的天狼星 A 和它的暗伴星 B 的天文观测数据。这些数据是多年来的观测结果。从地球上观测，这些轨道有一个倾斜角度。尽管轨道是椭圆的，但是我们并不能看到质心处在椭圆的焦点上。（质心在图中为坐标原点。）

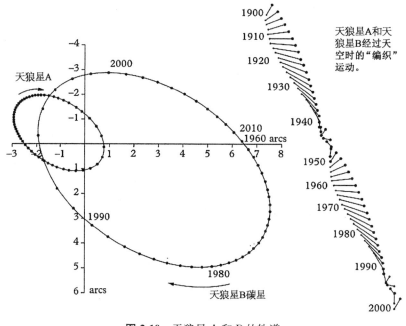

图 2.10 天狼星 A 和 B 的轨道

确定邻近双星系统的恒星质量，对于天体物理学家建立恒星的精确理论非常重要。我们将在第 13 章讨论这个问题。

---

① 由于地球环绕太阳以年为周期运行位置的改变，一颗恒星的视位置会有微小的周期性移动。这称作视差，能用来测量恒星的距离。

2.11 拉 格 朗 日 点

引力体的三体问题一般是不可求解析解的。然而,当其中的两体比第三体重很多时,将会出现 5 个特殊的固定点。在 5 个点上的第三体相对于其他两体的位置固定不变。在 18 世纪之后,它们以数学家约瑟夫-路易斯·拉格朗日(Joseph-Louis Lagrange)来命名——拉格朗日点,并且用 L_1 到 L_5 来表示它们(如图 2.11)。L_1 到 L_3 是不稳定固定点,L_4 和 L_5 是稳定固定点。

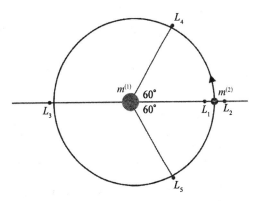

图 2.11 $m^{(1)} \gg m^{(2)}$ 时的拉格朗日点。在日地系统中,质心位于太阳内部

我们假设 $m^{(1)}$ 和 $m^{(2)}$ 的轨道是圆周,且 $m^{(1)} \gg m^{(2)}$。因此这些物体的间隔不变,角速度相等且恒定。在拉格朗日点上的测试物体 $m^{(3)}$,将会以同样的角速度绕质心运动,即 $\dfrac{\mathrm{d}\varphi^{(3)}}{\mathrm{d}t} = \dfrac{\mathrm{d}\varphi^{(2)}}{\mathrm{d}t} = \dfrac{\mathrm{d}\varphi^{(1)}}{\mathrm{d}t}$。

拉格朗日点 L_1 和 L_2

如图 2.12,L_2 位于 $m^{(1)}$ 与 $m^{(2)}$ 连线的外侧。它的位置可以做如下解释。由开普勒第三定律可知,远离 $m^{(1)}$ 与 $m^{(2)}$ 的测试物体,按惯例将会具有比 $m^{(2)}$ 更长的轨道周期。然而在 L_2 处,$m^{(2)}$ 的吸引力添加到 $m^{(1)}$ 的吸引力上,从而减少此处的轨道周期。在离 $m^{(2)}$ 外侧的某个特定距离 r 处,测试物体的轨道周期精确地与 $m^{(2)}$ 的相同。

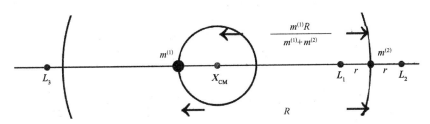

图 2.12 拉格朗日点 L_1 和 L_2,图中表示了 $m^{(1)}$,$m^{(2)}$,X_{CM} 以及 L_1 和 L_2 之间的距离

L_1 也处在 $m^{(1)}$ 与 $m^{(2)}$ 的连线上,但它位于 $m^{(1)}$ 与 $m^{(2)}$ 之间。在这种情形下,$m^{(2)}$ 的引力抵消了 $m^{(1)}$ 的引力,从而测试物体的轨道周期增加。类似地,在 $m^{(2)}$ 轨道内部的某个特定的距离 r 处,测试物体与 $m^{(2)}$ 的轨道周期精确相同。(r 并不一定要求相同,尽管事实上是相同的。)

接下来,我们将对于 L_2 和 L_1 确定距离 r。这两种情形的计算非常相似,因此我们一起计算。令 $R = |\boldsymbol{x}^{(2)} - \boldsymbol{x}^{(1)}|$ 是 $m^{(1)}$ 与 $m^{(2)}$ 之间的距离,那么 $m^{(1)}$ 和 $m^{(2)}$ 分别到质心

X_{CM} 的距离是 $a^{(1)} = \dfrac{m^{(2)}R}{m^{(1)}+m^{(2)}}$ 和 $a^{(2)} = \dfrac{m^{(1)}R}{m^{(1)}+m^{(2)}}$，且 $R = a^{(1)} + a^{(2)}$。所以可将测

试物体离 X_{CM} 的距离写作 $a^{(3)} = \dfrac{m^{(1)}R}{m^{(1)}+m^{(2)}} + \kappa r$，当 $\kappa = 1$ 时，测试物体处在 L_2 处；当

$\kappa = -1$ 时，测试物体处在 L_1 处。测试物体绕 X_{CM} 作圆周运动，因此它满足(2.75)式。此

时 $F = V'(r)$ 等于作用在测试物体上所有引力之和。于是得到

$$\frac{Gm^{(1)}m^{(3)}}{(R+\kappa r)^2} + \kappa \frac{Gm^{(2)}m^{(3)}}{r^2} = m^{(3)}\left[\frac{m^{(1)}R}{m^{(1)}+m^{(2)}} + \kappa r\right]\left(\frac{d\varphi^{(3)}}{dt}\right)^2. \quad (2.124)$$

(2.124)左边第一项是 $m^{(1)}$ 施加的引力，第二项是 $m^{(2)}$ 所施加的引力，等式的右边是质量

乘以圆周运动的加速度。

在拉格朗日点，测试物体的角速度等于 $m^{(1)}$ 和 $m^{(2)}$ 的角速度。将两体问题的开普勒

第三定律(2.123)式，应用到圆轨道，可以得到角速度：

$$\left(\frac{d\varphi^{(1)}}{dt}\right)^2 = \left(\frac{d\varphi^{(2)}}{dt}\right)^2 = \left(\frac{d\varphi^{(3)}}{dt}\right)^2 = \left(\frac{2\pi}{T}\right)^2 = \frac{G(m^{(1)}+m^{(3)})}{R^3}. \quad (2.125)$$

将该式代入到(2.124)式中，并消去 $m^{(3)}$ 项，可得

$$\frac{m^{(1)}}{(R+\kappa r)^2} + \kappa \frac{m^{(2)}}{r^2} = \left[\frac{m^{(1)}R}{m^{(1)}+m^{(2)}} + \kappa r\right]\frac{(m^{(1)}+m^{(2)})}{R^3}. \quad (2.126)$$

由于 $m^{(1)} \gg m^{(2)}$，上式约化为

$$\frac{m^{(1)}}{(R+\kappa r)^2} + \kappa \frac{m^{(2)}}{r^2} \approx (R+\kappa r)\frac{m^{(1)}}{R^3}. \quad (2.127)$$

在经过一些合并整理运算之后，便可以得到

$$m^{(1)}\left[\frac{1}{R^2}\left(1+\frac{\kappa r}{R}\right)^{-2} - \frac{1}{R^2} - \frac{\kappa r}{R^3}\right] \approx -\kappa \frac{m^{(2)}}{r^2}. \quad (2.128)$$

考虑 $m^{(1)} \gg m^{(2)}$，显然有 $R \gg r$，那么泰勒展开 $\left(1+\dfrac{\kappa r}{R}\right)^{-2} \approx 1 - \dfrac{2\kappa r}{R} + \cdots$，所以

$$-m^{(1)}\left(\frac{3\kappa r}{R^3}\right) \approx -\kappa \frac{m^{(2)}}{r^2}. \quad (2.129)$$

两边消去 κ，可以得到距离 r：

$$r \approx \left(\frac{m^{(2)}}{3m^{(1)}}\right)^{\frac{1}{3}} R. \quad (2.130)$$

它对于 L_1 和 L_2 都是一样的。

太阳的质量为 1.99×10^{30} kg,地球的质量为 5.97×10^{24} kg,因此 r 的值是 $0.01R$。日地之间的平均距离大约为 1.5×10^{8} kg,于是 r 是 1.5×10^{6} km。这个距离大约是地月平均距离的 4 倍。L_1 处在日地连线的内部,而 L_2 处在外部。这是作多种探测活动最合适的地方。例如,为了将从太阳、月亮和地球所收到的微波最小化,太阳和太阳风层卫星(SOHO)就位于 L_1,威尔金森微波各向异性探测器(WMAP)位于 L_2。图 2.13 是在 L_1 处,所拍摄的地球和月亮的照片。

图 2.13 从地球-太阳系统的 L_1 点上观察,月球经过地球表面。这张照片是由美国宇航局的深空气候卫星(DSCOVR)所拍摄

拉格朗日点 L_3

如图 2.11 所示,L_3 位于 $m^{(2)}$ 轨道远侧,且在 $m^{(2)}$ 的直径上。L_3 处在 $m^{(2)}$ 轨道的外侧,尽管它到 $m^{(1)}$ 的距离小于 R。由于 $m^{(2)}$ 的轨道是 $\dfrac{m^{(1)}R}{m^{(1)}+m^{(2)}} < R$,所以这是可能的。如果 L_3 到 $m^{(1)}$ 的距离是 $R-r$,则 L_3 到 $m^{(2)}$ 的距离是 $2R-r$。从 L_3 到质心 $\boldsymbol{X}_{\mathrm{CM}}$ 的距离等于 L_3 到 $m^{(1)}$ 的距离加上 $m^{(1)}$ 到 $\boldsymbol{X}_{\mathrm{CM}}$ 的距离,即 $R-r+\dfrac{m^{(2)}R}{m^{(1)}+m^{(2)}}$。如以前一样,为了找到 r,我们设定 L_3 处的力使得测试物体保持与 $m^{(1)}$,$m^{(2)}$ 相同的角速度,于是

$$\frac{m^{(1)}}{(R-r)^2} + \frac{m^{(2)}}{(2R-r)^2} = \left(R-r+\frac{m^{(2)}R}{m^{(1)}+m^{(2)}}\right)\frac{m^{(1)}+m^{(2)}}{R^3}. \qquad (2.131)$$

我们作与上面相同的近似,$m^{(1)} \gg m^{(2)}$ 和 $R \gg r$,保留正比于 $m^{(2)}R$ 和 $m^{(1)}r$ 的项,忽略掉正比于 $m^{(2)}r$ 的项,可得

$$\frac{m^{(1)}}{R^2}\left(1+\frac{2r}{R}\right) + \frac{m^{(2)}}{4R^2} \approx ((R-r)(m^{(1)}+m^{(2)}) + m^{(2)}R)\frac{1}{R^3}. \qquad (2.132)$$

整理后可得 $\dfrac{3m^{(1)}r}{R^3} \approx \dfrac{7m^{(2)}}{4R^2}$,因此

$$r \approx \frac{7}{12}\frac{m^{(2)}}{m^{(1)}}R. \qquad (2.133)$$

于是 L_3 处的轨道半径,即从 L_3 到 $\boldsymbol{X}_{\mathrm{CM}}$ 的距离为

$$a^{(3)} \approx R - \frac{7}{12}\frac{m^{(2)}}{m^{(1)}}R + \frac{m^{(2)}R}{m^{(1)}+m^{(2)}} \approx R + \frac{5}{12}\frac{m^{(2)}}{m^{(1)}}R. \qquad (2.134)$$

拉格朗日点 L_4 和 L_5

如图 2.11 所示，以 $m^{(1)}$ 和 $m^{(2)}$ 的连线为底边构成两个等边三角形，L_4 和 L_5 分别为它们的顶点。由于对称性，可将前面的想法应用到这两点上去。我们讨论 L_4。 它的位置在

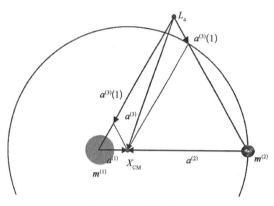

图 2.14 中标识。$a^{(2)}$ 是由 $m^{(1)}$ 作用在 $m^{(2)}$ 上的力所产生的加速度。类似地，$a^{(1)}$ 是 $m^{(2)}$ 作用到 $m^{(1)}$ 上的力所产生的加速度，所以我们有 $\dfrac{|a^{(1)}|}{|a^{(2)}|} = \dfrac{m^{(2)}}{m^{(1)}}$。$m^{(1)}$ 和 $m^{(2)}$ 环绕质心 X_{CM} 运动。$m^{(1)}$ 的轨道半径 $a^{(1)} = \dfrac{m^{(2)}R}{m^{(1)} | m^{(2)}}$，$m^{(2)}$ 的轨道半径 $a^{(2)} = \dfrac{m^{(1)}R}{m^{(1)} + m^{(2)}}$。 半径的比为

图 2.14 拉格朗日点 L_4

$$\frac{a^{(1)}}{a^{(2)}} = \frac{m^{(2)}}{m^{(1)}} = \frac{|a^{(1)}|}{|a^{(2)}|}. \tag{2.135}$$

这是理解 L_4 位置的关键等式。如图 2.14 所示，(2.135)式意味着加速度的大小 $|a^{(i)}|$ 正比于位移矢量的大小 $a^{(i)}$。

L_4 到 $m^{(2)}$ 的距离与 $m^{(1)}$ 到 $m^{(2)}$ 的距离相等，所以测试粒子在 L_4 处由于 $m^{(2)}$ 产生的加速度 $a^{(3)}(2)$ 等于 $m^{(2)}$ 在 $m^{(1)}$ 处所产生的加速度，即 $|a^{(3)}(2)| = |a^{(1)}|$。类似地，L_4 到 $m^{(1)}$ 的距离与 $m^{(2)}$ 到 $m^{(1)}$ 的距离相等，因此 $|a^{(3)}(1)| = |a^{(2)}|$。 因为加速度矢量正比于位移矢量，测试粒子的合成加速度 $a^{(3)}$ 指向两体系统的质心（参见图 2.14）。

我们将更进一步证明，L_4 处的测试粒子的角速度等于 $m^{(1)}$ 和 $m^{(2)}$ 的角速度。$m^{(2)}$ 处在圆周上，于是它的加速度大小为

$$|a^{(2)}| = a^{(2)} \left(\frac{\mathrm{d}\varphi^{(2)}}{\mathrm{d}t} \right)^2. \tag{2.136}$$

类似的，$|a^{(1)}| = a^{(1)} \left(\dfrac{\mathrm{d}\varphi^{(1)}}{\mathrm{d}t} \right)^2$，以及 $|a^{(3)}| = a^{(3)} \left(\dfrac{\mathrm{d}\varphi^{(3)}}{\mathrm{d}t} \right)^2$，其中 $a^{(3)}$ 是 L_4 到质心的距离。

从图 2.14 中，我们可以看出

$$\frac{|a^{(1)}|}{a^{(1)}} = \frac{|a^{(2)}|}{a^{(2)}} = \frac{|a^{(3)}|}{a^{(3)}}，因此 \frac{\mathrm{d}\varphi^{(1)}}{\mathrm{d}t} = \frac{\mathrm{d}\varphi^{(2)}}{\mathrm{d}t} = \frac{\mathrm{d}\varphi^{(3)}}{\mathrm{d}t}. \tag{2.137}$$

我们发现有相当多的小行星位于太阳-木星系统的 L_4 和 L_5 处。这些天体被称为特洛伊型小行星。在太阳-海王星系统上，我们也发现了一些特洛伊型小行星位于 L_4 处。

2.12　能　量　守　恒

迄今为止,我们搁置了一个很重要的问题,即总能量和它的守恒律。我们需要一些数学技巧,才能从最小作用量原理导出能量守恒。直接使用运动方程会更加简单一些。先让我们讨论一个 1 维的单体运动的例子,它具有运动方程:

$$m\frac{d^2x}{dt^2} + \frac{dV}{dx} = 0. \tag{2.138}$$

两边乘以 $\dfrac{dx}{dt}$,可得

$$m\frac{d^2x}{dt^2}\frac{dx}{dt} + \frac{dV}{dx}\frac{dx}{dt} = 0. \tag{2.139}$$

它能表示为全微分的形式:

$$\frac{d}{dt}\left(\frac{1}{2}m\left(\frac{dx}{dt}\right)^2 + V(x(t))\right) = 0. \tag{2.140}$$

因此,我们有

$$\frac{1}{2}m\left(\frac{dx}{dt}\right)^2 + V(x(t)) = 常数. \tag{2.141}$$

这个常数便是物体的总能量,它是守恒的,用 E 表示。注意到总能量是动能与势能的和, $E = K + V$。 此处的符号是加号,而不是减号,而在拉格朗日量中才是减号, $L = K - V$。

在 3 维空间中,物体如受普遍的力 $\boldsymbol{F}(\boldsymbol{x})$ 支配,能量不一定守恒。然而,如果力是由势能引起的,则力可以写成 $\boldsymbol{F}(\boldsymbol{x}) = -\nabla V(\boldsymbol{x})$。 倘若运动方程是由最小作用量原理导出,力必定是由势能引起。在这种情形下,仍然存在总能量守恒 $E = K + V$。 因为这个原因,对于任意能表示成 $\boldsymbol{F}(\boldsymbol{x}) = -\nabla V(\boldsymbol{x})$ 的力,都被称为保守力。

证明 3 维空间中的能量守恒与 1 维情形差别不大。我们在运动方程(2.55)式两边点乘 $\dfrac{dx}{dt}$,可得

$$m\frac{d^2\boldsymbol{x}}{dt^2} \cdot \frac{d\boldsymbol{x}}{dt} + \nabla V \cdot \frac{d\boldsymbol{x}}{dt} = 0. \tag{2.142}$$

第一项可以写为动能 $\dfrac{1}{2}m\dfrac{d\boldsymbol{x}}{dt} \cdot \dfrac{d\boldsymbol{x}}{dt}$ 对时间的导数,而第二项可以写为势能 $V(\boldsymbol{x})$ 对时间的导数。这是因为

$$V(\boldsymbol{x}(t+\delta t)) \approx V\left(\boldsymbol{x}(t) + \frac{d\boldsymbol{x}}{dt}\delta t\right) \approx V(\boldsymbol{x}(t)) + \nabla V \cdot \frac{d\boldsymbol{x}}{dt}\delta t. \tag{2.143}$$

因此，总能量 E 对时间的导数为零，它是动能和势能之和：

$$E = K + V = \frac{1}{2} m \, \frac{\mathrm{d}\boldsymbol{x}}{\mathrm{d}t} \cdot \frac{\mathrm{d}\boldsymbol{x}}{\mathrm{d}t} + V(\boldsymbol{x}(t)). \tag{2.144}$$

对于 N 体系统，总能量也是守恒的。假设力是由一个势能函数 V 来描述，这个条件与运动方程由最小作用量原理导出是一样的。N 体系统的动能和势能之和是守恒的：

$$E = \sum_{1}^{N} \frac{1}{2} m^{(k)} \, \frac{\mathrm{d}\boldsymbol{x}^{(k)}}{\mathrm{d}t} \cdot \frac{\mathrm{d}\boldsymbol{x}^{(k)}}{\mathrm{d}t} + V(\boldsymbol{x}^{(1)}, \cdots, \boldsymbol{x}^{(N)}). \tag{2.145}$$

就像动能守恒和角动量守恒一样，确定质心运动对总能量的贡献是发人深省的。假设最初质心静止在原点 O，且总能量的表达式为(2.145)。我们现在用一个质心速度 $\mathbf{V}_{\mathrm{CM}}$ 增补到物体的速度上。势能 V 不受质心运动的影响，因为它只依赖于内部物体的相对位置。新的总能量为

$$\begin{aligned} E' &= \sum_{1}^{N} \frac{1}{2} m^{(k)} \left(\frac{\mathrm{d}\boldsymbol{x}^{(k)}}{\mathrm{d}t} + \mathbf{V}_{\mathrm{CM}} \right) \cdot \left(\frac{\mathrm{d}\boldsymbol{x}^{(k)}}{\mathrm{d}t} + \mathbf{V}_{\mathrm{CM}} \right) + V(\boldsymbol{x}^{(1)}, \cdots, \boldsymbol{x}^{(N)}) \\ &= E + \frac{1}{2} M_{\mathrm{tot}} \mathbf{V}_{\mathrm{CM}} \cdot \mathbf{V}_{\mathrm{CM}}, \end{aligned} \tag{2.146}$$

其中 $\mathbf{V}_{\mathrm{CM}}$ 的一次项系数为零。因为如果变换前为静止，则原来的动量 $\sum_{1}^{N} \frac{1}{2} m^{(k)} \, \frac{\mathrm{d}\boldsymbol{x}^{(k)}}{\mathrm{d}t}$ 为零。

我们看到总能量(2.146)是两个部分之和，且每个部分都与时间无关。第二部分是组合体作为一个整体时的动能。第一部分是相对于质心的总能量。这个能量又被称为系统的内能。在讨论热力学语境中的能量时，我们最关心的是内能，质心运动没有热力学效应。例如，分子气体的温度依赖于气体的内能，而与质心运动无关。

2.13 摩擦力和耗散

譬如太阳系中的行星和航天器，又如在粒子加速器中的基本粒子，在真空中运动的物体都不存在摩擦力。但是在大气中，作自由落体运动的物体，在桌子上滚动或者滑动的物体，行驶中的机动车辆都在经历着摩擦力。

摩擦力是作用在物体上的一种十分复杂的力。它能使得机械能耗散掉。随着一些能量损失，动能和势能之和不再守恒，一些能量作为热而失去。这不仅对于物体内部如此，对于周围的媒质也是如此。尽管我们将在第 10 章讨论热能，但我们并不会仔细地讨论耗散。在这里，仅以最简单的方式说明耗散将会影响运动。

作用在物体上的摩擦力，涉及媒质与物体表面接触的速度。假设媒质是静止的。在这种最简单的情形下，摩擦力与物体的速度成正比，且方向相反。物体的 1 维运动方程 (2.22)，加上摩擦力项，变为

$$m \frac{\mathrm{d}^2 x}{\mathrm{d}t^2} = -\frac{\mathrm{d}V}{\mathrm{d}x} - \mu \frac{\mathrm{d}x}{\mathrm{d}t}. \tag{2.147}$$

其中 μ 为正常数,又被称为摩擦系数。最简单的情形只在很窄的速度范围内成立。在高速情形下,通常是摩擦力比速度增长得更快;而在极端低速情形下,摩擦力将由新种类的粘性表面力主宰。

在特殊情形下,我们很容易就能解出运动方程(2.147)。如果 V 是常数,则在无摩擦力的情形下,物体会以一个恒定的速度运动;但在具有摩擦力的情形下,解可以写作

$$x(t) = x_0 + \frac{mu_0}{\mu}(1 - \mathrm{e}^{-\frac{\mu}{m}t}), \tag{2.148}$$

其中 x_0 和 u_0 分别是 $t = 0$ 时的位置和速度。在无限时间过后,物体将会静止在 $x_0 + \dfrac{mu_0}{\mu}$ 处。在现实中,物体将会由于粘性力而在有限时间内静止。另一个例子是物体在引力作用下通过大气层自由下落。在这种情形下,$-\dfrac{\mathrm{d}V}{\mathrm{d}x} = -mg$,物体很快就会达到终点速度。此后便不再加速。终点速度是 $-\dfrac{mg}{\mu}$。

由摩擦力引起的能量耗散率,还存在着另一个普适的结论。考虑 3 维空间中 N 个物体,它们之间通过势能 V 发生相互作用。假设其中的每个物体所受的摩擦力都正比于它的速度。修正(2.108)式,可得到运动方程:

$$m^{(k)} \frac{\mathrm{d}^2 \boldsymbol{x}^{(k)}}{\mathrm{d}t^2} + \boldsymbol{\nabla}^{(k)} V = -\mu \frac{\mathrm{d}\boldsymbol{x}^{(k)}}{\mathrm{d}t}. \quad (k = 1, 2, \cdots, N) \tag{2.149}$$

将等式两边点乘 $\dfrac{\mathrm{d}\boldsymbol{x}^{(k)}}{\mathrm{d}t}$,可得

$$\frac{\mathrm{d}E}{\mathrm{d}t} = -\mu \sum_1^N \frac{\mathrm{d}\boldsymbol{x}^{(k)}}{\mathrm{d}t} \cdot \frac{\mathrm{d}\boldsymbol{x}^{(k)}}{\mathrm{d}t}. \tag{2.150}$$

其中 $E = K + V$ 是机械能(2.145)。因此,只要物体还在运动,机械能就总在减小。(2.150)式右边与总动能 K 的表达式没有太大区别。实际上,如果所有 N 个物体都具有相同的质量 m,则能量耗散率表示为

$$\frac{\mathrm{d}(K + V)}{\mathrm{d}t} = -\frac{2\mu}{m} K. \tag{2.151}$$

2.14　拓展阅读材料

J. B. Barbour. *The Discovery of Dynamics*. Oxford：OUP, 2001.

T. W. B. Kibble and F. H. Berkshire. *Classical Mechanics*（5th ed.）. London：Imperial College Press，2004.

L. D. Landau and E. M. Lifshitz. *Mechanics: Course of Theoretical Physics*. Vol. 1，Oxford：Butterworth-Heinemann，1981.

计算 1 维粒子的最小作用量工具书，请参阅

E. F. Taylor and S. Tuleja. *Principle of Least Action Interactive*.可从下述网站下载：www.eftaylor.com/software/ActionApplets/LeastAction.html。

第3章 场

——麦克斯韦方程

3.1 场

在前一章中,基本的物理要素是空间和时间,以及一组运动的物体。这些物体被当作粒子,位于一个有限的点集上。在它们之间的空间里,不存在任何客观的东西。空间完全是空的,但是尽管这样,粒子之间是有相互作用的。这就是超距作用。

然而,人们很早就认为,粒子之间没有任何客观实在却能相互作用,是非常不合理的。勒内·笛卡儿和其他人认为,只有假定力是通过直接接触传递的,或经由占据粒子之间空间的流体传递的,这才是合理的。现代的观点是,空间被各种类型的场所占据,这些场是造成粒子所经受的势能和力的原因。最初,力的场描述被看成是牛顿超距作用的数学重构,或许还可以看成是物理幻想,但后来人们认识到,场遵守它们自己的动力学方程,并且没有任何粒子的地方也可能存在动力学场,至少在一些大的空间区域内是如此。

这种方法的重大突破是詹姆斯·克拉克·麦克斯韦对电磁场的处理。以前,这些场只与荷和流有关,但麦克斯韦方程也允许在没有源时存在动力学电磁场。这样的动力学电磁场可以理解为光波。光显然是物理的,因此场也是物理的。

现在,场在物理思想中占有中心地位。我们认为,空间中到处充满着大量各种类型的场。除了电磁场,还有杨-米尔斯规范场和希格斯场。即使是像电子这样的典型粒子,也有一个相关的场,称为狄拉克场。这些场都是动力学的。它们携带能量和动量,当场将力传递给粒子时,场的能量和动量发生改变。还存在一个引力场,可以用它重新表述上一章讨论的引力。最引人注目的是,爱因斯坦表明,描述引力场的最适合的自洽动力学方法,是将引力场解释为时空几何自身的形变。

因此,通过场,可以将粒子、它们之间的力,以及潜在的时空几何,在物理上统一起来。一个尚未完全实现的梦想是,所有的物理现象都源于一个纯粹的场的几何理论。

英语中场的通常意思是一片沃土,田野青翠,作物繁茂。田野中生长着某些东西。从迈克尔·法拉第开始,物理学家通过类比便采用了这个术语,它是一个不错的术语。当作物生长时,它们的特性会因地而异。对于大量的单株植物,我们可以观察平均量,比如植物的密度。这是单位面积的植物数量,它本质上是一个在空间和时间上都不断变化的量。植物的平均高度是另一个在空间和时间上不断变化的量。农民的目标可能是划一的植物密度和划一的高度,但更常见的是,这些量在空间上会有所不同。高度确定无疑会随时间变化。

在物理学中,场的意义就像上面所描述的植物的密度和高度这样的量。场是在空间和时间上变化的物理量。它们通常是光滑函数,这意味着我们可以按照我们的意愿,求它们对空间和时间变量的任意导数。一个场不仅仅是空间和时间的数学函数,因为它有物理现实意义。场与函数之间的关系类似于粒子轨迹与几何曲线之间的关系。

物理学中最早关于场的例子产生于对流体的描述。现在我们知道流体是由无数粒子组成的,如原子或分子,但是在我们看来,它们是物质的连续体。关键的量是密度,即单位体积的流体质量,以及流体的速度。假定流体中的每一点都存在流体速度,并且速度从一点到另一点是光滑变化的。因此,速度是定义在被流体所占据的整个区域上的函数 $v(x, t)$,类似地,密度也是一个函数 $\rho(x, t)$。ρ 在每一点只有一个值,不受空间轴转动的影响。这样的量,称为标量场,而流体的速度是矢量场。

在这一章中,我们首先讨论标量场,利用最小作用量原理找到它的动力学方程。标量场方程可以用来描述声波。然后我们讨论电磁场和它们的动力学方程,即麦克斯韦方程。静磁场是相当熟悉的。通过撒在覆盖磁铁的一张纸上的铁屑排列,我们可以看到磁铁周围的磁场,如图 3.1 所示。之后,我们将考虑带电粒子和电流,它们是电磁场的源,还将考虑受电磁场影响的带电粒子的运动方程。电流归根结底是由运动的带电粒子引起的,但将其视为一个独立的概念通常来说比较方便。描述光的电磁波是麦克斯韦方程最重要的解之一。

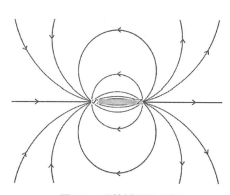

图 3.1　磁铁周围的磁场

电磁场与许多带电粒子相互作用的动力学框架几乎是所有电磁学现象的一个完整而自洽的理论。场和粒子的动力学方程可以从单一的最小作用量原理推导出来。然而,有几个问题需要进一步探索。一个是对于速度可与光速相比的高速运动粒子,需要修改牛顿运动方程。我们将在第 4 章狭义相对论中讨论这个问题。第二个问题是把带电粒子理想化成点状。如果粒子经历了非常大的加速度并且辐射了大量的能量,这会产生问题。点状粒子的运动方程是不清楚的。目前还没有实验指导,因为这种加速需要极强的电场或磁场,在实验室环境中还没有实现。

将牛顿引力场作为一个标量场来讨论是很诱人的,但这只是一个近似,将引力作为动力学理论的唯一自洽的处理方法,是通过爱因斯坦的广义相对论方程,所以我们把对引力的进一步讨论推迟到第 6 章。第 12 章讨论了量子化的场论及其与基本粒子物理学的关系。

3.2　标量场方程

标量场比电磁场简单。它是一个定义在整个空间的单分量实函数 $\psi(x, t)$。在给定时刻的场称为场位形,动力学场的演化可以看作是穿过场位形的(无限维)空间的光滑轨迹。对于连接 t_0 时刻给定的初始场位形 $\psi(\boldsymbol{x}, t_0)$ 和 t_1 时刻终末场位形 $\psi(\boldsymbol{x}, t_1)$ 的任意轨迹,需要定义一个作用量 S。 对 S 应用最小作用原理,我们可以导出动力学的标量场方程,它是一种波动方程。

场像粒子一样,拉格朗日量 L 是动能和势能的结合。动能是 ψ 的时间偏导数平方的一半在空间上积分,

$$K = \int \frac{1}{2} \left(\frac{\partial \psi}{\partial t} \right)^2 \mathrm{d}^3 x \tag{3.1}$$

(在这一章的空间积分都是在 3 维空间 $\mathbb{R}^3$ 上。) K 类似于单位质量粒子的动能,但因为它是空间上的积分,所以所有点上的场都有贡献。K 不受轴旋转或原点平移的影响。换句话说,K 是欧几里得不变量。

势能有更多种的选择。一个可能的贡献是 ψ 的某个函数的积分,我们将这个函数记为 $U(\psi)$。 由于 ψ 是 $\boldsymbol{x}$ 的函数,写成 $U(\psi(\boldsymbol{x}))$ 更准确,然后对它积分。U 可以是任何熟悉的函数,例如正弦函数或指数函数,但在 3 维空间中,它通常是 ψ 的多项式。这种贡献类似于粒子的势能 $V(\boldsymbol{x})$。 场的另一个特征是它的梯度 $\boldsymbol{\nabla}\psi$,由它的空间偏导数组成。这给出了第二种可能的贡献,$\frac{1}{2}c^2 \boldsymbol{\nabla}\psi \cdot \boldsymbol{\nabla}\psi$ 在空间上的积分,其中 c 是一个非零常数。则总势能是

$$V = \int \left\{ \frac{1}{2} c^2 \, \boldsymbol{\nabla}\psi \cdot \boldsymbol{\nabla}\psi + U(\psi) \right\} \mathrm{d}^3 x, \tag{3.2}$$

这仍然是欧几里得不变量。注意 V 只依赖于每一时刻的场位形,这就是它被称为势能的原因。我们可以在 V 中考虑更多的项,例如,ψ 梯度的高次幂。但是,涉及不同位置处 ψ 的乘积在空间上积分,这样的贡献称为非局部项,它们所导致的动力学方程,描述了一个点的场演化在其他点产生瞬时效应,这有悖于我们引入场的理由。所以我们不允许这样的项。场的主要动机之一是物理信号应该以有限的速度传播,以避免超距作用。

我们需要对函数 U 的总体形状和边界条件说点什么。为了得到一个令人满意的稳定场论,$U(\psi)$ 应该在 ψ 的某个有限值处有一个极小值。在本章中,我们假设 U 在 $\psi=0$ 处有一个唯一的极小值。这样的函数例子有 $U(\psi) = \frac{1}{2}\mu^2\psi^2$,$\mu$ 是非零的,以及 $U(\psi) = \frac{1}{2}\mu^2\psi^2 + \frac{1}{4}\nu\psi^4$,其中 ν 为正。在另一个 ψ 值上有唯一极小值的理论本质上是等价的,因为通过场的重定义 $\psi \to \psi +$ 常数,可以将极小值移动到 $\psi=0$。 就像在上述两个例子中一样,我们假设 U 的极小值是 0。这确保了对于场位形 $\psi=0$,总势能是 0,而不是无穷大。最后,我们施加一个边界条件,即当 $|\boldsymbol{x}| \to \infty$ 时,$\psi \to 0$。 换句话说,在空间无穷远处,场使 U 最小化,势能密度为零。在任何 $\psi \neq 0$ 或梯度非零的有限点 $\boldsymbol{x}$,势能密度为正。

在空间各处和所有时间里都是 $\psi = 0$ 的位形称为经典真空。时空中仍然到处存在场，但它的势能为零，动能为零，即势能和动能都具有最小的可能值。这样的场不携带能量或动量。

标量场 ψ 的总作用量 S 是拉格朗日量 $L = K - V$ 在时间上的积分，也就是

$$S = \int_{t_0}^{t_1} \int \left\{ \frac{1}{2} \left(\frac{\partial \psi}{\partial t} \right)^2 - \frac{1}{2} c^2 \, \nabla \psi \cdot \nabla \psi - U(\psi) \right\} \mathrm{d}^3 x \, \mathrm{d}t. \tag{3.3}$$

被积函数，即大括号内的量，称为拉格朗日量密度，记为 $\mathcal{L}(x, t)$。它仅依赖于 (x, t) 处的场值，以及 (x, t) 无穷小邻域内的场值，这些场值对时间和空间导数有贡献。所以说 $\mathcal{L}$ 是局域的。拉格朗日量 L 是 $\mathcal{L}$ 在空间上的积分，进一步对时间积分就给出了作用量。

最小作用量原理决定了场的动力学，ψ 的场方程是 S 保持稳定的条件，为了找到场方程，我们需要应用变分法。固定初始时刻 t_0 和终末时刻 t_1 的场位形，并假设对某条轨迹 $\psi(x, t) = \Psi(x, t)$，S 是稳定的，其中 Ψ 满足当 $|x| \to \infty$ 时的边界条件 $\Psi \to 0$，以及在 t_0 和 t_1 时给定的端点条件。现在考虑场的变分 $\psi(x, t) = \Psi(x, t) + h(x, t)$，保持边界和端点条件不变，并要求 S 到 h 的一阶保持不变。对于 S 中第一项和第三项的计算，与得到粒子运动的公式 (2.31) 的计算基本相同。对于第二项，我们需要利用展开

$$\frac{1}{2} c^2 \, \nabla \psi \cdot \nabla \psi = \frac{1}{2} c^2 \, \nabla \Psi \cdot \nabla \Psi + c^2 \, \nabla \Psi \cdot \nabla h \tag{3.4}$$

（只保留到 h 的一阶项）。类似于 (2.31) 式的结果为

$$S_{\Psi+h} = S_\Psi + \int_{t_0}^{t_1} \int \left\{ \frac{\partial \Psi}{\partial t} \frac{\partial h}{\partial t} - c^2 \, \nabla \Psi \cdot \nabla h - U'(\Psi)h \right\} \mathrm{d}^3 x \, \mathrm{d}t. \tag{3.5}$$

在时间和空间方向上分部积分，将带有 h 导数的项转换成仅依赖于 h 的项。边界和端点项都为零，给出结果：

$$S_{\Psi+h} = S_\Psi + \int_{t_0}^{t_1} \int \left\{ -\frac{\partial^2 \Psi}{\partial t^2} + c^2 \, \nabla^2 \Psi - U'(\Psi) \right\} h \, \mathrm{d}^3 x \, \mathrm{d}t. \tag{3.6}$$

由于 Ψ 使 S 保持稳定，对于任何变分 $h(x, t)$，$S_{\Psi+h}$ 必须等于 S_Ψ，所以大括号内的量乘 h 必须处处为零。这就给出了场方程（下面我们不用记号 Ψ，而是用场 ψ 来表示）：

$$\frac{\partial^2 \psi}{\partial t^2} - c^2 \, \nabla^2 \psi + U'(\psi) = 0. \tag{3.7}$$

对于一般的函数 U，这个偏微分方程是一个非线性波动方程，求解不易。重要的是，作用量中含有梯度项；若没有梯度项，场的演化将与空间点完全无关。

由于作用量 S 在所有欧几里得对称性下都是不变的，所以存在几个守恒量。场的动量是守恒的，角动量也是守恒的。这是一些密度在空间上的积分，这些密度依赖于场的时间和空间导数。还存在一个守恒的能量，就是 $E = K + V$，换言之，就是

$$E = \int \left\{ \frac{1}{2} \left(\frac{\partial \psi}{\partial t} \right)^2 + \frac{1}{2} c^2 \, \boldsymbol{\nabla} \psi \cdot \boldsymbol{\nabla} \psi + U(\psi) \right\} \mathrm{d}^3 x. \tag{3.8}$$

在最简单形式的标量场理论中,不存在 U。在物理上,这是可以接受的,并且仍然可以施加在空间无穷远处 ψ 为零的边界条件。这样,方程(3.7)简化为线性波动方程:

$$\frac{\partial^2 \psi}{\partial t^2} - c^2 \, \nabla^2 \psi = 0. \tag{3.9}$$

3.3 波

波动方程(3.9)的基本解是下述形式的 3 维平面波:

$$\psi(\boldsymbol{x}, \, t) = \mathrm{e}^{\mathrm{i}(\boldsymbol{k} \cdot \boldsymbol{x} - \omega t)} \tag{3.10}$$

其中 $\boldsymbol{k}$ 是波矢,ω 为(角)频率。波长是 $\dfrac{2\pi}{|\boldsymbol{k}|}$。对(在给定时间)正交于 $\boldsymbol{k}$ 的任意空间平面内的所有 $\boldsymbol{x}$,ψ 的相位满足:

$$\boldsymbol{k} \cdot \boldsymbol{x} - \omega t = 常数, \tag{3.11}$$

这就是称为平面波的原因。方程(3.9)的两次时间导数从 ψ 的指数中得到了两个 $-\mathrm{i}\omega$ 因子,也就是因子 $-\omega^2$,拉普拉斯算子 $\nabla^2 = \dfrac{\partial^2}{\partial x_1^2} + \dfrac{\partial^2}{\partial x_2^2} + \dfrac{\partial^2}{\partial x_3^2}$ 从 ψ 的指数中得到 $-k_1^2 - k_2^2 - k_3^2 = -\boldsymbol{k} \cdot \boldsymbol{k} = -|\boldsymbol{k}|^2$,所以,假如

$$\omega^2 = c^2 \, |\boldsymbol{k}|^2, \tag{3.12}$$

则平面波(3.10)满足线性波动方程。因此,$\boldsymbol{k}$ 是一个任意常矢量,但 ω 必须取 $c|\boldsymbol{k}|$ 或 $-c|\boldsymbol{k}|$。平面波如图 3.2 所示。

在 $\boldsymbol{x}$ 点以速度 $\boldsymbol{c}$ 沿 $\boldsymbol{k}$ 方向运动的平面波,波的相位在时间上保持不变的条件决定了速度 $\boldsymbol{c}$。方程(3.11)对时间求导,并令 $\dfrac{\mathrm{d}\boldsymbol{x}}{\mathrm{d}t} = \boldsymbol{c}$,我们发现 $\boldsymbol{k} \cdot \boldsymbol{c} - \omega = 0$。所以波速 $|\boldsymbol{c}|$ 就是 $\left| \dfrac{\omega}{\boldsymbol{k}} \right|$,这就是 c,作用量和场方程中的参数。波速与频率和波矢的方向都无关。

基本的平面波解并不是真实的,也不满足在空间无穷远处为零的边界条件,但是因为波动方程是线性的,它的通解是 $\omega = \pm c|\boldsymbol{k}|$ 的基本解的线性叠加,形式为

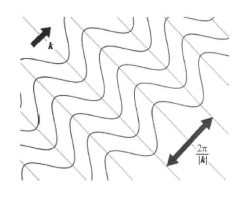

图 3.2 平面波

$$\psi(\boldsymbol{x}, t) = \int \left(C(\boldsymbol{k}) e^{i(\boldsymbol{k} \cdot \boldsymbol{x} - c|\boldsymbol{k}|t)} + D(\boldsymbol{k}) e^{i(\boldsymbol{k} \cdot \boldsymbol{x} + c|\boldsymbol{k}|t)} \right) d^3 k. \tag{3.13}$$

通过对复函数 $C(\boldsymbol{k})$ 和 $D(\boldsymbol{k})$ 的适当限制，ψ 成为实的并满足边界条件。ψ 作为 $\boldsymbol{x}$ 的函数，C 和 D 作为 $\boldsymbol{k}$ 的函数，在这两者之间的变换是傅里叶变换的一个例子。

一维空间中的线性波动方程有一个相当漂亮的通解，如果所有有贡献的波矢 $\boldsymbol{k}$ 都在同一方向上，这个通解也可以用于 3 维空间中的波。在一维空间，坐标是 x 和 t，波动方程是

$$\frac{\partial^2 \psi}{\partial t^2} - c^2 \frac{\partial^2 \psi}{\partial x^2} = 0. \tag{3.14}$$

也可以写成因式分解形式：

$$\left(\frac{\partial}{\partial t} + c \frac{\partial}{\partial x} \right) \left(\frac{\partial}{\partial t} - c \frac{\partial}{\partial x} \right) \psi = 0, \tag{3.15}$$

如果交换上式中的因子，仍然成立。由于

$$\frac{\partial}{\partial t} f(x + ct) = c f'(x + ct) = c \frac{\partial}{\partial x} f(x + ct), \tag{3.16}$$

所以第二个算子作用到 $x + ct$ 的任何函数上都得到零，而第一个算子作用到 $x - ct$ 的任何函数上都得到零。因此波动方程 (3.14) 的通解为

$$\psi(x, t) = f(x + ct) + g(x - ct) \tag{3.17}$$

其中 f 和 g 是任意（光滑）函数。这些函数由初始数据决定，即 $t = 0$ 时的 ψ 和 $\frac{\partial \psi}{\partial t}$。

如果 t 增加 a，同时 x 减少 ca，那么函数 $f(x + ct)$ 不变。因此这个函数是一个以速度 c 沿负 x 方向移动的波形。类似地，$g(x - ct)$ 是一个以速度 c 沿正 x 方向移动的波形。这些波分别称为左行波和右行波。如果初始波位于某个有限的空间间隔内，并且在外面是零，那么它就是左行波和右行波的组合，之后这些波就会分离。分离波之间的场值是均匀且恒定的，但不一定为零。

很容易产生一个纯粹朝一个方向移动的波，比如右行波。这是一种描述定向光的波，它的波矢指向光束的方向，波前与光束正交。如果光束的宽度远大于波长，那么一维近似是合理的。

值得一提的是标量波动方程在 3 维空间中的另一种形式。假设函数 U 不为零，而是具有形式 $U(\psi) = \frac{1}{2} \mu^2 \psi^2$。场方程仍然是线性的，称为克莱因-戈登方程，它是

$$\frac{\partial^2 \psi}{\partial t^2} - c^2 \nabla^2 \psi + \mu^2 \psi = 0 \tag{3.18}$$

和以前一样，平面波解具有指数形式 (3.10)，但 ω 与波矢 $\boldsymbol{k}$ 之间的关系为

$$\omega^2 = c^2 \mid \boldsymbol{k} \mid^2 + \mu^2. \tag{3.19}$$

现在,波有最小频率 $\omega = \mu$,且波速与频率有关。可以再次用傅里叶分析来理解具有局部、真实波形的更一般解。

标量场理论有一些应用。声波就是其中一种。气体的密度是一个标量。密度的小扰动 ψ,由 U 为零的作用量(3.3)描述。不会出现恒定的、均匀的平衡密度,因为作用量中的两项都涉及导数。(还存在一个和整个 S 相乘的常数,但这并不影响场方程。)那么波动方程(3.9)就是声波方程,c 是声速。c 与气体的可压缩性及其平衡密度有关。

当我们在粒子物理的背景下考虑相对论性标量场时,将再次出现克莱因-戈登方程。

3.4　散度和旋度

在 3 维空间中我们已经看到,将三个偏导数合并成矢量算子:

$$\boldsymbol{\nabla} = \left(\frac{\partial}{\partial x_1}, \ \frac{\partial}{\partial x_2}, \ \frac{\partial}{\partial x_3} \right) \tag{3.20}$$

是很有用的。它作用到标量场 ψ 上,给出梯度 $\nabla \psi$。

$\boldsymbol{\nabla}$ 可以通过两种方式,作用于矢量场 $\boldsymbol{V}(\boldsymbol{x}) = (V_1(\boldsymbol{x}), V_2(\boldsymbol{x}), V_3(\boldsymbol{x}))$,类似于 $\boldsymbol{x} \cdot \boldsymbol{y}$ 和 $\boldsymbol{x} \times \boldsymbol{y}$ 这两个乘积,它们在几何上是自然的。第一种是 $\boldsymbol{\nabla} \cdot \boldsymbol{V}$,这称为 $\boldsymbol{V}$ 的散度,记为 "div$\boldsymbol{V}$",第二种是 $\boldsymbol{\nabla} \times \boldsymbol{V}$,称为 $\boldsymbol{V}$ 的旋度,记为 "curl$\boldsymbol{V}$"。在轴的转动下,$\boldsymbol{\nabla}$ 和 $\boldsymbol{V}$ 的分量以相同的方式转动,所以 $\boldsymbol{\nabla} \cdot \boldsymbol{V}$ 是一个标量,在转动下不变,而 $\boldsymbol{\nabla} \times \boldsymbol{V}$ 是一个矢量,随 $\boldsymbol{V}$ 和其他矢量一起转动。

明确写出来,$\boldsymbol{V}$ 的散度定义为

$$\boldsymbol{\nabla} \cdot \boldsymbol{V} = \frac{\partial V_1}{\partial x_1} + \frac{\partial V_2}{\partial x_2} + \frac{\partial V_3}{\partial x_3}. \tag{3.21}$$

如将上式与点积定义(1.12)进行类比。由于 $\boldsymbol{\nabla} \cdot \boldsymbol{V}$ 是 $\boldsymbol{x}$ 的函数,所以它是一个标量场。如果 $\boldsymbol{\nabla} \cdot \boldsymbol{V}$ 在某个区域是正的,那么该区域就是 $\boldsymbol{V}$ 的源,$\boldsymbol{V}$ 趋于指向外部。如果 $\boldsymbol{\nabla} \cdot \boldsymbol{V}$ 是负的,那么 $\boldsymbol{V}$ 趋于指向内部。

$\boldsymbol{V}$ 的旋度定义为

$$\boldsymbol{\nabla} \times \boldsymbol{V} = \left[\frac{\partial V_3}{\partial x_2} - \frac{\partial V_2}{\partial x_3}, \ \frac{\partial V_1}{\partial x_3} - \frac{\partial V_3}{\partial x_1}, \ \frac{\partial V_2}{\partial x_2} - \frac{\partial V_1}{\partial x_2} \right]. \tag{3.22}$$

同样,注意与叉积定义(1.15)的类比。$\boldsymbol{\nabla} \times \boldsymbol{V}$ 是一个 3 分量矢量场,它度量了 $\boldsymbol{V}$ 如何环流。

关于一般矢量场的散度和旋度的一些结果对我们很重要。首先,如果对于某些标量场 Φ,$\boldsymbol{V}$ 可以表示为 $-\nabla\Phi$,那么 $\boldsymbol{\nabla} \times \boldsymbol{V} = -\boldsymbol{\nabla} \times \boldsymbol{\nabla}\Phi = 0$。(负号可以吸收到 Φ 中,但保留负号能清楚地与力和势之间的关系 $\boldsymbol{F} = -\nabla V$ 联系起来。)这很容易检验。例如,$\boldsymbol{\nabla} \times \boldsymbol{V}$ 的第一个分量是

$$-\frac{\partial}{\partial x_2}\frac{\partial \Phi}{\partial x_3}+\frac{\partial}{\partial x_3}\frac{\partial \Phi}{\partial x_2}, \tag{3.23}$$

由混合偏导数的对称性，它等于零。更深层的结果是逆向的：如果在空间的某个（单联通）区域中有 $\mathbf{V}\times\mathbf{V}=0$，那么在该区域中就有一个标量场 Φ，使 $\mathbf{V}=-\nabla\Phi$，除了一个附加常数外，Φ 是唯一确定的。

其次，如果对于某些矢量场 $\mathbf{W}$，$\mathbf{V}$ 可以表示为 $\nabla\times\mathbf{W}$，那么 $\nabla\cdot\mathbf{V}=0$。这也容易验证：

$$\nabla\cdot(\nabla\times\mathbf{W})=\frac{\partial}{\partial x_1}\left(\frac{\partial W_3}{\partial x_2}-\frac{\partial W_2}{\partial x_3}\right)+\frac{\partial}{\partial x_2}\left(\frac{\partial W_1}{\partial x_3}-\frac{\partial W_3}{\partial x_1}\right)+\frac{\partial}{\partial x_3}\left(\frac{\partial W_2}{\partial x_1}-\frac{\partial W_1}{\partial x_2}\right)=0. \tag{3.24}$$

结果是零，因为由混合偏导数的对称性，各项成对相消。更深刻的结果仍然是逆向的：如果在某个区域内 $\nabla\cdot\mathbf{V}=0$，那么就存在一个矢量场 $\mathbf{W}$，使 $\mathbf{V}=\nabla\times\mathbf{W}$。除了一个附加的标量场梯度 $\nabla\lambda$ 以外，这个矢量场 $\mathbf{W}$ 是唯一的（$\nabla\lambda$ 的旋度为零，所以对 $\mathbf{V}$ 没有贡献）。如果想要确定 $\mathbf{W}$，可以施加进一步的条件，如 $\nabla\cdot\mathbf{W}=0$，但这并不总是可取的。

麦克斯韦理论中存在两个矢量场，电场 $\mathbf{E}$ 和磁场 $\mathbf{B}$。我们会看到 $\nabla\cdot\mathbf{B}$ 总是零，所以 $\mathbf{B}$ 可以表示为 $\nabla\times\mathbf{A}$。$\mathbf{A}$ 称为矢势。$\nabla\times\mathbf{E}$ 有时是零，如果是这样，$\mathbf{E}$ 可以表达为 $-\nabla\Phi$。Φ 称为标势。即使当 $\nabla\times\mathbf{E}$ 不为零时，也存在一个起重要作用的标势。

3.5　电磁场和麦克斯韦方程

自古以来，人们就知道许多电磁现象。这些电磁现象包括摩擦琥珀和其他材料产生的静电、天然磁石、电鳗等生物发出的电击，以及闪电现象。然而，理解这些多样性的现象并认识到它们之间的联系花费了很长时间。早期的突破是本杰明·富兰克林在 18 世纪中叶认识到，物体可以获得电荷，电荷可能是正的也可能是负的。第二个根本性的突破是亚历桑德鲁·伏特在 1800 年发明了电池，这为研究人员的实验提供了充足的电力，并且对这种电池产生的电流进行研究表明了电流是电荷的流动。

下一个重大发现是汉斯·克里斯蒂安·奥斯特在 1820 年发现的电和磁之间的联系线索。奥斯特观察到在导线中流动的电流对附近的磁罗盘有影响，如图 3.3 所示。这种小小的影响最终导致了科学史上一次伟大的统一——电磁学理论。在这条统一之路上，一个关键的概念性步骤是法拉第提出来的，即假设整个空间中存在电场 $\mathbf{E}$ 和磁场 $\mathbf{B}$，则可以对电和磁现象进行最好的描述。$\mathbf{E}$ 和 $\mathbf{B}$ 都是矢量，它们的分量为 $\mathbf{E}=(E_1,E_2,E_3)$ 和 $\mathbf{B}=(B_1,B_2,B_3)$，它们是位置 x 和时间 t 的函数。$\mathbf{E}$ 和 $\mathbf{B}$ 可以通过测试电荷和测试磁针来测量（见图 3.4）。一个电荷 q 放在 x 点上，它会受到一个强度为 $q\mathbf{E}$ 的电力。一个小磁针放在 x 处，它会沿着 $\mathbf{B}$ 的方向排列，$\mathbf{B}$ 的强度会影响这个过程的快慢。更准确地说，磁针上的力矩或扭力与 $\mathbf{B}$ 的强度成正比。即使移除了测试装置，推测 $\mathbf{E}$ 和 $\mathbf{B}$ 仍然存在。尽管这个观点一度存在争议，但它最终占据了支配地位，打消了怀疑者的疑虑。

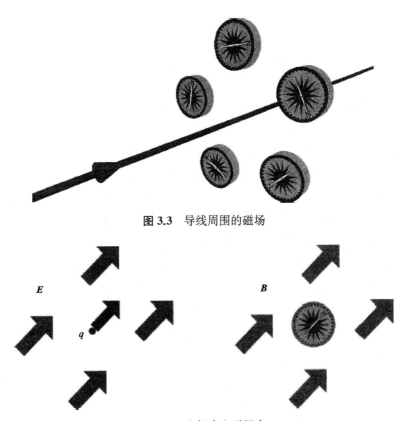

图 3.3 导线周围的磁场

图 3.4 电场力和磁场力

一个令人烦恼的问题是,如何将测试电荷产生的电场并入总电场。如果测试电荷很小,但不是无穷小,则会对总电场有贡献。然而,在大多数情况下,这种贡献可以忽略不计,影响测试电荷的是所有其他电荷和电流产生的场。只有当测试电荷快速加速时,才需要担心测试电荷与自身电场的相互作用。

要理解导电金属等材料内部的场也是相当困难的。我们对材料的现代观点使事情变得简单了。材料内部有各种各样的带电粒子在运动。因此,从根本上说,我们需要一个关于 E 和 B 以及它们与运动点粒子相互作用的理论。宏观介质如导体、绝缘体或铁磁体的场方程,可以通过对其组成粒子产生的场进行平均来获得。

在库仑、毕奥和萨伐尔、奥斯特、安培,特别是法拉第等人历经一个多世纪的实验工作基础上,麦克斯韦找到了 E 和 B 所满足的方程的最终形式。这些场的源是电荷密度 ρ 和电流密度 j,它们是 x 和 t 的函数。麦克斯韦用分量形式写出了他的方程,从而在 1865 年他关于电磁学的决定性论文中有 20 个方程。1884 年奥利弗·亥维赛[①]用矢量表示法以更紧凑、更优雅的形式重写了这些方程。我们通常所知的麦克斯韦方程就是这种矢量形式。它们是

$$\boldsymbol{\nabla} \cdot \boldsymbol{E} = \rho , \tag{3.25}$$

---

① 赫兹和吉布斯差不多在同一时期也用矢量表示法写出了麦克斯韦方程。

$$\nabla \times \boldsymbol{E} = -\frac{\partial \boldsymbol{B}}{\partial t}, \qquad (3.26)$$

$$\nabla \cdot \boldsymbol{B} = 0, \qquad (3.27)$$

$$\nabla \times \boldsymbol{B} = \boldsymbol{j} + \frac{\partial \boldsymbol{E}}{\partial t}. \qquad (3.28)$$

麦克斯韦方程(3.25)～(3.28)通常包括常数参数 ε_0 和 μ_0。我们选择了亥维赛-洛伦兹单位制,在这个单位制中,这两个常数都是1。即使在这些单位中,光速 c 通常会出现在方程中,但我们已经进一步选择了 $c = 1$ 的时空单位。这不是标准的国际单位制,但我们的选择大大简化了数学形式,在讨论相对论和量子场论时特别有帮助。(对此感到不理解的读者,应该查阅讨论单位的那些电磁学教科书,并使用国际单位制。)

电荷单位是根据单位距离上两个电荷之间的电场力来定义的。电流单位是根据分开单位距离的两条平行载流导线之间的磁场力来定义的。由于电流是由运动中的电荷组成的,所以,如图3.5所示,探求运动电荷受到的磁力与电力之比是合乎情理的。在什么速度下,这两种力具有可比性? 答案是这个速度是作为基本参数出现在电磁理论中的。这就是光速。

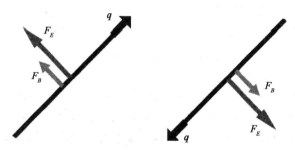

图3.5 移动电荷产生的场和力

将光速设定为1是有很好的理由的。历史上,时间和长度单位都是在地球上定义的,时钟所测量的1 s是一天长度的1/86 400。保存在巴黎的一根金属棒作为标准,定义了1 m的长度。这根棒的长度大约是北极到赤道距离的 $1/10^7$。这样,光速是一个需要测量的量,随着实验技术的改进,它的值历年来一直在变化。最近,人们决定根据特定原子能级跃迁中发射的光子频率来定义时间单位,并根据相同光子的波长来定义长度单位。作为一个传统的结果,现在可将光速定义为一个精确的值 $c = 299\,792\,458\ \mathrm{ms}^{-1}$,这个统一体符合米和秒的历史概念。因为 c 纯属一个统一体,数值没有根本意义,所以令 $c = 1$ 更为方便。时间单位仍然可以看作是秒(s),但长度单位现在是光秒,确切地说是 $299\,792\,458$ m。

这背后也存在着一个基本的物理原理。我们通常不选择时间和长度单位以使某种气体中的声速为1;这是因为声速不是普适的,而是依赖于气体的组分和它的温度。然而,现在人们知道真空中的光速是普适的。它与波长无关,所以所有的光子和其他质量可以忽略不计的基本粒子,比如中微子,都以本质上相同的速度运动。粒子物理的所有场方程以及狭义和广义相对论的公式都使用相同的因子 c 来联系长度和时间,所以把这个普适因子设为 1 是有道理的。是爱因斯坦首先洞察到光速是速度的极限,因此是一个特殊的量。

麦克斯韦方程告诉了我们什么

一些电磁学教科书用了许多篇幅来讨论产生麦克斯韦方程动机的现象。另一些教科书是从这些方程式开始,花很多章节来解方程,并寻找它们的推论。在这里,我们将简单叙述每一个方程告诉了我们什么,尽管实际上应该将所有方程一起考虑,才能得出这些结论。

第一个方程 $\nabla \cdot E = \rho$,说明电荷密度 ρ 是电场 E 的源。如果 ρ 是正的,E 从源指向外,随着向外距离的增加,强度会减弱。电荷密度可以位于一个点上,这模拟了一个荷电点粒子。

第三个方程 $\nabla \cdot B = 0$,表示没有电荷密度的磁类比,所以没有带磁荷的粒子,就是没有通常所指的磁单极。磁场 B 的行为就像不可压缩流体的速度 v 服从 $\nabla \cdot v = 0$ 那样,没有源或汇。事实上,在任何完整的封闭曲面上,B 向外的净通量为零。磁偶极子,如条形磁铁,看起来可能在每一端有相反强度的磁极,但实际上 B 是个环流,在外部空间从磁铁的一端到另一端,然后穿过磁铁的材料返回。如果不是这样的话,那么可以把一块磁铁分成两块,其中一块是磁通量的源,另一块是汇。磁铁所产生的磁场 B 的源实际上是磁铁材料中存在的电流 j,而不是磁铁两端的磁极。

第二个麦克斯韦方程 $\nabla \times E = -\dfrac{\partial B}{\partial t}$,说明在磁场 B 随时间变化的任何区域周围有 E 在循环。假设 C 是一条固定的封闭曲线,是有 B 的通量穿过的曲面的边界。通量增加或减少时,沿着 C 的一个方向会产生一个电场 E。如果把几何曲线 C 换成物理的导线,那么电场就产生了沿导线的电流。这就是法拉第感应定律,如图 3.6 所示。这对发电是必不可少的。在发电站,机械动力驱动磁铁(实际上是电磁铁)运动,时间变化的磁场产生电流,然后沿电力电缆远距离分配,供我们所有的电力机械和设备使用。

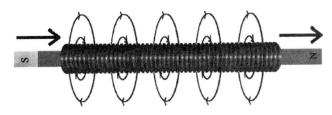

图 3.6　电磁感应。运动的磁铁产生了电场

电场在金属导线中产生电流,叙述如下。导线是电中性的,通常由带正电的离子和带负电的电子组成。电场对这两种电荷都产生作用力,但由于维持固体金属完好的机械力,离子不会移动。然而,电子在电场中可以自由移动和加速。它们不会无限制地加速,而是会达到一个正比于 E 的最高速度,因为电流受到导体电阻的限制。结果是,电流密

度 j 正比于所加的场 E，这是欧姆定律的一种说法。电流的这种图像称为德鲁德理论。在发现电子后的最初几年里，这个理论取得了一些成功，但最终证明这种理论是相当幼稚的。实际上，只有在量子理论的背景下，才能准确地模拟电子在导体中的行为。我们将在第九章中看到固体中电子的量子理论。

第四个麦克斯韦方程 $\nabla \times B = j + \dfrac{\partial E}{\partial t}$，描述了在一股电流周围 B 的环流，这是奥斯特观察到的现象。电流通常在导线中流动，但它也可以是带电粒子束。事实上，简化的方程 $\nabla \times B = j$ 很好地描述了这一点，这称为安培定律。安培定律对电池和大多数发电网络产生的闭路电流都确凿有效。用它来理解电流通过一根称为螺线管的盘绕导线所产生的磁场，也是相当好的，这与条形磁铁的磁场非常相似，如图 3.7 所示。然而，麦克斯韦认识到，当电路不是闭合时，安培定律本身并不正确的。例如，电流将在图 3.8 所示的设置中流动。电流可以（短暂地）由电池驱动，也可以（较长时间地）由不完整的导线回路内部的时间变化的磁通量驱动。当电流流动时，相反的电荷聚集在顶部的两块板上，形成一个电容器，由于第一个麦克斯韦方程，两板之间也会形成一个电场。麦克斯韦注意到，当电荷从导线周围的区域移动到两板间隙周围的区域时，磁场的行为应该是平稳的。平板上的电荷不会直接产生磁场，但两板之间随时间变化的电场产生了磁场。第四个麦克斯韦方程考虑到 B 既可以由电流密度 j 产生，也可以由 E 的时间导数产生。

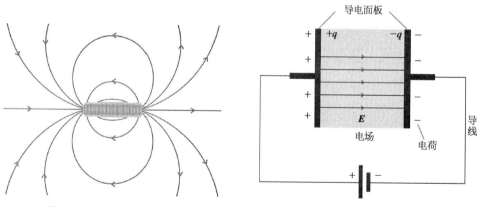

图 3.7 螺线管周围的磁场   图 3.8 电容器上的电流流动和电荷积聚

早期科学家并没有通过实验发现 B 的第二个来源，变化的电场也可以产生它，这是因为由电线连接到电池上的电容器往往会迅速充电，然后稳定下来，所以没有足够的时间来观察这种效应。另一方面，对一个缓慢变化的电场，是有时间看到这种效果的，却只产生一个非常小的磁场。

麦克斯韦方程与电荷守恒定律是一致的。电荷可以流动，但不能创生或毁灭。电荷和电流守恒方程是

$$\nabla \cdot j + \frac{\partial \rho}{\partial t} = 0. \tag{3.29}$$

这就是说，x 处的电荷密度 $\rho(x,t)$ 可以随时间变化，但只有在电流密度 j 净流入 x 时，电荷密度才能增加，或者在电流密度 j 净流出 x 时，电荷密度才能减少。

麦克斯韦方程隐含了电荷守恒定律必须成立。要看到这一点，取第一个麦克斯韦方程(3.25)的时间导数并交换导数 $\dfrac{\partial}{\partial t}$ 和 $\mathbf{\nabla}$ 的顺序(由于混合偏导数的对称性，这样做是允许的)得到

$$\mathbf{\nabla} \cdot \frac{\partial \mathbf{E}}{\partial t} = \frac{\partial \rho}{\partial t}. \tag{3.30}$$

用第四个麦克斯韦方程(3.28)替换 $\dfrac{\partial \mathbf{E}}{\partial t}$，就成为

$$\mathbf{\nabla} \cdot (\mathbf{\nabla} \times \mathbf{B} - j) = \frac{\partial \rho}{\partial t}, \tag{3.31}$$

因为 $\mathbf{\nabla} \cdot (\mathbf{\nabla} \times \mathbf{B}) = 0$[回想一下方程(3.24)及其相关讨论]，上式就化简为电荷和电流守恒方程(3.29)。注意，如果没有麦克斯韦在方程(3.28)中加入的额外项，就会出现不一致。简单的安培定律只有当 $\mathbf{\nabla} \cdot j = 0$ 时才是正确的，这只对于闭合回路中的电流成立，而如果电荷密度在空间某处随时间变化的话，就不成立了。

3.6 静 电 场

麦克斯韦方程最简单的解是静电场。当没有电流和磁场，并且电荷密度 ρ 是静态的时候，就是这种情况。这时的电场 $\mathbf{E}$ 也是静态的。麦克斯韦方程(3.27)和(3.28)平庸地满足，其余的方程是

$$\mathbf{\nabla} \cdot \mathbf{E} = \rho(x), \quad \mathbf{\nabla} \times \mathbf{E} = 0. \tag{3.32}$$

这两个方程中的第二个意味着 $\mathbf{E}$ 能表达为 $-\mathbf{\nabla}\Phi$，这在 3.4 节已作过解释，在这种情况下第一个方程成为 $\mathbf{\nabla} \cdot \mathbf{\nabla}\Phi = -\rho(x)$。现在回想一下算符 $\mathbf{\nabla} \cdot \mathbf{\nabla}$ 是拉普拉斯算子 ∇^2，所以静电学基本方程是

$$\nabla^2 \Phi = -\rho(x). \tag{3.33}$$

这就是标量势 Φ 的泊松方程。ρ 是 Φ 的源但并不能完全确定 Φ，因为拉普拉斯方程 $\nabla^2\Phi = 0$ 有许多解。然而，如果电荷位于一个有限区域内，那么我们可以选取边界条件为 $|x| \to \infty$ 时 $\Phi \to 0$，于是 Φ 就可以唯一确定了。

为了寻找泊松方程的解，我们先考虑下述情况，电荷密度 ρ 和电势 Φ 都是球对称且光滑的，并且在某个半径 R 的外面 ρ 是零。电荷密度和电势是函数 $\rho(r)$ 和 $\Phi(r)$，r 为径向坐标。利用拉普拉斯算子的球坐标形式，就像在方程(1.42)中那样，泊松方程简化为

$$\frac{\mathrm{d}^2 \Phi}{\mathrm{d}r^2} + \frac{2}{r} \frac{\mathrm{d}\Phi}{\mathrm{d}r} = -\rho(r). \tag{3.34}$$

这等价于

$$\frac{\mathrm{d}}{\mathrm{d}r}\left(r^2 \frac{\mathrm{d}\Phi}{\mathrm{d}r}\right) = -r^2 \rho(r). \tag{3.35}$$

积分，并且两边同乘以 4π，得到

$$4\pi r^2 \frac{\mathrm{d}\Phi}{\mathrm{d}r} = -\int_0^r 4\pi r'^2 \rho(r') \mathrm{d}r'. \tag{3.36}$$

（如果 Φ 在原点光滑，那么就没有进一步的积分常数）。右边是半径为 r 的球内电荷的负值，我们用 $Q(r)$ 表示。所以

$$\frac{\mathrm{d}\Phi}{\mathrm{d}r} = -\frac{Q(r)}{4\pi r^2}, \tag{3.37}$$

再积分一次就能得到 Φ。这里出现的 4π 并不能明显地从泊松方程的形式看出来；它与单位球面的面积是 4π 有关。电场是 $\boldsymbol{E} = -\boldsymbol{\nabla}\Phi = -\dfrac{\mathrm{d}\Phi}{\mathrm{d}r}\hat{\boldsymbol{x}}$，正如我们在方程(1.38)中看到的那样，所以

$$\boldsymbol{E}(\boldsymbol{x}) = \frac{Q(r)}{4\pi r^2}\hat{\boldsymbol{x}}, \tag{3.38}$$

是一个在径向方向上强度为 $\dfrac{Q(r)}{4\pi r^2}$ 的场。$\boldsymbol{E}$ 在原点为零，因为当 $r \to 0$ 时，$Q(r)$ 比 r^2 更快地趋于零。

对于 r 大于 R，电荷密度为零，所以 $Q(r) = Q$，Q 是总电荷。因此，电场以平方反比律衰减，

$$\boldsymbol{E}(\boldsymbol{x}) = \frac{Q}{4\pi r^2}\hat{\boldsymbol{x}}. \tag{3.39}$$

这里，电势 Φ 满足拉普拉斯方程，因此必须具有形式 $\Phi(r) = \dfrac{C}{r} + D$，如我们在第一章结尾论证的那样。如果 $C = \dfrac{Q}{4\pi}$，那么 $\dfrac{\mathrm{d}\Phi}{\mathrm{d}r}$ 具有正确的值，再取 $D = 0$，则 Φ 满足无穷远处的边界条件。因此，总电荷为 Q 的球对称电荷分布外面的电势为

$$\Phi(r) = \frac{Q}{4\pi r}. \tag{3.40}$$

一种特殊情形是在半径为 R 的球内电荷密度 ρ_0 均匀分布。总电荷是 $Q =$

$\frac{4}{3}\pi R^3 \rho_0$。在球外，电势是 $\Phi(r)=\dfrac{Q}{4\pi r}$，电场是 $\boldsymbol{E}(\boldsymbol{x})=\dfrac{Q}{4\pi r^3}\boldsymbol{x}$。在球内，$\dfrac{\mathrm{d}\Phi}{\mathrm{d}r}$ 由方程

(3.37)给出，其中 $Q(r)=\dfrac{4}{3}\pi r^3 \rho_0$。对(3.37)式积分，我们发现 Φ 本身是一个二次式：

$$\Phi(r)=\frac{Q}{8\pi R}\left[3-\frac{r^2}{R^2}\right], \tag{3.41}$$

在 $r=R$ 处，Φ 等于 $\dfrac{Q}{4\pi R}$，由 Φ 在此处是连续的而确定了积分常数。因此球内电场为

$$\boldsymbol{E}(\boldsymbol{x})=\frac{Q}{4\pi R^3}\boldsymbol{x}, \tag{3.42}$$

在原点线性地趋向于零。

　　普遍的结果(3.39)和(3.40)最有趣的特征是，外部电场和电势只取决于总电荷而与它在径向如何分布无关，如图 3.9 所示。在牛顿引力语境下，这是用另一种方式最先确立的。牛顿指出，一个小的试验物体对一个大的、球对称物体的引力吸引，如同大物体的所有质量集中在中心。

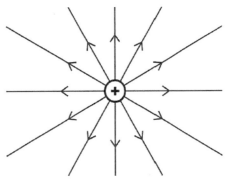

图 3.9　一个荷电体外面的电场

　　我们可以利用公式(3.40)继续寻找泊松方程的更一般的解。首先考虑一种极限情况，即电荷密度集中在原点而总电荷是 q[①]。那么电势就是

$$\boldsymbol{\Phi}(\boldsymbol{x})=\frac{q}{4\pi\,|\,\boldsymbol{x}\,|}, \tag{3.43}$$

除了在原点外，它是处处有限的，而 $\boldsymbol{\Phi}$ 在原点是奇性的。对于在 $\boldsymbol{X}$ 处的点电荷，我们只需用 $|\,\boldsymbol{x}-\boldsymbol{X}\,|$ 替代 $|\,\boldsymbol{x}\,|$。泊松方程是线性的，所以如果有一系列电荷 $q^{(1)},\cdots,q^{(N)}$ 分别位于 $\boldsymbol{x}^{(1)},\cdots,\boldsymbol{x}^{(N)}$，完整的电势是通过加法或者线性叠加获得的。电势是

$$\boldsymbol{\Phi}(\boldsymbol{x})=\sum_{k=1}^{N}\frac{q^{(k)}}{4\pi\,|\,\boldsymbol{x}-\boldsymbol{x}^{(k)}\,|}. \tag{3.44}$$

用积分代替表达式中的求和，就可得到光滑电荷密度 ρ（不必是球对称的）的解。因此泊松方程(3.33)的通解是

$$\Phi(x)=\int\frac{\rho(x')}{4\pi\,|\,x-x'\,|}\,\mathrm{d}^3x'. \tag{3.45}$$

---

　　① 我们用符号 Q 表示复合体的总电荷，用 q 表示点状体或粒子的电荷。

这是处处光滑的解。

我们对泊松方程及其解做了比较详细的讨论，正如我们稍后将看到的，这是因为静磁学中会出现相同的方程。在牛顿引力中，当我们考虑有限大小的物体时，也会出现泊松方程。

电荷和偶极矩

考虑一个局域但光滑的电荷密度，不一定要围绕着原点球对称分布，并假定在某个有限的半径 R_0 之外电荷密度是零。电势 $\Phi(x)$ 是泊松方程的解(3.45)，在半径 R_0 的外面电势自动满足拉普拉斯方程。在远处，Φ 可按照到原点距离 r 的倒数展开。从展开的前几项我们可了解电荷分布的主要特征，尽管不能决定它的所有细节。首项只依赖于总电荷，第二项是依赖于电荷分布的电偶极矩，这是一个矢量。

为了求出电荷和偶极矩，以及它们所产生的电势项，我们需要 $\dfrac{1}{|x-x'|}$ 在 $|x'| \ll |x|$ 时的展开。这可以利用下式来得到

$$|x-x'|^2 = (x-x') \cdot (x-x') \approx r^2 - 2x \cdot x' \tag{3.46}$$

$$= r^2 \left[1 - \frac{2x}{r^2} \cdot x' \right] \tag{3.47}$$

其中 $r^2 = |x|^2$ 是到原点距离的平方，我们略去了 $|x'|^2$ 项。取(3.47)式的倒数并求平方根给出

$$\frac{1}{|x-x'|} \approx \frac{1}{r}\left[1 + \frac{x}{r^2} \cdot x' \right] = \frac{1}{r} + \frac{x}{r^3} \cdot x'. \tag{3.48}$$

将上式代入泊松方程的解，我们找到大 r 时的两个主导项，

$$\Phi(x) \approx \frac{1}{4\pi r}\int \rho(x')\mathrm{d}^3 x' + \frac{x}{4\pi r^3} \cdot \int x'\rho(x')\mathrm{d}^3 x'. \tag{3.49}$$

这里的积分是总电荷：

$$Q = \int \rho(x')\mathrm{d}^3 x', \tag{3.50}$$

和偶极矩：

$$p = \int x'\rho(x')\mathrm{d}^3 x'. \tag{3.51}$$

这样，大 r 的电势主导项可以写成更紧凑的形式：

$$\Phi(x) \approx \frac{Q}{4\pi r} + \frac{p \cdot x}{4\pi r^3}, \tag{3.52}$$

两项都满足拉普拉斯方程。电荷项按 $\dfrac{1}{r}$ 衰减,这项与球对称电荷分布产生的电势相同;偶极项按 $\dfrac{1}{r^2}$ 衰减,它是偏离球对称的量度。电场是 $\boldsymbol{E} = -\boldsymbol{\nabla}\Phi$,它的偶极部分按 $\dfrac{1}{r^3}$ 衰减,具有非平庸的角度依赖。

在电荷分布的平移下,比如平移了 $\boldsymbol{a}$,总电荷不变,但偶极矩变为

$$\tilde{\boldsymbol{p}} = \int (\boldsymbol{x}' + \boldsymbol{a})\rho(\boldsymbol{x}')\mathrm{d}^3 x' = \boldsymbol{p} + Q\boldsymbol{a}. \tag{3.53}$$

所以,如果存在净电荷,那么偶极矩会改变,可以通过选择适当的 $\boldsymbol{a}$,或者等价地,通过选择适当的原点,将其设为零。当 Q 不为零时,偶极矩不具有不变的物理意义。然而,如果没有净电荷,则偶极矩在平移下是不变的,于是偶极矩就具有更重要的意义了。例如,我们将在第九章中看到,HCl 是没有净电荷的极性分子,但是氢离子带正电荷,氯离子带负电荷。分子有电偶极矩。电偶极矩随分子旋转而旋转,但是它的大小与分子的取向无关。

最简单的偶极子是相距为 $\boldsymbol{d}$ 的负点电荷 $-q$ 和正点电荷 q 一起形成的。偶极矩是 $\boldsymbol{p} = q\boldsymbol{d}$。

当电荷运动时,电荷分布的偶极矩一般是与时间有关的。振荡偶极子是电磁波的主要来源,我们接下来就来讨论电磁波。

3.7 电 磁 波

麦克斯韦方程包含电场 $\boldsymbol{E}$ 和磁场 $\boldsymbol{B}$。尽管它们是物理的,要洞悉这些场的物理意义并非易事,当它们与时间有关时尤为困难。令人惊讶的是,倘若引入一组新的场,方程就会简化。这些新的场根本无法直接观察,但它们似乎也是物理的,并且是基本的。新的场就是标势 Φ 和矢势 $\boldsymbol{A}$,已在 3.4 节简略提到过了。静电学中出现的标势 Φ 与时间无关,而这里的 Φ 是依赖于时间的,$\boldsymbol{A}$ 通常也是与时间有关的。

引入 Φ 和 $\boldsymbol{A}$ 的动机是,对于满足两个无源麦克斯韦方程(3.26)和(3.27)的任何 $\boldsymbol{E}$ 和 $\boldsymbol{B}$,总能找到这些新场,$\boldsymbol{E}$ 和 $\boldsymbol{B}$ 共有 6 个分量,而 Φ 和 $\boldsymbol{A}$ 只有 4 个。

无论 $\boldsymbol{B}$ 是否与时间相关,因为 $\boldsymbol{\nabla}\cdot\boldsymbol{B}=0$,所以它可以表达成

$$\boldsymbol{B} = \boldsymbol{\nabla}\times\boldsymbol{A}. \tag{3.54}$$

对时间求导给出 $\dfrac{\partial\boldsymbol{B}}{\partial t} = \boldsymbol{\nabla}\times\dfrac{\partial\boldsymbol{A}}{\partial t}$,将这个表达式代入第二个麦克斯韦方程(3.26),我们发现

$$\boldsymbol{\nabla}\times\left(\boldsymbol{E} + \frac{\partial\boldsymbol{A}}{\partial t}\right) = 0. \tag{3.55}$$

现在回想一下数学公式，旋度为零的矢量场是某个标量场的梯度。所以我们总能写出

$$E + \frac{\partial A}{\partial t} = -\nabla \Phi. \tag{3.56}$$

上式推广了静电关系 $E = -\nabla \Phi$。用 Φ 和 A 表示 E 和 B 的表达式放在一起，就是

$$E = -\frac{\partial A}{\partial t} - \nabla \Phi, \; B = \nabla \times A. \tag{3.57}$$

E 和 B 以这种方式表达，就自动满足了麦克斯韦方程(3.26)和(3.27)。

我们之前已经解释过，这两个麦克斯韦方程，尤其是法拉第感应定律(3.26)，是具有重大物理意义的实验发现，是重要的实践结论。通过引进 Φ 和 A，并用它们表达 E 和 B，我们似乎把感应定律约化成了一个平凡的数学结果，即偏导数对称性的推论。这是一种有误导性的看法。一个更理性的观点是，法拉第虽然发现了却并未意识到，即使对依赖时间的电场和磁场，在物理上也存在场 Φ 和 A，正如先前所认识到的它们在静态场中的存在，即 $E = -\nabla \Phi$ 和 $B = \nabla \times A$。

对于给定的 E 和 B，场 Φ 和 A 不是唯一的。我们可以作下述代换：

$$\Phi \to \Phi - \frac{\partial \lambda}{\partial t}, \; A \to A + \nabla \lambda \tag{3.58}$$

其中 $\lambda(x, t)$ 是任意函数。由方程(3.57)定义的 B 是不受影响的，因为 $\nabla \times \nabla \lambda = 0$，$E$ 也不受影响，因为(3.57)式涉及 λ 的附加项抵消了。变换(3.58)式称为规范变换。（该术语现在是标准术语，但它产生于另一种背景中，在那里确实存在测量规范的变化，即长度尺度的变化。）通过规范变换而不同的场 Φ 和 A，应该被视为物理等价的。

我们现在可以将 E 和 B 的表达式(3.57)代入到余下的麦克斯韦方程(3.25)和(3.28)中。方程(3.25)成为

$$-\nabla \cdot \left(\frac{\partial A}{\partial t} + \nabla \Phi \right) = \rho, \tag{3.59}$$

或者，对求导重新排序，

$$-\frac{\partial}{\partial t} (\nabla \cdot A) - \nabla^2 \Phi = \rho. \tag{3.60}$$

方程(3.28)成为

$$\nabla \times (\nabla \times A) = j - \left[\frac{\partial^2 A}{\partial t^2} + \nabla \frac{\partial \Phi}{\partial t} \right]. \tag{3.61}$$

利用恒等式 $\nabla \times (\nabla \times A) = \nabla (\nabla \cdot A) - \nabla^2 A$，这类似于(1.20)式，方程(3.61)可以重新表达为

$$\frac{\partial^2 \boldsymbol{A}}{\partial t^2} - \nabla^2 \boldsymbol{A} + \boldsymbol{\nabla} \left(\boldsymbol{\nabla} \cdot \boldsymbol{A} + \frac{\partial \Phi}{\partial t} \right) = \boldsymbol{j}. \tag{3.62}$$

在这里可以清楚地看到从 $(\boldsymbol{E}, \boldsymbol{B})$ 到 $(\Phi, \boldsymbol{A})$ 的转换的一个特征。麦克斯韦方程仅包含场的一次时间导数,而方程(3.62)含有 $\boldsymbol{A}$ 的两次时间导数。

方程(3.60)和(3.62)看起来并不十分优雅,但可以简化。由于 Φ 和 $\boldsymbol{A}$ 不是唯一的,为了方便起见,我们可以再添一个规范固定条件。最佳选取决于具体情况。有时是 $\boldsymbol{\nabla} \cdot \boldsymbol{A} = 0$,称为库仑规范;有时为 $\Phi = 0$,称为时间规范。这里最佳选取是以路德维希·洛伦茨(Ludvig Lorenz)命名的洛伦茨规范条件,

$$\boldsymbol{\nabla} \cdot \boldsymbol{A} + \frac{\partial \Phi}{\partial t} = 0. \tag{3.63}$$

如果势 $(\Phi, \boldsymbol{A})$ 最初不满足这个条件,我们可以找到一个函数 λ,按照规范变换(3.58),它们就可满足上述条件。

在洛伦茨规范下,方程(3.62)约化为

$$\frac{\partial^2 A}{\partial t^2} - \nabla^2 A = j, \tag{3.64}$$

在方程(3.60)中,我们可以用 $-\dfrac{\partial \Phi}{\partial t}$ 取代 $\boldsymbol{\nabla} \cdot \boldsymbol{A}$,得到

$$\frac{\partial^2 \Phi}{\partial t^2} - \nabla^2 \Phi = \rho. \tag{3.65}$$

这是麦克斯韦方程的一个值得注意的简化。$\boldsymbol{A}$ 和 Φ 都服从波动方程,源分别为 $\boldsymbol{j}$ 和 ρ。由于规范条件(3.63),$\boldsymbol{A}$ 和 Φ 不是独立的——但这是合理的,因为 $\boldsymbol{j}$ 和 ρ 也不是独立的,它们满足电荷和电流守恒方程(3.29)。

(3.64)和(3.65)形式的麦克斯韦方程组预测了新现象,这是前人无法想象的。它们意味着振荡电流和电荷产生像波一样的电磁场,在空间中以光速 $(c = 1)$ 传播,可见光只构成了更宽的电磁波谱中一个很小的范围。证实这些想法的第一个实验是海因里希·赫兹在 1887 年做的。他在电路中产生电流,电流产生了穿过电路间隙的火花。在实验室里几米之外的另一边,赫兹建造了一个接收器,对火花产生的电磁信号作出响应,如图3.10 所示。当然,在今天,产生各种类型的电磁波已是司空见惯的了。无线电波通常是振荡电流通过天线而产生的。

无论电磁波是如何产生的,都可以通过求解无源波动方程来理解。也就是在方程(3.64)和(3.65)中,令 $\boldsymbol{j}$ 和 ρ 都为零。最简单的解是平面波,即标量场理论的平面波解的4 分量形式。它的形式为

$$\boldsymbol{A}(\boldsymbol{x}, t) = \widetilde{\boldsymbol{A}} \mathrm{e}^{\mathrm{i}(\boldsymbol{k} \cdot \boldsymbol{x} - \omega t)}, \; \Phi(\boldsymbol{x}, t) = \widetilde{\Phi} \mathrm{e}^{\mathrm{i}(\boldsymbol{k} \cdot \boldsymbol{x} - \omega t)}. \tag{3.66}$$

ω 是角频率,$\boldsymbol{k}$ 是波矢,无源波动方程意味着它们必须满足:

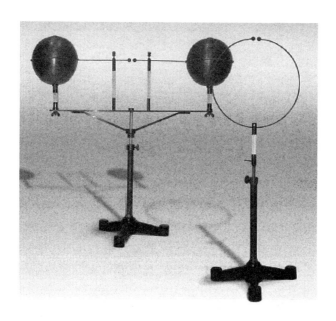

图 3.10 探测电磁波的赫兹实验

$$\omega^2 = \boldsymbol{k} \cdot \boldsymbol{k} = |\boldsymbol{k}|^2. \tag{3.67}$$

所以波速 $\dfrac{|\omega|}{|\boldsymbol{k}|}$ 是 1，它就是光速。矢量振幅 $\widetilde{\boldsymbol{A}}$ 和标量振幅 $\widetilde{\Phi}$ 是常数，由于洛伦茨规范条件(3.63)，它们之间的关系为 $\boldsymbol{k} \cdot \widetilde{\boldsymbol{A}} - \omega \widetilde{\Phi} = 0$。

在我们的单位中，波速必定是光速，但最初麦克斯韦方程中的各种单位和场定义是基于电荷和电流之间的力。从方程中导出的电磁波的速度与任何其他的已知速度之间的关系，并不是一目了然的，因为没有人知道光是一种电磁现象，尽管法拉第在 1845 年发现了光可能是电磁现象的线索，当时他证明了磁场对光的偏振可能有微弱但不可忽略的影响。麦克斯韦认识到，他的方程预测的波，具有的各种特性，比如有不同的偏振，与光的已知属性相符，更重要的是，它们以测量到的光速传播。从而唯一合理的结论是光一定是电磁波。这是科学史上最引人注目的突破之一。

真空中的光速与频率或波长无关。这与关系式(3.67)是一致的，但对于标量场，当参量 μ 取非零值时，这与关系 $\omega^2 = |\boldsymbol{k}|^2 + \mu^2$ 就不一致了。由于对 $\boldsymbol{k}$ 没有限制，因此电磁波的波长可以有任意的长短。波的频率是由波发生器的振荡频率决定的。当频率变化时，波长也会相应变化。如图 3.11 所示，现在已经观察到很大范围的波长了，要么是在实验室中产生的，要么是通过宇宙过程产生的。这些信号包括波长约为 100 m 的长波无线电信号，1 m 左右的现代甚高频无线电和无线宽波段信号，在夜视技术中探测到的红外波大约在 10^{-4} m，可见光在为 7×10^{-7} m(红色)到 4×10^{-7} m(紫色)的范围，X 射线约为 10^{-10} m，还有实验室同步加速器辐射"光"在 10^{-11} m 左右。而在核衰变和粒子对撞机中产生的 γ 射线的波长约为 10^{-13} m。波长如此短的电磁波不能很好地用经典电磁现象来描写，必须看成是由量子理论中的单个光子组成的。

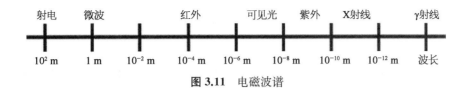

图 3.11 电磁波谱

现在让我们考虑平面电磁波的电场和磁场的几何性质,如图 3.12 所示。由(3.66)式给定 $\mathbf{A}$ 和 Φ,(3.57)式给出

$$\mathbf{E} = (\mathrm{i}\omega\widetilde{\mathbf{A}} - \mathrm{i}\mathbf{k}\widetilde{\Phi})\mathrm{e}^{\mathrm{i}(\mathbf{k}\cdot\mathbf{x}-\omega t)} \tag{3.68}$$

和

$$\mathbf{B} = \mathrm{i}\mathbf{k}\times\widetilde{\mathbf{A}}\mathrm{e}^{\mathrm{i}(\mathbf{k}\cdot\mathbf{x}-\omega t)}. \tag{3.69}$$

另外,存在洛伦茨规范条件,所以 $\mathbf{k}\cdot\widetilde{\mathbf{A}} - \omega\widetilde{\Phi} = 0$。

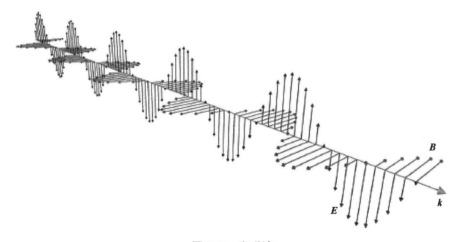

图 3.12 电磁波

$\mathbf{k}$ 和 $\mathbf{A}$ 之间的关系并不明显,但我们可以通过更精准的规范固定来澄清问题。对于电磁波,可以规范固定 $\widetilde{\mathbf{A}}$ 与波矢 $\mathbf{k}$ 正交。$\mathbf{k}\cdot\widetilde{\mathbf{A}} = 0$,所以有 $\widetilde{\Phi} = 0$。 现在,波的电场 $\mathbf{E}$ 的振幅为 $\omega\widetilde{\mathbf{A}}$,它是与 $\mathbf{k}$ 正交的矢量,磁场 $\mathbf{B}$ 的振幅为 $\mathbf{k}\times\widetilde{\mathbf{A}}$,它与 $\mathbf{E}$ 和 $\mathbf{k}$ 都正交。在我们的单位中,$\mathbf{E}$ 和 $\mathbf{B}$ 的振幅有相同的大小,因为 $|\omega| = |\mathbf{k}|$。 波被说成是在 $\mathbf{E}$ 方向上偏振的,或者等价地,是在 $\widetilde{\mathbf{A}}$ 方向上偏振的。偏振是横向的,因为它与波的传播方向 $\mathbf{k}$ 正交。

对于不太精准的规范固定,使 $\widetilde{\mathbf{A}}$ 仍有可能有一个分量平行于 $\mathbf{k}$;这称为纵向偏振分量,如果它存在,则伴有一个非零 $\widetilde{\Phi}$。 然而,这种纵向分量没有物理效应,因为它在 $\mathbf{E}$ 和 $\mathbf{B}$ 中消失,并且可以通过规范变换 $\lambda(\mathbf{x}, t) = \dfrac{\mathrm{i}\widetilde{\Phi}}{\omega}\mathrm{e}^{\mathrm{i}(\mathbf{k}\cdot\mathbf{x}-\omega t)}$ 去除,因为这也使 $\widetilde{\Phi}$ 为零。这个规范变换保留了洛伦茨规范条件,因为 λ 满足波动方程。

3.8 静 磁 学

稳恒电流产生静磁场。另外，如果没有电荷密度也没有电场，那么麦克斯韦方程约化为

$$\boldsymbol{\nabla} \cdot \boldsymbol{B} = 0, \quad \boldsymbol{\nabla} \times \boldsymbol{B} = \boldsymbol{j}. \tag{3.70}$$

电流密度 $\boldsymbol{j}$ 必须满足电流守恒方程 $\boldsymbol{\nabla} \cdot \boldsymbol{j} = 0$，这是(3.29)的静态形式。方程(3.70)的第一式意味着 $\boldsymbol{B}$ 与以前一样可以表达为 $\boldsymbol{\nabla} \times \boldsymbol{A}$，那么第二式就成为

$$\boldsymbol{\nabla} \times (\boldsymbol{\nabla} \times \boldsymbol{A}) = \boldsymbol{j}. \tag{3.71}$$

我们可以再次使用恒等式 $\boldsymbol{\nabla} \times (\boldsymbol{\nabla} \times \boldsymbol{A}) = \boldsymbol{\nabla}(\boldsymbol{\nabla} \cdot \boldsymbol{A}) - \nabla^2 \boldsymbol{A}$，现在将其与库仑规范条件 $\boldsymbol{\nabla} \cdot \boldsymbol{A} = 0$ 联合起来固定规范。（如果场是静态的，则库仑规范等价于洛伦兹规范。）这样，(3.71)约化为

$$\nabla^2 \boldsymbol{A} = -\boldsymbol{j}, \tag{3.72}$$

这是静磁学的基本方程。它是泊松方程(3.33)的矢量形式。$\boldsymbol{A}$ 的每个分量都满足以 $\boldsymbol{j}$ 的对应分量为源的通常泊松方程。通过取散度，我们看到 $\nabla^2(\boldsymbol{\nabla} \times \boldsymbol{A}) = 0$，和库仑规范条件一致。

我们可以通过改写标量泊松方程(3.45)的解来得到(3.72)的解。结果是

$$\boldsymbol{A}(\boldsymbol{x}) = \int \frac{\boldsymbol{j}(\boldsymbol{x}')}{4\pi \mid \boldsymbol{x} - \boldsymbol{x}' \mid} \mathrm{d}^3 x', \tag{3.73}$$

磁场 $\boldsymbol{B}$ 是这个 $\boldsymbol{A}$ 的表达式的旋度。导数作用在积分内的变量 $\boldsymbol{x}$ 上，人们发现：

$$\boldsymbol{B}(x) = \int \boldsymbol{j}(\boldsymbol{x}') \times \frac{\boldsymbol{x} - \boldsymbol{x}'}{4\pi \mid \boldsymbol{x} - \boldsymbol{x}' \mid} \mathrm{d}^3 x', \tag{3.74}$$

这称为毕奥-萨伐尔定律。

得到这个结果的另一种方法是考虑 $\boldsymbol{\nabla} \times (\boldsymbol{\nabla} \times \boldsymbol{B})$。这样，方程(3.70)约化为

$$\nabla^2 \boldsymbol{B} = -\boldsymbol{\nabla} \times \boldsymbol{j}, \tag{3.75}$$

上式再次回到泊松方程，它的解是

$$\boldsymbol{B}(x) = \int \frac{(\boldsymbol{\nabla} \times \boldsymbol{j})(\boldsymbol{x}')}{4\pi \mid \boldsymbol{x} - \boldsymbol{x}' \mid} \mathrm{d}^3 x'. \tag{3.76}$$

毕奥-萨伐尔定律是通过对上式进行分部积分得到的。

$\boldsymbol{A}$ 或 $\boldsymbol{B}$ 的解并不像静电学中的解那么简单。在静磁学中，带电球壳的类似物是一个圆形电流环。它仅仅是圆周对称的，而不是球对称的。这种电流环产生的磁场如图3.13。这个场不能表示为 $\boldsymbol{x}$ 的初等函数，但可以用椭圆积分来表示（之所以这样命名该

积分,是因为在计算椭圆的周长时用到这样的表达式)。对于沿着对称轴穿过环中心的场,有一个简单的表达式。在离环的距离 r 远大于环半径的地方,该场的表达式也被简化了。在这里,占主导地位的是磁偶极子场,其源称为电流分布的磁矩。

也许最实用的磁场是螺线管产生的磁场。在实践中,螺线管是一个紧密缠绕的圆柱形线圈,线圈中有稳恒电流通过。从数学上讲,它是一个有限长度的圆柱体,周围有均匀的电流密度

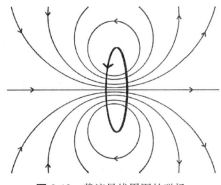

图 3.13 载流导线周围的磁场

(并且电流没有平行于圆柱轴线的分量)。图 3.7 是螺线管产生的磁场示意图。如果螺线管的长度有限,则没有简单、精确的磁场公式,但在内部,它的磁场是近似均匀的,而从两端出来的磁场与在两端放置相反磁极得到的磁场大致相同。总磁场几乎与条形磁铁的磁场相同,而条形磁铁是一种有形材料,作为原子尺度上量子效应的结果,有效地产生了稳恒电流,其电流的几何结构与螺线管相同。

3.9 电磁场的最小作用量原理

回想一下在牛顿力学中,物体在一维空间中的运动方程是

$$m \frac{d^2 x}{dt^2} = -\frac{dV}{dx}, \tag{3.77}$$

这是 x 的二阶微分方程。这个方程可以从最小作用量原理推导出来。通过引入动量变量 p,可以将运动方程表示为一阶系统:

$$\frac{dx}{dt} = \frac{1}{m} p,$$
$$\frac{dp}{dt} = -\frac{dV}{dx}. \tag{3.78}$$

(3.77)式可以通过消除 p 来恢复。一阶系统把 x 和 p 放在一个更对称的地位上,是动力学的哈密顿表述的基础。

麦克斯韦方程也是一个一阶动力学系统。E 和 B 颇为对称地出现,并且只有它们以时间导数形式出现。但如果非要选择的话,我们并不清楚哪一个场类似于 x,哪一个场类似于 p。这使我们很难找到电磁场的最小作用量原理。通过使用场 A 和 Φ,这个问题得到了解决。基本场是 A,它类似于粒子动力学中的位置变量,而麦克斯韦方程约化为 A 的一个二阶动力学方程,该方程可以从最小作用量原理导出。

在规范变换下,场 A 会发生变化,所以只有 A 中的一部分是规范不变的和物理的。

磁场 $\boldsymbol{B} = \boldsymbol{\nabla} \times \boldsymbol{A}$ 描述了 $\boldsymbol{A}$ 在给定时间所持有的局部、规范不变的信息。再回想一下 $\boldsymbol{E} = -\dfrac{\partial \boldsymbol{A}}{\partial t} - \boldsymbol{\nabla}\Phi$。第一项 $-\dfrac{\partial \boldsymbol{A}}{\partial t}$ 是速度型变量，扣除 $\boldsymbol{\nabla}\Phi$ 就得到了规范不变的部分，即物理电场 $\boldsymbol{E}$。如果只有 $\boldsymbol{A}$ 和 $\dfrac{\partial \boldsymbol{A}}{\partial t}$ 出现在拉格朗日量中，则欧拉-拉格朗日方程将完全决定 $\boldsymbol{A}$ 的时间演化。但由于规范不变性，情况并非如此。由于 Φ 的介入，$\boldsymbol{A}$ 的演化存在某种不确定性。

在这几段开场白之后，我们可以给出拉格朗日量和作用量了。假定电荷密度 ρ 和电流密度 $\boldsymbol{j}$ 是外部指定的空间和时间的函数，满足电荷和电流守恒约束(3.29)。那么电磁场的拉格朗日量是

$$L = \int \left\{ \frac{1}{2}\boldsymbol{E} \cdot \boldsymbol{E} - \frac{1}{2}\boldsymbol{B} \cdot \boldsymbol{B} + \boldsymbol{A} \cdot \boldsymbol{j} - \Phi\rho \right\} \mathrm{d}^3 x, \tag{3.79}$$

而作用量是

$$S = \int_{t_0}^{t_1} L \, \mathrm{d}t. \tag{3.80}$$

$\boldsymbol{A}$ 是基本动力学场，$\boldsymbol{E} = -\dfrac{\partial \boldsymbol{A}}{\partial t} - \boldsymbol{\nabla}\Phi$ 和 $\boldsymbol{B} = \boldsymbol{\nabla} \times \boldsymbol{A}$，这与以前是一样的。$\Phi$ 是另一个独立的场。对于无源电磁场，$\dfrac{1}{2}\boldsymbol{E} \cdot \boldsymbol{E}$ 的积分是动能，$\dfrac{1}{2}\boldsymbol{B} \cdot \boldsymbol{B}$ 的积分是势能。$\boldsymbol{A} \cdot \boldsymbol{j} - \Phi\rho$ 项表示场与外源的相互作用，它们对能量也有贡献。

欧拉-拉格朗日方程是通过对 $\boldsymbol{A}$ 和 Φ 求最小化的作用量而得到的。这涉及考虑 $\boldsymbol{A}$ 和 Φ 的微小变化，并像往常一样分部积分。欧拉-拉格朗日方程(我们将不重新推导)以方程(3.60)和(3.62)的形式再现了麦克斯韦方程组。

作用量中没有 $\dfrac{\partial \Phi}{\partial t}$ 项，所以 Φ 不是动力学场。Φ 是所谓的拉格朗日乘子或辅助场的一个例子，而且 $\boldsymbol{\nabla}\Phi$ 项的存在不会破坏这种解释。注意方程(3.62)含有 $\boldsymbol{A}$ 的两次时间导数，而方程(3.60)只含一次时间导数。仍然可以用规范固定来简化方程，但不应从拉格朗日量中去掉 Φ。例如，在库仑规范 $\boldsymbol{\nabla} \cdot \boldsymbol{A} = 0$ 下，(3.60)式将 Φ 与 ρ 瞬时地联系起来。这是 Φ 的一种约束方程，而不是动力学方程，但它在物理上仍然有效。

3.10 洛 伦 兹 力

我们已经将电荷和电流描述为电磁场的源，但没有详细考虑它们的动力学。电荷之间有相互作用，电流之间也有相互作用。例如，为了维持线圈中的大电流，线圈必须在某个框架中牢固地固定在一起，否则由于线圈的不同部分之间的磁力作用，线圈会松开。

静止电荷之间的作用力是库仑力。安培计算了一般形状的电流环之间的力，但比较

复杂。比这两者更基本的是电磁场对带电的点粒子施加的力,而带电点粒子并不一定要处于静止状态。这称为洛伦兹力,以亨德里克·洛伦兹(Hendrik Lorentz)的名字命名,它是

$$\boldsymbol{F} = q(\boldsymbol{E} + \boldsymbol{v} \times \boldsymbol{B}). \tag{3.81}$$

由于是点状的,$\boldsymbol{x}$ 处的粒子受到的力仅取决于局部场值 $\boldsymbol{E}(\boldsymbol{x})$ 和 $\boldsymbol{B}(\boldsymbol{x})$,以及粒子的电荷 q 和速度 $\boldsymbol{v}$。电场力 $q\boldsymbol{E}$ 沿 $\boldsymbol{E}$ 的方向,与粒子速度无关。磁场力 $q\boldsymbol{v} \times \boldsymbol{B}$ 与磁场和速度都是正交的。

因此,电荷为 q、质量为 m 的粒子的运动方程是

$$m\,\frac{\mathrm{d}^2 \boldsymbol{x}}{\mathrm{d}t^2} = q\left(\boldsymbol{E} + \frac{\mathrm{d}\boldsymbol{x}}{\mathrm{d}t} \times \boldsymbol{B}\right), \tag{3.82}$$

其中我们已经将速度写为 $\dfrac{\mathrm{d}\boldsymbol{x}}{\mathrm{d}t}$。这是带电粒子的牛顿第二定律,洛伦兹力在方程右边。对于受到摩擦力的粒子,我们以前见到过加速度和速度项的组合,但是这里没有摩擦,因为磁场力与速度正交,不做功。取方程(3.82)和 $\dfrac{\mathrm{d}\boldsymbol{x}}{\mathrm{d}t}$ 的点积,我们可得

$$\frac{\mathrm{d}}{\mathrm{d}t}\left(\frac{1}{2}m\,\frac{\mathrm{d}\boldsymbol{x}}{\mathrm{d}t} \cdot \frac{\mathrm{d}\boldsymbol{x}}{\mathrm{d}t}\right) = q\boldsymbol{E} \cdot \frac{\mathrm{d}\boldsymbol{x}}{\mathrm{d}t}. \tag{3.83}$$

由此看到,粒子动能的变化率等于电场做功的变化率。

一个静电荷对另一个静电荷施加的库仑力可从洛伦兹力得到。在原点的电荷 $q^{(1)}$ 产生的电场是

$$\boldsymbol{E}(\boldsymbol{x}) = \frac{q^{(1)}}{4\pi r^2}\,\hat{\boldsymbol{x}} = \frac{q^{(1)}}{4\pi r^3}\,\boldsymbol{x}. \tag{3.84}$$

作用在 $\boldsymbol{x}$ 位置的电荷 $q^{(2)}$ 上的力是

$$\boldsymbol{F} = \frac{q^{(1)} q^{(2)}}{4\pi r^3}\,\boldsymbol{x}, \tag{3.85}$$

是一个平方反比律的力。更一般的,$\boldsymbol{x}^{(1)}$ 处的电荷 $q^{(1)}$ 施加到 $\boldsymbol{x}^{(2)}$ 处的电荷 $q^{(2)}$ 上的库仑力是

$$\boldsymbol{F} = \frac{q^{(1)} q^{(2)} (\boldsymbol{x}^{(2)} - \boldsymbol{x}^{(1)})}{4\pi \mid \boldsymbol{x}^{(2)} - \boldsymbol{x}^{(1)} \mid^3}. \tag{3.86}$$

电荷 $q^{(2)}$ 施加给 $q^{(1)}$ 的力是大小相等、方向相反的,与牛顿第三定律一致。

这对电荷的库仑势能是

$$V = \frac{q^{(1)} q^{(2)}}{4\pi \mid \boldsymbol{x}^{(2)} - \boldsymbol{x}^{(1)} \mid}. \tag{3.87}$$

这与一对质量 $m^{(1)}$ 和 $m^{(2)}$ 在这些位置处的引力势能 $V = -\dfrac{Gm^{(1)}m^{(2)}}{|\boldsymbol{x}^{(2)} - \boldsymbol{x}^{(1)}|}$ 类似，但是请注意，引力势能是负的，而库仑势能对于同号电荷是正的。引力总是吸引的，但是库仑力对于同号电荷是排斥的，对于异号电荷是吸引的。

当几个带电粒子相互作用时，在很好的近似下，可以将每个粒子受到的总力看成是所有其他粒子施加的库仑力之和。当粒子之间有相对运动时，存在磁场力修正，但若相对速度远小于光速，则这些修正很小。

知道了作用力，我们就能计算带电粒子在给定的背景电磁场中的运动。一般来说，这是相当复杂的，但是如果考虑到背景场是均匀且静态的情况，计算就会简化。我们将在这里描述最简单的情形。首先是均匀电场中的运动。如果场是 $\boldsymbol{E} = (0, 0, E)$，则运动方程(3.82)意味着粒子具有平行于 3-轴的恒定加速度，强度为 $\dfrac{qE}{m}$。如果粒子是在 $t = 0$ 时刻从静止于原点开始运动，它以后所在的位置将是 $\boldsymbol{x}(t) = \left(0, 0, \dfrac{qE}{2m}t^2\right)$。任何匀速运动都可以与此相加。

更有趣的是带电粒子在均匀的静态磁场中的运动。运动方程是

$$m\,\frac{\mathrm{d}^2\boldsymbol{x}}{\mathrm{d}t^2} = q\,\frac{\mathrm{d}\boldsymbol{x}}{\mathrm{d}t} \times \boldsymbol{B}, \tag{3.88}$$

积分一次得到

$$m\,\frac{\mathrm{d}\boldsymbol{x}}{\mathrm{d}t} = q\boldsymbol{x} \times \boldsymbol{B} + \boldsymbol{u}, \tag{3.89}$$

其中 $\boldsymbol{u}$ 是一个恒定速度。速度 $\dfrac{\mathrm{d}\boldsymbol{x}}{\mathrm{d}t}$ 平行于 $\boldsymbol{B}$ 的分量保持不变。对于与 $\boldsymbol{B}$ 正交的运动，$\boldsymbol{u}$ 的影响可以通过原点的移动来补偿。所以假定已经这样做了，可设 $\boldsymbol{u}$ 为 0。如果 $\boldsymbol{B} = (0, 0, B)$，并使用叉积定义(1.15)式，那么投影在 (x_1, x_2) 平面上的运动方程的分量是

$$m\,\frac{\mathrm{d}x_1}{\mathrm{d}t} = qBx_2, \; m\,\frac{\mathrm{d}x_2}{\mathrm{d}t} = -qBx_1. \tag{3.90}$$

这意味着 $x_1^2 + x_2^2$ 的时间导数为零，因为

$$\frac{\mathrm{d}}{\mathrm{d}t}(x_1^2 + x_2^2) = 2x_1\frac{\mathrm{d}x_1}{\mathrm{d}t} + 2x_2\frac{\mathrm{d}x_2}{\mathrm{d}t} = \frac{2qB}{m}(x_1 x_2 - x_2 x_1) = 0. \tag{3.91}$$

所以 $x_1^2 + x_2^2 = R^2$，其中 R 是常数，投影运动是围绕一个圆周的。如果我们写出 $x_1 = R\cos\varphi(t)$，$x_2 = R\sin\varphi(t)$，那么当 $\dfrac{\mathrm{d}\varphi}{\mathrm{d}t} = \dfrac{-qB}{m}$，则方程(3.90)是满足的。因此，粒子

就以恒定的角频率 $\omega = \dfrac{qB}{m}$，稳定地绕着圆周运动，其中 ω 称为回旋加速频率。圆的中心可以是任何地方（当允许 u 为常数时），半径 R 是任意的；回旋频率与这些参量无关。一般来说，当粒子的速度含有平行于 B 的分量时，粒子将沿着螺旋线运动。

R 随着粒子速度的增加而增加。因此，如果一个带电粒子通过一个均匀磁场区域，它的速度可以从其轨道的曲率半径来测量。粒子探测器正是利用了这一点，如大型强子对撞机的 CMS 和 ATAS 探测器。

磁场中的圆周运动也是粒子加速器的基础。1932 年，欧内斯特·劳伦斯（Ernest Lawrence）发明了一种早期的加速器，称为回旋加速器，其示意图如图 3.14 所示。回旋加速器由两块中空的 D 形金属片组成，它们的直边之间有一个狭窄的间隙。将仪器置于均匀的静态磁场中。正如我们所看到的，带电粒子以恒定速率在这个磁场中沿圆形轨道

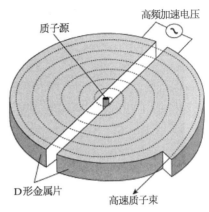

图 3.14 回旋加速器

运动。回旋加速器的关键设计特点是在间隙上施加振荡电场，振荡时间与粒子通过时间一致。因此，粒子每次穿过间隙都会进一步加速。结果是，注入装置中心的粒子以越来越大的速度向外螺旋运动，直到它们对准目标从外缘的开口处离开。

最近的加速器，像欧洲核子研究中心的大型强子对撞机，有一个半径固定的环形磁铁。同样，以相对较低的能量注入粒子，并受到电场脉冲加速。随着粒子速度的增加，磁场必须逐渐增加，以保持相同的曲率半径，并使粒子保持在环中。因为磁场强度与粒子速度的增加是同步的。这些机器称为同步加速器。线性粒子加速器，例如在斯坦福线性加速器中心（SLAC）的那台，用纯电场加速粒子。它的电场必须比环形加速器强得多，因为粒子从一端到另一端只经过一次。

所有这些加速器中的粒子都以接近光速的速度运动，所以运动方程（3.82）需要相对论修正。我们将在下一章讨论这个问题。

我们已经详细讨论了电磁场对带电粒子施加的力。让我们简要地提一下作用在电荷分布或电流分布上的力。正如带电荷 q 的粒子对电荷密度 ρ 有贡献一样，电荷为 q、速度为 v 的运动粒子对电流密度 j 也有贡献。从作用在粒子上的洛伦兹力，可得到电场对电荷分布施加的总力为

$$\int \rho(\boldsymbol{x}) \boldsymbol{E}(\boldsymbol{x}) \mathrm{d}^3 x, \tag{3.92}$$

磁场对电流分布施加的总力为

$$\int \boldsymbol{j}(\boldsymbol{x}) \times \boldsymbol{B}(\boldsymbol{x}) \mathrm{d}^3 x. \tag{3.93}$$

对于小的电流圈，磁场力的净效应是在回路上产生一个转矩。

3.10.1 从最小作用量原理得到洛伦兹力

电荷为 q 的粒子的运动方程(3.82)可从最小作用量原理导出。作用量是

$$S = \int_{t_0}^{t_1} \left(\frac{1}{2} m \frac{\mathrm{d}\boldsymbol{x}}{\mathrm{d}t} \cdot \frac{\mathrm{d}\boldsymbol{x}}{\mathrm{d}t} + q\boldsymbol{A}(\boldsymbol{x}(t)) \cdot \frac{\mathrm{d}\boldsymbol{x}}{\mathrm{d}t} - q\Phi(\boldsymbol{x}(t)) \right) \mathrm{d}t, \qquad (3.94)$$

这是 3 维势中运动粒子作用量(2.53)的扩展。这里，粒子与标势 Φ 和矢势 $\boldsymbol{A}$ 都有相互作用，这些势可以与时间有关。与方程(3.79)和(3.80)不同的是，Φ 和 $\boldsymbol{A}$ 是背景场，只有带电粒子的轨道 $\boldsymbol{x}(t)$ 是变化的。

与往常一样，S 定义为连接固定端点 $\boldsymbol{x}(t_0)$ 和 $\boldsymbol{x}(t_1)$ 的一类粒子路径，而欧拉-拉格朗日方程是 S 为最小的条件。这个方程再现了运动方程(3.82)。S 的被积函数有一个标准的动能项，和一个类似于(2.53)式中的 $V(\boldsymbol{x}(t))$ 的势能项 $q\Phi(\boldsymbol{x}(t))$，但是与速度呈线性关系的中间项是新的。当 $\boldsymbol{x}(t)$ 变化时，$\boldsymbol{A}(\boldsymbol{x}(t))$ 和 $\dfrac{\mathrm{d}\boldsymbol{x}}{\mathrm{d}t}$ 都会变化。这导致了运动方程中的 $\dfrac{\mathrm{d}\boldsymbol{x}}{\mathrm{d}t} \times \boldsymbol{B}$ 项和 $\boldsymbol{E}$ 项中的 $\dfrac{\partial \boldsymbol{A}}{\partial t}$ 部分。

运动方程只与规范不变量 $\boldsymbol{E}$ 和 $\boldsymbol{B}$ 有关，而 S 看起来好像不是规范不变的。进行一个规范变换，用新的势 $\boldsymbol{A}' = \boldsymbol{A} + \boldsymbol{\nabla}\lambda$ 和 $\Phi' = \Phi - \dfrac{\partial \lambda}{\partial t}$ 代替 $\boldsymbol{A}$ 和 Φ，作用量变为

$$S' = S + q\int_{t_0}^{t_1} \left(\boldsymbol{\nabla}\lambda \cdot \frac{\mathrm{d}\boldsymbol{x}}{\mathrm{d}t} + \frac{\partial \lambda}{\partial t} \right) \mathrm{d}t = S + q\int_{t_0}^{t_1} \frac{\mathrm{d}}{\mathrm{d}t}(\lambda(\boldsymbol{x}(t)))\mathrm{d}t. \qquad (3.95)$$

被积函数是 $\lambda(\boldsymbol{x}(t))$ 的时间全导数，即沿粒子轨迹取值的 λ 的时间导数。积分给出 $S' = S + q\lambda(\boldsymbol{x}(t_1)) - q\lambda(\boldsymbol{x}(t_0))$。附加项仅取决于端点处的 λ 值，而与它们之间的轨迹 $\boldsymbol{x}(t)$ 无关，所以它们不影响运动方程。在这个意义上，作用量是规范不变的。

这个例子说明了一个更一般的原理，即场甚至作用量并不总是严格规范不变的，而物理是规范不变的。人们应该把规范变换看成是某种不可观测的东西，它影响到物理学的数学描述，但不影响物理学本身。

如果 $\boldsymbol{A}$ 和 Φ 都是与时间无关的，那么 $\boldsymbol{E} = -\boldsymbol{\nabla}\Phi$，$\boldsymbol{B} = \boldsymbol{\nabla} \times \boldsymbol{A}$，我们可以期望粒子的能量守恒。拉格朗日函数中与速度呈线性的项对能量没有贡献，这是一个普遍结果。能量是动能与势能之和，而动能是速度的平方项，势能与速度无关。因此，对于作用量(3.94)，能量为

$$E = \frac{1}{2} m \frac{\mathrm{d}\boldsymbol{x}}{\mathrm{d}t} \cdot \frac{\mathrm{d}\boldsymbol{x}}{\mathrm{d}t} + q\Phi(\boldsymbol{x}(t)). \qquad (3.96)$$

这解释了为什么将 Φ 称为势；$\Phi(\boldsymbol{x})$ 是位于 $\boldsymbol{x}$ 处，单位荷电粒子的势能。

E 的时间导数为零，证明如下

$$\frac{\mathrm{d}E}{\mathrm{d}t} = m\,\frac{\mathrm{d}^2 \boldsymbol{x}}{\mathrm{d}t^2} \cdot \frac{\mathrm{d}\boldsymbol{x}}{\mathrm{d}t} + q\,\boldsymbol{\nabla}\,\Phi(\boldsymbol{x}(t)) \cdot \frac{\mathrm{d}\boldsymbol{x}}{\mathrm{d}t}$$

$$= q\boldsymbol{E} \cdot \frac{\mathrm{d}\boldsymbol{x}}{\mathrm{d}t} + q\boldsymbol{\nabla}\,\Phi(\boldsymbol{x}(t)) \cdot \frac{\mathrm{d}\boldsymbol{x}}{\mathrm{d}t}$$

$$= 0. \tag{3.97}$$

这里我们用运动方程(3.82)代替了 $m\,\dfrac{\mathrm{d}^2 \boldsymbol{x}}{\mathrm{d}t^2}$，并注意 $\dfrac{\mathrm{d}\boldsymbol{x}}{\mathrm{d}t} \times \boldsymbol{B}$ 与 $\dfrac{\mathrm{d}\boldsymbol{x}}{\mathrm{d}t}$ 是正交的。在第二项中,我们用了链式规则,最后我们注意到对于静电场,有 $\boldsymbol{E} = -\boldsymbol{\nabla}\,\Phi$。

3.11　场的能量与动量

在电磁理论中评估能量并不总是那么直截了当的。麦克斯韦方程明确规定了场的动力学,但没有明确规定电荷和电流源的动力学,除了要求电荷和电流守恒外。附加在电磁学的洛伦兹力之上,电荷和电流还受到由其所在材料引起的机械力和约束。这些材料不一定都很简单,通常会耗散能量。

如果所有的源是带电的点粒子,可在空间中自由运动,情况就变得简单多了。电磁场与带电粒子的耦合系统是一个具有单一作用量的封闭系统,总能量应该守恒。不幸的是,在这种情况下,存在一个新的困难,即点粒子有奇性,它们的场似乎具有无限大的能量。尽管如此,能量在各种情况下都是有意义的,而且是可以计算的。

我们从静电学开始。对于静电荷密度且没有电流的情形,我们可以假设磁场 $\boldsymbol{B}$ 和矢势 $\boldsymbol{A}$ 为零。场的拉格朗日量(3.79)简化为

$$L = \int \left\{ \frac{1}{2}\,\boldsymbol{\nabla}\,\Phi \cdot \boldsymbol{\nabla}\,\Phi - \Phi\rho \right\} \mathrm{d}^3 x. \tag{3.98}$$

虽然 $\dfrac{1}{2}\,\boldsymbol{\nabla}\,\Phi \cdot \boldsymbol{\nabla}\,\Phi$ 来自电场的贡献,通常看作是动能,在这里我们可以把它解释为对势能的贡献(有相反的符号)。因此,在静电学中存在势能:

$$V = \int \left\{ -\frac{1}{2}\,\boldsymbol{\nabla}\,\Phi \cdot \boldsymbol{\nabla}\,\Phi + \Phi\rho \right\} \mathrm{d}^3 x. \tag{3.99}$$

如果 V 是稳恒的,则场的作用量是稳恒的,这要求满足泊松方程 $\nabla^2 \Phi = -\rho$。

假定 Φ 满足泊松方程,则方程(3.99)中对 V 的两个贡献是密切相关的。这通过位力关系来表达:

$$\int (\boldsymbol{\nabla}\,\Phi \cdot \boldsymbol{\nabla}\,\Phi - \Phi\rho)\mathrm{d}^3 x = 0, \tag{3.100}$$

这是很容易推导出来的。假设用 $\mu\Phi$ 替换 Φ, μ 是实数。V 就成为 μ 的函数,形式为

$$V(\mu) = \int \left\{ -\frac{1}{2}\mu^2\, \mathbf{\nabla}\Phi \cdot \mathbf{\nabla}\Phi + \mu\Phi\rho \right\} \mathrm{d}^3 x, \tag{3.101}$$

它的导数为

$$\frac{\mathrm{d}V}{\mathrm{d}\mu} = \int \left\{ -\mu\, \mathbf{\nabla}\Phi \cdot \mathbf{\nabla}\Phi + \Phi\rho \right\} \mathrm{d}^3 x. \tag{3.102}$$

现在,泊松方程是 V 在 Φ 的所有变化下保持稳定的条件,包括用 $\mu\Phi$ 替换 Φ,所以当 $\mu=1$ 时,$\dfrac{\mathrm{d}V}{\mathrm{d}\mu}$ 必须为零,在这种情形下,(3.102)式约化到位力关系(3.100)。

为此,可从 V 中消去 $\Phi\rho$ 或 $\mathbf{\nabla}\Phi \cdot \mathbf{\nabla}\Phi$,$V$ 在下述两种表达式中,有选择的自由

$$V = \frac{1}{2}\int \mathbf{\nabla}\Phi \cdot \mathbf{\nabla}\Phi \mathrm{d}^3 x, \tag{3.103}$$

或

$$V = \frac{1}{2}\int \Phi\rho \mathrm{d}^3 x. \tag{3.104}$$

第一个积分完全用电场来表达能量,即 $\mathbf{\nabla}\Phi \cdot \mathbf{\nabla}\Phi = E \cdot E$。 如果我们利用泊松方程的解 (3.45)式,则第二个积分成为

$$V = \iint \frac{\rho(\boldsymbol{x})\rho(\boldsymbol{x}')}{8\pi\,|\,\boldsymbol{x}-\boldsymbol{x}'\,|} \mathrm{d}^3 x\, \mathrm{d}^3 x', \tag{3.105}$$

这完全用电荷密度表达 V。

电荷光滑分布的势能是有限的,但对于位于原点的点电荷 q,它产生的电场由(3.39) 式给出,那么

$$V = \int_0^\infty \frac{q^2}{32\pi^2 r^4} 4\pi r^2 \mathrm{d}r, \tag{3.106}$$

这是表示电荷自能的发散积分。对于静态或缓慢运动的点电荷集合,可以扣除一个无限 大的常数,得到一个表示电荷有限相互作用能的有效势能,但对于快速运动和加速的电 荷,这是不可能的。散度不再简单地是静电场的散度。

让我们回到动力学电磁场。在没有源的情况下,能量 E 就是通常的场的动能与势能 之和。从拉格朗日量(3.79)我们得到

$$E = \frac{1}{2}\int (\boldsymbol{E} \cdot \boldsymbol{E} + \boldsymbol{B} \cdot \boldsymbol{B}) \mathrm{d}^3 x, \tag{3.107}$$

并且可以利用无源麦克斯韦方程来检验这是守恒的。方程(3.28)与 $\boldsymbol{E}$ 作点积,方程 (3.26)与 $\boldsymbol{B}$ 作点积,并相减,我们发现

$$\frac{1}{2}\frac{\partial}{\partial t}(\boldsymbol{E}\cdot\boldsymbol{E}+\boldsymbol{B}\cdot\boldsymbol{B})+\boldsymbol{\nabla}\cdot(\boldsymbol{E}\times\boldsymbol{B})=0, \tag{3.108}$$

所以能量 E 的时间导数是全导数 $-\boldsymbol{\nabla}\cdot(\boldsymbol{E}\times\boldsymbol{B})$ 的积分,对于在无穷远处衰减足够快的场,这个积分自动为零。

因此,场的能量密度是 $\frac{1}{2}(\boldsymbol{E}\cdot\boldsymbol{E}+\boldsymbol{B}\cdot\boldsymbol{B})$,对方程(3.108)的解释是矢量 $\boldsymbol{E}\times\boldsymbol{B}$ 是能流密度。场同时携带动量,矢量 $\boldsymbol{E}\times\boldsymbol{B}$ 也是场的动量密度。电磁波由正交的场 $\boldsymbol{E}$ 和 $\boldsymbol{B}$ 组成,所以 $\boldsymbol{E}\times\boldsymbol{B}$ 不为零。它在波矢 $\boldsymbol{k}$ 的方向上既携带能量又携带动量。

3.12　粒子与场的动力学

我们差不多已完成了对电磁理论的评述。我们给出了麦克斯韦方程,它把电场和磁场与电荷和电流源联系起来。这些源可能是宏观的,就像导线中的电流,或者它们可能是运动的点粒子。场不是完全由这些源决定的,因为存在不需要源的独立电磁波解。我们还给出了带电粒子在电磁场中的运动方程。

包括点电荷在内的静态球对称电荷分布的电场,是特别简单的,但是我们还没有解释如何找到运动带电粒子产生的电场。这是相当技术性的,并导致概念上的深水区。原则上,对于在轨道 $\boldsymbol{x}(t)$ 上运动的电荷为 q 的点粒子,人们可以确定与其相关联的电荷密度 ρ 和电流密度 $\boldsymbol{j}$。电荷密度不是光滑函数,而是高度局域化的。同样,存在一个局部的电流密度,它与粒子速度成比例,如果 q 不变,则满足守恒方程(3.29)。

麦克斯韦方程决定了粒子周围的场。电场是静止荷电点粒子电场的修正,粒子速度产生磁场。另外,粒子的加速度产生一个远离粒子的场,这是一个向外传播的电磁波。这一部分场与粒子的距离增加成相反关系而下降,因此支配着与场的其他部分相关的逆平方律衰减。它也带走了一些能量和动量。给定这些场,我们可以研究几个相互作用的带电粒子全部的动力学。每个粒子主要受其他粒子产生的场的影响,而不是受其自场的影响。

对于 N 个带电粒子和电磁场,存在一个总作用量。这实质上是粒子的作用量与场 $\boldsymbol{A}$ 和 $\boldsymbol{\Phi}$ 的作用量之和,相互作用项只出现一次。拉格朗日量是

$$L=\sum_{k=1}^{N}\left(\frac{1}{2}m^{(k)}\frac{\mathrm{d}\boldsymbol{x}^{(k)}}{\mathrm{d}t}\cdot\frac{\mathrm{d}\boldsymbol{x}^{(k)}}{\mathrm{d}t}+q^{(k)}\boldsymbol{A}(\boldsymbol{x}^{(k)}(t))\cdot\frac{\mathrm{d}\boldsymbol{x}^{(k)}}{\mathrm{d}t}-q^{(k)}\boldsymbol{\Phi}(\boldsymbol{x}^{(k)}(t))\right)+$$
$$\frac{1}{2}\int(\boldsymbol{E}\cdot\boldsymbol{E}-\boldsymbol{B}\cdot\boldsymbol{B})\mathrm{d}^3x, \tag{3.109}$$

其中 $\boldsymbol{E}=-\dfrac{\partial\boldsymbol{A}}{\partial t}-\boldsymbol{\nabla}\boldsymbol{\Phi}$ 和 $\boldsymbol{B}=\boldsymbol{\nabla}\times\boldsymbol{A}$ 与通常的定义相同。这里的第 k 个粒子质量为 $m^{(k)}$、电荷为 $q^{(k)}$、轨道为 $\boldsymbol{x}^{(k)}(t)$。粒子与矢势和标势耦合的相互作用项与(3.94)式相同,但它们也与(3.79)式相同,因为电流 $\boldsymbol{j}$ 和电荷密度 ρ 具有与 N 个点粒子相关联的高度局域

化形式,(3.79)式中 $A \cdot j$ 和 $\Phi \rho$ 的积分约化为(3.109)式中的求和。

将最小作用量原理应用于整个系统,给出了有带电粒子源的 E 和 B 的麦克斯韦方程,以及每个粒子的运动方程。困难的是,作用于每个粒子的电场和磁场都包括了粒子自场的贡献,自场在粒子位置上是奇性的。电场自场的主要部分不产生净力,因为这部分是球对称的,在球对称带电粒子上平均为零,但是自场的一些次主要部分不是球对称的,确实会产生力。

如果粒子加速并发出电磁波,不考虑自力就会导致矛盾。因为电磁辐射带走能量,它导致粒子本身失去动能并减速。辐射也带走了动量,如果动量要整体守恒,则对粒子应当存在一种补偿力。

约瑟夫·拉莫估算出了加速带电粒子的能量辐射率:

$$\frac{1}{6\pi} q^2 \left| \frac{\mathrm{d}^2 \boldsymbol{x}}{\mathrm{d}t^2} \right|^2 . \tag{3.110}$$

它与粒子加速度的平方成正比。可以引入一个作用在粒子上的有效自力,它产生等效的能量损失,至少可以考虑在一段时间内的平均效果。它与粒子加速度的时间导数成正比。然而,这仅仅是一种近似,在加速度既不是很大也不是快速变化时才有效。它之所以是一种近似,是因为辐射能必须整体定义,并且只能通过考虑粒子周围大球上的场来计算。在粒子加速和辐射到达这个大球之间有一个延迟,这在反作用的计时和它的瞬时强度方面引起了一些不确定性。

1900 年左右,麦克斯·亚伯拉罕、洛伦兹等人曾试图解决这些不确定性,并且他们的工作得到了延续。一个关键的想法是给荷电粒子,比如电子,一个有限大小的结构。电子需要大约 10^{-15} 米的半径,这与原子核的大小相当。不幸的是,具有这种结构的电子会破裂,这是由于电子各部分之间的库仑排斥,除非有未知的非电磁起源的更强的力使电子结合在一起。

迄今为止,对电子内部可能结构的研究主要是理论上的。还没有实验的指导。这是因为提议的半径非常小,电磁波传播这个距离的相应时间非常短。实验需要产生非常强的高频场,以产生足够大的电子加速度,从而对洛伦兹力进行不可忽略的修正。目前可用的最强大的聚焦激光场还不能完全达到这种状态,但是下一代激光器有可能用来研究洛伦兹力的修正。

总之,虽然问题不至于严重到破坏粒子加速器的设计和运行,但是完全自洽地处理场与带电点粒子的相互作用似乎是不可能的。现代思想认为所有物质都应该用场来描述。粒子是发展初期的现象,它们不是真正的类点状。存在一种数学上有吸引力的粒子结构理论,我们在本书的最后一章中,简要地讨论了它。这就是用孤立子的模型来描述粒子,孤立子是非线性经典场中的光滑局域结构。虽然在自然界中确实存在孤立子,但还没有多少证据表明它们能描述像电子这样的基本粒子。

这就是经典电磁理论结束和粒子物理开始的地方。高能粒子碰撞用来探测电子、质子和中子等粒子的内部结构。探测结果表明质子具有更小的带电夸克的亚结构,而尚无证据表明电子有亚结构。在第十二章中,我们将重新讨论粒子物理学的这些方面,但它们不属于经典电磁学理论。理解粒子物理学需要量子场论,人们一度认为量子理论将完全消除与点状粒子有关的困难。尽管量子场论在粒子物理学中取得了一定成功,但真实世界远非如此。

3.13 拓展阅读材料

P. Lorrain and D. R. Corson. *Electromagnetism: Principles and Applications* (2nd ed.). New York:Freeman,1990.

J. D. Jackson. *Classical Electrodynamics* (3rd ed.). Chichester:Wiley,1999.

L. D. Landau and E. M. Lifschitz. *The Classical Theory of Fields: Course of Theoretical Physics*. Vol.2 (4th ed.),Oxford:Butterworth-Heinemann,1975.

第4章 狭义相对论

4.1 引　言

在讨论牛顿运动定律之前,我们先考虑了欧几里得3维空间的一些几何特征。牛顿物理学基于绝对空间思想,两点之间的距离是绝对的,但是坐标系是可以选择的。观测者可以根据不同的原点建立笛卡儿坐标系,坐标轴也可以有不同的取向。点的坐标组成一个矢量,但是这样一个矢量不是绝对的,因为它相对于原点和坐标轴的选择。然而,牛顿运动定律有其矢量形式,它对不同观测者是相同的。

我们可以进行更简单的表述。两个相邻的观测者,朝不同的方向看,对世界上正在发生的事将有一致的看法。如果他们看到一只鸟从地面上叼起一条虫子并吃掉它,他们会认为这件事发生在同一地点,并且用了相同的时间。但是如果他们以他们所在的位置为原点,建立了各自的空间坐标系,1-轴向前,2-轴向左,3-轴向上,那么依这两个观测者来看,鸟的位置有不同的坐标,当鸟飞起来时,它的速度矢量和加速度矢量都不同。然而,对两个观测者来说,作用在鸟身上的力和鸟的加速度之间的关系是相同的。换句话说,两个观测者认为运动定律是相同的,尽管他们对运动的描述不同。

要讨论力学,我们需要考虑4维时空。时空中的点称为事件,它发生在时间 t 和空间位置 $x=(x_1, x_2, x_3)$。这可以合起来写成 $X=(t, x)$,称为事件的位置4-矢量。

在狭义相对论中,有绝对意义的是时空而不是空间。不同观测者之间通常有相对运动,他们将建立不同的坐标系。一个观测者不是一次事件,而是一直存在的。最重要的观测者是那些不受力的观测者。他们被称为惯性观测者,相当于牛顿动力学中以恒定速度运动的物体。假定物理定律对所有惯性观测者是相同的,但是事件的时间和空间坐标对每个观测者来说将是相对的。时间不再是一个绝对量,3维距离也不是绝对量。但是时空中两个事件之间,存在一个分离的绝对概念,称之为间隔,替代了欧几里得3维空间中绝对距离的概念。

狭义相对论的另一个主要特征为光速是一个绝对常数,对所有惯性观测者都是相同的,即使他们之间有相对运动也一样。我们将看到发射闪光和接收闪光这两个事件之间的间隔为零,这对所有观测者都一样。

我们对一个(惯性)观测者定义间隔概念。时空的原点是在时间 $t=0$ 和位置 $x=0$ 的事件 $(0, 0)$。假定另一个事件在时空点 $X=(t, x)$。这两个事件之间间隔的平方定义为 $\tau^2=t^2-x_1^2-x_2^2-x_3^2$,或者等价地写作,

$$\tau^2 = t^2 - \boldsymbol{x} \cdot \boldsymbol{x}. \tag{4.1}$$

注意 τ^2 可以是正、负或零,所以 τ 自身可以是实的或虚的。如果 $t^2 > \boldsymbol{x} \cdot \boldsymbol{x}$,那么 τ 是实的,而且若 t 为正,则 τ 取正,若 t 为负,则 τ 取负。两个一般事件 $X = (t, \boldsymbol{x})$ 和 $Y = (u, \boldsymbol{y})$ 之间间隔的平方为

$$\begin{aligned} \tau^2 &= (t - u)^2 - (\boldsymbol{x} - \boldsymbol{y}) \cdot (\boldsymbol{x} - \boldsymbol{y}) \\ &= (t - u)^2 - |\boldsymbol{x} - \boldsymbol{y}|^2. \end{aligned} \tag{4.2}$$

时间和空间对间隔平方 τ^2 的贡献之间有减号,带有这种几何的时空称为闵可夫斯基空间。另一种说法是,这个几何是洛伦兹型的。如果两者之间是加号,那么 τ^2 是 4 维欧几里得空间中两点之间的距离平方。

假定第二个观测者建立了一个坐标系,时间坐标为 t',空间坐标为 $\boldsymbol{x}' = (x_1', x_2', x_3')$。假定沿空间轴的单位是由第二个观测者标度的,他所用直尺的类型与第一个观测者所使用的一样,时间单位是由同种类型的钟标度的。(这相当于 3 维欧几里得空间中所隐含的假设:不同的观测者使用同类直尺测量沿笛卡儿轴的距离。)

在狭义相对论中,对两个观测者来说,事件之间的间隔是相同的。如果对第一个观测者来说,事件是在 $X = (t, \boldsymbol{x})$ 和 $Y = (u, \boldsymbol{y})$,对第二个观测者是在 $X' = (t', \boldsymbol{x}')$ 和 $Y' = (u', \boldsymbol{y}')$,那么

$$(t - u)^2 - (\boldsymbol{x} - \boldsymbol{y}) \cdot (\boldsymbol{x} - \boldsymbol{y}) = (t' - u')^2 - (\boldsymbol{x}' - \boldsymbol{y}') \cdot (\boldsymbol{x}' - \boldsymbol{y}'). \tag{4.3}$$

所以联系第二个观测者和第一个观测者的坐标变换使间隔保持不变,这类似于 3 维欧几里得空间中保持距离不变的变换。一般来说,这样的变换包含时空原点的平动,但是如果不包含原点平动,那么就称为洛伦兹变换,类似于 3 维空间的纯转动。[①]

洛伦兹变换可以是纯空间转动,但它通常混合了时间和空间坐标。当第一个和第二个观测者之间以恒定速度相对运动时,就有这种混合发生。因为狭义相对论的基本假定是物理定律对所有这类观测者都是相同的,定律必定不受洛伦兹变换的影响,具有洛伦兹协变的形式。

虽然我们先前并没有明确讨论,但在牛顿物理中有一个类似的结果,称为伽利略不变性。它指的是,对于以恒定速度相对运动的两个观测者来说,物体系统的运动定律是相同的。特别地,对于两个观测者来说,即使物体系统的质心速度是不同的,但它们的相对运动看起来是一样的。这解释了为什么我们感觉不到地球绕太阳的巨大旋转速度(它在一天的时间尺度上几乎是个常数),以及为什么在平稳飞行的飞机上可以提供饮料并喝下去,就好像飞机并没有在运动一样。然而,伽利略不变性有其局限性。它不能准确无误地适用于电磁理论,并且尽管伽利略不变性对观测者的相对速度不设上限,实际上只有当相对速度比光速小得多的时候,它才是准确的。

现在我们更详细地来说明洛伦兹变换。

---

① 像转动一样,假定洛伦兹变换是坐标的线性变换。

4.2 洛伦兹变换

我们着重考虑时空原点 O 互相重合的两个惯性观测者,因为原点的平移没有太重要的意义。考虑一个事件 X,它对第一个观测者的坐标是 (t, x),对第二个观测者是 (t', x')。X 和 O 之间间隔的平方对两个观测者是相同的,所以

$$t^2 - \boldsymbol{x} \cdot \boldsymbol{x} = t'^2 - \boldsymbol{x}' \cdot \boldsymbol{x}'. \tag{4.4}$$

第一个观测者在不带撇的坐标系中静止,对所有 t 都位于 $\boldsymbol{x} = \boldsymbol{0}$,因此在时空中沿 t 轴行进。这条直线称为观测者的世界线。类似地,第二个观测者在带撇的坐标系中静止,位于 $\boldsymbol{x}' = \boldsymbol{0}$,沿时空的 t' 轴行进。

存在内类基本的洛伦兹变换。较简单的一类是空间转动,而时间坐标保持不变。观测者之间没有相对运动,但是他们的空间轴取向不同。这里分别就是 $t'^2 = t^2$ 和 $\boldsymbol{x}' \cdot \boldsymbol{x}' = \boldsymbol{x} \cdot \boldsymbol{x}$。更明确地说,假定第二个观测者的轴相对于第一个观测者在 (x_1, x_2) 平面上旋转了 θ 角。坐标之间的关系是

$$
\begin{aligned}
t' &= t \\
x_1' &= x_1 \cos\theta - x_2 \sin\theta \\
x_2' &= x_1 \sin\theta + x_2 \cos\theta \\
x_3' &= x_3.
\end{aligned}
\tag{4.5}
$$

由于 $\cos^2\theta + \sin^2\theta = 1$,方程(4.4)得到满足,所以

$$
\begin{aligned}
x_1'^2 + x_2'^2 &= (x_1^2\cos^2\theta - 2x_1 x_2 \cos\theta\sin\theta + x_2^2\sin^2\theta) + \\
& \quad (x_1^2\sin^2\theta + 2x_1 x_2 \cos\theta\sin\theta + x_2^2\cos^2\theta) \\
&= x_1^2 + x_2^2,
\end{aligned}
\tag{4.6}
$$

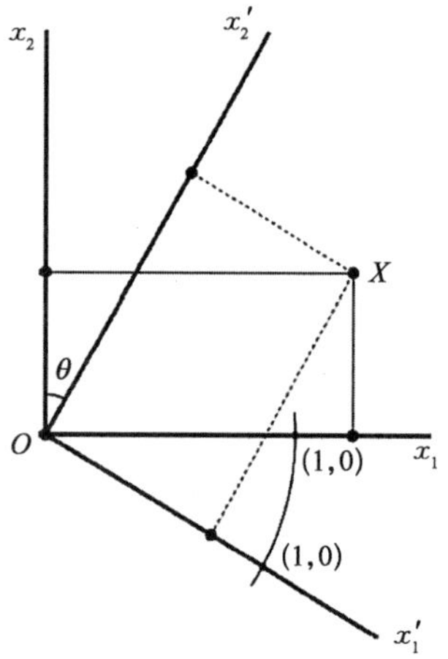

图 4.1 (x_1, x_2) 平面上的旋转

显然有 $t'^2 - x_3'^2 = t^2 - x_3^2$,因此 X 和 O 之间的间隔保持不变。空间轴之间有旋转的两个观测者将沿同一的世界线行进,因为他们的时间轴是一致的。

图 4.1 表示了关于两组坐标轴的时空点 X(隐藏了 t 轴和 x_3 轴)。两组坐标轴之间的夹角是旋转角 θ。X 的每个坐标是由平行于一条轴的结构线与另一条轴相交而标示的。① 沿 x_1 轴和 x_2 轴的标度有相等的间距,沿 x_1' 轴和 x_2' 轴的标度也有相等的间距。这可以由连接点 $(x_1, x_2) = (1, 0)$ 和点 $(x_1', x_2') = (1, 0)$ 的一段圆弧标示。圆弧上的点到 O 点的距离相等。

更感兴趣的一类洛伦兹变换是推动。这是将一个惯

---

① 在 3 维空间中,X 的 x_3 坐标是由平行于 x_1 和 x_2 轴的平面与 x_3 轴相交而给出的。

性观测者的坐标系,变换到以恒定速度相对于第一个观测者运动的第二个惯性观测者的坐标系。

如果相对运动是沿 x_1 轴的,那么推动就混合了时间坐标 t 和空间坐标 x_1。时空变换是由双曲函数表示的,可类比于平面上的旋转[①],参量也是 θ。这个变换是

$$
\begin{aligned}
t' &= t\cosh\theta - x_1\sinh\theta \\
x_1' &= -t\sinh\theta + x_1\cosh\theta \\
x_2' &= x_2 \\
x_3' &= x_3.
\end{aligned}
\tag{4.7}
$$

由等式 $\cosh^2\theta - \sinh^2\theta = 1$ 可知,这个变换满足(4.4)式,所以

$$
\begin{aligned}
t'^2 - x_1'^2 &= (t^2\cosh^2\theta - 2tx_1\cosh\theta\sinh\theta + x_1^2\sinh^2\theta) - \\
&\quad (t^2\sinh^2\theta - 2tx_1\cosh\theta\sinh\theta + x_1^2\cosh^2\theta) \\
&= t^2 - x_1^2,
\end{aligned}
\tag{4.8}
$$

显然有 $x_2'^2 + x_3'^2 = x_2^2 + x_3^2$。在转动的情形下,$\theta$ 是转动角,而在推动的情形下,θ 称为快度。一般的洛伦兹变换是兼有转动和推动的坐标的线性变换,由 6 个参量刻画。它可以表达为作用在 (t, x_1, x_2, x_3) 上的 4×4 矩阵,满足(4.4)式。

推动的效果如图 4.2 所示。这个图不像表示旋转的图那样直观,这是因为页面上的图是欧几里得几何,与想要表示的洛伦兹几何不一样。相对于 t 轴和 x_1 轴,t' 轴和 x_1' 轴以相同的角度一起挤压了。X 的坐标仍然是由平行于一个轴的结构线与另一个轴相交而标示。沿 t 轴和 x_1 轴的单位(分别是秒和光秒)有相等的间距,所以从 O 点出发的速度为 1 的光线沿着与这两条轴成 $45°$ 的直线前进。沿 t' 轴和 x_1' 轴的单位也有相等的间距,但是与沿 t 轴和 x_1 轴的间距不一样。尽管如此,第一个观测者看到的光线仍然是第二个观测者看到的光线。

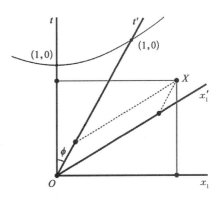

图 4.2　洛伦兹推动将坐标 (t, x_1) 变换到坐标 (t', x_1')。这里 $\tan\phi = \tanh\theta = v$

如下所述,我们能解出 t-轴和 t'-轴之间的夹角 ϕ。沿着 t-轴,$x_1 = 0$,第一个观测者是静止的。沿着 t'-轴,$x_1' = 0$,第二个观测者是静止的,但他以一定的速度相对于第一个观测者运动。因此对第一个观测者来说,这个轴就是直线 $x_1 = vt$,所以 ϕ 角由 $\tan\phi = v$ 给出。从(4.7)式我们看到,$x_1' = 0$ 意味着 $x_1 = (\tanh\theta)t$。因此,

---

① 回想一下双曲函数的定义 $\cosh\theta = \dfrac{1}{2}(\mathrm{e}^\theta + \mathrm{e}^{-\theta})$,$\sinh\theta = \dfrac{1}{2}(\mathrm{e}^\theta - \mathrm{e}^{-\theta})$,以及 $\tanh\theta = \dfrac{\sinh\theta}{\cosh\theta}$。

$$\tan \phi = \tanh \theta = v. \tag{4.9}$$

类似的，在 (4.7) 式中令 $x_1 = 0$，我们可以检验，相对于第二个观测者，第一个观测者以速度 $v = -\tanh \theta$ 运动。由于 θ 的范围是从 $-\infty$ 到 ∞，v 是从 -1 到 1，那么 ϕ 就是从 $-45°$ 到 $45°$。推动的速度 v 不能超过光速 $(c = 1)$。

接下来我们算出相对于沿 t-轴的标度，沿 t'-轴的标度是怎样的。t'-轴上的点 $(t', x_1') = (1, 0)$ 对第一个观测者来说，其坐标是 $(t, x_1) = (\cosh \theta, \sinh \theta)$。两个观测者到原点的间隔都是 1。在图上标出了 t'-轴上 $t' = 1$ 的点。它位于双曲线 $t^2 - x^2 = 1$ 上，这条双曲线上所有点离开 O 点的间隔都是 1。

有另外一种很好的方法，可用来理解为什么推动 (4.7) 式能使间隔的平方 τ^2 保持不变。推动可以重新表达为

$$
\begin{aligned}
t' - x_1' &= (t - x_1)\mathrm{e}^{\theta} \\
t' + x_1' &= (t + x_1)\mathrm{e}^{-\theta} \\
x_2' &= x_2 \\
x_3' &= x_3
\end{aligned}
\tag{4.10}
$$

将前两式相加和相减就重新得到了 (4.7) 式。用第二式乘以第一式得到 $t'^2 - x_1'^2 = t^2 - x_1^2$。因此，推动的效果就是，在 (t, x_1)-平面上，沿着一条对角线拉伸了因子 e^{θ}，而沿着垂直于对角线方向则同等地压缩了因子 $\mathrm{e}^{-\theta}$，如图 4.2 所示。

迄今为止，推动看起来好像是纯粹的几何构造，即坐标的改变，不过在推动下的物理不变性却有着物理的推论。其中之一就是时间的膨胀。典型的例子是 μ 子的衰变。μ 子是像电子那样的基本粒子，但它的质量比电子大。它总是以同一种方式衰变，即衰变成一个电子，一个中微子和一个反中微子。衰变是量子力学的，发生在一段随机的时间之后，但半衰期是一个固定的时间 T，这意味着对于一个静止的 μ 子，在一段时间 T 后，它存活的概率是 $\dfrac{1}{2}$。对于现在的讨论，我们可以简单地假定 μ 子的寿命是 T。

μ 子产生于粒子的碰撞或其他粒子的衰变。结果，μ 子通常以接近于光速的极高速度运动。我们考虑一个在时空原点产生的 μ 子，沿 x_1 方向以速度 $v = \tanh \theta$ 运动。像以前一样，令第一个观测者静止，并假定第二个观测者沿 x_1 方向以速度 v 运动。对第二个观测者来说，μ 子是静止的。其实，第二个观测者可以看成 μ 子自身。

对于第二个观测者来说，μ 子在时间 $t' = T$，在位置 $x_1' = 0$ 发生衰变。从洛伦兹推动公式 (4.7)，我们可以看到，对第一个观测者来说，衰变发生在时间 t 和位置 x_1，这样就有

$$T = t \cosh \theta - x_1 \sinh \theta, \quad 0 = -t \sinh \theta + x_1 \cosh \theta \tag{4.11}$$

第二个方程表明 $\dfrac{x_1}{t} = \tanh \theta$，证实了 μ 子的速度为 $\tanh \theta$。从第一个方程中消掉 x_1，我们发现

$$T = t\left(\cosh\theta - \frac{\sinh^2\theta}{\cosh\theta}\right) = \frac{t}{\cosh\theta}. \tag{4.12}$$

所以 $t = T\cosh\theta$，这较晚于时间 $t = T$，因为 $\cosh\theta > 1$。因此，第一个观测者看到的运动粒子的寿命比第二个观测者看到的静止粒子的寿命长。这就是时间膨胀。时间膨胀因子正好是图 4.2 中所示的，在 $(t', x_1') = (1, 0)$ 的时空事件的时间 $t = \cosh\theta$。

对第一个观测者而言，粒子衰减所处的位置是 $x_1 = T\sinh\theta$。这很容易测量，因为 μ 子在此处变成电子(不可见的中微子和反中微子带走了一部分动量)，其踪迹在此处发生弯折。仅从这个测量，而没有关于 μ 子速度的独立知识，还难以证实时间膨胀。不过，可以通过飞行时间测量来发现速度，即测量 μ 子在两个探测器之间无明显减速行进所用的时间。

注意 μ 子的行进距离 $T\sinh\theta$ 可以比 T 大得多，如果 μ 子基本上以光速运动，而没有时间膨胀，那么它行进的距离才是 T。结果，在上层大气中由宇宙射线碰撞而产生的 μ 子，即使 T 的量级是 10^{-6} s，10^{-6} 光秒仅有大约 300 m，它们也会频繁地撞击地面。

μ 子并不是独揽这样的测量，其他粒子的衰减以同样的方式发生时间膨胀，只不过假如它们的寿命比 μ 子短得多或长得多，这个效应可能更难以测量。时间膨胀的具体验证是在 1971 年给出的，约瑟夫·哈菲尔和理查德·基廷在向东和向西环绕世界旅行的商务班机上携带了四台原子钟，证实了由较慢速度运动带来的极小的时间膨胀效应。

图 4.3 中所画出的与时间和空间轴都成 45°角的世界线代表的是光线。经过时空点 X 的所有光线形成了经过 X 的光锥。对于速度为 1 的运动，$|x - y| = |t - u|$，因此根据公式 (4.2)，沿着一条光线的两个事件 X 和 Y 之间的间隔为零。由于间隔是洛伦兹不变的，所有观测者对光线的理解，以及对光速的看法，都是一致的。

在相对论的早期，光速不受光源运动的影响曾经使人感到诧异。假定对第一个观测者而言，光束是由静止光源发出的。第二个观测者，相对于第一个观测者，受到了推动，在他看

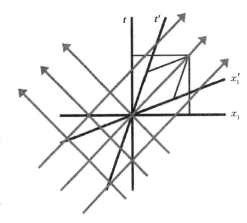

图 4.3 光的世界线

来，第一个观测者和光源都在运动，而光速却不受此运动的影响。如果光是由粒子组成的，而粒子的速度依赖于源的速度，那么这将是似是而非的，不过经典地将光看成在绝对时空中传播的波，于是光速是一个绝对常数是颇为合理的。两个观测者所察觉的光是不一样的，因为光的频率和波长都是不同的。

后面我们将会看到，麦克斯韦方程的形式是洛伦兹协变的，因此不仅仅是光速的恒定性，所有的电磁现象都与狭义相对论原理一致。事实上，洛伦兹变换最初是通过研究

麦克斯韦方程而发现的。支持洛伦兹协变性的证据，由阿尔伯特·迈克耳孙和爱德华·莫雷对光速的测量而得到了补充。他们的实验目的是确定光速是否依赖于光束相对于地球的运动方向。令他们大为惊讶的是，他们发现，虽然当地球绕太阳转动时光源的运动是在变化的，但光在所有方向上以相同的速度行进，不受光源运动的影响。图 4.4 是迈克耳孙-莫雷装置的示意图。

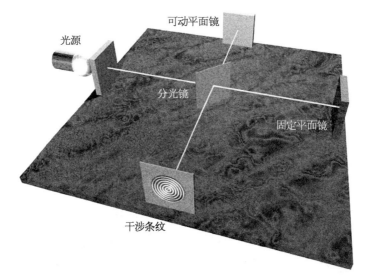

图 4.4 迈克耳孙-莫雷实验示意图。光束投射到半银镜上，分成两束相互垂直的光。这两束光由两面平面镜反射回来后，经过半银镜后投射到屏上，形成干涉条纹。一面平面镜是固定的，另一面是可运动的，因此路径长度是可变的。整个装置是可旋转的，所以光束的方向是随地球在空间的运动而改变的

爱因斯坦关于狭义相对论的极重要论文，题为《论动体的电动力学》。他的至关重要贡献是，提出了不仅仅是电磁学，而是所有的物理学都应该是洛伦兹不变的，并且要找到满足这个要求的对牛顿力学的修正。接下来我们将考察相对论粒子的力学，然后检验麦克斯韦方程的洛伦兹协变性。

4.3 相对论性动力学

为了具有洛伦兹协变的形式，需要修改粒子的力学定律。修改之后，对于与光速相比的慢速运动粒子，牛顿运动定律得以恢复。在狭义相对论中，讨论点粒子是最简单的，而不是有限大小的物体。

我们首先需要一个相对论的速度概念，然后还要有加速度概念。现在，它们都是 4 分量的量，而不是熟知的 3 矢量。静止粒子的 x 是常数，在时空中的世界线平行于 t-轴。世界线上两个无限接近的事件，(t, x) 和 $(t + \delta t, x)$，其中 δt 为正，是由间隔 $\delta \tau = \delta t$ 分离的。运动粒子的世界线是 $X(t) = (t, x(t))$，所以在时间 t，粒子的位置

是 $\boldsymbol{x}(t)$。一般而言,这条世界线是弯曲的,因为粒子的速度是会改变的。沿着世界线,两个无限接近的事件 $X(t)=(t, \boldsymbol{x}(t))$ 和 $X(t+\delta t)=(t+\delta t, \boldsymbol{x}(t+\delta t))$ 之间的间隔平方为

$$\delta\tau^2 = \delta t^2 - \mid \boldsymbol{x}(t+\delta t) - \boldsymbol{x}(t) \mid^2 \tag{4.13}$$

它是正的,因为粒子的速度总是小于光速。我们可以将(4.13)式改写为

$$\delta\tau^2 = \left(1 - \left\mid \frac{\boldsymbol{x}(t+\delta t) - \boldsymbol{x}(t)}{\delta t} \right\mid^2\right)\delta t^2 \tag{4.14}$$

这里以分式表示的量就是粒子的通常速度 $\boldsymbol{v}$,所以

$$\delta\tau = (1 - \mid \boldsymbol{v} \mid^2)^{\frac{1}{2}}\delta t, \tag{4.15}$$

由此,我们得到导数之间的有用关系:

$$\frac{\mathrm{d}}{\mathrm{d}\tau} = (1 - \mid \boldsymbol{v} \mid^2)^{-\frac{1}{2}}\frac{\mathrm{d}}{\mathrm{d}t}. \tag{4.16}$$

人们可以将世界线 $X(t)=(t, \boldsymbol{x}(t))$ 的时间导数看成速度的洛伦兹类比。这是 4 分量矢量 $(1, \boldsymbol{v})$,然而,尽管位置 4 矢量 X 在洛伦兹变换下是简单变换的,t 却不是简单变换的,所以对 t 的微分不协变。另一方面,沿世界线的参量 τ 是洛伦兹不变的,所以正确的做法是求 X 对 τ 的微分。因此,我们定义粒子的相对论 4 - 速度为

$$V = \frac{\mathrm{d}X}{\mathrm{d}\tau} = \frac{\mathrm{d}}{\mathrm{d}\tau}(t, \boldsymbol{x}(t)). \tag{4.17}$$

4 矢量 V 的变换方式与 X 相同,利用(4.16)式,我们可以根据通常速度来表达 V,结果是这样的:

$$V = (1 - \mid \boldsymbol{v} \mid^2)^{-\frac{1}{2}}(1, \boldsymbol{v}). \tag{4.18}$$

V 的第一个分量称为时间分量,其余三个称为空间分量。注意 V 的 4 个分量只与 $\boldsymbol{v}$ 的三个独立分量有关,所以存在一个对 V 的约束,我们很快就会讲到。

在狭义相对论中,经常出现 $(1-\mid \boldsymbol{v} \mid^2)^{-\frac{1}{2}}$ 这样一个量,于是赋予它一个记号:

$$\gamma(\boldsymbol{v}) = (1 - \mid \boldsymbol{v} \mid^2)^{-\frac{1}{2}}. \tag{4.19}$$

这就是熟知的 γ 因子,如果相关的速度是明确的,就简记它为 γ。那么就有 $V=(\gamma, \gamma\boldsymbol{v})$。如果 $\mid \boldsymbol{v} \mid$ 很小,就近似有 $\gamma(\boldsymbol{v})=1$,或者更精确些,有 $\gamma(\boldsymbol{v})=1+\frac{1}{2}\mid \boldsymbol{v} \mid^2$。在所有情形下,$\boldsymbol{v}$ 的三次项都可以省略掉。这就是非相对论极限,此时的相对论力学约化到牛顿力学。非相对论极限下的 4 -速度 V 是

$$V = \left(1 + \frac{1}{2} \mid \boldsymbol{v} \mid^2, \boldsymbol{v}\right) \tag{4.20}$$

这个近似通常在 $\mid \boldsymbol{v} \mid$ 的量级是 0.01 或者更小的时候是有效的，这相当于常用单位下的 3×10^6 m/s。在日常生活中，甚至在太阳系动力学和空间旅行中，这已经是一个很大的速度了。

注意，对于任意小于光速的正的 $\mid \boldsymbol{v} \mid$，有 $\gamma(\boldsymbol{v}) > 1$，并且如果 $\mid \boldsymbol{v} \mid = \tanh \theta$，即一个粒子从静止受到快度为 θ 的推动所具有的速度，那么 $\gamma(\boldsymbol{v}) = \cosh \theta$ 且 $\gamma(\boldsymbol{v}) \mid \boldsymbol{v} \mid = \sinh \theta$。这些量在前面讨论时间膨胀时都出现过了。

粒子的相对论加速度是由对 τ 再求一次导数而定义的：

$$A = \frac{\mathrm{d}^2 X}{\mathrm{d}\tau^2} = \frac{\mathrm{d}^2}{\mathrm{d}\tau^2}(t, \boldsymbol{x}(t)). \tag{4.21}$$

这个 4-加速度可以通过将 (4.18) 式对 t 微分，并利用 (4.16) 式，用通常的加速度 $\boldsymbol{a} = \frac{\mathrm{d}^2 X}{\mathrm{d}\tau^2}$ 以及速度 $\boldsymbol{v}$ 来表达，但是公式有点复杂并不能使我们获得很多的启迪。A 和 V 的重要共性是在洛伦兹变换下，它们都是协变的，即与 X 的变换方式相同，因为 τ 是不变的。这可以与以下陈述进行类比：$\boldsymbol{a}$ 和 $\boldsymbol{v}$ 是欧几里得 3 矢量，在转动下与 $\boldsymbol{x}$ 的变换方式相同，因为 t 是转动不变的。

在欧几里得 3 维空间中，我们定义了两个矢量的转动不变的点积。类似地，在洛伦兹几何中，存在两个 4 矢量 $X = (t, \boldsymbol{x})$ 和 $Y = (u, \boldsymbol{y})$ 的洛伦兹不变的内积：

$$X \cdot Y = tu - \boldsymbol{x} \cdot \boldsymbol{y}, \tag{4.22}$$

其中 $\boldsymbol{x} \cdot \boldsymbol{y}$ 是通常的点积。这在很多方面都很有用。X 和时空原点 O 之间的间隔平方是 $X \cdot X = t^2 - \boldsymbol{x} \cdot \boldsymbol{x}$，$X$ 和 Y 之间的间隔平方为

$$(X - Y) \cdot (X - Y) = X \cdot X - 2X \cdot Y + Y \cdot Y, \tag{4.23}$$

对于 4-速度 V 我们发现

$$V \cdot V = \gamma^2 - \gamma^2 \boldsymbol{v} \cdot \boldsymbol{v} = (1 - \boldsymbol{v} \cdot \boldsymbol{v})^{-1}(1 - \boldsymbol{v} \cdot \boldsymbol{v}) = 1. \tag{4.24}$$

这就是预先考虑到的对粒子 4-速度的约束。将这个约束对 τ 微分，我们导出 $A \cdot V = 0$，这也可以直接用 A 和 V 的公式来检验。

粒子的质量 m 是洛伦兹不变的，它的值是正的。这将由相对于粒子静止的观测者用传统方法测量的质量来定义，比如说，利用束流平衡与标准质量进行比较。于是有了另一种 4 矢量 $P = mV$，称为粒子的 4 动量，它像 V 那样进行洛伦兹变换。它的分量为

$$P = (m\gamma, m\gamma v). \tag{4.25}$$

对 V 的约束(4.24)表明 $P \cdot P = m^2$。我们将 4 动量的时间和空间分量写为

$$P = (E, \boldsymbol{p}) = (m\gamma, m\gamma\boldsymbol{v}). \tag{4.26}$$

$E = m\gamma$ 称为相对论性能量，$\boldsymbol{p} = m\gamma\boldsymbol{v}$ 称为相对论性 3 动量。约束 $P \cdot P = m^2$ 成为重要关系：

$$E^2 - \boldsymbol{p} \cdot \boldsymbol{p} = m^2. \tag{4.27}$$

E 和 $\boldsymbol{p}$ 可以在粒子物理探测器中直接测量，而粒子质量可以从以上关系中导出。当一个粒子迅速衰变时，比如希格斯粒子，它自身不会留下踪迹，这时就不能直接测量它的能量和动量。但是，衰变产物会留下踪迹，它们的能量和动量可以测量。加起来就能给出初始衰变粒子的能量和动量，从而计算出它的质量。

在非相对论极限，4 动量 P 约化为

$$P = \left(m + \frac{1}{2} m \mid \boldsymbol{v} \mid^2, m\boldsymbol{v} \right), \tag{4.28}$$

它的空间部分 $\boldsymbol{p} = m\boldsymbol{v}$ 就是通常的粒子 3 动量。时间分量与通常的能量有关，因为它是粒子的质量与通常的动能之和。后面我们还会再讲到这一点。

4 矢量 mA 可与牛顿第二定律的左边 $m\boldsymbol{a}$ 进行类比。因此，质量为 m 的粒子的相对论运动方程为

$$mA = F, \tag{4.29}$$

其中 F 是 4 矢量力。为使此式有实质内容，我们需要在感兴趣的物理情况下了解 F。由于 $A \cdot V = 0$ 是自动满足的，任何 4 维力必定满足约束 $F \cdot V = 0$。设计出合理的 4 维力并非易事。我们在第 2 章中考虑的引力并不具有简单的 4 矢量对应。况且两个空间分离粒子之间瞬时作用的力与相对论不相容，因为不同观测者测量的空间分离事件的时间不一致，他们测量的粒子之间的距离也不一致。在相对论中更重要的是，信号的最大速度是光速，因此排除了在有限距离上的瞬时作用。

由电磁场 $\boldsymbol{E}$ 和 $\boldsymbol{B}$ 施加于荷电粒子上的洛伦兹力就是一个可以用 4 维力来描述的力。仅仅在粒子瞬时位置上的场强才有贡献。下面用 4 矢量形式重新考虑电磁场和麦克斯韦方程以后，我们就来讨论这一点。

另一个可以精确地作为典型 4 维力的情形是两个物体之间的短暂碰撞并分离。对于点粒子，碰撞是时空中单个点上的事件，所有观测者对于它的位置的测量都是一致的。力产生了瞬时脉冲，使 4-速度发生突然的改变。我们不需要具体了解这些改变是怎样的，因为它们依赖于碰撞的性质，但是第一个粒子施加于第二个粒子上的脉冲是第二个粒子施加于第一个粒子上的脉冲的负值。这可以类比于牛顿第三定律。重要的推论是在碰撞中总的 4 动量是守恒的。假定 4 力作用在同一（无穷小）间隔上，并且是相反的，即

$$m^{(1)} A^{(1)} = F, \quad \text{和} \quad m^{(2)} A^{(2)} = -F, \tag{4.30}$$

其中 $m^{(1)}$ 和 $A^{(1)}$ 是第一个粒子的质量和 4-加速度，$m^{(2)}$ 和 $A^{(2)}$ 是第二个粒子的质量和 4-加速度。将这两个方程相加得到 $m^{(1)}A^{(1)}+m^{(2)}A^{(2)}=0$，所以 $m^{(1)}V^{(1)}+m^{(2)}V^{(2)}$ 对 τ 的导数为零。因此，

$$m^{(1)}V^{(1)}+m^{(2)}V^{(2)}=常量, \tag{4.31}$$

这样，我们得到了同样的结论，即证实了总的 4 动量是守恒的。4 动量守恒是相对论力学的基本结果。我们将要看到，它将能量守恒和 3 动量守恒结合在一起，具有惊人并且重要的推论。

4.3.1 牛顿力学和相对论力学的比较

迄今为止，我们的讨论主要是关于时空和它的洛伦兹变换，以及关于速度、加速度和动量的相对论性定义。这些讨论都是形式上的，但是牛顿力学和相对论力学的预言之间存在实质的区别。4 动量守恒尤为明显表述了，根据牛顿力学和相对论力学得到的两粒子碰撞的结果是不同的。为了说明这一点，我们只需要考虑沿一条直线，比如 x_1-轴的弹性碰撞。我们假定两个粒子的入射速度分别是 $u^{(1)}$ 和 $u^{(2)}$，它们是已知的。碰撞以后，粒子质量没有改变，我们想要得到出射速度 $v^{(1)}$ 和 $v^{(2)}$。

在牛顿力学中，动量守恒和能量守恒要求：

$$m^{(1)}v^{(1)}+m^{(2)}v^{(2)}=m^{(1)}u^{(1)}+m^{(2)}u^{(2)} \tag{4.32}$$

和

$$\frac{1}{2}m^{(1)}(v^{(1)})^2+\frac{1}{2}m^{(2)}(v^{(2)})^2=\frac{1}{2}m^{(1)}(u^{(1)})^2+\frac{1}{2}m^{(2)}(u^{(2)})^2 \tag{4.33}$$

动能是守恒的，因为对于点粒子，不存在可吸收能量的内部运动。利用这两个方程，约去 $v^{(1)}$ 和 $v^{(2)}$ 中的一个，得到另一个的二次方程，就确定了这两个未知量。一个有用的技巧是，注意到有一个解是 $v^{(1)}=u^{(1)}$ 和 $v^{(2)}=u^{(2)}$（两个粒子彼此打偏了），但我们感兴趣的是另一个解。

在相对论力学中，4 动量的守恒要求：

$$m^{(1)}V^{(1)}+m^{(2)}V^{(2)}=m^{(1)}U^{(1)}+m^{(2)}U^{(2)} \tag{4.34}$$

其中 $U^{(1)}$ 和 $U^{(2)}$ 是粒子的入射 4-速度，$V^{(1)}$ 和 $V^{(2)}$ 是出射 4-速度。$U^{(1)}$ 的空间和时间分量分别是 $\gamma(u^{(1)})u^{(1)}$ 和 $\gamma(u^{(1)})$，其他的 4-速度也可类似地写出空间和时间分量。于是，相对论性的动量和能量守恒要求

$$m^{(1)}\gamma(v^{(1)})v^{(1)}+m^{(2)}\gamma(v^{(2)})v^{(2)}=m^{(1)}\gamma(u^{(1)})u^{(1)}+m^{(2)}\gamma(u^{(2)})u^{(2)} \tag{4.35}$$

和

$$m^{(1)}\gamma(v^{(1)})+m^{(2)}\gamma(v^{(2)})=m^{(1)}\gamma(u^{(1)})+m^{(2)}\gamma(u^{(2)}) \tag{4.36}$$

这两个方程中出现含有平方根的 γ 因子,这是相对论性方程的典型特征。这两个方程也能确定未知的 $v^{(1)}$ 和 $v^{(2)}$,但是现在的代数运算更复杂。这里照旧有平庸解 $v^{(1)}=u^{(1)}$ 和 $v^{(2)}=u^{(2)}$,了解这一点有助于找到另一个解。

对于速度远小于光速运动的粒子,相对论性方程与牛顿方程是一致的。要看清这一点,在方程(4.35)的所有四项中作近似 $\gamma \approx 1$,我们就回到了动量守恒方程(4.32)。在方程(4.36)中,我们需要在所有四项中作近似 $\gamma(w) \approx 1 + \frac{1}{2}w^2$,得到

$$
m^{(1)} + \frac{1}{2}m^{(1)}(v^{(1)})^2 + m^{(2)} + \frac{1}{2}m^{(2)}(v^{(2)})^2
$$
$$
= m^{(1)} + \frac{1}{2}m^{(1)}(u^{(1)})^2 + m^{(2)} + \frac{1}{2}m^{(2)}(u^{(2)})^2. \tag{4.37}
$$

消掉 $m^{(1)} + m^{(2)}$ 以后,就与能量守恒方程(4.33)一致了。

对于高速碰撞,牛顿和相对论情形的方程明显不同,对出射速度 $v^{(1)}$ 和 $v^{(2)}$ 的预言也是不同的。兹举一例说明之,尽管我们不明显进行代数运算。假定 $m^{(1)}=2$,$m^{(2)}=1$,$u^{(1)}=\frac{3}{5}$,$u^{(2)}=0$。那么在牛顿情形,出射粒子的速度是 $v^{(1)}=\frac{1}{5}$,$v^{(2)}=\frac{4}{5}$,而在相对论情形,$v^{(1)}=\frac{9}{41}$,$v^{(2)}=\frac{29}{21}$。(我们选择了不相等的质量,因为如果 $m^{(1)}=m^{(2)}$ 那么在牛顿和相对论两种情形下都有 $v^{(1)}=0$,$v^{(2)}=\frac{3}{5}$。)

这里只出现有理数(简单分数)有点令人惊讶。很容易证明,如果 $u^{(1)}$ 是有理数,而 $u^{(2)}=0$,并且质量之比是有理数,那么在牛顿情形,$v^{(1)}$ 和 $v^{(2)}$ 都是有理数。在相对论情形,假定 $u^{(1)}$ 和 $\gamma(u^{(1)})$ 都是有理数,并且 $u^{(2)}=0$,那么也可以证明 $v^{(1)}$ 和 $v^{(2)}$ 是有理数。这就是我们选择 $u^{(1)}=\frac{3}{5}$ 的理由。因为 $(3,4,5)$ 是一个毕达哥拉斯三元数组,$\gamma(u^{(1)})=\frac{5}{4}$。类似的,出射的相对论性速率 $v^{(1)}=\frac{9}{41}$ 和 $v^{(2)}=\frac{21}{29}$ 是与毕达哥拉斯三元数组 $(9,40,41)$ 和 $(20,21,29)$ 相联系的,所以 $\gamma(v^{(1)})=\frac{41}{40}$,$\gamma(v^{(2)})=\frac{29}{20}$。

综上所述,相对论性 4 动量守恒以一种新的方式,将牛顿力学的动量守恒和能量守恒结合起来,对于高速碰撞,它的具体推论与牛顿力学是不同的。有关高能粒子碰撞的实验表明,相对论预言是正确的,而牛顿动力学在这种情况下会失效。

4.3.2　$E = mc^2$

现在我们来看相对论最著名和最深刻的预言之一。我们已经看到,对于一个粒子,4 动量的时间分量是相对论形式的能量,它就是 $m\gamma(v)$,其中 m 是质量,v 是通常的 3 速度。由于 $\gamma(\mathbf{0})=1$,所以静止粒子的能量为 $E=m$。这称为粒子的静能或静质量。如果

我们恢复光速为 c，就会得到爱因斯坦的著名公式 $E=mc^2$。对于运动相当缓慢的粒子，$\gamma(v) \approx 1 + \dfrac{1}{2}|v|^2$，相对论性能量为

$$E \approx m + \frac{1}{2}m|v|^2, \tag{4.38}$$

它是静止能量与标准的牛顿动能之和。

我们看到，在非相对论速度下的碰撞中，粒子的静止能量抵消了，因为它们在能量守恒方程(4.37)的两边都同样出现。因此，在牛顿力学中可以忽略静止能量。爱因斯坦对相对论的信仰和他对物理学的深刻洞察使他相信，粒子的静止能量，即质量 m，仍然是物理的，一定能把它转换成其他形式的能量。当然，这个预言是正确的，已经在核和粒子物理领域以无数种方式得到了证实。

例如，中子 n 的质量比质子 p 稍大，它通过以下过程发生衰变，半衰期大约为 10 分钟：

$$\mathrm{n} \rightarrow \mathrm{p} + \mathrm{e}^- + \overline{\nu}_e, \tag{4.39}$$

其中 e^- 是电子，$\overline{\nu}_e$ 是几种中微子里的反电中微子。电子质量大约是中子和质子质量之差的四分之一，而反中微子的质量更要小得多。所以，尽管中子的绝大部分静能以质子的静能重新出现，一小部分能量以其他两种粒子的静能重新出现，但仍有一些剩余的能量。这变成了出射粒子的动能。业已证明，相对论 4 动量（即相对论动量和能量）在中子衰变中是整体守恒的。

正如我们将在第十一章中讨论的那样，静止能量对于通过核裂变产生能量具有重大意义。像铀这样的重原子核，其静能比它的裂变组分稍大。多余的能量表现为产物的动能，可用于加热水、驱动涡轮机和发电。就像中子衰变情形那样，所释放的动能小于母核质量的 1‰，但从日常角度看，这是一个非常大的能量。举个例子，如果一个出射粒子的相对论性能量仅比它的静止能量高出 0.5%，那么它的速度就是光速的十分之一（若 $v=0.1$，则 $\dfrac{1}{2}mv^2 = 0.005m$），在蒸汽驱动涡轮机的语境下，这是十分巨大的。与同等数量的原子在化学反应中释放的能量相比，这也是非常巨大的。所以，运行一个核电站所需燃料的质量远远低于运行一个燃煤、燃气或燃油的电站所需燃料的质量。

反过来，也可以将粒子的动能转化成新粒子的静能（即质量）。这通常发生在粒子加速器内的粒子高能碰撞中。如图 4.5 所示，两个质子在大型强子对撞机上的碰撞，经常产生成百上千个新粒子。这是可能的，因为入射质子的总能量（主要是动能）约为 10 TeV，大约是一个质子静止能量的 10^4 倍，所以有足够的能量可以产生成百上千个新的质子和反质子，每一个都会具有相当大的动能。实际上，大多数新粒子是 π 子、电子和 μ 子，它们的质量都比质子小。

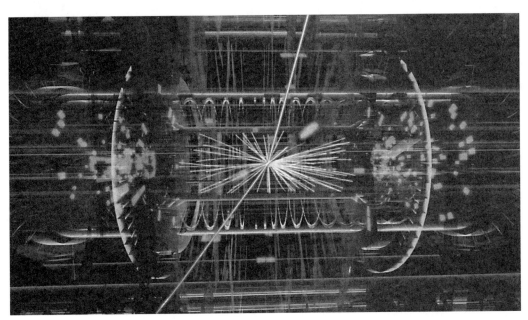

图 4.5 大型强子对撞机(LHC)的 ATLAS 探测器内两个质子的碰撞。质子被束管所隐藏,只有出射粒子是可见的

4.4 关于 4 矢量的更多讨论

由于在 4 矢量的洛伦兹内积(4.22)式中出现了负号,所以对每一个 4 矢量 X,有必要考虑第二个 4 矢量 $\underline{X}$。它的时间分量与 X 相同,而空间分量与 X 反号,所以如果 $X = (t, \boldsymbol{x})$,那么 $\underline{X} = (t, -\boldsymbol{x})$。[①] 类似的符号反演适用于所有 4 矢量。$X = (t, \boldsymbol{x})$ 和 $Y = (u, \boldsymbol{y})$ 的内积可以写成 $X \cdot \underline{Y}$ 或 $\underline{X} \cdot Y$,都定义为等于 $tu - \boldsymbol{x} \cdot \boldsymbol{y}$。约定是这样的:如果求内积的两个 4 矢量都是不带下划线的,那么在空间点积项前面就直接带有负号;如果其中一个 4 矢量是有下划线的,那么在内积中就没有直接的负号,而负号是来自有下划线 4 矢量的空间分量。

从 X 的洛伦兹变换规则,可以得到对 $\underline{X}$ 的变换规则。在转动下,X 和 $\underline{X}$ 的变换是一样的,因为对 $\boldsymbol{x}$ 的转动也转动了 $-\boldsymbol{x}$。然而,对于具有快度 θ 的推动,当作用在 $\underline{X}$ 的分量上时,我们需要在推动公式中,将 θ 反号。这从(4.10)式很容易看出来,交换 x_1 和 $-x_1$ 需要随之交换 e^{θ} 和 $\mathrm{e}^{-\theta}$。

在时空中,很自然地可以将偏导数 $\dfrac{\partial}{\partial t}$ 和 $\boldsymbol{\nabla} = \left(\dfrac{\partial}{\partial x_1}, \dfrac{\partial}{\partial x_2}, \dfrac{\partial}{\partial x_3}\right)$ 结合成一个 4 矢量算子,它是 $\boldsymbol{\nabla}$ 的洛伦兹类比。这是一个有下划线的 4 矢量:

---

① 在狭义相对论的许多表述中,X 的分量带有上指标,而 $\underline{X}$ 的分量带有下指标。在后面我们会用这种记号。

$$\underline{\partial} = \left(\frac{\partial}{\partial t},\ \boldsymbol{\nabla} \right). \tag{4.40}$$

（为了看出 $\underline{\partial}$ 应该是加下划线的，我们必须检查洛伦兹变换的效果。粗略地说，这是因为坐标出现在偏导数的"分母"上。）也存在一个不带下划线的 4 矢量算子 $\partial = \left(\frac{\partial}{\partial t},\ -\boldsymbol{\nabla} \right)$。标量场 ψ 的导数结合成 4 矢量：

$$\underline{\partial}\psi = \left(\frac{\partial \psi}{\partial t},\ \boldsymbol{\nabla}\psi \right) \text{ 和 } \partial\psi = \left(\frac{\partial \psi}{\partial t},\ -\boldsymbol{\nabla}\psi \right). \tag{4.41}$$

另一个有用的算子是洛伦兹不变的波动算子 $\partial \cdot \partial = \frac{\partial^2}{\partial t^2} - \nabla^2$。它出现在波动方程：

$$\frac{\partial^2 \psi}{\partial t^2} - \nabla^2 \psi = 0. \tag{4.42}$$

回想一下，平面波的解是

$$\psi(\boldsymbol{x},\ t) = \mathrm{e}^{\mathrm{i}(\boldsymbol{k}\cdot\boldsymbol{x}-\omega t)}, \tag{4.43}$$

波速是 1（光速），因为方程（4.42）要求：

$$\omega^2 - \boldsymbol{k} \cdot \boldsymbol{k} = 0. \tag{4.44}$$

ψ 的指数上的相位是 4 矢量 $K = (\omega,\ \boldsymbol{k})$ 和 $X = (t,\ \boldsymbol{x})$ 内积的负值，即 $-K \cdot X = \boldsymbol{k} \cdot \boldsymbol{x} - \omega t$。因为 K 是一个 4 矢量，不同观测者察觉到的波具有不同的频率 ω 和空间波矢 $\boldsymbol{k}$。但是对所有观测者来说，光速都是 1，因为（4.44）式就是洛伦兹不变条件 $K \cdot K = 0$。

4.5 麦克斯韦方程的相对论特征

电磁学中的要素之一显然是 4 矢量。电荷密度 ρ 和电流密度 $\boldsymbol{j}$ 结合成 4 流密度 $\mathcal{J} = (\rho,\ \boldsymbol{j})$。守恒方程可以表达成简洁的 4 矢量形式：

$$\partial \cdot \mathcal{J} = 0. \tag{4.45}$$

方程的符号是正确的，这是由于在 $\partial = \left(\frac{\partial}{\partial t},\ -\boldsymbol{\nabla} \right)$ 中有明确的负号。$\mathcal{J}$ 是定义在整个时空的场，但是对于点粒子，电荷密度是奇性的，集中在瞬时粒子位置。$\boldsymbol{j}$ 是用 ρ 乘以粒子速度 $\boldsymbol{v}$ 得到的，所以 $\mathcal{J} = (\rho,\ \rho\boldsymbol{v})$，它与粒子的 4-速度 V 密切相关。（不出现明确的 γ 因子是因为 ρ 是一个密度。）粒子的总电荷 q，像它的质量 m 一样，是洛伦兹不变的。

势 Φ 和 $\boldsymbol{A}$ 也组成一个 4 矢量势 $\mathcal{A} = (\Phi,\ \boldsymbol{A})$。像 $\mathcal{J}$ 一样，这是一个定义在整个时空的场。洛伦兹规范条件虽然不是电磁学的最基本的方程，由于可写成 $\partial \cdot \mathcal{A} = 0$，于是它也是洛伦兹不变的。

找到电场和磁场的洛伦兹协变的形式是一个更大的挑战。$\boldsymbol{E}$ 和 $\boldsymbol{B}$ 共有 6 个分量，根据公式(3.57),每个分量都是两项之和,这些项是作用在势 Φ 或 $\boldsymbol{A}$ 的某个分量上的时间或空间导数。场的 4 矢量形式与 $\partial\mathcal{A}$ 有关,而不含有内积。这样的话,$\partial\mathcal{A}$ 有 16 个分量,但是如果我们进行反对称化,那么只剩下 6 个不同的分量。我们需要一个矩阵阵列来表明这一点。

$\partial\mathcal{A}$ 是一个矩阵,每个矩阵元都是势的导数:

$$\partial\mathcal{A} = \begin{pmatrix} \dfrac{\partial\Phi}{\partial t} & \dfrac{\partial A_1}{\partial t} & \dfrac{\partial A_2}{\partial t} & \dfrac{\partial A_3}{\partial t} \\[2mm] -\dfrac{\partial\Phi}{\partial x_1} & -\dfrac{\partial A_1}{\partial x_1} & -\dfrac{\partial A_2}{\partial x_1} & -\dfrac{\partial A_3}{\partial x_1} \\[2mm] -\dfrac{\partial\Phi}{\partial x_2} & -\dfrac{\partial A_1}{\partial x_2} & -\dfrac{\partial A_2}{\partial x_2} & -\dfrac{\partial A_3}{\partial x_2} \\[2mm] -\dfrac{\partial\Phi}{\partial x_3} & -\dfrac{\partial A_1}{\partial x_3} & -\dfrac{\partial A_2}{\partial x_3} & -\dfrac{\partial A_3}{\partial x_3} \end{pmatrix}. \tag{4.46}$$

交换行和列,得到它的转置形式 $(\partial\mathcal{A})^{\mathrm{T}}$:

$$(\partial\mathcal{A})^{\mathrm{T}} = \begin{pmatrix} \dfrac{\partial\Phi}{\partial t} & -\dfrac{\partial\Phi}{\partial x_1} & -\dfrac{\partial\Phi}{\partial x_2} & -\dfrac{\partial\Phi}{\partial x_3} \\[2mm] \dfrac{\partial A_1}{\partial t} & -\dfrac{\partial A_1}{\partial x_1} & -\dfrac{\partial A_1}{\partial x_2} & -\dfrac{\partial A_1}{\partial x_3} \\[2mm] \dfrac{\partial A_2}{\partial t} & -\dfrac{\partial A_2}{\partial x_1} & -\dfrac{\partial A_2}{\partial x_2} & -\dfrac{\partial A_2}{\partial x_3} \\[2mm] \dfrac{\partial A_3}{\partial t} & -\dfrac{\partial A_3}{\partial x_1} & -\dfrac{\partial A_3}{\partial x_2} & -\dfrac{\partial A_3}{\partial x_3} \end{pmatrix}. \tag{4.47}$$

反对称化的矩阵 $\mathcal{F} = \partial\mathcal{A} - (\partial\mathcal{A})^{\mathrm{T}}$ 称为电磁场张量,它是

$$\mathcal{F} = \begin{pmatrix} 0 & \dfrac{\partial A_1}{\partial t}+\dfrac{\partial\Phi}{\partial x_1} & \dfrac{\partial A_2}{\partial t}+\dfrac{\partial\Phi}{\partial x_2} & \dfrac{\partial A_3}{\partial t}+\dfrac{\partial\Phi}{\partial x_3} \\[2mm] -\dfrac{\partial\Phi}{\partial x_1}-\dfrac{\partial A_1}{\partial t} & 0 & -\dfrac{\partial A_2}{\partial x_1}+\dfrac{\partial A_1}{\partial x_2} & -\dfrac{\partial A_3}{\partial x_1}+\dfrac{\partial A_1}{\partial x_3} \\[2mm] -\dfrac{\partial\Phi}{\partial x_2}-\dfrac{\partial A_2}{\partial t} & -\dfrac{\partial A_1}{\partial x_2}+\dfrac{\partial A_2}{\partial x_1} & 0 & -\dfrac{\partial A_3}{\partial x_2}+\dfrac{\partial A_2}{\partial x_3} \\[2mm] -\dfrac{\partial\Phi}{\partial x_3}-\dfrac{\partial A_3}{\partial t} & -\dfrac{\partial A_1}{\partial x_3}+\dfrac{\partial A_3}{\partial x_1} & -\dfrac{\partial A_2}{\partial x_3}+\dfrac{\partial A_3}{\partial x_2} & 0 \end{pmatrix}. $$

$$\tag{4.48}$$

$\mathcal{F}$ 的对角线上下所对应的分量是符号相反的量。

这里的 6 个独立分量正好是 $\boldsymbol{E}$ 和 $\boldsymbol{B}$ 的 6 个分量,通过将 $\mathcal{F}$ 与(3.57)式进行比较,并

利用旋度的定义(3.22)式，就可看出这一点。场张量可以用电场和磁场表示为

$$\mathcal{F} = \begin{pmatrix} 0 & -E_1 & -E_2 & -E_3 \\ E_1 & 0 & -B_3 & B_2 \\ E_2 & B_3 & 0 & -B_1 \\ E_3 & -B_2 & B_1 & 0 \end{pmatrix}, \tag{4.49}$$

从时空观点看，它扮演了全部电磁场的角色。

在洛伦兹变换下，$\partial \mathcal{A}$ 作为洛伦兹 4 矢量进行双重变换，因为 ∂ 和 $\mathcal{A}$ 各自作为 4 矢量变换，$(\partial \mathcal{A})^{\mathrm{T}}$ 也进行类似变换。$\mathcal{F}$ 称为 4 张量。在这里，我们不给出 $\mathcal{F}$ 的洛伦兹变换的所有公式。转动仅仅是将 $\boldsymbol{E}$ 和 $\boldsymbol{B}$ 当作 3 矢量各自转动，而快度为 θ 的推动(4.7)的效应就比较有趣了。它产生了新的场：

$$\begin{aligned} E_1' &= E_1, & B_1' &= B_1 \\ E_2' &= E_2 \cosh\theta - B_3 \sinh\theta, & B_2' &= B_2 \cosh\theta + E_3 \sinh\theta \\ E_3' &= E_3 \cosh\theta + B_2 \sinh\theta, & B_3' &= B_3 \cosh\theta - E_2 \sinh\theta \end{aligned} \tag{4.50}$$

很显然，新场的某些分量将电场和磁场混合在一起。像以前一样，通过 $\cosh\theta = \gamma(v)$ 和 $\sinh\theta = \gamma(v)v$，这些公式可以用推动的速度 $v = \tanh\theta$ 来表达。

除了 $\mathcal{F}$ 以外，还有一个 4 张量 $\widetilde{\mathcal{F}}$，可以通过交换 $\boldsymbol{E}$ 和 $\boldsymbol{B}$ 并改变符号来构造。这称为 $\mathcal{F}$ 的电磁对偶。它的确切形式是

$$\widetilde{\mathcal{F}} = \begin{pmatrix} 0 & -B_1 & -B_2 & -B_3 \\ B_1 & 0 & E_3 & -E_2 \\ B_2 & -E_3 & 0 & E_1 \\ B_3 & E_2 & -E_1 & 0 \end{pmatrix}, \tag{4.51}$$

其中 $(\boldsymbol{B}, -\boldsymbol{E})$ 替代了 $\mathcal{F}$ 中的 $(\boldsymbol{E}, \boldsymbol{B})$。在推动下，$\widetilde{\mathcal{F}}$ 的洛伦兹变换方式与 $\mathcal{F}$ 相同。我们可以通过检验(4.50)式而看出这一点。在转动下，$\widetilde{\mathcal{F}}$ 的变换方式也与 $\mathcal{F}$ 相同，因为 $\boldsymbol{E}$ 和 $\boldsymbol{B}$ 在转动下的变换方式相同。

在物理上，变换(4.50)有趣的结果是，静止观测者看到的纯电场在运动观测者看来却是电场和磁场的结合。这一点儿也不值得诧异。静止的荷电粒子产生的仅仅是电场，但是对运动观测者来说，这个粒子在沿相反的方向运动，因此它既携带电流又携带了电荷。运动观测者看到的是，由这个粒子产生的电场和磁场的结合。类似地，静止的电流回路产生纯磁场，但对运动观测者来说，磁场位形在整个空间受到与时间有关的扫掠过程，所以根据感应定律(3.26)，它产生了电场。

电场和磁场的混合影响了对带电粒子作用力的解释。例如，在纯磁场中运动的带电粒子受力并加速。但是，对于一个以粒子瞬时速度运动的观测者来说，粒子似乎是从静止加速的，因此力一定是由电场引起的(因为磁场对洛伦兹力的贡献在粒子静止时为零)。

麦克斯韦方程具有洛伦兹协变的特性,使体系达到了顶峰。4 个麦克斯韦方程结合成包含场张量 $\mathcal{F}$ 和它的对偶 $\widetilde{\mathcal{F}}$ 的两个方程。它们是

$$\partial \cdot \mathcal{F} = \mathcal{J}, \tag{4.52}$$

$$\partial \cdot \widetilde{\mathcal{F}} = 0. \tag{4.53}$$

这里的内积是行 4 矢量算子 ∂ 作用在 4 张量 $\mathcal{F}$ 和 $\widetilde{\mathcal{F}}$ 的每一列上。结果是一个新的行 4 矢量,在第一个方程中等于 $\mathcal{J}$,在第二个方程中为零。这些方程具有明显的洛伦兹协变形式。

我们来核实一下这些方程与麦克斯韦方程早期形式的等价性。将方程(4.52)完整地写出来就有

$$\left(\frac{\partial}{\partial t}, -\frac{\partial}{\partial x_1}, -\frac{\partial}{\partial x_2}, -\frac{\partial}{\partial x_3} \right) \cdot \begin{pmatrix} 0 & -E_1 & -E_2 & -E_3 \\ E_1 & 0 & -B_3 & B_2 \\ E_2 & B_3 & 0 & -B_1 \\ E_3 & -B_2 & B_1 & 0 \end{pmatrix} = (\rho, j_1, j_2, j_3).$$
$$\tag{4.54}$$

我们看到第一个分量就是麦克斯韦方程 $\mathbf{V} \cdot \mathbf{E} = \rho$,最后一个分量是

$$\frac{\partial}{\partial t}(-E_3) + \frac{\partial}{\partial x_1}(B_2) + \frac{\partial}{\partial x_2}(-B_1) = j_3, \tag{4.55}$$

它是麦克斯韦方程(3.28)的一个分量。同样,(4.53)的第一个分量是麦克斯韦方程 $\mathbf{V} \cdot \mathbf{B} = 0$,而最后一个分量是

$$\frac{\partial}{\partial t}(-B_3) + \frac{\partial}{\partial x_1}(-E_2) + \frac{\partial}{\partial x_2}(E_1) = 0, \tag{4.56}$$

它是麦克斯韦方程(3.26)的一个分量。每种情况下的两个中间分量也都给出了其余的方程。

洛伦兹力方程也可以改写,以使其具有洛伦兹协变形式,这是带电粒子以任意速度运动时的受力形式,可容许它接近光速。原来的洛伦兹力包含场 $\mathbf{E}$ 和 $\mathbf{B}$,以及粒子速度 $\mathbf{v}$。相对论形式包含场张量 $\mathcal{F}$ 和 4 -速度 V。我们取 V 和 $\mathcal{F}$ 的每一列的内积(就像 $\partial \cdot \mathcal{F}$ 那样),并乘以粒子电荷的负值,得到洛伦兹 4 力 $F = -qV \cdot \mathcal{F}$。因此,质量为 m,电荷为 q 的粒子的相对论运动方程为

$$mA = -qV \cdot \mathcal{F}, \tag{4.57}$$

其中 A 是 4 -加速度。4 维力 $F = -qV \cdot \mathcal{F}$ 满足约束 $F \cdot V = 0$,因为矩阵 $\mathcal{F}$ 是反对称的,所以双重内积 $V \cdot \mathcal{F} \cdot V$ 为零。

相对论运动方程做出的预言与牛顿方程不同。例如,在均匀电场中,牛顿带电粒子的速度将无限增大。相对论性粒子也加速,其能量不断增加,但是它的速度限制在小于

光速。

我们应该在牛顿极限下进行检验，当 v 很小，$\gamma \approx 1$，就得到了原来的洛伦兹力定律 (3.82)。对于 (4.57) 的最后一个分量，左边是 ma_3，也就是 ma 的第三个分量，当 $V \approx (1, v)$ 时，右边是 $q(E_3 + v_1 B_2 - v_2 B_1)$，这是 $q(E + v \times B)$ 的第三个分量。两个中间分量构成了 3 矢量运动方程。方程 (4.57) 的第一个分量也很重要，但不是真正独立的。它是

$$m \frac{\mathrm{d}\gamma}{\mathrm{d}\tau} = q\gamma v \cdot E, \tag{4.58}$$

并表明粒子相对论性能量的变化率 $m\gamma$ 等于 E 作用在粒子上的功。在牛顿极限下，它约化为

$$\frac{\mathrm{d}}{\mathrm{d}t}\left(\frac{1}{2}m \mid v \mid^2\right) = q v \cdot E, \tag{4.59}$$

这就是与洛伦兹力有关的能量方程 (3.83)。

麦克斯韦方程和洛伦兹力的相对论形式导致了一些更深入的见解。我们可以从场张量及其对偶，构造两个独立的洛伦兹不变量（标量），它们表征了每个时空点的电磁场类型。这两个量是 $\mathcal{F} \cdot \mathcal{F}$ 和 $\mathcal{F} \cdot \widetilde{\mathcal{F}}$，其中我们在行和列上都取内积。实际上，这意味着对第一个和第二个 4 维张量在相同矩阵位置的分量求 16 个乘积，并将它们加起来，如果一个乘积含有混合的时间和空间类型的分量（在最上面一行或最左面一列），那么还应含有一个负号。结果是

$$\mathcal{F} \cdot \mathcal{F} = -2(E_1 E_1 + E_2 E_2 + E_3 E_3 - B_1 B_1 - B_2 B_2 - B_3 B_3)$$
$$= -2(E \cdot E - B \cdot B), \tag{4.60}$$

$$\mathcal{F} \cdot \widetilde{\mathcal{F}} = -4(E_1 B_1 + E_2 B_2 + E_3 B_3) = -4E \cdot B. \tag{4.61}$$

在前一章中我们讨论了一些特定的电磁场。从这些洛伦兹不变量的角度看，它们是特殊的电磁场。对于纯静电场，$\mathcal{F} \cdot \mathcal{F}$ 是负的，且 $\mathcal{F} \cdot \widetilde{\mathcal{F}} = 0$，而对于纯静磁场，$\mathcal{F} \cdot \mathcal{F}$ 是正的，且 $\mathcal{F} \cdot \widetilde{\mathcal{F}} = 0$。最后，对于电磁波，$\mid E \mid = \mid B \mid$，且 E 垂直于 B，有 $\mathcal{F} \cdot \mathcal{F} = \mathcal{F} \cdot \widetilde{\mathcal{F}} = 0$。

先前我们也考虑了带电粒子在恒定均匀场中的运动。由洛伦兹不变性，我们在电场中发现的粒子加速可推广到具有负 $\mathcal{F} \cdot \mathcal{F}$ 且 $\mathcal{F} \cdot \widetilde{\mathcal{F}} = 0$ 的任意场，一个电场加上一个弱的垂直磁场就可作为这样的一个例子。我们在磁场中发现的粒子圆周运动可推广到具有正 $\mathcal{F} \cdot \mathcal{F}$ 且 $\mathcal{F} \cdot \widetilde{\mathcal{F}} = 0$ 的任意场。现在我们看到另一种特殊情形是带电粒子在平面电磁波背景中的运动，此时 $\mathcal{F} \cdot \mathcal{F} = \mathcal{F} \cdot \widetilde{\mathcal{F}} = 0$。

4.6　相对论性最小作用量原理

在相对论中，作用量通常是洛伦兹不变的，因此是与观测者无关的。这表明最小作用量原理是一种特别优雅的方法，可用来表述相对论性场和粒子的动力学。我们将简明

地讨论这一点,但不重新推导麦克斯韦方程,也不推导带电粒子在电磁场中的相对论性运动方程。

电磁场的作用量(3.80)是拉格朗日密度:

$$\mathcal{L} = \frac{1}{2} \boldsymbol{E} \cdot \boldsymbol{E} - \frac{1}{2} \boldsymbol{B} \cdot \boldsymbol{B} + \boldsymbol{A} \cdot \boldsymbol{j} - \Phi\rho, \tag{4.62}$$

在 4 维时空上的积分,积分元是 $\mathrm{d}^4 X = \mathrm{d}^3 x \, \mathrm{d}t$。 积分元是洛伦兹不变量,因为洛伦兹变换矩阵的行列式为 1,对于下述纯转动和推动的 2×2 矩阵,这是容易验证的:

$$\begin{bmatrix} \cos\theta & -\sin\theta \\ \sin\theta & \cos\theta \end{bmatrix} \text{ 和 } \begin{bmatrix} \cosh\theta & -\sinh\theta \\ -\sinh\theta & \cosh\theta \end{bmatrix}. \tag{4.63}$$

拉格朗日密度可以用 4 矢量势 $\mathcal{A}$,4 维流 $\mathcal{J}$ 和 4 维张量场 $\mathcal{F} = \partial\mathcal{A} - (\partial\mathcal{A})^{\mathrm{T}}$ 紧凑地表达为

$$\mathcal{L} = -\frac{1}{4} \mathcal{F} \cdot \mathcal{F} - \mathcal{A} \cdot \mathcal{J}, \tag{4.64}$$

所以作用量是

$$S = \int \left(-\frac{1}{4} \mathcal{F} \cdot \mathcal{F} - \mathcal{A} \cdot \mathcal{J} \right) \mathrm{d}^4 X. \tag{4.65}$$

这显然是洛伦兹不变的,因为假如我们放弃初时间和终时间,t_0 和 t_1,并在整个时空上进行形式积分,它仍然不变。

最小作用量原理要求,对于仅在时空的某些有限区域 Σ 为非零的场 $\mathcal{A}$ 的任何光滑变化,S 是恒定的。这个原理导致了麦克斯韦场方程。不同观测者对于作用量稳定的看法将是一致的,尽管他们利用不同的坐标来指定 Σ。

相比之下,迄今为止我们所使用的带电点粒子作用量(3.94)就不是洛伦兹不变的,只有当粒子速度是非相对论性的时候才有效。需要对它作一些修改,以允许粒子速度可与光速相比。对于自由粒子,相对论性的作用量定义为

$$S = -m \int \frac{1}{\gamma(v)} \mathrm{d}t, \tag{4.66}$$

积分是沿整个粒子世界线进行的。在牛顿极限下,$\gamma(v) \approx 1 + \frac{1}{2} |v|^2$,这个作用量成为

$$S \approx \int \left(-m + \frac{1}{2} m |v|^2 \right) \mathrm{d}t. \tag{4.67}$$

第一部分只是一个负常数,第二部分是包含牛顿动能的标准作用量。所以,舍弃这个常数后,相对论性作用量具有正确的牛顿极限。

(4.15)式表明了粒子作用量(4.66)可简写为

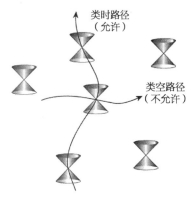

图 4.6 有质量粒子的类时世界线。世界线可在光锥内的任意位置

$$S = -m \int d\tau, \tag{4.68}$$

它是沿粒子世界线的时空间隔积分的倍数。在这个形式下，它显然是洛伦兹不变的，只涉及能获得的最简单的量。对于类时世界线，即速度处处小于 1 的世界线，如图 4.6 所示，作用量是负的，但是对于由粒子运动接近光速的部分组成的世界线来说，它可以任意地接近于零。由一条直的世界线，使得自由粒子的作用量最小化，这时粒子是以恒定速度运动的。

对于一个与背景电磁场相互作用的带电荷为 q 的粒子，相对论性作用量是自由作用量(4.66)加上(3.94)式中出现的相互作用项 $q\boldsymbol{A}(\boldsymbol{x}(t)) \cdot \boldsymbol{v} - q\Phi(\boldsymbol{x}(t))$ 对时间的积分。相互作用项不需做相对论修正，因为它们可以表达成 4 矢量形式 $-q\dfrac{1}{\gamma(\boldsymbol{v})}V \cdot \mathcal{A}$。这里，4 -速度 $V = \gamma(\boldsymbol{v})(1, \boldsymbol{v})$ 和 4 矢量势 $\mathcal{A} = (\Phi, \boldsymbol{A})$ 是在沿粒子世界线的时空点 $X = (t, \boldsymbol{x}(t))$ 上赋值的。因此，荷电粒子的相对论性总作用量是世界线积分

$$S = \int \frac{1}{\gamma(\boldsymbol{v})}(-m - qV \cdot \mathcal{A})dt, \tag{4.69}$$

可以用明显的洛伦兹不变量形式表示为

$$S = \int (-m - qV \cdot \mathcal{A})d\tau \tag{4.70}$$

对于动力学电磁场与相对论性带电粒子的耦合，作用量是场作用量(4.65)($\mathcal{J}$ 为零) 加上对每个粒子的世界线作用量(4.70)。最小作用量原理给出了场和粒子的形式正确的相对论性方程，但它并不能解决与第 3 章末讨论的自力和快速加速点粒子运动有关的困难。

相对论动力学的另一个例子是质量为 m 的点粒子与背景洛伦兹标量场 ψ 相耦合的作用量。这个作用量是

$$S = -m \int \exp\left(\frac{1}{m}\psi\right) d\tau, \tag{4.71}$$

其中积分沿粒子世界线，ψ 是在沿世界线的点 X 上赋值的。通过最小化 S 得到的方程是

$$mA = \partial\psi - (\partial\psi \cdot V)V. \tag{4.72}$$

由于 $V \cdot V = 1$，所以正如所要求的，方程左边的 4 维力满足与 V 的内积为零的约束。这个方程尽管有趣，但它的物理应用比相对论性洛伦兹力定律(4.57)少得多。

4.7　拓展阅读材料

E. F. Taylor and J. A. Wheeler. *Spacetime Physics: Introduction to Special*

Relativity (2nd ed.). New York：Freeman，2001.

W. Rindler. *Relativity: Special，General and Cosmological* （2nd ed.）. Oxford：OUP，2006.

相对论性粒子碰撞，以及毕达哥拉斯三元数的讨论，参见

N. S. Manton. *Rational Relativistic Collisions*. arXiv：1406. 3014 ［physics. pop-ph］，2014.

第 5 章 弯 曲 空 间

5.1 球 面 几 何

到目前为止,我们所考虑的物理仅限于平坦欧几里得空间和狭义相对论的平坦时空,即闵可夫斯基空间。在这一章中,我们将深入研究弯曲空间的更一般的几何结构,并考虑它的一些物理应用。在下一章中,我们将利用这里所开发的数学技术,来描述广义相对论,这个爱因斯坦引力理论的弯曲时空几何。

欧几里得空间是以希腊数学家欧几里得的名字命名的,他在公元前 3 世纪将古典几何最重要的结果汇编成他的《几何原本》。欧几里得从几个定义和公理开始,逐步构造出简单的结果,例如证明三角形内角等于两个直角,所以它们加起来是 180° 或 π 弧度,并逐步建立起关于多边形、圆和规则实体结构的更复杂的结果。2000 年来,几何学的概念就意味着欧几里得几何学。欧几里得几何与现实世界结构之间的直接对应得到普遍接受,因此人们认为,欧几里得的结果在任何情况下都必须成立是很显然的。现在,我们知道这个信念是错误的。

即使在球面这样熟悉的曲面上,欧几里得几何也不成立。这是因为欧几里得的一条公理,即平行公设,在球面上不成立。有许多等价的方法来陈述平行公设。根据其中一种陈述方法,如果我们在平面上选择一条直线 L 和不在 L 上的点 P,那么我们总可以经过 P 画一条不与 L 相交的唯一直线。这在平面上是正确的,但在曲面上不正确。在球面上,类似于直线的是大圆;这些圆包括经线。两条经线在赤道上看起来是平行的,但它们在南北两极相遇。球面上不存在平行线。

依赖于平行公设的欧几里得的任何结果,例如证明三角形内角和为 π,在球面上都不成立。如图 5.1 所示。在球面上三角形内角和为 $\Sigma_\Delta = \pi + \dfrac{A}{a^2}$,其中 A 是三角形的面积,a 是球的半径。三角形的面积越大,内角和就越大。例如,图 5.1 所示的球面三角形覆盖了整个球面的八分之一,于是它的面积是 $A = \dfrac{1}{2}\pi a^2$,因此内角和是 $\Sigma_\Delta = \dfrac{3}{2}\pi$。这可以通过看图来确认,很明显,所有三个角度明显都是直角。我们从

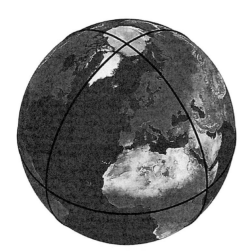

图 5.1 画在地球表面的球面三角形的例子。这个三角形的三个角都是直角

生活在地球上的经验中知道,在与整个地球相比的小区域内,地球表面看起来几乎是平坦的。上面的公式与这个直觉是一致的。对于与球体总面积相比较的小球面三角形,内角和为 π 的欧几里得结果是很好的近似。

测地线

为了理解曲面几何,我们需要一个更一般的直线概念。在平直空间中,直线是两点之间的最短路径。自然可以将这个特性延伸到弯曲的曲面。我们熟悉的墨卡托世界地图对我们感知的距离进行了变形。在这些地图上,经线和纬线都是直线,但是经线是连接点之间的最短路径,而除赤道外的纬线肯定不是。船舶和飞机驾驶员都知道,连接地球上两点的最短路径是大圆的一部分,大圆是像赤道那样的圆周,其半径与球本身的半径相同。这些最短路径称为测地线,对于弯曲空间,它们相当于直线。从词源学上讲,测地线一词来源于希腊语。测地学的意思是测量大地,字面上的意思就是划分地球。经线是测地线,因为它们是大圆的一部分,而纬线不是。举个例子来说,如图 5.2 所示,从伦敦飞往东京的最短路线是沿着一条大圆路线飞行,这条路线将飞机带到北极圈,尽管东京比伦敦更靠南。

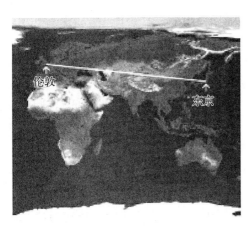
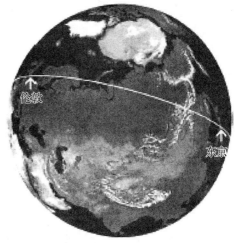

图 5.2 左:在墨卡托投影的世界地图上,伦敦和东京之间似乎是一条直线路径;右:这两个城市之间的最短路径实际上是大圆路线

球面几何的另一个重要特征是其均匀性。如在平面几何中一样,球面上的所有点在几何上都是等价的,从一个点指向的所有方向也都是等价的。这样的几何称为均匀性和各向同性的。我们可以取一个几何物体,比如三角形,移动它,并旋转它,它的几何性质不会改变。在平面上,如果在不同位置的两个三角形有相同长度的边,那么它们是全等的,因此它们的顶角也有相同的角度。球面三角形是边为测地线段的三角形,它们也有一个等价特性——在不同位置具有相同边长的三角形,在边相交处自动具有相同的角度。

5.2　非欧双曲几何

几个世纪以来,许多数学家对欧几里得的平行公设感到不安,因为它似乎比其他公设和公理复杂得多,看起来更像一条定理。为了从其他更简单的公理中推出它,人们付出了大量的努力,但没有成功。到 19 世纪 20 年代,时势急转直下,进行根本性重新评估的时机来临了。这一突破是由三位数学家几乎同时完成的,他们独立地意识到,否定平行公设不会导致任何不自洽。仍然可以证明几何定理,但是他们发现的奇怪的几何结果不适用于欧几里得几何;这些定理描述了一种新的非欧几何。在 19 世纪早期,卡尔·弗里德里希·高斯是世界上的领头数学家。他是第一个发现非欧几何可能性的人,并花费了许多年,私自研究它的性质。只有当一个年轻的匈牙利数学家基诺斯·鲍耶的工作引起他的注意时,他才透露了自己的研究。鲍耶独立地发现了与高斯相同的许多结果。很快人们意识到第三位数学家尼古拉·罗巴切夫斯基也在一本俄罗斯期刊上发表了非常相似的结果。

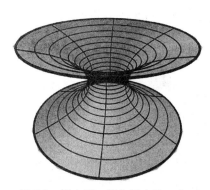

图 5.3　嵌入到 3 维空间中的双曲面的一部分。与球面相反,在这样一种嵌入中,不可能展现双曲面的对称性和均匀性

虽然球面几何容易设想,但非欧几何并不容易想象。它是一个完全不同的二维几何,现在称为双曲平面的几何,或者简单地称作双曲几何。像球面一样,双曲平面是一个曲面(并非真正的平面),其中所有的点和所有方向在几何上都是等价的,并且它有一个类似于球面半径的尺度参数。当我们想到曲线和曲面时,我们通常认为它们嵌入在平坦的 3 维空间中。然而,与球面不同,双曲面是无限大的,不能作为 3 维空间中的曲面整体嵌入,但可以部分嵌入,如图 5.3 所示。

非欧几何的发现引发了数学思想史上最深刻的革命之一。两千年来,数学家和哲学家一直认为欧几里得几何是建立在有关我们生活的世界的不可否认的真理之上的。康德对这一点的表达是最清楚不过了,相信欧几里得的公理是直观上显而易见的宇宙真理,是他的哲学基础。康德将它们称为分析性的先验真理。康德还认为,由于公理必然是真的,欧几里得定理——合成真理——必须自动地适用于宇宙的结构。高斯、鲍耶和罗巴切夫斯基提出的新见解,石破天惊,在这些想法中捅出了一个窟窿。显然,几何学的公理以及整个数学都不是一成不变的。数学家可以决定不同的公理集合并研究它们的含义。从今以后,数学系统的公理将被看成更像游戏规则,在游戏进行之前达成一致。它们必须是自洽和自持的,但它们不需要与现实有任何联系。数学家们现在可以自由探索完全独立于任何物理基础的抽象领域。数学和物理之间的分离也提出了空间的实际几何是什么的问题。这将是一个有待实验和测量来决定的问题。

高斯是第一个思考我们所居住的空间可能不是以前一直假设的 3 维平坦欧几里得空间;它可能是某种弯曲的 3 维空间。为了验证这一点,高斯利用了一条定理:在球面几何中,三角形的内角和大于 π,而在双曲几何中,三角形的内角和小于 π,多余量或欠缺量取决于三角形的大小(见图 5.1)。高斯在德国中部哈尔兹山脉的三座山峰上安装了测量设备,以测量三角形的性质,这个三角形的边是连接山峰的测地线。由于观测是看得见的,所以存在着一个隐含的假设,即光线沿着测地线传播。高斯测量了在每座山峰相遇的三角形两条边之间的夹角,以确定角度之和是否等于 π。他发现确实如此,并得出结论,空间是欧几里得的。(当然,高斯试图测量的是地球周围空间的曲率,而不是地球表面的曲率。)假如不是爱因斯坦在大约一个世纪以后又重新研究了这个问题,毫无疑义,高斯的研究早就被遗忘了。

5.3 高 斯 曲 率

让我们跟随高斯,来看看数学家是如何分析曲率的。在 3 维欧几里得空间曲线上的任意点 P,我们都能找到最精确地与曲线相切的圆。它的中心被称为曲率中心。如果 P 处只有较小的曲率,则圆的半径较大;如果曲率较大,则半径较小。所以很自然地可以用这个圆半径的倒数 κ,作为曲率的度量。

现在考虑在 3 维空间中曲面上的点 P。经过 P 点在所有方向上都有测地曲线,因此,存在依赖于方向的单参数圆族,它们最精确地与这些测地线相切。最大和最小的圆曲率称为主曲率。我们将它们表示为 κ_1 和 κ_2。它们被称为外在曲率,因为它们取决于曲面如何嵌入 3 维空间。然而,高斯认识到,它们的乘积 $K = \kappa_1 \kappa_2$ 是曲面在 P 点邻域的内蕴性质。K 称为曲面在 P 点的高斯曲率。

最大和最小曲率的曲线垂直相交。在图 5.4 中,经过半径为 a 的球面上的代表点 P,画出了两条垂直曲线。这两条曲线的曲率中心都是球心,因此 κ_1 和 κ_2 的大小和符号相同。它们都等于 $\frac{1}{a}$,因此球的高斯曲率是正常数 $K = \frac{1}{a^2}$。

嵌入在 3 维空间中的双曲面区域的形状类似于马鞍形或弯曲漏斗形,如图 5.5 所示。

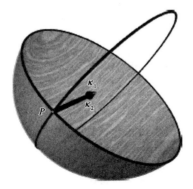

图 5.4 在球面上,每一点的曲率 κ_1 和 κ_2 的半径在同一方向上,因此曲率是正的

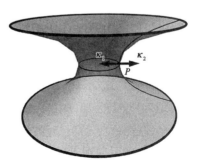

图 5.5 在双曲面上,每一点的曲率 κ_1 和 κ_2 的半径在相反方向上,因此曲率是负的

图中显示了一个有代表性的点和经过它的两条垂直测地曲线。如箭头所示,两个曲率中心处在相反的方向。在这种情况下,我们认为 κ_1 和 κ_2 具有相反的符号,高斯曲率 K 为负。K 是双曲面上的负常数 $-\dfrac{1}{a^2}$,这是这种几何的定义特征。

本质上,双曲面是围绕其任何点具有圆形的对称性,就像球体一样。但当双曲面嵌入 3 维空间时,这种对称性必然会丢失。尽管图 5.5 中所示的曲面围绕竖直轴具有圆对称性,但竖直轴的任何点都不属于曲面,并且环绕任何真正在曲面上的点都不存在圆对称性。如果嵌入的曲面是围绕其上的一个点圆对称的,那么在这个点上 κ_1 和 κ_2 是相同的,K 是正的或零。因此,嵌入以后,双曲面的完全对称性就不明显了。

圆柱提供了均匀曲面的第三个例子。在这种情况下,到其中一个曲率中心的距离是无限大。(其中一个曲率圆已退化为一条无限长的直线。)因此,κ_1 和 κ_2 其中之一为零,高斯曲率处处为零。因此,圆柱上的几何是局域平坦的平面欧几里得几何,通过将一张扁平的纸卷成圆柱,我们轻松地验证了这一点。

高斯曲率 K 是曲面的内在曲率,因为仅仅根据测地线的行为和曲面内的距离,就可以确定 K。可以按以下方式计算其在 P 点的值。考虑从 P 点发出的喷雾状测地线。沿着每一条测地线标记一小段距离 ε。离开 P 点距离都为 ε 的端点形成围绕 P 的闭合曲线。如果表面是平的,那么曲线是一个长度为 $C(\varepsilon) = 2\pi\varepsilon$ 的圆。对于弯曲表面,曲线的长度会偏离这个结果。正曲率得到的曲线变短,负曲率得到的曲线变长。

例如,与欧几里得平面相比,在半径为 a 的球面上,在北极附近,距离极点 ε 处的纬度圆具有周长:

$$C(\varepsilon) = 2\pi a \sin\left(\frac{\varepsilon}{a}\right) = 2\pi a\left[\frac{\varepsilon}{a} - \frac{1}{6}\frac{\varepsilon^3}{a^3} + \cdots\right] = 2\pi\left(\varepsilon - \frac{1}{6}K\varepsilon^3 + \cdots\right), \quad (5.1)$$

其中高斯曲率 K 已替换为 $\dfrac{1}{a^2}$。这表示在图 5.6 中。类似地,在双曲面上,由于 $K = -\dfrac{1}{a^2}$,周长为

$$C(\varepsilon) = 2\pi a \sinh\left(\frac{\varepsilon}{a}\right) = 2\pi a\left[\frac{\varepsilon}{a} + \frac{1}{6}\frac{\varepsilon^3}{a^3} + \cdots\right] = 2\pi\left(\varepsilon - \frac{1}{6}K\varepsilon^3 + \cdots\right), \quad (5.2)$$

一般来说,高斯曲率由内禀表达式给出

$$K = \frac{3}{\pi}\lim_{\varepsilon \to 0}\frac{2\pi\varepsilon - C(\varepsilon)}{\varepsilon^3}, \quad (5.3)$$

这给出了在任意点 P 的 K。对于大多数曲面,几何不是均匀的,曲率因点而异。例如,考虑一个嵌入 3 维空间中的圆环面。如图 5.7 所示,在曲面的一些区域曲率为正,而在另一些区域曲率为负。

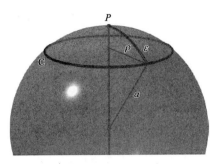

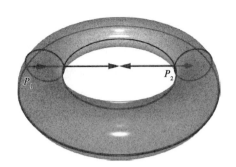

图 5.6　高斯曲率：沿北极 P 发出的一条测地线到圆 C 的距离是 ε。圆周长是 $2\pi a\,\sin\!\left(\dfrac{\varepsilon}{a}\right)$，其中 a 是球的半径

图 5.7　嵌入 3-空间中的圆环面的曲率。在 P_1 点高斯曲率为正，在 P_2 点为负

在 P_1 这样的环面外缘点上，高斯曲率为正，而在 P_2 这样的环面内缘点上，高斯曲率为负。如果高斯曲率在整个曲面上积分，则总曲率为零。这似乎令人惊讶，但可以作如下理解：环面可以是完全平坦的，处处都是零曲率。这样一个曲面本质上是一个对边相等的矩形，如图 5.8 所示。平坦环面只有通过变形才能嵌入到 3 维空间中，变形改变了高斯曲率。然而，变形并不会改变整个曲面上曲率的积分。[①]

图 5.8　将矩形的对边黏起来形成圆环面。长边黏起来形成了柱形管子，然后弯曲管子的两端并黏在一起，就形成了圆环面

5.4　黎曼几何

非欧几里得双曲几何的发现仅仅是几何学新时代的开始。伯恩哈特·黎曼是高斯的学生，他发展了一种一般的、内在的形式，可以用来分析任意维非均匀的光滑几何。这里，我们将在 3 维空间中展示黎曼几何的核心内容，然后将其扩展到闵可夫斯基和爱因斯坦的四维时空几何。黎曼方法的关键是以推广毕达哥拉斯定理的方式获得空间的局域距离关系。

回想一下，在欧几里得几何中，点用笛卡儿坐标 $x_i(i=1,\,2,\,3)$ 表示，点 x_i 和 $x_i+\delta x_i$ 之间的无穷小距离的平方为

$$\delta s^2 = \delta x_1^2 + \delta x_2^2 + \delta x_3^2. \tag{5.4}$$

这个表达式称为欧几里得度规。除非对所有 i，都有 $\delta x_i = 0$，则 δs^2 为正。

3 维黎曼几何与此类似，但进行了推广。仍然假设一个点可以用唯一的方式，由三个坐标 $y^i(i=1,\,2,\,3)$ 进行局部标记。这里有一个记号的改变；从现在开始，坐标用上指标

---

① 这个结果是高斯-邦诺特定理的一个特例。

来标记。当指标是抽象的拉丁或希腊字母而不是数字时，这种记号尤其有用。（重要的是，务必不要将坐标 y^2 和 y^3 与 "y 平方" 和 "y 立方" 混淆。）

在黎曼几何中，假定坐标为 y^i 和 $y^i + \delta y^i$ 的两点之间无穷小距离的平方是

$$\delta s^2 = g_{ij}(y) \delta y^i \delta y^j, \tag{5.5}$$

其中 $g_{ij}(\boldsymbol{y})$ 是一个 3×3 矩阵，它是坐标 $\boldsymbol{y} = (y^1, y^2, y^3)$ 的光滑函数。这里有另一个记号上的变化，就是所谓的求和约定。在这种压缩了的标记法中，重复指标要求和，而明显的求和符号省略了。g_{ij} 取为对称矩阵，因为 $\delta y^i \delta y^j$ 必定是对称的，所以 g_{ij} 任何反对称的部分对 δs^2 没有贡献。用更明白的形式写出来，并略去了宗量 $\boldsymbol{y}$，我们有

$$\begin{aligned}\Delta s^2 = g_{ij} \delta y^i \delta y^j &= g_{11}(\delta y^1)^2 + g_{22}(\delta y^2)^2 + g_{33}(\delta y^3)^2 \\ &+ 2g_{12}\delta y^1 \delta y^2 + 2g_{13}\delta y^1 \delta y^3 + 2g_{23}\delta y^2 \delta y^3,\end{aligned} \tag{5.6}$$

其中 g_{ij} 称为度规张量，无穷小距离平方的表达式(5.5)称为（黎曼）度规。假定至少有一个 i，δy^i 不为零，那么 δs^2 为正。这要求矩阵 g_{ij} 处处正定。δs 取为 δs^2 的正平方根，通过积分 δs 得到沿着连接两点路径的距离。

度规张量 g_{ij} 的逆，记为 g^{ij}，是 g_{ij} 的 3×3 逆矩阵。g^{ij} 处处存在，并且是正定的，因为 g_{ij} 是正定的。我们可以写出度规张量和它的逆之间的关系为

$$g^{ij}g_{jk} = \delta^i_k, \tag{5.7}$$

其中求和约定适用于指标 j。δ^i_k 称为克罗内克 δ 记号。它等于单位矩阵，所以，如果指标 i 和 k 相同，则 $\delta^i_k = 1$，如果 i 和 k 不同，那么 $\delta^i_k = 0$。指标升降不改变克罗内克 δ，所以 δ_{ik} 和 δ^{ik} 也是单位矩阵，所有矩阵元都等于 1 或 0。

黎曼的一个深刻的观点是，真正的几何量不依赖于坐标系的选择。距离和度规与坐标无关，因此在坐标变化下 δs^2 不会改变，但 y^i 和 g_{ij} 会改变。事实上，在一个点上赋值的 g_{ij} 并不携带几何信息。通过坐标的改变，度规张量可以在该点上变成标准欧几里得形式。因此，在一个点的无穷小邻域内，一般的黎曼几何与平面几何是不可区分的。为了给出这层意思的一个形象化例子，我们可以考虑一个球面三角形，如图 5.1 所示。对于一个无穷小的三角形，角加起来等于 π，所以球面的局部表面看起来是平的。

度规的简单例子

我们来看一看在几种熟悉几何中的黎曼度规：球极坐标下的平坦空间和曲面的最简单例子，即 2 维球面或简称 2-球面。我们也会考察一下双曲几何。

我们从平坦 3-空间和笛卡儿坐标 x^1, x^2, x^3 开始。欧几里得度规是

$$\delta s^2 = (\delta x^1)^2 + (\delta x^2)^2 + (\delta x^3)^2, \tag{5.8}$$

所以欧几里得度规张量 $g_{ij} = \delta_{ij}$，或者写成矩阵阵列：

$$g_{ij} = \begin{pmatrix} 1 & 0 & 0 \\ 0 & 1 & 0 \\ 0 & 0 & 1 \end{pmatrix}. \tag{5.9}$$

现在,将坐标变成球极坐标,$y^1 = r$,$y^2 = \vartheta$,$y^3 = \varphi$。 坐标变换的公式为

$$x^1 = r \sin \vartheta \cos \varphi, \ x^2 = r \sin \vartheta \sin \varphi, \ x^3 = r \cos \vartheta. \tag{5.10}$$

通过偏微分,得到无穷小坐标改变:

$$\begin{aligned} \delta x^1 &= \delta r \sin \vartheta \cos \varphi + r \cos \vartheta \delta \vartheta \cos \varphi - r \sin \vartheta \sin \varphi \delta \varphi, \\ \delta x^2 &= \delta r \sin \vartheta \sin \varphi + r \cos \vartheta \delta \vartheta \sin \varphi - r \sin \vartheta \cos \varphi \delta \varphi, \\ \delta x^3 &= \delta r \cos \vartheta - r \sin \vartheta \delta \vartheta. \end{aligned} \tag{5.11}$$

将这些表达式代入(5.8),我们发现相当简单的度规:

$$\delta s^2 = \delta r^2 + r^2 \delta \vartheta^2 + r^2 \sin^2 \vartheta \delta \varphi^2. \tag{5.12}$$

球极坐标颇为特殊,因为这里没出现诸如 $\delta r \delta \vartheta$ 这样的交叉项。通过将表达式(5.12)与(5.5)式给出的度规一般定义进行比较,得到球极坐标下的度规张量。它的分量为

$$g_{rr} = 1, \ g_{\vartheta\vartheta} = r^2, \ g_{\varphi\varphi} = r^2 \sin^2 \vartheta, \ g_{r\vartheta} = g_{r\varphi} = g_{\vartheta\varphi} = 0, \tag{5.13}$$

合在一起,给出矩阵阵列:

$$g_{ij}(r, \vartheta, \varphi) = \begin{pmatrix} 1 & 0 & 0 \\ 0 & r^2 & 0 \\ 0 & 0 & r^2 \sin^2 \vartheta \end{pmatrix}. \tag{5.14}$$

这与坐标有着非平庸的函数依赖关系;但是,几何仍然是平坦的欧几里得 3 -空间。(注意(5.13)式中的重复指标没有求和含义。这些指标仅代表度规张量的分量。)

现在我们将注意力集中在 $r = a$ 的曲面上,它是一个半径为 a 的 2 -球面,所以不是平坦的。r 是常数,所以可以去掉度规中涉及 δr 的项。留下的是角坐标 ϑ 和 φ,(5.12)约化成球面度规:

$$\delta s^2 = a^2 (\delta \vartheta^2 + \sin^2 \vartheta \delta \varphi^2). \tag{5.15}$$

这是一个 2 维黎曼几何,度规张量的分量为

$$g_{\vartheta\vartheta} = a^2, \ g_{\varphi\varphi} = a^2 \sin^2 \vartheta, \ g_{\vartheta\varphi} = 0, \tag{5.16}$$

或者写成矩阵:

$$g_{ij} = \begin{pmatrix} a^2 & 0 \\ 0 & a^2 \sin^2 \vartheta \end{pmatrix}. \tag{5.17}$$

逆矩阵的分量为

$$g^{\vartheta\vartheta} = \frac{1}{a^2} , \ g^{\varphi\varphi} = \frac{1}{a^2 \sin^2 \vartheta} , \ g^{\vartheta\varphi} = 0. \tag{5.18}$$

如果我们改变坐标，2-球面度规看起来就不同了。如图 5.6 所示，不用角坐标 ϑ，而是使用相距垂直轴的距离 ρ，以及方位角 φ。那么

$$\rho = a \sin \vartheta \quad \text{和} \quad \delta\rho = a \cos \vartheta \delta\vartheta, \tag{5.19}$$

这可以重新整理，给出

$$a^2 \delta\vartheta^2 = \frac{\delta\rho^2}{1 - \frac{\rho^2}{a^2}} = \frac{\delta\rho^2}{1 - K\rho^2} \quad \text{和} \quad a^2 \sin^2 \vartheta \delta\varphi^2 = \rho^2 \delta\varphi^2, \tag{5.20}$$

其中 $K = \frac{1}{a^2}$ 是高斯曲率。因此，在这样的坐标中，度规（5.15）成为

$$\delta s^2 = \frac{\delta\rho^2}{1 - K\rho^2} + \rho^2 \delta\varphi^2. \tag{5.21}$$

这个公式在 $\rho = a$ 是奇性的，所以严格地说，它只在上半球面有效。

球面上另一个有趣的坐标变换是

$$x = 2 \tan \frac{\vartheta}{2} \cos \varphi, \ y = 2 \tan \frac{\vartheta}{2} \sin \varphi. \tag{5.22}$$

这个变换的逆变换是

$$\vartheta = 2 \tan^{-1} \frac{1}{2} (x^2 + y^2)^{\frac{1}{2}} , \ \varphi = \tan^{-1} \left(\frac{y}{x} \right). \tag{5.23}$$

作微分，我们发现

$$\delta\vartheta = \frac{x\delta x + y\delta y}{\left(1 + \frac{1}{4}(x^2 + y^2)\right)(x^2 + y^2)^{\frac{1}{2}}} , \ \delta\varphi = \frac{-y\delta x + x\delta y}{x^2 + y^2}. \tag{5.24}$$

我们还需要利用三角恒等式：

$$\sin \vartheta = \frac{2 \tan \frac{\vartheta}{2}}{1 + \tan^2 \frac{\vartheta}{2}} = \frac{(x^2 + y^2)^{\frac{1}{2}}}{1 + \frac{1}{4}(x^2 + y^2)}. \tag{5.25}$$

当我们将这些量代入（5.15）式，交叉项抵消，新坐标中球面度规约化为

$$\delta s^2 = a^2 \frac{\delta x^2 + \delta y^2}{\left(1 + \frac{1}{4}(x^2 + y^2)\right)^2}. \tag{5.26}$$

这是平面欧几里得度规乘以一个非常数函数：

$$\Omega(x,\ y)=\frac{a^2}{\left(1+\dfrac{1}{4}(x^2+y^2)\right)^2}. \tag{5.27}$$

度规 (5.26) 式与欧几里得度规相差一个非常数的正因子 Ω，我们称这样的度规为共形平坦的。共形因子 Ω 的作用是重新标度距离，但不改变角度。坐标 x，y 在整个平面上变化，给出了除南极以外整个球面的度规，在南极，$\tan\dfrac{\vartheta}{2}$ 为无穷大。

双曲面上的度规是 (5.15) 式的双曲对应物，

$$\delta s^2=a^2(\delta\vartheta^2+\sinh^2\vartheta\delta\varphi^2). \tag{5.28}$$

通过坐标变换，我们也可以得到 (5.21) 形式的度规，但这里 $K=-\dfrac{1}{a^2}$，ρ 的范围是 $0\leqslant\rho<\infty$。坐标变换类似于 (5.22)，

$$x=2\tanh\frac{\vartheta}{2}\cos\varphi,\ y=2\tanh\frac{\vartheta}{2}\sin\varphi, \tag{5.29}$$

应用于度规 (5.28) 上，得到结果：

$$\delta s^2=a^2\frac{\delta x^2+\delta y^2}{\left(1-\dfrac{1}{4}(x^2+y^2)\right)^2}, \tag{5.30}$$

所以，像球面一样，双曲面也是共形平坦的。现在，坐标 x，y 必须限制在圆盘 $x^2+y^2<4$ 的内部。对双曲面的这种描述是由亨利·彭加莱发现的，称为彭加莱圆盘模型。它使双曲面相对容易想象。可以证明，完整的测地线是垂直切割边界的圆弧段，而到边界的真正距离是无限大。图 5.9 显示了具有相同（双曲）尺寸的等边三角形对双曲面的镶嵌，三角形的边是测地线段。图中没有显示边的真实长度，但角度是正确的，因为彭加莱圆盘模型是共形意义上准确无误的。我们可以看到每个等边三角形的角度和都小于 π，因为八个角在一个顶点相交，所以每个角是 $\dfrac{\pi}{4}$。我们也可以很容易地看到双曲面关键的非欧几里得特性。图 5.10 表明经过 P 点有无穷多条测地线与测地线 L 不相交。换句话说，经过 P 点有无穷多条"直线""平行"于 L。图中未能明显表示出来的是，双曲几何是均匀的，没有特殊的点。

度规 (5.30) 的一个性质是在原点邻域，它近似为平面度规 $a^2(\delta x^2+\delta y^2)$。如果我们使用重新标度的坐标 $X=ax$，$Y=ay$，那么 $\delta s^2\approx\delta X^2+\delta Y^2$，只有对 X 和 Y 的二次修正量，所以在原点的度规张量是 $g_{ij}=\delta_{ij}(i,\ j=1,\ 2)$，$g_{ij}$ 的一阶偏导数在原点也为零。(5.26) 的球面度规也有同样的性质。这是黎曼几何的普遍特征。在任意点的邻域，我们

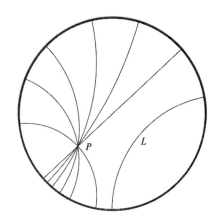

图 5.9　角为 $\frac{\pi}{4}$ 的等边三角形对彭
　　　　加来圆盘的无限镶嵌

图 5.10　经过 P 有无穷多条测地
　　　　线与测地线 L 不相交。
　　　　图中画出了 6 条这样的
　　　　测地线

都能找到一个坐标系，使度规张量为 $g_{ij} = \delta_{ij}$，只带有二次修正量。换句话说，在 P 点，度规张量的所有一阶导数都为零。以这种方式适应 P 的坐标系称为（黎曼）正规坐标系。但即使在正规坐标系中，度规的二阶偏导数一般不为零。正如我们将要看到的，它们与 P 点的空间曲率密切相关。

5.5　张　　量

要表示一个局部定义在 P 点的具有几何意义的客体，自然的方法是用矢量或更一般地是用张量。张量存在着与坐标系无关的内在结构。张量的分量在不同的坐标系中可以取不同的值，就像矢量的分量在极坐标系和笛卡儿坐标系中是不同的，但这仅仅是由于从一个坐标系到另一个坐标系的变换引起的。当然，要局域地表达客体之间的关系，几何上唯一有意义的方法是用张量方程。物理方程都是张量方程，与坐标系无关，因此如果张量方程在一个坐标系中成立，则它在所有其他坐标系中都成立。下面将证明这是非常方便有用的。

张量的基本例子是矢量 V^i。在 P 点，利用坐标 y^i，我们能从 V^i 构造的几何客体是微分算子：

$$V^i \frac{\partial}{\partial y^i}, \tag{5.31}$$

我们将这看成是一个坐标不变量。所以，如果我们改变坐标为 z^i，则矢量有新的分量 $\widetilde{V}^i$，且

$$\widetilde{V}^i \frac{\partial}{\partial z^i} = V^i \frac{\partial}{\partial y^i}. \tag{5.32}$$

现在,坐标 z^i 是坐标 y^j 的某些函数,并且这个关系至少在局部应该是可逆的,所以 y^j 是坐标 z^i 的函数。我们可以求导并找到偏导数 $\dfrac{\partial z^i}{\partial y^j}$ 的 3×3 雅可比矩阵。它的矩阵元可以看成是旧坐标或新坐标的函数。那么,或者从形式上,或者利用链式法则,我们都能从 (5.32)式中看到

$$\widetilde{V}^i = V^j \, \frac{\partial z^i}{\partial y^j}. \tag{5.33}$$

这就是矢量分量在坐标变换下的变换法则。另一个雅可比矩阵 $\dfrac{\partial y^j}{\partial z^i}$ 也很有用,它就是前一个雅可比矩阵的逆。

除了矢量 V^i 以外,还有一个概念是协变矢量 U_i,它带有下指标。由定义,在坐标变换下,U_i 利用雅可比逆矩阵,以逆变换的方式变换到 V^i。协变矢量的一个例子是标量场的梯度,

$$U_i = \frac{\partial \psi}{\partial y^i}. \tag{5.34}$$

利用坐标 z^i,我们发现

$$\widetilde{U}_i = \frac{\partial \psi}{\partial z^i} = \frac{\partial \psi}{\partial y^j} \, \frac{\partial y^j}{\partial z^i} = U_j \, \frac{\partial y^j}{\partial z^i}, \tag{5.35}$$

证明了相对的变换法则。

张量可以有多个指标,或上或下。例如,W^{ij}_k 是一个 3 指标张量(3 秩张量),2 个上指标和 1 个下指标,在 3 维中它有 27 个分量。在坐标变换下,每个指标都存在一个雅可比因子。张量方程使两个同类张量相等(或者等价地说,使一个张量等于零)。在坐标变换下,两边以同样的方式得到这些雅可比因子,由此可知,如果方程在一个坐标系中满足,那么就在所有坐标系中都满足。

有一些涉及张量的有用结构。一对张量可以将它们的分量相乘,所以像 $W^{ij}_k U_l$ 就是一个 4 指标张量。另一个操作是缩并指标,得到一个指标较少的张量。这里,我们取一对张量指标,一个上一个下,令它们相同并对这些项求和。结果可以表示成去掉了缩并指标的张量。例如,我们可以缩并 W^{ij}_k 中的指标 k 和 j,得到矢量:

$$V^i = \sum_{j=1}^{3} W^{ij}_j. \tag{5.36}$$

(利用求和约定,这可以写成 $V^i = W^{ij}_j$)。在坐标变换下,V^i 作为一个矢量变换,因为当指标以这种方式缩并时,两个雅可比因子抵消了。指标缩并的另一个例子是协变矢量 U_i 和矢量 V^i 的乘积(对 i 求和),给出了标量 $\phi = U_i V^i$,它在坐标变换下是不变的。这类似于两个矢量的点积,不过是在一个一般的黎曼空间中。

度规张量及其逆张量,加上指标缩并,也可以用来进行张量操作。从矢量 V^i,我们

可以创造一个协变矢量：

$$V_i = g_{ij}V^j. \tag{5.37}$$

这个运算称为下降指标。同样，我们可以对一个协变矢量 U_i 上升指标，产生一个矢量 $U^i = g^{ij}U_j$。下降指标和上升指标互为逆运算。下面这些量都是相同的：

$$\phi = U_i V^i = g_{ij}U^j V^i = g^{ij}U_i V_j. \tag{5.38}$$

我们可以对一个一般张量上升或下降任意指标。上升或下降了指标的张量具有不同的分量值（除非度规是欧几里得的），但本质上携带着相同的几何信息。

5.5.1 协变导数和克利斯朵夫记号

回想一下黎曼几何的基本特征是局域几何是欧几里得的。在一个点的邻域有一个正规坐标系，使度规张量为克罗内克 δ，度规张量的所有一阶导数都为零。最后一个性质和第一个一样重要，因为它使许多公式大为简化了。如果我们找到一个在正规坐标系中成立的方程，我们通常可以演绎出一个等效的张量方程，从而确保这个方程在任何其他坐标系中成立。这是寻找张量方程的很有效的方法。

张量表示的是空间中某一点的几何客体，而张量场表示的是整个空间的几何客体。为了理解矢量场和张量场在点与点之间如何变化，我们需要确定微分在弯曲空间中对这些场如何运作。

考虑平坦欧几里得空间中的一个标量场。通过取梯度，我们可以计算它在每个空间方向上如何变化，以这种方式产生了一个（协变）矢量场。使用笛卡儿坐标，我们可以在矢量场或协变矢量场上进行同样的梯度运算，生成一个 2 秩张量场。然而，在弯曲空间中，甚至在使用一般坐标的平坦空间中，求微分并不得到张量，因为它涉及取两个相邻点上的张量之差，而在第二个点上的坐标基可能与第一个点上的坐标基不同。例如，如图 5.11 所示，在极坐标平面上就是如此。在左边，图中显示了在笛卡儿坐标系中矢量在两点之间的平移。在这两点，使用相同的基来分解矢量，我们看到矢量的分量是相同的，从而在无限小的平移时，梯度为零。在右边，图中显示了矢量在极坐标中的平移。矢量在这两点相当不同地分解为径向分量和角分量，因此质朴地看到它有一个非零变化率，但这个矢量表观上的空间变化，仅仅是由坐标系选取不同而引起的。

我们需要找到一个在平坦或弯曲空间中协变的导数算子，以使在任何坐标系中矢量的协变导数是一个 2 秩张量，而普适地使 n 秩张量的协变导数是 $n+1$ 秩张量。协变意味着变换方式一样，所以 n 秩张量的协变导数的基本性质是，在坐标变换下，它的变换方式应该和 $n+1$ 秩张量一样。

我们来看这个要求是怎样满足的。在度规张量的一阶导数为零的点上，协变导数是通常的梯度，其分量只是偏导数。如果度规的导数不为零，那么协变导数就有一个修正项，它是由使度规张量的导数局部为零所需的坐标变化引起的。我们可以通过考虑必要

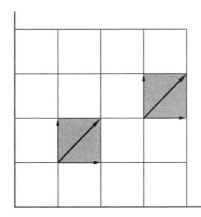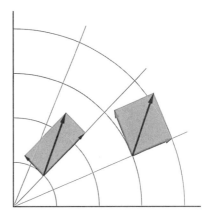

图 5.11　左：矢量在笛卡儿坐标中的平移不涉及坐标基的改变；
右：矢量在极坐标中的平移需要改变坐标基

的坐标变换来明确地找到这种修正；但是有一种更好的办法可以避免坐标变化。正如在我们的意料之中，将会看到修正项与度规张量的导数有关。

$$\frac{\mathrm{D}V^i}{\mathrm{D}y^j} = \frac{\partial V^i}{\partial y^j} + \Gamma^i{}_{jk}V^k, \tag{5.39}$$

第二项就是修正项。引入了克利斯朵夫记号 $\Gamma^i{}_{jk}$，以补偿偏导数 $\dfrac{\partial V^i}{\partial y^j}$ 的协变性缺失。修正项中有三个指标，以及对 k 的求和，使方程中的指标保持平衡。到现在为止，我们还没确定 $\Gamma^i{}_{jk}$，但很快就来做这一点。

　　标量场的协变导数就是标准的偏导数，如果我们要求标量 $\phi = U_i V^i$ 的协变导数遵守莱布尼兹法则，那么协变矢量场 U_i 的协变导数必须是

$$\frac{\mathrm{D}U_i}{\mathrm{D}y^j} = \frac{\partial U_i}{\partial y^j} - \Gamma^k{}_{ji}U_k. \tag{5.40}$$

当协变导数作用在标量 $\phi = U_i V^i$ 上，克利斯朵夫记号相消，计算如下：

$$\begin{aligned}
\frac{\mathrm{D}(U_i V^i)}{\mathrm{D}y^j} &= \frac{\mathrm{D}U_i}{\mathrm{D}y^j}V^i + U_i\,\frac{\mathrm{D}V^i}{\mathrm{D}y^j} \\
&= \frac{\partial U_i}{\partial y^j}V^i - \Gamma^k{}_{ji}U_k V^i + U_i\,\frac{\partial V^i}{\partial y^j} + U_i \Gamma^i{}_{jk}V^k \\
&= \frac{\partial U_i}{\partial y^j}V^i + U_i\,\frac{\partial V^i}{\partial y^j} = \frac{\partial (U_i V^i)}{\partial y^j}.
\end{aligned} \tag{5.41}$$

（重复指标需求和。我们可以改变用于这些指标的符号而不影响表达结果，所以在上式中第二行的最后一项，我们交换了符号 i 和 k。这样 Γ 项显然相消了。）

　　用类似的方法，我们可以将协变导数运算扩展到更高秩的张量，仍然要求它是一个

莱布尼兹导数。例如，张量 W_{ij}（它可以是两个协变矢量的外积，$U_i V_j$）的协变导数是

$$\frac{DW_{ij}}{Dy^k} = \frac{\partial W_{ij}}{\partial y^k} - \Gamma^l_{ki} W_{lj} - \Gamma^l_{kj} W_{il}, \tag{5.42}$$

每个张量指标都有一个 Γ 项。特别地，度规张量的协变导数是

$$\frac{Dg_{ij}}{Dy^k} = \frac{\partial g_{ij}}{\partial y^k} - \Gamma^l_{ki} g_{lj} - \Gamma^l_{kj} g_{il}. \tag{5.43}$$

如前所述，在一点邻域的正规坐标系中，度规张量等于克罗内克 δ_{ij}，同样重要的是，它的导数为零，所以

$$\frac{\partial g_{ij}}{\partial y^k} = 0. \tag{5.44}$$

这不是张量方程，但是在正规坐标系中，协变导数必须约化到这个结果，所以我们知道对应的张量方程如下：

$$\frac{Dg_{ij}}{Dy^k} = 0. \tag{5.45}$$

这个协变方程在一个（正规坐标的）坐标系中是正确的，所以它一定在所有坐标系中都是正确的，这几乎足以确定 Γ^i_{jk} 了。

为方便起见，现在我们将缩写记号，用逗号表示偏导数，所以"$, i$"表示对坐标 y^i 的微商，"$, ij$"表示对 y^i 和 y^k 的两次微商。在这种新记号下：

$$\frac{Dg_{ij}}{Dy^k} = g_{ij,k} - \Gamma^l_{ki} g_{lj} - \Gamma^l_{kj} g_{il} = 0. \tag{5.46}$$

因此

$$g_{ij,k} = \Gamma^l_{ki} g_{lj} + \Gamma^l_{kj} g_{il}, \tag{5.47}$$

置换指标，

$$g_{ik,j} = \Gamma^l_{ji} g_{lk} + \Gamma^l_{jk} g_{il}, \tag{5.48}$$

$$g_{jk,i} = \Gamma^l_{ij} g_{lk} + \Gamma^l_{ik} g_{jl}. \tag{5.49}$$

作为最后一个条件，现在我们要求 Γ^i_{jk} 的两个下指标是对称的。然后，将（5.47）式和（5.48）式相加并减去（5.49）式，我们发现

$$g_{ij,k} + g_{ik,j} - g_{jk,i} = 2\Gamma^l_{jk} g_{il}, \tag{5.50}$$

其中我们已经利用了假定的 Γ^i_{jk} 的指标 jk 的对称性。乘以逆变度规张量 g^{im}，并对 i 求和，我们得到最后的表达式：

$$\Gamma^m_{jk} = \frac{1}{2} g^{im}(g_{ij,k} + g_{ik,j} - g_{jk,i}), \tag{5.51}$$

由度规张量的导数决定了克利斯朵夫记号。

尽管克利斯朵夫记号不是张量的分量,但它们在黎曼几何中起着非常重要的作用。在 P 点的正规坐标系中,度规张量的导数为零,所以 P 点的克利斯朵夫记号也为零。假如它们是张量的分量,那么在一个坐标系中为零会使它们在所有坐标系中都为零。

5.5.2 平面极坐标中的克利斯朵夫记号

为了熟悉克利斯朵夫记号,我们在平面上利用极坐标计算它们。度规是 $\delta s^2 = \delta r^2 + r^2 \delta \vartheta^2$,所以度规张量的分量为

$$g_{rr} = 1, \ g_{\vartheta\vartheta} = r^2, \ g_{r\vartheta} = 0, \tag{5.52}$$

仅有的度规张量的非零导数是 $g_{\vartheta\vartheta,r} = 2r$。在 2 维中,一般有 6 个不同的克利斯朵夫记号(考虑了下指标的对称性),但是这里仅有的非零克利斯朵夫记号是

$$\Gamma^\vartheta_{r\vartheta} = \Gamma^\vartheta_{\vartheta r} = \frac{1}{2} g^{\vartheta\vartheta}(g_{\vartheta r,\vartheta} + g_{\vartheta\vartheta,r} - g_{r\vartheta,\vartheta}) = \frac{1}{2}\left[\frac{1}{r^2}\right] 2r = \frac{1}{r} \tag{5.53}$$

和

$$\Gamma^r_{\vartheta\vartheta} = \frac{1}{2} g^{rr}(g_{r\vartheta,\vartheta} + g_{r\vartheta,\vartheta} - g_{\vartheta\vartheta,r}) = \frac{1}{2}(-2r) = -r. \tag{5.54}$$

因为平面是平坦的,克利斯朵夫记号在笛卡儿坐标中都为零,但在极坐标中它们不为零。正如图 5.11 所示的那样,当矢量移动时,为了补偿坐标基的改变,克利斯朵夫记号必定不为零。

5.6 黎曼曲率张量

黎曼发现了一种几何客体,现在称为黎曼曲率张量(简称黎曼张量),它可以获得任意维空间中每一点曲率的所有信息。图 5.12 说明了它是如何确定的。一个切矢量从 P 点向 A 方向平行移动了一小段距离,再向 B 方向平行移动一小段距离。然后,将它与先向 B 方向移动一小段距离,再向 A 方向移动一小段距离的同一个矢量进行比较。在平坦空间中不会有区别;这两种方式得到的矢量的最终位置和方向是一样的。然而,如图 5.12 所示,在弯曲空间中两种方式得到的结果有差异,这取决于曲率。这在代数上可以用下述事实表达:在弯曲空间中协变导数并不对易,它们的

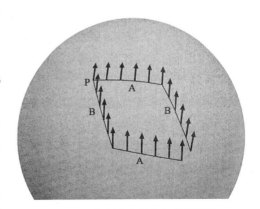

图 5.12 在弯曲空间中矢量沿两条路径移动的比较

顺序起重要作用。黎曼张量 R^i_{jkl} 定义为作用在任意矢量场 V^i 上的协变导数的对易子，

$$R^i_{jkl} V^j = \left(\frac{D}{Dy^k} \frac{D}{Dy^l} - \frac{D}{Dy^l} \frac{D}{Dy^k} \right) V^i. \tag{5.55}$$

对易子是以一种顺序进行的两重协变导数与以另一种顺序进行的两重协变导数之差。（标准偏导数的对易子为零，这是由于混合偏导数具有对称性。）

现在我们可以得出 R^i_{jkl} 的显示公式。矢量场 V^i 的两重协变导数可看成 V^i 的一重协变导数的协变导数，一重协变导数就是(5.39)式给出的带有一个上指标和一个下指标的 2 秩张量。我们发现（对偏导数使用缩写记号）

$$\begin{aligned} \frac{D}{Dy^k} \frac{D}{Dy^l} V^i &= \frac{D}{Dy^k} (V^i_{,l} + \Gamma^i_{lj} V^j) \\ &= V^i_{,lk} + \Gamma^i_{lj,k} V^j + \Gamma^i_{lj} V^j_{,k} + \Gamma^i_{kj} V^i_{,l} + \Gamma^i_{km} \Gamma^m_{lj} V^j - \\ &\quad \Gamma^m_{kl} V^i_{,m} - \Gamma^m_{kl} \Gamma^i_{mj} V^j. \end{aligned} \tag{5.56}$$

方程右边的第一、第六和第七项，在交换指标 k 和 l 下是对称的，第三和第四项之和也有类似的对称性。（这包括含有 V^i 导数的所有项。）仅有的不对称的项是 $\Gamma^i_{lj,k} V^j$ 和 $\Gamma^i_{km} \Gamma^m_{lj} V^j$。现在如果我们减去以另一种次序进行的两重协变导数的类似表达式，那么，所有的对称项相消，我们得到黎曼张量的公式

$$R^i_{jkl} = \Gamma^i_{lj,k} - \Gamma^i_{kj,l} + \Gamma^i_{km} \Gamma^m_{lj} - \Gamma^i_{lm} \Gamma^m_{kj}. \tag{5.57}$$

由构造过程可知，这个张量对指标 k 和 l 是反对称的。

黎曼曲率张量是高斯曲率的高维推广。它涉及克利斯朵夫记号的一阶导数，所以与度规张量 g_{ij} 的二阶导数有关。我们可以通过乘以度规张量并缩并指标，而将 R^i_{jkl} 的第一个指标降下来，得到更对称的黎曼张量：

$$R_{ijkl} = g_{im} R^m_{jkl}. \tag{5.58}$$

尽管并不明显，但 R_{ijkl} 存在更多的对称性。它对指标 ij 反对称，对指标 kl 也是，而在交换指标对 ij 和 kl 时，它是对称的。对后三个指标，它还有循环对称性：

$$R_{ijkl} + R_{iklj} + R_{iljk} = 0, \tag{5.59}$$

这称为比安基第一恒等式。在正规坐标系中，完全用度规张量及其二阶导数来表达 R_{ijkl}，就可以很容易看出这些对称性。

对于一个在所有方向上具有常数（均匀）曲率的空间，在任意坐标系中黎曼张量都简化为

$$R_{ijkl} = C(g_{ik} g_{jl} - g_{il} g_{jk}), \tag{5.60}$$

其中 C 是常数。注意这个表达式与指标对称性是一致的。

5.6.1　平面极坐标中的黎曼曲率

我们已经在 5.5.2 节中看到，即使在欧几里得平面上，一些克利斯朵夫记号在极坐标

中也是非零的。作为一件很有意义的事,现在我们来看极坐标中的黎曼曲率。

克利斯朵夫记号(5.53)和(5.54)的仅有的非零导数是

$$\Gamma^{\vartheta}_{r\vartheta,\,r} = \Gamma^{\vartheta}_{\vartheta r,\,r} = -\frac{1}{r^2}, \quad \Gamma^{r}_{\vartheta\vartheta,\,r} = -1. \tag{5.61}$$

黎曼张量由(5.57)式给出,它的所有分量都等于零。例如,

$$R^{r}_{\vartheta\vartheta r} = \Gamma^{r}_{r\vartheta,\,\vartheta} - \Gamma^{r}_{\vartheta\vartheta,\,r} + \Gamma^{r}_{\vartheta r}\Gamma^{r}_{r\vartheta} + \Gamma^{r}_{\vartheta\vartheta}\Gamma^{\vartheta}_{r\vartheta} - \Gamma^{r}_{rr}\Gamma^{r}_{\vartheta\vartheta} - \Gamma^{r}_{r\vartheta}\Gamma^{\vartheta}_{\vartheta\vartheta}$$

$$= 0 + 1 + 0 - r\left(\frac{1}{r}\right) - 0 - 0 = 0. \tag{5.62}$$

这证实了我们对平坦空间的期望。

5.6.2 球面上的黎曼曲率

2-球面是易于计算的非零黎曼张量弯曲空间例子。在角坐标上,度规张量分量为

$$g_{\vartheta\vartheta} = a^2, \quad g_{\varphi\varphi} = a^2\sin^2\vartheta, \quad g_{\vartheta\varphi} = 0, \tag{5.63}$$

它们的仅有非零导数是

$$g_{\varphi\varphi,\,\vartheta} = 2a^2\sin\vartheta\cos\vartheta. \tag{5.64}$$

因此,仅有的非零克利斯朵夫记号是

$$\Gamma^{\varphi}_{\vartheta\varphi} = \Gamma^{\varphi}_{\varphi\vartheta} = \frac{1}{2}g^{\varphi\varphi}(g_{\varphi\vartheta,\,\varphi} + g_{\varphi\varphi,\,\vartheta} - g_{\vartheta\varphi,\,\varphi})$$

$$= \frac{1}{2}\left[\frac{1}{a^2\sin^2\vartheta}\right](2a^2\sin\vartheta\cos\vartheta)$$

$$= \frac{\cos\vartheta}{\sin\vartheta} \tag{5.65}$$

和

$$\Gamma^{\vartheta}_{\varphi\varphi} = \frac{1}{2}g^{\vartheta\vartheta}(g_{\vartheta\varphi,\,\varphi} + g_{\vartheta\varphi,\,\varphi} - g_{\varphi\varphi,\,\vartheta}) = -\sin\vartheta\cos\vartheta. \tag{5.66}$$

所以,忽略了等于零的项,有

$$R^{\vartheta}_{\varphi\vartheta\varphi} = \Gamma^{\vartheta}_{\varphi\varphi,\,\vartheta} - \Gamma^{\vartheta}_{\varphi\varphi}\Gamma^{\varphi}_{\vartheta\varphi}$$

$$= -\cos^2\vartheta + \sin^2\vartheta + \sin\vartheta\cos\vartheta\left(\frac{\cos\vartheta}{\sin\vartheta}\right)$$

$$= \sin^2\vartheta \tag{5.67}$$

下降第一个指标,

$$R_{\vartheta\varphi\vartheta\varphi} = g_{\vartheta\vartheta}R^{\vartheta}_{\varphi\vartheta\varphi} = a^2\sin^2\vartheta. \tag{5.68}$$

这在根本上是球面上黎曼张量的唯一分量，因为所有其他非零分量都通过指标对称性与这个分量联系在一起。

2-球面具有常曲率，因为我们可以用(5.60)式的形式写出黎曼张量：

$$R_{\vartheta\varphi\vartheta\varphi} = \frac{1}{a^2}(g_{\vartheta\vartheta}g_{\varphi\varphi} - g_{\vartheta\varphi}g_{\vartheta\varphi}) = a^2\sin^2\vartheta. \tag{5.69}$$

在 2 维中，(5.60)式中的常数 C 可以等同于高斯曲率，$K = \frac{1}{a^2}$。

5.6.3 3-球面

常曲率黎曼空间的另一个例子是 3 维球面，简称 3-球面。这是一个在 4 维欧几里得空间中有固定半径 a 的球面。它在广义相对论和宇宙学中有重要应用。

欧几里得 4-空间有坐标 (x^1, x^2, x^3, x^4) 和度规 $\delta s^2 = (\delta x^1)^2 + (\delta x^2)^2 + (\delta x^3)^2 + (\delta x^4)^2$。通过以下公式转换成极坐标：

$$\begin{aligned} x^1 &= R\sin\chi\sin\vartheta\cos\varphi, \quad x^2 = \sin\chi\sin\vartheta\sin\varphi, \\ x^3 &= R\sin\chi\cos\vartheta, \quad x^4 = R\cos\chi. \end{aligned} \tag{5.70}$$

那么，类似于(5.11)式，计算坐标变化导致了极坐标中的度规：

$$\delta s^2 = \delta R^2 + R^2\delta\chi^2 + R^2\sin^2\chi(\delta\vartheta^2 + \sin^2\vartheta\delta\varphi^2). \tag{5.71}$$

固定 $R = a$，我们得到 3-球面上的度规：

$$\delta s^2 = a^2(\delta\chi^2 + \sin^2\chi(\delta\vartheta^2 + \sin^2\vartheta\delta\varphi^2)). \tag{5.72}$$

通过改变坐标 $r = a\sin\chi$，可得到 3-球面度规的另一个公式：

$$\delta s^2 = \frac{\delta r^2}{1 - Kr^2} + r^2(\delta\vartheta^2 + \sin^2\vartheta\delta\varphi^2), \tag{5.73}$$

其中 $K = \frac{1}{a^2}$。这是 2-球面度规(5.21)式的对应结果。3-球面的任何赤道切片，例如 $\vartheta = \frac{\pi}{2}$ 的切片，是高斯曲率为 K 的 2-球面。取极限 $K \to 0$，我们就回到欧几里得 3-空间度规(5.12)。

3-球面度规的最后一个形式，我们将不详细推导，但它类同于 2-球面度规(5.26)式的推导，

$$\delta s^2 = a^2 \frac{\delta x^2 + \delta y^2 + \delta z^2}{\left(1 + \frac{1}{4}(x^2 + y^2 + z^2)\right)^2} = a^2 \frac{\delta\boldsymbol{x} \cdot \delta\boldsymbol{x}}{\left(1 + \frac{1}{4}\boldsymbol{x} \cdot \boldsymbol{x}\right)^2}. \tag{5.74}$$

这个公式表明 3-球面是一个共形平坦的空间。除了一个点之外，当 $\boldsymbol{x}$ 的变化遍及(标准

的)3 维空间时,整个球面都被覆盖了。

5.7 测 地 线 方 程

有了黎曼及其追随者开发的一些工具,现在我们可以考虑粒子是如何在弯曲空间中运动的。首先,我们需要了解黎曼空间中坐标为 y^i、度规张量为 g_{ij} 的路径。连接端点 G 和 H 的路径总长度由下述积分给出[①]

$$s = \int_G^H ds = \int_G^H \sqrt{g_{jk}(\boldsymbol{y}) dy^j dy^k}. \tag{5.75}$$

如果我们引入一个沿路径的参量 λ,那么路径就由矢量函数 $\boldsymbol{y}(\lambda) = (y^1(\lambda), y^2(\lambda), y^3(\lambda))$ 给出,我们可以将路径长度变成一个普通的积分:

$$s = \int_{\lambda(G)}^{\lambda(H)} \sqrt{g_{jk}(y(\lambda)) \frac{dy^j}{d\lambda} \frac{dy^k}{d\lambda}} d\lambda, \tag{5.76}$$

它实际上与参量的选择无关。特别重要的是连接 G 和 H 的测地线或最短路径。这是通过最小化 s 而得到的。

正如自由运动的粒子在平坦空间中沿直线运动一样,我们自然会期望,弯曲空间中自由运动的(惯性)粒子沿测地线运动。因此,我们可以通过最小化粒子的作用量,而不是最小化路径长度 s,来确定测地线方程。

考虑一个质量为 m 的粒子,沿路径 $\boldsymbol{y}(t)$ 从 G 到 H 运动,其中参量 t 是时间。粒子的速率是

$$\frac{ds}{dt} = \sqrt{g_{jk}(y(t)) \frac{dy^j}{dt} \frac{dy^k}{dt}}, \tag{5.77}$$

动能是质量乘以速率平方的二分之一,

$$\frac{1}{2} m \left(\frac{ds}{dt} \right)^2 = \frac{1}{2} m g_{jk}(y(t)) \frac{dy^j}{dt} \frac{dy^k}{dt}. \tag{5.78}$$

通过与平坦空间中运动粒子的表达式(2.53)相类比,我们定义粒子的作用量为

$$S = \int_{t_0}^{t_1} \frac{1}{2} m g_{jk}(y(t)) \frac{dy^j}{dt} \frac{dy^k}{dt} dt, \tag{5.79}$$

被积函数,即拉格朗日量,就是动能。如果粒子受到势的影响,那么就会有对 S 有进一步的贡献。像通常一样,最小作用量原理要求真实粒子的运动路径 $\boldsymbol{y}(t)$ 是使 S 最小化的。

路径长度和作用量都是在几何上有意义的,它们不依赖于所使用的坐标系。这是因为它们是从一个基本的几何量构造的,即无穷小距离 ds。作用量 S 比路径长度 s 更易于

---

① 在积分中,用 ds 而不用 δs 来表示无穷小长度元,这将更易于理解。

使用，因为它不含有平方根，但是与路径长度不同的是，S 依赖于参数化。t 不是沿路径的任意参量，而是物理时间。

粒子的运动方程是从 S 导出的欧拉-拉格朗日方程（利用变分计算得到的），

$$\frac{\mathrm{d}}{\mathrm{d}t}\left(mg_{lj}(\boldsymbol{y})\frac{\mathrm{d}y^j}{\mathrm{d}t}\right)-\frac{\partial}{\partial y^l}\left(\frac{1}{2}mg_{jk}(\boldsymbol{y})\frac{\mathrm{d}y^j}{\mathrm{d}t}\frac{\mathrm{d}y^k}{\mathrm{d}t}\right)=0. \tag{5.80}$$

（注意 m 可以约掉。）展开导数，运动方程成为

$$g_{lj}\frac{\mathrm{d}^2y^j}{\mathrm{d}t^2}+\left(g_{lj,\,k}-\frac{1}{2}g_{jk,\,l}\right)\frac{\mathrm{d}y^j}{\mathrm{d}t}\frac{\mathrm{d}y^k}{\mathrm{d}t}=0. \tag{5.81}$$

括号中的第一项来自 $g_{lj}(\boldsymbol{y})$ 通过 $\boldsymbol{y}(t)$ 对时间的依赖，它对 j 和 k 不对称，但由于它和对称的 $\dfrac{\mathrm{d}y^j}{\mathrm{d}t}\dfrac{\mathrm{d}y^k}{\mathrm{d}t}$ 相乘，我们可以将这一项明晰地对称化，得到

$$g_{lj}\frac{\mathrm{d}^2y^j}{\mathrm{d}t^2}+\frac{1}{2}(g_{lj,\,k}+g_{lk,\,j}-g_{jk,\,l})\frac{\mathrm{d}y^j}{\mathrm{d}t}\frac{\mathrm{d}y^k}{\mathrm{d}t}=0. \tag{5.82}$$

用逆变度规张量 g^{il} 遍乘各项，给出

$$\frac{\mathrm{d}^2y^i}{\mathrm{d}t^2}+\frac{1}{2}g^{il}(g_{lj,\,k}+g_{lk,\,j}-g_{jk,\,l})\frac{\mathrm{d}y^j}{\mathrm{d}t}\frac{\mathrm{d}y^k}{\mathrm{d}t}=0. \tag{5.83}$$

第二项涉及逆变度规和度规一阶导数的组合，这应该已经熟悉了，它就是 5.5.1 节中导出的克利斯朵夫记号，所以运动方程的最终形式为

$$\frac{\mathrm{d}^2y^i}{\mathrm{d}t^2}+\Gamma^i_{jk}\frac{\mathrm{d}y^j}{\mathrm{d}t}\frac{\mathrm{d}y^k}{\mathrm{d}t}=0. \tag{5.84}$$

这就是测地线方程。它的解描述了粒子沿测地线的运动。

自由粒子在平坦空间中的运动方程，用笛卡儿坐标给出是 $\dfrac{\mathrm{d}^2x^i}{\mathrm{d}t^2}=0$，表明粒子没有加速度，沿直线运动，而方程 (5.84) 就是弯曲空间中的类似方程。如果我们采用在 P 点的正规坐标系，那么在 P 点所有的克利斯朵夫记号为零，所以对任意测地运动，在 P 点的加速度 $\dfrac{\mathrm{d}^2y^i}{\mathrm{d}t^2}$ 也为零。考虑沿粒子轨迹对正规坐标的所有坐标变化，我们看到在任何地方都没有真正的加速度，所以没有真正的力在作用。这是测地运动的特点。然而，我们通常希望在围绕粒子轨迹的一个扩展区域使用一个单一的坐标系，在这种情况下，存在非零的坐标加速度，由方程 (5.84) 的第二项支配。我们说这些加速度是由虚拟力产生的。注意它们是速度分量 $\dfrac{\mathrm{d}y^i}{\mathrm{d}t}$ 的二次项。

测地运动的速率是常数，这个速度是由 (5.77) 式给出的。这可以用几种方法来理解。利用测地线方程 (5.84) 和用度规给出的 Γ^i_{jk} 公式，我们可以直接验证：

$$\frac{\mathrm{d}}{\mathrm{d}t}\left(g_{jk}(y(t))\,\frac{\mathrm{d}y^j}{\mathrm{d}t}\,\frac{\mathrm{d}y^k}{\mathrm{d}t}\right)=0,\qquad(5.85)$$

更简单地,如前一段所述,在正规坐标系中速率显然是恒定的,因为加速度为零。最后,由于能量是纯动能,能量守恒等价于速率守恒。

令 λ 是沿测地线的长度参量,而不是任意参量。由于测地运动是以恒定速率进行的,λ 是 t 的常数倍。因此,测地线方程的几何形式是

$$\frac{\mathrm{d}^2 y^i}{\mathrm{d}\lambda^2}+\Gamma^i{}_{jk}\,\frac{\mathrm{d}y^j}{\mathrm{d}\lambda}\,\frac{\mathrm{d}y^k}{\mathrm{d}\lambda}=0,\qquad(5.86)$$

连同将长度与度规联系起来的辅助表达式,

$$g_{jk}(y)\,\frac{\mathrm{d}y^j}{\mathrm{d}\lambda}\,\frac{\mathrm{d}y^k}{\mathrm{d}\lambda}=1.\qquad(5.87)$$

5.7.1　平面极坐标中的测地线

作为一个例子,我们来考虑在平面上使用极坐标 r 和 ϑ 的测地线方程。

半径 r 为常数的圆周不是测地线。以恒定角速度沿着这样一个圆周运动的粒子没有坐标加速度,但它受到一个真正的径向向内的力,正如我们在 2.6 节讨论圆轨道时看到的。另一方面,测地运动涉及坐标加速度。在 5.5.2 节中,我们发现非零的克利斯朵夫记号是

$$\Gamma^r{}_{\vartheta\vartheta}=-r,\ \ \Gamma^\vartheta{}_{r\vartheta}=\frac{1}{r},\qquad(5.88)$$

将它们代入(5.84)式,我们得到测地线方程的两个分量,

$$\frac{\mathrm{d}^2 r}{\mathrm{d}t^2}-r\left(\frac{\mathrm{d}\vartheta}{\mathrm{d}t}\right)^2=0,\ \ \frac{\mathrm{d}^2\vartheta}{\mathrm{d}t^2}+\frac{2}{r}\,\frac{\mathrm{d}r}{\mathrm{d}t}\,\frac{\mathrm{d}\vartheta}{\mathrm{d}t}=0.\qquad(5.89)$$

这两个方程包含由离心力 $mr\left(\dfrac{\mathrm{d}\vartheta}{\mathrm{d}t}\right)^2$ 和科里奥利力 $-\dfrac{2m}{r}\,\dfrac{\mathrm{d}r}{\mathrm{d}t}\,\dfrac{\mathrm{d}\vartheta}{\mathrm{d}t}$ 引起的坐标加速度。这就是虚拟力的例子。离心力是径向向外的。虽然不是一目了然,但通过求解方程得到的测地线是平面上的直线。

5.7.2　测地偏离方程

如果平面上两条直线是平行的,它们就有固定的距离。如果它们是相交的,那么它们的距离以恒定的速率增加或减少,如图 5.13 所示。令 λ 用来参数化两条直线上的距离,令 $\eta(\lambda)$ 是分离直线上相应点的距离。那么,$\dfrac{\mathrm{d}\eta}{\mathrm{d}\lambda}$ 是常数。二次求导给出

$$\frac{\mathrm{d}^2\eta}{\mathrm{d}\lambda^2}=0,\tag{5.90}$$

这是测地偏离方程的平庸例子。

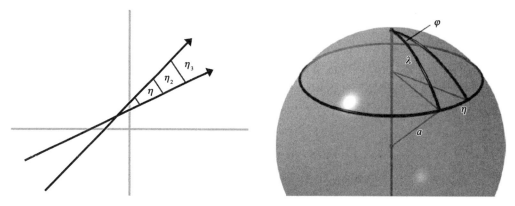

图 5.13   平坦空间的测地偏离   图 5.14   球面上的测地偏离

现在我们来确定半径为 a 的球面上的测地偏离，这时的测地线是大圆。如图 5.14 所示，考虑在北极以 φ 角相交的两条这样的测地线。它们的分离距离逐渐增加，到达赤道后，又逐渐减小，直到在南极再次相交。测地线的分离 η 是可以直接计算的。如果我们仍然用 λ 对沿测地线的距离进行参数化，那么

$$\eta(\lambda)=\left(a\sin\frac{\lambda}{a}\right)\varphi.\tag{5.91}$$

对 λ 求导两次，我们得到

$$\frac{\mathrm{d}^2\eta}{\mathrm{d}\lambda^2}+\frac{1}{a^2}\eta=0,\tag{5.92}$$

或者等价地

$$\frac{\mathrm{d}^2\eta}{\mathrm{d}\lambda^2}+K\eta=0,\tag{5.93}$$

其中 $K=\dfrac{1}{a^2}$ 是高斯曲率。这是球面上的测地偏离方程。

为了确定一般的黎曼空间中的测地偏离方程，我们进行一个相似但不是直截了当的计算。我们取测地线 $\boldsymbol{y}(\lambda)$，以及由一个小的矢量 $\boldsymbol{\eta}$ 分离的附近另一条测地线 $\boldsymbol{y}(\lambda)+\boldsymbol{\eta}(\lambda)$。 它们分别满足测地线方程：

$$\frac{\mathrm{d}^2 y^i}{\mathrm{d}\lambda^2}+\Gamma^i{}_{jk}(\boldsymbol{y})\frac{\mathrm{d}y^j}{\mathrm{d}\lambda}\frac{\mathrm{d}y^k}{\mathrm{d}\lambda}=0\tag{5.94}$$

和

$$\frac{\mathrm{d}^2(y+\eta)^i}{\mathrm{d}\lambda^2} + \Gamma^i_{jk}(\boldsymbol{y}+\boldsymbol{\eta})\frac{\mathrm{d}(y+\eta)^j}{\mathrm{d}\lambda}\frac{\mathrm{d}(y+\eta)^k}{\mathrm{d}\lambda} = 0. \qquad (5.95)$$

展开方程(5.95)到 $\boldsymbol{\eta}$ 的线性阶,并减去方程(5.94),我们得到 $\boldsymbol{\eta}$ 的线性方程,

$$\frac{\mathrm{d}^2\eta^i}{\mathrm{d}\lambda^2} + \Gamma^i_{jk,l}\eta^l\frac{\mathrm{d}y^j}{\mathrm{d}\lambda}\frac{\mathrm{d}y^k}{\mathrm{d}\lambda} + 2\Gamma^i_{jk}\frac{\mathrm{d}y^j}{\mathrm{d}\lambda}\frac{\mathrm{d}y^k}{\mathrm{d}\lambda} = 0. \qquad (5.96)$$

在这里,我们去掉了 $\boldsymbol{\eta}$ 的二阶和更高阶项,且没有写出克利斯朵夫记号对 $\boldsymbol{y}$ 的依赖。这个方程不是明显几何的或协变的,但它可以根据黎曼张量用一种更优雅的形式重新表示。

为了表明这一点,我们需要一个沿曲线 $\boldsymbol{y}(\lambda)$ 的协变导数概念。对于场 V^i,沿曲线的协变导数记为 $\frac{\mathrm{D}V^i}{\mathrm{D}\lambda}$,它是空间协变导数在曲线方向上的投影,

$$\frac{\mathrm{D}V^i}{\mathrm{D}\lambda} = \frac{\mathrm{D}V^i}{\mathrm{D}y^j}\frac{\mathrm{d}y^j}{\mathrm{d}\lambda} = \left(\frac{\partial V^i}{\partial y^j} + \Gamma^i_{jk}V^k\right)\frac{\mathrm{d}y^j}{\mathrm{d}\lambda} = \frac{\mathrm{d}V^i}{\mathrm{d}\lambda} + \Gamma^i_{jk}V^k\frac{\mathrm{d}y^j}{\mathrm{d}\lambda}. \qquad (5.97)$$

最后一个表达式涉及 V^i 和它沿曲线的导数 $\frac{\mathrm{d}V^i}{\mathrm{d}\lambda}$。因此,这个表达式仅对于定义在曲线上而不是遍及整个空间的矢量特别有用。这种矢量的一个例子是粒子沿测地线运动的速度 $\frac{\mathrm{d}y^i}{\mathrm{d}t}$。运动的测地线方程(5.84)可以重新表达为

$$\frac{\mathrm{D}}{\mathrm{D}t}\frac{\mathrm{d}y^i}{\mathrm{d}t} = 0, \qquad (5.98)$$

所以,不仅粒子的速率是常数,速度矢量也是协变的常数。

测地偏离矢量 $\boldsymbol{\eta}$ 仅定义在测地线上。它沿测地线的协变导数是

$$\frac{\mathrm{D}\eta^i}{\mathrm{D}\lambda} = \frac{\mathrm{d}\eta^i}{\mathrm{d}\lambda} + \Gamma^i_{jk}\eta^k\frac{\mathrm{d}y^j}{\mathrm{d}\lambda}, \qquad (5.99)$$

由于这也是一个沿测地线的矢量,它有进一步的协变导数,

$$\begin{aligned}
\frac{\mathrm{D}^2\eta^i}{\mathrm{D}\lambda^2} &= \frac{\mathrm{d}}{\mathrm{d}\lambda}\left(\frac{\mathrm{d}\eta^i}{\mathrm{d}\lambda} + \Gamma^i_{jk}\eta^k\frac{\mathrm{d}y^j}{\mathrm{d}\lambda}\right) + \Gamma^i_{jk}\left(\frac{\mathrm{d}\eta^k}{\mathrm{d}\lambda} + \Gamma^k_{lm}\eta^m\frac{\mathrm{d}y^l}{\mathrm{d}\lambda}\right)\frac{\mathrm{d}y^j}{\mathrm{d}\lambda} \\
&= \frac{\mathrm{d}^2\eta^i}{\mathrm{d}\lambda^2} + \Gamma^i_{jk,l}\frac{\mathrm{d}y^l}{\mathrm{d}\lambda}\eta^k\frac{\mathrm{d}y^j}{\mathrm{d}\lambda} + 2\Gamma^i_{jk}\frac{\mathrm{d}\eta^k}{\mathrm{d}\lambda}\frac{\mathrm{d}y^j}{\mathrm{d}\lambda} + \Gamma^i_{jk}\eta^k\frac{\mathrm{d}^2y^j}{\mathrm{d}\lambda^2} + \\
&\quad \Gamma^i_{jk}\Gamma^k_{lm}\eta^m\frac{\mathrm{d}y^l}{\mathrm{d}\lambda}\frac{\mathrm{d}y^j}{\mathrm{d}\lambda}. \qquad (5.100)
\end{aligned}$$

现在我们可以用方程(5.96)消掉 $\frac{\mathrm{d}^2\eta^i}{\mathrm{d}\lambda^2} + 2\Gamma^i_{jk}\frac{\mathrm{d}\eta^k}{\mathrm{d}\lambda}\frac{\mathrm{d}y^j}{\mathrm{d}\lambda}$ 项,用方程(5.94)消掉 $\frac{\mathrm{d}^2y^j}{\mathrm{d}\lambda^2}$。则方程(5.100)成为

$$\frac{D^2 \eta^i}{D\lambda^2} = (\Gamma^i_{lj,\,k} - \Gamma^i_{kj,\,l} + \Gamma^i_{km}\Gamma^m_{lj} - \Gamma^i_{lm}\Gamma^m_{kj})\,\frac{dy^j}{d\lambda}\,\frac{dy^k}{d\lambda}\eta^l. \tag{5.101}$$

含有克利斯朵夫记号的项是构成黎曼曲率张量的精确组合，所以，最后有

$$\frac{D^2 \eta^i}{D\lambda^2} = R^i_{\ jkl}\,\frac{dy^j}{d\lambda}\,\frac{dy^k}{d\lambda}\eta^l. \tag{5.102}$$

这个张量方程在所有坐标系中都成立，它是测地偏离方程的协变形式。它将球面上涉及高斯曲率的结果(5.93)，推广到任意高维弯曲空间中。后面我们将应用这个方程研究广义相对论中的潮汐力。

5.8　应　　用

5.8.1　位形空间

弯曲黎曼几何有一些有趣的，但与爱因斯坦的弯曲时空和引力理论无关的物理应用。

至少在一个非常好的近似下，空间是欧几里得的。当我们在欧几里得空间中模拟 N 个粒子的运动时，粒子的 $3N$ 个笛卡儿坐标的几何仍然是欧几里得的。然而，粒子之间的相互作用有时非常强，以至于在由少数坐标集体描述的位形中，粒子的集体行为就像单个物体。所有位形的集合构成位形空间，它的几何通常是弯曲的。

一个典型的例子是由无数单个粒子组成的有限尺寸的刚体。物体可以有任何固定的形状。它可以像行星在太空中那样自由运动，也可以受到约束，像摆那样只能在给定平面内摆动。将这样的物体视为刚体是一个近似，当其作为刚体的运动频率比弹性、形状变化的振动频率小的时候有效。不用说，受到的作用力必须比使它振动或破碎的力弱得多。

指定刚体位形所需的最大集体坐标数为 6 个：3 个用来确定质心位置，另外 3 个用来确定物体方向。质心的行为就像一个粒子的位置，它的几何是 3 维空间的平坦几何，所以我们假定质心是固定的，忽略它。方向由三个角度指定。例如，对于地球，我们需要指定旋转轴指向的天球上的点。人们观测到这一点靠近北极星，并由两个角坐标 ϑ，φ 参数化。还有一个角 ψ 参数化了地球围绕其旋转轴的方向；它在 24 小时的周期内不断增加。角 ϑ 和 φ 几乎是恒定的，但它们确实在数千年的时间里发生了缓慢变化。

这三个角 ϑ，φ，ψ 称为欧拉角，它们有各自的有限范围。它们是刚体定向位形空间上的集体坐标，这个空间是一个弯曲的 3 维黎曼空间，几何上与 2-球面相关。

通过仔细选择物体的轴，我们可以更清楚地了解位形空间中的度规。度规可以很复杂，但如果物体绕着一根轴是对称的，则度规就变简单了。地球有着略为扁平的扁球体形状，提供了一个很有启发性的例子。在这种情形，度规的形式为

$$\delta s^2 = I_1(\delta \vartheta^2 + \sin^2 \vartheta \delta \varphi^2) + I_3(\delta \psi + \cos \vartheta \delta \varphi)^2 \tag{5.103}$$

何以得之？事实上，它是通过计算物体的动能得到的。当物体旋转时，这三个角度

与时间有关。组成物体的所有粒子都在运动,人们可以计算出每个粒子的线性瞬时速度。然后,通过积分,可以得到总动能。结果取决于粒子在物体内的分布方式和它们的质量,但最终它只涉及与物质分布有关的两个常数,I_1 和 I_3。(如果物体没有旋转对称轴,那么还有一个独立的常数 I_2。)这些常数称为转动惯量。人们发现物体总动能的形式为

$$K = \frac{1}{2} I_1 \left(\left(\frac{\mathrm{d}\vartheta}{\mathrm{d}t} \right)^2 + \sin^2\vartheta \left(\frac{\mathrm{d}\varphi}{\mathrm{d}t} \right)^2 \right) + \frac{1}{2} I_3 \left(\frac{\mathrm{d}\psi}{\mathrm{d}t} + \cos\vartheta \, \frac{\mathrm{d}\varphi}{\mathrm{d}t} \right)^2 \qquad (5.104)$$

去掉 $\frac{1}{2}$,以及时间导数,我们就得到了度规(5.103)。

对于密度均匀且具有一定对称性的物体,转动惯量的计算并不困难。对于约束在自身平面内运动的薄的二维物体,只有一个方向角,转动惯量的计算就更简化了。在任何情形下,我们都能从动能中读出黎曼度规。

如果物体自由旋转,没有力的作用,那么物体的运动就是在具有这个度规的位形空间上的测地运动。这是因为动能 K 是完全的拉格朗日量。求解角的运动方程是可能的,但有一个更简单的中间步骤,即求解对每个轴的角速度方程。特别简单的是绕对称轴的运动。这里只有一个角是随时间变化的,角速度是恒定的。一般的运动不是绕对称轴的,并且在任何有限的时间后轨迹都不会闭合。它仍然是测地运动,因为任何短的轨迹段始终是该段两端之间的最短路径。

除了动能项 K 之外,刚体的拉格朗日量还可能有一个势能项 V。这会产生一个力,或者更精确地说是一个转矩。标准的例子是一个旋转的陀螺,它的基点固定在一张桌子上。陀螺的位形仍然由三个角度来确定,但是质心的高度是可变的,因此存在一个依赖于其中一个角度的引力势能。

这些思想可以延伸到不那么刚性的物体上,例如一对由柔性接头连接的刚性物体。这个复合体可以用来模拟分子。对这样的物体,仍然存在一个由动能导出的黎曼几何。如果需要更多的坐标才能完全确定系统在任何特定时间的位形,那么就要增加位形空间的维数。这种几何观点的一个优点是,拉格朗日量和由此产生的动力学与坐标的选择无关。

5.8.2　几何光学

测地线和黎曼几何的另一个应用是关于光线最小传播时间的费马原理。之前,在第1.1.1 节中,我们考虑了光速不同的两种均匀光学介质在平面上相交。光线从一种介质到另一种介质时会发生折射。介质的折射率 $n = \frac{c}{v}$ 是真空光速 c 与介质中光速 v 的比值。在我们所用的单位中,$c = 1$,$v \leqslant 1$,所以 $n \geqslant 1$,且仅在真空中才等于1。现在假定介质的折射率 $n(x)$ 在空间上可连续变化。局域地看,光速是 $\frac{1}{n(x)}$,所以,光在 x 附近传播无穷小距离 $\mathrm{d}s$ 所用的时间是 $n(x)\mathrm{d}s$。

光沿着路径 $x(t)$,从介质中的 A 点传播到 B 点所用的总时间是

$$T = \int_A^B n(\boldsymbol{x}(t)) \mathrm{d}s = \int_A^B n(\boldsymbol{x}(t)) \frac{\mathrm{d}s}{\mathrm{d}t} \mathrm{d}t. \tag{5.105}$$

引入欧几里得度规后，可等价地表示为

$$T = \int_A^B n(\boldsymbol{x}(t)) \sqrt{\delta_{ij} \frac{\mathrm{d}x^i}{\mathrm{d}t} \frac{\mathrm{d}x^j}{\mathrm{d}t}} \, \mathrm{d}t, \tag{5.106}$$

这又可以重新写为

$$T = \int_A^B \sqrt{n^2(\boldsymbol{x}(t)) \delta_{ij} \frac{\mathrm{d}x^i}{\mathrm{d}t} \frac{\mathrm{d}x^j}{\mathrm{d}t}} \, \mathrm{d}t. \tag{5.107}$$

时间 T 成为几何修正空间中的距离，度规张量为 $g_{ij}(\boldsymbol{x}) = n^2(\boldsymbol{x}) \delta_{ij}$。费马原理说，真实的光线是这个度规的测地线。它们通常在周围的欧几里得 3-空间中是弯曲的。

$g_{ij}(\boldsymbol{x})$ 是共形平坦的，因为它是由共形因子 $n^2(\boldsymbol{x})$ 缩放的欧几里得度规 δ_{ij}，所以克利斯朵夫记号相对简单。它们是

$$\Gamma^i_{jk} = \frac{1}{n}(n_{,j}\delta^i_k + n_{,k}\delta^i_j + n_{,m}\delta^{im}\delta_{jk}), \tag{5.108}$$

决定光线的测地线方程是

$$\frac{\mathrm{d}^2 x^i}{\mathrm{d}t^2} + \frac{2}{n} n_{,j} \frac{\mathrm{d}x^j}{\mathrm{d}t} \frac{\mathrm{d}x^i}{\mathrm{d}t} - \frac{1}{n} n_{,m}\delta^{im}\delta_{jk} \frac{\mathrm{d}x^j}{\mathrm{d}t} \frac{\mathrm{d}x^k}{\mathrm{d}t} = 0. \tag{5.109}$$

也可以用矢量记号写为

$$\boldsymbol{a} + \frac{2}{n}(\boldsymbol{\nabla} n \cdot \boldsymbol{v})\boldsymbol{v} - \frac{1}{n}(\boldsymbol{v} \cdot \boldsymbol{v})\boldsymbol{\nabla} n = 0, \tag{5.110}$$

其中 $\boldsymbol{v}$ 是光的速度，$\boldsymbol{a}$ 是加速度。这里的守恒量是 $n^2 \boldsymbol{v} \cdot \boldsymbol{v}$，它等于 1。

将 n 作为地面之上高度的函数，得到的测地线可以解释海市蜃楼。靠近热地面时，空气密度比高处低，所以折射率较低，光速较快。梯度 $\boldsymbol{\nabla} n$ 在朝上的方向上。因此，掠射光远离地面弯曲，如图 5.15 所示。望着远处的地面，人们看到的是明亮的天空，而不是黑暗的地面。这看起来就像天空在一片水中的倒影那样。

我们以前遇到过的共形平坦几何的例子有 2-球面和 3-球面，以及双曲面。另一个例子是曲率为负常数的双曲 3-空间，它的度规是(5.30)的简单推广，

$$\delta s^2 = \frac{\delta x^2 + \delta y^2 + \delta z^2}{\left(1 - \frac{1}{4}(x^2 + y^2 + z^2)\right)^2}, \tag{5.111}$$

其中我们已经令常数标度因子为 1。坐标仅限于半径为 2 的球的内部，但真正的几何在范围上是无限的。这个球的赤道切片是双曲面，测地线和以前一样，是与边界球正交的圆段。

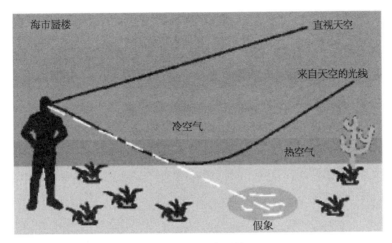

图 5.15　海市蜃楼

这种度规可以解释为用来描述一种光学介质,它是欧几里得 3 -空间中的一个普通球,但其折射率为

$$n(x, y, z) = \frac{1}{1 - \frac{1}{4}(x^2 + y^2 + z^2)}. \tag{5.112}$$

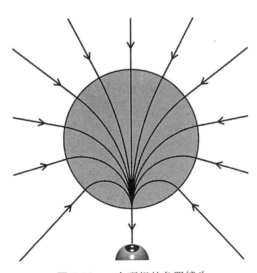

图 5.16　一个理想的鱼眼镜头

在严格的中心,折射率为 1,所以这里的介质接近真空,但在球的边界处,折射率趋近于无限大,所以在边界处光速减慢到零。光线沿着双曲 3 -空间的圆测地线传播,但需要无限长时间才能从边界传播到边界。

对于比这个稍小的球,我们在图 5.16 中显示了一组光线,所有光线都终止于边界附近观测者的眼睛处。这个球允许看到所有方向。事实上,它是一个理想化的鱼眼镜头。

造好的鱼眼镜头是由几层圆形玻璃制成的，越往外层折射率越大，光线路径与图 5.17 所示没有太大差异。图 5.17 显示了用鱼眼镜头拍摄的照片。

图 5.17　用鱼眼镜头拍摄的照片

5.9　拓展阅读材料

J. M. Lee. *Riemannian Manifolds: An Introduction to Curvature*. New York：Springer，1997.

J. Oprea. *Differential Geometry and its Applications* (2nd ed.). Washington DC：The Mathematical Association of America，2007.

第6章 广义相对论

6.1 等效原理

随着狭义相对论的发展,爱因斯坦清楚地意识到,他需要一个新的引力理论来完成他的革命。在牛顿理论中,在一个距离上的引力是瞬时作用的,这与狭义相对论的基石相悖,因为光速是任何相互作用的最大速度。在狭义相对论出版后的几年里,人们曾多次尝试将相互作用的有限速度纳入一个引力理论,但这些早期的想法被证明过于简单化了。

引力在各种力中是特殊的,因为它以相同的方式作用于各种有质量的物体上。这一观测可以追溯到伽利略沿斜坡滚球的实验。伽利略最终证明,如果没有其他力的作用,同时释放质量不同的球,在重力作用下落下,它们在同一瞬间撞击地面。在牛顿物理学中,这一观测是通过牛顿第二定律(2.3)和牛顿万有引力定律(2.80)之间的质量相消来解释的。在牛顿第二定律中,加速度等于作用力除以被加速物体的质量。质量的这个角色称为惯性质量,因为它的作用是抵抗物体运动中的变化。值得注意的是,物体上的万有引力也与其质量成正比。质量的这个角色称为引力质量。对于由不同材质制成的不同物体,其惯性质量与引力质量之比原则上可以是不同的,但在实验上,惯性质量与引力质量之比始终为1,因此我们可以将惯性质量视同引力质量。那么,引力场中的运动就与质量无关。例如,在靠近地球表面处,自由下落物体的运动方程为

$$\frac{\mathrm{d}^2 z}{\mathrm{d}t^2} = -g, \tag{6.1}$$

与质量无关。质量的相消是引力独有的,因为其他力的强度与它们所作用的物体质量无关。例如,静电力与物体的电荷成正比,而不是与物体的质量成正比。

在牛顿理论中,惯性和引力质量的相等看似偶然,但是在 1907 年,爱因斯坦意识到,引力的这个特征可能是一个新的相对论理论的完美基础。他赋予这个见解以崭新的物理原理地位,并命名为等效原理,即引力和惯性质量是等效的。在狭义相对论中,就像在牛顿力学中一样,没有办法确定一个人的绝对速度。同样,根据等效原理,当处于自由落体状态时,无法确定一个人的绝对加速度,因为附近的所有物体都以相同的加速度下落。为了与物理学的其余部分保持一致,爱因斯坦假设,这个原理不仅仅是针对力学的,必须扩展到针对所有的物理定律。他认为,从局域观点来看,不可能区分存在引力物体时的自由下落和不存在引力物体时的静止状态。

爱因斯坦用思想实验来说明这一点。想象一下坐在一台缆索断裂的升降机里。当升降机下降时，乘客感觉不到重量，就像万有引力不存在一样。原因是升降机及其内的所有东西，包括乘客身体的每个部分，都以相同的向下加速度 g 下落。对于下落物体，我们总能找到一个没有瞬时加速度的坐标系。在均匀引力场中，适当的坐标变化是从 (z, t) 到 (y, t)，其中

$$y = z + \frac{1}{2} g t^2. \tag{6.2}$$

那么有 $\dfrac{\mathrm{d}^2 y}{\mathrm{d} t^2} = \dfrac{\mathrm{d}^2 z}{\mathrm{d} t^2} + g$，所以方程 (6.1) 变换成运动方程：

$$\frac{\mathrm{d}^2 y}{\mathrm{d} t^2} = 0. \tag{6.3}$$

坐标变化消除了万有引力的影响。万有引力使我们联想到在第 5.7 节中所考虑的虚拟力，这些虚拟力是由坐标选择引起的。方程 (6.3) 具有表示任何等速运动的解。因此自由落体的相对运动具有恒定的速度，这与在没有万有引力的情况下自由落体的相对运动完全相同。

我们感觉不到万有引力。我们只有在有其他力作用时才意识到这一点，例如在地球表面，我们的自由下落被地面的刚性所阻止，我们的自然参考系就是非惯性的了。在发展广义相对论的过程中，爱因斯坦发现了一种完全不用引力去描述引力的方法。

6.2 牛顿引力场和潮汐力

为了理解广义相对论，一种有用的做法是首先将牛顿引力重新表述为场理论。这对于与光速相比运动缓慢的有质量物体非常有效，而且许多细节实际上与静电学非常相似。认识到在地球附近，引力很弱是重要的。例如，一颗自由下落的卫星绕地球轨道一周大约需要 90 分钟，但是一束光线在大约 0.1 秒的时间内会传播相同的距离，所以卫星的运动相对较慢。

一个物体对另一个物体产生的牛顿引力用逆平方律 (2.80) 来描述。它与两个物体质量的乘积成正比，与它们之间距离的平方成反比。这类似于两个电荷之间的库仑力 (3.86)，它与两个电荷的乘积成正比，与电荷距离的平方成反比。像静电力一样，作用在物体上的引力，可以解释为所有其他有质量物体产生的引力场造成的。

我们在第 3.6 节中看到，电荷的任何静态分布都会产生一个等于电势负梯度的电场，这个电势最重要的特性是，在离开电荷源的地方满足拉普拉斯方程。牛顿引力与此非常类似。引力场是势 $\phi(\boldsymbol{x})$ 的负梯度。原点处的点质量引起的势是

$$\phi(\boldsymbol{x}) = -\frac{GM}{r}, \tag{6.4}$$

其中 G 是牛顿万有引力常数，$r = | \boldsymbol{x} |$ 是离开质量的距离[①]。这个势的梯度是单位质量上的逆平方律的力。此外，除了在原点以外，势将满足拉普拉斯方程 $\nabla^2 \phi = 0$。

更一般地，由密度为 $\rho(\boldsymbol{x})$ 的质量分布产生的引力势 $\phi(\boldsymbol{x})$ 满足泊松方程，

$$\nabla^2 \phi = 4\pi G\rho. \tag{6.5}$$

倘若源为延展体或点质量的集合，则一般来说 $\phi(\boldsymbol{x})$ 不是球对称的。由所有其他物体产生的、作用在 $\boldsymbol{x}$ 处质量为 m 的测试物体上的引力为

$$\boldsymbol{F} = -m \boldsymbol{\nabla} \phi \tag{6.6}$$

$\boldsymbol{\nabla} \phi$ 在 $\boldsymbol{x}$ 处取值。因此，物体的加速度为

$$\boldsymbol{a} = -\boldsymbol{\nabla} \phi. \tag{6.7}$$

如果引力势的源仅限于某个有限的区域，那么在与它们的间隔相比的大距离处，它们产生的总势将变得均匀。这通常是通过采用下述边界条件来描述：当 $| \boldsymbol{x} | \to \infty$ 时，有 $\phi(\boldsymbol{x}) \to 0$。

即使在没有测试物体的情况下，矢量场 $-\boldsymbol{\nabla} \phi$ 也可确定为遍布空间的物理引力场。使用势 ϕ，往往会比直接使用作为其来源的物体及其组成部分更方便。例如，为了描述地球外面的引力场，我们只需要考虑拉普拉斯方程的通解，当 $| \boldsymbol{x} | \to \infty$ 时，这个解趋于零。这个解是一个无穷多项的和，当离开地球中心的距离增加时，这些负幂项趋于零。它们的系数可以通过观测轨道卫星的运动来确定。由于地球是一个很好的近似球体，因此势 ϕ 由球对称项 $-\dfrac{GM}{r}$ 主导；修正取决于地球形状与球形之间的偏差，以及地球质量的非匀称分布。准确地了解势对于卫星导航和 GPS 系统至关重要，同时告诉了我们一些关于地球内部结构的知识。

在任意一个点的周围，势 $\phi(\boldsymbol{x})$ 的局域展开确定了附近的引力场，展开的前两项或前三项足以描述其主要效应。假设 P 是地球表面上的一个点，选为笛卡儿坐标 (x, y, z) 的原点。在 P 点附近，

$$\phi \approx \phi_0 + gz + \frac{1}{2}h(x^2 + y^2 - 2z^2) \tag{6.8}$$

g 和 h 是正的常数。（注意 $x^2 + y^2 - 2z^2$ 满足拉普拉斯方程，而单独的 x^2，y^2 和 z^2 并不满足方程。）常数项 ϕ_0 对引力场没有贡献。第二项描述了熟知的地球表面上方的场，势正比于高度 z，势的梯度是矢量 $(0, 0, g)$，产生了量级为 g 的向下的加速度。然而，引力并不是完全均匀的。空间上分离的物体感觉到的力是不同的，它们之间会有一个相对加速度。势 (6.8) 中的第三项就描述了这一点。它的梯度是 $(hx, hy, -2hz)$，所以总加速度是 $\boldsymbol{a} = (-hx, -hy, -g + 2hz)$。向下的引力加速度 $g - 2hz$，在 P 点上方减

---

① 根据约定，这里没有 4π 因子。

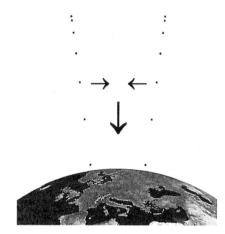

图 6.1 落向地球的两个物体，除了有向下的加速度，还有相对加速度

小，在 P 点下方增加，并且存在一个指向 z-轴的、量级为 $h\sqrt{x^2+y^2}$ 的侧向加速度。这正确描述了落向地球中心的两个或多个物体的相对运动，如图 6.1 所示。

(6.8)式中的线性项决定了局部近似均匀的引力场，而二次项决定其空间变化。虽然线性项的影响总是可以通过改变坐标来消除，如(6.3)式那样，但一般而言，二次项的影响是不能消除的。这些二次项导致了潮汐效应。月球在地球附近产生的潮汐是这种效应的一个范例，如图 6.2 所示。物体的额外加速度在地球面对月球的两侧，近端与远端上的额外加速度相比

得到。这种差异称为潮汐加速度，它首先被牛顿用来解释潮汐。在近端，洋流是因为月球对它们的拉力大于对地球整体的平均拉力，而在远端，洋流是因为它们受到的拉力小于地球整体受到的拉力。相对加速度远离地球中心。除了这些沿着地-月轴的效应，在垂直于地-月轴的方向上还有侧向潮汐力，如图 6.2 所示。尽管没有引起我们的关注，月球的引力实际上也使地球的固体部分变形了。

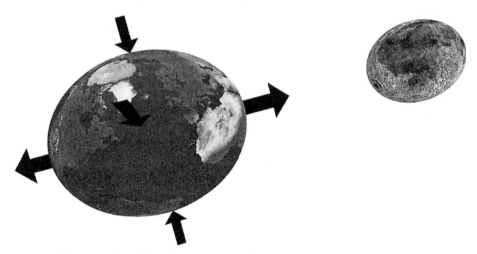

图 6.2 在月球引力场中受到潮汐力而拉伸和压缩的地球（极大地夸张了）

月球引起的引力场正比于 $\dfrac{GM}{r^2}$，其中 r 是离开月球的距离，M 是月球的质量。与地-月距离相比，地球的直径很小，所以地球两侧加速度之差与 $\dfrac{GM}{r^2}$ 的导数成正比。因此潮汐效应的量级是 $\dfrac{GM}{R^3}$，其中 R 是地-月距离。

爱因斯坦认识到，由于潮汐力的作用，最初沿平行的欧几里得直线，在引力场中自由

运动的两个测试粒子,它们的轨迹一般不会保持平行。这与在第 5.7.2 节描述的弯曲空间中粒子轨迹的测地偏离非常相似。所以爱因斯坦做出了一个惊人的提议,引力可以用弯曲的时空来描述。在这幅图像中,有质量的自由落体在时空中沿测地线运动,而潮汐加速度则是由时空曲率引起的。

作为进一步讨论弯曲时空的前奏,我们将描述平坦闵可夫斯基空间的一些几何性质。

6.3 闵可夫斯基空间

在第 4 章中讨论狭义相对论的时候,我们将时间和空间合在一起,成为闵可夫斯基空间这样一个 4 维时空,我们看到了这个空间的优势所在。在闵可夫斯基空间中,事件 (t, x) 和 $(t + dt, x + dx)$ 之间无穷小间隔的平方是

$$d\tau^2 = dt^2 - dx \cdot dx. \tag{6.9}$$

这类似于欧几里得 3 维空间中的无穷小距离的平方 $ds^2 = dx \cdot dx$。[①] 间隔的平方 $d\tau^2$ 是洛伦兹不变量,这意味着对于做均匀相对运动的所有观测者来说,即使他们可能对各自的时间和空间坐标有不同的标示方法,但 $d\tau^2$ 是相同的。

如果 $d\tau^2$ 是正的,那么它的正平方根 $d\tau$ 称为事件的固有时间隔。使 $d\tau^2$ 为正的无穷小矢量 (dt, dx) 称为类时的,使 $d\tau^2$ 为负的无穷小矢量 (dt, dx) 称为类空的。使 $d\tau^2$ 为零的矢量称为类光的,这些矢量位于称为光锥的对顶圆锥面上,如图 6.3 所示。

考虑一条参数为 λ 的弯曲世界线 $X(\lambda) = (t(\lambda), x(\lambda))$,端点固定为 $X(\lambda_0)$ 和 $X(\lambda_1)$。沿世界线的固有时为

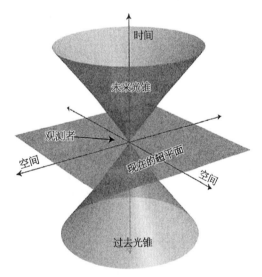

图 6.3 光锥。光线在光锥上传播。有质量物体的轨迹必须保持在整个时空的局部光锥内

$$\tau = \int_{\lambda_0}^{\lambda_1} \sqrt{\left(\frac{dt}{d\lambda}\right)^2 - \frac{dx}{d\lambda} \cdot \frac{dx}{d\lambda}} \, d\lambda. \tag{6.10}$$

如果 $X(\lambda)$ 是有质量粒子的路径,则平方根符号下的量必须为正。使 τ 最大化的路径是类时测地线,它们是闵可夫斯基空间中的直线,代表一个以恒定速度运动的粒子。也存在被积函数为零的测地线,在这种情况下,τ 也是零。这样的测地线是类光的,对应于光

---

① 从这里开始,我们将无穷小间隔表达为 $d\tau$,无穷小距离为 ds,不再用记号 $\delta\tau$ 和 δs。

线。也存在其他的路径，使(6.10)式中的被积函数是一个负数的平方根，在这种情况下，τ 是虚数。这种路径称为类空的，任何物理客体都不会沿着这样的路径移动。

τ 沿粒子测地线最大而不是最小的原因很容易理解。在粒子的静止系中，世界线是一条平行于时间轴的直线，对于这样的轨迹，无穷小固有时是 $d\tau = dt$。路径的任何偏离都会对 $d\tau^2$ 产生负的空间贡献，从而使 τ 减小。由于 τ 在洛伦兹变换下是不变的，所以这个结果对所有观测者都是正确的。

对于 4 维闵可夫斯基空间中的坐标，我们将采用统一的记号 $x^\mu = (x^0, x^1, x^2, x^3)$，其中 $x^0 = t$ 是时间坐标，(x^1, x^2, x^3) 是空间坐标。它们由洛伦兹变换混合在一起。在下文中，一般来说，μ 和 ν 这样的希腊指标的取值范围是从 0 到 3。4-矢量只有一个希腊指标，张量有两个或更多个希腊指标。闵可夫斯基空间中的无穷小间隔的平方 (6.9)，可以用度规张量 $\eta_{\mu\nu}$ 表达为

$$d\tau^2 = \eta_{\mu\nu} dx^\mu dx^\nu = (dx^0)^2 - (dx^1)^2 - (dx^2)^2 - (dx^3)^2. \tag{6.11}$$

这称为闵可夫斯基时空度规。度规张量是对角的，分量为 $\eta_{00} = 1$，$\eta_{11} = \eta_{22} = \eta_{33} = -1$，非对角分量都为零。有时可很方便地将其写成 $\eta_{\mu\nu} = \text{diag}(1, -1, -1, -1)$。逆变度规张量 $\eta^{\mu\nu}$ 有相同的分量。闵可夫斯基空间是适用于狭义相对论物理学的几何学，和欧几里得空间一样，它也是平坦的。

6.4 弯曲时空几何学

爱因斯坦将时空变成理论的动力学部分，并允许时空是弯曲的，从而将引力纳入理论之中。这个更一般的弯曲时空有四个坐标，我们用统一的方式记为 y^μ。坐标为 y^μ 的时空点通常记为 y。从局域的角度，有几何意义的量是坐标为 y^μ 和 $y^\mu + dy^\mu$ 的两点之间的无穷小间隔平方。它的形式为

$$d\tau^2 = g_{\mu\nu}(y) dy^\mu dy^\nu, \tag{6.12}$$

其中 $g_{\mu\nu}(y)$ 是一个遍及时空变化的 4×4 对称矩阵，称为时空度规张量。在任何坐标变换下，$g_{\mu\nu}$ 分量的变化方式都使 $d\tau^2$ 保持不变。

在 3 维黎曼几何中，度规张量 g_{ij} 处处正定，意思是通过选择合适的坐标，它可以在局部转化为 δ_{ij} 形式，即三个分量都为 $+1$。在时空几何中，我们要求通过选择合适的坐标，度规张量 $g_{\mu\nu}$ 可以在局部转化为闵可夫斯基形式 $\eta_{\mu\nu} = \text{diag}(1, -1, -1, -1)$。如果这个性质成立，就说这个度规是洛伦兹型的。洛伦兹型度规张量 $g_{\mu\nu}$ 在每一点都有逆张量 $g^{\mu\nu}$。它是 $g_{\mu\nu}$ 的逆矩阵，所以 $g^{\lambda\mu} g_{\mu\nu} = \delta^\lambda_\nu$，其中克罗内克 δ 符号像以前一样，指标相同时其值为 1，否则值为零。在每一个时空点，都有无穷小类时和类空矢量 dy^μ，它们被类光矢量光锥分开。

在第 5 章中，我们推导了黎曼几何的一些重要结果，比如对于正定度规，得到了克里斯托夫记号和黎曼曲率张量的形式。然而，在那里我们并没有用到正定性，只用到了度

规的可逆性,所以所有这些结果同样适用于广义相对论的洛伦兹型度规。我们将从这里开始假定它们的有效性,而不做进一步的说明。克利斯朵夫记号是

$$\Gamma^{\beta}_{\lambda\delta} = \frac{1}{2} g^{\alpha\beta} (g_{\alpha\lambda, \delta} + g_{\alpha\delta, \lambda} - g_{\lambda\delta, \alpha}),$$
(6.13)

黎曼曲率张量是

$$R^{\alpha}_{\lambda\gamma\delta} = \Gamma^{\alpha}_{\delta\lambda, \gamma} - \Gamma^{\alpha}_{\gamma\lambda, \delta} + \Gamma^{\alpha}_{\gamma\beta}\Gamma^{\beta}_{\delta\lambda} - \Gamma^{\alpha}_{\delta\beta}\Gamma^{\beta}_{\gamma\lambda},$$
(6.14)

其中的指标从 0 到 3 取值。在 2-维空间中,曲率完全由每个点上的单个数(高斯曲率)决定。在 4-维时空中,每个点存在多个曲率分量。黎曼曲率张量 $R_{\alpha\lambda\gamma\delta}$ 对其前两个指标和后两个指标都是反对称的。对每一对指标给出 $\frac{4 \times 3}{2} = 6$ 个独立组合。交换这两对指标时,它是对称的,这将独立分量数减少为 $\frac{6 \times 7}{2} = 21$。最后,黎曼张量的分量遵守比安基第一恒等式(5.59),

$$R_{\alpha\nu\gamma\lambda} + R_{\alpha\lambda\nu\gamma} + R_{\alpha\gamma\lambda\nu} = 0$$
(6.15)

这将独立的曲率分量总数减少到 20 个。

总是可以转换到一个点周围的局域坐标,使 $g_{\mu\nu}$ 具有标准的闵可夫斯基形式 $\eta_{\mu\nu}$,并且 $g_{\mu\nu}$ 的导数为零。那么克利斯朵夫记号在那一点是零。这样的坐标称为惯性的或自由下落的,类似于黎曼几何中的正规坐标。惯性坐标的存在是等效原理的数学对应。从物理上讲,广义相对论的克利斯朵夫记号是牛顿引力场的推广,因此它们在惯性系中为零的事实,是与爱因斯坦关于自由下落时感受不到引力这个观测联系在一起的。克利斯朵夫记号的一阶导数与度规张量的二阶导数有关。一般来说,它们不为零。在物理上,这是可以预料的,因为正是这些导数决定了广义相对论的时空曲率和牛顿图像中的潮汐加速度。

现在我们来考虑弯曲时空中的粒子世界线,它是一条参数化的类时路径 $y(\lambda)$。给定端点 $y(\lambda_0)$ 和 $y(\lambda_1)$ 之间积分后的间隔为

$$\tau = \int_{\lambda_0}^{\lambda_1} \sqrt{g_{\mu\nu}(y(\lambda)) \frac{\mathrm{d}y^{\mu}}{\mathrm{d}\lambda} \frac{\mathrm{d}y^{\nu}}{\mathrm{d}\lambda}} \, \mathrm{d}\lambda.$$
(6.16)

注意由于平方根的出现,$\mathrm{d}\lambda$ 在形式上是抵消的,所以如果世界线重新参数化,则 τ 是不变的。对 τ 取极大值给出欧拉-拉格朗日方程[①]:

$$\frac{\mathrm{d}^2 y^{\mu}}{\mathrm{d}\lambda^2} + \Gamma^{\mu}_{\nu\sigma} \frac{\mathrm{d}y^{\nu}}{\mathrm{d}\lambda} \frac{\mathrm{d}y^{\sigma}}{\mathrm{d}\lambda} = 0.$$
(6.17)

---

① 如果在被积函数中忽略平方根,则会得到相同的方程,因为在本质上,优化函数的平方根与优化函数自身是相同的问题。

像在黎曼几何中一样，这是测地线方程，类似于(5.84)，λ 不再是任意的，而是与沿世界线的间隔相联系的。

假定一条测地线穿过点 P。使用 $\Gamma^{\mu}_{\sigma\sigma}=0$ 的惯性坐标，我们看到在 P 点 $\dfrac{d^2 y^{\mu}}{d\lambda^2}=0$。因此，世界线的每个坐标 y^{μ} 在局部都是 λ 的线性函数，就像粒子在闵可夫斯基空间的自由运动。这是等效原理要求的运动，表明自由下落的粒子在时空中沿测地线运动。

沿测地线，下述量：

$$\Xi = g_{\mu\nu}(y(\lambda))\,\frac{dy^{\mu}}{d\lambda}\,\frac{dy^{\nu}}{d\lambda} \tag{6.18}$$

与 λ 无关；换句话说，它是守恒的。将(6.18)式对 λ 求导，并利用测地线方程(6.17)以及克利斯朵夫记号的公式，就可以验证这一点。对于类时、类光或类空测地线，Ξ 分别是正的、零或负的。如果测地线是类时的，我们可以重新标度 Ξ 为 1，那么参量 λ 就成为沿测地线的固有时。只有类时测地线才对应于物理粒子的轨迹。

沿类光测地线，τ 是零，λ 本身就是一个较好的参量。类光测地线是光线在弯曲时空中的路径。它描述了几何光学极限下客观的光传播，在这个极限下，波长远小于与曲率有关的任何长度尺度。

如果时空度规具有对称性，例如，旋转对称性或时间平移对称性，那么测地运动就有进一步的守恒律。如果存在坐标选择 y^{μ}，以使度规张量与其中一个坐标无关，比如 y^{α}，那么就最简单地实现了连续对称性。在那种情况下，再次利用方程(6.17)，我们可以表明

$$Q = g_{\alpha\mu}(y(\lambda))\,\frac{dy^{\mu}}{d\lambda} \tag{6.19}$$

是沿任何测地线守恒的。在后面，当我们考虑粒子和光在恒星或黑洞周围时空中的测地运动时，Ξ 和 Q 的守恒将会很有用，因为在那里的时空中存在时间平移对称性和某些旋转对称性。

弱引力场

根据等效原理，我们应该能够将牛顿引力场中的自由落体运动，看作是适当定义了度规的弯曲时空中的类时测地线。我们知道，在弱引力场中，对运动速度比光速慢得多的物体，牛顿力学非常有效，因此在这种情况下，相应的度规必须接近闵科夫斯基度规。因此，我们将使用通常的闵可夫斯基空间坐标，$x^0=t$ 和 x^1，x^2，x^3。

如果牛顿引力势是 $\phi(\boldsymbol{x})$，那么适宜描述牛顿引力的度规是

$$d\tau^2 = (1+2\phi(\boldsymbol{x}))dt^2 - d\boldsymbol{x}\cdot d\boldsymbol{x}. \tag{6.20}$$

我们可以忽略 ϕ 的任何时间依赖性，因为产生势的物体运动缓慢。度规张量的分量中，唯一与闵可夫斯基情形不同的是 $g_{tt}=1+2\phi(\boldsymbol{x})$，而且这个差异很小，因为在我们的单位下，$|\phi|\ll 1$。为了验证该度规具有恰当的测地线，考虑沿着参数为 t 的世界线 $X(t)=$

$(t, \boldsymbol{x}(t))$ 的间隔 τ，其中速度 $\boldsymbol{v} = \dfrac{\mathrm{d}\boldsymbol{x}}{\mathrm{d}t}$ 是很小的。间隔是

$$\tau = \int_{t_0}^{t_1} \sqrt{(1 + 2\phi(\boldsymbol{x}(t)))\left(\frac{\mathrm{d}t}{\mathrm{d}t}\right)^2 - \frac{\mathrm{d}\boldsymbol{x}}{\mathrm{d}t} \cdot \frac{\mathrm{d}\boldsymbol{x}}{\mathrm{d}t}}\, \mathrm{d}t$$

$$= \int_{t_0}^{t_1} \sqrt{1 + 2\phi(\boldsymbol{x}(t)) - \boldsymbol{v} \cdot \boldsymbol{v}}\, \mathrm{d}t. \tag{6.21}$$

由于 ϕ 和 $\boldsymbol{v}$ 很小，我们可以对平方根作近似，给出

$$\tau \approx \int_{t_0}^{t_1} \left(1 + \phi(\boldsymbol{x}(t)) - \frac{1}{2}\boldsymbol{v} \cdot \boldsymbol{v}\right) \mathrm{d}t. \tag{6.22}$$

常数项 1 的积分与路径无关，可以舍弃。

要找到粒子的测地线，我们必须对 τ 这个量取极大值，但是如果我们乘以 $-m$，其中 m 是粒子质量，那么我们可以等价地取

$$S = \int_{t_0}^{t_1} \left(\frac{1}{2}m\boldsymbol{v} \cdot \boldsymbol{v} - m\phi(\boldsymbol{x}(t))\right) \mathrm{d}t \tag{6.23}$$

的极小值。S 就是非相对论性粒子的作用量 (2.53) 式，粒子的质量为 m，动能和势能分别为 $\dfrac{1}{2}m\boldsymbol{v} \cdot \boldsymbol{v}$ 和 $m\phi$。正如我们在 2.3 节中看到的，通过最小化 S 得到的运动方程为

$$\frac{\mathrm{d}^2 \boldsymbol{x}}{\mathrm{d}t^2} + \boldsymbol{\nabla}\phi = 0, \tag{6.24}$$

这就是牛顿引力意义下定义的方程。这表明在低速极限下，具有度规 (6.20) 的弯曲时空中的类时测地线，再现了牛顿引力预期的运动。

我们可以明确地检验测地线方程 (6.17) 的低速极限。在此极限下，$\tau \approx t$，所以对 τ 的导数可以用对 t 的导数代替。占主导的克利斯朵夫记号是

$$\Gamma_{tt}^i = \frac{1}{2}g^{\alpha i}(g_{\alpha t, t} + g_{\alpha t, t} - g_{tt, \alpha}) = -\frac{1}{2}g^{\alpha i}g_{tt, \alpha} = -\frac{1}{2}g^{ii}g_{tt, i}, \tag{6.25}$$

其中 $g^{ii} = -1$，$g_{tt} = 1 + 2\phi$，$g_{tt, i} = 2\dfrac{\partial\phi}{\partial x^i}$，所以 $\Gamma_{tt}^i = \dfrac{\partial\phi}{\partial x^i}$。[(6.25) 的最后一个表达式中不对 i 求和。]因此，(6.17) 的空间分量是

$$\frac{\mathrm{d}^2 x^i}{\mathrm{d}t^2} + \frac{\partial\phi}{\partial x^i} = 0, \tag{6.26}$$

再次与牛顿运动方程一致。

稍后我们将看到，度规 (6.20) 并不严格满足爱因斯坦场方程，度规张量的空间部分出现了与牛顿势 ϕ 有关的项，但这对缓慢运动的粒子来说，对运动方程产生的修正是可忽

略的。牛顿势最重要的影响是扭曲时空度规张量中的 g_{tt} 项，这也许有点使人惊讶。人们可能已经猜到引力会使空间弯曲。然而，时间的扭曲与我们早先发现一致，即在作了与时间有关的坐标变化(6.2)之后，恒定引力场中的自由下落呈现惯性。

6.5 引力场方程

如果我们接受时空是弯曲的这一观点，那么正如我们所看到的，我们可以预期有质量的物体和光沿着测地线行进，但是首要的问题是，时空弯曲是如何产生的呢？决定物质与时空曲率关系的引力场方程又是什么呢？爱因斯坦假定场方程必须遵循 3 个指导原则：

1）它必须是广义协变的，

2）它必须与等效原理一致，

3）对于低密度和低速物质，它必须约化到牛顿引力势的方程。

原则 1）意味着场方程必须是张量方程，它在任何坐标系中都采用相同的形式。原则 2）就是最初从滚动球得到的想法。它对爱因斯坦的启示是，引力可处理作为时空曲率，因为引力以相同的方式影响所有的物体。此外，等效原理还表明，即使在引力场中，局域惯性系中的物理，与狭义相对论中的物理也是不可区分的。换言之，时空在局域是闵可夫斯基的。原则 2）和原则 1）合起来表明场方程的一边必须由某种形式的曲率张量组成。原则 3）提供了将质量密度与曲率相关联的比例常数，并对场方程与成熟的牛顿物理学之间的一致性进行了重要测试。

如第 6.2 节所述，在存在质量密度 ρ 的情况下，牛顿势 ϕ 遵循泊松方程 $\nabla^2 \phi = 4\pi G\rho$。爱因斯坦面临的任务是找到泊松方程的相对论对应。这应该是一个协变方程，将描述时空曲率的张量，与描述物质分布的张量联系起来，并且对于低质量密度和远小于光速的物质速度，这个方程应该约化到泊松方程。

6.5.1 能量-动量张量

产生曲率的引力源必定是某种密度，就像泊松方程右边出现的质量密度一样，但是在相对论理论中，一个坐标系中的质量在另一个坐标系会对能量和动量提供贡献，因此能量、质量和动量都必须作为引力曲率的来源。

能量是一个 4 矢量的时间分量。在洛伦兹推动下，它乘以 γ 因子 $\gamma = (1 - v \cdot v)^{-\frac{1}{2}}$。能量密度，即单位体积的能量，会有第二个 γ 因子，因为体积元在推动方向上有一个 γ 因子的收缩。因此能量密度转化为一个 2 指标张量的 00 分量。这个张量称为能量-动量张量或应力-能量张量，用 $T^{\mu\nu}$ 表示。虽然这个论点是基于闵可夫斯基空间的物理学，但它也适用于弯曲时空，因为等效原理表明时空总是局域闵可夫斯基的。

对于纯物质，其静止系中的密度用 ρ 表示，并且（根据定义）是洛伦兹不变量。在这个系中，$T^{00} = \rho$ 是对 $T^{\mu\nu}$ 的主要贡献。如果物质在运动（这仅仅取决于所选择的坐标系），那么有一个依赖于密度 ρ 和物质局部 4-速度 v^μ 的 $T^{\mu\nu}$ 表达式。分量 T^{i0}（$i = 1, 2, 3$）

给出了第 i 方向的动量密度。T^{ij} 是在第 j 方向上动量密度第 i 分量的流或通量。它的贡献来自物质的净流动，以及在微观层次上物质粒子碰撞的随机运动产生的压强。

天体物理学家把无相互作用自由粒子的理想流体称为尘埃，它们之间的相对运动可以忽略不计，因此压强可以忽略不计。尘埃的能量-动量张量取为简单的形式：

$$T^{\mu\nu} = \rho \upsilon^\mu \upsilon^\nu , \tag{6.27}$$

其中 υ^μ 是尘埃的局域 4-速度。对于更一般的理想流体，能量-动量张量包含压强项，其形式为

$$T^{\mu\nu} = (\rho + P)\upsilon^\mu \upsilon^\nu - P g^{\mu\nu} , \tag{6.28}$$

其中 ρ 是密度，P 是压强。ρ 和 P 是定义在流体的局域静止系中的洛伦兹不变量，且由状态方程相联系。它们在整个时空变化，所以它们是场。更一般地，$T^{\mu\nu}$ 也可以包含描述电磁辐射或任何其他物理现象的项。

相当普适地，$T^{\mu\nu}$ 在其两个指标的交换下是对称的，因此在每一点上，它的 16 个分量中，只有 10 个是独立的（4 个对角和 6 个非对角矩阵元）。特别是，能量密度的流 T^{0i} 等于动量密度 T^{i0}。然而，由于物质和辐射满足各自的局域场方程，所以，$T^{\mu\nu}$ 的分量并非完全是时空的任意函数。例如，电磁辐射遵循改写后适应弯曲时空背景的麦克斯韦方程。对于物质粒子的稀薄气体，有效自由粒子在时空中沿测地线运动。对于密度更大的物质气体，例如恒星中的气体，需要考虑压强起作用的流体运动方程。这些动力学场方程进一步约束了 $T^{\mu\nu}$。

回想一下，由于电荷在闵可夫斯基空间是物理守恒的，所以有一个局域电磁 4 维流守恒方程 (4.45)，它表示 $\mathcal{J}$ 的时空散度为零。使用 4-矢量记号（以及指标记号，ν 表示时空偏导数），这个方程成为

$$\partial \cdot \mathcal{J} = \mathcal{J}^\nu{}_{,\nu} = 0 . \tag{6.29}$$

在弯曲时空中，散度推广为带有一个缩并指标的协变导数，所以，在坐标 y^μ 中，电磁流必须满足协变守恒方程：

$$\frac{\mathrm{D}}{\mathrm{D}y^\nu} \mathcal{J}^\nu = \mathcal{J}^\nu{}_{,\nu} + \Gamma^\nu{}_{\nu\alpha} \mathcal{J}^\alpha = 0 . \tag{6.30}$$

由于等效原理，我们知道即使在弯曲时空中，能量和动量的 3 个分量也是局域守恒的。存在一个对应的流守恒定律，即能量-动量张量的协变时空散度为零。在惯性系中：

$$T^{\mu\nu}{}_{,\nu} = 0 , \tag{6.31}$$

在一般坐标系中，流守恒定律成为

$$\frac{\mathrm{D}}{\mathrm{D}y^\nu} T^{\mu\nu} = T^{\mu\nu}{}_{,\nu} + \Gamma^\mu{}_{\nu\alpha} T^{\alpha\nu} + \Gamma^\nu{}_{\nu\alpha} T^{\mu\alpha} = 0 . \tag{6.32}$$

这是对 $T^{\mu\nu}$ 的进一步约束。事实上，由于 μ 是一个从 0 取到 3 的自由指标，存在对应于能

量和动量守恒的四个局部约束。

现在我们将引入一种新的简化记号。我们先前已用逗号记号 $, \nu$ 代替了偏导数 $\dfrac{\partial}{\partial y^{\nu}}$，这里将继续这样使用。从现在开始，我们还将用分号记号 $; \nu$ 代替协变导数 $\dfrac{\mathrm{D}}{\mathrm{D}y^{\mu}}$，在弯曲时空中，协变导数包含有克利斯朵夫记号的项。例如，

$$\frac{\mathrm{D}}{\mathrm{D}y^{\nu}}V^{\mu} = V^{\mu}{}_{;\nu} = V^{\mu}{}_{,\nu} + \Gamma^{\mu}_{\nu\alpha}V^{\alpha}. \tag{6.33}$$

使用缩写记号，能量动量张量的协变散度为零写作

$$T^{\mu\nu}{}_{;\nu} = 0. \tag{6.34}$$

6.5.2 爱因斯坦张量和爱因斯坦方程

爱因斯坦认识到，能量-动量张量具有引力场方程一边所需的所有性质。他需要的是适合方程另一边的张量，现在人们称这个张量为爱因斯坦张量。这个张量将描述时空的曲率，因此必须与黎曼张量有关。在真空中，能量-动量张量为零。这表明方程另一边的爱因斯坦张量不能简单地是黎曼张量的倍数，否则，真空就是平坦的了，真空中有质量物体之间就不会有引力效应了，这显然是错误的。

能量-动量张量是一个 2 秩张量，所以爱因斯坦张量也必须具备这些性质。比较方便的做法是利用度规张量下降指标，从而对 $T_{\mu\nu}$ 进行操作。在爱因斯坦的笔记中，他最初写的方程是

$$?_{\mu\nu} = \kappa T_{\mu\nu}, \tag{6.35}$$

其中 κ 是一个比例常数，$?_{\mu\nu}$ 是爱因斯坦张量，它的形式是要他着手去发现的。能量-动量张量的散度为零，为了一致性，于是爱因斯坦张量的散度也必须为零。这样，理论就自动满足了能量和动量守恒。

如我们所见，黎曼曲率张量有四个指标，它是 4 秩的，但从它可得到一个密切相关的 2 秩张量。这就是里奇张量 $R_{\mu\nu}$。它是通过缩并指标得到的，也就是对黎曼张量的选定分量求和，如下所示：

$$R_{\mu\nu} = R^{\alpha}{}_{\mu\alpha\nu} = R^{0}{}_{\mu0\nu} + R^{1}{}_{\mu1\nu} + R^{2}{}_{\mu2\nu} + R^{3}{}_{\mu3\nu}. \tag{6.36}$$

由于黎曼张量在交换第一和第二对指标下的对称性，因此里奇张量的两个指标是对称的，它有 10 个独立分量。可进一步缩并指标，得到里奇标量：

$$R = g^{\mu\nu}R_{\mu\nu} = R^{\mu}{}_{\mu}. \tag{6.37}$$

里奇张量，度规张量和里奇标量可以组合成一组对称的 2 秩曲率张量：

$$R_{\mu\nu} - \xi g_{\mu\nu}R, \tag{6.38}$$

其中 ξ 是任意常数。现在我们证明，仅有一个 ξ 值给出了在任何时空中散度都为零的张

量。这个散度可以借助一个包含黎曼张量导数的恒等式来计算。与许多张量方程一样，用局部惯性坐标最容易证明这个恒等式。在(6.14)式中，黎曼张量已用克利斯朵夫记号表示。在惯性坐标中，克利斯朵夫记号为零，黎曼张量的后两项是克利斯朵夫记号的乘积，所以根据莱布尼兹法则，求导一次后这两项的贡献仍然为零。因此，在惯性系中，

$$R^{\alpha}{}_{\nu\gamma\lambda,\,\mu} = \Gamma^{\alpha}{}_{\nu,\,\gamma\mu} - \Gamma^{\alpha}{}_{\gamma\nu,\,\lambda\mu}. \tag{6.39}$$

同样，通过置换指标，我们有

$$R^{\alpha}{}_{\nu\mu\gamma,\,\lambda} = \Gamma^{\alpha}{}_{\gamma\nu,\,\mu\lambda} - \Gamma^{\alpha}{}_{\mu\nu,\,\gamma\lambda}, \ R^{\alpha}{}_{\nu\lambda\mu,\,\gamma} = \Gamma^{\alpha}{}_{\mu\nu,\,\lambda\gamma} - \Gamma^{\alpha}{}_{\lambda\nu,\,\mu\gamma}. \tag{6.40}$$

将这 3 个表达式相加，并利用混合偏导数的对称性，给出

$$R^{\alpha}{}_{\nu\gamma\lambda,\,\mu} + R^{\alpha}{}_{\nu\mu\gamma,\,\lambda} + R^{\alpha}{}_{\nu\lambda\mu,\,\gamma} = 0. \tag{6.41}$$

这个表达式在惯性坐标系中是正确的。我们用协变导数代替偏导数，就产生了张量恒等式：

$$R^{\alpha}{}_{\nu\gamma\lambda;\,\mu} + R^{\alpha}{}_{\nu\mu\gamma;\,\lambda} + R^{\alpha}{}_{\nu\lambda\mu;\,\gamma} = 0, \tag{6.42}$$

它在任何坐标系中都有效。这称为比安基第二恒等式。

这个恒等式使我们朝着找到爱因斯坦张量迈出了一大步。如我们所知，里奇张量是通过对黎曼张量的第一和第三个指标取迹得到的。如果我们在(6.42)式的每一项中缩并 α 和 γ，我们得到

$$R_{\nu\lambda;\,\mu} - R_{\nu\mu;\,\lambda} + R^{\alpha}{}_{\nu\lambda\mu;\,\alpha} = 0, \tag{6.43}$$

其中我们已经利用了黎曼张量后两个指标的反对称性，得到中间一项。我们可以用 $g^{\nu\lambda}$ 乘每一项并再次缩并，得到 $R^{\lambda}{}_{\lambda;\,\mu} - R^{\lambda}{}_{\mu;\,\lambda} + R^{\alpha\lambda}{}_{\lambda\mu;\,\alpha} = 0$，接着，利用 $R^{\alpha\lambda}{}_{\lambda\mu}$ 前两个指标的反对称性，得到 $R^{\lambda}{}_{\lambda;\,\mu} - 2R^{\lambda}{}_{\mu;\,\lambda} = 0$。$R = R^{\lambda}{}_{\lambda}$ 是里奇标量，结果成为

$$R_{;\,\mu} - 2R^{\lambda}{}_{\mu;\,\lambda} = 0. \tag{6.44}$$

如(5.45)所示，度规是协变常数，所以我们可以乘上逆变度规 $g^{\mu\nu}$ 并将它拉进协变导数。交换两项的顺序，并对重复指标使用相同符号，给出

$$\left(R^{\mu\nu} - \frac{1}{2} g^{\mu\nu} R \right)_{;\,\mu} = 0. \tag{6.45}$$

我们已经找到了一个散度为零的 2 秩对称张量。

我们从而确定(6.38)式中的常数 ξ 为 $\dfrac{1}{2}$，并定义爱因斯坦张量（用下指标）为

$$G_{\mu\nu} = R_{\mu\nu} - \frac{1}{2} g_{\mu\nu} R. \tag{6.46}$$

于是得到了广义相对论的场方程。将 $G_{\mu\nu}$ 代入(6.35)，我们发现

$$G_{\mu\nu} = \kappa T_{\mu\nu}. \tag{6.47}$$

这就是爱因斯坦方程。它有 10 个分量,使两个对称的、散度为零的 2 秩张量相等。给定物质、能量和动量的一个特定分布,爱因斯坦方程就决定了度规 $g^{\mu\nu}$,从而决定了时空如何弯曲。即使在 $T_{\mu\nu}=0$ 的真空区域,时空通常也是弯曲的,因为黎曼张量的一些分量仍然不为零。

我们还可以得到爱因斯坦方程的另一种形式。将方程(6.46)的各项乘以 $g^{\lambda\nu}$ 并缩并指标 λ 和 ν,由于 $g^{\mu\nu}g_{\mu\nu}=\delta^{\nu}{}_{\nu}=4$,我们得到

$$G^{\nu}{}_{\nu}=R-2R=\kappa T^{\nu}{}_{\nu}. \tag{6.48}$$

如果我们将缩并的能量-动量张量写为 $T=T^{\nu}{}_{\nu}$,那么

$$-R=\kappa T, \tag{6.49}$$

将上式代回爱因斯坦方程(6.47),给出

$$R_{\mu\nu}=\kappa\left(T_{\mu\nu}-\frac{1}{2}g_{\mu\nu}T\right). \tag{6.50}$$

这是爱因斯坦提出场方程时的最初形式。

6.5.3 确定比例常数

在弱场和低速极限下,我们应该回到泊松方程形式的牛顿引力,并利用该极限下场方程的 00 分量确定 κ。

在惯性坐标中,克里斯多夫记号为零,但它们的导数可以不为零。缩并(6.14)中黎曼张量的第一和第三个指标,给出惯性坐标中的里奇张量:$R_{\mu\nu}=\Gamma^{\alpha}{}_{\mu\nu,\alpha}-\Gamma^{\alpha}{}_{\alpha\mu,\nu}$。 对克利斯多夫记号应用(6.13)式,成为

$$R=\frac{1}{2}g^{\beta\alpha}(g_{\beta\nu,\mu\alpha}+g_{\beta\mu,\nu\alpha}-g_{\nu\mu,\beta\alpha})-\frac{1}{2}g^{\beta\alpha}(g_{\beta\alpha,\mu\nu}+g_{\beta\mu,\alpha\nu}-g_{\alpha\mu,\beta\nu})$$
$$=\frac{1}{2}g^{\beta\alpha}(g_{\beta\nu,\mu\alpha}-g_{\nu\mu,\beta\alpha}-g_{\beta\alpha,\mu\nu}+g_{\alpha\mu,\beta\nu}), \tag{6.51}$$

两个括号里的中间一项抵消了。对于弱场与平坦时空的偏差很小,所以我们可以写成

$$g_{\mu\nu}=\eta_{\mu\nu}+h_{\mu\nu}, \tag{6.52}$$

其中 $\eta_{\mu\nu}$ 是闵可夫斯基背景空间的度规张量,而 $h_{\mu\nu}\ll 1$,我们可以将坐标 y^{μ} 选为普通的时间和空间坐标 $(x^0=t,x^1,x^2,x^3)$。 舍去 $h_{\mu\nu}$ 的二次项,则里奇张量的 00 分量为

$$R_{00}=\frac{1}{2}\eta^{\beta\alpha}(h_{\beta0,0\alpha}-h_{00,\beta\alpha}-h_{\beta\alpha,00}+h_{\alpha0,\beta0}). \tag{6.53}$$

缓慢运动的物质产生缓慢变化的度规,因此我们可以忽略时间导数。R_{00} 表达式中除第二项外,每一项至少包含一个明显时间导数,所以

$$R_{00} = -\frac{1}{2}\eta^{\beta\alpha}h_{00,\beta\alpha}. \tag{6.54}$$

在这个结果中再次忽略剩余的时间导数,给出

$$R_{00} = -\frac{1}{2}\eta^{ji}h_{00,ji} = \frac{1}{2}h_{00,ii} = \frac{1}{2}\nabla^2 h_{00}. \tag{6.55}$$

对于缓慢运动的物质,静质量比动能大得多,所以能量-动量张量中的主项是 $T_{00} = \rho$,对于近似平坦的度规,有 $T^\mu_\mu = T = \rho$,所以方程(6.50)右边的 00 分量是 $\frac{1}{2}\kappa\rho$。将这个结果与(6.55)结合起来给出

$$\nabla^2 h_{00} = \kappa\rho. \tag{6.56}$$

在牛顿极限下,从(6.20)式可知 $h_{00} = 2\phi$,所以

$$\nabla^2\phi = \frac{1}{2}\kappa\rho, \tag{6.57}$$

如果 $\kappa = 8\pi G$,那么它就是泊松方程(6.5)。这就确定了 κ 并给出了爱因斯坦方程的最终形式,

$$G_{\mu\nu} = 8\pi G T_{\mu\nu}. \tag{6.58}$$

6.6 广义相对论的经典测试

在这里,我们描述了广义相对论的三个经典检验和确认这一理论的历史观测。关于前两种效应的大小,详细计算留给后续章节。

6.6.1 水星近日点进动

牛顿引力用逆平方律的力来描述。这导致了椭圆轨道,解释了开普勒行星运动第一定律,如我们在 2.7 节所看到的。逆平方律具有一个增加的对称性,导致了守恒的龙格-楞次矢量,这个矢量是指向行星轨道长轴并在空间中保持固定的。作用在行星上的任何小的附加力都会破坏这种对称性,产生的影响将是椭圆轴的逐渐进动,如图 6.4 所示。

19 世纪的观测表明,水星绕太阳的轨道每世纪进动 $574''$。($1''$ 是 $\frac{1}{60}'$,相应地是 $\frac{1}{3\,600}°$。)在大

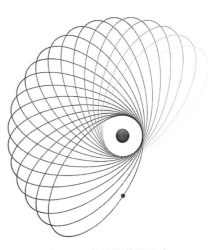

图 6.4 水星轨道的进动

约 22.5 万年的时间里，水星轨道的轴线变化了一圈。其中的大部分进动可以解释为其他行星的引力吸引所产生的扰动。金星的引力造成了一个世纪 277″ 的移动。木星又增加了 153″。地球约占 90″，其余行星约占另外的 11″。这些贡献总共有 531″，还有每世纪 43″ 没有得到解释。

1915 年 11 月，爱因斯坦解决了这个问题。他对测地运动进行了计算，比牛顿近似超出了一步，这足以分析太阳系中的小效应，他发现广义相对论引入了一个额外的力，随着距离四次方的倒数而减少。在太阳系中，这个额外的项在水星情形是最大的，因为水星离太阳最近。由于广义相对论的附加力，水星的轨道每世纪进动 43″，正好可以解释观测到的进动总量。在这一刻爱因斯坦知道他的理论是成功的。爱因斯坦欣喜若狂地写道："我的异想天开的梦想实现了。广义协变性。水星近日点运动令人惊叹地准确。"

6.6.2 星光的偏转

广义相对论预言，大质量天体周围的弯曲时空会使光发生偏转。在太阳系中，时空的曲率很小。即使在太阳附近，引力也是一种弱力。一束刚刚掠过太阳边缘的星光，沿着类光测地线运动，偏转的角度只有 1.75″。

1919 年，由阿瑟·爱丁顿和安德鲁·克罗姆林领导的一支英国探测队开始检验这一预测，他们拍摄了日全食期间靠近太阳边缘的恒星位置的偏转。日食于 1919 年 5 月 29 日，横扫巴西北部、大西洋和非洲，因为全食持续时间为 6 分钟，接近最大的可能时间，对这次任务十分有利。它在天空中也处于理想的位置，位于称为毕星团的疏散星团中，那里有许多相当明亮的恒星，容易测量它们的位置。克罗姆林的探测队在巴西的索布拉尔拍摄了日食，爱丁顿的探测队在非洲海岸外的普林西比岛拍摄了日食。在索布拉尔的测量给出了 1.98±0.16″ 的偏移，在普林西比的测量偏移了 1.61±0.4″，证实了广义相对论的预言。

日食探测的结果被誉为广义相对论的伟大胜利。爱因斯坦被推到了媒体的聚光灯前，在他生命余下的时间里，他将被遵奉成一位智力巨人。图 6.5 展示了当年晚些时候对探测队的一些新闻报道。

6.6.3 时钟和引力红移

广义相对论的另一个预言是引力影响时间的流逝。对时空度规应用牛顿近似可以很容易地理解这种效应，牛顿近似（6.20）式，$d\tau^2 = (1+2\phi(x))dt^2 - dx \cdot dx$，当势 ϕ 很小并且在空间无穷远处为零时，这个度规是有效的。

时钟测量的时间是它的局域固有时 τ。嘀嗒声之间的固有时间间隙 $\Delta\tau$ 是一个常数，与时钟的位置或运动无关。由于度规在无穷远处是闵可夫斯基的，在那里静止的时钟以惯性方式运动，测量的是坐标时。嘀嗒声之间的间隙是 $\Delta t = \Delta\tau$。一个类似的时钟，它若位于引力势较大的 x 位置，就不会以惯性方式运动；它一定会加速以维持静止，但我们假定

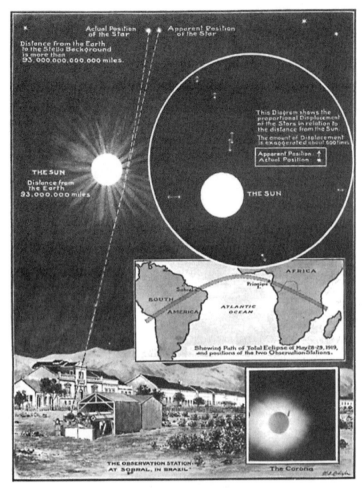

图 6.5 1919 年 11 月 22 日《伦敦新闻画报》的页面

加速度不会影响计时。[①] 由于在 x 处的时钟嘀嗒声间隔为 $\Delta\tau$，我们利用度规和近似
$(1+2\phi(x))^{\frac{1}{2}}\approx 1+\phi(x)$，推导出相应的坐标时间隙为 $\Delta t=\Delta\tau/(1+\phi(x))$。

假设时钟在 x 处的嘀嗒声被发送到无穷远。存在一个时间延迟，但是嘀嗒声之间的
坐标时间隙 Δt，在时钟位置处与在无穷远处是相同的。这是因为度规在任何时间移动
下都具有对称性，所以一个物理过程可以在整个时空中向前移动 Δt，并保持为物理的。
因此，到达无穷远处的嘀嗒声具有间隔 $\Delta\tau/(1+\phi(x))$，它比 $\Delta\tau$ 大，这是因为 $\phi(x)$ 为
负值。无穷远处时钟嘀嗒声的间隔为 $\Delta\tau$，所以，在无穷远处的观测者看来，引力势较深
地方的时钟慢了下来。与此相反，x 处的观测者会发现，与本地时钟相比，来自无穷远处
的时钟信号变快了。总而言之，引力对时钟的影响不是在局部，而是当人们比较它们在
不同地点的计时的时候。

---

① 这对于有适度加速度的原子钟已经得到检验，但是，对于依赖于引力的时钟，如摆钟，自然就失
灵了。

质量为 m 的测试物体在点 x 处具有（负的）势能 $m\phi(x)$，在无穷远处势能为零。包括物体静能量在内的总能量，在 x 处为 $m(1+\phi(x))$，在无穷远处为 m。为了通过自由运动接近空间无穷远，物体需要从具有一定外加的动能开始，动能会随着物体接近无穷远而减少。

同样，光子在接近无穷远时也会失去能量。假定一个光子从一个大质量天体（如恒星或行星）的表面发射出来，那里的牛顿势为 ϕ，被一个遥远的观测者探测到，观测者那里的引力势为零。假定发射的光子具有（角）频率 ω，观测到的频率是 ω_∞。光子的初能量为 $E=\hbar\omega$，其中 $\hbar$ 是我们将要在第 7 章中讨论的普朗克常数。光子能量减少的方式和有质量物体相同，所以

$$\hbar\omega_\infty = \hbar\omega(1+\phi). \tag{6.59}$$

由于 ϕ 是负的，ω_∞ 比 ω 小，我们说光子在攀爬引力阱时经历了红移[①]。电磁波的脉冲是测量时间流逝的理想方法。光子能量在发射和探测之间的减少，可以解释为是由于时间在这两点流逝的速率不同。从以上计算，我们再次推断，无穷远处的固有时间隔，和从势为 ϕ 处发送到无穷远的等效固有时间隔相比，缩短了一个因子 $1+\phi$。

1914 年，沃尔特·亚当斯描述了后来被命名为白矮星的一类新型星体的第一个成员。翌年，天狼星的暗伴星被确认为第二颗这样的星体。这些星体之所以引人注目，是因为它们与其他具有相似光谱的恒星相比非常暗。因为它们是处在双星系统中，所以可以估计它们的质量，结论是质量可以与太阳的质量 $M_\odot$ 相比拟。（目前对天狼星 B 的最好质量估计是 $0.98M_\odot$）。爱丁顿在 1924 年提出，这些星体之所以如此暗，是因为它们与正常恒星相比非常小。他估计，它们的大小与地球相似，因此必须是具有极高密度的异乎寻常致密的物体。他计算了天狼星 B 发出的光的引力红移，相当于 20 km/s 的多普勒频移。翌年，亚当斯对天狼星 B 进行了光谱观测，并测量了光谱中谱线的移动。在考虑到白矮星轨道运动引起的偏移后，仍然存在一个相当于 19 km/s 多普勒频移的红移，正如爱丁顿所预言的那样。这被爱丁顿誉为广义相对论的又一大胜利。然而，实际的测量和爱丁顿的计算都存在很大的不确定性，因此精确的一致性更多在于巧合。天狼星 B 引力红移的多普勒等效量的现代数据是 80.42 ± 4.83 km/s。

1959 年，罗伯特·庞德和格伦·里勃卡在哈佛大学的一个经典实验中，对引力频移进行了更精确的测量。庞德和里勃卡在大学的 22.5 m 高的杰斐逊塔上向下发射了伽马射线光子，并在塔底测量了由于光子落入地球引力场而导致的光子频率的蓝移。初步结果与广义相对论的预言一致，精度在 10% 以内。庞德和约瑟夫·斯内德对实验的后续改进，使一致性的精确度达到了 1% 以内。

世界上许许多多的人，每天都在使用全球定位系统（GPS）网络，在这个系统中，引力时间变形的影响已纳入常规考虑。如果广义相对论的预言没有被纳入 GPS 系统，这个系

[①] 红光形成可见光谱的低频端。红移是一个术语，用来描述电磁辐射频率的减小，不管它是否在光谱的可见部分。

统的正常运转不会超过几分钟。

6.7　爱因斯坦方程的史瓦西解

卡尔·史瓦西(Karl Schwarzschild)是德国数学家和天体物理学家,1915 年驻扎在东线。在战争期间,他患了一种罕见的、极端痛苦的天疱疮,这是一种自身免疫性皮肤病。在这种难以置信的困境中,他却找到了爱因斯坦方程最重要的解,届时爱因斯坦方程发表才一个月时间。他的解描述了诸如恒星或行星那样的理想球体内外的时空。史瓦西的病很快恶化,1916 年 3 月,他离开了前线。两个月以后他便去世了。

爱因斯坦方程是一个张量方程,将度规张量的二阶偏导数与物质和能量密度联系起来。在真空中,能量-动量张量 $T_{\mu\nu}$ 为零,所以,从方程(6.50)就很清楚地看到,爱因斯坦方程简化为

$$R_{\mu\nu} = 0. \tag{6.60}$$

这称为真空爱因斯坦方程。最简单的真空解是闵可夫斯基空间,即狭义相对论的平坦时空,在那里,所有的黎曼张量都为零。

不平庸的一点是,外部史瓦西解不是平坦的,描述了球对称物体周围的真空时空。最简单的描述方法是使用极坐标 $(t, r, \vartheta, \varphi)$。对于质量为 M,中心在 $r=0$ 点的物体,外部史瓦西度规是

$$d\tau^2 = \left(1 - \frac{2GM}{r}\right)dt^2 - \left(1 - \frac{2GM}{r}\right)^{-1}dr^2 - r^2(d\vartheta^2 + \sin^2\vartheta d\varphi^2). \tag{6.61}$$

度规张量的非零分量是

$$g_{tt} = 1 - \frac{2GM}{r}, \ g_{rr} = -\left(1 - \frac{2GM}{r}\right)^{-1}, \ g_{\vartheta\vartheta} = -r^2, \ g_{\varphi\varphi} = -r^2\sin^2\vartheta. \tag{6.62}$$

这个度规张量是对角的,将它的每一个分量与闵可夫斯基度规相比,我们看到 t 应看作是时间坐标,r, ϑ, φ 应看作在整个 $r > 2GM$ 区域的空间极坐标。

在一个球对称质量外面的牛顿引力场是由引力势 $\phi(r) = -\dfrac{GM}{r}$ 描述的,而史瓦西度规是牛顿引力场的相对论对应。牛顿引力场和史瓦西度规都包含一个单参数 M。我们可以立即看到 $g_{tt} = 1 + 2\phi$,但爱因斯坦方程要求度规的空间部分也依赖于 ϕ。然而,在半径 $r \gg GM$ 处,几何性质完全等效于牛顿引力场。

由于史瓦西度规张量的分量独立于 φ 和 t,因此它有两个明显的对称性。存在一个和 φ 的变化相关的旋转对称性,由于度规中的最后一项正比于 2-球面度规,所以这是整个球对称的一部分。这个度规在时间移动下也是对称的,所以说是静态的。这个解实际上是真空爱因斯坦方程最一般的球对称解。这个结果称为伯克霍夫(Birkhoff)定理,意味着史瓦西外部度规甚至适用于正在经历球对称坍缩或膨胀的物质周围。它也隐含着

在球对称时空中的一个空的球形腔是由 $M=0$ 的史瓦西度规描述的,这正是平坦的闵可夫斯基空间。等效的牛顿结果是,引力场在物质球壳内消失,因为满足拉普拉斯方程的唯一球对称势的形式是 $\phi = \dfrac{C}{r} + D$,但如果原点没有奇性,则 C 必为零,那么 ϕ 的梯度为零。

图 6.6 显示了在固定 t 和 ϑ 时,穿过外部史瓦西度规空间的 2 维切片。由于外部度规不再适用于内部,因此切片终止于物体的表面。

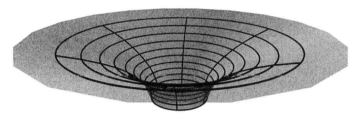

图 6.6 外部史瓦西空间的 2 维 (r, φ) 切片

证明外部史瓦西度规满足真空爱因斯坦方程(6.60)并不困难。代数运算相当冗长,但这是一个我们概要叙述的有用练习。将度规分量代入定义式(6.13),可算出克利斯朵夫记号。大多数项都为零,所以克利斯朵夫记号容易算出来。例如,

$$\Gamma^t_{\ tr} = \frac{1}{2} g^{\alpha t} (g_{\alpha t,\, r} + g_{\alpha r,\, t} - g_{tr,\, \alpha}) = \frac{1}{2} g^{\alpha t} g_{\alpha t,\, r} = \frac{1}{2} g^{tt} g_{tt,\, r}, \tag{6.63}$$

因为度规分量都与时间无关,并且包括 g_{tr} 在内的所有非对角分量都为零。因此

$$\Gamma^t_{\ tr} = \frac{1}{2} \left[1 - \frac{2GM}{r^2} \right]^{-1} \left[\frac{2GM}{r^2} \right] = \left(\frac{GM}{r^2 Z} \right), \tag{6.64}$$

其中 $Z = 1 - \dfrac{2GM}{r}$。仅有的非零克利斯朵夫记号是

$$\Gamma^t_{\ tr} = \Gamma^t_{\ rt} = \frac{GM}{r^2 Z}, \quad \Gamma^r_{\ tt} = \frac{GMZ}{r^2}, \quad \Gamma^r_{\ rr} = -\frac{GM}{r^2 Z}, \quad \Gamma^r_{\ \vartheta\vartheta} = -rZ,$$

$$\Gamma^r_{\ \varphi\varphi} = -rZ \sin^2 \vartheta, \quad \Gamma^\vartheta_{\ r\vartheta} = \Gamma^\vartheta_{\ \vartheta r} = \Gamma^\varphi_{\ r\varphi} = \Gamma^\varphi_{\ \varphi r} = \frac{1}{r}, \tag{6.65}$$

$$\Gamma^\vartheta_{\ \varphi\varphi} = -\sin \vartheta \cos \vartheta, \quad \Gamma^\varphi_{\ \varphi\vartheta} = \Gamma^\varphi_{\ \vartheta\varphi} = \cot \vartheta,$$

它们可以用来计算黎曼张量的分量。例如,从(6.14)式,

$$R^r_{\ trt} = \Gamma^r_{\ tt,\, r} - \Gamma^r_{\ rt,\, t} + \Gamma^r_{\ r\beta} \Gamma^\beta_{\ tt} - \Gamma^r_{\ t\beta} \Gamma^\beta_{\ rt}. \tag{6.66}$$

诸如 $\Gamma^r_{\ tr,\, t}$ 和 $\Gamma^r_{\ r\vartheta} \Gamma^\vartheta_{\ tt}$ 那样的大多数项都为零,余下的是

$$R^r_{\ trt} = \Gamma^r_{\ tt,\, r} + \Gamma^r_{\ rr} \Gamma^r_{\ tt} - \Gamma^r_{\ tt} \Gamma^t_{\ rt}$$

$$= -\frac{2GMZ}{r^3} + \frac{2G^2M^2}{r^4} - \left(\frac{GM}{r^2Z}\right)\left(\frac{GMZ}{r^2}\right) - \left(\frac{GMZ}{r^2}\right)\left(\frac{GM}{r^2Z}\right)$$

$$= -\frac{2GMZ}{r^3}, \tag{6.67}$$

其中第二行中的前两项来自 Γ^r_{tt} 的径向导数。类似的计算给出黎曼张量的其他分量,例如,

$$R^t_{ttt} = 0, \quad R^\vartheta_{t\vartheta t} = \frac{GMZ}{r^3}, \quad R^\varphi_{t\varphi t} = \frac{GMZ}{r^3}. \tag{6.68}$$

这些结果合在一起,给出里奇张量的 tt 分量:

$$R_{tt} = R^\alpha_{t\alpha t} = -\frac{2GMZ}{r^3} + \frac{GMZ}{r^3} + \frac{GMZ}{r^3} = 0. \tag{6.69}$$

同样可以证明里奇张量的所有其他分量都为零,因此史瓦西度规满足真空爱因斯坦方程。

真空爱因斯坦方程本身不包含任何质量参数,因此上述计算无法确定史瓦西度规中出现的参数 M。 证明 M 是引力体质量的最简单方法是考虑大 r 处的牛顿极限。或者,可以通过将外部史瓦西度规与内部史瓦西度规在物体表面进行匹配来确定。我们将在 6.10 节讨论内部度规。

牛顿极限

进一步研究牛顿近似下的外部史瓦西度规是很有启发性的。我们已经注意到,该度规对应于在大 r 处的牛顿势 $\phi(r) = -\frac{GM}{r}$,其梯度的量级为 $\frac{GM}{r^2}$。 这是相当重要的。牛顿理论建立在平方反比力的基础上,以便与观测到的行星运动相符。没有内在的理由使力以这种方式减小;这样的选择仅仅是为了符合观测结果。在爱因斯坦的理论中,不可能有这样的选择。场方程的形式是由非常普遍的原理决定的,意味着里奇张量在真空中为零。在牛顿极限下,球对称物体周围的引力势与距离成反比下降,力以距离的逆平方律减小,这是广义相对论的一个真实的预言。一个宇宙最重要的特征是从几何原理推演出来的。

我们也可以通过观察测地偏离方程(5.102),更深入地了解广义相对论的牛顿极限,

$$\frac{D^2\eta^\mu}{D\tau^2} = R^\mu_{\nu\rho\lambda}\frac{dy^\nu}{d\tau}\frac{dy^\rho}{d\tau}\eta^\lambda, \tag{6.70}$$

其中 η^μ 是一个矢量,连接两条相邻的类时测地线上的点。在闵可夫斯基空间中,黎曼张量为零,所以

$$\frac{d^2\eta^\mu}{d\tau^2} = 0. \tag{6.71}$$

这相当于两个物体之间非相对论性相对运动的牛顿第一运动定律。

对于史瓦西时空中的径向运动,方程(6.70)的 r 分量是

$$\frac{\mathrm{D}^2 \eta^r}{\mathrm{D}\tau^2} = R^r{}_{ttr} \frac{\mathrm{d}t}{\mathrm{d}\tau} \frac{\mathrm{d}t}{\mathrm{d}\tau} \eta^r. \tag{6.72}$$

从(6.67)式以及黎曼张量的反对称性,我们发现 $R^r{}_{ttr} = \dfrac{2GMZ}{r^3}$,并且对于史瓦西度规有 $\left(\dfrac{\mathrm{d}t}{\mathrm{d}\tau}\right)^2 = \dfrac{1}{Z}$,所以

$$\frac{\mathrm{D}^2 \eta^r}{\mathrm{D}\tau^2} = \frac{2GM}{r^3} \eta^r. \tag{6.73}$$

在牛顿极限下,因子 $\dfrac{2GM}{r^3}$ 解释为沿着从质量 M 径向向外的直线的潮汐拉伸。在横向 ϑ 和 φ 方向的测地偏离可类似地确定。由于 $R^\vartheta{}_{tt\vartheta} = R^\varphi{}_{tt\varphi} = -\dfrac{GMZ}{r^3}$,所以有,

$$\frac{\mathrm{D}^2 \eta^\vartheta}{\mathrm{D}\tau^2} = -\frac{GM}{r^3} \eta^\vartheta, \quad \frac{\mathrm{D}^2 \eta^\varphi}{\mathrm{D}\tau^2} = -\frac{GM}{r^3} \eta^\varphi. \tag{6.74}$$

因子 $-\dfrac{GM}{r^3}$ 解释为潮汐挤压。图 6.2 显示了由月球引力场引起的作用在地球上的这些潮汐力。

6.8　粒子在史瓦西时空中的运动

用外部史瓦西度规来描述太阳等大质量天体周围的时空,是一个非常好的近似。在这个时空中自由下落的粒子会沿着方程(6.17)所描述的类时测地线运动。为了简单起见,我们假定这个粒子具有单位质量。如前所述,沿测地线的参数 λ 可以取为固有时 τ,这样,方程式(6.18)中的常数 Ξ 为 1。

由于度规是球对称的,我们可以假设粒子的世界线位于 $\vartheta = \dfrac{\pi}{2}$ 的赤道平面上,并不会失去一般性。度规在反射 $\vartheta \to \pi - \vartheta$ 下的对称性意味着,起始时与这个平面相切的任何世界线,将逗留在赤道平面上。所以,$\sin \vartheta = 1$, $\mathrm{d}\vartheta = 0$,史瓦西度规约化为

$$\mathrm{d}\tau^2 = \left(1 - \frac{2GM}{r}\right) \mathrm{d}t^2 - \left(1 - \frac{2GM}{r}\right)^{-1} \mathrm{d}r^2 - r^2 \mathrm{d}\varphi^2. \tag{6.75}$$

测地线是满足

$$\left(1 - \frac{2GM}{r}\right) \left(\frac{\mathrm{d}t}{\mathrm{d}\tau}\right)^2 - \left(1 - \frac{2GM}{r}\right)^{-1} \left(\frac{\mathrm{d}r}{\mathrm{d}\tau}\right)^2 - r^2 \left(\frac{\mathrm{d}\varphi}{\mathrm{d}\tau}\right)^2 = 1 \tag{6.76}$$

的世界线 $(t(\tau),\ r(\tau),\ \varphi(\tau))$，这是(6.18)的具体形式。

史瓦西度规是静态的，所以如(6.19)式所表明的，粒子有守恒能量：

$$E = \left(1 - \frac{2GM}{r}\right)\frac{\mathrm{d}t}{\mathrm{d}\tau}. \tag{6.77}$$

类似地，由于度规在 φ 旋转下是对称的，粒子有守恒的角动量

$$l = r^2 \frac{\mathrm{d}\varphi}{\mathrm{d}\tau}. \tag{6.78}$$

由于这些守恒量的存在，方程(6.76)简化为

$$\left(1 - \frac{2GM}{r}\right)^{-1}\left(E^2 - \left(\frac{\mathrm{d}r}{\mathrm{d}\tau}\right)^2\right) - \frac{l^2}{r^2} = 1, \tag{6.79}$$

重新整理后成为

$$\frac{1}{2}\left(\frac{\mathrm{d}r}{\mathrm{d}\tau}\right)^2 + V(r) = \frac{1}{2}E^2, \tag{6.80}$$

其中

$$V(r) = \frac{1}{2}\left(1 - \frac{2GM}{r}\right)\left[1 + \frac{l^2}{r^2}\right] = \frac{1}{2} - \frac{GM}{r} + \frac{1}{2}\frac{l^2}{r^2} - \frac{GMl^2}{r^3}. \tag{6.81}$$

因此测地线方程约化为一个 1 维问题，即一个单位质量、动能为 $\frac{1}{2}\left(\frac{\mathrm{d}t}{\mathrm{d}\tau}\right)^2$ 的粒子在势 $V(r)$ 中运动，具有总"能量"为 $\frac{1}{2}E^2$。V 中的第二和第三项是标准的牛顿引力势和离心力项，这是在牛顿轨道分析中出现的两个项，但最后一项的立方反比势，给出了一个新的相对论项，它产生了引起轨道进动的逆四次方力。

作变量代换 $u = \frac{1}{r}$。我们有

$$\frac{\mathrm{d}r}{\mathrm{d}\tau} = \frac{\mathrm{d}r}{\mathrm{d}u}\frac{\mathrm{d}u}{\mathrm{d}\tau} = -r^2\frac{\mathrm{d}u}{\mathrm{d}\tau} = -r^2\frac{\mathrm{d}\varphi}{\mathrm{d}\tau}\frac{\mathrm{d}u}{\mathrm{d}\varphi} = -l\frac{\mathrm{d}u}{\mathrm{d}\varphi}. \tag{6.82}$$

变量代换后，我们从(6.80)和(6.81)式发现

$$\frac{1}{2}l^2\left(\frac{\mathrm{d}u}{\mathrm{d}\varphi}\right)^2 + \frac{1}{2} - GMu + \frac{1}{2}l^2u^2 - GMl^2u^3 = \frac{1}{2}E^2. \tag{6.83}$$

对 φ 求导并除以 $l^2\frac{\mathrm{d}u}{\mathrm{d}\varphi}$，给出

$$\frac{\mathrm{d}^2u}{\mathrm{d}\varphi^2} + u - \frac{GM}{l^2} = 3GMu^2. \tag{6.84}$$

等号右边的项不存在时，解为

$$u = \frac{GM}{l^2}(1 + e\cos\varphi),\tag{6.85}$$

或者等价地，$r(1 + e\cos\varphi) = \dfrac{l^2}{GM}$，这和我们找到的牛顿轨道的解(2.95)相符[①]。e 和 l 是由初始条件决定的常数。

附加项 $3GMu^2$ 对牛顿轨道作出了相对论修正。在太阳系中，此项很小，u 可将牛顿解近似代替，于是方程(6.84)约化成

$$\frac{\mathrm{d}^2 u}{\mathrm{d}\varphi^2} + u - \frac{GM}{l^2} = \frac{3(GM)^3}{l^4}(1 + e\cos\varphi)^2.\tag{6.86}$$

那么我们得到改进了的解为

$$u = \frac{GM}{l^2}(1 + e\cos\varphi) + \frac{3(GM)^3}{l^4}\left\{\left(1 + \frac{e^2}{2}\right) - \frac{e^2}{6}\cos 2\varphi + e\varphi\sin\varphi\right\}.\tag{6.87}$$

所以，大括号中的第一项是一个小常数，第二项是周期循环的，而第三项表明每转一圈，轨道都重复产生一个的小修正，且修正不随时间增加。只保留渐增的最后一项，我们得到

$$u = \frac{GM}{l^2} + \frac{GMe}{l^2}\left[\cos\varphi + \frac{3(GM)^2}{l^2}\varphi\sin\varphi\right].\tag{6.88}$$

右边 φ 的函数可以通过三角展开组合起来，对于小 α，

$$\cos\{(1-\alpha)\varphi\} = \cos\varphi\cos\alpha\varphi + \sin\varphi\sin\alpha\varphi \approx \cos\varphi + \alpha\varphi\sin\varphi,\tag{6.89}$$

所以，我们有

$$u = \frac{GM}{l^2} + \frac{GMe}{l^2}\cos\{(1-\alpha)\varphi\},\tag{6.90}$$

其中

$$\alpha = \frac{3(GM)^2}{l^2}.\tag{6.91}$$

在近日点，即离太阳最近的点，r 达到极小值而 u 达到极大值，所以 $\cos\{(1-\alpha)\varphi\} = 1$，因此 N 圈以后，

$$(1-\alpha)\varphi = 2\pi N.\tag{6.92}$$

因此，在近日点的 φ 角为

$$\varphi \approx 2\pi N + 2\pi N\alpha,\tag{6.93}$$

————————————

① 如果我们在 u 极大值处选择 φ 为零，则解 $\sin\varphi$ 是不需要的。

所以,对每一圈轨道,近日点进动了:

$$\Delta \varphi = 2\pi \alpha = \frac{6\pi (GM)^2}{l^2} = \frac{6\pi GM}{a(1-e^2)}, \tag{6.94}$$

其中我们已经用到了对于单位质量粒子的牛顿轨道、角动量和半长轴之间的关系是
$\dfrac{l^2}{GM} = a(1-e^2)$。

在太阳系中,这个效应对于水星情形是最大的,因为水星离太阳最近。水星的轨道周期也比其他行星短,所以对牛顿行为的偏差累积得更快。

牛顿引力常数是 $G = 6.67 \times 10^{-11} \ \mathrm{m^3 kg^{-1} s^{-2}}$,光速是 $c = 3.00 \times 10^8 \ \mathrm{m/s}$,所以在光速为 1 的单位中,牛顿常数是 $G = 7.42 \times 10^{-28} \ \mathrm{m \ kg^{-1}}$。 太阳的质量是 $M_\odot = 1.99 \times 10^{30} \ \mathrm{kg}$,所以 $GM_\odot = 1.48 \times 10^3 \ \mathrm{m}$。 水星轨道的半长轴是 $a = 5.79 \times 10^{10} \ \mathrm{m}$,其偏心率是 $e = 0.206$。 将这些数值代入,我们发现近日点的进动率是每一圈轨道 5.04×10^{-7} 弧度。水星的轨道周期为 88.0 天,所以每世纪有 415 圈轨道。因此,每世纪的近日点进动为 2.09×10^{-4} 弧度,等于 $43.1''$。

1974 年,拉塞尔·赫尔斯和约瑟·泰勒利用波多黎各的阿雷西波天文台的大型射电望远镜发现了第一个双中子星系统 PSR B1913+16。中子星是被压缩成核密度的坍塌恒星残骸。双星系统中的一颗中子星形成一颗脉冲星,它是一束电磁辐射,在中子星的每旋转一周中都指向我们的方向一次。(我们将在第 13.8.1 节中讨论脉冲星。)中子星每秒旋转 17 次,所以我们每 59 毫秒接收到一次射电波脉冲。接收到的射电脉冲具有令人难以置信的规律性,但由于中子星围绕其伴星运行时的多普勒频移,脉冲以 7.75 小时的周期缓慢变化。这些多普勒频移使天文学家能够精确地确定脉冲星系统的轨道特性。双星系统中有许多脉冲星,但在大多数双星系统中,伴星是一颗正常的恒星,物质向中子星的转移使动力学复杂化。相比之下,PSR B1913+16 是一个可以研究轨道力学的非常纯净的环境。该系统中的强引力场以及中子星位置的计算精度,使其成为广义相对论的理想试验场。天文学家已经确定这两颗中子星的质量,其中脉冲星为 $1.441\,1 \pm 0.000\,7 M_\odot$,伴星为 $1.387\,3 \pm 0.000\,7 M_\odot$。 它们的轨道是高度偏心的,$e = 0.617$,半长轴的长度为 $9.75 \times 10^8 \ \mathrm{m}$。在最接近的点上,两颗中子星的分离距离仅为 1.1 个太阳半径;最远的分离距离为 4.8 个太阳半径。

轨道轴的进动速度比水星快得多。将上一段中的数字代入公式(6.94)中,得到的进动是每年 4.2 度。观测到的进动与广义相对论的这个预测完全一致。轨道每天移动 41.4 弧秒,几乎相当于水星在一个世纪内的轨道移动。

2003 年,在澳大利亚帕克斯天文台发现了一个由中子星组成的双脉冲星系统,称为 PSR J0737‑3039A 和 PSR J0737‑3039B。这仍然是唯一已知的两个组分都是可见脉冲星的双星系统,这使得这个系统能够被精确监测。轨道周期只有 2.4 小时,轨道轴每年进动 16.90 度,再次证实了广义相对论的预测。

6.9 史瓦西时空中的光线偏折

如图 6.7 所示，为了计算经过球形质量附近的弯曲时空时的光偏折，我们需要确定史瓦西时空中的光线。光线沿类光测地线运动，我们可以再次假定它在赤道面 $\vartheta = \dfrac{\pi}{2}$ 上。

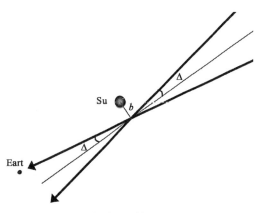

图 6.7 大质量天体附近光的偏折

在 (6.18) 式中，我们令 $\Xi = 0$，参量 λ 也不再是 τ。利用能量和角动量守恒定律，并像以前一样令 $u = \dfrac{1}{r}$，我们得到光线的运动方程：

$$\frac{\mathrm{d}^2 u}{\mathrm{d}\varphi^2} + u = 3GMu^2. \tag{6.95}$$

在太阳系中，右边的项仍然是很小的。若忽略这项，解是一条直线：

$$u = \frac{1}{b}\cos\varphi, \tag{6.96}$$

其中 b 是碰撞参数，即最接近中心质量的距离。为了方便，在最接近时我们已经选择 φ 为零，所以沿着直线，φ 从 $-\dfrac{\pi}{2}$ 增加到 $\dfrac{\pi}{2}$。为了找到改进的解，我们将直线解代入 (6.95) 右边的小项，给出

$$\frac{\mathrm{d}^2 u}{\mathrm{d}\varphi^2} + u = \frac{3GM}{b^2}\cos^2\varphi, \tag{6.97}$$

很容易看到这个方程的解是

$$u = \frac{1}{b}\cos\varphi + \frac{GM}{b^2}(2 - \cos^2\varphi). \tag{6.98}$$

在光线的两端，$u = 0$，

$$\frac{1}{b}\cos\varphi + \frac{GM}{b^2}(2 - \cos^2\varphi) = 0. \tag{6.99}$$

由于 φ 接近 $\pm\dfrac{\pi}{2}$，我们忽略 $\cos^2\varphi$ 项，得到

$$\cos\varphi = -\frac{2GM}{b}. \tag{6.100}$$

在一个方向的解为 $\varphi = -\dfrac{\pi}{2} - \Delta$，在另一个方向为 $\varphi = \dfrac{\pi}{2} + \Delta$，其中 Δ 是个小量。利用熟

悉的三角公式 $\cos\left(-\dfrac{\pi}{2} - \Delta\right) = \cos\left(\dfrac{\pi}{2} + \Delta\right) = -\sin\Delta \approx -\Delta$，我们发现

$$\Delta \approx \frac{2GM}{b}, \tag{6.101}$$

所以完全的偏折角是

$$2\Delta \approx \frac{4GM}{b}. \tag{6.102}$$

对于太阳，$GM_\odot = 1.48 \times 10^3$ m，如果将 b 取为太阳半径，即 6.96×10^8 m，那么恰好掠过太阳边缘的光线偏折的角度是 8.48×10^{-6} 弧度或 $1.75''$，这就是爱因斯坦的著名预言，并由 1919 年的日食观测做出了确认。

　　引力引起的光的弯曲可以在引力透镜中看到。极远距离的星系发出的光可能会弯曲在一个居间星系团周围，从而产生遥远星系的多重图像。人们已经发现了许多这样的引力透镜系统的例子。在理想情况下，精确地排成一线，透镜质量是球对称的，图像应该弯成一个圆，称为爱因斯坦环。图 6.8 显示了一个近乎完美的爱因斯坦环的实例。

图 6.8　近乎完美的爱因斯坦环 LRG 3 - 757，由哈勃空间望远镜第 3 代广域照相机拍摄。这个环在天球上的直径是 $11''$（照片来自 ESA - 哈勃和 NASA）

　　引力透镜提供了一种确定星系团质量的明确方法。我们到透镜星系团的距离和到要观测其畸变像的较远星系的距离都可以通过它们的红移来确定。（我们将在第 14 章中讨论宇宙学红移。）引力透镜产生的环的角度大小可以测量。将距离和角度大小结合起来可给出碰撞参数 b 和总偏折角度 2Δ。然后可用公式 (6.102) 确定引力透镜的质量。这样的计算所估计出的星系团中的物质数量，大大超过了从星系团发出的光的数量推断

出的结果。这表明星系团伴随着大量不发光的物质,因此被称为暗物质。暗物质究竟是什么,迄今尚不清楚。主要的候选者是一种未知的稳定粒子,可能是在极早期宇宙中大量产生的。我们将在第 12 章中回到这个问题。

6.10   史瓦西内部解

内部史瓦西度规描述了密度为 $\rho(r)$,压强为 $P(r)$,中心位于 $r=0$ 的球对称物体内部的时空。这个度规的形式为

$$d\tau^2 = e^{2\psi(r)}dt^2 - \left(1 - \frac{2GM(r)}{r}\right)^{-1}dr^2 - r^2(d\vartheta^2 + \sin^2\vartheta d\varphi^2), \qquad (6.103)$$

其中

$$M(r) = 4\pi\int_0^r \rho(r')r'^2 dr' \qquad (6.104)$$

是从中心开始的积分质量,$\psi(r)$ 是

$$\frac{d\psi}{dr} = \frac{G(M(r) + 4\pi r^3 P(r))}{r(r - 2GM(r))}, \qquad (6.105)$$

的解,满足边界条件 $\psi(\infty)=0$。

在理想情况下,密度 ρ 在整个物体中是常数,$M(r) = \frac{4}{3}\pi\rho r^3$。 在这种情形下,度规 (6.103)的空间部分是

$$ds^2 = \frac{dr^2}{1 - Kr^2} + r^2(d\vartheta^2 + \sin^2\vartheta d\varphi^2), \qquad (6.106)$$

其中 $K = \frac{8}{3}\pi G\rho$。 这就是 3 球面度规(5.73),曲率为常数 $\frac{8}{3}\pi G\rho$,所以半径为 $\left(\frac{3}{8\pi G\rho}\right)^{\frac{1}{2}}$。 内部度规只覆盖了 3 球面的一部分,对于地球这样的天体来说,也只覆盖了非常小的一部分,因为 $GM(r)$ 处处比 r 小得多,所以 Kr^2 比 1 小得多。

在球对称质量的外面,空间由外部史瓦西解描述,并且具有两种符号的曲率分量。这类似于图 1.3 所示的双曲肥皂膜,在表面上的每一点,曲率分量大小相等方向相反,以产生平衡的表面张力。在外部史瓦西几何中,有三个空间维度,为了满足爱因斯坦方程,两个角方向的向内曲率平衡了径向的向外曲率,如(6.69)式所示。在牛顿图像中,潮汐力在径向拉伸物体,而在垂直方向上挤压物体。

在质量内部,所有三个空间曲率都是向内的,所以空间是正弯曲的,物体在所有三个方向上都受到挤压。现在,这三个曲率分量在爱因斯坦方程中被物质施加的非引力向外应力所平衡。正的空间曲率压缩了组成物体的材料,而这一点被物体内部的结构力所抗

衡。若没有这样的结构力,比如电磁力或核力,物体必然坍缩。

图 6.9 显示了经过外部和内部空间度规的 2 维切片,该 2 维切片对应于均匀密度的球形质量内部和周围的空间。内部史瓦西度规在表面上连续地连接外部史瓦西度规,其中 $M(r)$ 等于总质量 M。 这证实了外部度规中的参量 M 是内部总质量。

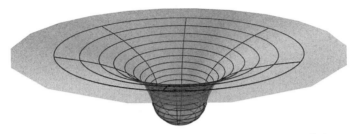

图 6.9　经过史瓦西外部和内部几何的 2 维切片(注意球体内
3 球面的一部分已经成为切片中 2 球面的一部分)

6.11　黑　　洞

在半径 $r_S = 2GM$ 处,外部史瓦西度规(6.61)似乎发生了一些奇怪的事情,这个半径就是所谓的史瓦西半径。在这里,g_u 是零,g_{rr} 无穷大。物体的史瓦西半径通常是无关紧要的,因为物体的物理尺寸比这个半径大得多,而且外部史瓦西几何在物体表面变成内部史瓦西几何。例如,太阳的史瓦西半径约为 3 公里,但外解仅适用于大于太阳半径(约 70 万公里)的距离。在太阳内部,几何由史瓦西内解描述是一个非常好的近似。

太阳由它的组成粒子的热运动产生的压力支撑,这依赖于核聚变能量的持续释放,我们将在第 13 章中讨论这点。当一颗恒星消耗完它的核燃料时,它必定在自身的引力下坍缩。最终演化结果取决于恒星的质量。上限为 $1.44M_\odot$ 的质量以白矮星的形式存在,由电子简并压支撑。质量更大的恒星坍塌形成中子星,中子星由核力和中子简并压支撑。它们的半径为 10~15 公里,非常接近它们的史瓦西半径。中子星所能支持的最大质量一般认为是在 $2 \sim 3M_\odot$ 的范围。质量再大的恒星,一旦核燃料被消耗掉,就没有已知的机制来支撑它了。

如果一个大质量天体在它自身的引力作用下被挤压,当它的半径缩小到史瓦西半径之内,那么不可避免的事情发生了,任何事物都无法阻止它坍缩。这样一个坍缩的物体称为黑洞,因为连光也无法从史瓦西半径内逃逸。质量为 M 的黑洞周围的真空时空由从半径 $r = 0$ 向外的史瓦西度规描述。

黑洞存在的观测证据现在是压倒性的。已经知道许多质量为 10 个太阳质量量级的黑洞例子,而在大多数(如果不是全部)星系的中心区域,都有质量为数百万甚至数十亿太阳质量的超大质量黑洞。最近,科学家探测到了明显是在黑洞并合中产生的引力波,这为黑洞的存在提供了直接而有力的证据。

按照宇宙标准,黑洞是非常小的。正因为如此,大量物质直接落进黑洞是不太可能的。相反,预计会在黑洞周围形成一个涡漩状的吸积盘。摩擦使吸积盘中的物质逐渐失去能量,向内盘旋,最后坠入深渊。在这个过程中释放了大量的引力能。这将吸积盘加热到极高的温度,导致了 X 射线的发射。

我们现在将考察史瓦西时空中圆轨道的性质,目的是对黑洞吸积盘中的能量释放有所了解。方程(6.80)的解给出了由外部史瓦西度规描述的时空中,单位质量粒子的轨道。在势(6.81)的极小值处,存在没有径向运动的稳定圆轨道。方便的做法是再次利用 $u = \dfrac{1}{r}$,于是,势为

$$V(u) = \frac{1}{2} - GMu + \frac{1}{2}l^2u^2 - GMl^2u^3. \tag{6.107}$$

它的稳定点在 $\dfrac{\mathrm{d}V}{\mathrm{d}u} = 0$ 处,也就是满足下述方程:

$$-GM + l^2u - 3GMl^2u^2 = 0, \tag{6.108}$$

我们可将其重写为

$$\frac{GM}{l^2} = u - 3GMu^2. \tag{6.109}$$

右边从 $u = 0$ 的零值开始增加,在 $u = \dfrac{1}{6GM}$ 时达到极大值 $\dfrac{1}{12GM}$,然后在 $u = \dfrac{1}{3GM}$ 时减小为零。所以,对所有 $l^2 > 12(GM)^2$,u 有两个解,一个小于 $\dfrac{1}{6GM}$,一个大于 $\dfrac{1}{6GM}$。势 $V(u)$ 的二阶导数是 $l^2(1 - 6GMu)$,所以 $u < \dfrac{1}{6GM}$ 的解是 V 的极小值,是稳定的,而另一个解是不稳定的。就半径而言,$r > 6GM$,即 3 倍于史瓦西半径的轨道,是稳定的,而 $6GM \geqslant r > 3GM$ 的轨道是不稳定的。

这意味着质量为 M 的黑洞周围的吸积盘,它的内半径位于 $r = 6GM$ 距离处,那里的粒子角动量临界值为 $l = \sqrt{12}\,GM$。我们可以很容易地计算出任何到达这个内边缘的物质释放的能量。回到方程(6.80),我们看到,黑洞周围圆轨道上单位质量粒子的能量由下式给出

$$E^2 = (1 - 2GMu)(1 + l^2u^2). \tag{6.110}$$

在吸积盘的内边缘,$u = \dfrac{1}{6GM}$,所以 $2GMu = \dfrac{1}{3}$,$l^2u^2 = \dfrac{1}{3}$,粒子的能量为

$$E = \sqrt{\frac{8}{9}}. \tag{6.111}$$

因此,粒子在到达这一点时释放的一小部分质量是

$$1 - E = 1 - \sqrt{\frac{8}{9}} \approx 0.057. \tag{6.112}$$

从这里开始,预期粒子带着最后的跌落中产生的动能,迅速落入黑洞。因此,我们可以预计,在质量消失进黑洞之前,黑洞吸积的总质量的 5.7% 将以能量的形式释放出来。这可以与氢变成氦的核聚变进行比较,这个过程释放的能量约为氢质量的 0.7%。我们很快就会看到,旋转的黑洞会释放更多的能量到它们的环境中。

6.11.1 爱丁顿-芬克尔斯坦坐标

外部史瓦西度规(6.61)是渐近闵可夫斯基的。用于描述这个度规的坐标 $(t, r, \vartheta, \varphi)$ 对于远离中心的观测者来说是很方便的,但是从度规张量的时间分量,我们看到时钟似乎在慢下来,停在史瓦西半径 $r_S = 2GM$ 处。这意味着遥远观测者探测到的任何靠近史瓦西半径处的物体发出的信号都有巨大的红移。红移既影响任何辐射的频率,也影响辐射脉冲之间的时间周期。对于一个远处的观测者而言,落入黑洞的物体恰好在到达史瓦西半径之前消失。

在史瓦西半径处,度规张量的径向分量似乎发生了更令人担忧的事情。它在那里成为无穷大,似乎表明几何是奇性的。不过这是一个坐标选择的人为产物,事实上,在 $r = r_S$ 处整体的度规仍然是光滑的和洛伦兹的。要理解这一点,我们需要更好的坐标。有用的坐标是爱丁顿于 1924 年发现的,大卫·芬克尔斯坦于 1958 年又独立地重新发现了它。爱丁顿-芬克尔斯坦坐标保留了 r, ϑ, φ,而用一个新的坐标 v 代替了时间 t,

$$t = v - r - 2GM \log \left| \frac{r}{2GM} - 1 \right|. \tag{6.113}$$

微分这个表达式,给出

$$\mathrm{d}t = \mathrm{d}v - \mathrm{d}r + \frac{\mathrm{d}r}{1 - \frac{r}{2GM}} = \mathrm{d}v - \frac{\mathrm{d}r}{1 - \frac{2GM}{r}}, \tag{6.114}$$

替换 $\mathrm{d}t$ 后,史瓦西度规(6.61)在 $r < 2GM$ 和 $r > 2GM$ 两个区域都变换为

$$\mathrm{d}\tau^2 = \left(1 - \frac{2GM}{r}\right) \mathrm{d}v^2 - 2\mathrm{d}v\mathrm{d}r - r^2(\mathrm{d}\vartheta^2 + \sin^2\vartheta \mathrm{d}\varphi^2). \tag{6.115}$$

现在,这个度规即使在 $r = r_S = 2GM$,也不再有奇性了。这个半径处的曲面是一个球面,度规为

$$(2GM)^2(\mathrm{d}\vartheta^2 + \sin^2\vartheta \mathrm{d}\varphi^2). \tag{6.116}$$

这是落向黑洞中心的光线和逃逸到无穷远处的光线之间的边界,称为黑洞的事件视界。事件视界的面积是 $4\pi(2GM)^2$。

对于大 r,(6.113)式中的对数项与 r 相比可忽略,所以 $t \approx v - r$,度规近似为

$$d\tau^2 \approx dv^2 - 2dv\,dr - r^2(d\vartheta^2 + \sin^2\vartheta\,d\varphi^2)\,, \tag{6.117}$$

将坐标变换为 $(v-r,\,r,\,\vartheta,\,\varphi)$，我们会看到这就是平坦的闵可夫斯基度规。

光沿着类光测地线传播，在类光测地线上 $d\tau^2 = 0$。在这里，我们感兴趣的是径向光线，可以利用球对称性令 $d\vartheta = d\varphi = 0$。每个点有两条径向光线。在远离黑洞的平坦空间中，它们沿相反方向传播，一条沿径向向内，一条沿径向向外，可以在时间-半径图上用两条与垂直方向成 $45°$ 的直线表述出来。

爱丁顿-芬克尔斯坦坐标中的径向光线由下式给出

$$\left(1 - \frac{2GM}{r}\right)dv^2 - 2dv\,dr = 0. \tag{6.118}$$

这个方程的一个解是 $dv = 0$，表明 v 是常数，它代表向黑洞中心运动的光线。我们从 (6.113) 式中看到，如果 v 保持为常数，那么 t 增加时，r 必定减小。这个解的行为与我们预期的一样，但是，(6.118)还有第二个解，它满足

$$\frac{dr}{dv} = \frac{1}{2}\left(1 - \frac{2GM}{r}\right), \tag{6.119}$$

这个解更为引人注目。当 $r > 2GM$ 时，$\dfrac{dr}{dv}$ 是正的，所以光线是向外的。而当 $r < 2GM$ 时，$\dfrac{dr}{dv}$ 是负的，所以光线是向内的。这意味着一旦进入黑洞的事件视界，辐射体发出的所有光线最终都将向内落入黑洞中心。对(6.119)式积分给出

$$v - 2r - 4GM\log\left|\frac{r}{2GM} - 1\right| = 常数. \tag{6.120}$$

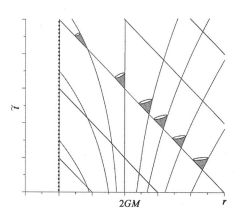

图 6.10 高阶爱丁顿-芬克尔斯坦坐标中的时空图

在图 6.10 中，画出了 $\tilde{t} \equiv v - r$ 与 r 的关系。图中显示了爱丁顿-芬克尔斯坦坐标中黑洞周围的径向类光测地线。当接近视界时，光锥似乎会翻转。由我们的第一个解 $v = $ 常数 给出的入射光线的路径，显示为 $-45°$ 倾斜于轴的直线。曲线代表了我们的第二个解，即在事件视界之外，是向外光线的路径，但在事件视界内，是落向黑洞中心的向内光线。

任何物质粒子的轨迹总是位于 $d\tau^2 > 0$ 的光锥之内。利用光锥图，我们可以看到有质量粒子可能的径向轨迹。

正如我们所看到的，$r = r_s$ 处的表观度规奇性是无关紧要的，但史瓦西度规在 $r = 0$ 处的奇性却具有不可同日而语的特征。这种奇点不能通过变换到不同的坐标来消除。它是一个密度无限大且时空曲率无限大的点。由

于这种物体在物理上是不可能存在的,因此人们相信,对这种奇点的预言表明广义相对论已经延伸到一种不再准确地代表物理世界的体制。在黑洞内引力坍缩到某种程度,只要达到某种不可思议的密度,物理学就只能用量子引力理论来描述。迄今为止,我们还没有发现一种可行的量子引力理论,因此黑洞的中心仍然无比神秘。

6.11.2 克尔度规

尽管外部史瓦西度规是黑洞周围时空的一种可能的几何,但它在某种意义上并不现实。黑洞是旋转天体引力坍缩的结果,所以期望黑洞是在迅速自旋的。这已经得到天文观测的证实。球对称的史瓦西度规描述了非自旋球形质量或黑洞周围的时空。1963 年,罗伊·克尔(Roy Kerr)发现了真空爱因斯坦方程的一个更一般的解。在质量为 M,角动量为 J 的自旋物体或黑洞外面,时空是由轴对称的克尔度规描述的

$$d\tau^2 = \left(1 - \frac{2GMr}{\rho^2}\right)dt^2 + \frac{4GMar\sin^2\vartheta}{\rho^2}dt\,d\varphi - \frac{\rho^2}{r^2 - 2GMr + a^2}dr^2$$
$$- \rho^2 d\vartheta^2 - \left(r^2 + a^2 + \frac{2GMa^2r\sin^2\vartheta}{\rho^2}\right)\sin^2\vartheta\,d\varphi^2, \tag{6.121}$$

其中 $a = \dfrac{J}{M}$ 称为角动量参量,而 $\rho^2 = r^2 + a^2\cos^2\vartheta$。

产生这个度规的物体是稳恒转动的,所以克尔度规的分量都不是时间的函数。然而,与史瓦西度规不同,克尔度规包含一个时间-空间交叉项 $g_{t\varphi}dt\,d\varphi$,此项带有一个正比于 J 的系数。时间反演 $t \to -t$,只改变这一项的符号而不改变其他项。这可以通过变换 $\varphi \to -\varphi$ 而抵消,所以时间反演相当于物体反方向旋转,也就是说,使 J 反号。我们称克尔度规是稳态的,而不是静态的。当 $J = 0$ 时,它退化到外部史瓦西度规。

克尔度规几乎是,但并非完全是,代表黑洞的最一般的度规。有一个扩充称为克尔-纽曼度规,它含有一个电磁场,描述了一个带电的旋转黑洞。1972 年,斯蒂芬·霍金(Stephen Hawking)证明了这是孤立黑洞的最一般度规。因此,根据广义相对论,所有黑洞都可以只用三个参数来描述:M,J 和 Q,其中 M 是质量,J 是角动量,Q 是电荷。这就是所谓的无毛定理。还没有一种已知的机制可以给黑洞提供大量的电荷,所以几乎可以肯定,真实的黑洞应该简单地用 M 和 J 来描述。

旋转黑洞的事件视界半径 r_+ 比非旋转情形小,它由下式给出

$$r_+ = \frac{1}{2}r_s + \sqrt{\frac{1}{4}r_s^2 - a^2}, \tag{6.122}$$

其中 $r_s = 2GM$ 是史瓦西半径。黑洞最大的可能角动量参量是 $a = \dfrac{1}{2}r_s = 2GM$,在这种情形,角动量是 $J = GM^2$。在此极限下,事件视界半径是 $r_+ = GM$,是史瓦西半径的一半。事件视界的角速度是 $\Omega = \dfrac{a}{2Mr_+}$。这是事件视界处的光线绕黑洞旋转的

速率。

在黑洞附近角动量为零的自由下落物体，沿着类时测地线，进入事件视界，朝向黑洞中心运动。为了保持对远处观测者的静止，使其在一个固定的径向坐标 r 处停留在事件视界的上方，这个物体必须受到一个加速度，或许这是由火箭发动机提供的。对这样一个物体，我们有 $dr = d\vartheta = d\varphi = 0$。 如果我们首先考虑史瓦西时空，那么在这个轨迹上，度规 (6.61) 的分量除 $g_{tt}dt^2$ 外，都为零。有质量粒子的世界线必须是类时的，所以 $d\tau^2 > 0$，这意味着 $g_{tt} > 0$，因而 $\dfrac{2GM}{r} < 1$。 在事件视界之外，这总是正确的，所以，给定足够的加速度，物体总有可能保持静止。在旋转黑洞周围的克尔时空中却不是这样的。在克尔时空中，在事件视界之外有一个称为能层的区域，在这个区域中，仍有可能逃离黑洞，但对远处观测者来说，不可能保持静止。静态类时世界线仍然只有当 g_{tt} 为正时，才有可能存在，因此

$$1 - \frac{2GMr}{r^2 + a^2\cos^2\vartheta} > 0. \tag{6.123}$$

这个条件只在能层外面成立。能层的边界由二次方程：

$$r_{\text{ergo}}^2 + a^2\cos^2\vartheta = 2GMr_{\text{ergo}} = r_s r_{\text{ergo}} \tag{6.124}$$

确定，所以它是扁球面：

$$r_{\text{ergo}}(\vartheta) = \frac{1}{2}r_s + \sqrt{\frac{1}{4}r_s^2 - a^2\cos^2\vartheta}. \tag{6.125}$$

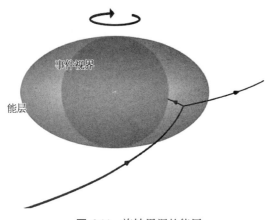

图 6.11 旋转黑洞的能层

在能层内部的任何物体必然会受到旋转黑洞的拖曳。

能层的边界在两极 $\vartheta = 0$ 和 $\vartheta = \pi$ 触及事件视界，在那里黑洞旋转的影响消失了。能层是由罗杰·彭罗斯（Roger Penrose）命名的，他在 1969 年证明了从黑洞中提取旋转能量的可能性。根据他的方案，物质可以被送入能层，在那里它将分成两部分，其中一部分以负能量发射到黑洞，而另一部分则以比进入能层的原始物质更大的总能量逃逸到无穷远。彭罗斯过程如图 6.11 所示。

根据克尔度规，即使是像地球这样的有质量旋转体也会拖曳周围的空间。众所周知，这一参考系拖曳效应，是由 2004 年放置在地球轨道上的引力探测器 B 所证实的。由于地球自转而产生的参考系拖曳由探测器上的四个陀螺仪进行了测量，精度约为 15%。测量到的这个效应每年只有 40 毫秒，这与广义相对论的预言是一致的。在黑洞附近这个

效应要大得多;这意味着旋转黑洞的吸积盘必须位于黑洞的赤道面上,并且旋转方向与黑洞相同。与黑洞自旋方向相同的轨道称为同步转动,相反方向的轨道称为反向转动。克尔度规中有稳定的同步转动粒子轨道,比史瓦西情形更接近中心,因此快速旋转黑洞周围吸积盘的内边缘在其引力阱中更深。这大大提高了离中心最近的稳定圆轨道的结合能。在克尔度规赤道面上 $\left(\vartheta=\dfrac{\pi}{2}\right)$ 的单位质量粒子的轨道对应于下列方程的解:

$$\frac{1}{2}\left(\frac{\mathrm{d}r}{\mathrm{d}\tau}\right)^2 + V(r) = \frac{1}{2}E^2. \tag{6.126}$$

用 $u=\dfrac{1}{r}$ 表示,这里的有效势是

$$V(u) = \frac{1}{2} - GMu + \frac{1}{2}(l^2 + a^2(1-E^2))u^2 - GM(l-aE)^2u^3, \tag{6.127}$$

其中,对同步转动轨道 $l>0$,对反向转动轨道 $l<0$。当 $a=0$ 时,V 退化到史瓦西势 (6.107)。对于圆轨道,r 及 u 是常数,所以 $V(u)=\dfrac{1}{2}E^2$。如果 $V(u)$ 是极小值,即要求 $\dfrac{\mathrm{d}V}{\mathrm{d}u}=0$ 和 $\dfrac{\mathrm{d}^2V}{\mathrm{d}u^2}>0$,则这些轨道是稳定的。吸积盘的内边缘位于 $\dfrac{\mathrm{d}^2V}{\mathrm{d}u^2}=0$ 的半径 $r_{\min}$ 处,超过此半径则没有稳定的圆轨道。从条件 $\dfrac{\mathrm{d}V}{\mathrm{d}u}=\dfrac{\mathrm{d}^2V}{\mathrm{d}u^2}=0$ 产生的联立方程,我们得到

$$\frac{1}{2}(l^2 + a^2(1-E^2))u = GM, \; 3GM(l-aE)^2u^2 = GM. \tag{6.128}$$

将这些表达式代入方程 $V(u)=\dfrac{1}{2}E^2$,我们发现

$$1-E^2 = \frac{2}{3}GMu = \frac{2GM}{3r}. \tag{6.129}$$

与史瓦西黑洞相比,克尔黑洞吸积盘的内边缘更接近于事件视界。在最大旋转黑洞的极限情形,$a=GM$,内边缘在 $r_{\min}=r_+=GM$ 与事件视界重合。[①] 在这种情形下,方程 (6.129) 表明 $E=\dfrac{1}{\sqrt{3}}$。为了达到这个半径,粒子必须将很大一部分静止质量释放为能量;因为 $1-E=1-\dfrac{1}{\sqrt{3}}\approx 0.42$,在物质进入黑洞之前,吸积盘中多达 42% 的物质静质量转化成其他形式的能量。

这有着重要的天体物理推论。黑洞以接近最大可能速率旋转时,落入黑洞的物质所

---

① 反向转动圆轨道在最大旋转黑洞情形的最小半径是 $r=9GM$。

释放的引力能将接近 30%～40%。因此，现在普遍认为，快速旋转的超大质量黑洞是宇宙中高能现象的起源，如类星体和活动星系核。

2008 年发现的一个距离为 60 亿光年的类星体，由于居间星系的透镜效应，显现为四个像，如图 6.12 所示。命名为 RX J1131 - 1231 的类星体的能量源，被认为是一个质量约为 $10^8 M_\odot$ 的超大质量黑洞。类星体图像由引力透镜放大了 50 倍。这使得天文学家能够测量吸积盘中铁原子光谱发射线由于引力红移而发生的变宽[①]，从而确定黑洞吸积盘的内半径。据估计，吸积盘的内边缘半径小于 $3GM$，是非旋转史瓦西黑洞的一半，所以此黑洞一定在极快地旋转。角动量参量的最可能值是 $a \approx 0.87GM$。

图 6.12　由于引力透镜，命名为 RX J1131 - 1231 的类星体在这里显现为 4 个像，环左边的 3 个亮点和右边的 1 个亮点。环的直径约为 $3''$（来自 NASA 的钱德拉 X 射线天文台和哈勃空间望远镜的组合图像）

6.12　引　力　波

当一个带电物体，如电子受到震动时，它会发出电磁波。这就是无线电发送机中发生的事情。电磁场脉冲按照麦克斯韦方程在时空中传播，并在撞击测试电荷时产生振荡力。同样，根据广义相对论，震动或碰撞大质量天体会产生引力波。引力场中的这些涟漪会传播时空度规的形变；它们不是简单的坐标振荡，因为曲率也在振荡。引力波的探测要求至少监测两个测试粒子的位置。图 6.13 显示了引力波经过一圈测试粒子时，产生的效应。

---

①　该线与 6.4 keV X 射线光子的发射相符。

图 6.13 一种极化的引力波对测试粒子环的效应。图中显示了一个波周期中的五帧

图 6.14 另一种极化的引力波的效应

引力波在牛顿引力中没有可类比的东西,因为牛顿势 ϕ 是由瞬时物质密度决定的,并不遵循波动方程,所以引力波的存在是广义相对论的一个关键测试。由于引力本质上是如此微弱,引力波的振幅非常小。只有宇宙中的最高能事件产生的波,在地球上才可以去想象如何探测它。值得考虑的是,入射到地球上最强的引力波,经过了遥远距离变成原来量级的 10^{21} 分之一。即使如此,它们还是传递了分布在广袤区域的巨大能量。

由于引力波的振幅很小,我们有把握地使用度规张量的线性近似,

$$g_{\mu\nu} = \eta_{\mu\nu} + h_{\mu\nu}. \tag{6.130}$$

$\eta_{\mu\nu}$ 是平坦闵可夫斯基空间的度规张量,$h_{\mu\nu}$ 是对应于引力波的微小扰动。$g_{\mu\nu}$ 的真空爱因斯坦方程约化为 $h_{\mu\nu}$ 的线性波动方程。在笛卡儿坐标 (t, x, y, z) 中,对于在 z 方向传播的波,存在两个独立的引力波解。对于图 6.13 中显示的极化,度规为

$$d\tau^2 = dt^2 - (1 + f(t - z))dx^2 - (1 - f(t - z))dy^2 - dz^2, \tag{6.131}$$

对于图 6.14 中显示的旋转了 45°的极化,度规为

$$d\tau^2 = dt^2 - dx^2 - 2g(t - z)dxdy - dy^2 - dz^2. \tag{6.132}$$

$f(t - z)$ 和 $g(t - z)$ 是小振幅的任意函数。

引力波的探测

通过监测赫尔斯-泰勒双中子星系统 PSR B1913+16(参见第 6.8 节),已间接证实了引力波的存在。脉冲星信号已经观测了几十年,轨道周期逐渐减小;每年减少 76 微秒。这可以与引力辐射损失能量所导致的轨道周期的预期减少相比较,如图 6.15 所示。观测与理论之间的一致是对广义相对论的极好的确证。

现在,引力辐射的发射已经在包括 PSR J0348+0432 在内的其他双脉冲星系统中得到证实,PSR J0348+0432 是 2007 年在西弗吉尼亚州格林班克天文台发现的一个系统。这个引人注目的系统由一颗质量为 $2M_\odot$ 的中子星和一颗质量为 $0.17M_\odot$ 的白矮星组成了紧密的轨道。它们的轨道周期只有 2 小时 27 分钟,并且以每年 8 微秒的速度衰减。

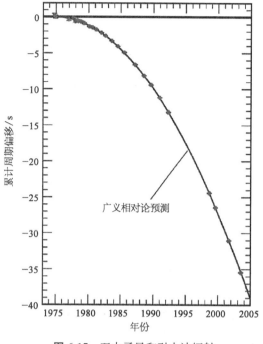

图 6.15 双中子星和引力波辐射

几十年来,在地球上探测引力波一直是物理学家的一个重要目标。探测器已在世界各地建立。其中包括 LIGO(激光干涉引力波天文台),它在美国华盛顿州的汉福德和路易斯安那州的利文斯顿有两个相距 3 000 公里的设施。其中一个设施如图 6.16 所示。干涉仪是 L 形的,有两条垂直的 4 公里长的臂。整个装置安置在超高真空之中。激光束照射到射束分离器上,将光束分成两半,引导到干涉仪的每一条臂上。然后,光在作为测试质量的每个臂中的两个镜子之间来回反射 400 次,然后再次通过射束分离器,在那里两个半光束重新组合并发送到光探测器。这使得有效臂长为 1 600 公里。如果光在两个臂上的传播距离完全相同,波就会相消,其中一束光的波峰与另一束光的波谷相遇,因此光探测器不会检测到任何信号。然而,一个经过的引力波会稍微改变臂的相对长度,在这种情况下,光波不再完全相消,信号就能探测到了。仪器的灵敏度是极高的,只有这样才有机会探测到引力波。最新的运行阶段称为高级 LIGO(aLIGO)。现在,升级后的探测器灵敏度可达足以探测到振幅小至 5×10^{-22} 的引力波。为了将真实的引力波事件与局部背景干扰造成的不可避免的噪声区分开来,需要两个相距甚远的设施。

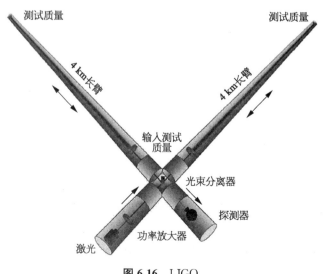

图 6.16 LIGO

在 2015 年 9 月 14 日，aLIGO 项目正式启动前 4 天，两个探测器在相互间隔几毫秒内测量到了一个持续 0.2 秒的清晰且几乎相同的信号，如图 6.17 所示。这个信号被解释为一列引力波，是由两个相距约 13 亿光年的黑洞并合而产生的。这是有史以来第一次探测到双星黑洞系统，也是有史以来对黑洞最直接的观测。这一事件的信号也证实了引力波以光速传播。

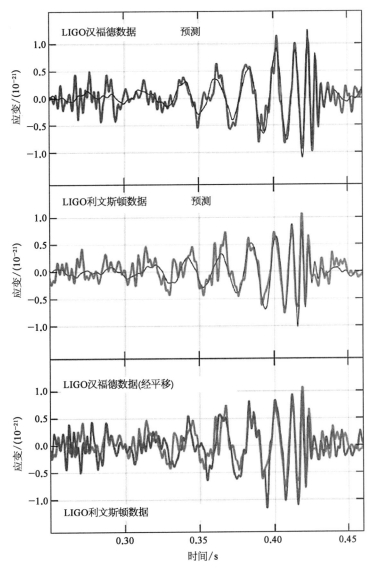

图 6.17 aLIGO 探测到的首个引力波信号

双黑洞应该以其轨道频率的两倍发射连续的引力波流。随着它们的发射，双黑洞系统失去能量，两个黑洞相互盘旋，逐渐并合在一起。在盘旋的最后时刻，波的振幅急剧增加。最初，新并合的黑洞是相当不对称的，但它很快就会随着称作铃宕的引力波最后喷发而安定下来。aLIGO 探测到的信号就是在最后的旋进和铃宕期间产生的。通过与黑洞并合过程的计算机模型的比较，研究人员可以提取大量有关观测事件的信息。从引力波的频率可以推导出黑洞的质量，从波幅可以估计黑洞的距离。另外，波在两个 LIGO 设施的到达时间之差决定了朝向事件的方向，至少大致上是这样。把所有这些信息合在一起，我们知道，在这个首次事件中，信号是由两个黑洞并合产生的，两个黑洞的质量约为 $29M_\odot$ 和 $36M_\odot$，并合后形成一个快速旋转的 $62M_\odot$ 的黑洞。在这个过程中，一个难以置信的 $3M_\odot$ 以引力波的形式转化为能量。产生的黑洞，其角动量参数为 $a \approx 0.67GM$。

对于恒星发出的电磁辐射，其扩展的球面波前的能量密度随着离恒星距离的平方反比减小。这源于能量守恒。同样地，引力波的能量密度也随着与引力波源距离的平方反比减小。但是在我们如何探测这两种类型的波上有一个重要的区别。对于电磁波，我们总是测量它们的能量密度或强度，不管探测器是我们的眼睛、CCD 相机还是感光片。另一方面，引力波探测器直接测量引力波的振幅。这是相当有利的。波的能量密度与它的振幅的平方成正比，因此波的振幅只随着与波源的距离成反比减小。这意味着，如果将 aLIGO 的灵敏度再提高 10 倍，被探测的空间体积将增加 1 000 倍。这可能会使观测到黑洞合并和其他极端事件的比率增加 1 000 倍以上，因为这些事件在遥远的过去可能更为常见。在回望过去的路上，我们可能会不断看到这里所描述的这类黑洞合并，一直回溯到大爆炸。

人们已经计划在下一轮升级中，将 aLIGO 的灵敏度提高 3 倍，其他地方的引力波探测器也将上线。引力波天文学的时代方兴未艾。

6.13 爱因斯坦–希尔伯特作用量

在 3.2 节中，我们考虑了经典场论的作用量。它的形式为

$$S = \int \mathcal{L}(\boldsymbol{x}, t)\mathrm{d}^3 x\,\mathrm{d}t, \tag{6.133}$$

其中拉格朗日密度 $\mathcal{L}(\boldsymbol{x}, t)$ 在平坦的 4 维闵可夫斯基空间积分。在相对论性标量场 ψ 的情形下，拉格朗日密度是

$$\mathcal{L}(\boldsymbol{x}, t) = \frac{1}{2}\left(\frac{\partial\psi}{\partial t}\right)^2 - \frac{1}{2}\boldsymbol{\nabla}\psi \cdot \boldsymbol{\nabla}\psi - U(\psi). \tag{6.134}$$

最小作用量原理表明，对于一个物理场的演化 $\psi(\boldsymbol{x}, t)$，作用量 S 在场的任何变化下都是稳定的。如我们所见，通过对 ψ 变分，并令 δS 等于零，就可得到场方程。

我们可以在广义相对论中使用相同的步骤，但现在动力学场是时空度规本身，所以它必须是变化的，我们不能简单地假定一个固定的、平坦的背景时空。1915 年 11 月，在爱因斯坦宣布广义相对论场方程的几天内，希尔伯特发现了一个适用于该理论的作用量，现在称之为爱因斯坦–希尔伯特作用量。拉格朗日密度必须是一个标量，最简单标量是里奇标量 R。它的确就是拉格朗日量，而爱因斯坦–希尔伯特作用量是

$$S = \int \mathcal{L}(\boldsymbol{x}, t) \sqrt{-g} \, \mathrm{d}^4 y = \int R \sqrt{-g} \, \mathrm{d}^4 y. \tag{6.135}$$

这里 $\sqrt{-g} \, \mathrm{d}^4 y$ 是坐标积分元 $\mathrm{d}^4 y$ 的时空体积，称为积分的测度。g 是度规 $g_{\mu\nu}$ 的行列式，对于洛伦兹度规需要一个负号，因此 $-g$ 为正。$\sqrt{-g}$ 也是当积分从局部正规坐标变为一般坐标系时雅可比因子的行列式。

我们来看几个说明性的例子。在 5.4.1 节中，我们考虑了半径为 a 的 2-球面上的度规张量：

$$g_{ij} = \begin{pmatrix} a^2 & 0 \\ 0 & a^2 \sin^2 \vartheta \end{pmatrix}. \tag{6.136}$$

由于不存在非对角项，无穷小距离的平方为

$$\mathrm{d}s^2 = a^2 \mathrm{d}\vartheta^2 + a^2 \sin^2 \vartheta \mathrm{d}\varphi^2, \tag{6.137}$$

而无穷小面元为 $a \mathrm{d}\vartheta \times a \sin\vartheta \mathrm{d}\varphi = a^2 \sin\vartheta \mathrm{d}\vartheta \mathrm{d}\varphi = \sqrt{g} \, \mathrm{d}\vartheta \mathrm{d}\varphi$。这是在 2-球面上积分时必须用到的测度。球面的总面积是

$$\int_0^{2\pi} \int_0^{\pi} a^2 \sin\vartheta \mathrm{d}\vartheta \mathrm{d}\varphi = 4\pi a^2. \tag{6.138}$$

用对角的 4 维洛伦兹度规，则测度是

$$\sqrt{g_{00}} \, \mathrm{d}y^0 \times \sqrt{-g_{11}} \, \mathrm{d}y^1 \times \sqrt{-g_{22}} \, \mathrm{d}y^2 \times \sqrt{-g_{33}} \, \mathrm{d}y^3 = \sqrt{-g} \, \mathrm{d}y^0 \mathrm{d}y^1 \mathrm{d}y^2 \mathrm{d}y^3. \tag{6.139}$$

例如，外部史瓦西度规(6.61)的测度是

$$\sqrt{-g_{tt} g_{rr} g_{\vartheta\vartheta} g_{\varphi\varphi}} \, \mathrm{d}t \mathrm{d}r \mathrm{d}\vartheta \mathrm{d}\varphi = \sqrt{-g} \, \mathrm{d}t \mathrm{d}r \mathrm{d}\vartheta \mathrm{d}\varphi = r^2 \sin\vartheta \mathrm{d}t \mathrm{d}r \mathrm{d}\vartheta \mathrm{d}\varphi. \tag{6.140}$$

在这些坐标中度规是对角的，所以 g 是度规张量的四个对角矩阵元的乘积。(史瓦西度规中前两项的因子 Z 和 Z^{-1} 约掉了。)一般而言，我们可以改变坐标，这会产生非对角项。然而，合适的测度仍然是 $\sqrt{-g} \, \mathrm{d}^4 y$。

从爱因斯坦-希尔伯特作用量完整地推导广义相对论的场方程是一个相当技术性且复杂的过程，在这里我们只给出其梗概。当对(逆变)度规张量做一个小的改变 $\delta g^{\mu\nu}$ 时，场方程是作用量 S 为一阶不变的条件。里奇标量和测度都随度规的变化而变化。为了看到这意味着什么，我们需要以下结果，在这里我们只做简单引用，而不给出其推导过程：

$$\frac{\delta R}{\delta g^{\mu\nu}} = R_{\mu\nu}, \quad \frac{\delta \sqrt{-g}}{\delta g^{\mu\nu}} = -\frac{1}{2} \sqrt{-g} \, g_{\mu\nu}. \tag{6.141}$$

从这些表达式就可得到

$$\delta S = \int \left[\frac{\delta(R\sqrt{-g})}{\delta g^{\mu\nu}} \right] \delta g^{\mu\nu} \, \mathrm{d}^4 y$$

$$= \int \left[\sqrt{-g} \, \frac{\delta R}{\delta g^{\mu\nu}} + R \, \frac{\delta \sqrt{-g}}{\delta g^{\mu\nu}} \right] \delta g^{\mu\nu} \, \mathrm{d}^4 y$$

$$= \int \left(R_{\mu\nu} - \frac{1}{2} g_{\mu\nu} R \right) \delta g^{\mu\nu} \sqrt{-g} \, \mathrm{d}^4 y. \tag{6.142}$$

括号中的张量就是爱因斯坦张量 $G_{\mu\nu}$。根据最小作用量原理，对任何无穷小变分 $\delta g^{\mu\nu}$，有 $\delta S = 0$。这只有当括号中的张量为零时才是正确的，这告诉我们真空爱因斯坦方程是 $G_{\mu\nu} = 0$。

我们也可以在理论中加入物质场，则作用量成为

$$S = S_{\mathrm{G}} + S_{\mathrm{M}} = \int (R + \alpha \, \mathcal{L}_{\mathrm{M}}) \sqrt{-g} \, \mathrm{d}^4 y, \tag{6.143}$$

其中 α 是一个比例常数，$\mathcal{L}_{\mathrm{M}}$ 是物质场的拉格朗日密度。一般来说，物质拉格朗日密度依赖于变化的场，比如标量场或麦克斯韦场。对 S_{M} 变分，我们发现

$$\delta S_{\mathrm{M}} = \alpha \int \left[\sqrt{-g} \, \frac{\delta \mathcal{L}_{\mathrm{M}}}{\delta g^{\mu\nu}} + \mathcal{L}_{\mathrm{M}} \, \frac{\delta \sqrt{-g}}{\delta g^{\mu\nu}} \right] \delta g^{\mu\nu} \, \mathrm{d}^4 y$$

$$= \alpha \int \left(\frac{\delta \mathcal{L}_{\mathrm{M}}}{\delta g^{\mu\nu}} - \frac{1}{2} g_{\mu\nu} \, \mathcal{L}_{\mathrm{M}} \right) \delta g^{\mu\nu} \sqrt{-g} \, \mathrm{d}^4 y. \tag{6.144}$$

能量-动量张量定义为[①]

$$T_{\mu\nu} = -2 \frac{\delta \mathcal{L}_{\mathrm{M}}}{\delta g^{\mu\nu}} + g_{\mu\nu} \, \mathcal{L}_{\mathrm{M}}, \tag{6.145}$$

因此，如果我们关于度规和物质场，对整个作用量 $S_{\mathrm{G}} + S_{\mathrm{M}}$ 变分，我们发现

$$G_{\mu\nu} = \frac{\alpha}{2} T_{\mu\nu}, \tag{6.146}$$

以及弯曲时空背景下的物质场方程。将常数定为 $\alpha = 16\pi G$，我们就得到了存在物质时的爱因斯坦方程。

唯一能加到拉格朗日密度上的另一项是一个常数 $\mathcal{L}_\Lambda = 2\Lambda$，称为宇宙学常数项。（系数 2 是按惯例。）增加的作用量 S_Λ 的变分是

$$\delta S_\Lambda = \int \left[2\Lambda \frac{\delta \sqrt{-g}}{\delta g^{\mu\nu}} \right] \delta g^{\mu\nu} \, \mathrm{d}^4 y = \int (-\Lambda g_{\mu\nu}) \delta g^{\mu\nu} \sqrt{-g} \, \mathrm{d}^4 y. \tag{6.147}$$

若增加这一项，则完整的爱因斯坦方程为

---

① 这种确定物质场能量-动量张量的弯曲时空方法非常方便，并且与闵可夫斯基时空中通过考虑能量和动量守恒所发现的一致。

$$G_{\mu\nu} - \Lambda g_{\mu\nu} = 8\pi G T_{\mu\nu}. \tag{6.148}$$

我们将在第 14 章考虑宇宙学常数的意义。

6.14 拓展阅读材料

关于引力概述和广义相对论的引论,请参见

M. Begelman and M. Rees. *Gravity's Fatal Attraction: Black Holes in the Universe* (2nd ed.). Cambridge:CUP,2010.

N. J. Mee. *Gravity: Cracking the Cosmic Code*. London:Virtual Image,2014.

广义相对论的综述,请参见

I. R. Kenyon. *General Relativity*. Oxford:OUP,1990.

S. Carroll. *Spacetime and Geometry: An Introduction to General Relativity*. San Francisco:Addison Wesley,2004.

J. B. Hartle. *Gravity: An Introduction to Einstein's General Relativity*. San Francisco:Addison Wesley,2003.

基于粒子动力学的广义相对论研究,参见

J. Franklin. *Advanced Mechanics and General Relativity*. Cambridge:CUP,2010.

关于黑洞的综述,参见

V. P. Frolov and I. D. Novikov. *Black Hole Physics: Basic Concepts and New Developments*. Dordrecht:Kluwer,1998.

第7章 量子力学

7.1 引　言

19世纪末,物理学家们大多以为物理学大厦业已建成,进一步的发展只不过是简单地使这门已知学科变得精确而已。事实上,一场动摇物理学根基的危机即将来临,它造成的影响,至今犹在。正如我们之所见,革命性的思想需要理解最大尺度上的空间和时间,而一场更大的革命将需要理解在很小的原子和亚原子尺度上的能量和物质。1900年一个新纪元开始了。马克斯·普朗克为了解释观察到的黑体辐射的波长与强度之间的关系,已经奋斗了一段时间了。1900年,他发表了一个精确描述辐射的公式。(我们将在第10章导出这个公式。)在这一发现的过程中,他在物理学中引入了一个新的基本常数 $\hbar$。这个常数被称为普朗克常数,是迈向量子力学的第一步。在量子力学中,它无处不在,是这门学科划一的基本单位。普朗克最初引入的常数 $h=2\pi\hbar$,但用 $\hbar$ 几乎在所有场合更为便利。$\hbar$ 的近似值为 1.055×10^{-34} J s(焦耳·秒)。

许多金属受到光照时会发射电子。这就是众所周知的光电效应。根据实验,每个发射电子的能量,取决于光的频率而不是光的强度,这个观测结果难以用经典物理学来解释。1905年,爱因斯坦写了一篇论文,他认为这篇论文比他在同一年发表的关于狭义相对论的论文更具有革命性。在这篇论文中,爱因斯坦提出电磁辐射不是一种连续的波,而是由我们现在称作为光子的粒子所组成的,并且这些光子的能量是由一个普朗克常数给出的简单公式:$E=\hbar\omega$,其中 ω 是光的(角)频率。根据这个深邃的思想,爱因斯坦解释了光电效应。从一个金属发出的每个光电子都是由一个能量是爱因斯坦公式给出的光子单一的一次碰撞产生的。

几年后,爱因斯坦将类似的想法应用到固体的热振动中。爱因斯坦是基于下述假定:这些热振动是量子化的,同时也遵守公式 $E=\hbar\omega$,从而得出固体的热容公式。

在欧内斯特·卢瑟福发现的原子核模型的基础上,量子力学的下一步发展是,尼尔斯·玻尔尝试解释原子的结构。玻尔假设电子在一些特定的可能轨道上绕着原子核运动,但这些可能轨道上的每个电子的角动量,应当量子化为普朗克常数的整数倍。这个假定意味着电子的能级是离散的,并且这些能级以有限能隙相分离。当材料的原子放在火焰上时,许多材料会发出颜色很纯粹的光,这精确对应着相同的波长。对于这些轮廓清晰的谱线,玻尔能用他的模型进行准确诠释,他认识到这是原子中的电子从较高能级跃迁到较低能级,从而发射单个光子的缘故。在本章中我们不再进一步讨论光子,因为只有量子力学和相对论两种想法相结合,才能理解光子的行为。本章局限于讨论非相对论性粒子的量子理论,这是一个与原子分子物理学相关的理论。

接下来的二十年里,量子理论在一系列物理问题中都得到了应用,但它以一种特有的方式发展。这种方法现在被称为旧量子理论。1924 年,随着路易斯·德布罗意(Louis de Broglie)提出的想法发表后,一切都发生了变化。他给出一个深刻的见解,如果波类粒子,则粒子亦必类波。一个动量为 p 的粒子,应该有一个 $2\pi\hbar/|p|$ 的波长。这个想法在三年后被实验证实,在这个实验中,当电子束穿过金属薄膜中的结晶原子晶格时,观察到了电子干涉图样。在图 7.1 中给出电子衍射图。

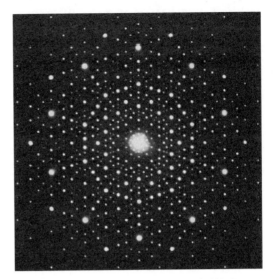

图 7.1　沿着 $Al_{72}Ni_{20}Co_8$ 10 重对称轴准晶体的电子衍射图

从 1925 年起,旧的量子理论被一个崭新理论所取代,尽管新的量子力学包含了许多旧量子论的思想,但是它更具有自洽性和完备性。它对原子结构和动力学性质,包括原子光谱都给出了非常精确的预测。

这个新理论的应用将比最初设想的更为广泛。1929 年,保尔·狄拉克说它是“大部分物理学和整个化学的数学理论”。量子力学迅速应用于很多物理学分支,其中一部分我们将在后面的章节中讨论。它用来解释原子的性质和元素周期表的结构,理解化学键,这些是化学这门学科的关键。应用于原子核物理学中,导致人们对核能和恒星能源的了解。量子理论也能应用于基本粒子和它们之间的作用力,以及寻找物质的基本组成。在较大的尺度上,能用它来解释固体的结构和性质。量子力学也激发了许多有着广泛应用的现象的发现,包括全世界都在使用的常见的器件。这些器件包括激光器、晶体管、发光二极管、超导体、超流体和特强磁体。

毫无疑问,量子力学比经典力学更为基本,但经典物理学当然没有被完全舍弃。在 $\hbar$ 可以忽略不计的情况下,它仍然有效。经典力学仍然是理解从台球到汽车、行星和恒星宏观物体运动的最好方法。经典物理能很好地描述大多数流体运动。即使是在电力和通信工程中,如此重要的电磁场,也被麦克斯韦方程很好地描写,并不需要借助单个光子来模拟它们的行为。粗略地讲,在量子力学能提供最有用的物理描述的领域和经典力学领域之间的边界,就是原子长度尺度与较长尺度之间的边界,不过这个边界并不是泾渭分明的边界。事实上,当 $\hbar$ 并不作为长度单位时,有一些较大尺度上的现象的解释需要考虑量子效应。

7.2　量子力学中的位置与动量

在经典牛顿力学中,点粒子有一个随时间变化的位置 $x(t)$,取其时间导数,我们得

到了速度 $v = \dfrac{\mathrm{d}x}{\mathrm{d}t}$ 和加速度 $a = \dfrac{\mathrm{d}^2 x}{\mathrm{d}t^2}$。我们可以随意指定任意瞬间的 x 和 v，但是 a 由作用力决定的。事实上，有很多理由可将 x 和 p 看作为动力学变量，其中 $p = mv$ 是粒子动量：(i) 牛顿第二定律将力等同于 p 的变化率；(ii) 当两个物体发生相互作用时，$p_1 + p_2$ 之和是守恒的；(iii) 角动量有一个简单的表达式，$l = x \times p$。量子力学是根据位置 x 和动量 p 来阐述的，相对 p 而言，速度并不重要。量子力学与经典力学相比，x 和 p 的性质有质的差异。

在本章中，我们局限于讨论一维粒子运动，所以动力学变量是 x 和 p。在经典力学中，x 和 p 是在 $-\infty$ 到 ∞ 之间取任意值的普通实数。在量子力学中，维纳·海森堡 (Werner Heisenberg) 提出，x 和 p 不是简单的数字，而是作用于表征粒子的物理态上的算子。算子的代数假定为

$$xp - px = \mathrm{i}\hbar \mathbf{1}. \tag{7.1}$$

在这个式子的右边，i 是 $\sqrt{-1}$，$\hbar$ 是普朗克常数，$\mathbf{1}$ 是单位算子，当它作用到某个态时，该态保持不变。$xp - px$ 被称为 x 和 p 的对易子，记为 $[x, p]$。(7.1) 式是一维量子力学中基本的位置-动量对易关系。

我们仍没有说出算子 x 和 p 是什么，或者它们取什么值，但是我们一定要它们服从对易关系 (7.1)。经典极限对应于 $\hbar = 0$，意味着 $xp = px$，作为普通数字的 x 和 p 就满足这个关系。

海森堡构造了一个动力学理论，给出了算子 x 和 p 在时间上如何演化的规则，同时每一时刻仍然服从方程 (7.1)。他还设法从 x 和 p 以及能量等导出量中提取物理意义。然而，这一量子力学方法是相当抽象和严谨的。

矩阵相乘时一般不对易。例如，

$$\begin{bmatrix} 0 & a \\ 0 & 0 \end{bmatrix} \begin{bmatrix} 0 & 0 \\ b & 0 \end{bmatrix} - \begin{bmatrix} 0 & 0 \\ b & 0 \end{bmatrix} \begin{bmatrix} 0 & a \\ 0 & 0 \end{bmatrix} = \begin{bmatrix} ab & 0 \\ 0 & -ab \end{bmatrix}, \tag{7.2}$$

从而矩阵有时成为一种量子力学中表示算子的合适的工具。如果有实数或复数的 $n \times n$ 方阵表示的方程 (7.1) 的解，海森堡的量子力学将更简单。但是，对于任何有限的 n，都没有矩阵解 $x = X$ 和 $p = P$。我们可以通过矩阵迹来证明这一点。(用 $\mathrm{Tr}\, M$ 来表示矩阵 M 的迹，迹为矩阵对角元之和。) 假定：

$$XP - PX = \mathrm{i}\hbar \mathbf{1}_{\mathrm{n}}, \tag{7.3}$$

其中 $\mathbf{1}_{\mathrm{n}}$ 是 $n \times n$ 单位矩阵。在 (7.3) 式两边求迹，可得

$$\mathrm{Tr}(XP) - \mathrm{Tr}(PX) = \mathrm{i}\hbar \mathrm{Tr}\, \mathbf{1}_{\mathrm{n}} = \mathrm{i}\hbar n, \tag{7.4}$$

而矩阵的乘积的迹不取决于它们相乘的先后顺序①，从而方程 (7.4) 的左边为零，由此产

---

① XP 的元是 $(XP)_{ab} = \Sigma_c X_{ac} P_{cb}$，所以对角线元素是 $(XP)_{aa} = \Sigma_c X_{ac} P_{ca}$，因此 $\mathrm{Tr}(XP) = \Sigma_a \Sigma_c X_{ac} P_{ca}$。类似地，$\mathrm{Tr}(PX) = \Sigma_a \Sigma_c P_{ac} X_{ca}$，如果交换指标 a、c 求和顺序，这等于 $\mathrm{Tr}(XP)$。

生矛盾。因此,方程(7.3)的假定必定是伪的。

通过无限矩阵,海森堡发现了方程(7.1)的一个解。在这种情况下,前面的讨论就不适用了,因为无限矩阵一般不能定义 Tr。无限矩阵是很难写下来的,所以这种方法较复杂。我们可以给出薛定谔的观点来替代它。欧文·薛定谔(Erwin Schrödinger)独立发展了一种量子力学方法,初看起来与海森堡的非常不同,但物理学家很快就意识到它们是等价的,所以我们现在谈到的在薛定谔图像和海森堡图像中的量子力学,有相同的物理内容。薛定谔的量子力学注意焦点更多在于算子 x 和 p 作用的态上。

在薛定谔图像中,不是通过矩阵,而是用微分算子去表示 x 和 p,作用到态 ψ 上,再去求解方程(7.1)。在此图像中,ψ 是 x 的函数(通常也是时间 t 的函数),而不再是由有限矩阵作用在上面的数的列矢量。导数 $\dfrac{\mathrm{d}}{\mathrm{d}x}$ 的一阶微分算子,具有如下形式:

$$D = a(x) + b(x)\,\frac{\mathrm{d}}{\mathrm{d}x}, \tag{7.5}$$

其中 $a(x)$ 和 $b(x)$ 是普通的函数,而 $a(x)$ 或 $b(x)$ 可能为零。D 作用于 ψ,有

$$D\psi = a(x)\psi + b(x)\,\frac{\mathrm{d}\psi}{\mathrm{d}x}, \tag{7.6}$$

所以 $D\psi$ 是一个 x 的新函数①。我们很快就会看到,还存在着高阶导数的微分算子。表示 x 和 p 的算子都是一阶形式(7.5)。算子 x 用 x 表示,即用 $a(x)=x$ 和 $b(x)=0$ 的 D 表示。这里有点记号上的混乱,人们必须接受:x 既可以是一个算子,也可以是一个函数,还可以是一个特定的实数值,不过人们可从上下文去看,所表达的意思不言自明。作用在函数 $\psi(x)$ 上的位置算子 x 产生了一个新函数 $x\psi(x)$。动量算子表示为

$$p = -\mathrm{i}\hbar\,\frac{\mathrm{d}}{\mathrm{d}x}, \tag{7.7}$$

即用有 $a(x)=0$,$b(x)=-\mathrm{i}\hbar$ 的 D 表示。最后,单位算子 $\boldsymbol{1}$ 由 1 表示,即用有 $a(x)=1$ 和 $b(x)=0$ 的 D 表示。

在薛定谔图像中,检验 ψ 是否满足(7.1)式是很重要的。推导过程如下:

$$
\begin{aligned}
(xp - px)\psi &= x\left(-\mathrm{i}\hbar\,\frac{\mathrm{d}}{\mathrm{d}x}\right)\psi - \left(-\mathrm{i}\hbar\,\frac{\mathrm{d}}{\mathrm{d}x}\right)(x\psi) \\
&= -\mathrm{i}\hbar x\,\frac{\mathrm{d}\psi}{\mathrm{d}x} + \mathrm{i}\hbar\left(\psi + x\,\frac{\mathrm{d}\psi}{\mathrm{d}x}\right) \\
&= \mathrm{i}\hbar\psi \\
&= (\mathrm{i}\hbar\boldsymbol{1})\psi,
\end{aligned}
\tag{7.8}
$$

由于这一结果对于任意函数 ψ 都是有效的,因此确定了对易关系(7.1)。值得注意的是,

---

① 这个记号省略了 ψ 和 $D\psi$ 中的宗量 x,因为对于导数写明它,显得有点累赘。

关键步骤是 $x\psi$ 的导数的莱布尼茨法则，这在矩阵框架中没有明显的相似之处。

在薛定谔图像中，x 和 p 由微分算子表示，而在海森堡图像中，它们由无限矩阵表示，这当然只是形式上的差别而已。一个更有意义的差别是，在海森堡图像中，算子随时间变化，态 ψ 不变。在薛定谔图像中，x 和 p 是不变的，ψ 随时间而变化。如果精确地从这些数学形式描述中提取物理结果时，这些图像是等价的。在薛定谔图像中，算子 x 和 p 是普适存在的实体，无论粒子的动力学性质如何，都是相同的。在不同的情况下，不同粒子之间的变化是态 ψ 的动力学。

7.3 薛定谔方程

一维粒子的牛顿动力学由势 $V(x)$ 决定，粒子在其中运动。势决定了作用在粒子上的力。在量子力学中，粒子的动力学也由势 $V(x)$ 决定。在薛定谔图像中，态 $\psi(x, t)$ 携带着粒子的物理信息，也称为时刻 t 的粒子波函数。我们将简单地讨论从 ψ 的 x 依赖性中可以推出些什么，但我们首先将讨论 ψ 的动力学，即 ψ 是如何随时间演化的。这取决于势。

一个新的算子 H，称为哈密顿量，支配着 ψ 的动力学演化。它模型化粒子的经典总能量，是一个 x 和 p 的函数。对于在势 $V(x)$ 中运动的粒子，哈密顿量是算子：

$$H = \frac{1}{2m}p^2 + V(x), \tag{7.9}$$

动能与势能之和（这些术语仍然适用于量子力学）。m 是粒子的经典质量，是一个正的常数。稍后我们将讨论为什么时间演化是由这个特定的算子决定的。

因为 p 表示为 $-i\hbar\dfrac{\mathrm{d}}{\mathrm{d}x}$，$p^2$ 就是简单地将这个算子作用两次。这给出了二阶微分算子：

$$p^2 = \left(-i\hbar\,\frac{\mathrm{d}}{\mathrm{d}x}\right)\left(-i\hbar\,\frac{\mathrm{d}}{\mathrm{d}x}\right) = -\hbar^2\,\frac{\mathrm{d}^2}{\mathrm{d}x^2}. \tag{7.10}$$

另一方面，$V(x)$ 仅是一个含 x 的函数，通过乘法运算产生作用。作用于一个态 $\psi(x, t)$，x 的导数改写成了偏导数，可得

$$H\psi = -\frac{\hbar^2}{2m}\,\frac{\partial^2\psi}{\partial x^2} + V(x)\psi, \tag{7.11}$$

这是一个 x 和 t 的新函数。幸运的是，p^2 作为算子是确定的。一些经典的量，如 xp，有一个排序上的含糊性，因为 xp 和 px 在经典上是相同的，不过从 (7.1) 可知，作为算子，它们可以相差一个常数。

在薛定谔图像中，量子力学的动力学原理是态 $\psi(x, t)$ 按下述方程随时间演化：

$$\mathrm{i}\,\hbar\,\frac{\partial\psi}{\partial t}=H\psi, \tag{7.12}$$

或者,写成完全的形式,

$$\mathrm{i}\,\hbar\,\frac{\partial\psi}{\partial t}=-\frac{\hbar^2}{2m}\,\frac{\partial^2\psi}{\partial x^2}+V(x)\psi. \tag{7.13}$$

这就是薛定谔方程。由于人们必须指定所有的 x 上 ψ 的初值,且(7.13)式是时间的一阶微分方程,这就足以构成定解问题了。$\psi=0$ 总是薛定谔方程的解,但它并不能描述一个物理态,所以从这里开始,我们所说的解总是指非零解。

(7.13)式是一个线性偏微分方程,因此构造解的一种方法是找出特解的集合,然后将通解构造为特解的线性叠加。更明确一点,如果 $\psi_0(x,t)$, $\psi_1(x,t)$, $\psi_2(x,t)$, … 是(7.13)式的独立解,那么

$$\varPsi(x,t)=a_0\psi_0(x,t)+a_1\psi_1(x,t)+a_2\psi_2(x,t)+\cdots \tag{7.14}$$

也是一个解,其中 a_0, a_1, a_2, …,为任意常数,不能全部为零,且要求求和是收敛的。

这里应该说明两件事。第一件事是薛定谔方程明确含有 i,所以解 ψ 通常是复的。因此常数 a_0, a_1, a_2, … 是复数。它们被称为振幅。第二件事是线性叠加得到的所有解,在物理上都是有效的,无一例外。这就是量子力学的叠加原理,实际上这是线性方程的直接推论。薛定谔方程与诸如无源的麦克斯韦方程那样的线性波动方程产生一个类似性质,这些方程的波动解可以叠加,且其中任一解都是物理的。在经典粒子动力学中没有可比性。波的叠加会产生干涉图案,这种行为虽然令人惊讶,但已经在实验上得到了证实。以前,量子力学被称为波动力学。然而,尽管粒子具有类波性质,但是粒子本身仍然是局域的,类点状物体。

现在的一个技术问题是找到一个特别方便的独立态集合 ψ_0, ψ_1, ψ_2, …,并确定它有多少个态。事实上,存在着无穷多个态。在某个给定的时刻,函数 ψ 的空间,是一个无限维矢量空间,而薛定谔方程产生了 ψ 在这个空间中的演化。仍有一个有优先权的态集合,称为定态。这些定态是与时间有关的,但它们有一个特别简单时间依赖关系,它们的大部分物理性质独立于时间。

为了找到定态,人们应当将变量分离。假定 ψ 是 x 的函数和 t 的函数的乘积。这意味着对时间的依赖性是通过一个简单的指数 $\mathrm{e}^{-\frac{\mathrm{i}}{\hbar}Et}$,其中 E 是待定的实常数。因此完全的波函数为

$$\psi(x,t)=\chi(x)\mathrm{e}^{-\frac{\mathrm{i}}{\hbar}Et}, \tag{7.15}$$

其中 $\chi(x)$ 和 E 仍是待定的。当把波函数(7.15)代入薛定谔方程(7.13)时,算子 $\mathrm{i}\,\hbar\,\dfrac{\partial}{\partial t}$ 只是微分了与时间相关的相位因子,使方程左边出现一个 E 因子。算子 H,涉及空间的导数,仅作用在 χ 上,所以我们得到

$$E\chi e^{-\frac{i}{\hbar}Et} = H\chi e^{-\frac{i}{\hbar}Et}. \tag{7.16}$$

两边消去与时间有关的因子，即得定态薛定谔方程：

$$H\chi = E\chi. \tag{7.17}$$

它可写成显示形式，

$$-\frac{\hbar^2}{2m}\frac{\mathrm{d}^2\chi}{\mathrm{d}x^2} + V(x)\chi = E\chi. \tag{7.18}$$

(7.18)式的解 $\chi(x)$ 称为定态波函数，E 是它的能量。应注意的是，偏导数 $\dfrac{\partial}{\partial x}$ 已变成了普通导数 $\dfrac{\mathrm{d}}{\mathrm{d}x}$，因为这里对时间不再有任何依赖性。

我们现在可以在粒子的经典能量的基础上，解释为何将 H 算子作为量子力学的演化算子。根据德布罗意想法，有正动量 p 的粒子可以描述成波长为 $\dfrac{2\pi\hbar}{p}$ 的波。一个波 e^{ikx} 具有波长 $\dfrac{2\pi}{k}$，所以这个波（有波数 k）描述了粒子的动量为 $p=\hbar k$ 的粒子。对于这个波，定态薛定谔方程(7.18)的第一项是

$$-\frac{\hbar^2}{2m}\frac{\mathrm{d}^2}{\mathrm{d}x^2}e^{ikx} = \frac{\hbar^2 k^2}{2m}e^{ikx} = \frac{p^2}{2m}e^{ikx}, \tag{7.19}$$

右边的系数 $\dfrac{p^2}{2m}$ 是动能（这里 p 理解成经典动量，而不是一个算子）。现在假设 $V(x)$ 是一个光滑函数，在一个比 $\dfrac{2\pi}{k}$ 大得多的尺度上随 x 变化。于是，e^{ikx} 是定态薛定谔方程的局部近似解，且(7.18)约化成

$$\frac{p^2}{2m}e^{ikx} + V(x)e^{ikx} = Ee^{ikx}, \tag{7.20}$$

其中 $p=\hbar k$，且 k 随 x 缓慢变化。如果 $\dfrac{p^2}{2m}+V(x)=E$，则两边的系数匹配。这样，薛定谔方程就与经典能量方程有关。当 E 是一个常数时，能量是守恒的，即使 p 和 V 是另行变化的。这一论证过程，虽然粗糙，却说明每当量子粒子波长远小于外部指定势 V 的长度标度时，经典粒子运动可转化为定态薛定谔方程的一个解，并表明将方程(7.15)中首次出现的常数 E 解释为能量是正确的。方程(7.18)的解的一个更好的近似形式是

$$\chi(x) = A(x)e^{ik(x)x} \tag{7.21}$$

其中 $\dfrac{\hbar^2 k^2(x)}{2m} = E - V(x)$，$A(x)$ 有一个缓慢变化的大小和相，这加强了这一论证

过程。

现在我们回到(7.17)式及其精确解的讨论。(7.17)式，及它的显示形式(7.18)，是算子理论中研究较多的方程。H 作用于函数 χ，但是没有产生一个完全独立的函数；它只产生 χ 的常数倍。这种函数 χ 是特殊的，E 也是特殊的。E 称为 H 的本征值，或能量本征值，$\chi(x)$ 是与本征值 E 相关的 H 的本征函数或本征态。对于物理上合理的势 $V(x)$，H 具有无穷多个本征值 E。它们可能是离散的(如整数)或连续

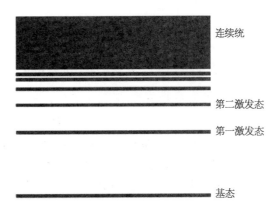

图 7.2　一个典型的势能可以包含一组离散的能级和一系列连续的能级

统的(如所有的实数)或某些组合(一些离散值和填满一个或多个区间的连续统)，如图7.2所示。在物理学中，能量本征值常被称为能级。它们是粒子所能拥有的唯一精确能量。与最低能级相关的本征函数称为基态，与较高能级相关的本征函数称为激发态。具有相同能量的两个或多个态称为简并态。

精确地求解一维薛定谔方程(7.18)，并求出能量本征值，这只对特定的势才是可能的。我们将列举几个重要的例子。对本征值谱更一般的研究是薛定谔算子理论的一部分，这是一个深刻而复杂的课题。

7.3.1　自由粒子

让我们从一个自由粒子的例子开始，其中 V 在任何地方都是零。一个自由粒子的薛定谔方程是

$$\mathrm{i}\hbar\frac{\partial\psi}{\partial t}=-\frac{\hbar^2}{2m}\frac{\partial^2\psi}{\partial x^2}. \tag{7.22}$$

通过分离变量，约化成定态薛定谔方程

$$-\frac{\hbar^2}{2m}\frac{\mathrm{d}^2\chi}{\mathrm{d}x^2}=E\chi. \tag{7.23}$$

(7.23)式是一个二阶常微分方程，对任意正能量 E，存在两个独立的实解。这两个解是

$$\chi_1(x)=\cos\left(\frac{1}{\hbar}\sqrt{2mE}\,x\right),\ \chi_2(x)=\sin\left(\frac{1}{\hbar}\sqrt{2mE}\,x\right). \tag{7.24}$$

通解是它们的线性叠加：

$$\chi(x)=A\cos\left(\frac{1}{\hbar}\sqrt{2mE}\,x\right)+B\sin\left(\frac{1}{\hbar}\sqrt{2mE}\,x\right), \tag{7.25}$$

其中 A 和 B 是实常数或复常数。

现在我们不得不考虑当 $x \to \pm\infty$ 时，$\chi(x)$ 是如何变化的。当 $x \to \pm\infty$ 时，χ 的物理解必须保持有界（即 χ 的强度不能无限增大）。我们认为这样的解是可接受的。不可接受的解是 χ 在一个或两个方向上无限增长。因此，解 (7.25) 对于任意的 A 和 B 都是可接受的，但如果 E 是负的，那么独立的解将是 $\chi_1(x) = e^{\frac{1}{\hbar}\sqrt{2m|E|}\,x}$ 和 $\chi_2(x) = e^{-\frac{1}{\hbar}\sqrt{2m|E|}\,x}$，它们当 $x \to \infty$ 或 $x \to -\infty$ 时指数式增长，这两个解是不可接受的。如果 $E=0$，仅有一个可接受的解，$\chi(x) = $ 常数。结论是，对于一个自由粒子，允许的能量本征值由所有 $E \geqslant 0$ 的实数构成，本征值是一个连续统。不存在负的能级。

用复指数来描述特解通常更方便。在 (7.25) 式中取 $A=1$，$B=\pm i$，我们得到了独立解：

$$\chi_+(x) = e^{\frac{i}{\hbar}\sqrt{2mE}\,x}, \; \chi_-(x) = e^{-\frac{i}{\hbar}\sqrt{2mE}\,x}, \tag{7.26}$$

通解是这两个解的叠加。含时间关系的完全波函数是

$$\psi_+(x,t) = e^{\frac{i}{\hbar}(\sqrt{2mE}\,x - Et)}, \; \psi_-(x,t) = e^{\frac{i}{\hbar}(-\sqrt{2mE}\,x - Et)}. \tag{7.27}$$

如果我们用德布罗意波数 $k = \pm\frac{1}{\hbar}\sqrt{2mE}$，则 $E = \dfrac{\hbar^2 k^2}{2m}$，所以对于自由粒子的薛定谔方程的一组完备的独立定态解，用 k 可以更简单地写为

$$\psi(x,t) = e^{i\left(kx - \frac{\hbar k^2}{2m}t\right)}, \tag{7.28}$$

其中 k 取包括负值在内的任意实值。这些是简单的类波解，空间波长 $\dfrac{2\pi}{|k|}$，表示一个动量为 $\hbar k$ 和能量为 $\dfrac{\hbar^2 k^2}{2m}$ 的粒子。

我们一定不能忘记，薛定谔方程的通解是含时间相关因子的定态的叠加。对于自由粒子，通解为

$$\psi(x,t) = \int_{-\infty}^{\infty} F(k) e^{i\left(kx - \frac{\hbar k^2}{2m}t\right)}\,dk, \tag{7.29}$$

其中 $F(k)$ 是一个任意复函数，当 $|k| \to \infty$ 时它衰减足够快以致积分收敛。k 是一个连续的参数，这就是为什么叠加是一个对 k 的积分，而不是求和的理由。

7.3.2 谐振子

现在我们研究第二个重要的例子，薛定谔方程描写的量子谐振子：

$$i\hbar\frac{\partial\psi}{\partial t} = -\frac{\hbar^2}{2m}\frac{\partial^2\psi}{\partial x^2} + \frac{1}{2}m\omega^2 x^2\psi. \tag{7.30}$$

势是 $V(x) = \dfrac{1}{2}m\omega^2 x^2$，在这个势中质量为 m 的经典粒子以频率为 ω 振荡。现在定态薛

定谔方程的形式为

$$-\frac{\hbar^2}{2m}\frac{\mathrm{d}^2\chi}{\mathrm{d}x^2}+\frac{1}{2}m\omega^2 x^2\chi = E\chi. \qquad (7.31)$$

在经典力学中,在这个势中有限能量的粒子在一个有限区间内振荡。在量子力学中,我们将边界条件设置为,当 $x\to\pm\infty$ 时 χ 必须趋向于 0。

为了分析方程(7.31),通过长度变量和能量变量重标度,来简化符号是有益的。选取 $y=\sqrt{\frac{m\omega}{\hbar}}\,x$ 和 $\varepsilon=\frac{2}{\hbar\omega}E$。那么,$\chi(y)$ 满足:

$$-\frac{\mathrm{d}^2\chi}{\mathrm{d}y^2}+y^2\chi=\varepsilon\chi. \qquad (7.32)$$

回想一个自由粒子,能量可以取任意正值,或者零。这里,本征值 ε 只能取某些离散值。理由如下:对于大的 $|y|$,以及任意的 ε,方程(7.32)的两个独立解 $\mathrm{e}^{-\frac{1}{2}y^2}$ 和 $\mathrm{e}^{\frac{1}{2}y^2}$ 来渐近描述。对于大的正 y,只有类似于 $\mathrm{e}^{-\frac{1}{2}y^2}$ 行为的解是可能接受的,而另一个解将随 y 增大。如果我们取这个解并将它推广到绝对值大的负 y,那么它通常是 $\mathrm{e}^{-\frac{1}{2}y^2}$ 和 $\mathrm{e}^{\frac{1}{2}y^2}$ 的某种组合,其中 $\mathrm{e}^{\frac{1}{2}y^2}$ 部分将完全占主导地位。它不断增长的行为使得这个解最终是不可接受的。因此,对于 ε 的一般值,不存在满足这两个边界条件的可接受的解。只有对于 ε 的某些离散值,对于大的正 y 和大的负 y 有一个像 $\mathrm{e}^{-\frac{1}{2}y^2}$ 一样衰减的解,这些特殊的值就是本征值。

本征值是什么呢? 最小值为 $\varepsilon=1$,且解正好是 $\chi(y)=\mathrm{e}^{-\frac{1}{2}y^2}$,因为(微分两次)

$$\left[-\frac{\mathrm{d}^2}{\mathrm{d}y^2}+y^2\right]\mathrm{e}^{-\frac{1}{2}y^2}=\frac{\mathrm{d}}{\mathrm{d}y}(y\mathrm{e}^{-\frac{1}{2}y^2})+y^2\mathrm{e}^{-\frac{1}{2}y^2}=\mathrm{e}^{-\frac{1}{2}y^2}. \qquad (7.33)$$

这是基态解。完整的本征值集合形成离散序列:$\varepsilon=1,\,3,\,5,\,7,\,\cdots$。让我们用 $\varepsilon_n=2n+1$ 从 $n=0$ 开始表示这个序列。相应的定态波函数为 $\chi_n(y)$,且有如下形式

$$\chi_n(y)=H_n(y)\mathrm{e}^{-\frac{1}{2}y^2} \qquad (7.34)$$

其中 $H_n(y)$ 是一个 y 的 n 阶多项式。前五个如图 7.3 所示。对于大的 $|y|$,尽管有一个多项式的前因子,$\chi_n(y)$ 几乎与 $\mathrm{e}^{-\frac{1}{2}y^2}$ 衰减得一样快。在原始变量中,第 n 个解是

$$\chi_n(x)=H_n\left(\sqrt{\frac{m\omega}{\hbar}}\,x\right)\mathrm{e}^{-\frac{m\omega}{2\hbar}x^2},$$

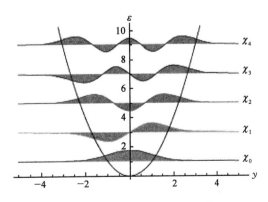

图 7.3 谐振子的五个最低能量解 $\chi_n(y)$

其中
$$E_n = \left(n + \frac{1}{2}\right)\hbar\omega. \tag{7.35}$$

该序列中的多项式称为厄密多项式。前几个多项式是

$$H_0(y) = 1,$$
$$H_1(y) = y,$$
$$H_2(y) = y^2 - \frac{1}{2}, \tag{7.36}$$
$$H_3(y) = y^3 - \frac{3}{2}y,$$

其中,根据约定,首项的系数设置为 1。所有这些多项式的通式是

$$H_n(y) = \left(-\frac{1}{2}\right)^n e^{y^2} \frac{\mathrm{d}^n}{\mathrm{d}y^n} e^{-y^2}. \tag{7.37}$$

能量本征值 E_n $(n = 0, 1, 2, \cdots)$ 是谐振子的能级。基态有能量 $E_0 = \frac{1}{2}\hbar\omega$,能量超过 E_0 的所有态都是激发态。值得注意的是,基态能量是正的,相邻能级之间的能隙都是相等的。$\frac{1}{2}\hbar\omega$ 称为零点能,并且这是量子谐振子可以有的最低能量。与此相反,当粒子在势能的底部静止时,在 $x = 0$ 时,经典振子的最小能量值为零。

对于谐振子,通解为

$$\psi(x, t) = \sum_{n=0}^{\infty} a_n H_n\left(\sqrt{\frac{m\omega}{\hbar}}\, x\right) e^{\frac{-m\omega}{2\hbar}x^2} e^{-\mathrm{i}\left(n+\frac{1}{2}\right)\omega t}. \tag{7.38}$$

当 $n \to \infty$ 时,振幅 a_n 必须以足够快的速度趋向于零,这样和就收敛,除此之外它们是任意的。

对于更一般的势能,又是怎样呢？例如人们可以考虑,$V(x) = \frac{1}{2}m\omega^2 x^2 + x^4$ 或 $V(x) = |x|$ 的薛定谔方程。存在着一些最小值为零,且当 $x \to \pm\infty$ 时,就增长到 ∞ 的势能。要确定它们的能量本征值并非易事,不过能量本征值是一个无限离散集,其值在势能最小值之上。对于诸如 $V(x) = \frac{1}{2}m\omega^2 x^2 + x^3$ 这样的势,当 $x \to -\infty$ 时 V 逼近 $-\infty$,不能导致量子力学中的真实物理模型。没有能量本征值,粒子动力学是不稳定的。

7.4 波函数的诠释——可观测量

何以诠释薛定谔方程的解？它们的物理意义究竟是什么？我们知道一个定态解可写作

$$\psi(x, t) = \chi(x) \mathrm{e}^{-\frac{\mathrm{i}}{\hbar}Et}, \tag{7.39}$$

其中 χ 满足 $H\chi = E\chi$，是一个能量为 E 的态，但也有一些态是由这些不同的 E 值的态的叠加组成的。如何理解它们？粒子在哪里及它的动量又是什么？粒子具有一个确定的能量吗？

这些问题是麦克斯·玻恩(Max Born)解决的,他提出了量子理论的标准统计观。根据玻恩的观点,薛定谔波函数给出了粒子及其动力学的概率信息。这与薛定谔最初的直觉相悖,波函数不是一个可测量的客体,并不像电磁波或海上的波浪那样的客体,它迅速成为了量子力学的标准解释的一个关键组成部分。虽然量子力学的解释没有达到人人都满意的程度,但量子力学为预测实验的概率(几率)结果提供了一种方法,已证明是非常成功的。没有任何实验或观察结果,对量子力学工作得非常好,这一事实表示怀疑。

7.4.1 位置概率

我们首先要讨论粒子在哪里。基本思想是,在 t 时刻,

$$\int_{x_0}^{x_1} |\psi(x, t)|^2 \mathrm{d}x \tag{7.40}$$

表示粒子处于 x_0 和 x_1 之间的概率。被积函数是波函数的模平方, $|\psi(x, t)|^2 = \overline{\psi(x, t)}\psi(x, t)$,其中 $\bar{\psi}$ 是 ψ 的复共轭。$|\psi(x, t)|^2$ 是实且非负的,其表示在 x 处找到粒子的概率密度。

总的概率必须是 1,为了使(7.40)式有意义,必须将波函数归一化,意味着它满足

$$\int_{-\infty}^{\infty} |\psi(x, t)|^2 \mathrm{d}x = 1. \tag{7.41}$$

对于满足薛定谔方程(7.12)的 ψ,只要在某一初始时刻满足这个条件,这个归一化条件在所有时刻都有效。如果一个波函数未被归一化,则波函数需要乘以一个常数使其归一化,或者等效地将(7.40)式替换为

$$\frac{\int_{x_0}^{x_1} |\psi(x, t)|^2 \mathrm{d}x}{\int_{-\infty}^{\infty} |\psi(x, t)|^2 \mathrm{d}x}. \tag{7.42}$$

如果 ψ 是归一化的,则 $\mathrm{e}^{\mathrm{i}\alpha}\psi$ (α 是一个实数)也是归一化的,且满足薛定谔方程。概率密度不受相位因子 $\mathrm{e}^{\mathrm{i}\alpha}$ 的影响,粒子的任何其他物理性质也不受其影响。因此,人们认为 ψ 和 $\mathrm{e}^{\mathrm{i}\alpha}\psi$ 是物理上等效的波函数。

在一个定态中, $\psi(x, t) = \chi(x)\mathrm{e}^{-\frac{\mathrm{i}}{\hbar}Et}$,因此 $|\psi(x, t)|^2 = |\chi(x)|^2$, χ 的归一化条件是

$$\int_{-\infty}^{\infty} |\chi(x)|^2 \mathrm{d}x = 1. \tag{7.43}$$

概率密度 $|\chi(x)|^2$ 是与时间无关的,这就是这种态被称为定态的理由。对于更一般的波函数,在 x_0 和 x_1 之间找到粒子的概率是随时间变化的,所以在这个意义上,粒子正在运动。

作为一个例子,我们用标度坐标 y 考虑谐振子的基态和第一激发态。归一化定态是

$$\chi_0(y) = \left(\frac{1}{\pi}\right)^{\frac{1}{4}} e^{-\frac{1}{2}y^2} \quad \text{和} \quad \chi_1(y) = \left(\frac{4}{\pi}\right)^{\frac{1}{4}} y e^{-\frac{1}{2}y^2}, \tag{7.44}$$

人们可以用高斯积分(1.45)和(1.65)进行计算。这些态分别有确定的能量,且在这些态中,粒子在 $y=0$ 和 $y=1$ 之间的概率是

$$\left(\frac{1}{\pi}\right)^{\frac{1}{2}} \int_0^1 e^{-y^2} dy \approx 0.421 \quad \text{和} \quad \left(\frac{4}{\pi}\right)^{\frac{1}{2}} \int_0^1 y^2 e^{-y^2} dy \approx 0.214. \tag{7.45}$$

第二个较小,因为处于激发态比处于基态的态分得更开。这类似于经典振荡的振幅随能量的增加而增大。在这些态的叠加中,含时的相位因子有不同的频率,在 $y=0$ 和 $y=1$ 之间找到粒子的概率随谐振子频率 ω 振荡。

通过测量粒子是否在 x_0 和 x_1 之间,概率诠释在实验上得到了检验。在单个场合,答案是"是"或"否",但是如果实验被重复,态以相同的方式被多次期望,那么给出"是"的测量部分应该接近预测的概率。

一些物理学家发现一种依赖于重复测量的诠释不能令人满意,并提出了不同的诠释。然而,似乎可以确定的是,并不存在一种携带更多的信息的量子力学新版本,致使位置测量的结果是完全确定的。概率是量子力学不可回避的特征。

7.4.2 其他物理量——厄密算子

我们已经介绍了将基本动力学变量,位置 x 和动量 p,在量子力学中变成算子的思想。我们也看到,哈密顿量 $H = \frac{1}{2m}p^2 + V(x)$ 是一个关键的算子,它出现在薛定谔方程中,并与粒子能量有关。另一个算子是单独的动能,$\frac{1}{2m}p^2$。量子力学的一个基本假设是,每一个可观测量,即每一个可以测量的物理量,都是用一个算子来表示的。算子一般与经典动力学变量相联系,通常是 x 和 p 的函数,但我们稍后将遇到的自旋算子没有相近的经典类似物。在量子力学中,可观测量总是用厄密算子来表示,例如厄密多项式就是一个厄密算子,它是以数学家查尔斯·厄密的名字命名的。厄密算子最重要的性质是它们有实的本征值,所以正如我们将要表明的,它们类似于实的动力学变量。

数学上,如果一个算子 O 有以下对称性,则它是厄密的:O 是厄密的,如果对于任一对复变函数 $\phi(x)$ 和 $\eta(x)$,当 $x \to \pm\infty$ 时它们快速趋向于零,

$$\int_{-\infty}^{\infty} \overline{O\eta}\phi \, dx = \int_{-\infty}^{\infty} \overline{\eta}O\phi \, dx. \tag{7.46}$$

（记住 ϕ，η，$O\phi$ 和 $O\eta$ 都是 x 的函数。）一个等价的说法是 $\int_{-\infty}^{\infty}\overline{\phi}O\eta\mathrm{d}x$ 与 $\int_{-\infty}^{\infty}\overline{\eta}O\phi\mathrm{d}x$ 两者互为复共轭。

对于特定的算子，检验它的厄密性并不困难。它通常需要分部积分。例如，$\dfrac{\mathrm{d}^2}{\mathrm{d}x^2}$ 是厄密的，因为

$$\int_{-\infty}^{\infty}\overline{\frac{\mathrm{d}^2\eta}{\mathrm{d}x^2}}\phi\,\mathrm{d}x=\int_{-\infty}^{\infty}\overline{\eta}\,\frac{\mathrm{d}^2\phi}{\mathrm{d}x^2}\mathrm{d}x,\tag{7.47}$$

可以通过两次分部积分来验证。相似地，$\mathrm{i}\dfrac{\mathrm{d}}{\mathrm{d}x}$ 是厄密的，这里因子 i 是必不可少的，因为分部积分给出了一个减号，而 $\overline{\mathrm{i}}=-\mathrm{i}$，所以

$$\int_{-\infty}^{\infty}\overline{\left(\mathrm{i}\frac{\mathrm{d}\eta}{\mathrm{d}x}\right)}\phi\,\mathrm{d}x=\int_{-\infty}^{\infty}\overline{\eta}\left(\mathrm{i}\frac{\mathrm{d}\phi}{\mathrm{d}x}\right)\mathrm{d}x.\tag{7.48}$$

明显地，哈密顿算子 $H=-\dfrac{\hbar^2}{2m}\dfrac{\mathrm{d}^2}{\mathrm{d}x^2}+V(x)$ 和动量算子 $p=-\mathrm{i}\hbar\dfrac{\mathrm{d}}{\mathrm{d}x}$ 都是厄密的。

一个厄密算子 O 通常有无穷多个独立的本征函数，且我们假设它们可以标记为 $k=0$，1，2，$\cdots$（对于这类全体算子来说，这是方便且真实的，但是对于其他一些算子来说，需要用一个连续的而不是离散的标记。）因此 O 有一个本征函数和本征值的离散谱：

$$O\phi_k=\lambda_k\phi_k,\ k=0,\ 1,\ 2\cdots\tag{7.49}$$

从 O 的厄密性得到两个重要的结论：（i）每个本征值 λ_k 都是实的；（ii）与不同本征值 λ_k 和 λ_l 相关的本征函数 $\phi_k(x)$ 和 $\phi_l(x)$ 是正交的，从这种意义上说，

$$\int_{-\infty}^{\infty}\overline{\phi_l}\phi_k\mathrm{d}x=0.\tag{7.50}$$

（这是两个具有零点积的正交矢量的复函数类似。）

结论（i）和（ii）的证明是相当相似的。我们从 O 的一对本征函数开始，满足方程：

$$O\phi_k=\lambda_k\phi_k,\tag{7.51}$$

$$O\phi_l=\lambda_l\phi_l,\tag{7.52}$$

并假定 $\lambda_l\neq\lambda_k$。那么，重复使用（7.51）式的复共轭，O 的厄密性，以及（7.51）式，我们发现

$$\overline{\lambda_k}\int_{-\infty}^{\infty}\overline{\phi_k}\phi_k\mathrm{d}x=\int_{-\infty}^{\infty}\overline{O\phi_k}\phi_k\mathrm{d}x=\int_{-\infty}^{\infty}\overline{\phi_k}O\phi_k\mathrm{d}x=\lambda_k\int_{-\infty}^{\infty}\overline{\phi_k}\phi_k\mathrm{d}x,\tag{7.53}$$

所以 $\overline{\lambda_k}=\lambda_k$，因此 λ_k 是实的。

类似的，

$$\lambda_l \int_{-\infty}^{\infty} \overline{\phi_l} \phi_k \, \mathrm{d}x = \int_{-\infty}^{\infty} \overline{O\phi_l} \phi_k \, \mathrm{d}x = \int_{-\infty}^{\infty} \overline{\phi_l} O\phi_k \, \mathrm{d}x = \lambda_k \int_{-\infty}^{\infty} \overline{\phi_l} \phi_k \, \mathrm{d}x, \qquad (7.54)$$

其中我们使用了(7.52)式的复共轭，O 的本征值是实的(我们刚刚证明了)，O 的厄密性和(7.51)式。当 $\lambda_l \neq \lambda_k$ 时，这条等式链意味着 $\int_{-\infty}^{\infty} \overline{\phi_l} \phi_k \, \mathrm{d}x = 0$，这就是我们要求证明的正交条件(7.50)。

通过归一化本征函数 ϕ_k，要求满足：

$$\int_{-\infty}^{\infty} \overline{\phi_k} \phi_k \, \mathrm{d}x = 1, \qquad (7.55)$$

就将这个正交性结果稍微增强到正交归一性。于是，正交归一性条件为

$$\int_{-\infty}^{\infty} \overline{\phi_l} \phi_k \, \mathrm{d}x = \delta_{lk}, \qquad (7.56)$$

其中 δ_{lk} 是克罗内克 δ 符号，若 $l=k$，取值为 1；若 $l \neq k$，取值为 0。(7.56)式结合了正交性条件(7.50)和归一化条件(7.55)。对于某些本征值存在不止一个本征函数情况下(即在本征值简并的情况下)，也可以强制执行正交归一化。

厄密算子分析中有一条深层次定理，厄密算子的本征函数 ϕ_k 是一个完备集，这意味着任意波函数 ψ 都可以表示为它们的一个线性组合。(这可能是量子力学所需要的最重要的数学定理，在整个原子和凝聚态物理以及理论化学中，使用它是司空见惯的事。)它是傅里叶级数的思想的推广，任意周期函数都可以表示为相同周期的正弦函数和余弦函数的线性组合。利用完备性，我们可以写成

$$\psi(x, t) = \sum_{k=0}^{\infty} c_k(t) \phi_k(x), \qquad (7.57)$$

其中振幅 $c_k(t)$ 依赖于时间 t，因为 ψ 是 t 的函数。

如果 ψ 是归一化的，那么在下述意义下，振幅集是归一化的

$$\sum_{k=0}^{\infty} |c_k(t)|^2 = 1. \qquad (7.58)$$

这是因为，对于归一化的 ψ，

$$
\begin{aligned}
1 = \int_{-\infty}^{\infty} |\psi(x, t)|^2 \, \mathrm{d}x &= \sum_{l=0}^{\infty} \sum_{k=0}^{\infty} \overline{c_l(t)} c_k(t) \int_{-\infty}^{\infty} \overline{\phi_l} \phi_k \, \mathrm{d}x \\
&= \sum_{l=0}^{\infty} \sum_{k=0}^{\infty} \overline{c_l(t)} c_k(t) \delta_{lk} \\
&= \sum_{k=0}^{\infty} \overline{c_k(t)} c_k(t) \\
&= \sum_{k=0}^{\infty} |c_k(t)|^2. \qquad (7.59)
\end{aligned}
$$

在这里，我们使用了本征函数的正交归一性，以及克罗内克 δ 的基本性质，$\sum_l \alpha_l \delta_{lk} = \alpha_k$，

它成立的原因是,只有 $l=k$ 的项对求和有贡献。

7.4.3 可观测量的测量

一个由厄密算子 O 表示的物理量称为一个可观测量。我们现在将考虑可观测量的测量。我们需要利用 O 有实的本征值 λ_k,恰如刚才所讨论的,O 的归一化本征函数 $\phi_k(x)$ 是一个完备的正交归一函数集。设代表粒子态的波函数有展开式(7.57),$\psi(x,t)=\sum_{k=0}^{\infty}c_k(t)\phi_k(x)$。

量子力学的一个基本假设是,由算子 O 表示的量的可能测量结果是 O 的本征值 λ_k,而且只能是这些值。如果本征值形成一组离散集,那么它们之间必然存在间隙。本征值的集合当然只取决于 O,而不依赖于波函数。波函数决定了各种结果的概率。如果测量是在 t 时刻进行的,则结果是 λ_k 的概率为 $|c_k(t)|^2$。归一化条件(7.58)的解释是所有可能结果的概率之和是 1,因为它必须是 1。

知道测量的所有可能结果,以及它们的概率,是量子力学实际上所能期待的,并不存在可以比波函数提供更多关于粒子的信息的隐变量。有时得到的信息会更少。一般会存在不确定性,因为具有不同概率的各种结果都是可能的。有个例外,如果波函数(在 t 时刻)恰好是 O 的本征函数,即本征值为 λ_k 的本征函数为 ϕ_k。在这种情况下,对于由 O 表示的可观测量,我们说粒子有一个确定的值 λ_K。那么测量产生 λ_K 的概率为 1。

能量呢?假设哈密顿量 H 的本征值为 $E_n(n=0,1,2,\cdots)$,且与 E_n 相关的归一化本征函数为 $\chi_n(x)$。回想一下,$\chi_n(x)$ 是一个定态波函数。薛定谔方程的一般非定态解根据这些表示为

$$\psi(x,t)=\sum_{n=0}^{\infty}a_n\chi_n(x)\mathrm{e}^{-\frac{\mathrm{i}}{\hbar}E_nt},\tag{7.60}$$

如果 $\psi(x,t)$ 是归一化的,则

$$\sum_{n=0}^{\infty}|a_n|^2=1.\tag{7.61}$$

如果我们测量能量,则结果将是 E_n 中的一个值,而测量给出 E_n 的概率是 $|a_n|^2$。这是我们所说的对一个一般算子 O 的一个特殊情况,因为(7.60)式就是 ψ 根据 H 的本征函数的展开式。在这种情况下,振幅 $c_n(t)$ 为 $a_n\mathrm{e}^{-\frac{\mathrm{i}}{\hbar}E_nt}$,并且 $|c_n(t)|^2=|a_n|^2$。能量是特殊的,因为这些概率不随时间而变化,即使对于非定态波函数。这是量子力学中能量守恒的一个方面。然而,在非定态中,能量仍然是不确定的,只有在定态下,能量才有一个确定的值。

我们也可以考虑动量的测量。正如我们所看到的,动量算子 $p=-\mathrm{i}\hbar\dfrac{\mathrm{d}}{\mathrm{d}x}$ 是厄密的。它的本征值方程是

$$-i\hbar \frac{d}{dx}\phi = \lambda\phi, \tag{7.62}$$

边界条件是当 $x \to \pm\infty$，ϕ 不以指数式增长。解为 $\phi_k(x) = e^{ikx}$，且 $\lambda = \hbar k$，以及 k 为任意实数。当 $x \to \pm\infty$，函数 e^{ikx} 在数量级上既不增加也不衰减，这是可接受的。所以 e^{ikx}（是一个自由粒子的定态）是本征值为 $\hbar k$ 的动量算子 p 的本征函数。由于 k 取任意实值，所以动量的测量可以有任意实值结果。一般的波函数 $\psi(x, t)$ 有一个这种形式本征函数的展开式

$$\psi(x, t) = \frac{1}{2\pi} \int_{-\infty}^{\infty} \widetilde{\psi}(k, t) e^{ikx} dk, \tag{7.63}$$

并且找到动量为 $\hbar k$ 的概率密度为 $\frac{1}{2\pi} | \widetilde{\psi}(k, t) |^2$。(7.63)式是傅里叶逆变换公式，因此 $\widetilde{\psi}(k, t)$ 是 $\psi(x, t)$ 的傅里叶变换。如果波函数 ψ 是归一化的，则

$$1 = \int_{-\infty}^{\infty} | \psi(x, t) |^2 dx = \frac{1}{2\pi} \int_{-\infty}^{\infty} | \widetilde{\psi}(k, t) |^2 dk, \tag{7.64}$$

表明动量概率密度被正确地归一化了。(在傅里叶变换理论中，这个结果称为帕塞瓦尔定理。)

仅当波函数是动量算子的本征函数时，动量才有一个确定的值。如果波函数在某一时刻为 e^{ikx}，则动量为 $\hbar k$。这就把德布罗意关于动量的见解，纳入可观测量、厄密算子和概率的一般量子力学框架。这种有确定动量的波函数，实际上是不能归一化的。这是一种具有本征值连续集的算子的本征函数。为了使分析在物理上有意义，我们必须将波函数限制在一个空间上大且有限区域，这样它们才是可归一化的，在这种情况下，动量是不十分确定。正如我们将在下面看到的，这可以解释成测不准原理(不确定关系)的一种表现形式。

7.5 期 望 值

这里我们讨论量子测量结果的平均值。根据定义，平均值是结果按概率加权的平均。例如，如果抛出一个普通面为 1 到 6 的公正骰子，则结果的平均值为 $3\frac{1}{2}$。在量子力学中，平均值称为期望值。

回想一下，根据 O 的本征函数展开的归一化波函数 ψ (7.57)，其系数为 $c_k(t)$。当 t 时刻测量结果是 λ_k 有概率 $| c_k(t) |^2$ 时，用 O 表示的可观测量在 t 时刻测量的期望值是

$$\langle O \rangle = \sum_k | c_k(t) |^2 \lambda_k. \tag{7.65}$$

因为 $c_k(t)$ 与波函数有关，对于 $\langle O \rangle$ 有一个优美的替代公式

$$\langle O\rangle=\int_{-\infty}^{\infty}\overline{\psi(x,t)}O\psi(x,t)\mathrm{d}x, \tag{7.66}$$

我们将在下面证明(7.66)式。注意,这个公式直接依赖于算子 O 如何作用于波函数,而不需要对单个概率的显示知识来确定 $\langle O\rangle$。人们可以预期,一个动力学变量的物理值,与表示这个变量的算子如何作用于波函数有关,方程(7.66)证实了这一点。

如果波函数 ψ 是本征值为 λ 的 O 的本征函数,那么该态对算子有一个确定的值,即 λ。公式(7.66)与此一致,因为在这种情况下 $O\psi=\lambda\psi$,所以

$$\langle O\rangle=\lambda\int_{-\infty}^{\infty}\overline{\psi(x,t)}\psi(x,t)\mathrm{d}x=\lambda. \tag{7.67}$$

方程(7.65)和(7.66)的等价性证明如下。从方程(7.66)开始,根据 O 的本征函数展开波函数,依次找到

$$
\begin{aligned}
\langle O\rangle &=\sum_k\sum_l\overline{c_k(t)}c_l(t)\int_{-\infty}^{\infty}\overline{\phi_k(x)}O\phi_l(x)\mathrm{d}x\\
&=\sum_k\sum_l\overline{c_k(t)}c_l(t)\lambda_l\int_{-\infty}^{\infty}\overline{\phi_k(x)}\phi_l(x)\mathrm{d}x\\
&=\sum_k\sum_l\overline{c_k(t)}c_l(t)\lambda_l\delta_{kl}\\
&=\sum_k\overline{c_k(t)}c_k(t)\lambda_k\\
&=\sum_k|c_k(t)|^2\lambda_k,
\end{aligned} \tag{7.68}
$$

其中,关键步骤(从第二行到第三行)用了 O 的本征函数的正交归一性条件(7.56)。

下面列举(7.66)式的一些例子。能量的期望值是

$$\langle H\rangle=\int_{-\infty}^{\infty}\overline{\psi(x,t)}H\psi(x,t)\mathrm{d}x, \tag{7.69}$$

等于 $\sum_{n=0}^{\infty}|a_n|^2E_n$,与时间无关。位置 x 的期望值是简单的,因为算子 x 只是通过将波函数乘以 x 来作用,所以

$$
\begin{aligned}
\langle x\rangle &=\int_{-\infty}^{\infty}\overline{\psi(x,t)}x\psi(x,t)\mathrm{d}x\\
&=\int_{-\infty}^{\infty}|\psi(x,t)|^2x\,\mathrm{d}x.
\end{aligned} \tag{7.70}
$$

这与位置概率密度 $|\psi(x,t)|^2$ 是一致的。也许最有用的例子是动量的期望值。这是

$$\langle p\rangle=-\mathrm{i}\hbar\int_{-\infty}^{\infty}\overline{\psi(x,t)}\frac{\partial}{\partial x}\psi(x,t)\mathrm{d}x. \tag{7.71}$$

即使动量概率密度涉及 ψ 的傅里叶变换,但期望值的公式(7.71)不涉及 ψ 的傅里叶变换。

7.6 测 量 之 后

量子力学有一个进一步的假设，涉及刚好完成一个测量之后，波函数会发生什么。假设由 O 表示被测量的动力学变量，且波函数有展开式：

$$\psi(x,\,t) = \sum_k c_k(t)\phi_k(x),\tag{7.72}$$

其中 $\phi_k(x)$ 是一个 O 的本征值为 λ_k 的归一化本征函数。t 时刻的测量结果是概率为 $|c_k(t)|^2$ 的 λ_k。假设测量的结果是这些可能值中的一个，λ_k。假设是测量后的瞬间的波函数不再是 ψ；而是与本征值 λ_k 相关的本征函数 $\phi_k(x)$。该测量优先于薛定谔方程，然后波函数突变。这种突变称为波函数坍缩。如果立即重复测量，结果将又是 λ_k，概率为 1。如果不进一步地测量，则波函数将根据薛定谔方程从 ϕ_k 演化。

波函数的坍缩是相当神秘的，特别是由于它不能被任何动力学方程描述。由玻尔倡导而建立的哥本哈根解释是，测量是由服从经典物理学的装置做的，这些测量必须有确定的值。如果测量给出 λ_k 值，那么可观测量 O 具有明确的值 λ_k，态现在必须是 ϕ_k。但这不是事先准备好的。哥本哈根的解释需要一个与原子的量子世界共存的经典世界，倘若没有经典的测量装置，量子力学本身就没有意义了。

事实上，当人们意识到测量设备和它们产生的记录是物理的，且与被测量的物体没有根本的区别时，这就不令人满意了。随着量子现象在越来越大的系统中被观察到，测量设备和记录测量的系统变得越来越小，这种情况越来越多，所以宏观实验设备和量子系统之间的大小差别就会消失。例如，在粒子物理实验中电子位置的记录现在不涉及指针或照片，而是在硅片和类似半导体器件中的其他电子。

没有人真正理解这些所谓的波函数突变。有一种观点认为，测量并没有使波函数坍缩，而是在物体与测量装置之间建立了关联。这取决于测量装置可以处于叠加态的可能性。诚如斯言，物理学家对量子力学的解释仍然有争论，对于量子系统的态究竟意味着什么，以及如何理解波函数坍缩，远未达成共识。我们将在最后一章回到这些未决问题。

7.7 不 确 定 关 系

如果一个粒子的波函数是某个厄密算子 O 的本征函数，其本征值为 λ，那么 O 的测量将给出概率为 1 的结果 λ。粒子对 O 有一个确定的值，且不存在不确定性。例如，在一个定态，即对于一个哈密顿量的本征函数，粒子有一个确定的能量。对于更一般的波函数，存在一系列不同概率的结果，因此存在不确定性。

现在考虑两个可观测量，用 O_1 和 O_2 来表示。这两者都可以有确定的值，没有不确定性吗？一个密切相关的问题是两者能否同时被测量。答案取决于这些算子对易与否。假设 O_1 和 O_2 不对易。这意味着对易子是第三个算子 O_3，它不等于零：

$$[O_1, O_2] = O_1 O_2 - O_2 O_1 = O_3. \tag{7.73}$$

典型的非对易算子是 x 和 p，有正则对易关系 $[x, p] = i\hbar \mathbf{1}$，但还有许多其他的非对易算子，包括我们将在 8.5 节中讨论的自旋算子对。

O_1 和 O_2 不对易的推论是，它们的本征函数根本不同。假设它们有一个共同的本征函数 ϕ。那么

$$O_1 \phi = \lambda_1 \phi, \quad O_2 \phi = \lambda_2 \phi, \tag{7.74}$$

其中本征值或许是不一样的。现在，将 O_1 作用于第二个方程，将 O_2 作用于第一个方程，给出

$$\begin{aligned} O_1 O_2 \phi = \lambda_2 O_1 \phi = \lambda_2 \lambda_1 \phi, \\ O_2 O_1 \phi = \lambda_1 O_2 \phi = \lambda_1 \lambda_2 \phi, \end{aligned} \tag{7.75}$$

这些方程相减，我们发现

$$[O_1, O_2] \phi = 0, \tag{7.76}$$

所以 $O_3 \phi = 0$。一般情况下，O_3 不会有为零的本征值，所以最后一个方程无解，其结论是 O_1 和 O_2 没有共同的本征函数。

在例外的情况下，O_3 或许有一个或多个本征值为零的本征函数，且这些函数可以同时是 O_1 和 O_2 的本征函数。具有零本征值的 O_3 的本征函数的子空间，当然不是一个完备的函数集；如果是，O_3 就恒为零。因此，O_1 的一些本征函数在这个子空间之外，且不能同时是 O_2 的本征函数。结论是，O_1 和 O_2 都有定值的态是限定的，因为这种态同时是 O_1 和 O_2 的本征函数。或许根本就没有这样的态，或者最多只有几个。

除去这几个态，人们可以说，O_1 和 O_2 同时参与的值总是存在不确定性。一般的态对于这两个观测量有不确定性，因为它不是这两个观测值中的任意一个的本征函数，而且即使 O_1 有一个确定的值，那么 O_2 没有；如果 O_2 有一个确定的值，则 O_1 没有。这个结论就是关于在可以选择测量 O_1 或 O_2 的情况下，测量结果的不确定性。

一个更物理的推论是，如果 O_1 和 O_2 不对易，事实上是不可能同时测量它们的。根据量子力学中的测量假设，同时测量将对两个可观测量产生确定的结果，且波函数将坍缩为两个算子同步的本征函数。然而，我们正好看到，同步本征函数的存在与算子的非对易性是不相容的（因为没有理由假定，所测量的态是本征值为零的 O_3 的本征函数）。

事实上，可以更物理地理解这一点。观测量 O_1 的测量装置，将物理地阻碍观测量 O_2 的测量装置。例如，精确的位置测量需要一个能够截取粒子的局部装置。另一方面，精确的动量测量要求粒子能够在大区域中自由运动。测量动量的一种方法是，当粒子通过一个存在均匀磁场的区域时，找到散射角，但在这个区域内不可能同时存在一个精确的位置探测器。

另一个例子是在非平庸势 $V(x)$ 中的粒子。算子 p 和 H 不对易，因此动量和总能量不能同时被测量。从物理观点来看，这是因为一个有确定能量的粒子，其位置受到势 V

的约束，不能同时自由地经过一个足够大的区域来确定它的动量。

位置与动量测量之间存在一种定量的不确定关系。对于一个给定的态，不是位置测量就是动量测量，存在某个平均值附近的概率分布。参数化这些分布的最简单的量是标准偏差 Δx 和 Δp。这些由海森伯不确定关系联系起来

$$\Delta x \Delta p \geqslant \frac{1}{2}\hbar, \tag{7.77}$$

(7.77)式可用对易关系(7.1)导出。一个态可以有小的 Δx，但 Δp 必定是大的，反之亦然。如果动量是确定的，那么位置是完全未知的。类似的结论适用于其他非对易算子。这种不确定关系，允许人们去理解探测器中粒子留下的轨迹的不准确性。这样的轨迹测量了位置，但不是很精确。轨迹的曲率测量了粒子动量，依旧没有绝对精确性。位置和动量同时参与的不确定性与不确定关系是一致的。

现在让我们转向 O_1 和 O_2 对易的情况，因此 $[O_1, O_2]=0$。假设 λ_1 是 O_1 的一个本征值，它是非简并的。这意味着存在一个本征函数 ϕ 以致

$$O_1 \phi = \lambda_1 \phi, \tag{7.78}$$

该方程仅有的解是 ϕ 的常数倍。现在用 O_2 作用到(7.78)式，得到 $O_2 O_1 \phi = \lambda_1 O_2 \phi$，因此，当 O_1 和 O_2 对易时，

$$O_1 O_2 \phi = \lambda_1 O_2 \phi. \tag{7.79}$$

这表明 $O_2 \phi$ 是一个具有本征值 λ_1 的 O_1 的本征函数，且通过非简并假设，它就是 ϕ 的倍数。因此，对于某个 λ_2，$O_2 \phi = \lambda_2 \phi$，从而 ϕ 是 O_1 和 O_2 的共同本征函数。如果 O_1 的所有本征值是非简并的，则当 O_1 和 O_2 对易时，O_1 的每个本征函数同时都是 O_2 的本征函数。

O_1 的某个本征值可能是简并的，在这种情况下，这个本征值对应两个或多个独立的本征函数，以此认为 O_1 的每个本征函数，自动为 O_2 的本征函数并不成立。然而，如果仔细地从每一个简并本征值对应的子空间内选择 O_1 的本征函数，则它们可以被同时安排成 O_1 和 O_2 的本征函数。此外，这些同步的本征函数构成了一个函数完备集。因此，波函数可利用这些同步本征函数展开。物理上，这意味着 O_1 和 O_2 可以同时被测量，测量的结果是对于某个同步本征函数的 O_1 和 O_2 的本征值对。

一些对易算子的例子有些平庸。例如，p 的某次幂与 p 的另一次幂对易。特别是，p 与动能 $\frac{1}{2m}p^2$ 对易，因此动量的本征函数必然是动能的本征函数。当我们在第 8 章讨论 3 维量子力学时，将发现更有趣的对易算子的例子。

7.8　散　射　与　隧　道

让我们离开测量和诠释的问题，回到量子力学的细节，求解薛定谔方程。假设 $V(x)$

是一个有限范围内的势：当 $x \to \pm\infty$，$V(x)$ 趋近于 0。一个粒子在这个势中的定态薛定谔方程为

$$-\frac{\hbar^2}{2m}\frac{\mathrm{d}^2\chi}{\mathrm{d}x^2}+V(x)\chi=E\chi. \tag{7.80}$$

在大 $|x|$ 处，粒子觉察不到势，所以它几乎是自由的。对于给定正能量的自由粒子，定态薛定谔方程有两个独立的解，

$$\chi_+(x)=\mathrm{e}^{\mathrm{i}kx},\ \chi_-(x)=\mathrm{e}^{-\mathrm{i}kx}, \tag{7.81}$$

其中 k 是正实数。第一个解表示一个动量是 $\hbar k$ 和能量是 $\dfrac{\hbar^2 k^2}{2m}$ 的向右移动的粒子，第二个解表示一个动量是 $-\hbar k$ 和能量是 $\dfrac{\hbar^2 k^2}{2m}$ 的向左移动的粒子。

以一种确定的方式，势 V 起到一种连接左边 $(x \ll -a)$ 与右边 $(x \gg a)$ 自由粒子解的作用[†]。方程(7.80)的一个解采取的形式

$$\chi(x)=\mathrm{e}^{\mathrm{i}kx}+R\mathrm{e}^{-\mathrm{i}kx}\quad(x \ll -a),$$
$$\chi(x)=T\mathrm{e}^{\mathrm{i}kx}\quad(x \gg a). \tag{7.82}$$

在左边，这是一个来自左边的入射波（单位振幅），和一个振幅为 R 的反射波的叠加；在右边，它是一个纯出射波，振幅为 T。这个解被量子力学解释为描述一个被势散射的动量为 $\hbar k$ 的入射粒子。R 是反射振幅，T 是透射振幅。两者都是 k 的函数。粒子被反射的概率是 $|R|^2$，而被透射的概率是 $|T|^2$。可以证明，对于任意一个实势，$|R|^2+|T|^2=1$，与量子力学的概率解释是一致的。在 V 有一个显著效应的中心区域，不存在简单的求解公式，但是正是这个完整的解（通常需要用数值方法找到）决定了 R 和 T。第二个独立的解表示从右边入射的粒子。这有不同的，但不是完全独立的，反射和透射振幅。

正的势的量子散射，称为势垒，与等效的经典情形有很大的不同。在一维中，如果一个经典粒子的初始动能超过势垒高度，即势能的最大值，就不会被反射。粒子在穿越势垒时速度将慢下来，但总能透射。相反，如果粒子的动能小于势垒高度，那么它就不能穿越势垒，并且总被反射。量子力学的结果与在极限情况下的这些经典期望是一致的。对于能量远大于势垒高度的粒子，反射概率非常小；对于能量远小于势垒高度的粒子，透射概率非常小。然而，对于中间能量，经典和量子行为是不同的。总能量略小于势垒高度的粒子的透射称为隧道效应。隧道效应的概率取决于超出粒子能量的势垒高度和势垒宽度这样二个量。对于一个给定粒子的能量和势垒高度，如果势垒狭窄，隧道效应更可能发生。隧道效应在核物理中有特别重要的应用，我们将在第 11 章中研究。

---

† 译者注：原书将左边 $(x \ll -a)$ 与右边 $(x \gg a)$，误为左边 $(x \ll 0)$ 与右边 $(x \gg 0)$。这里，我们已假设势 V 的中心区域为 $[-a, a]$。

对于一些简单的势，如某个区间上为非零常数，其他为零的阶跃势，R 和 T 可以非常容易地计算出来。在图 7.4 和图 7.5 中给出了阶跃势垒和阶跃势阱。

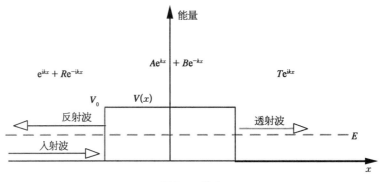

图 7.4　势垒

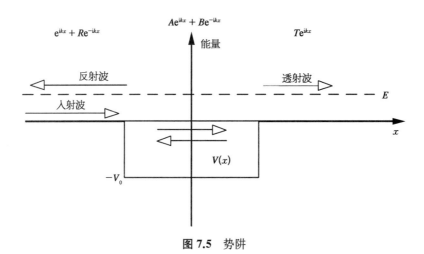

图 7.5　势阱

具有精确的粒子散射解的势是令人好奇的，这个特殊情况就是光滑的势阱：

$$V(y) = -\frac{2}{\cosh^2 y}. \tag{7.83}$$

标度定态薛定谔方程为

$$-\frac{\mathrm{d}^2 \chi}{\mathrm{d}y^2} - \frac{2}{\cosh^2 y}\chi = k^2 \chi, \tag{7.84}$$

其中标度能量为 $\varepsilon = k^2$。(7.84)式的散射解为[①]

$$\chi(y) = \frac{k + \mathrm{i}\tanh y}{k - \mathrm{i}}\mathrm{e}^{\mathrm{i}ky}. \tag{7.85}$$

———————————————

① 为了说明这一点，我们需要用到 $\dfrac{\mathrm{d}}{\mathrm{d}y}\cosh y = \sinh y$，$\dfrac{\mathrm{d}}{\mathrm{d}y}\sinh y = \cosh y$，$\dfrac{\mathrm{d}}{\mathrm{d}y}\tanh y = \dfrac{1}{\cosh^2 y}$。

它的渐近形式与(7.82)式相匹配,有 $R=0$, $T=\dfrac{k+\mathrm{i}}{k-\mathrm{i}}$, 因为当 $y \rightarrow \pm \infty$, $\tanh y \rightarrow \pm 1$。

不存在反射,且在所有能量处,透射概率 $|T|^2$ 为 1。这是不寻常的,人们称 $V(y)$ 为无反射势。

对于势(7.83)还存在着一个离散的束缚态。它的能量是 $\varepsilon = -1$, 本征函数是 $\chi(y) = \dfrac{1}{\cosh y}$。这可以从下述计算中直接证明:

$$\left(-\frac{\mathrm{d}^2}{\mathrm{d} y^2} - \frac{2}{\cosh^2 y}\right) \frac{1}{\cosh y} = -\frac{1}{\cosh y}. \tag{7.86}$$

对于散射问题而言,束缚态能量 $\varepsilon = -1$ 对应于非物理的虚值 $k = \mathrm{i}$, 且散射解(7.85)和透射振幅 T 对这个 k 值都具有奇性,这一切并不是巧合。

更一般的,如取势 $V(y) = -\dfrac{n(n+1)}{\cosh^2 y}$, 则对于任何正整数 n 都是无反射的,而且它还存在离散的能量本征值: 1, 4, $\cdots$, n^2 的束缚态。

7.9　量子力学中的变分原理

从变分原理出发,可将薛定谔方程作为一个欧拉-拉格朗日方程来导出。这是因为它是波动方程的一种类型。所考虑的作用量并不是洛伦兹不变量,且与描述经典粒子或波场的作用量不同,所以我们用 I 而不是 S 来表示它。I 用波函数 $\psi(x,t)$ 和它的复共轭 $\overline{\psi}(x,t)$ 及它们的一阶偏导数,以下述形式表达:

$$I = \int \left\{ \frac{1}{2} \mathrm{i} \hbar \, \overline{\psi} \frac{\partial \psi}{\partial t} - \frac{1}{2} \mathrm{i} \hbar \, \frac{\partial \overline{\psi}}{\partial t} \psi - \frac{\hbar^2}{2m} \frac{\partial \overline{\psi}}{\partial x} \frac{\partial \psi}{\partial x} - V(x) \overline{\psi} \psi \right\} \mathrm{d} x \, \mathrm{d} t. \tag{7.87}$$

从某种意义上说,这是 2.3.5 节所讨论的规范表述,其对所有空间和时间积分。I 是实的,实际上这里 ψ 的实部和虚部是独立函数,而且在今后类似的情况中,应将 ψ 和 $\overline{\psi}$ 处理成独立的。

要求 I 在 $\overline{\psi}$ 的局部变分下是稳定的,给出了普适的欧拉-拉格朗日方程

$$\frac{\partial}{\partial t}\left[\frac{\partial I}{\partial(\partial \overline{\psi}/\partial t)}\right] + \frac{\partial}{\partial x}\left[\frac{\partial I}{\partial(\partial \overline{\psi}/\partial x)}\right] - \frac{\partial I}{\partial \overline{\psi}} = 0. \tag{7.88}$$

对于(7.87)定义的 I,(7.88)式约化成为

$$-\mathrm{i} \hbar \frac{\partial \psi}{\partial t} - \frac{\hbar^2}{2m} \frac{\partial^2 \psi}{\partial x^2} + V(x) \psi = 0, \tag{7.89}$$

这是重新整理后的薛定谔方程(7.13)。

也应该考虑 ψ 的一个变分,但这只是给出了薛定谔方程的复共轭,当 ψ 满足薛定谔

方程时，也自动满足它的复共轭方程。

有趣的是，薛定谔方程可以用这种方法导出，但这种方法没有太多应用。我们不能轻易地把它变成寻找解的实用工具。由于薛定谔方程对时间是一阶导数，我们不能同时选取初始时刻 t_0 和最终时刻 t_1 的波函数。作为替代，对于 t_0 和 t_1 时刻的所有 x 选定波函数的相位（而不是强度）在数学上是自洽的，但通常有物理兴趣的问题不在于此，而需要一个在初始时刻 t_0 相位和幅度都选定的波函数。

更有用的一个变分原理，它适用于定态波函数，尤其是基态，能量最低的态。这就是瑞利-里兹原理，允许在难以精确求解的情况下，估算基态能量。我们将在第 9 章中，用这个原理来研究化学键。

假设一个量子力学的粒子具有哈密顿量 H，并有离散的能级集合

$$E_0 < E_1 \leqslant E_2 \leqslant \cdots \tag{7.90}$$

及相应的正交归一定态为

$$\chi_0(x), \ \chi_1(x), \ \chi_2(x), \ \cdots, \tag{7.91}$$

但 E_0 和 $\chi_0(x)$ 两者都不是精确知道的。我们将假设基态是非简并的，对于任何切合实际的哈密顿量，事实上存在一条定理，能得到这个结果。回想在固定时刻，一般的归一化波函数可以用定态展开为

$$\psi(x) = \sum_{n=0}^{\infty} c_n \chi_n(x), \ \sum_{n=0}^{\infty} |c_n|^2 = 0, \tag{7.92}$$

并且这个波函数的能量期望值，有两个等价的表达式：

$$E = \langle H \rangle = \int_{-\infty}^{\infty} \overline{\psi(x)} H \psi(x) \mathrm{d}x \tag{7.93}$$

$$E = \sum_{n=0}^{\infty} |c_n|^2 E_n. \tag{7.94}$$

第二个表达式是能量 E_n 的一个加权平均值，因此不低于 E_0。E 的最小值是 E_0，仅在 $|c_0| = 1$ 和 $c_1 = c_2 = \cdots = 0$ 时出现。

所以，当 ψ 在 x 的所有归一化函数上变化时，基态能量 E_0 是下式的最小值，

$$E = \int_{-\infty}^{\infty} \overline{\psi(x)} H \psi(x) \mathrm{d}x. \tag{7.95}$$

如果 ψ 不受归一化约束，则 E_0 是下式的最小值，

$$E = \frac{\int_{-\infty}^{\infty} \overline{\psi(x)} H \psi(x) \mathrm{d}x}{\int_{-\infty}^{\infty} \overline{\psi(x)} \psi(x) \mathrm{d}x}. \tag{7.96}$$

E 的这个最小值是粒子基态能量的一个实用定义，避免了求解定态薛定谔方程需求。它

可以很容易推广到更复杂系统的哈密顿量,包括一个 3 维的粒子或多粒子系统。

公式(7.95)和(7.96)能用来估计基态能量 E_0。仅需找到一个不一定是归一化的测试函数 $\psi(x)$,使它与基态波函数 $\chi_0(x)$ 相当接近。比率(7.96),被称为瑞利商,是基态能量的估计。首先用一个或多个参数 α 找到函数族 $\psi(x;\alpha)$,接着计算作为 α 的函数的瑞利商,再根据 α 找出最小值,最后一步通常是直截了当地运用普通微积分或简单数值计算,这是常用的一种策略。

E_0 的这种估计通常引人注目的准确,原因如下。假设 ψ 是归一化的,所以我们可以用公式(7.95)。任何接近真实的归一化基态 χ_0 的测试函数 ψ,都可以表示为

$$\psi = \frac{1}{\sqrt{1+\varepsilon^2}}(\chi_0 + \varepsilon\chi_\perp) \tag{7.97}$$

其中 ε 是小量。这里的 $\chi_\perp$ 是激发态 χ_1,χ_2,… 的某个归一化线性组合。前因子使 ψ 归一化。使用 ψ,估计的基态能量是

$$E = \frac{1}{1+\varepsilon^2}\int_{-\infty}^{\infty}\overline{(\chi_0+\varepsilon\chi_\perp)}H(\chi_0+\varepsilon\chi_\perp)\mathrm{d}x$$

$$= \frac{1}{1+\varepsilon^2}\int_{-\infty}^{\infty}\overline{(\chi_0+\varepsilon\chi_\perp)}(E_0\chi_0+\varepsilon H\chi_\perp)\mathrm{d}x. \tag{7.98}$$

现在,$\chi_\perp$ 和 $H\chi_\perp$ 都是 χ_1,χ_2,… 的线性组合,所以它们自动地与 χ_0 正交。因此,在 (7.98)式中,两个与 ε 成正比的交叉项都是零。所以表达式等于 E_0 加上 ε^2 阶的修正,这一部分来自前因子 $\frac{1}{1+\varepsilon^2}$ 和另一部分来自 $\overline{\chi_\perp}H\chi_\perp$ 项的贡献。这意味着 ε^2 阶能量估计中的误差,通常比 ε 阶测试波函数中的误差要小得多。

让我们把这个方法应用到一个未知其基态波函数及其能量精确形式的例子,纯四次振子的哈密顿量(简化单位)为

$$H = -\frac{\mathrm{d}^2}{\mathrm{d}y^2} + y^4. \tag{7.99}$$

像谐振子一样,它有一个无穷的,离散的能级集合。我们用归一化谐振子基态作为测试函数,

$$\psi(y;\alpha) = \left(\frac{\alpha}{\pi}\right)^{\frac{1}{4}}\mathrm{e}^{-\frac{1}{2}\alpha y^2}. \tag{7.100}$$

α 是与谐振子的频率有关的迅速变化的宽度参数。公式(7.95)估计基态能量 E_0 为

$$E = \int_{-\infty}^{\infty}\left[-\psi\frac{\mathrm{d}^2}{\mathrm{d}y^2}\psi + y^4\psi^2\right]\mathrm{d}y = \int_{-\infty}^{\infty}\left(\left(\frac{\mathrm{d}\psi}{\mathrm{d}y}\right)^2 + y^4\psi^2\right)\mathrm{d}y, \tag{7.101}$$

其中我们用了 ψ 的实性,并用分部积分得到第二个表达式。对于我们的测试函数,$\dfrac{\mathrm{d}\psi}{\mathrm{d}y} =$

$-\left(\dfrac{\alpha}{\pi}\right)^{\frac{1}{4}} \alpha y \mathrm{e}^{-\frac{1}{2}\alpha y^2}$，我们用高斯积分(1.65)和(1.66)，得到

$$E = \frac{\alpha}{2} + \frac{3}{4\alpha^2}. \tag{7.102}$$

现在我们通过改变 α 来优化这式子。E 的最小值是在 $\dfrac{\partial E}{\partial \alpha} = \dfrac{1}{2} - \dfrac{3}{2\alpha^3} = 0$ 处，所以 $\alpha = 3^{\frac{1}{3}}$。因此，使用这组测试函数的最优能量估值是

$$E_0 \approx \frac{3}{4} 3^{\frac{1}{3}} \approx 1.08. \tag{7.103}$$

四次振子的真实的基态能量 $E_0 \approx 1.06$，这可以通过数值或用一类更精细的测试函数来找到，估值(7.103)大约比它仅高了 2%。

关于较高的能级，变分法也有一些说法。哈密顿量 H 的每个本征函数瑞利商存在一个鞍点。如果测试波函数接近于 χ_n，带有 ε 阶误差，那么瑞利商就是有 ε^2 阶误差的 E_n。然而，误差可正可负，人们难以找到像 α 这样可以系统地改变的参数。所以，即使利用测试函数族，也不容易找到鞍点和更高的能级。

7.10 拓展阅读材料

B. H. Bransden and C. J. Joachain. *Quantum Mechanics*（2nd ed.）. Harlow：Pearson，2000.

A. I. M. Rae. *Quantum Mechanics*（5th ed.）. Boca Raton FL：Taylor and Francis，2008.

L. D. Landau and E. M. Lifschitz. *Quantum Mechanics*（*Non-Relativistic Theory*）：*Course of Theoretical Physics*. Vol. 3（3rd ed.），Oxford：Butterworth-Heinemann，1977.

第 8 章　3 维量子力学

8.1　引　言

就算子和测量而论,在 3 维和 1 维中的量子力学原理是本质相同的。3 维薛定谔方程含有拉普拉斯算子 ∇^2 和一个势 $V(\boldsymbol{x})$,∇^2 代替了 1 维的 $\mathrm{d}^2/\mathrm{d}x^2$,通常比 1 维的更难求解。然而,当势是球对称时,难度就大大降低了,找到粒子态和它们的能量变得容易多了。一个物理上重要的例子是,由一个原子的带正电的原子核产生的库仑势。原子的电子在这个吸引势中遵循薛定谔方程,解产生在一组离散的、无穷的负能级处,为原子结构提供了一个好的解释。对于这些电子束缚态,位置概率密度集中在原子核周围,并在远离中心处迅速衰减。在库仑势中,也存在正能量电子散射态。3 维散射是一个比 1 维散射更复杂的论题,因为散射粒子不仅仅是向前传播或向后反射,它们可以在所有方向出现。量子力学散射理论对于理解诸如粒子束在内的多种实验类型是重要的,但我们并不打算详细讨论它。

在 3 维量子力学中有角动量算子,在 1 维中没有类似的算子。当势是球对称并且角动量与哈密顿量对易时,除能量外还按照角动量算子的本征值对定态进行分类。细节相当精妙,因为表示角动量的 3 个分量的算子相互并不对易。

在 1920 年代,发现粒子绕其他粒子轨道运行时除了所携带的角动量外,还存在着一个内禀量子自旋。自旋必须被包含在总角动量中,甚至一个自由运动的粒子,如一个不受势束缚的电子,也携有某种角动量。这是基本粒子的典型量子力学特征。大多数粒子,包括电子、质子、中子和光子有非零自旋;然而少数粒子,包括 π 子和希格斯粒子,自旋为零。自旋可以是普朗克常数 $\hbar$ 的整数倍或半整数倍。

一个没有经典类比的现象是引人注目的全同粒子系统的量子行为。例如,沃尔夫冈·泡利(Wolfgang Pauli)之后,在比氢更复杂的原子中的电子遵守被称为泡利不相容原理的量子力学法则。令人惊讶的是,这是它们的半整数倍自旋的直接结果,所以尽管电子遵守泡利原理,但是 π 子和光子毋庸遵守。

本章的最后,我们讨论了粒子的经典作用量在量子论中,扮演了何种角色。它出现在量子力学的一种新表述中,这种表述称为路径积分形式。路径积分方法对量子力学的经典极限,以及诸如粒子的德布罗意波长这样的量子力学的基本特征给出了真知灼见。

8.2　位置和动量算子

1 维量子力学中一个关键的思想是,经典的动力学变量常常被非对易的算子所取代。

在 3 维中，我们需要 3 个独立的算子来表示粒子的笛卡儿位置坐标，及 3 个算子表示粒子的动量分量。这些算子分别用 x_i 和 p_i ($i = 1, 2, 3$) 表示，它们都是厄密的，因此每个算子表示一个可以被测量的可观测量。聚合起来，这些算子用矢量 $\boldsymbol{x}$ 和 $\boldsymbol{p}$ 来表示。位置算子相互对易，意味着它们同时可测量的。因此，测量能精确定位在 3 维空间中粒子的位置。同样，动量算子相互对易，所以动量作为一个矢量也是可以测量的。然而，正如在 1 维中那样，位置算子并不都与动量算子对易。精确的对易关系为 ($i, j = 1, 2, 3$)

$$[x_i, x_j] = 0, \quad [p_i, p_j] = 0, \quad [x_i, p_j] = \mathrm{i}\hbar\delta_{ij}\boldsymbol{1}. \tag{8.1}$$

回想一下，如果 $i = j$，则 δ_{ij} 等于 1；否则等于零，且 $\boldsymbol{1}$ 是单位算子。位置-动量对易关系表明，$[x_1, p_1] = \mathrm{i}\hbar\boldsymbol{1}$，类似于在 1 维中的关系 (7.1)，但 $[x_1, p_2] = 0$。因此，同时测量粒子在 1 方向上的位置（通过一些延伸到平面的装置）和在 2 方向上的动量是可能的。通过原点的移动或笛卡儿坐标轴的转动，对易关系是不变的，但如果我们用非笛卡儿坐标，它们将看起来不一样的。因为位置算子对易，所以从它们中生成多项式是没有问题的。其中最重要的是半径平方，$r^2 = x_1^2 + x_2^2 + x_3^2$。半径 r 虽然是 r^2 的平方根，也定义得很好，本身也是有用的。两者都是旋转不变的标量算子。

如同在 1 维中一样，我们需要一个位置和动量算子方便的表示，作用到波函数上。粒子的波函数 $\psi(\boldsymbol{x}, t)$ 是其位置的函数，也与时间有关。位置算子通过乘法作用，将 x_i 作用在 $\psi(\boldsymbol{x}, t)$ 上给出新的函数 $x_i\psi(\boldsymbol{x}, t)$。当函数 $x_i x_j \psi(\boldsymbol{x}, t)$ 和 $x_j x_i \psi(\boldsymbol{x}, t)$ 相同时，满足对易关系 $[x_i, x_j] = 0$。动量算子是偏导数的倍数，

$$p_i = -\mathrm{i}\hbar\frac{\partial}{\partial x_i}, \tag{8.2}$$

是 1 维动量算子 (7.7) 的推广。在矢量形式中，$\boldsymbol{p} = -\mathrm{i}\hbar\nabla$。偏导数相互对易，这是一个我们之前已多次使用的结果，所以 $[p_i, p_j] = 0$。

位置-动量对易关系，可以通过作用在一般波函数上来验证：

$$\begin{aligned}
[x_i, p_j]\psi &= x_i\left(-\mathrm{i}\hbar\frac{\partial}{\partial x_j}\right)\psi - \left(-\mathrm{i}\hbar\frac{\partial}{\partial x_j}\right)(x_i\psi) \\
&= -\mathrm{i}\hbar x_i\frac{\partial\psi}{\partial x_j} + \mathrm{i}\hbar\left(\delta_{ij}\psi + x_i\frac{\partial\psi}{\partial x_j}\right) \\
&= \mathrm{i}\hbar\delta_{ij}\psi,
\end{aligned} \tag{8.3}$$

和以前一样，我们使用了莱布尼兹法则，x_i 对 x_j 的偏导数结果是 δ_{ij}。

我们从动量算子可以构造其他算子。类似于半径平方，动量平方[①]，是一个标量算子：

$$p^2 = p_1^2 + p_2^2 + p_3^2. \tag{8.4}$$

---

① 从现在开始，对于任何矢量 $\boldsymbol{v}$，都可以方便地使用符号 $\boldsymbol{v}^2$ 来表示 $\boldsymbol{v} \cdot \boldsymbol{v}$。

将动量算子用偏导数表示,我们发现

$$p^2 = -\hbar^2 \left[\frac{\partial^2}{\partial x_1^2} + \frac{\partial^2}{\partial x_2^2} + \frac{\partial^2}{\partial x_3^2} \right] = -\hbar^2 \nabla^2, \tag{8.5}$$

它是拉普拉斯算子的倍数。

在经典动力学中,一个质量为 m 的粒子的动能是 $\frac{1}{2m} p^2$,所以在量子力学中,动能表示为 $-\frac{\hbar^2}{2m} \nabla^2$。粒子的总哈密顿量 H 是动能和势能之和,势能 $V(\boldsymbol{x})$ 只是空间位置的函数。因此,粒子的 3 维薛定谔方程是

$$i\hbar \frac{\partial \psi}{\partial t} = H\psi = -\frac{\hbar^2}{2m} \nabla^2 \psi + V(\boldsymbol{x})\psi. \tag{8.6}$$

正如在 1 维中那样,我们假设势能是不显含时的。

薛定谔方程的最有用的解是定态解,具有简单的指数时间依赖关系,

$$\psi(\boldsymbol{x}, t) = \chi(\boldsymbol{x}) e^{-\frac{i}{\hbar} Et}. \tag{8.7}$$

对于这些态,薛定谔方程简化为

$$H\chi = E\chi, \tag{8.8}$$

或者等价地写作

$$-\frac{\hbar^2}{2m} \nabla^2 \chi + V(\boldsymbol{x})\chi = E\chi. \tag{8.9}$$

正如之前那样,面临的挑战是如何找到哈密顿量的能量本征值 E,以及相应的定态波函数 $\chi(\boldsymbol{x})$,即 H 的本征函数。对于物理解,当 $|\boldsymbol{x}| \to \infty$ 时,$\chi(\boldsymbol{x})$ 不应该增长。最简单的情况是势能 $V(\boldsymbol{x})$ 为零,即讨论一个自由粒子的情况。(8.9)式的解是一个位置变量的纯指数函数,

$$\chi(\boldsymbol{x}) = e^{i\boldsymbol{k} \cdot \boldsymbol{x}} = e^{ik_1 x_1} e^{ik_2 x_2} e^{ik_3 x_3}. \tag{8.10}$$

这是一个所有三个动量算子 p_i 的本征函数,本征值 $\hbar k_i$。等价的,它是具有本征值 $\hbar\boldsymbol{k}$ 的 $\boldsymbol{p}$ 的本征函数,且矢量 $\boldsymbol{k}$ 是不受约束的。$\chi(\boldsymbol{x})$ 也是哈密顿量 $H = \frac{1}{2m} \boldsymbol{p}^2 = -\frac{\hbar^2}{2m} \nabla^2$ 的本征函数,本征能量 $E = \frac{\hbar^2 \boldsymbol{k}^2}{2m}$,其中 $\boldsymbol{k}^2 = k_1^2 + k_2^2 + k_3^2$。这种定态波函数适用于粒子束中,具有明确的动量和正能量的粒子。

盒子中的粒子

粒子受到的最小约束是将它的运动限制在一个有限体积的盒子里。这种约束对于

描述诸如金属样品中的电子这样的多种凝聚态问题是有用的。这对于描述容器中的气体分子也是有用的。

最便于数学处理的盒子是一个边长为 L_1，L_2，L_3 的长方体盒子。我们在粒子的波函数上强加了周期性边界条件，这认定两对边恒同，在物理上这样的认同并不真实，但其他边界条件也会产生了类似结果。一个自由粒子的波函数仍取 $\chi(\mathbf{x}) = e^{ik_1x_1} e^{ik_2x_2} e^{ik_3x_3}$ 的形式，其能量仍然是 $E = \dfrac{\hbar^2 \mathbf{k}^2}{2m}$，但现在的周期性条件要求 $e^{ik_1x_1} = e^{ik_1(x_1+L_1)}$，所以 $e^{ik_1L_1} = 1$，对于 L_2 和 L_3 也是如此。因此 $\mathbf{k}$ 必须满足

$$\mathbf{k} = (k_1,\ k_2,\ k_3) = \left(\frac{2\pi n_1}{L_1},\ \frac{2\pi n_2}{L_2},\ \frac{2\pi n_3}{L_3}\right) \tag{8.11}$$

其中 $(n_1,\ n_2,\ n_3)$ 是整数。对于 $\mathbf{k}$ -空间中每一个边长为 $\left(\dfrac{2\pi}{L_1},\ \dfrac{2\pi}{L_2},\ \dfrac{2\pi}{L_3}\right)$ 的胞腔，只允许存在一个态。胞腔的体积为 $\dfrac{(2\pi)^3}{L_1L_2L_3} = \dfrac{(2\pi)^3}{V}$，其中 $V = L_1L_2L_3$ 是盒子的体积。由于这个结果仅依赖于 V，从现在起我们将忽略能量对盒子形状细节上的依赖。

因为每个大小为 $\dfrac{(2\pi)^3}{V}$ 的胞腔存在一个态，所以 $\mathbf{k}$ -空间中的态密度是 $\dfrac{V}{(2\pi)^3}$。这相关于盒子中物理波的范围。在量子力学中，将结果转化到动量空间中更为便利。当粒子动量是 $\mathbf{p} = \hbar\mathbf{k}$ 时，$\mathbf{p}$ 的约束与 $2\pi\hbar$ 直接有关，$\mathbf{p}$ -空间中的态密度为 $\dfrac{V}{(2\pi\hbar)^3}$。

对于在宏观尺寸的盒子中的粒子来说，这是一个非常高的密度，且态在 $\mathbf{p}$ -空间中是准连续分布的。在经典极限中，粒子以它们的位置和动量为特征，我们可以说粒子态的密度同时在位置和动量空间（相空间）中有意义的。相空间中密度为 $\dfrac{1}{(2\pi\hbar)^3}$。将它在测量的空间盒子 d^3x 进行积分，得到因子 V，并重新得到动量空间中的密度。虽然这个论证并不严格，但它给出了量子力学与经典极限之间关系的一条重要线索。

动量空间中的密度可被改建成一个能量 E 的密度。动量强度在 p 与 $p + \mathrm{d}p$ 之间的态数是，$4\pi p^2 \mathrm{d}p$ 乘以 $\mathbf{p}$ -空间中密度 $\dfrac{V}{(2\pi\hbar)^3}$，所以 p 中的密度是

$$\widetilde{g}(p) = \frac{Vp^2}{2\pi^2\hbar^3}. \tag{8.12}$$

通过进一步改变到变量 $E = \dfrac{1}{2m}p^2$，我们找到 E 中的密度是[①]

---

① 密度通过 $\widetilde{g}(p)\mathrm{d}p = g(E)\mathrm{d}E$ 相关，其中 $\mathrm{d}E = \dfrac{1}{m}p\mathrm{d}p$。

$$g(E) = \frac{V}{4\pi^2} \left[\frac{2m}{\hbar^2} \right]^{\frac{3}{2}} E^{\frac{1}{2}}. \tag{8.13}$$

$g(E)\mathrm{d}E$ 是在能量 E 到 $E + \mathrm{d}E$ 之间的态数。当提到盒子中的量子粒子的态密度时,我们通常是指这个函数 $g(E)$。

因为盒子中的粒子态形成了准连续体,所以我们可以用态密度的积分代替任何态的求和。如果离散态用 n 标记,且有能量 E_n,那么

$$\sum_{\text{态}} f(E_n) \approx \int_{E_{\text{最小}}}^{\infty} g(E) f(E) \mathrm{d}E. \tag{8.14}$$

这对于粒子能量的大部分函数 f 是成立的。

8.3 角动量算子

粒子的经典(轨道)角动量是 $\boldsymbol{l} = \boldsymbol{x} \times \boldsymbol{p}$,一个有三个分量的矢量。例如,在 1-方向上的分量是 $l_1 = x_2 p_3 - x_3 p_2$。为了得到量子轨道角动量算子,我们只需在表式中用偏导数代替动量算子 p_i。这里约定是分离 $\hbar$ 因子,即定义

$$l_1 = -\mathrm{i}\left(x_2 \frac{\partial}{\partial x_3} - x_3 \frac{\partial}{\partial x_2} \right), \quad l_2 = -\mathrm{i}\left(x_3 \frac{\partial}{\partial x_1} - x_1 \frac{\partial}{\partial x_3} \right),$$

$$l_3 = -\mathrm{i}\left(x_1 \frac{\partial}{\partial x_2} - x_2 \frac{\partial}{\partial x_1} \right). \tag{8.15}$$

在矢量形式中,角动量算子是 $\boldsymbol{l} = -\mathrm{i}\boldsymbol{x} \times \nabla$。物理角动量算子尚需乘以 $\hbar$ 因子。这个约定的优点是使 l_1, l_2, l_3 无量纲,并且它们的本征值是整数,我们将在下面讨论中看到有关推导。普朗克常数 $\hbar$ 是一个作用量单位,能量乘以时间的量纲,因此,诸如,波函数 (8.7)中的指数 $-\frac{\mathrm{i}}{\hbar} Et$ 那样的量是无量纲的。有一些巧合,$\hbar$ 与角动量有相同的量纲,所以在量子力学中,角动量自然是一个纯数乘以 $\hbar$。我们可以预期角动量是一个整数乘以 $\hbar$。通常是这样的,不过电子的自旋是 $\frac{1}{2}\hbar$,并且我们称电子有自旋 $\frac{1}{2}$。

不像动量算子那样,轨道角动量算子相互不对易。它们的对易子是

$$[l_1, l_2] = \mathrm{i}l_3, \quad [l_2, l_3] = \mathrm{i}l_1, \quad [l_3, l_1] = \mathrm{i}l_2. \tag{8.16}$$

下面通过计算来验证第一个对易子

$$[l_1, l_2]\psi = -\left(x_2 \frac{\partial}{\partial x_3} - x_3 \frac{\partial}{\partial x_2} \right)\left(x_3 \frac{\partial}{\partial x_1} - x_1 \frac{\partial}{\partial x_3} \right)\psi +$$

$$\left(x_3 \frac{\partial}{\partial x_1} - x_1 \frac{\partial}{\partial x_3} \right)\left(x_2 \frac{\partial}{\partial x_3} - x_3 \frac{\partial}{\partial x_2} \right)\psi,$$

$$= \left(x_1 \frac{\partial}{\partial x_2} - x_2 \frac{\partial}{\partial x_1} \right) \psi = \mathrm{i} l_3 \psi , \tag{8.17}$$

其中除了那些源于算子 $\frac{\partial}{\partial x_3}$ 作用在 x_3 上的项，其余的项都已相消了。其他两个对易子可以通过循环置换下标得到。

另一个有用的标量算子是平方角动量，

$$\boldsymbol{l}^2 = l_1^2 + l_2^2 + l_3^2 . \tag{8.18}$$

可以检验 $\boldsymbol{l}^2$ 与算子 l_1，l_2，l_3 中的每一个对易。算子 r^2 和 ∇^2，也与每个角动量算子对易。根本原因是 $\boldsymbol{l}^2$，r^2 和 ∇^2 是标量、旋转不变算子，所有这样的算子都必须与角动量对易。

我们最后讨论的一个算子是

$$\boldsymbol{x} \cdot \boldsymbol{\nabla} = x_1 \frac{\partial}{\partial x_1} + x_2 \frac{\partial}{\partial x_2} + x_3 \frac{\partial}{\partial x_3} . \tag{8.19}$$

这是分离了 $-\mathrm{i}\hbar$ 因子后的 $\boldsymbol{x} \cdot \boldsymbol{p}$ 算子，也是一个无量纲的算子。回想一下，如果 $\boldsymbol{n}$ 是任一单位矢量，那么 $\boldsymbol{n} \cdot \boldsymbol{\nabla}$ 是 $\boldsymbol{n}$ 方向上的导数。矢量 $\boldsymbol{x}$ 的长度为 r 且沿径向外，因此算子 (8.19) 是 r 乘以朝外径向方向上的导数，即可以写成 $r \frac{\partial}{\partial r}$。这个算子，由欧拉首先提出，是径向标度算子。

存在一个经典粒子的位置和动量的有用关系，它是通过将 $\boldsymbol{p}$ 分解成与 $\boldsymbol{x}$ 平行和垂直的分量得到的。$\boldsymbol{x}$ 方向的单位矢量为 $\frac{1}{r}\boldsymbol{x}$。因此在这个方向上的 $\boldsymbol{p}$ 分量为 $\frac{1}{r}\boldsymbol{x} \cdot \boldsymbol{p}$，及垂直分量是 $\frac{1}{r}|\boldsymbol{x} \times \boldsymbol{p}|$ 的量级。根据毕达哥拉斯定理，这些分量的长度平方之和是 $\boldsymbol{p}^2$，

$$\boldsymbol{p}^2 = \frac{1}{r^2}(\boldsymbol{x} \cdot \boldsymbol{p})^2 + \frac{1}{r^2}(\boldsymbol{x} \times \boldsymbol{p}) \cdot (\boldsymbol{x} \times \boldsymbol{p}) , \tag{8.20}$$

因此

$$r^2 \boldsymbol{p}^2 = (\boldsymbol{x} \cdot \boldsymbol{p})^2 + (\boldsymbol{x} \times \boldsymbol{p}) \cdot (\boldsymbol{x} \times \boldsymbol{p}) . \tag{8.21}$$

这个关系有一个量子类比。$\boldsymbol{p}^2$ 与动能算子成正比，因此与拉普拉斯算子 ∇^2 成正比，而 $\boldsymbol{x} \cdot \boldsymbol{p}$ 与径向标度算子 $r \frac{\partial}{\partial r}$ 成正比，且 $\boldsymbol{x} \times \boldsymbol{p}$ 与角动量 $\boldsymbol{l}$ 成正比。方程 (8.21) 的量子算子版本是

$$r^2 \nabla^2 = \left(r \frac{\partial}{\partial r} \right)^2 + r \frac{\partial}{\partial r} - \boldsymbol{l}^2 . \tag{8.22}$$

这并不与经典的关系完全对应，因为不是所有的 $\boldsymbol{x}$ 和 $\boldsymbol{p}$ 算子的分量是对易的，这产生了

额外的 $r\dfrac{\partial}{\partial r}$ 的单次幂。为了验证方程(8.22)，必须用定义(8.15)仔细计算算子 $l^2=l_1^2+$

$l_2^2+l_3^2$，及用方程(8.19)仔细计算 $r\dfrac{\partial}{\partial r}=\boldsymbol{x}\cdot\nabla$ 的平方。(8.22)式是有用的，因此它将平

方角动量算子与拉普拉斯算子联系起来，因此也与粒子的哈密顿量联系起来。

笛卡儿坐标下的 l^2 的本征函数

现在我们将利用(8.22)式寻找一组完整的平方角动量算子 l^2 的本征函数和本征值。这是解球对称势中粒子的薛定谔方程的关键一步。标准的方法是采用球极坐标 r,ϑ，φ。然后，人们发现角动量的每个分量都仅仅是一个关于角坐标 ϑ 和 φ 的导数的算子，并不涉及 r 的导数。算子 l^2 也具有这种特征。l^2 的本征函数是 ϑ 和 φ 的函数，称为球面调和函数。

这里我们采用另一种方法，大部分采用笛卡儿坐标。考虑 x_1，x_2 和 x_3 中所有单项式。它们是 x_1，x_2，x_3 各自取幂的乘积，

$$p^{\langle abc\rangle}=x_1^a x_2^b x_3^c, \tag{8.23}$$

其中 a,b,c 是非负整数，我们用来作为单项式的标号。(在 1.3 节中，单项式的例子用来说明偏微分，以及拉普拉斯算子是如何作用的。这里的讨论将是相似的，但更为系统。)让我们用 l 表示幂之和，$l=a+b+c$。l 称为单项式的度，我们不应忘记度为零的单项式，$p^{\langle 000\rangle}=1$。一个多项式是具有任意数值系数的单项式的有限项之和，如果有贡献的单项式度都为 l，则称多项式度为 l。

对于给定的 l，有多少个不同的单项式？换句话说，对于 a,b,c 有多少种选择？通过考虑排成一行的 $l+2$ 个客体，并任选其中的两个作为标杆，可以得到问题的答案：

$$\bullet\,\cdots\,\bullet\;|\;\bullet\,\cdots\,\bullet\;|\;\bullet\,\cdots\,\bullet\,. \tag{8.24}$$

这表明 a 客体在左边，b 客体在中间，c 客体在右边。标杆可以是 $l+2$ 个位置中任意两个：例如，如果两个标杆相邻，那么 $b=0$，如果一个标杆在最左边那么 $a=0$，等等。从 $l+2$ 中选择两个位置的种数是 $\dfrac{1}{2}(l+2)(l+1)$，这就是度为 l 的单项式的数目。度为 l

的多项式空间是单项式的线性组合的空间，因此它的维数是 $\dfrac{1}{2}(l+2)(l+1)$。

径向标度算子 $\boldsymbol{x}\cdot\nabla$ 是

$$x_1\frac{\partial}{\partial x_1}+x_2\frac{\partial}{\partial x_2}+x_3\frac{\partial}{\partial x_3}. \tag{8.25}$$

当它作用于 $p^{\langle abc\rangle}$ 时，首项将带来一个 a 因子，而保持 $p^{\langle abc\rangle}$ 不变。同样，第二项和第三项带来 b 因子和 c 因子。所以我们有

$$\left(x_1 \frac{\partial}{\partial x_1} + x_2 \frac{\partial}{\partial x_2} + x_3 \frac{\partial}{\partial x_3}\right) p^{\{abc\}} = (a+b+c) p^{\{abc\}} = l p^{\{abc\}}. \quad (8.26)$$

显然使用球极坐标也有相同结果，这时算子表示为 $r\frac{\partial}{\partial r}$。在球面极坐标中，单项式 $p^{\{abc\}}$ 是 r^l 乘以一个角函数，因为

$$(x_1, x_2, x_3) = (r\sin\vartheta\cos\varphi, \ r\sin\vartheta\sin\varphi, \ r\cos\vartheta) \quad (8.27)$$

这些表达式中的每一个都有一个 r 因子。因此

$$r\frac{\partial}{\partial r} p^{\{abc\}} = l p^{\{abc\}}, \quad (8.28)$$

算子以同样简单的方式作用在所有度为 l 的多项式上。

接下来，我们考虑拉普拉斯算子 $\nabla^2 = \frac{\partial^2}{\partial x_1^2} + \frac{\partial^2}{\partial x_2^2} + \frac{\partial^2}{\partial x_3^2}$ 是如何作用在度为 l 的单项式上的。普遍的行为是

$$\nabla^2(x_1^a x_2^b x_3^c) = a(a-1)x_1^{a-2}x_2^b x_3^c + b(b-1)x_1^a x_2^{b-2}x_3^c + c(c-1)x_1^a x_2^b x_3^{c-2}. \quad (8.29)$$

不管细节，结果总是一个自由度为 $l-2$ 的多项式。因此，拉普拉斯算子 ∇^2 作用在度为 l 的多项式空间，并将其映射到度为 $l-2$ 的多项式空间，换句话说，算子将维数为 $\frac{1}{2}(l+2)(l+1)$ 的空间映射到维数为 $\frac{1}{2}l(l-1)$ 的空间。由于后者维数低于前者维数，所以必须存在度为 l 的多项式，拉普拉斯算子作用在这样的多项式上必定是零。我们说这样的多项式被拉普拉斯算子零化了。（不太引人注目的是，它们满足拉普拉斯方程。）实际上，被拉普拉斯算子湮灭的度为 l 的多项式空间的维数恰好是维数 $\frac{1}{2}(l+2)(l+1)$ 和 $\frac{1}{2}l(l-1)$ 的差，即 $2l+1$。它不大，因为每一个度为 $l-2$ 的多项式可以通过拉普拉斯算子作用在度为 l 的多项式上得到的。

例如，有六个度为 2 的单项式，$x_1^2, x_2^2, x_3^2, x_1 x_2, x_2 x_3, x_1 x_3$，和一个自由度为 0 的单项式，数字 1。因此，五个度为 2 的独立的多项式被拉普拉斯算子零化。它们可以选为

$$x_1^2 - x_2^2, \ x_1^2 + x_2^2 - 2x_3^2, \ x_1 x_2, \ x_2 x_3, \ x_1 x_3. \quad (8.30)$$

我们现在得到了这种方法的收益。所有被拉普拉斯算子零化的度为 l 的多项式都是平方角动量算子 $\boldsymbol{l}^2$ 的本征函数，容易发现它们具有相同的本征值。为此，设 P 是这样一个多项式。作用在 P 上的径向标度算子 $r\frac{\partial}{\partial r}$ 给出 lP，所以

$$\left(\left(r\,\frac{\partial}{\partial r}\right)^{2}+r\,\frac{\partial}{\partial r}\right)P=l(l+1)P. \tag{8.31}$$

作用在 P 上的拉普拉斯算子给出零,所以从方程(8.22)我们得到

$$\boldsymbol{l}^{2}P=l(l+1)P. \tag{8.32}$$

由此得到的结论是,一个被 ∇^{2} 湮灭的自由度为 l 的多项式是,一个具有本征值 $l(l+1)$ 的 $\boldsymbol{l}^{2}$ 的本征函数。人们可能会质朴地期望本征值是 $\boldsymbol{l}^{2}$,但这个公式中的$+1$ 是在于相关的算子并不都对易,这是量子力学的一个极重要的特征。

　　作为一个例子,(8.30)中的所有函数的度皆为 2,因此都是本征值为 6 的 $\boldsymbol{l}^{2}$ 的本征函数。人们可以直接验证这一点,不过认识到拉普拉斯算子能零化这些函数,促使人们进而求其所以然。

　　前面我们说过,$\boldsymbol{l}^{2}$ 的本征函数通常是称为球面调和函数的纯角函数。我们这里得到的多项式等于这些球面调和函数乘以幂 r^{l}。r^{l} 因子不会影响 $\boldsymbol{l}^{2}$-本征值。我们称这些多项式为调和函数,一个常用来标记满足拉普拉斯方程的函数的术语。我们把一个 $\boldsymbol{l}^{2}$ 本征值为 $l(l+1)$ 的调和函数 P 写成 $P=r^{l}P_{l}(\vartheta,\varphi)$,其中 $P_{l}(\vartheta,\varphi)$ 是一个球面调和函数。与球面调和函数不同,正如从其笛卡儿形式清楚地看到那样,调和函数在原点是光滑函数。

　　总之,通过考虑被拉普拉斯算子零化的 x_{1}, x_{2}, x_{3} 的多项式,对于所有度 l,我们得到了一组完整的 $\boldsymbol{l}^{2}$ 的本征函数。或者,从球极坐标的视角,我们乘以 r 的幂得到了一个球面调和函数的完备集。拉普拉斯算子不能零化多项式,这与附加到球面调和函数上的 r 幂相关。

　　在集中讨论算子 $\boldsymbol{l}^{2}$ 及其本征值和本征函数的同时,我们忽略了原来的角动量算子 l_{1}, l_{2}, l_{3}。它们每个与 $\boldsymbol{l}^{2}$ 对易,但彼此不对易。因此,我们选择其中一个,l_{3},并重新排列我们已经找到的调和函数,使它们是 $\boldsymbol{l}^{2}$ 和 l_{3} 的共同本征函数。为了做到这点,我们需要知道算子 $l_{3}=-\mathrm{i}\left(x_{1}\,\dfrac{\partial}{\partial x_{2}}-x_{2}\,\dfrac{\partial}{\partial x_{1}}\right)$ 是如何作用在笛卡儿坐标的。通过简单运算,我们有

$$\begin{aligned}
&l_{3}(x_{1}+\mathrm{i}x_{2})=x_{1}+\mathrm{i}x_{2},\\
&l_{3}x_{3}=0,\\
&l_{3}(x_{1}-\mathrm{i}x_{2})=-(x_{1}-\mathrm{i}x_{2}).
\end{aligned} \tag{8.33}$$

作用在这些笛卡儿坐标的组合上,我们看到 l_{3} 有 $m=1$, 0, -1 的本征值。因为 l_{3} 是一个线性微分算子,所以它遵循莱布尼茨法则,这意味着 l_{3}-本征函数之积的本征值等于各因子的 l_{3}-本征值之和。如果一个多项式包含 m_{1} 个 $x_{1}+\mathrm{i}x_{2}$ 因子,m_{2} 个 $x_{1}-\mathrm{i}x_{2}$ 因子以及任意多个 x_{3} 因子,那么它就是一个具有本征值 $m=m_{1}-m_{2}$ 的 l_{3}-本征函数。

　　度 l 的调和函数有一个基集,每个基对应于一个确定的 l_{3}-本征值 m。例如,对于 $l=2$,我们可以选取一组基:

$$(x_1 + \mathrm{i}x_2)^2, \ (x_1 + \mathrm{i}x_2)x_3, \ (x_1 + \mathrm{i}x_2)(x_1 - \mathrm{i}x_2) - 2x_3^2,$$
$$(x_1 - \mathrm{i}x_2)x_3, \ (x_1 - \mathrm{i}x_2)^2. \tag{8.34}$$

我们可以容易看到，这些调和函数是本征值分别为 $m = 2, 1, 0, -1, -2$ 的 l_3 的本征函数。每个都是一个列于 (8.30) 中的多项式的线性组合，因此这些调和函数也是具有本征值 6 的 $\boldsymbol{l}^2$ 的本征函数。一般而言，具有本征值 $l(l+1)$ 的 $2l+1$ 个 $\boldsymbol{l}^2$ 本征函数，存在一个由 l_3 的本征值 m 标记的基集。在 $l, l-1, \cdots, -(l-1), -l$ 范围内，每一个 m 的 $2l+1$ 个值只出现一次。这个范围的顶部是本征函数 $(x_1 + \mathrm{i}x_2)^l$ 且底部是 $(x_1 - \mathrm{i}x_2)^l$。具有确定的 l 和 m 标记的球面调和函数用 $P_l^m(\vartheta, \varphi)$ 标记，相应的调和函数是 $r^l P_l^m(\vartheta, \varphi)$。

8.4 具有球对称势的薛定谔方程

具有球对称势 $V(r)$ 的定态薛定谔方程* 是

$$-\frac{\hbar^2}{2m_\mathrm{e}} \nabla^2 \chi + V(r)\chi = E\chi. \tag{8.35}$$

基于 8.3 节中调和函数的讨论，我们设 (8.35) 式的解是，调和函数 $P = r^l P_l^m(\vartheta, \varphi)$ 与待定径向函数 $f(r)$ 之积，

$$\chi(r, \vartheta, \varphi) = f(r) r^l P_l^m(\vartheta, \varphi). \tag{8.36}$$

将方程 (8.22) 中的径向导数项展开，我们可以将拉普拉斯算子表示为

$$\nabla^2 = \frac{\partial^2}{\partial r^2} + \frac{2}{r}\frac{\partial}{\partial r} - \frac{1}{r^2}\boldsymbol{1}^2. \tag{8.37}$$

径向导数仅作用于 $f(r) r^l$，且 $\boldsymbol{l}^2$ 作用于 P_l^m 产生 $l(l+1)P_l^m$。因此方程 (8.35) 中的所有项正比于 P_l^m，在略作简化后，它变成了纯径向方程

$$\left\{-\frac{\hbar^2}{2m_\mathrm{e}}\left[\frac{\mathrm{d}^2}{\mathrm{d}r^2} + \frac{2}{r}\frac{\mathrm{d}}{\mathrm{d}r} - \frac{l(l+1)}{r^2}\right] + V(r) - E\right\} f(r) r^l = 0. \tag{8.38}$$

这明显依赖于整数角动量的值 l，且对于每个 l 有一组能量本征值 E。应注意到符号 m 不出现在方程 (8.38) 中，因此对于给定的 l 和给定的能量，总存在 $(2l+1)$ 重简并态。这些态有相同的能量和平方角动量，但沿三个轴的角动量投影不同。更通俗地说，这些态在角动量所指的方向上是不同的。由于旋转对称性，能量与这个方向无关。

如果 $l \neq 0$，$\dfrac{\hbar^2}{2m_\mathrm{e}}\dfrac{l(l+1)}{r^2}$ 项在原点有一个强且正的奇性，与那里的任何物理势 $V(r)$ 相比，该项均占优。对于能级 E，通常的效应是随着 l 的增加而增加。对于一个任

---

* 译者注：本节中作者用 m 标记质量，这样就容易与调和函数中的 m 发生混淆。我们已将质量 m 改记作 m_e。

意的势,不同 l-值的能级之间不存在简单的关系。根据 V 的形状和 l 的值,一些态可能是束缚态,另一些态可能是散射态。有时根本没有束缚态,有时没有散射态[①]。以球谐振子为例,其势能为 $V(r)=Ar^2$,其中 A 为正数。这里,对于每个整数 l,存在一个无限的、离散的具有正能量的束缚态集。粒子不能逃逸到无穷远,所以不存在散射态。

另一种类型的势是一个有限深的阱。这里 $V(r)$ 是负的,当 $r \to R$ 时快速接近于 0,这里的 R 是指阱的径向宽度。阱中有可能存在负能量的束缚态,但对于所有的正能量而言,总存在着散射态。如果 V 足够深(事实上,深度和宽度的组合是很重要的),那么对于小的 l,就会有束缚态。由于 $\dfrac{\hbar^2}{2m_e}\dfrac{l(l+1)}{r^2}$ 项具有排斥效应,对于足够大的 l,它将胜过阱的吸引力,从而不存在束缚态。如果 V 太浅,那么即使 $l=0$,也不会有束缚态。

8.4.1 库仑势

现在我们将更详细地讨论具有吸引力的库仑势。这个势是重要的,因为它描述了电子与质子的相互作用。它描述的束缚态是最简单的原子,氢原子的态。由于质子的质量几乎是电子的 2 000 倍,我们可以认为质子在原点是静止的,并求解电子的定态波函数,$\chi(r, \vartheta, \varphi)=f(r)r^l P_l^m(\vartheta, \varphi)$。质子有正电荷 e,电子有相反的电荷,负电荷 $-e$。该势是静电库仑势 $V(r)=-\dfrac{e^2}{4\pi r}$,其(负)梯度给出了一个逆平方律的吸引力。由于 V 是负且深,所以我们可以期望有束缚态。事实上,对所有非负整数 l 均存在束缚态,因为当 $r \to \infty$ 时,势相当缓慢地趋近于零,且对于大的 r,引力 $\dfrac{1}{r}$ 对斥力 $\dfrac{1}{r^2}$ 占优。此外,还存在着电子被质子散射出来的正能量的态,不过我们将集中研究束缚态。势中的 $\dfrac{1}{r}$ 奇性相当温和,且对于束缚态和散射态两者而言,波函数在原点仍然是有限的。对于 $l \neq 0$,波函数在原点为零。

在库仑势中,方程(8.38)变成了

$$\left\{-\frac{\hbar^2}{2m_e}\left[\frac{\mathrm{d}^2}{\mathrm{d}r^2}+\frac{2}{r}\frac{\mathrm{d}}{\mathrm{d}r}-\frac{l(l+1)}{r^2}\right]-\frac{e^2}{4\pi r}-E\right\}f(r)r^l=0. \tag{8.39}$$

其中 m_e 是电子质量。通过乘以 $\dfrac{2m_e}{\hbar^2}$ 和定义 $\alpha=\dfrac{m_e e^2}{2\pi\hbar^2}$ 和 $\nu^2=-\dfrac{2m_e E}{\hbar^2}$ 可以简化该方程。束缚态的 E 是负的,因此 ν^2 是正的。用莱布尼茨法则明确地导出 $f(r)r^l$ 的径向导数之后,方程(8.39)约化成

$$\left[-\frac{\mathrm{d}^2}{\mathrm{d}r^2}-\frac{2(l+1)}{r}\frac{\mathrm{d}}{\mathrm{d}r}-\frac{\alpha}{r}+\nu^2\right]f(r)=0. \tag{8.40}$$

---

① 一个势的强度与束缚态数之间的关系,可以追溯到 1949 年的列维逊定理。

方程中最强奇性的 $\dfrac{l(l+1)}{r^2}$ 项消失了。由于波函数中的 r^l 因子，导致了该项相消。让我们考虑 f 的大 r 行为。与含 $\dfrac{1}{r}$ 因子的两项相比，常数项 ν^2 占优，一个适当的渐近解是 $f(r) \sim e^{-\nu r}$，对于大 r，$f(r)$ 快速衰减。完全的解可以写成

$$f(r) = g(r)e^{-\nu r}. \tag{8.41}$$

在原点应要求 $g(r)$ 是有限的，在大 r 处应要求它的增长比指数增长慢得多。后者决定了 ν 的可能值，对于这些值，$g(r)$ 是一个多项式。

最简单的解是 $g(r)=1$，即有 $f(r)=e^{-\nu r}$。将其代入 (8.40) 式，可得 $\nu = \dfrac{\alpha}{2(l+1)}$。因此

$$f(r) = e^{-\frac{\alpha}{2(l+1)}r}, \tag{8.42}$$

和

$$E = -\frac{\hbar^2 \nu^2}{2m_e} = -\frac{\hbar^2 \alpha^2}{8m_e}\frac{1}{(l+1)^2} = -\frac{m_e e^4}{32\pi^2 \hbar^2 (l+1)^2}. \tag{8.43}$$

因为 $f(r)$ 不经过零，这实际上是每个 l 值的最低能量解。一般而言，下一步是对同一个 l 寻找能量较高的解（即对较小的 ν，对应于负得较少的 E），对于无穷多个度更高的多项式，确实存在无穷多个这样的解。然而，库仑势是非常特殊的，如果固定能量而 l 变化，则较容易描述发生了什么。

让我们改变记号，设 $\nu = \dfrac{\alpha}{2N}$，所以当 $g(r)=1$ 时 $N=l+1$，且

$$E = -\frac{\hbar^2 \alpha^2}{8m_e}\frac{1}{N} = -\frac{m_e e^4}{32\pi^2 \hbar^2}\frac{1}{N^2}, \tag{8.44}$$

其中 N 是一个正整数，且 $N \geqslant 1$。N 称为主量子数，因为它决定了能量。目前为止，我们所考虑的解是

$$f(r) = e^{-\frac{\alpha}{2N}r}, \tag{8.45}$$

且它的角动量标记为 $l=N-1$。现在，固定 N 和能量，可以证明在有限范围 $l=0$，1，2，$\cdots$，$N-1$ 内，存在任意整数 l 的方程 (8.40) 的解。解的形式为

$$f(r) = g(r)e^{-\frac{\alpha}{2N}r}, \tag{8.46}$$

g 是度为 $N-l-1$ 的多项式，称为广义拉盖尔多项式。例如，对于 $l=N-2$，$g(r)=1-\dfrac{\alpha}{2N(N-1)}r$。

8.4.2 光谱学

图 8.1 说明了氢原子的束缚态能量。能量完全取决于主量子数 N 和确定的物理常数。$N = 1$ 的最低能态,是唯一具有零角动量的态。它是氢原子的基态。较高 N 的态还另有两个标记,角动量标记 l 和 m,回想一下,对于给定的 l,m 允许存在 $2l+1$ 个值。它比一般势 $V(r)$ 的简并性更强。对于每个 N,有一个 $l = 0$ 的态,三个 $l = 1$ 的态,以此类推,最后是 $2N-1$ 个 $l=N-1$ 的态。总共有 $N^2 = \sum_{l=0}^{N-1} (2l+1)$ 个态,能量为 $-\dfrac{m_e e^4}{32\pi^2 \hbar^2} \dfrac{1}{N^2}$。这是龙格-楞次矢量的量子类比物,在第 2 章中,我们曾用来研究经典开普勒轨道,它可以用来理解这种额外的简并性,特别是具有吸引力的 $\dfrac{1}{r}$ 势中的量子化粒子运动。

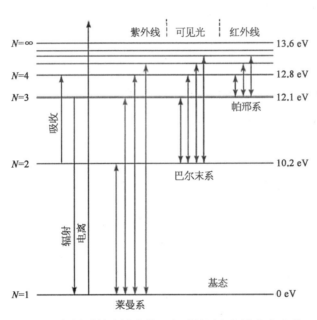

图 8.1 氢原子的束缚态能。电子跃迁在氢谱中产生分明的谱线。从 $N > 1$ 到 $N = 1$ 的跃迁形成了莱曼系。从 $N > 2$ 到 $N = 2$ 的跃迁形成巴尔末系。从 $N > 3$ 到 $N = 3$ 的跃迁形成了帕邢系

其中的一些态,对应于玻尔早期对氢原子研究发现的态。在这个原子的最初的量子力学模型中,一个电子有一个绕着一个质子的圆形经典轨道,角动量 $N\hbar$,$\hbar$ 的整数倍。经典的运动方程,有吸引的库仑力,意味着电子能量是 $E = -\dfrac{m_e e^4}{32\pi^2 \hbar^2} \dfrac{1}{N^2}$。玻尔模型预测了正确的能级,但它不曾提供角动量和能量之间关系的解释。玻尔模型未得到的是,对于一个给定的 N,存在角动量投影 $m\hbar$ 的量子态,并且 $|m|$ 取从 0 到 $N-1$ 中任

意整数值。后来，阿诺德·索末菲通过考虑椭圆轨道并量化角动量的 l_3 分量，对玻尔模型做了一个重要的补充。整个玻尔-索末菲氢原子模型，虽然基于相当特别的原理，但与这里薛定谔方程给出的分析一致。

在氢原子的基态中，电子有它最低可能的能量。电子可以通过不同的方式激发到更高的能态。这些方式包括电激发，涉及与其他原子碰撞的热激发，以及与可能入射到原子上的粒子之间的相互作用等。在我们的讨论中，基态和激发态是定态的，它们之间不存在跃迁，不过这可以看成是一种近似。因为电子是带电的，也与电磁场相互作用。这种相互作用不能简单地分析，因为需要考虑电磁场的量子特性，但它并没有包含在薛定谔方程之中。最重要的效应是，激发态中电子寿命将是有限的，电子会向较低能态跃迁，最终跃迁到基态。释放的能量是以发射一个或多个电磁场的量子化态，即发射光子的方式。

单个发射光子的能量几乎等于电子的初态与终态之间的能量差。在主量子数为 N' 和 $N(N' > N)$ 的态之间的跃迁，光子能量是

$$\frac{m_e e^4}{32\pi^2 \hbar^2}\left(\frac{1}{N^2} - \frac{1}{N'^2}\right). \tag{8.47}$$

如果一个氢原子的实例发出大量的光子，这就是通常检测到的电磁辐射。光子能量与辐射频率成正比，从而与波长成反比。这些跃迁导致波长为 λ 的辐射发射，取光速为单位时，λ 表达如下

$$\frac{1}{\lambda} = \frac{m_e e^4}{64\pi^3 \hbar^3}\left(\frac{1}{N^2} - \frac{1}{N'^2}\right). \tag{8.48}$$

允许的波长及其颜色范围如图 8.1 所示。跃迁到 $N = 1$ 能级都是发生在紫外光波段，跃迁到 $N = 2$ 能级发生在可见光光谱。谱线非常分明。

8.5 自　　旋

量子力学中角动量的主要特征是对易关系集(8.16)。我们从轨道角动量 $\mathbf{l} = \mathbf{x} \times \mathbf{p}$ 着手，导出了这些微分算子。对易关系是否能用诸如矩阵那样的一些其他方式来表示，是一个合理的问题。答案是肯定的，不过不同于位置算子和动量算子，这里是有限矩阵。

最低阶的非平庸矩阵是 2×2 矩阵。这些被称为自旋算子，并有它们自己的记号 $\mathbf{s} = (s_1, s_2, s_3)$。自旋算子是

$$s_1 = \frac{1}{2}\begin{bmatrix} 0 & 1 \\ 1 & 0 \end{bmatrix}, \; s_2 = \frac{1}{2}\begin{bmatrix} 0 & -i \\ i & 0 \end{bmatrix}, \; s_3 = \frac{1}{2}\begin{bmatrix} 1 & 0 \\ 0 & -1 \end{bmatrix}, \tag{8.49}$$

且它们遵循对易关系 $[s_1, s_2] = is_3$ 等，与(8.16)式一致。去掉矩阵前的 $\frac{1}{2}$ 因子，这样的矩阵被

称为泡利矩阵,表示为 $\boldsymbol{\sigma} = (\sigma_1, \sigma_2, \sigma_3)$,因此 $\boldsymbol{s} = \dfrac{1}{2}\boldsymbol{\sigma}$。物理的自旋算子是 $\hbar\boldsymbol{s} = \dfrac{\hbar}{2}\boldsymbol{\sigma}$。

　　自旋算子给出了另一种角动量的量子力学实现。当矩阵是 2×2 时,最简单的自旋量子态只有两个复分量。这种态称为 2-分量旋量,写作

$$\phi = \begin{bmatrix} \phi_1 \\ \phi_2 \end{bmatrix}. \tag{8.50}$$

为了看到自旋算子不等同于先前的以微分算子形式出现的角动量表示,考虑平方自旋

$$\boldsymbol{s}^2 = s_1^2 + s_2^2 + s_3^2. \tag{8.51}$$

每个泡利矩阵 σ_i 的平方是单位 2×2 矩阵 $\boldsymbol{1}$,所以 $\boldsymbol{s}^2 = \dfrac{3}{4}\boldsymbol{1}$。因此,任意 2-分量旋量是 $\boldsymbol{s}^2$ 的本征态,本征值为 $\dfrac{3}{4}$。当 $s = \dfrac{1}{2}$ 时,这就是 $s(s+1)$ 的值,所以自旋是标记为 $\dfrac{1}{2}$ 的角动量的表现形式,而不是我们之前找到的整数记号 l。人们说到它时,称为自旋 $\dfrac{1}{2}$ 的态。

　　自旋算子 $s_3 = \begin{bmatrix} \dfrac{1}{2} & 0 \\ 0 & -\dfrac{1}{2} \end{bmatrix}$ 有两个不同的本征值,正好是对角元 $\dfrac{1}{2}$ 和 $-\dfrac{1}{2}$。且当

$$s_3 \begin{bmatrix} 1 \\ 0 \end{bmatrix} = \frac{1}{2} \begin{bmatrix} 1 \\ 0 \end{bmatrix} \quad 和 \quad s_3 \begin{bmatrix} 0 \\ 1 \end{bmatrix} = -\frac{1}{2} \begin{bmatrix} 0 \\ 1 \end{bmatrix}, \tag{8.52}$$

各自的本征态是两个旋量,这里表示为 $\begin{bmatrix} 1 \\ 0 \end{bmatrix}$ 和 $\begin{bmatrix} 0 \\ 1 \end{bmatrix}$。它们被称为(相对于 x_3 轴)自旋向上态和自旋向下态,$s = \dfrac{1}{2}$。s_3 的本征值取 s 到 $-s$,并取 s 与 $-s$ 之间步长为单个整数的所有值,类似于 l_3 的本征值 m 取值 $-l, -l+1, \cdots, l-1, l$ 那样。

　　有趣的是,每一个 2-分量旋量都是就某个方向而言为向上态。在方向 $n = (\sin\vartheta\cos\varphi,$ $\sin\vartheta\sin\varphi, \cos\vartheta)$ 的旋量 ϕ,向上态必须满足 $(n\cdot s)\phi = \dfrac{1}{2}\phi$,即

$$(\sin\vartheta\cos\varphi\, s_1 + \sin\vartheta\sin\varphi\, s_2 + \cos\vartheta\, s_3)\phi = \frac{1}{2}\begin{bmatrix} \cos\vartheta & \sin\vartheta\mathrm{e}^{-i\varphi} \\ \sin\vartheta\mathrm{e}^{i\varphi} & -\cos\vartheta \end{bmatrix}\phi = \frac{1}{2}\phi. \tag{8.53}$$

一个解是 $\phi = \begin{bmatrix} \cos\dfrac{1}{2}\vartheta \\ \sin\dfrac{1}{2}\vartheta\mathrm{e}^{i\varphi} \end{bmatrix}$。由 $\tan\dfrac{1}{2}\vartheta\mathrm{e}^{i\varphi} = \dfrac{\phi_2}{\phi_1}$ 可以倒过来定义 $\phi = \begin{bmatrix} \phi_1 \\ \phi_2 \end{bmatrix}$ 的自旋向上态。

8.5.1 斯特恩-革拉赫实验

一个值得注意的事实，物理粒子可以有自旋 $\frac{1}{2}$。这发现于 1922 年，当时奥托·斯特恩和沃特·革拉赫让一束（中性）银原子通过一块磁铁，并设计成能够校正其在 x_3 方向，产生一个非均匀磁场。银原子束中原子的磁矩与磁场相互作用，当它们通过斯特恩-革拉赫装置时，原子从原来的轨迹上被偏折，如图 8.2 所示。由奥托·斯特恩和瓦尔特·革拉赫发现的结果是银原子束一分为二。每个原子都有一个正比于它的自旋的磁矩，且自旋上者自上，下者自下，各自为伍。当原子通过磁场时，它将向上或向下偏折，取决于它的磁矩是向上还是向下的，如图 8.3 的右边所示。从经典观点出发，我们应当期待原子的自旋可以指向任一方向，并且偏折依赖于方位角。偏折将是连续的，这将由磁场调节分布在两个完全向上和向下的极值之间。斯特恩-革拉赫实验表明，经典期待是错误的，自旋只能被理解为一种量子现象。这个结果可以解释为 s_3 的测量，从而仅有的推论是 s_3 的本征值为 $\frac{1}{2}$ 和 $-\frac{1}{2}$。

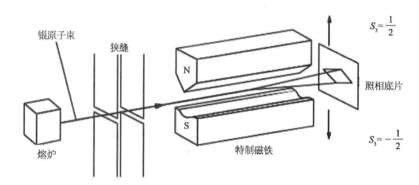

图 8.2　斯特恩-革拉赫装置

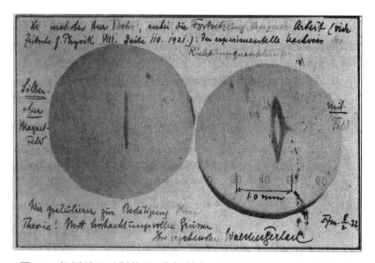

图 8.3　银原子经过斯特恩-革拉赫装置后在照相底片上留下的印记。左：当磁场关闭时，没有偏转；右：当接通磁场时，银原子通过两个离散的角度偏转

不仅是银原子有自旋 $\frac{1}{2}$；电子，质子和中子也有自旋 $\frac{1}{2}$。电子自旋对态的影响，可以现成使用到氢原子中的一个电子。定态波函数是一个与位置相关的旋量，

$$\phi(\boldsymbol{x}) = \begin{pmatrix} \phi_1(\boldsymbol{x}) \\ \phi_2(\boldsymbol{x}) \end{pmatrix}. \tag{8.54}$$

作为一个很好的近似，ϕ 的薛定谔方程约化到前已所见的薛定谔方程(8.35)的两个复本，一个是对于 ϕ_1 的，另一是对于 ϕ_2 的。所以这些态和以前一样的，有着相同的能量，但是有一个附加的标记，用来表示电子是自旋向上还是自旋向下。具有能量(8.44)的独立态数现在为 $2N^2$，是先前考虑的无自旋情况的两倍。

8.5.2　塞曼效应

将一个原子置于强磁场中，哈密顿量的球对称性破缺，使电子态的简并性被解除了。当通过衍射光栅观察光谱时，谱线的分裂是可见的。当强磁体靠近含有激发原子气体的管子时，观察到单个光谱线分裂。这被称为塞曼效应。磁场的第一个效应是将先前给定 l 的简并电子态的能量分裂成不同 m 值的 $2l+1$ 个能级。这种正常塞曼分裂如图 8.4 所示。$L=1$ 的态分裂成 3 个，$l=2$ 的态分裂成 5 个。随着这样的能级分裂，光子在它们之间发射和吸收的跃迁过程，产生了相应的谱线分裂。磁场的第二个效应是，由于存在电子自旋与磁场的相互作用，自旋向上电子态相对于自旋向下态在能量上发生了变化。自旋向上和自旋向下的两个态，相差一个角动量单位，所以我们可以期望自旋分裂的大小，与在 m 的相邻值之间的分裂相同。然而，由不同的自旋值而产生的能量分裂，几乎是由

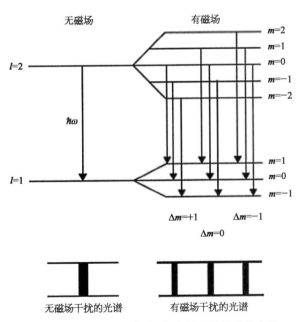

图 8.4　当原子置于磁场中时，电子态的能量将分裂。这是基本(正常)塞曼效应

单位轨道角动量,所引起的两倍。我们将在第 12 章中介绍的相对论量子力学方程,在那里可用狄拉克方程来理解这一点。

我们在图 8.5 中,示例说明了这一点。对于一个处于 $l=1$ 态的电子,有 3 个 m 值,每一个都有两个自旋值,向上和向下,总共给出 6 个态。这 6 个态的能量被磁场分裂,如图的右面部分所示。有 4 个等间距态,总的标记为 $P_{\frac{3}{2}}$,还有 2 个态,标记为 $P_{\frac{1}{2}}$。这反映了角动量相加的方式,尽管这种情况并不少见,而这样的分裂被称为反常塞曼效应。我们考虑一个特殊情形,取轨道角动量是 1,自旋是 $\frac{1}{2}$。如果这些角动量矢量指向同一个方向,那么总的角动量是 $\frac{3}{2}$。如果它们指向相反的方向,那么总角动量为 $\frac{1}{2}$。当组合角动量 $\frac{3}{2}$ 时,有 4 种不同的投影;而当组合角动量 $\frac{1}{2}$ 时,则有 2 种不同的投影。

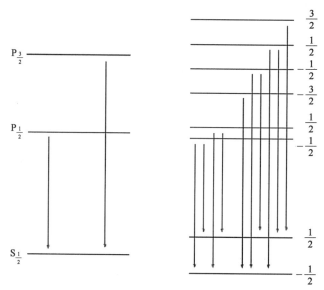

图 8.5 当 2 个电子自旋态组合时, $l=0$ 角动量状态(s 态)分裂成 2 个,3 个 $l=1$ 个状态(p 态)分裂成总共 6 个状态。这是反常塞曼效应

塞曼效应对于天文学家来说是一种有用的工具,因为它让天文学家能用来研究恒星的磁场。例如,通过塞曼效应,我们知道太阳日斑循环,归因于太阳磁场的周期性变化。它还使天文学家证明了,中子星的典型磁场强度约为 10^6 T(特斯拉)。用以作为对比的,地球磁场是 10^{-5} T。

8.5.3 其他自旋表示

与自旋算子 s 相似,存在角动量对易关系较高阶的矩阵表示。例如,存在 3×3 的矩阵表示,作用于 3 分量旋量。角动量平方 s^2 有本征值 $s(s+1)=2$,所以自旋标记成 $s=1$。这些矩阵等价于将普通的角动量算子(8.15)的作用量,限制在 1 次多项式 a_1x_1+

$a_2x_2 + a_3x_3$ 上得到的结果。这里 $l=1$。尽管有这种等价性,矩阵表示对于描写自旋为 1 的粒子,仍然是有用的。不像 2 分量旋量,不是每一个 3 分量旋量都表示一个在某个方向自旋向上,自旋为 1 的粒子。

Z 玻色子是一个有质量的自旋为 1 的粒子,它的 3 个极化态是一个 3 分量旋量的独立态。可以想象,它是两个自旋 $\frac{1}{2}$ 粒子的束缚态,其自旋源于轨道角动量及其分量的自旋,但这一解释很难与大量的实验观测一致。就像电子一样,Z 玻色子似乎是一个没有子结构的基本粒子,我们将在 12 章中看到,存在着坚实的理论理由,认定它的自旋为 1。

也存在一个 4×4 矩阵集表示自旋。这个表示描述了一个自旋为 $\frac{3}{2}$ 的粒。这种粒子也存在。Δ 共振态是质子和中子的激发态,自旋为 $\frac{3}{2}$。然而,自旋 $\frac{1}{2}$ 比自旋 $\frac{3}{2}$ 更基本,Δ 共振态可以用 3 个组成夸克来模型化,每一个夸克携带自旋 $\frac{1}{2}$。

总之,存在自旋 0, $\frac{1}{2}$, 1, $\frac{3}{2}$, 2, $\frac{5}{2}$, $\cdots$ 的自旋表示。值 0, 1, 2, $\cdots$ 称为整数自旋,$\frac{1}{2}$, $\frac{3}{2}$, $\frac{5}{2}$, $\cdots$ 称为半整数自旋。其中,自旋 0, $\frac{1}{2}$, 1 似乎是最基本的。

8.6 作为量子范式的自旋 $\frac{1}{2}$

量子力学存在着,与直觉相反的本性,自旋 $\frac{1}{2}$ 的粒子提供了一个简单例子,并为其公理提供了一个很好的测试。让我们将空间波函数置之不顾,把一个自旋为 $\frac{1}{2}$ 粒子仅看作一个双态系统。将粒子作为一粒子束的组分是方便的,可以通过沿粒子束方向放置的一个或多个斯特恩-革拉赫磁体,来对它的自旋态进行研究。方程(8.49)中的自旋算子 s_1, s_2, s_3 是厄密的[①]。因此,它们代表了可观察量。如果粒子束在 x_1 方向,则通过适当地校准斯特恩-革拉赫磁体,便能测量沿任意垂直方向的自旋。

假设粒子遇到的第一个磁体的磁场,沿 x_3 方向排列。s_3 的测量的可能结果是 $\frac{1}{2}$ 和 $-\frac{1}{2}$,且假设一个特定的测量结果是 $\frac{1}{2}$。随后,态为 $\begin{pmatrix}1\\0\end{pmatrix}$,$s_3$ 具有本征值 $\frac{1}{2}$ 的归一化本征态。如果用相同排列的第二块磁铁重复测量,则结果一定为 $\frac{1}{2}$。

而假设第二个磁体的磁场,沿 x_2 方向排列,因此 s_2 可测量。可以直观预测到,沿着

---

① 方阵 M_{ab} 是厄密的,如果它的转置(交换行和列的矩阵)与它的复共轭相同,即 $M_{ba}=\overline{M_{ab}}$。厄密矩阵的本征值是实的。

x_3 方向自旋向上的态,在沿 x_2 方向上有自旋的 0 分量。但这不是量子力学所从事的工作方式。算子的本征值,依然是 $\frac{1}{2}$ 和 $-\frac{1}{2}$,并且归一化本征态分别是

$$s_2 = \frac{1}{2} \begin{bmatrix} 0 & -i \\ i & 0 \end{bmatrix} \tag{8.55}$$

$$\frac{1}{\sqrt{2}} \begin{bmatrix} 1 \\ i \end{bmatrix} \quad \text{和} \quad \frac{1}{\sqrt{2}} \begin{bmatrix} 1 \\ -i \end{bmatrix}. \tag{8.56}$$

入射自旋向上态 $\begin{bmatrix} 1 \\ 0 \end{bmatrix}$,可以表达成一个 s_2 的本征态的线性叠加:

$$\begin{bmatrix} 1 \\ 0 \end{bmatrix} = \frac{1}{\sqrt{2}} \left\{ \frac{1}{\sqrt{2}} \begin{bmatrix} 1 \\ i \end{bmatrix} \right\} + \frac{1}{\sqrt{2}} \left\{ \frac{1}{\sqrt{2}} \begin{bmatrix} 1 \\ -i \end{bmatrix} \right\}. \tag{8.57}$$

测量结果的概率是这个表达式的系数的平方。因此,s_2 的测量的结果为 $1/2$ 或 $-1/2$ 的概率,各占一半。入射态是纯态,而 s_2 测量的结果是或然的和不确定的。这已在实验室中得到证实。这种不确定性的根本原因,是 s_3 和 s_2 不对易性。

类似分析用于排列在 (x_2, x_3) 平面上任意角度的第二块磁铁的磁场。自旋测量值总是 $1/2$ 或 $-1/2$,而结果的预测概率取决于角度,且一般不相等的。这些概率也已在实验上得到证实。

尽管这些想法有些奇怪,但现在它们已经有了技术应用,并已被发展成能以完美的保密性方式交换消息的系统。这被称为量子密码学。

8.7 多个全同粒子的量子力学

在经典力学中,如果存在两个或更多个粒子,它们有位置 $\boldsymbol{x}^{(1)}$, $\boldsymbol{x}^{(2)}$, $\cdots$, 及动量 $\boldsymbol{p}^{(1)}$, $\boldsymbol{p}^{(2)}$, $\cdots$。在量子力学中,多粒子系统的态由一个波函数描写的,该波函数仅是一个粒子位置 $\Psi(\boldsymbol{x}^{(1)}, \boldsymbol{x}^{(2)}, \cdots)$ 的函数。波函数也依赖于时间,但我们在这里抑制了这种依赖关系的表达。波函数的模平方,

$$| \Psi(\boldsymbol{x}^{(1)}, \boldsymbol{x}^{(2)}, \cdots) |^2 \tag{8.58}$$

是同时找到在 $\boldsymbol{x}^{(1)}$ 处第一个粒子,在 $\boldsymbol{x}^{(2)}$ 处找到第二个粒子等的概率密度。为了使之有意义,波函数必须满足归一化条件

$$\int | \Psi(\boldsymbol{x}^{(1)}, \boldsymbol{x}^{(2)}, \cdots) |^2 \mathrm{d}^3 x^{(1)} \mathrm{d}^3 x^{(2)} \cdots = 1, \tag{8.59}$$

其中积分是对全空间的。

每个粒子的位置和动量算子作用在波函数上,就像单个粒子一样,位置算子通过乘法作用,动量算子通过偏微分作用。所以,例如,总动量算子的 3 个分量,分别是下述求和式

$$P_1 = -\mathrm{i}\,\hbar\,\frac{\partial}{\partial x_1^{(1)}} - \mathrm{i}\,\hbar\,\frac{\partial}{\partial x_1^{(2)}} - \cdots, \quad P_2 = -\mathrm{i}\,\hbar\,\frac{\partial}{\partial x_2^{(1)}} - \mathrm{i}\,\hbar\,\frac{\partial}{\partial x_2^{(2)}} - \cdots,$$

$$P_3 = -\mathrm{i}\,\hbar\,\frac{\partial}{\partial x_3^{(1)}} - \mathrm{i}\,\hbar\,\frac{\partial}{\partial x_3^{(2)}} - \cdots, \tag{8.60}$$

或者用矢量形式表达:

$$\boldsymbol{P} = -\mathrm{i}\,\hbar\,\nabla^{(1)} - \mathrm{i}\,\hbar\,\nabla^{(2)} - \cdots. \tag{8.61}$$

总哈密顿量 H 是动能之和,加上取决于所有粒子位置的势。如果有 N 个粒子,质量为 $m^{(1)}$, $m^{(2)}$, $\cdots$, $m^{(N)}$, 那么

$$H = -\sum_{k=1}^{N} \frac{\hbar^2}{2m^{(k)}} (\nabla^{(k)})^2 + V(\boldsymbol{x}^{(1)}, \boldsymbol{x}^{(2)}, \cdots, \boldsymbol{x}^{(N)}), \tag{8.62}$$

其中 $(\nabla^{(k)})^2$ 是变量 $\boldsymbol{x}^{(k)}$ 的拉普拉斯算子。N 粒子的定态是 H 的本征函数,本征值 E 是粒子的总能量。

回想一下,如果势仅仅取决于粒子的相对位置,那么系统是平移不变的,在经典力学中,总动量是守恒的。同样,在量子力学中,平移不变性意味着总动量算子 $\boldsymbol{P}$ 与哈密顿量 H 对易。这意味着存在着一个定态的完备集,同时是 H 和 $\boldsymbol{P}$ 的本征态。这些态有明确的能量和明确的总动量(也用 $\boldsymbol{P}$ 表示)。对于两个粒子的系统,这种态的波函数可写作下述形式:

$$\Psi(\boldsymbol{x}^{(1)}, \boldsymbol{x}^{(2)}) = \mathrm{e}^{\frac{\mathrm{i}}{\hbar}\boldsymbol{P}\cdot\boldsymbol{x}_{\mathrm{CM}}} \psi(\boldsymbol{x}^{(2)} - \boldsymbol{x}^{(1)}), \tag{8.63}$$

其中 $\boldsymbol{x}_{\mathrm{CM}}$ 通常是指这两个粒子的质心,而 $\boldsymbol{x}^{(2)} - \boldsymbol{x}^{(1)}$ 是粒子间隔矢量。

现在假设 N 个粒子是全同的。(这里全同的意思是,即使在原则上,粒子也不能被区分开来。)例如,这些粒子可能是彼此之间相互作用及与固定核相互作用的原子中的电子,或者是全同原子的气体,其中原子被作为点粒子,它们的内禀结构被忽略。全同粒子都有相同的质量 m, 因此哈密顿量(8.62)有稍微简单的形式

$$H = -\sum_{k=1}^{N} \frac{\hbar^2}{2m} (\nabla^{(k)})^2 + V(\boldsymbol{x}^{(1)}, \boldsymbol{x}^{(2)}, \cdots, \boldsymbol{x}^{(N)}). \tag{8.64}$$

V 在点 $\boldsymbol{x}^{(1)}$, $\boldsymbol{x}^{(2)}$, $\cdots$, $\boldsymbol{x}^{(N)}$ 的置换下不变,因为位置的置换不改变粒子的结构,它只改变粒子的标号。哈密顿量的动力学部分具有相同的置换对称性。这对波函数的含义是什么呢?

交换波函数中的标号,不会改变全同粒子的结构。由此可见,概率密度 $|\Psi(x^{(1)}, x^{(2)}, \cdots, x^{(N)})|^2$ 必须与概率密度 $|\Psi(x^{(2)}, x^{(1)}, \cdots, x^{(N)})|^2$ 相等,其中我们交换了前两个标号。然而,在这种标号交换下,波函数本身可以获得一个相因子:

$$\Psi(x^{(2)}, x^{(1)}, \cdots, x^{(N)}) = \mathrm{e}^{\mathrm{i}\alpha}\Psi(x^{(1)}, x^{(2)}, \cdots, x^{(N)}) \tag{8.65}$$

如果我们再次交换前两个记号,又回到原初的波函数,所以 $\mathrm{e}^{2\mathrm{i}\alpha} = 1$。因此,只存在两种可能性。要么 $\mathrm{e}^{\mathrm{i}\alpha} = 1$, 要么 $\mathrm{e}^{\mathrm{i}\alpha} = -1$。在第一种情况下,我们说波函数是玻色的,在第二种

情况下，它是费米的。如果波函数是玻色的，那么粒子被称为玻色子；如果它是费米的，那么粒子被称为费米子。

一旦选择了交换第一对标号后的效应，那么对任何一对标号都必须做出相同的选择。这是因为粒子是全同的，它们必须以完全相同的方法处理。混合选择也与哈密顿量的对称性不兼容。因此，在任意一对标号的交换下，玻色子波函数是不变的，因此它在所有可能的标号交换下都是不变的，说成是完全对称的。费米子波函数在任一对标号交换下改变符号，因此是完全反对称的。它在标号的任一奇置换下改变符号，在偶置换下不变。所谓奇置换，是指对交换奇数次的组合效应。它可以以许多方式表示这样的组合，但奇性总是相同的。这用方阵的行列式性质是容易证明的。行的奇数次交换改变行列式的正负号，所以它必须始终是行的奇数次交换的结果，每一次行交换改变一次正负号。类似地，偶置换是偶数次对交换的组合，行列式的偶数次行交换不会改变正负号。

这些不同类型的波函数不仅仅在代数上不同。它们在物理上也是不同的，所以可能有不同的能量，我们可以用一个简单的例子来说明。考虑 1 维中两个全同粒子，通过谐振子势相互作用。设 $\xi = x^{(2)} - x^{(1)}$ 是间隔，所以势能是 $V(\xi) = \dfrac{1}{2} m\omega^2 \xi^2$。注意，通过粒子标号的交换，$V$ 是不变的。质心是 $X_{\text{CM}} = \dfrac{1}{2}(x^{(1)} + x^{(2)})$，定态波函数的形式是

$$\chi(x^{(1)}, x^{(2)}) = e^{\frac{i}{\hbar} P X_{\text{CM}}} g(\xi), \tag{8.66}$$

其中 P 是总动量。在标号的交换下，ξ 改变正负号，但是 X_{CM} 不受影响，且涉及 X_{CM} 的相因子没有改变。因此，对于两个费米子，g 必须是 ξ 的奇函数，是一个当 ξ 改变正负号时，它也改变正负号的函数，而对于两个玻色子，g 必须是一个偶函数。之前，我们研究了谐振子的定态。对于具有能量 $E_n = \left(n + \dfrac{1}{2}\right)\hbar\omega$ 的第 n 个态，是一个厄密多项式 H_n，乘以一个对于 ξ 是偶的指数因子。偶数 n 的厄密多项式是偶函数，奇数 n 的厄密多项式是奇函数。因此，对于玻色子，n 必定是偶的，而对于费米子，n 必定是奇的。两个玻色子的基态为 $n = 0$ 的态，而两个费米子的基态是 $n = 1$ 的态，有较高的能量。

在 $\xi = 0$ 处，费米子态是为零的函数。换言之，这两个费米子不能在同一个位置，且它们非常接近的概率也是小的。这个结论推广到一个 N-费米子波函数。如果任意对标号被交换，费米子波函数 $\Psi(x^{(1)}, x^{(2)}, \cdots, x^{(N)})$ 改变正负号。因此，当任意参数 $x^{(K)}$ 和 $x^{(1)}$ 是相同时，即当两个粒子在同一位置时，Ψ 必须为零。由于波函数的导数通常是有限的，所以每当任意一对粒子间隔是小的时，Ψ 也是小的。这个结论称为泡利不相容原理。

因为泡利原理，费米子在物理上互相排斥，但这不是排斥势的缘故。如果 N 个费米子禁锢在一个固定的有限大小的盒子里，由于这种排斥性，能量随 N 的增加比 N 本身的增加快得多。对于玻色子来说，没有这样的效应。

一个 N 个全同粒子的简单模型，粒子与背景势 U 存在相互作用，但粒子间没有直接相互作用。在这种情况下，势是单粒子项之和，

$$V(\boldsymbol{x}^{(1)}, \boldsymbol{x}^{(2)}, \cdots, \boldsymbol{x}^{(N)}) = U(\boldsymbol{x}^{(1)}) + U(\boldsymbol{x}^{(2)}) + \cdots + U(\boldsymbol{x}^{(N)}), \tag{8.67}$$

这是一个置换对称函数。定态薛定谔方程的一个解现在是一个乘积波函数：

$$\chi(\boldsymbol{x}^{(1)}, \boldsymbol{x}^{(2)}, \cdots, \boldsymbol{x}^{(N)}) = \chi^{(1)}(\boldsymbol{x}^{(1)})\chi^{(2)}(\boldsymbol{x}^{(2)}) \cdots \chi^{(N)}(\boldsymbol{x}^{(N)}), \tag{8.68}$$

其中 $\chi^{(1)}, \chi^{(2)}, \cdots, \chi^{(N)}$ 是单粒子问题的解。从现在开始,我们将使用符号 ε 来表示一个单粒子的能量,而 E 表示 N 粒子系统的总能量。对于波函数(8.68)的单粒子能量是 $\varepsilon^{(1)}, \varepsilon^{(2)}, \cdots, \varepsilon^{(N)}$,在不存在粒子间相互作用时,总能量是 $E = \varepsilon^{(1)} + \varepsilon^{(2)} + \cdots + \varepsilon^{(N)}$。

然而,这个波函数尚需做进一步的工作,以满足玻色子或费米子所要求的置换对称性。我们必须使它对称或反对称。玻色子的基态特别简单。我们选择 $\chi^{(1)}, \chi^{(2)}, \cdots, \chi^{(N)}$ 中所有的单粒子基态 χ_0,有能量 ε_0,所以

$$\chi(\boldsymbol{x}^{(1)}, \boldsymbol{x}^{(2)}, \cdots, \boldsymbol{x}^{(N)}) = \chi_0(\boldsymbol{x}^{(1)})\chi_0(\boldsymbol{x}^{(2)}) \cdots \chi_0(\boldsymbol{x}^{(N)}). \tag{8.69}$$

这个波函数是完全对称的,且有能量 $N\varepsilon_0$。

对于费米子,一个可接受的定态波函数更为复杂,它可以写成一个行列式。我们选了 N 个不同的单粒子波函数 $\chi^{(1)}, \cdots, \chi^{(N)}$,并将全部的波函数写成

$$\chi(\boldsymbol{x}^{(1)}, \boldsymbol{x}^{(2)}, \cdots, \boldsymbol{x}^{(N)}) = \begin{vmatrix} \chi^{(1)}(\boldsymbol{x}^{(1)}) & \chi^{(2)}(\boldsymbol{x}^{(1)}) & \cdots & \chi^{(N)}(\boldsymbol{x}^{(1)}) \\ \chi^{(1)}(\boldsymbol{x}^{(2)}) & \chi^{(2)}(\boldsymbol{x}^{(2)}) & \cdots & \chi^{(N)}(\boldsymbol{x}^{(2)}) \\ \vdots & \vdots & \bullet & \vdots \\ \chi^{(1)}(\boldsymbol{x}^{(N)}) & \chi^{(2)}(\boldsymbol{x}^{(N)}) & \cdots & \chi^{(N)}(\boldsymbol{x}^{(N)}) \end{vmatrix}. \tag{8.70}$$

展开时,给出方程(8.68)等号右边的类型的 $N!$ 乘积的和(包括一些负号)。χ 是完全反对称的,因为行列式在任意两行的交换下正负号都会变化。每个单粒子波函数必须是不同的,否则行列式的两列将是相同的,整个波函数将是零。总能量仍然是单粒子能量之和,基态是通过选取 N 个最低的能量得到的,不同的单粒子态组成行列式。基态能量大于 $N\varepsilon_0$。

这个模型,其中多个粒子与一个背景势相互作用,而彼此之间不直接相互作用,往往是一个有用的近似。它在整个化学中都被使用,在固体物理中被称为独立电子模型。来用这种近似,存在下述简单的方法来构造 N 粒子的玻色子和费米子的定态波函数。

首先解决势中的单粒子问题,并对状态做标记。它们可以能量增加的顺序,标记为 $0, 1, 2, \cdots$,或以实际能量 $\varepsilon_0, \varepsilon_1, \cdots$ 标记。(如果一个能级是简并的,就需要额外的标记,如角动量标记。)然后,通过给定的单粒子态的占有数 $n_0, n_1, \cdots$ 来指定玻色子态。由此,可以将完整的波函数重新构造为单粒子波函数的乘积之和。总的粒子数必须是 $n_0 + n_1 + \cdots = N$,所以只有有限的占有数可以是非零的。对占有数没有其他限制。总能量是计及占有数的被占有态的能量之和。基态是 $n_0 = N$,其他占有数都为零的情形,如图 8.6 的左边所示。

一个费米子态也是由占有数指定的,但这些数字必须是取 0 或 1。没有单粒子态可以被多重占有。这是泡利不相容原理的另一种表述。对于 N 个费米子,N 个单粒子态

是单独占有，其余的是空的。波函数是由占有态构造的行列式，且总能量是占有态能量之和。

我们之前对泡利原理的讨论，考虑到自旋，必须稍作改进。对于 N 个自旋 $1/2$ 的费米子，必须在波函数中含有自旋态。当粒子不直接相互作用时，情况是最简单的，且每个粒子可以处于一个自旋向上或一个自旋向下的态。单粒子波函数写成 $\chi(x)\uparrow$ 和 $\chi(x)\downarrow$。当同时交换一对粒子的位置和自旋记号时，总波函数必须改变符号。能量是否取决于自旋态并不重要。泡利原理的描述说成是，任何态的占有数取 0 或 1 仍然是有效的。

泡利原理允许两个自旋为 $1/2$ 的全同粒子(但不能再多)具有相同的空间波函数 χ，如图 8.6 的右边所示，只要一个粒子的自旋向上，另一个粒子的自旋向下，且自旋态是反对称的。这样一个波函数写成

$$\chi(\boldsymbol{x}^{(1)})\chi(\boldsymbol{x}^{(2)})\frac{1}{\sqrt{2}}(\uparrow\downarrow - \downarrow\uparrow). \tag{8.71}$$

这在空间中是对称的，在自旋上是反对称的。要不，如果空间波函数是反对称的，则自旋态可以是对称的，例如，

$$(\chi^{(1)}(\boldsymbol{x}^{(1)})\chi^{(2)}(\boldsymbol{x}^{(2)}) - \chi^{(2)}(\boldsymbol{x}^{(1)})\chi^{(1)}(\boldsymbol{x}^{(2)}))\uparrow\uparrow, \tag{8.72}$$

其中 $\chi^{(1)}$ 和 $\chi^{(2)}$ 是不同的。

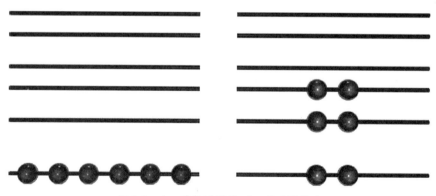

图 8.6 左：玻色子基态；右：费米子基态

对于两个粒子，反对称自旋态 $\frac{1}{\sqrt{2}}(\uparrow\downarrow - \downarrow\uparrow)$ 是唯一的，有总自旋为零，但有 3 种对称自旋态，$\uparrow\uparrow$，$\frac{1}{\sqrt{2}}(\uparrow\downarrow + \downarrow\uparrow)$ 和 $\downarrow\downarrow$，这些是一个总自旋为 1 的态的 3 个投影。

当粒子间有真正的相互作用时，这些波函数不是定态薛定谔方程的精确解。然而，在近似的情况下它们是有用的，它们有正确的置换对称性。通过调节背景势和单粒子波函数考虑作用在粒子之间的力，得到更好的近似，尤其是基态。这被称为哈特里方法(玻色子的情形)或哈特里-福克方法(费米子的情形)。

费米球

假设在一个盒子里我们有 N 个自旋 $1/2$ 的费米子,其中 N 非常大,而且这些粒子是没有相互作用的。金属样品中的电子是一个相当好的例子,因为虽然电子-电子间的库仑力相当大,但它们被金属中带正电荷的背景离子近似中和。在基态,费米子占有最低的可用能量态。直到某一能量 ε_F,单粒子态有占有数 1,而对于所有更高的能量,占有数均为 0。ε_F 被称为费米能。

我们可以用态密度,计算出 ε_F 和基态的总能量。对于在体积为 V 的盒子里的质量为 m,自旋为 $1/2$ 的粒子,单粒子态的密度是 $g(\varepsilon)=\dfrac{V}{2\pi^2}\left[\dfrac{2m}{\hbar^2}\right]^{\frac{3}{2}}\varepsilon^{\frac{1}{2}}$。这是根据能量 ε 写的,与公式 (8.13) 相比,两个额外的因子是由于两个独立的自旋态所致。对于占有态,单粒子基态能量,ε 的范围从零到费米能 ε_F。 因此粒子的总数 N 是

$$N=\int_0^{\varepsilon_F}g(\varepsilon)\,\mathrm{d}\varepsilon=\frac{V}{2\pi^2}\left(\frac{2m}{\hbar^2}\right)^{\frac{3}{2}}\frac{2}{3}\varepsilon_F^{\frac{3}{2}}. \tag{8.73}$$

求它的逆,我们发现

$$\varepsilon_F=\frac{\hbar^2}{2m}\left(\frac{3\pi^2 N}{V}\right)^{\frac{2}{3}}, \tag{8.74}$$

表明费米能仅仅取决于粒子的空间密度,$\dfrac{N}{V}$。 总能量 E 与 N 的积分相似,但加权重 ε,

$$E=\int_0^{\varepsilon_F}g(\varepsilon)\varepsilon\,\mathrm{d}\varepsilon=\frac{V}{2\pi^2}\left(\frac{2m}{\hbar^2}\right)^{\frac{3}{2}}\frac{2}{5}\varepsilon_F^{\frac{5}{2}}. \tag{8.75}$$

利用公式 (8.74),并根据 N 和 V 表式给出

$$E=\frac{3(3\pi^2)^{\frac{2}{3}}}{5}\frac{\hbar^2}{2m}\left(\frac{N}{V}\right)^{\frac{2}{3}}N. \tag{8.76}$$

在 k-空间,或在 P-空间,占有态填满了一个叫做费米球的球体内部。费米球的半径,k_F,通过 $\dfrac{1}{2m}(\hbar k_F)^2=\varepsilon_F$ 与费米能 ε_F 有关,最后得到简单的表式 $k_F=\left(\dfrac{3\pi^2 N}{V}\right)^{\frac{1}{3}}$。

8.8　玻色子、费米子和自旋

每个粒子,不管是像电子一样的基本粒子,或像原子一样的复合粒子,要么是玻色子,要么是费米子。但究竟是哪一种呢? 值得注意的是,这只取决于粒子的自旋。实验

表明,整数自旋 0,1,… 的粒子总是玻色子,而半整数自旋 $\frac{1}{2}$,$\frac{3}{2}$,… 的粒子总是费米子。在量子力学中,实际上不存在真正理解为什么是这样的,当考虑诸如原子结构之类的物理问题时,多电子波函数必须是反对称的这个要求必须手动放置。然而,在相对论性粒子理论中,有一个解释这一关系的定理,尽管它不是初等的。

正如我们所见,电子有自旋 1/2,因此是费米子。这一事实的重要性不能被过分夸大。对原子和分子中电子的行为,以及像金属和半导体材料中无数的电子,它有着重要影响。在第 9 章中,我们在费米球讨论的基础上,探讨这些推论。

原子是由电子、质子和中子组成的,它们都是费米子。如果原子包含的费米子数是偶数,那么整个原子就是玻色子,因为交换两个这样的原子标号,须交换偶数对费米子标号。这与原子的自旋是一致的,将是一个整数。(原子的总自旋是一个自旋的组合,包括相互作用的偶数个半整数自旋费米子的自旋,以及总是整数的轨道角动量。)与此相反,交换两个原子的标号,每个由奇数个费米子组成的原子,表明这样的原子必定是费米子。同样,这与原子的自旋是一致的,它是奇数个半整数自旋的组合,因此也是半整数。

中性原子或许是费米子,或许是玻色子,取决于它们的成分。在低温下会产生一些非常令人惊讶的行为。例如,氦-4 原子包含两个电子、两个质子和两个中子,因此是玻色子。在低于 4.2 K 的温度下,氦-4 是一种液体。进一步冷却,在 2.17 K 时,它会转变成一种超流,这是一种没有粘性和对其流动没有阻力的液体。一个完美保存正常液氦的容器,在冷却到低于这个温度时,会突然出现大量泄漏,由于超流氦通过容器中的超微孔隙渗出。超流氦-4 有许多奇特和令人赞叹的特性。

另一方面,在这些温度下,氦-3 仍然是一种正常液体。这是因为氦-3 原子由两个电子,两个质子和一个中子构成,因此它们是费米子。当氦-3 进一步被冷却时,一些不寻常的事情会发生。恰好在 2.49×10^{-3} K 温度,氦-3 原子结成对。每个氦-3 原子有自旋 1/2,而一对原子的自旋排列在同一个方向上,因此总自旋是 1。一个氦-3 对是玻色子,结果是氦-3 变成了超流。将氦-3 对结合在一起的键非常弱,温度的微小上升会把它们分开。这就是为什么氦-3 在变成超流之前,必须冷却到这样一个超低温的原因。

光子的自旋为 1,因此是另一类重要的玻色子。它们以光速行进,必须用相对论性的量子理论来描述。光子的玻色子特性,使得制造激光成为可能,也引起将光处理成一种满足麦克斯韦方程的经典电磁波的可能性。正如我们将在第 12 章中看到的,电磁力是归因于带电粒子之间光子的交换。从总体上看,在量子理论中,自然力是由其他粒子之间的交换玻色子产生的。

8.9   回归作用量

在日常生活中,我们熟悉粒子遵循既定轨迹运动的思想。粒子运动的量子描述与此迥然不同。早在 1800 年,托马斯·扬描述了光的干涉图样,并将其结果与水波的干涉进行了比较。我们现在知道光是由光子组成的,而这些单个的玻色粒子具有类波性质。在

20 世纪 20 年代,克林顿·戴维森和莱斯特·杰莫证实了电子的行为非常相似这种方式。如图 8.7 所示,双缝实验很好地说明了这一点。电子从 A 源发射,在到达探测屏幕之前,通过两个靠得很近的狭缝 B 和 C。电子在屏幕上 D 点被检测到的概率存在着周期性变化。我们得出的结论,电子与波相关,正如德布罗意建议的,这些波的相加或抵消取决于它们的相对相位。当电子在从 A 到 D 时,有两条不同的路径可供选择,到达 D 处的振幅 $\Psi = \mu(e^{i\varphi_B} + e^{i\varphi_C})$ 是电子沿这两条路径经过 B 或 C 的振幅之和。它在 D 处被发现的概率是

$$| \Psi |^2 = \mu^2 (e^{i\varphi_B} + e^{i\varphi_C})(e^{-i\varphi_B} + e^{-i\varphi_C}) = 2\mu^2(1 + \cos(\varphi_C - \varphi_B)) \tag{8.77}$$

其中 μ 是归一化常数。

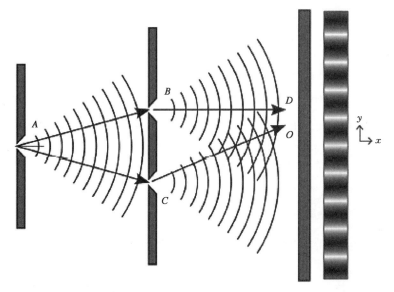

图 8.7 从 A 源发射的电子束,穿过障碍物中的两个狭缝,在后面的屏
上产生干涉图案。电子到达 D 的振幅 Ψ,是电子沿这两条可
能的路径通过的振幅之和

　　在实验上,人们能使电子源变得很弱,以至在任一特定时间段内,只有一个电子通过该装置。在量子力学中,仍然出现了一个干涉图样,建立了单个电子的类波性质。量子力学的另一个特点是,这种图样是以概率的方式建立的,只有在检测到大量单个电子之后,图样才变得清晰。

　　到目前为止,我们还没有解释如何计算相位差 $\varphi_C - \varphi_B$。我们可以尝试求解这个装置中,单电子的薛定谔方程。然而,有一种替代的研究方法,即使用经典的粒子作用量。在第 1 章中,我们陈述了众所周知的光的性质,如遵循费马原理的反射和折射,第 2 章中,我们描绘了如何从最小作用量原理导出牛顿运动定律。事实上,只要具有正确的作用量的形式,这个原理就可以解释整个经典物理学。显然,最小作用量原理有着意义深远的结果,但到目前为止,我们还没有解释为什么它会起作用。答案是令人惊讶的,它给出经典力学和量子力学之间的关系的最清晰的见解。

　　狄拉克在 1933 年首次讨论了量子力学中作用量所扮演的角色，费曼随后跟进了他的这个工作，用它们发展了一种完全等同于早期版本量子力学的另一种方法，提供了对量子世界的奇异性和意义的更多洞察。费曼的分析是由双缝实验激发的。他决定认真对待一个看似荒谬的想法，一个通过双缝装置的电子遵循两条可用的路径，或者至少在某些程度上知道这两条路径。继狄拉克之后，他假设要确定一个电子到达屏上 D 的振幅为 Ψ，就必须求出通过装置沿两条路径的作用量，并包括两者作为相位因子的贡献，所以

$$\Psi = \mu(e^{i\varphi_B} + e^{i\varphi_C}) = \mu\left(\exp\left(\frac{i}{\hbar}S_B\right) + \exp\left(\frac{i}{\hbar}S_C\right)\right). \tag{8.78}$$

其中 S_B 是电子沿路径 $\boldsymbol{x}(t)$ 从 A 经过 B 到 D 的作用量，S_C 是通过 C 的路径的作用量。这个作用量和第 2 章的一样，

$$S[\boldsymbol{x}(t)] = \int L\,\mathrm{d}t = \int(K-V)\,\mathrm{d}t, \tag{8.79}$$

其中 K 是动能，V 是势能。

　　相对相位是很重要的。如果两个狭缝 B 和 C 与源 A 等距，那么对于从源到狭缝的路径相位是相同的，因此它们在 $|\Psi|^2$ 中消失。我们只需要考虑从狭缝到探测器屏幕的路径。让我们引入如图 8.7 所示的坐标，屏幕上的 O 点作为原点，与狭缝等距，x 是与屏幕正交的距离，y 是沿屏幕的距离。$2f$ 为狭缝的间距，l 为狭缝与屏幕之间的 x 间距。假设电子在 0 时刻经过狭缝，在 T 时刻到达屏幕。（我们在 T 时刻对振幅的贡献求和，所以这个时刻对于每条路径是相同的。）

　　对于一个自由的非相对论性的电子，$V=0$，拉格朗日量 L 是动能 $K = \frac{1}{2}m(v_x^2 + v_y^2)$。到达屏幕上位置 D 的作用量是 $S = \frac{1}{2}m(v_x^2 + v_y^2)T$，其中 y 是 D 处坐标。在 x 方向和 y 方向的速度为

$$v_x = \frac{l}{T},\ v_y = \frac{y \mp f}{T}, \tag{8.80}$$

其中减号代表通过 B 的路径，加号代表通过 C 的路径。因此

$$\varphi_B = \frac{1}{\hbar}S_B = \frac{m}{2\hbar}\left(\left(\frac{l}{T}\right)^2 + \left(\frac{(y-f)}{T}\right)^2\right)T = \frac{m}{2\hbar}(l^2 + (y-f)^2)\frac{v_x}{l},$$
$$\tag{8.81}$$

类似的，我们有

$$\varphi_C = \frac{m}{2\hbar}(l^2 + (y+f)^2)\frac{v_x}{l}. \tag{8.82}$$

从而得到

$$\varphi_C - \varphi_B = \frac{m}{2\hbar}(4yf)\frac{v_x}{l} = \frac{2fmv_x}{\hbar l}y, \tag{8.83}$$

再利用公式(8.77)，我们发现电子将到达探测器屏幕上的 D 处的概率是

$$|\Psi|^2 = 2\mu^2\left[1 + \cos\left(\frac{2fmv_x}{\hbar l}y\right)\right]. \tag{8.84}$$

概率在 $4\mu^2$ 和 0 之间振荡，在 $y = 0$ 处取最大值，其中两个路径是等长的。屏幕上干涉图案的波长是

$$\lambda = 2\pi\frac{\hbar l}{2fmv_x}. \tag{8.85}$$

v_x 取决于 l 和 T，但是与其固定 T，不如固定电子的能量 E 更为实际可行，用关系 $E = \frac{1}{2}mv_x^2$ 来发现 v_x 的值。

费曼设想通过增加屏障的狭缝数，来增加可用路径的数量。每条这样的路径，对到达屏幕上的一个特定点的电子的振幅，均有贡献，所得的总振幅决定了干涉图样所采取的形式。最后，为了模拟自由空间中的电子，费曼设想增加狭缝的数量，直到屏障完全消失。然后，为了一致性，他主张电子仍必须遵循经过现在看不见的屏障的所有点的路径。此外，屏障的位置完全是任意的；它可能位于点源和探测器之间的任意地方。因此，我们得到了一个令人吃惊的但不可避免的结果：一个在空的空间中的自由电子实际上必须遵循 A 到 D 之间所有可能的路径，而到达 D 处的电子的振幅，包括来自这个无限路径集合的贡献。费曼得出的结论是，一个电子(或其他粒子)在 A 处射出并在 D 处检测到的振幅是

$$\Psi = \mu\sum_{\text{路径}}\exp\left(\frac{i}{\hbar}S[\boldsymbol{x}(t)]\right), \tag{8.86}$$

其中求和是指 A 和 D 之间的所有可能的光滑路径，从 0 到 T 的固定时间间隔上，并且粒子沿每条路径的瞬时速度，是不固定的。

这个公式称为费曼路径积分。它汇总了无数路径的贡献，其中大部分路径包括未提及的摆动，但在所有路径被平等对待的意义上，它是非常民主的；沿着不同路径的振幅之间的唯一差别是它们的相位。费曼证明了(允许 D 的位置是可变的)振幅 Ψ 满足薛定谔方程，且完全等价于普通的波函数。在非相对论量子力学中，求解薛定谔方程通常比做等效路径积分计算要简单得多，但在考虑量子场论时，这一技术就有了它独到之处，当使用规范理论时它变得不可或缺的了。

费曼的路径积分方法，为经典力学与量子力学之间的关系，提供了一个非常有趣的观点。经典力学适用于我们能将 $\hbar$ 处理成非常小的情况。那么表达式 $\exp\left(\frac{i}{\hbar}S[\boldsymbol{x}(t)]\right)$ 中的相位，将快速变化，而且一条路径的相位，可以明显不同于相邻路径的相位。设

$S_i[\boldsymbol{x}(t)]$ 表示沿路径 i 的作用量。如果 $S_2[\boldsymbol{x}(t)]=S_1[\boldsymbol{x}(t)]+\pi\hbar$，则路径 2 的贡献，完全抵消了路径 1 的贡献，由于 $\exp\left(\dfrac{i}{\hbar}S_2[\boldsymbol{x}(t)]\right)=-\exp\left(\dfrac{i}{\hbar}S_1[\boldsymbol{x}(t)]\right)$。一般而言，当沿着与任一特定路径稍有不同的路径进行计算时，相位可取 $0\sim2\pi$ 之间的任何值。当加在一起时，来自这些相邻路径的贡献破坏性地干扰，而且对于到达 D 的粒子总振幅没有贡献。占主导地位作出贡献的路径，是那些当我们离开路径的时候，对于一阶变化，作用量不会改变的路径。对于 $S[\boldsymbol{x}(t)]$ 来说，这些路径是最小的、或稳定的，被称为稳定相的路径。路径积分中的稳定相的条件与经典的最小作用量原理完全对应，当作用量不变时，相位是稳定的。我们的结论是，在量子力学中，所有可能的路径都必须考虑，但当经典近似成立时，路径积分则由经典路径占主导，这时的作用量是稳定的。

我们可以提出下述问题：一条路径必须变化多远，才能使作用量改变 $\pi\hbar$，以致原始路径和变动路径在路径积分中的贡献相抵消。对于一个质量为 m 和动量为 p 的非相对论性自由粒子，在短时间 Δt 内运动，作用量是 $\Delta S=\dfrac{p^2}{2m}\Delta t$。如果运动距离是 Δx，动量是 $p=m\dfrac{\Delta x}{\Delta t}$，所以

$$\Delta S=\frac{p^2}{2m}\Delta t=\frac{1}{2}p\Delta x. \tag{8.87}$$

因此如果 $\Delta x=\dfrac{2\pi\hbar}{p}$，那么 $\Delta S=\pi\hbar$，这正是德布罗意波长。在这种方法中，量子力学的路径积分图像，解释了为什么动量为 p 的粒子表现为一列波，而波长由德布罗意公式给出。

它也阐释了经典力学何时适用问题。只要我们不考虑长度尺度小于德布罗意波长的粒子，粒子的经典轨迹是一个有用的概念。对于一个以 $10~\text{ms}^{-1}$ 运动的台球来说，这个波长是极小的 $10^{-34}~\text{m}$，所以用经典力学来描述，它的运动是安全的。然而，原子中电子的德布罗意波长，大约是一个纳米，比原子大，因此当考虑电子和原子之间的相互作用时，我们不能用经典力学作为近似。这一点在下一章将是重要的。然而，在电子通过宏观双缝装置的讨论中，我们用经典轨迹来确定每条路径的作用量是合理的，而且路径积分只取为这两个贡献的和。

8.10　拓展阅读材料

除了在第 7 章末的推荐书籍之外，请参阅

E. Merzbacher. *Quantum Mechanics* (3rd ed.). New York：Wiley，1998.

关于费曼路径积分法的量子力学原著的修订版，请参阅

R. P. Feynman and A. R. Hibbs. *Quantum Mechanics and Path Integrals: Emended Edition by D.F. Styer*. Mineola NY：Dover，2010.

第9章 原子、分子和固体

9.1 原 子

地球上极大多数物质是由原子组成。每个原子含有一个微小的原子核,它几乎携带了原子的全部质量,并且被沿轨道运动的电子包围着。原子核由质子和中子构成,两者具有非常相近的质量,且质子的电荷 e 是正的,而中子没有净电荷。原子核中质子的数量称为原子数,Z,且因为电子的电荷为 $-e$,一个中性原子必定精确地有 Z 个电子。在大多数原子核中,中子数等于或大于质子数。不过也存在例外,氢原子核就只有一个质子。对于理解原子核和电子轨道的结构和稳定性,量子力学是不可或缺的。

电子可以从一个中性原子中剥离;那么原子被电离,并被称为离子。这个过程需要高能或高温。当原子通过化学相互作用产生一个分子时,一个或两个电子常常从一个原子转移到另一个原子。这涉及的能量要少得多,因为分子在总体上保持电中性。完全电离的原子只发生在大约 10^4 K 或更高的温度下,例如,在恒星中,或者在像粒子加速器和聚变装置等人造环境中。一种由自由核和电子组成的完全电离的原子气体称为等离子体。

具有不同 Z 值的原子被赋予不同的名称;例如,$Z=6$ 的原子叫碳原子。由只有一个 Z 值的原子组成的纯物质称为元素。同一个元素的原子核的中子数,可以有变化。例如,天然发生的碳大多数是由碳-12 原子组成的,每个原子核有 6 个质子和 6 个中子,但是也有小部分的碳-13 原子,它们的原子核有 7 个中子,并且这些原子核也是稳定的。原子核中的质子数相同,但中子数不同的原子,被称为元素的各种同位素。

原子中的质子和中子的总数目被称为原子质量数,并用 A 表示。当指定一个特定的同位素时,A 可以写在这个元素的名称之后。粗略地讲,所测的原子质量等于质子质量乘以 A,但这并不准确,因为中子比质子稍重一点,且核结合能使质量略微变小;还有一小部分贡献来自电子的质量。

在达到 Z 的最高值 $Z=92$ 之前,有天然存在的原子。在大多数情况下,这些原子核是稳定的,但也有一些半衰期长达数十亿年的不稳定的原子核。几乎所有在 $Z=83$ 的铋之前的元素,都有稳定的同位素。一个例外就是元素 $Z=43$ 的锝,它的西文名字 technetium,意味着该元素是人造的。虽然这有点误导,不稳定的原子核被描述为放射性的。之所以有此说法,不过是首次发现原子核衰变时,发射出诸如 X 射线这样的,与强电磁辐射相似的粒子。

原子核是通过宇宙中的各种过程产生的,这些过程我们将在后面的章节中讨论。半衰期相当于地球年龄的具有同位素的放射性元素,如 $Z=92$ 铀,在地球上可能相对丰富些。它们的衰变产物也可能是不稳定的,如果它们的半衰期很短,那么它们就会相对稀少。正如预料的那样,铀的衰变产物,如 $Z = 88$ 镭,被发现与铀矿有关。镭比铀稀少得多,因为它的半衰期大约是一千年量级。这种相对较短的半衰期,使其具有很强的放射性,这如玛丽·居里和皮埃尔·居里首次观测到的那样,他们从一种被称为沥青铀矿的铀矿石中分离出了少量的镭。

$Z > 92$ 的原子核可以在核反应堆或通过核碰撞中人工制造,有些原子核有几十年或几百年的半衰期。早在它们衰变之前,这些原子核就获得电子并形成中性原子。所知的最重的原子核的 Z 值接近 120,但这些原子核既难以制造又高度不稳定。

原子的化学性质几乎全由它们的电子轨道结构决定的,这就是我们在本章要讨论的内容。第 11 章专用于讨论原子核的结构和性质。尽管不同的原子质量对化学反应有小的影响,但是一种元素的各种同位素具有非常相似的化学性质。不管怎样,用化学方法分离元素的同位素是非常困难的。元素在周期表中有条不紊地排列着,这个表最初是由德米特里·门捷列夫所建立。表的结构主要反映了表格中每一行,从左到右的元素的化学性质的变化,但在每个列中元素的化学性质非常相似。原子的质量从左到右增加,且沿着表格向下也增加。元素按 Z 从 $Z = 1$ 到 $Z = 118$ 的递增顺序排列。理解表的精确结构,需要通晓多电子原子的量子力学。

在粒子加速器时代,人们习惯以电子伏特(eV)来描述粒子的质量和能量。这在考虑加速器中粒子的产生时,是很方便的。一个电子伏特是一个电子或任何其他携带单位 $\pm e$ 的粒子,通过 1 V 电压加速时所获得的能量。(1 eV 相当于 1.6×10^{-19} J 或 1.8×10^{-36} kg)。化学反应通常涉及几个电子伏特的能量,这就是为什么电池的电压在这个范围的原因。工作在几千伏(keV)的高压设备,可以将电子从原子中剥离,并用于产生电子束,就像在老式电视机和 X 射线机器中一样。

在核过程中释放的能量通常以 MeV 为单位,其中 1 MeV 是一百万(兆)电子伏特。一个电子的质量大约是半个 MeV,这就是 β 衰变的核过程中,能产生电子的理由。一个铀-238 原子核经受 α 衰变,释放出来的 α 粒子总是以相同准确固定的动能释放：4.2 MeV。10 亿(吉)电子伏特写成 1 GeV,略高于一个质子的质量。一万亿(太拉)电子伏特,或者 1 000 GeV,写成 1 TeV。大型强子对撞机(Large Hadron Collider,LHC)是一台将每个质子都可以加速到 6.5 TeV 能量的质子对撞机。我们将在本章和随后的章节中使用这些单位。

9.1.1 原子轨道

原子中的每个电子,都在吸引性的类氢库仑势 $-\dfrac{Ze^2}{4\pi r}$ 中运动,这是电荷为 $-e$ 的电子与电荷为 Ze 的原子核相互作用。由于原子中存在其他电子,电子也受到其他电子的电势的作用。计算能级的第一步是求解在吸引的库仑势中,单电子束缚态的薛定谔方程,其中忽略电子与电子之间的相互作用[①]。正如在第 8.4.2 节所讨论的那样,产生了一系列简并能级：1, 4, 9, 16, $\cdots$, N^2。由于因子 Z,能级比在氢原子中的能级负得更多,在相同的因子下,波函数在空间上也更紧凑。由于电子存在两个自旋态,相继能级上的

---

① 正如我们在第 8 章中所示,库仑势具有增强的对称性,而能级则有增强的简并。

态的个数为：2，8，18，32，…，$2N^2$。由于电子是费米子，它们必须各自占据不同的单电子态。处于基态的中性原子，有 Z 个按照能量增加的顺序填充单电子态的电子。

定态波函数，也称为轨道，由主量子数 N 和角动量 l 描写，其中 $l \leqslant N-1$。按照惯例，对应于角动量为 0，1，2 和 3 的轨道分别命名为 s，p，d 和 f，这些态（不包括自旋）的简并度分别为 1，3，5 和 7。例如，当 $N=2$ 时，存在 2s 态和 2p 态，总简并度为 8。角动量对应于波函数中的角节点数，即绕着一条经过原子核的轴改变位置，波函数发生符号变化的次数。例如，s 轨道是球对称的，p 轨道有两个符号相反的叶，如图 9.1 所示。

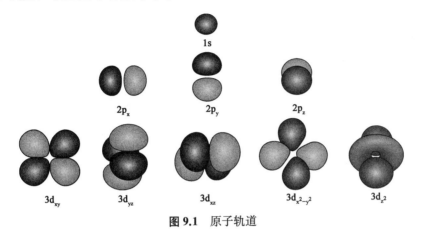

图 9.1　原子轨道

不同 l 的轨道是正交的，因为它们有不同的角节点数，l 相同但 N 不同的轨道也是正交的，因为它们有不同的径向节点数。随着 N 的增加，径向节点数增加，轨道半径也大幅度增加，如图 9.2 所示。

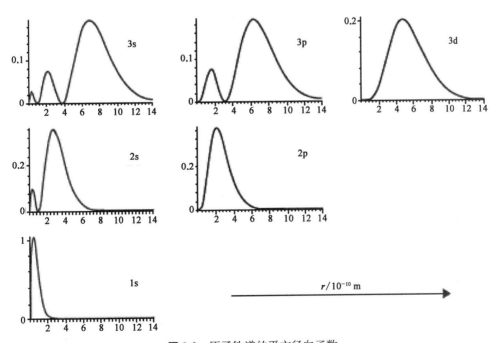

图 9.2　原子轨道的平方径向函数

9.1.2 原子壳层模型

除氢以外,原子中的电子相互排斥作用也必须考虑。从定性的角度上很容易理解,这些作用破缺库仑势的一些对称性,减少了解的简并度。填充在内壳层的电子屏蔽了原子核上的电荷,因此在大 r 情况下,由外层电子所看到的有效核子势,比 $-\dfrac{Ze^2}{4\pi r}$ 更快地接近于零。电子与原子核的平均距离,随角动量的增加而增大;因此电子所受到的平均有效核电荷,随角动量的增加而减小。例如,s 轨道中的电子具有非常接近原子核的可观概率,在那里它们看到了整个核电荷。对比之下,p,d 和 f 轨道,在原子核处有一个节点,因此这些轨道上的电子,并不能趋近原子核。对于对应相同主量子数 N 的态,具有较大轨道角动量 l 的态,有较松弛的束缚,因此能量更高。

这个效应在哈密顿量中,可以用一个额外的球对称项来表示。它是一个与 l^2 成正比的平均场扰动。例如,随着能量的增加,平均电子场将类氢原子的 $N=4$ 能级的 32 个简并态分解为 2 个 4s 态、6 个 4p 态、10 个 4d 态和 14 个 4f 态。图 9.3 阐明了能级划分的方法。虽然一些简并态失去了,但态仍属于角动量的多重态,原子壳层由多个具有相仿能量的多重态组成。

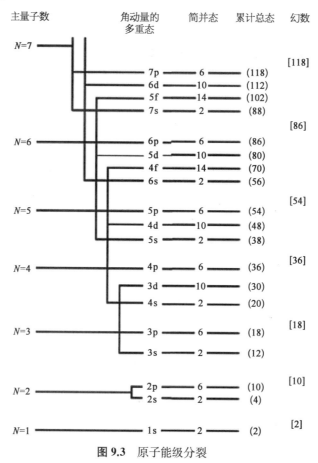

图 9.3 原子能级分裂

在较高的能级中,分裂大到足以使某些能级交叉。屏蔽效应增加了 3d 态的能量,使其在 4s 态之上。但是 3d 态的能量,如图 9.2 所示,它们的轨道峰值比 4s 态的轨道上的峰值,更接近原子核。我们将看到,这对具有 3d 轨道外层电子的元素的化学性质,有着深远的影响,对于较高的 d 轨道也是如此。

与下一个可得到的多重态之间,存在大能隙时,壳层是满充的,或者说成是满的。具有满充壳层结构的原子是稳定的,因为它需要许多能量,才将一个电子激发到紧邻的空能级上。中性的原子含有相同数目的电子和质子。因此,含有 Z 个质子的原子核,其中 Z 等于一个满壳层数,组成的原子是化学惰性的。壳层中的状态数依次是 2,8,8,18,18,32,32,…,如图 9.3 所示。这给出了原子的幻数[①]:2,10,18,36,54 和 86,与之对应的惰性气体:He,Ne,Ar,Kr,Xe 和 Rn,如表 9.1 所列。例如,惰性气体氪具有原子数 $Z = 36$。它的电子填充了前四个原子壳层。

表 9.1　原子中的电子态

壳　层	态	简并度(包括自旋)	幻　数
1	1s	2	2
2	2s,2p	2+6=8	10
3	3s,3p	2+6=8	18
4	4s,3d,4p	2+10+6=18	36
5	5s,4d,5p	2+10+6=18	54
6	6s,4f,5d,6p	2+14+10+6=32	86
7	7s,5f,6d,7p	2+14+10+6=32	118

能级之间的关系决定了它们被填充顺序,而最高没有被满充的壳层中的电子,决定了元素的化学性质。原子内的电子包含满充壳层中的内层核心电子和处于非满充壳层态的价电子。我们将在 9.2 节中讨论化学键。在相邻原子中,价电子占据的外轨道,可能重叠形成共价键或极性键。核心电子位于原子半径内,如图 9.2 所示,因此不能参与键的形成。核心电子的能量太低,也不能参与离子键的形成,因此化学键只与价电子直接有关。

元素按照原子数 Z 的次序排列在周期表中。按照通常的排列方式,它有 18 列,如图 9.4 所示。一个原子的化学性质,由它的价电子所占据的轨道决定,这反映在表格中元素的安排上。在第四和第五原子壳层有 2 个 s 态,10 个 d 态和 6 个 p 态,这解释了列的数目。(第一个壳层中没有 p 态,它对应于第一行或第一个周期;且在前三个壳层中没有 d 态。这就解释了表格顶部的空白。)每一列形成一族化学性质相似的元素。最右边列的第 18 族元素没有价电子。它们是惰性气体,亦称稀有气体。在左边,第 1 族和第 2 族元素在 s 轨道上分别有一个或两个价电子。这些是碱金属和碱土金属。在右边,从第 13 至

① 幻数这个词是从核物理中借来的。

17 族中，价电子处于 p 轨道。(在固态物理学中，这些族通常被称为Ⅲ到Ⅶ族。)从第四层向前从第 3 到 12 族中有一系列元素，它们的价电子在 d 轨道上。这些是过渡金属。具有重要意义的是，4s 轨道的能量比 3d 轨道低(在过渡金属随后的周期中，5s 和 4d 轨道以及 6s 和 5d 轨道也是如此)。虽然 3d 轨道是在 4s 轨道填满之后填充的，但它们的轨道半径，比由外层电子占据的轨道的半径要小得多。与外层 s 和 p 轨道的重叠相比，这大大减少了相邻原子的 d 轨道之间的重叠。

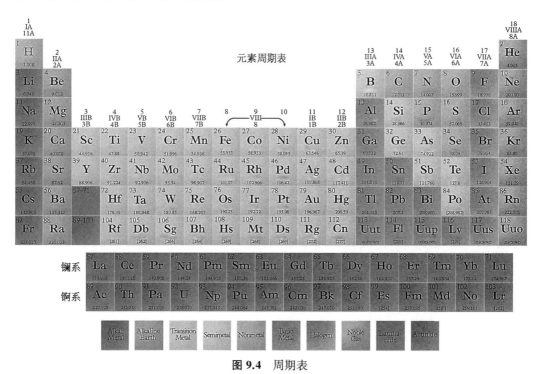

图 9.4 周期表

在元素周期表的主体下面，有一行分开的、称为镧系元素的十五种元素。镧元素的外层电子结构是 $6s^2 5d^1$。在接下来的 14 种元素中，从铈($6s^2 5d^1 4f^1$)到镥($6s^2 5d^1 4f^{14}$)，4f 轨道逐渐填满。f 轨道的半径比原子半径小得多，因此这些轨道中的电子不参与化学键的形成。因此，所有这些 14 个元素，都具有与镧相似的化学性质，在矿石中发现它们通常结合在一起。在镧下面是以锕为起始的一系列锕系元素。这些元素的模式，重复了镧系元素。随着这些元素移动，5f 轨道逐渐满充。所有的锕系元素都具有放射性。

9.2 分 子

自然界中，大约存在着 90 种不同类型的原子。正是通过这些有限种原子，组合成包罗万象的化合物，产生了我们世界的多样性。数百万种化合物已为化学家所知，原则上可以形成的化合物的数量是没有限制的。使原子结合在一起的化学键，是这种多样性的关键。化学键的稳定性不能用经典力学来解释。直到 1926 年薛定谔方程的发现，化学家开始理解，这才是他们学科的最基本配置。

9.2.1 共价结合

如果两个原子足够接近，外层电子占据的轨道就会重叠。然后，这些电子在两个原子的势中运动。这两个原子的总能量可能因轨道重叠而减少，在这种情况下，它们将在能量最小相对应的核间距离上，达到一个稳定的结构，并形成一个化学键。如果对键有贡献的电子在原子之间平均或几乎平均地分担，那么两个原子之间的键就称为共价键。原子保持电中性，或者几乎是中性的。由化学键结合在一起的两个或更多个原子的集合被称为分子。

除了最简单的情形，一个电子环绕着两个氢核所组成的氢分子离子 H_2^+ 外，其他分子的薛定谔方程均没有精确解。为了研究化学键的一般性质，以及由此产生的分子，我们必须采取一些近似。原子核比电子质量大得多 $(m_p \approx 1836 m_e)$，所以我们可以假设分子中的原子核是固定的，再考虑电子可能的能级。[这是波恩-奥本海默（Born-Oppenheimer）近似。原子核的运动可以单独处理，以确定分子的转动和振动光谱。]在分子的原子核和所有其他电子的一个平均势中，构造一个单电子的薛定谔方程是方便的。这就是所谓的独立电子模型。假设分子轨道可以由原子轨道的线性组合构成，那么单电子问题得到了极大的简化。这就是所谓的 LCAO（Linear Combinations of Atomic Orbitals）近似。这种方法的最重要的依据，是它成功地与实验结果相比对。

我们选择一组合适的实的、归一化的原子定态波函数 χ_i，并将它们组合成一个具有实待定系数 c_i 的分子轨道 $\Psi = c_1\chi_1 + c_2\chi_2 + \cdots$。考虑氢分子 H_2。这里有两个原子的 1s 轨道重叠。如果单电子的哈密顿量为 H，那么波函数为 $\Psi = c_1\chi_1 + c_2\chi_2$ 的电子的能量为

$$E = \frac{\int \Psi H \Psi \, d^3x}{\int \Psi^2 \, d^3x} = \frac{\int (c_1\chi_1 + c_2\chi_2) H (c_1\chi_1 + c_2\chi_2) \, d^3x}{\int (c_1\chi_1 + c_2\chi_2)^2 \, d^3x}. \tag{9.1}$$

(9.1)的分子简化为

$$\int \Psi H \Psi \, d^3x = c_1^2 \int \chi_1 H \chi_1 \, d^3x + c_1 c_2 \int (\chi_1 H \chi_2 + \chi_2 H \chi_1) \, d^3x + c_2^2 \int \chi_2 H \chi_2 \, d^3x$$
$$= c_1^2 \alpha_1 + 2 c_1 c_2 \beta + c_2^2 \alpha_2, \tag{9.2}$$

这里 $\alpha_i = \int \chi_i H \chi_i \, d^3x$ 是在原子轨道 i 上的电子的能量，是个负的量，矩阵元 $\beta = \frac{1}{2} \int (\chi_1 H \chi_2 + \chi_2 H \chi_1) \, d^3x$，也是负的，用来测量轨道 1 和轨道 2 之间结合相互作用的强度。(9.1)的分母是

$$\int \Psi^2 \mathrm{d}^3 x = c_1^2 \int \chi_1 \chi_1 \mathrm{d}^3 x + c_1 c_2 \int (\chi_1 \chi_2 + \chi_2 \chi_1) \mathrm{d}^3 x + c_2^2 \int \chi_2 \chi_2 \mathrm{d}^3 x$$

$$= c_1^2 + 2c_1 c_2 S + c_2^2, \tag{9.3}$$

其中 $S = \int \chi_1 \chi_2 \mathrm{d}^3 x$ 测量相邻原子上轨道的重叠。因为 S 是个小量，所以为了简化计算，它常常被忽略。

现在，我们可以使用瑞利-里兹变分原理。为了找到最佳的、使能量最小化的原子轨道组合，我们对下述能量 E 表达式中的每个系数求导：

$$E = \frac{c_1^2 \alpha_1 + 2c_1 c_2 \beta + c_2^2 \alpha_2}{c_1^2 + 2c_1 c_2 S + c_2^2} \tag{9.4}$$

并将结果取零，生成一组所有系数必须同时满足的方程组。重排方程(9.4)，我们得到

$$E(c_1^2 + 2c_1 c_2 S + c_2^2) = c_1^2 \alpha_1 + 2c_1 c_2 \beta + c_2^2 \alpha_2. \tag{9.5}$$

方程对 c_1 求导给出

$$\frac{\partial E}{\partial c_1}(c_1^2 + 2c_1 c_2 S + c_2^2) + E(2c_1 + 2c_2 S) = 2c_1 \alpha_1 + 2c_2 \beta, \tag{9.6}$$

令 $\dfrac{\partial E}{\partial c_1} = 0$，产生了 $E(2c_1 + 2c_2 S) = 2c_1 \alpha_1 + 2c_2 \beta$，或者等价地写作

$$c_1(\alpha_1 - E) + c_2(\beta - ES) = 0. \tag{9.7}$$

类似的，方程(9.5)对 c_2 求导导致

$$c_1(\beta - ES) + c_2(\alpha_2 - E) = 0. \tag{9.8}$$

这些联立方程称为久期方程。如果系数的行列式为零，那么它们有一个非平庸解，

$$\begin{vmatrix} \alpha_1 - E & \beta - ES \\ \beta - ES & \alpha_2 - E \end{vmatrix} = 0. \tag{9.9}$$

在氢分子中，两个原子核是相同的，所以 $\alpha_1 = \alpha_2 = \alpha$。展开行列式得到方程 $(\alpha - E)^2 - (\beta - ES)^2 = 0$，它的两个解 $E - \alpha = \pm(\beta - ES)$，可以改写成

$$E(1 \pm S) = \alpha \pm \beta. \tag{9.10}$$

由其中一个解得到的能量为

$$E_{\mathrm{b}} = \frac{\alpha - |\beta|}{1 + S}, \tag{9.11}$$

它比原来的原子能量 α 低。（能量用 $|\beta|$ 表示，提醒我们 β 是负的。）它对应于原子轨道的对称组合 $\Psi_{\mathrm{b}} = \chi_1 + \chi_2$，称为束缚轨道。第二个解得到了高一些的能量，

$$E_a = \frac{\alpha + |\beta|}{1 - S},\tag{9.12}$$

对应于一个反对称组合 $\Psi_a = \chi_1 - \chi_2$，称为反束缚轨道。反束缚轨道和束缚轨道之间的能量差是 $E_a - E_b \approx 2|\beta|$。

两个氢原子的 1s 轨道结合起来产生一个较低能量的束缚轨道 σ 和一个较高能量的反束缚轨道 σ^*，如图 9.5 所示。电子有两个自旋态，这意味着两个电子可以各自占据一个轨道。在基态中，束缚轨道将被每个氢原子中的一个电子占据。如图 9.6（左）所示。因此，氢分子的电子总能量，比两个分开的氢原子的电子总能量低。束缚轨道中电子能量的减少是很容易解释的。这个轨道相对于两个原子核是对称的，所以电子具有的波长，比原子的 1s 轨道或反束缚轨道上的电子，具有的波长要长。按照德布罗意关系，这意味着电子有较小的动量和较小的动能。

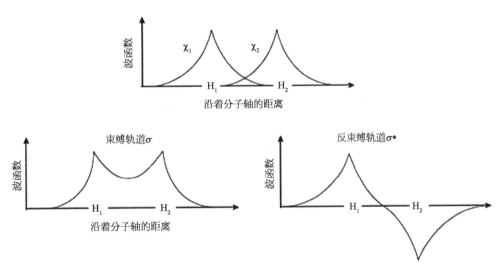

图 9.5　氢分子中的分子轨道

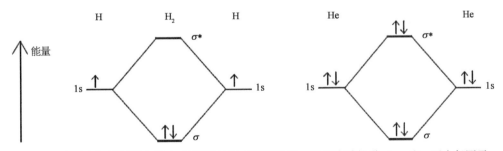

图 9.6　在两个相邻原子上的 1s 轨道重叠形成束缚轨道 σ 和反束缚轨道 σ^*。左：两个氢原子中的电子，自旋分别为向上和向下，两者都进入 σ 轨道形成 H_2 分子；右：在氦原子情况下，两个电子也必须进入轨道 σ^*，这样键就不会形成

到目前为止，原子核之间的距离尚未确定。随着原子核之间逐渐靠近，束缚轨道上的电子的能量减少变快，但带正电的原子核之间的排斥力也在增加，且在短距离时，增加

得更快。在原子核间的一个确定的平衡束缚长度时，总能量具有最小值。氢分子是稳定的，所以必须给予能量，才分解成两个氢原子。离解能为 4.5 eV。

我们可以对两个氦原子进行类似的分析。在这种情况下，存在四个电子，所以其中两个电子必占据束缚轨道，另两个电子必占据反束缚轨道，如图 9.6 所示。联合方程 (9.11) 和 (9.12) 表明，对于正的 S，$E_a + E_b = \dfrac{2\alpha + 2 \mid \beta \mid S}{1 - S^2} > 2\alpha$；因此，将电子置于反束缚轨道中的耗费的能量，大于将电子置于束缚轨道中获得的能量。当两个氦原子的轨道重叠时总能量增加，因此氦原子相互排斥而不形成键。

在元素周期表的前四个原子的基态中，电子占据了 s 轨道。在 $Z = 4$ 的铍之后，电子开始占据 p 轨道，当考虑轨道的重叠时，它开启了新的问题。束缚轨道是由重叠波函数的相长干涉产生的；反束缚轨道是由相消干涉产生的。轨道之间非零重叠的存在，可以从轨道的对称性推导出来。单电子哈密顿量绕键轴旋转，是对称的，因此对于键轴的不同对称的轨道间的矩阵元素必须为零。例如，如果键轴是 z 轴，那么原子 1 上的 s 轨道和原子 2 上的 p_x 轨道之间的重叠必须消失，因为 $+x$ 方向上的任一正重叠，都将被 $-x$ 方向上的一个相等的负重叠相消。相似地，s 轨道和 p_y 轨道之间没有重叠，但 s 轨道和 p_z 轨道之间存在非零重叠，它或正或负，两者皆可，如图 9.7 所示。

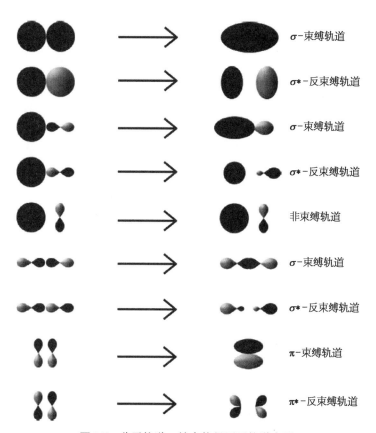

图 9.7 分子轨道。结合使得原子轨道变形

束缚轨道按照它们对于键轴的对称性进行分类,并根据其围绕该轴的角动量 m 而命名,这类似于原子轨道的命名法。当 $m=0$ 时,这个轨道称为 σ 轨道。两个 s 轨道的重叠产生 σ 轨道,如图 9.7 的顶部所示。两个 p_z 轨道之间的重叠也产生 σ 轨道。当 $m=1$(或 $m=-1$)时,分子轨道称为 π 轨道。两个 p_x 或两个 p_y 轨道之间的重叠产生 π 轨道,如图 9.7 的底部所示。如果 $m=2$,分子轨道被称为 δ 轨道。当原子来自元素周期表的第二和第三周期时,每个原子有四个轨道需要考虑:一个 s 轨道和三个 p 轨道。仅有 $m=0$ 和 $m=\pm1$,示例在图 9.7 中。

两个 p_z 轨道之间的重叠,大于两个 p_x 或两个 p_y 轨道之间的重叠,所以 p_z 轨道的 σ 束缚轨道组合,比其他两个 p 轨道的 π 束缚轨道组合的能量要低,p_z 轨道的 σ^* 束缚轨道组合,也比其他两个 p 轨道的 π^* 束缚轨道组合的能量要高。结合原子 p 态比原子 s 态能量高的事实,得到了如图 9.8 所示的分子能级序列。

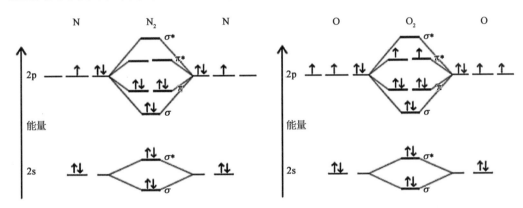

图 9.8　左:氮分子中的束缚和反束缚轨道;右:氧分子中的束缚和反束缚轨道。只显示了价电子轨道,而没有显示填充的 1s 核心轨道

一个氮原子在其第二个未满充壳层中有 2 个 1s 核心电子,外加 5 个 2s 和 2p 价电子。当两个氮原子结合时,共有 10 个价电子占据了分子轨道。在基态,这些电子占据了最低的 5 个轨道,如图 9.8 左面所示。4 个 2s 电子填充了束缚轨道和反束缚轨道,但 6 个 2p 电子只占据束缚轨道,因此氮-氮键是一个三键。相对于单独的氮原子,这赋予了氮分子 N_2 很大的稳定性。它的离解能为 9.79 eV,这是继一氧化碳分子 CO 的键(也涉及 10 个价电子)之后,自然界中第二强的键。不同于一氧化碳,氮分子是非极性的(它没有电偶极子),所以构成我们大气层主体的 N_2,在化学上是惰性的。

氧原子有 6 个价电子,如图 9.8(右)所示。在氧分子的基态中,有 12 个电子占据最低能量的 6 个分子轨道。这意味着必须由两个电子,占据 π^* 反束缚轨道,从而抵消束缚轨道中两个电子获得的能量。总的来说,氧-氧键由此而是一个双键。相对于氧原子,反束缚轨道中的两个电子能量增加了,因此它们很容易与其他原子形成键。这使得氧分子 O_2 的化学性质是高度活泼的。

π_x^* 和 π_y^* 轨道是简并的,这产生了一个问题:在 O_2 分子中占据它们的两个电子,是否在同一轨道。为了找到氧分子的最低能量态，我们必须超越单电子近似，考虑双电子波函数。电子是费米子，所以波函数在任何两个电子的交换，都是反对称的，如 8.7 节所讨论的那样。这意味着，如果双电子空间波函数是对称的，则自旋态是反对称的，反之，如果空间波函数是反对称的，则自旋态是对称的。对于在同一轨道的两个电子，空间的波函数必然是对称的，所以自旋态必须是反对称的，两个电子有相反的自旋。因此，每个核心电子与另一个具有反向自旋的电子配对。如果两个价电子位于不同的轨道上，则双电子空间波函数，既可能是对称的，也可能是反对称的，这两种可能性一般不简并。两个电子之间的静电排斥效应可以估计为

$$\Delta E_{\pm} = \frac{1}{2}(J \pm K), \tag{9.13}$$

其中 J 是库仑排斥项，K 称为交换能。正负号对应于对称波函数和反对称波函数的能量。对于排斥势 K 是正的，因此反对称空间波函数给出了较低的能量态。直觉上这是合理的，因为当两个电子的组合波函数是反对称时，它们的间距是最大的。在 O_2 的基态中，双电子 π^* 波函数是反对称的，由于一个电子在 π_x^* 轨道上另一个在 π_y^* 轨道上。那么电子自旋态是对称的，从而这两个电子的自旋是一致的，这给予氧分子 O_2 一个磁矩。这是洪德第一定则的一个例子，它指出，当一些简并态可供电子使用时，它们优先占据自旋取向的态。

第二个周期中的下一个元素是氟，氟也形成一个双原子分子 F_2。氟分子共有 14 个价电子，其中反束缚轨道 π^* 中有 4 个价电子，这使得它极其活跃。氟分子的所有电子的自旋都是成对的，所以它像氮分子不像氧分子，没有磁矩。氟-氟键是单键，因为恰好束缚轨道上的一对电子，与反束缚轨道上的一对电子不匹配。一般来说，一个键的长度越短它就越牢固。相比更短的氧-氧双键的 0.121 nm，氮-氮三键的 0.110 nm，氟-氟单键长度为 0.142 nm。

氖原子有八个外层电子。两个氖原子根本不能形成键，因为 16 个价电子填满所有的束缚轨道和反束缚轨道，使能量要求不赞同上述键存在。

9.2.2 极性键

不同原子之间的键可以用同样的方式来分析。考虑由一个氢原子和一个氯原子组成的盐酸分子 HCl。该键是通过氢原子 χ_1 的 1s 轨道与氯原子 χ_2 的 $3p_z$ 轨道的重叠形成的。矩阵元素 $\alpha_1 = \int \chi_1 H \chi_1 \mathrm{d}^3 x$ 和 $\alpha_2 = \int \chi_2 H \chi_2 \mathrm{d}^3 x$ 现在是不相等的，在 $\alpha_2 < \alpha_1$ 情形，如图 9.9 所示。

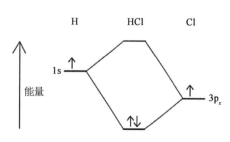

图 9.9 极性键中的束缚和反束缚能级

回到久期行列式(9.9)，$\alpha_1 \neq \alpha_2$，两个分子

轨道的能量是

$$E_{a, b} = \frac{\{(\alpha_1 + \alpha_2) - 2S\beta\} \pm \sqrt{\{(\alpha_1 + \alpha_2) - 2S\beta\}^2 + 4(1 - S^2)(\beta^2 - \alpha_1\alpha_2)}}{2(1 - S^2)}.$$

(9.14)

若忽略重叠积分 S，简化为

$$E_{a, b} = \frac{1}{2}(\alpha_1 + \alpha_2) \pm \frac{1}{2}\sqrt{(\alpha_1 - \alpha_2)^2 + 4\beta^2},$$

(9.15)

反束缚轨道和束缚轨道之间的能量差是

$$\Delta = E_a - E_b = \sqrt{(\alpha_1 - \alpha_2)^2 + 4\beta^2},$$

(9.16)

其中 $\alpha_1 - \alpha_2$ 是离子对能隙的贡献，等于孤立原子能级间差异，$2|\beta|$ 是共价贡献，等于两个原子完全相同时的分裂。我们可以将分子轨道进行下述参数化

$$\Psi_b = \chi_1 \sin\theta + \chi_2 \cos\theta, \quad \Psi_a = \chi_1 \cos\theta - \chi_2 \sin\theta,$$

(9.17)

其中

$$\tan 2\theta = \frac{2|\beta|}{\alpha_1 - \alpha_2}.$$

(9.18)

如果 $\alpha_2 < \alpha_1$，那么 $\tan 2\theta$ 是正的，所以 $0 < \theta < \pi/4$，即有 $\cos\theta > \sin\theta$。这意味着束缚轨道 Ψ_b 集结在原子 2 上，反束缚轨道 Ψ_a 集结在原子 1 上。在束缚态，部分存在着与原子 2 相关的负电荷，部分存在着与原子 1 相关的正电荷，所以该键有一个电偶极子。它通常称作极性键。

在极限 $|\beta| \ll \frac{1}{2}|\alpha_1 - \alpha_2|$ 中，我们有 $\Delta \to \alpha_1 - \alpha_2$，以及

$$E_b = \frac{1}{2}(\alpha_1 + \alpha_2 - \Delta) \to \alpha_2, \quad E_a = \frac{1}{2}(\alpha_1 + \alpha_2 + \Delta) \to \alpha_1.$$

(9.19)

此外 $\tan 2\theta \to 0$，所以 $\sin\theta \to 0$。因此，$\Psi_b \to \chi_2$，$\Psi_a \to \chi_1$，它们分别具有能量为 α_2 和 α_1 [①]。在分子的基态中，束缚轨道上有两个电子，给原子 2 一个 $-e$ 电荷，而反束缚轨道中什么都没有，留给原子 1 一个带 $+e$ 电荷。一个电子从一个原子完全转移到另一个原子，产生一个负离子 X^- 和一个正离子 Y^+。在负离子和正离子之间，有一个高度极性键或离子键。将盐酸分子中氢原子和氯原子结合在一起的键，是具有阴离子 Cl^- 和阳离子 H^+ 的离子键的一个例子。

元素周期表左边的元素容易失去电子而形成正离子，而右边元素的外层电子被牢牢束缚住，它们倾向于获得额外的电子形成负离子。原子失去电子的难易度如图 9.10 所

---

① 这说明了一个重要性质，即轨道之间有意义的重叠只有在轨道能量相对接近的情况下才会发生，而且有空间重叠，这一点我们在考虑固体时还会讲到。

示。随着原子数 Z 的变化，从原子中移除一个电子所需的能量，在每种惰性气体中都达到峰值，这就解释了，为什么它们不容易形成离子化合物，而在自然界以单原子气体存在的缘故。

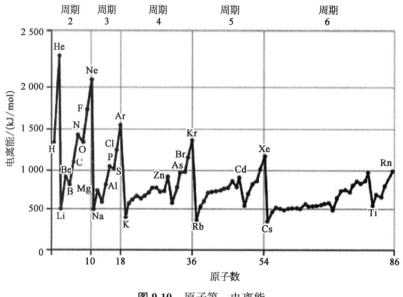

图 9.10   原子第一电离能

9.2.3   简单分子

人们期待获得惰性气体构型，构想出熟知的原子键数想法，这是一个便于使用的经验规则，它适用于许多由小质量原子形成的分子，但它不是真正的化学基本定律。分子形成的关键在于不同分子构型的总能量之间的比较。

然而，认为较小的原子具有价是有用的。碳原子有两个核心的 1s 电子，在第二个未满充的壳层中有可以形成共价键的 4 个价电子。因此，碳的价为 4，将形成 4 个共价键，生成如甲烷 CH_4 等分子。甲烷中的所有 4 个碳–氢键都相同，这赋予了分子四面体对称性（见图 9.11）。通过 4 个键之间的距离最大化使分子的能量最小化，由此必然会减少束缚电子之间的排斥力。键之间的角度是 $2\cos^{-1}\left[\dfrac{1}{\sqrt{3}}\right] \approx 109.5°$。

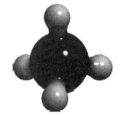  

图 9.11   左：甲烷 CH_4；中：氨 NH_3；右：水 H_2O

碳 2s 轨道和 3 个 2p 轨道中,每一个轨道对这些键的贡献是相等的。化学家将 s 轨道和 p 轨道混合在一起的键称为 sp³ 杂化键。尽管这些键并不是真正的共价的,而是有轻微极化的,甲烷分子因为其四面体对称性,而不存在净电偶极子。

一个氮原子在第二个未满充壳层中有 5 个价电子。一个氮原子与 3 个氢原子结合形成氨分子 NH_3。和甲烷一样,在 4 个 sp³ 混合轨道上有八个电子。在这些杂化轨道中的 3 个轨道上的电子,在氮原子和氢原子之间形成键。另一个杂化轨道上的电子被描述为孤对电子。束缚电子和孤对电子的区别,对杂化轨道的四面体排列有一个小的影响。键间夹角减小到约 107.8°。氮-氢键是极化的,赋予氮原子一个小的负电荷,氢原子一个小的正电荷。氢原子不是四面体排列的,因此不同于甲烷,氨是一个极性分子。

具有 6 个价电子的氧原子与两个氢原子结合形成水 H_2O。同样,在 4 个 sp³ 杂化轨道上有 8 个电子,但是在氧原子上有 2 个孤对电子。轨道仍近似呈四面体排列,但键间夹角减小到 104.5°。氧-氢键的极性还大于氮-氢键,这对水的物理性质有很大的影响。极性水分子之间的相互作用,极大地提高了水的熔点和沸点。在大气压下,甲烷的沸点为 −161℃,氨的沸点为 −33℃,而水的沸点为 100℃。我们的星球覆盖着液态水的事实,正是因为氧-氢键存在着极性。

9.3 有 机 化 学

9.3.1 胡克尔理论——苯

碳原子具有一个引人注目的性质,它们很容易形成分子链和环。这些结构对于生命的存在是不可或缺的。1865 年,化学键的概念还处于起步阶段。化学家们已经开始使用黏性模型来表示分子,但是奥古斯特·凯库尔(August Kekulé)无法理解包含六个碳原子和六个氢原子的苯分子的结构。凯库尔后来回忆说,他的工作吸引了他的全部注意力,当他在炉火前打瞌睡时,梦见蛇扭动着咬自己的尾巴。他醒来时猛然醒悟,苯中的碳原子必须形成一个环。他提出了一种碳-碳原子交替形成单键和双键的结构,如图 9.12 所示。这是阐明有机化学的一个巨大进步,但今天的化学家们知道,这并不完全正确,因为苯环上的所有六个碳-碳键都是相同的。碳-碳单键的长度为 0.154 nm,而较强的碳-碳双键的长度为 0.134 nm。然而,苯的碳-碳键的长度均相同,为 0.139 nm。因此,这些键看来既不是单键也不是双键。

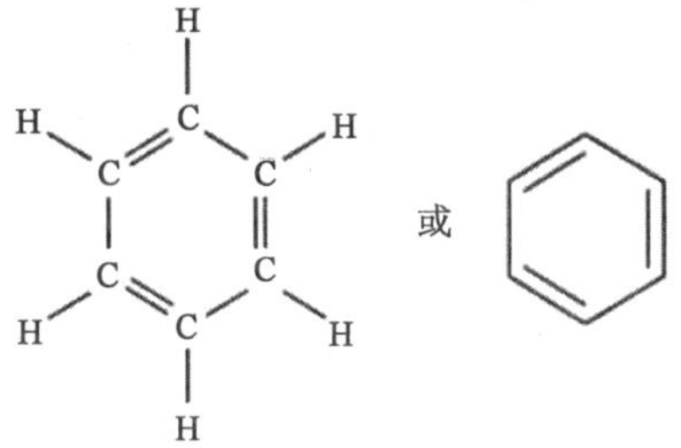

图 9.12 苯的凯库尔结构

在苯环平面内,每个碳原子形成 3 个 σ 键。一个键与位于环外径向的氢原子相连,另两个键与环中的相邻碳原子相连。这些键之间的角度为 120°。形成这些键的碳轨道的线性叠加被描述为 sp² 杂化轨道。这占了每个碳原子的 4 个价电子中的 3 个。

剩余的电子被发现在垂直于苯环平面的 p 轨道中。在这些 p 轨道中,每个碳原子有一个电子，在相邻的碳原子上重叠，并提供额外的键。化学家将这种重叠 p 轨道的链称为共轭 p 轨道。这些分子中的键，可以通过分子轨道理论，在碳-碳键中的应用来理解。我们可以从共轭 p 轨道的线性组合形成分子轨道，然后通过改变系数产生久期方程使能量最小化，就像我们前面对双原子分子所做的那样。

可以采用几种近似方法，极大地简化了问题，这是 1930 年埃里克·胡克尔（Erich Hückel）首先提出的。这种称为胡克尔理论的方法，提供了对如苯那样的平面分子的一些化学性质的定性阐释。在这样一个共轭 p 轨道系统中，电子轨道 Ψ_n 近似于归一化原子轨道 χ_r 的线性组合，其中 r 表示原子，因此，

$$\Psi_n = \sum_r c_r^{(n)} \chi_r, \tag{9.20}$$

其中 $c_r^{(n)}$ 是常系数。

首先，我们假设不同原子上原子轨道之间的重叠 S 可以忽略。接下来，我们假设每个碳原子的原子环境是相同的，因此所有对角线元素都是一样的，即 $\int \chi_r H \chi_r \, d^3 x = \alpha$。这对于像苯一样的对称分子是完全正确的。最后，我们假设除了那些对应最近相邻原子的元，所有其他矩阵元都是零，即 $\int \chi_r H \chi_s \, d^3 x = \beta$，如果原子 r 是原子 s 的最邻近的原子 β 为负值，其他的为零。就苯而言，久期行列式简化为

$$\begin{vmatrix} \alpha - E & \beta & 0 & 0 & 0 & \beta \\ \beta & \alpha - E & \beta & 0 & 0 & 0 \\ 0 & \beta & \alpha - E & \beta & 0 & 0 \\ 0 & 0 & \beta & \alpha - E & \beta & 0 \\ 0 & 0 & 0 & \beta & \alpha - E & \beta \\ \beta & 0 & 0 & 0 & \beta & \alpha - E \end{vmatrix} = 0. \tag{9.21}$$

苯的 6 个久期方程，也称为胡克尔方程，可以通过如下假定

$$c_r^{(n)} = e^{\frac{i}{6}(2\pi n r)}. \tag{9.22}$$

来求解。将假定代入胡克尔方程给出

$$(\alpha - E_n) e^{\frac{i}{6}(2\pi n r)} + \beta \{ e^{\frac{i}{6}(2\pi n(r-1))} + e^{\frac{i}{6}(2\pi n(r+1))} \} = 0, \tag{9.23}$$

简化成

$$(\alpha - E_n) + \beta \{ e^{-\frac{i}{6}(2\pi n)} + e^{\frac{i}{6}(2\pi n)} \} = 0, \tag{9.24}$$

因此

$$E_n = \alpha + 2\beta \cos \left\{ \frac{1}{6}(2\pi n) \right\}. \tag{9.25}$$

我们可以找到简并解的线性组合，使得所有 6 个正交波函数都有实系数，从而可得

$$\Psi_0 = \frac{1}{\sqrt{6}}(\chi_1 + \chi_2 + \chi_3 + \chi_4 + \chi_5 + \chi_6),\ E_0 = \alpha - 2\,|\,\beta\,|$$

$$\Psi_1 = \frac{1}{\sqrt{12}}(2\chi_1 + \chi_2 - \chi_3 - 2\chi_4 - \chi_5 + \chi_6),\ E_1 = \alpha - |\,\beta\,|$$

$$\Psi_2 = \frac{1}{\sqrt{12}}(2\chi_1 - \chi_2 - \chi_3 + 2\chi_4 - \chi_5 - \chi_6),\ E_2 = \alpha + |\,\beta\,|$$

$$\Psi_3 = \frac{1}{\sqrt{6}}(\chi_1 - \chi_2 + \chi_3 - \chi_4 + \chi_5 - \chi_6),\ E_3 = \alpha + 2\,|\,\beta\,|$$

$$\Psi_4 = \frac{1}{2}(\chi_2 - \chi_3 + \chi_5 - \chi_6),\ E_4 = \alpha + |\,\beta\,|$$

$$\Psi_5 = \frac{1}{2}(\chi_2 + \chi_3 - \chi_5 - \chi_6),\ E_5 = \alpha - |\,\beta\,|.$$

(9.26)

这些轨道如图 9.13 所示。6 个原子轨道的完全同相组合产生最低能态 Ψ_0。这个轨道上的电子具有最长波长，因此动能最低。能量随着波函数中节点数的增加而增加，因为每个节点都减小了波长。一般来说，电子的去局部化使它们能够占据更长波长的分子轨道，从而减少动能。与原子轨道相比，能量的减少增加了分子的稳定性。

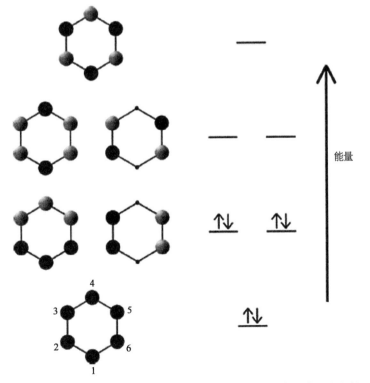

图 9.13　左：苯中的电子轨道由共轭碳 p_z 轨道线性组合而成。这些轨道垂直于苯环。黑白球分别代表正叶和负叶。点表示在那个原子位置没有来自轨道的贡献。右：箭头表示占据了苯基态中能量最低轨道的电子的自旋向上和自旋向下

将 sp^2 杂化轨道中的电子置于一旁，因为它们对论证并不重要，我们可以计算出由于共轭 p_z 轨道中的电子去局部化而赋予苯环的额外稳定性。凯库尔提出的苯结构有三个单键和三个双键。这种结构包括三个 π 键，每个键有两个电子。我们已经定义了 $\int \chi_r H \chi_s \, d^3 x = \beta$，因此在一个 π 束缚轨道中的一个电子能量是 $\alpha - |\beta|$。在凯库尔结构中，这六个电子的总能量将是 $6(\alpha - |\beta|) = 6\alpha - 6|\beta|$。胡克尔理论表明，在苯的基态中，共轭 p_z 轨道中有 6 个电子，双重占据三个最低能量轨道中的每一个，如图 9.13 所示。这六个电子的总能量是 $E = 2(\alpha - 2|\beta|) + 4(\alpha - |\beta|) = 6\alpha - 8|\beta|$。因此，与凯库尔结构相比，附加能量 $-2|\beta|$ 使苯稳定。这种额外的稳定性解释了苯相关的化学惰性。

9.3.2 多烯

从头至尾均由单键碳原子链构建的碳氢化合物 $C_n H_{2n+2}$ 称为烷烃，英文为 alkane，其后缀"ane"表示一个碳-碳单键链。碳-碳双键由后缀"ene"表示，因此含有共轭 p 轨道的碳-碳链被称为多烯。图 9.14 给出了戊二烯的化学结构，它是一个具有五个碳原子和两个双键的多烯。

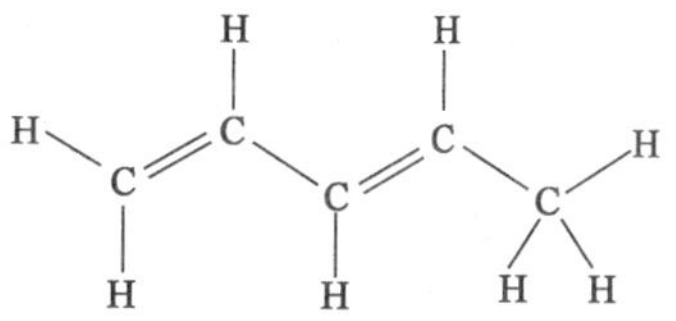

图 9.14 戊二烯

胡克尔理论可以运用到多烯分子。轨道必须在远离分子的末端处消失，对于长度为 N 的线性分子的边界条件是 $c_0^{(n)} = c_{N+1}^{(n)} = 0$。我们可以猜测解为

$$c_r^{(n)} = \sin\left(\frac{\pi n r}{N+1}\right). \tag{9.27}$$

图 9.15 给出了前几个多烯分子中，去局部化电子可用的轨道。

将系数 $c_r^{(n)}$ 代入胡克尔方程给出

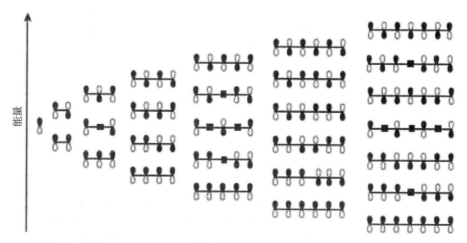

图 9.15 分子中的多烯轨道，多达 7 个共轭的 p 轨道（乙烯到庚三烯）

$$(\alpha - E_n)\sin\left(\frac{\pi nr}{N+1}\right) + \beta\left\{\sin\left(\frac{\pi n(r-1)}{N+1}\right) + \sin\left(\frac{\pi n(r+1)}{N+1}\right)\right\} = 0, \quad (9.28)$$

经过一些代数运算后上式约化为

$$(\alpha - E_n) + 2\beta\cos\left(\frac{\pi n}{N+1}\right) = 0, \quad (9.29)$$

由此可得

$$E_n = \alpha + 2\beta\cos\left(\frac{\pi n}{N+1}\right). \quad (9.30)$$

当 $-1 \leqslant \cos\theta \leqslant 1$ 时,分子轨道的能量范围

$$\alpha - 2\,|\,\beta\,| \leqslant E_n \leqslant \alpha + 2\,|\,\beta\,|, \quad (9.31)$$

如图 9.16 所示。这个范围与多烯的长度无关,因此能级的平均分离随着 N 的增加而减小。每个态都可供多达两个自旋相反的电子使用。当每个碳原子贡献给共轭 p 轨道一个电子时,在基态中只有轨道的下半部分被占用,就像苯一样。每一条这样的轨道都比原子 p 轨道的能量要低一些,因此去局部化电子赋予了多烯额外的稳定性。

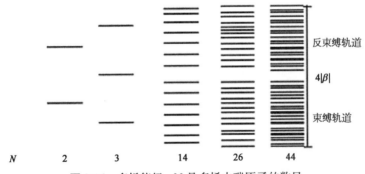

图 9.16 多烯能级。N 是多烯中碳原子的数目

电子从最高的占有能级提升到最低的未占有能级,所需的能量随着多烯长度的增长而减小。在短烯烃中,需要紫外光来擢升电子。较大的 N 时,可见光光子就可以擢升电子进入未占有的能级。因此,长的多烯是有色的。当 $N \to \infty$ 时,能级间的间距趋于零,因此存在一个宽度为 $4\,|\,\beta\,|$ 的填满一半的连续能带,该系统可以在一个连续的频率范围内吸收光。半填充带也是导体的特征,因为部分填充带中的电子可以自由进入新的态,在小电场或热激发时,会常常遇到这种现象。

2010 年,安德烈·盖姆和康斯坦丁·诺沃塞洛夫因发现由碳原子的二维六边形晶格组成的石墨烯,而获得诺贝尔物理学奖。在相同重量下,石墨烯的强度是钢的 100 倍左右。它可以被认为是一个无限多环芳香族分子。每个碳原子通过平面 sp^2 轨道与其他三个碳原子结合,键间夹角为 $120°$。每个碳原子,在垂直于这个平面的 p 轨道上也有一个电子。这些轨道构成了一个本质上无限的共轭 p 轨道的系统。电子可用的轨道延伸到

整个石墨烯，能级形成一个连续带。当碳原子与大分子结合时，可用态的总数不变，当每个碳原子贡献一个电子时，只有能带下半部分的态被填满。因此，正如我们先前对这些系统讨论过的那样，石墨烯是一种优良的热和电导体。

近年来，化学家创造了碳纳米管（图 9.17）。这些是用石墨烯分子包起来形成的长圆柱面。纳米管由于其结构和电学特性，有着非常重要的技术应用前景。

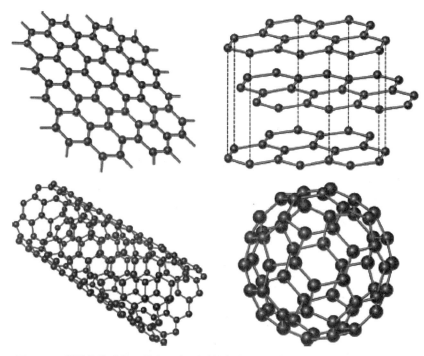

图 9.17 碳同素异形体。从左上角顺时针方向：石墨烯，石墨，巴克球，碳纳米管

石墨由石墨烯层组成，每层中有一半碳原子位于前一层六边形中心上方。正如在石墨烯中一样，p 轨道重叠并形成一个电子填充一半的带，从而导致石墨的（金属）光亮外观及其众所周知的导电率。显然，原子在分子中的排列对其物理和化学性质至关重要。

9.4 固 体

我们在日常生活中遇到的大多数物质，都是以大量原子构成的固体形式存在的。许多这类物质是由离子键、共价键或金属键为特征结合在一起的大分子。这种分类不相互排斥，因为键可以在这些不同类型之间呈现出中间状态，物质可以含有若干种不同的键。

上一节的思想可以扩展到用相邻原子上重叠的外原子轨道，以期描述固体中的键。在孤立原子中，电子被限制在具有明确定义的能级的轨道上。当聚集成固体时，对于内核轨道而言，这仍然是正确的。它们有小的半径，与相邻原子没有明显的重叠。它们的能级可能不同于自由原子的能级，但差别很小。相比之下，外层轨道通常与其他原子的外层轨道重叠，当这种情况发生时，它们的能级会变宽形成连续的带，就像在胡克尔模型中的无限多烯一样。总态数保持不变,举例来说,如果 10^{23} 个原子结合在一起,那么一个单原子轨道就会产生一个含有 10^{23} 个态的带。如果态被认为是原子轨道的线性组合,那么必定是这样的。由于电子服从不相容原理,所以两个电子不能在同一态下存在。在基态,即固体在绝对零度时的态,电子以能量的增加顺序填充能级,而最高的被填充的能级是在费米能 ε_F 处。利用 X 射线光谱等技术可以确定费米能区的态密度。这些态在确定固体性质方面起着一个根本作用。图 9.18 显示了各类物质中态密度的示意图。

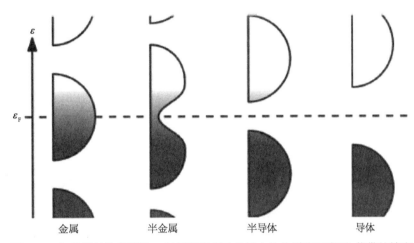

图 9.18 各种材料的能带隙。灰色强度表示在较小的非零度温度下,能带的填充

对于某些材料,在最高占有态和最低未占有态之间没有能隙。电子可以自由进入新的态,这可以通过一个小电场感生,所以这些材料导电。它们遵循欧姆定律,电流与施加电场之间的线性关系,其电导率随温度的升高而降低。我们称它们为金属。由于可见光与电子的强相互作用,金属像镜面一样不透明,并具有良好的反光。它们还是可塑的。

在许多物质中,包括诸如氯化钠那样的离子固体,在最高占有态和最低未占有态之间存在着很大的能隙 ΔE。占有态的能带称为价带,上面的能带称为导带。这些材料是绝缘体,因为它们的电子对小电场没有反应。它们通常是透明的或白色的,因为可见光的光子没有足够的能量来攫升电子进入更高的能态。光子通过或被散射,[①]但它们不会被吸收。

在一些材料中,费米能 ε_F 位于能带内,但是那里的电子态密度接近零。这些材料称为半金属。它们包括砷、铋和石墨。例如,在铋中每 10^5 个原子传导带中正好有一个电子。然而,这比诸如硅和锗那样的材料要多得多,其中价带和导带之间有一个很小的能隙,而阶带是满充的。当能隙 ΔE 小于 1 电子伏特时,材料被归为半导体。在这类材料中,少量的电子通过随机热振动进入导带,其概率由玻尔兹曼因子[②]$\exp(-\Delta E/k_B T)$ 给出。(在室温 $k_B T \approx 0.025$ eV,它给出的玻尔兹曼因子在半导体中可能是 10^{-10},而在绝

---

① 这种散射可能是由于晶格中的杂质或缺陷造成的。
② 玻尔兹曼分布或吉布斯分布在 10.4 节讨论。

缘体中则是 10^{-30} 到 10^{-40}。在价带中 10^{23} 个电子的情况下，可能有 10^{13} 个电子进入半导体的导带，相比之下，绝缘体中则没有。）与金属不同，随着更多的电子进入导带，半导体的电导率随着温度的升高而增加。电子也可能因暴露在光中而受到激发，因为可见光的光子有足够的能量促使它们进入空态。因此，入射光子将被吸收，所以典型的半导体看起来是黑色的。通过吸收光子擢升电子进入导带增加半导体的传导性，这可以作为诸如光电二极管那样的光检测器的基础，这是半导体的许多应用之一。通常，半导体是共价固体。

共价固体

碳原子共价结合成大分子金刚石，其结构如图 9.19 所示。每个碳原子上的 2s 和 2p 轨道与其他四个碳原子上的轨道重叠。我们可以把轨道看作是 sp^3 杂化轨道。每个碳原子周围，键的排列是四面体对称的。由于这个对称性，所有原子都是一样的，所以没有一个原子获得一个净电荷。

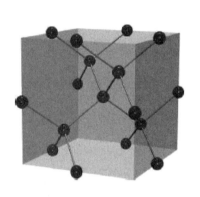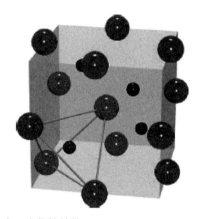

图 9.19 左：金刚石结构；右：硫化锌结构

金刚石的物理性质取决于它的大分子结构。每个碳原子有四个最相邻的碳原子。这个数字称为填充的配位。4 是一个很小的配位数，由于这个原因金刚石有一个低的密度。金刚石结构是非常稳定的，它由强共价键连接在一起，这使金刚石的熔点极高（3 820 K）。重叠轨道形成束缚轨道和反束缚轨道的带，每个轨道包含每个原子的 4 个态。每个原子贡献 4 个电子，所以束缚轨道被填满，反束缚轨道是空的。被填满的束缚轨道（价带）与空的反束缚轨道（导带）之间的大能隙 5.5 eV 意味着金刚石是绝缘体。这也意味着金刚石是透明的，因为可见光没有足够的能量激发电子进入导带。

碳元素下面的第 14 族（第 IV 族）元素硅和锗具有相同的外层电子结构，因此它们作为固体时，也具有金刚石结构，就不足为奇了。原子半径沿着这个族向下移动而增大，减少了共价键的强度，降低了这些元素的熔点。它还增加了相邻原子的轨道重叠，从而拓宽了带，减少了价带和传导带之间的间隙。金刚石是带隙为 5.5 eV 的绝缘体，硅和锗的带隙分别为 1.1 eV 和 0.67 eV，从而是半导体。锡，该族的下一个元素，实际上有几种同素异形体。灰色锡是其中之一,有金刚石结构,但零能带间隙,所以是半金属。(在铅中,束缚是弱的,不能形成金刚石结构;所以它也是一种半金属。)

如前所述,金刚石结构的物质,具有小配位数和低密度。当这类物质融化时,它们的原子变得更紧密,密度也随之增加。① 液态原子的紧密堆积增加了相邻原子轨道的重叠。这增加了能带的宽度,导致能带间隙消失。所以液态硅和液态锗是金属性的。这是一个固体中原子排列,如何对其物理性质产生巨大影响的很好例子。

图 9.19 也给出了被称为硫化锌(ZnS)结构的填充,它与金刚石结构密切相关。一半碳原子被锌原子取代,另一半被硫原子取代,因此每个原子与四个不同类型的原子结合在一起。这些键有轻微的极性。这种结构被许多有用的半导体化合物所采用,它们是由第四族对面的元素组成的。这些化合物包括Ⅲ～Ⅴ族化合物氮化硼、砷化镓和锑化铟,以及硒化锌等Ⅱ—Ⅵ族化合物。

半导体具有广泛的应用,已经改变了我们的世界,而我们无法用足这一巨大的题材。

9.5 能 带 理 论

我们在 9.2 节中讨论了分子轨道,类似的想法也适用于固体中的电子轨道。正如在分子中那样,我们假设电子与电子之间的相互作用不太强,且采用了独立电子模型。在一个双原子分子中,两个轨道的重叠会产生一个束缚和一个反束缚轨道,而在一个固体中,轨道分裂成能量介于极端束缚和反束缚范围内的能带。对于每个原子轨道,固体中都有一个相应的能带,其宽度取决于相邻原子轨道之间的重叠。在原子紧密填充的材料中,这种重叠可能是大的,重叠越大,能带就越宽。宽的能带可合并,消除能带间隙。这导致了金属行为。相反,当电子被单个原子强束缚时,例如在离子晶体中,存在着小的重叠,因此能带是窄的,并且在最高的被填的能带和下一个可用的态之间有很大的能隙。这导致了绝缘行为。

9.5.1 原子点阵

为了确定固体的详细电子结构,关键在于事实上的方便之处,它的原子常常排列成一个晶体点阵。我们将考虑一个理想的、无穷的和精确周期的晶体,忽略任何表面效应以及真实晶体中不可避免的缺陷和杂质。

晶体中每个原子的中心位于晶体点阵中的一个点上。一个三维晶体点阵是一个点的有规则阵列,其位置是三个初基矢量或生成元 $a_i(i=1, 2, 3)$ 的整数和。我们可以定义一个单元晶胞,它的边就是这三个矢量。点阵的一般点的位置

$$\boldsymbol{R} = n_1 \boldsymbol{a}_1 + n_2 \boldsymbol{a}_2 + n_3 \boldsymbol{a}_3, \tag{9.32}$$

① 水也会显示出这种不寻常的行为,冰也能在水上漂浮,这也是出于同样的原因。水是固体时采用金刚石结构。在冰中,水分子是四面体配位的,它们的两个孤电子对与相邻水分子中的氢原子结合。

其中 (n_1, n_2, n_3) 是整数。虽然点阵的一个点是原点，但所有的点阵点在几何上都是等价的。

最简单的点阵是由矢量生成的简单立方体点阵

$$\boldsymbol{a}_1 = a(1, 0, 0),\ \boldsymbol{a}_2 = a(0, 1, 0),\ \boldsymbol{a}_3 = a(0, 0, 1), \tag{9.33}$$

其中 a 是点阵间隔。单位晶胞是一个边长 a 的立方体。数学家把多面体的空间填充集合称为蜂巢形。简单立方点阵中的点位于立方蜂巢形中立方体的顶点，如图 9.20(左)所示。一个简单立方点阵中的每个原子有六个最相邻原子，所以说配位数是 6。

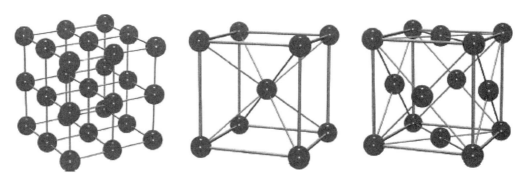

图 **9.20** 　左：简单的立方堆积；中：体心立方(bcc)堆积；右：面心立方(fcc)堆积

当考虑通过一个点阵传播的波时，可以方便地定义倒易点阵或对偶点阵。在三维中，倒易点阵中的每个矢量与原晶体点阵中的一个平面正交，反之亦然。倒易点阵由三个原初向量 $\boldsymbol{A}_j (j=1, 2, 3)$ 生成，倒易点阵中的一般矢量为

$$\boldsymbol{K} = k_1 \boldsymbol{A}_1 + k_2 \boldsymbol{A}_2 + k_3 \boldsymbol{A}_3, \tag{9.34}$$

其中 (k_1, k_2, k_3) 是整数。倒易点阵的定义特征是其初基矢量满足 $\boldsymbol{a}_i \cdot \boldsymbol{A}_j = 2\pi\delta_{ij}$。(在固体物理中，$2\pi$ 因子是习用的。)因此，$\boldsymbol{A}_1$ 与 $\boldsymbol{a}_2$ 和 $\boldsymbol{a}_3$ 正交，也与 $\boldsymbol{a}_2$ 和 $\boldsymbol{a}_3$ 生成的点阵平面正交。$\boldsymbol{A}_2$ 和 $\boldsymbol{A}_3$ 也存在类似的性质。一般而言，

$$\boldsymbol{A}_1 = 2\pi\frac{\boldsymbol{a}_2 \times \boldsymbol{a}_3}{\boldsymbol{a}_1 \cdot \boldsymbol{a}_2 \times \boldsymbol{a}_3},\ \boldsymbol{A}_2 = 2\pi\frac{\boldsymbol{a}_3 \times \boldsymbol{a}_1}{\boldsymbol{a}_2 \cdot \boldsymbol{a}_3 \times \boldsymbol{a}_1},\ \boldsymbol{A}_3 = 2\pi\frac{\boldsymbol{a}_1 \times \boldsymbol{a}_2}{\boldsymbol{a}_3 \cdot \boldsymbol{a}_1 \times \boldsymbol{a}_2}, \tag{9.35}$$

它自动满足定义方程。[①]

倒易点阵中的矢量 $\boldsymbol{K}$ 与原点阵中的矢量 $\boldsymbol{R}$ 之间的点积是一个整数的 2π 倍，

$$\boldsymbol{K} \cdot \boldsymbol{R} = (k_1 \boldsymbol{A}_1 + k_2 \boldsymbol{A}_2 + k_3 \boldsymbol{A}_3) \cdot (n_1 \boldsymbol{a}_1 + n_2 \boldsymbol{a}_2 + n_3 \boldsymbol{a}_3) = 2\pi\sum_{i=1}^{3} k_i n_i. \tag{9.36}$$

存在一个重要的推论：

$$\exp(\mathrm{i}\boldsymbol{K} \cdot \boldsymbol{R}) = 1. \tag{9.37}$$

---

① 　请注意，分母都是相同的。

容易看到，具有生成元(9.33)的简单立方点阵存在一个倒易点阵，这是原点阵的标度复制品，它的生成元为

$$A_1 = \frac{2\pi}{a}(1, 0, 0), \ A_2 = \frac{2\pi}{a}(0, 1, 0), \ A_3 = \frac{2\pi}{a}(0, 0, 1)。 \tag{9.38}$$

图 9.20 给出了在固体物理中经常出现的另外两个点阵的单元：体心立方点阵(bcc)，具有初基矢量

$$a_1 = \frac{a}{2}(-1, 1, 1), \ a_2 = \frac{a}{2}(1, -1, 1), \ a_3 = \frac{a}{2}(1, 1, -1), \tag{9.39}$$

和面心立方点阵(fcc)，具有初基矢量

$$a_1 = \frac{a}{2}(0, 1, 1), \ a_2 = \frac{a}{2}(1, 0, 1), \ a_3 = \frac{a}{2}(1, 1, 0). \tag{9.40}$$

bcc 点阵中的原子有配位数 8，但它们也有六个距离不远次最近邻原子。fcc 点阵中的原子具有配位数 12。最近邻原子位于立方八面体的顶点，如图 9.21 所示。对于具有生成元(9.40)的 fcc 点阵，矢量

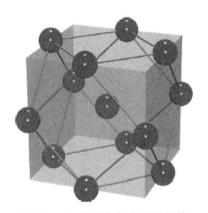

$$A_1 = \frac{2\pi}{a}(-1, 1, 1), \ A_2 = \frac{2\pi}{a}(1, -1, 1),$$

$$A_3 = \frac{2\pi}{a}(1, 1, -1) \tag{9.41}$$

图 9.21 fcc 晶格中每个原子的最相邻的原子位于立方八面体的顶点

生成它的倒易点阵，这是很容易通过计算点积 $a_i \cdot A_j$ 来验证的。这些倒易点阵生成元是 bcc 点阵生成元(9.39)的重新排列，因此 fcc 点阵和 bcc 点阵是互为倒易的。

下面，我们将会看到，当描写在原子的周期性晶体阵列中的电子波函数时，倒易点阵为什么是一个有用的概念。

9.5.2 布洛赫定理

晶体中一个电子的哈密顿量 H，可以合理地假设它与晶体本身具有相同的周期性。因此，对于任意点阵矢量 R，有 $H(r) = H(r + R)$。对于矢量 R，我们定义平移算子 T_R 将任意函数 f 的宗量移动 R，所以

$$T_R f(r) = f(r + R) \tag{9.42}$$

这些平移算子满足 $T_R T_{R'} = T_{R+R'}$，它们都可以相互对易，如

$$T_R T_{R'} f(r) = f(r + R + R') = T_{R'} T_R f(r). \tag{9.43}$$

如果 $\Psi(\boldsymbol{r})$ 是一个波函数，则

$$T_{\boldsymbol{R}}H(\boldsymbol{r})\Psi(\boldsymbol{r}) = H(\boldsymbol{r}+\boldsymbol{R})\Psi(\boldsymbol{r}+\boldsymbol{R}) = H(\boldsymbol{r})\Psi(\boldsymbol{r}+\boldsymbol{R}) = H(\boldsymbol{r})T_{\boldsymbol{R}}\Psi(\boldsymbol{r}). \quad (9.44)$$

因此，平移算子与哈密顿量相互对易。这意味着我们可以选哈密顿量的本征态，同时作为所有点阵平移算子的本征态，如第 7.7 节所讨论的那样。

平移算子 $T_{\boldsymbol{R}}$ 的同时本征态满足 $T_{\boldsymbol{R}}\Psi = c(\boldsymbol{R})\Psi$，其中 $c(\boldsymbol{R})$ 是本征值，且 $T_{\boldsymbol{R}}T_{\boldsymbol{R}'} = T_{\boldsymbol{R}+\boldsymbol{R}'}$ 蕴涵着

$$T_{\boldsymbol{R}}T_{\boldsymbol{R}'}\Psi(\boldsymbol{r}) = T(\boldsymbol{R})c(\boldsymbol{R}')\Psi(\boldsymbol{r}) = c(\boldsymbol{R})c(\boldsymbol{R}')\Psi(\boldsymbol{r}) = c(\boldsymbol{R}+\boldsymbol{R}')\Psi(\boldsymbol{r}), \quad (9.45)$$

所以 $c(\boldsymbol{R}+\boldsymbol{R}') = c(\boldsymbol{R})c(\boldsymbol{R}')$。反复应用这一结果，我们发现对于一般点阵矢量 $\boldsymbol{R} = n_1\boldsymbol{a}_1 + n_2\boldsymbol{a}_2 + n_3\boldsymbol{a}_3$，其中 $\boldsymbol{a}_i$ 是点阵初基矢量，有

$$c(\boldsymbol{R}) = c(\boldsymbol{a}_1)^{n_1}c(\boldsymbol{a}_2)^{n_2}c(\boldsymbol{a}_3)^{n_3}. \quad (9.46)$$

我们可以将 $c(\boldsymbol{R})$ 表示为指数函数，由于电子波函数在任一方向上都不会指数式增长，$c(\boldsymbol{R})$ 必须有单位模，由此可得 $c(\boldsymbol{R}) = \exp(\mathrm{i}\boldsymbol{k}\cdot\boldsymbol{R})$。$\boldsymbol{k}$ 可以方便地表示为 $\boldsymbol{k} = k_1\boldsymbol{A}_1 + k_2\boldsymbol{A}_2 + k_3\boldsymbol{A}_3$，其中 $\boldsymbol{A}_i$ 是倒易点阵生成元，这里 (k_1, k_2, k_3) 是任意的。总之，我们可以找到 H 的特征态 Ψ，以致对于每个点阵矢量 $\boldsymbol{R}$，

$$T_{\boldsymbol{R}}\Psi(\boldsymbol{r}) = \Psi(\boldsymbol{r}+\boldsymbol{R}) = c(\boldsymbol{R})\Psi(\boldsymbol{r}) = \exp(\mathrm{i}\boldsymbol{r}\cdot\boldsymbol{R})\Psi(\boldsymbol{r}) \quad (9.47)$$

如果 Ψ 是布洛赫态，则最后一个方程是可解的，

$$\Psi(\boldsymbol{r}) = \exp(\mathrm{i}\boldsymbol{k}\cdot\boldsymbol{r})u(\boldsymbol{r}). \quad (9.48)$$

这是周期性点阵函数 $u(\boldsymbol{r}) = u(\boldsymbol{r}+\boldsymbol{R})$ 与一个平面波 $\exp(\mathrm{i}\boldsymbol{k}\cdot\boldsymbol{r})$ 的乘积。(9.47)式满足

$$T_{\boldsymbol{R}}\Psi(\boldsymbol{r}) = \exp(\mathrm{i}\boldsymbol{k}\cdot(\boldsymbol{r}+\boldsymbol{R}))u(\boldsymbol{r}+\boldsymbol{R})$$
$$= \exp(\mathrm{i}\boldsymbol{k}\cdot(\boldsymbol{r}+\boldsymbol{R}))u(\boldsymbol{r}) = \exp(\mathrm{i}\boldsymbol{k}\cdot\boldsymbol{R})\Psi(\boldsymbol{r}). \quad (9.49)$$

周期函数 $u(\boldsymbol{r})$ 一般随 $\boldsymbol{k}$ 的变化而变化。可以说在布洛赫态中，周期函数 $u(\boldsymbol{r})$ 由平面波 $\exp(\mathrm{i}\boldsymbol{k}\cdot\boldsymbol{r})$ 确定。图 9.22 给出了一个 1 维的例子。在 3 维中，平面波充满空间，顾名思义，在平面上保持相位不变，在垂直于平面的方向振荡。

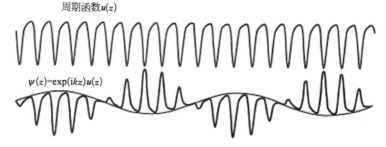

图 9.22 布洛赫态的一个例子（实部分）

布洛赫定理说(9.48)类型的态,即周期函数乘以平面波,当哈密顿量是周期性时,形成一个完备的定态波函数集。尽管它表面上看似简单,但它是一个深刻的结果,它是研究晶体固体中量子力学的基石。

k 被称为晶体动量。它的大小为 $|k| = \dfrac{2\pi}{\lambda}$,其中 λ 是调制波的波长。虽然 k 可以取任一值,但这些不同的 k 值并不一定会导致不同的布洛赫态。由于(9.37)式,对于倒易点阵中的任何 K,函数 $\exp(iK \cdot r)$ 具有点阵的周期。因此,通过 K 改变 k 不改变布洛赫态,因为附加因子 $\exp(iK \cdot r)$ 可以被吸收到 $u(r)$ 中。为了找到薛定谔方程的所有唯一解,我们只需考虑倒易点阵的一个单位晶胞内的 k 值。把这个晶胞看作维格纳-赛茨晶胞(Wigner-Seitz cell)是很方便的,它是一个选定的倒易点阵点周围的区域,它比任何其他的倒易点阵点更接近这个点。[1] 维格纳-赛茨晶胞是由平面围绕成界的区域,该平面将倒易点阵中的所选点与其相邻点之间的直线平分。通过构造,这些晶胞填满了 k 空间形成一个蜂房状排列。位于以原点为中心的维格纳-赛茨晶胞也被物理学家称为第一布里渊区。在 1 维中,第一布里渊区是通过将 k 的值限制在 $-\dfrac{\pi}{a} \leqslant k \leqslant \dfrac{\pi}{a}$ 范围内得到的。一个 fcc 点阵的第一布里渊区是一个菱形十二面体,而 bcc 点阵的第一布里渊区是一个平截的八面体,如图 9.23 所示。

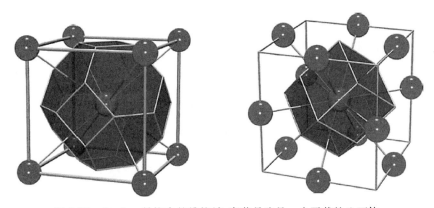

图 9.23　左:bcc 晶格中的维格纳-赛茨晶胞是一个平截的八面体;
右:fcc 晶格的维格纳-赛茨晶胞是一个菱形十二面体

布里渊区的相对面有别于一个倒易点阵矢量,因此这些面上对应的 k 值给出具有相同能量的相同布洛赫态。在接下来的几幅图中,可以看到布里渊区相对面上态的等价性。

9.5.3　在有限晶体中的布洛赫态

我们在(8.2.1)节中已看到,一个体积为 V 的有限盒中的自由粒子在 k 空间中的态密

---

[1]　这对于数学家来说,这是一个沃罗诺伊(Voronoi)晶胞。

度为 $\dfrac{V}{(2\pi)^3}$。类似地，如果我们有一个有限晶体，体积为 V 的一块晶状固体的立方体块，在第一布里渊区的布洛赫态的密度是 $\dfrac{V}{(2\pi)^3}$。这是因为周期边界条件应用于一个布洛赫态 $\exp(i\boldsymbol{k}\cdot\boldsymbol{r})u(\boldsymbol{r})$ 约束 $\boldsymbol{k}$，就像它们对自由粒子态 $\exp(i\boldsymbol{k}\cdot\boldsymbol{r})$ 一样，在于函数 $u(\boldsymbol{r})$ 是自动满足周期性的。第一布里渊区是 $\boldsymbol{k}$ 空间中的一个区域，其体积是互易点阵的单位晶胞，即简单立方点阵的 $\dfrac{(2\pi)^3}{a^3}$。因此，布里渊区的态的总数是 $\dfrac{V}{a^3}$，以晶体单位晶胞为单位测量的晶体体积。这仅是有限晶体中单位晶胞的数目。正如我们假设每个单位晶胞有一个原子，这恰好是原子的总数 N。

每个重叠的原子轨道产生一个态的能带，$\boldsymbol{k}$ 值填满的布里渊区。由于每个原子轨道可能被具有相反自旋投影的两个电子占据，能带内的态数为 $2N$，是晶体中原子数的两倍。这些态的能量是 $\boldsymbol{k}$ 的函数。

不是所有的这些态都必须被占据。例如，钠只有一个价电子。由钠的 s 轨道的重叠产生的 s 能带，对于每个原子的两个电子包含足够的态，但可用的电子只填充能带的下半部分。存在着一个费米面，它是 $\boldsymbol{k}$ 空间的一个曲面，在其内部是 3 维的第一布里渊区。最高填充能级的能量是费米能 ε_{F}，费米面由所有给出这个能量的 $\boldsymbol{k}$ 值构成的。ε_{F} 的值是这样的，费米面的内部包含的体积，是布里渊区总体积的一半。

9.5.4　紧束缚模型

当应用于固体时，LCAO 近似下的分子轨道理论被称为紧束缚模型。为了说明这类模型，考虑一个一维固体，由无限长沿着 z 轴相隔 a 的等距原子构成。倒易点阵是一条由相距 $\dfrac{2\pi}{a}$ 等距点组成的无限长直线。固体中的电子受原子排列产生的周期性电势的影响。根据布洛赫定理，具有一维周期势的薛定谔方程的定态解的形式为

$$\Psi_k(z)=\exp(ikz)u(z),\ -\frac{\pi}{a}\leqslant k\leqslant\frac{\pi}{a}, \tag{9.50}$$

其中 $u(z)$ 是与势周期相同的周期函数，所以 $u(z+a)=u(z)$。$\Psi_k(z)$ 是一维布洛赫态。它是由相因子 $\exp(ikz)$ 调制的周期函数。

我们将用分子轨道理论来寻找固体中的电子波函数。这与多烯链的胡克尔分析非常相似。考虑一个具有 $u(z)$ 的重叠 s 轨道的无限序列，它等于对每个原子的 s 轨道的无穷求和。这个态的能量是

$$\begin{aligned}E_{\mathrm{s}}&=\alpha_{\mathrm{s}}+\beta_{\mathrm{s}}(\exp(ika)+\exp(-ika))\\&=\alpha_{\mathrm{s}}-2\,|\,\beta_{\mathrm{s}}\,|\cos(ka),\end{aligned} \tag{9.51}$$

其中，如前所述，α_{s} 是 s 轨道的原子能级，$\beta_{\mathrm{s}}<0$ 是由相邻原子上的 s 轨道的重叠而产生

的矩阵元素。最低能态由完全同相的 s 轨道之和组成,它给出了 $k = \dfrac{2\pi}{\lambda} = 0$ 的布洛赫态。在每个原子上,s 轨道的相位是相同的。在紧束缚近似下,其他解在紧束缚近似下都有相同的 $u(z)$,但 k 一直取不同的值,直到 $|k| = \dfrac{\pi}{a}$ 的最高能态。当 $|k| = \dfrac{\pi}{a}$ 时,波长等于原子间间距的两倍,$2a$。 这是一个完全异相的解,在每个相邻原子上相位是相反的。结果显示在图 9.24 的下图左面。

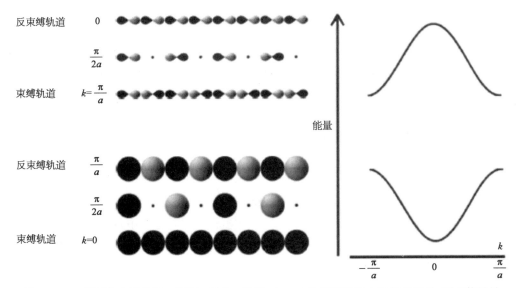

图 9.24 一维固体中的轨道。下图:重叠 s 轨道。$k = 0$ 的态具有最大的相长重叠,因此能量最低。$|k| = \dfrac{\pi}{a}$ 的态具有最大的相消的重叠,从而能量最高。上图:重叠 p_z 轨道当 $k = 0$ 时,p_z 轨道具有最大的相消重叠和最高的能量,而当 $|k| = \dfrac{\pi}{a}$ 时,p_z 轨道具有最大的相长重叠和最低的能量

从 (9.51) 式我们看到,当 $k = 0$ 时,$E_s = \alpha_s - 2|\beta_s|$;当 $|k| = \dfrac{\pi}{a}$ 时,$E_s = \alpha_s + 2|\beta_s|$,因此能带宽度为 $4|\beta_s|$。 在很大程度上,这是能带底部和能带顶部之间的动能差所决定的。布洛赫波函数的形式如图 9.24 的下半部所示。当 $k = 0$ 时,波的波长是无限的。它们对应于分子语言中的束缚态。当 $|k| = \dfrac{\pi}{2a}$ 时,相邻原子没有重叠,能量等于原子轨道的能量。较高的 $|k|$ 值产生比原子轨道更短的波长的态。它们对应于反束缚态。当 $|k| = \dfrac{\pi}{a}$ 时,达到了最高能态。

在诸如碱金属这样的固体中,每个原子有一个自由电子,有足够的自由电子填满 s 能带中一半的态,所以所有的束缚轨道都被占据了。在 1 维紧束缚模型中,这些态填满了一半的第一布里渊区,从 $k = 0$ 到处于 $|k| = \dfrac{\pi}{2a}$ 的费米能级。费米面仅有两个点

$k = \pm \dfrac{\pi}{2a}$ 组成。紧挨着费米能级的上方就存在着自由态，所以这种材料是金属的。所有被占据的态的能量都比原子 s 轨道的能量低，所以这就提供了使固体凝聚在一起的内聚能。由于电子在固体中的去局部化作用而引起的能量减少被称为金属键。

p 轨道可以用类似的方法来分析。考虑一条一维重叠的 p_z 轨道链，在固体中形成分子 σ 轨道。周期函数 $u(z)$ 现在是 p_z 轨道的无穷之和。倘若沿着链逐个原子的 p_z 轨道的方向交替时，就产生了最低能态，从而相同符号的瓣相邻。轨道的最大相长重叠是在 $|k| = \dfrac{\pi}{a}$ 时，如图 9.24 上图左面所示，对应波长 $\lambda = 2a$，是原子间间距的两倍。在这个解和无限波长解（$k = 0$）之间，存在着一个解的波带，后者所有轨道都指向同一个方向，使得每个原子上的正瓣与下一个原子上的负瓣重叠。这是最高能量最大的反束缚轨道。当 $|k| = \dfrac{\pi}{a}$ 时，$E_p = \alpha_p - 2|\beta_p|$；当 $k = 0$ 时，$E_p = \alpha_p + 2|\beta_p|$，其中 α_p 是 p_z 轨道的原子能级，β_p 是相邻原子轨道的重叠矩阵元。

$k = \dfrac{\pi}{a}$ 的 s 能带态的能量与 $k = \dfrac{\pi}{a}$ 的 p 能带态的能量之间存在一个能隙。这两种态具有相同的波长 $2a$，但 s 能带态中的电子波函数集中在原子的位置周围，而 p 能带态的波函数集中在原子之间，每个原子上有节点。当电子在两个能带中都是去局部化时，点阵位置上剩余原子是带正电荷的离子。s 能带顶部的能量比 p 能带底部的能量小，因为电子更接近 s 能带中的离子。

9.5.5 近自由电子模型

重叠分子轨道模型提供了真实材料中 s 能带的有用图像。存在着一幅截然不同的互补图像。固体中的电子可以看作是自由的或近自由的电子气体。对于波长远长于原子间距的电子态，由于离子点阵而产生的势能可以被平均化，从而给出一个常数背景势 V_0。这对所有态的能量都有同样的贡献，

$$E_k = \frac{\hbar^2 k^2}{2m_s^*} + V_0, \tag{9.52}$$

态之间的能量差异仅在于它们之间动能的差异。m_s^* 是固体中 s 能带电子的有效质量，不一定等于电子的静止质量。能带的顶部 $\left(k = \dfrac{\pi}{a}\right)$ 和底部（$k = 0$）之间的动能差等于能带的宽度，我们导出

$$\frac{\hbar^2 \pi^2}{2m_s^* a^2} = 4|\beta_s|. \tag{9.53}$$

这在直观上是合理的，因为电子不能像通过真空空间那样自由地穿过固体的背景电势；它们的迁移率受到原子轨道之间重叠度的限制。(9.53)式表明，如果轨道间的重叠 $|\beta_s|$

大,能带宽,则有效质量小,电子的迁移率大。反之,在诸如离子固体那样重叠小的固体中,产生大的有效质量和低的迁移率,$|\beta_s|$ 将是小的,因此电子强束缚于离子,不能轻易地穿过固体。有效质量将从一个能带到另一个能带变化,并可能在不同的方向上不同。

9.5.6　离子固体

诸如氯化钠那样的离子化合物,压缩成规则的紧密排列的原子阵列,使正离子被负离子包围,反之亦然。通过长程库仑相互作用使得它们稳定。电子与单个离子紧密结合,因此相邻离子的轨道之间只存在小的重叠。这就产生了窄能带,以及价带与导带之间的大能隙,因此离子固体往往是绝缘体。在考虑机械强度时,典型的离子晶体是硬而易碎的。例如,氧化铝 Al_2O_3 形成矿物的刚玉,氧化锆 ZrO_2 形成矿物的锆土。离子固体通常是透明的,除非它们包含杂质。当离子固体中存在过渡金属离子时,可以形成宝石。红宝石的颜色是由于少量的 Cr^{3+} 铬离子取代氧化铝中的铝离子,而铁离子产生蓝宝石。这些杂质离子在能带间隙内产生态。吸收适当能量的可见光可以激发电子从价带进入这些态中,让晶体有了自己的颜色。杂质离子与晶体环境之间复杂的相互作用决定了能级的精确位置。然而,当可见光谱从光子能量为 1.8 eV 的红光到光子能量为 3.0 eV 左右的紫光时,能隙中间几乎任何地方的新能级都将引起光吸收。

离子的大小差别很大(金属离子是小的,非金属离子是大的)。这对于控制离子的配位数和固体中的离子是如何排列起着重要的作用。氯化钠是图 9.25 所示的一种常见排列的原型。这里,钠离子和氯离子的配位数都是 6。如果用相同的原子取代钠离子和氯离子,那么堆积将是简单立方的。

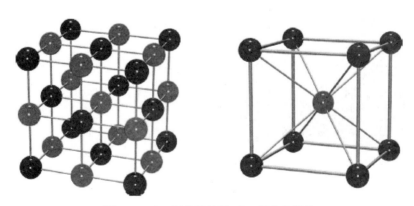

图 9.25　左：氯化钠结构；右：氯化铯结构

9.5.7　氯化铯

氯化铯提供了一个电子能带结构,这是一个真实的离子固体的例子。在图 9.25 中所示的氯化铯堆积中,配位数是 8。铯离子形成简单立方堆积,氯离子形成一个从属的对角移动的简单立方堆积。如果铯离子和氯离子被相同的原子所取代,那么堆积将是体心立方体。

　　铯离子有一个封闭的壳层结构，电子位于核心轨道上。相似地，第一氯壳层和第二氯壳层中的电子位于低能核心轨道上，这些轨道不与在其他离子的轨道重叠。负责结合的重要态是氯的 3s 和 3p 轨道。这些态的能量比铯可获得的能量最低态还要低得多，因此我们可以忽略氯和铯轨道之间的任何重叠，并将我们的注意力集中在最近邻氯原子外轨道上的重叠[①]。这些 3s 和 3p 态使得能带变宽。正如 9.5.4 节所讨论的，因而产生的态是用晶体动量 k 标记的布洛赫态。由于氯离子形成的子点阵是简单立方的，它的倒易点阵也是简单立方的，如图 9.26 所示。从中心 $k = (0, 0, 0)$ 延伸到角点 $k = \left(\pm\dfrac{\pi}{a}, \pm\dfrac{\pi}{a}, \pm\dfrac{\pi}{a}\right)$ 处的倒易点阵的整个立方维格纳-赛茨晶胞中，人们都定义了晶体动量。在维格纳-赛茨晶胞中，对于每个 k 值，3s 能带中存在一个轨道，并且在三个 3p 能带中，也各自存在着一个轨道，它们的能量是 k 的函数。

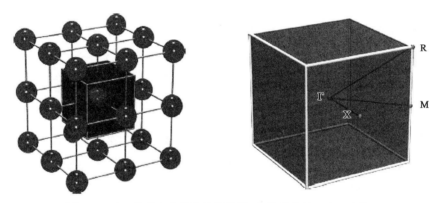

图 9.26　左：简单立方晶格的维格纳-赛茨晶胞是一个立方体；
右：维格纳-赛茨晶胞的高对称性的点用它们的常规标号表示

　　每一个氯离子有六个最近邻的氯离子。除了最近的离子以外，忽略所有的离子，并像之前一样求解久期方程，氯的 s 轨道的重叠会产生具有下述能量的态

$$E(k) = \alpha_s - |\beta_s| \sum_{j=1}^{6} \exp(ik \cdot a_j)$$
$$= \alpha_s - 2|\beta_s|(\cos(k_1 a) + \cos(k_2 a) + \cos(k_3 a)). \tag{9.54}$$

这个能带的宽度是 $12|\beta_s|$。［如果我们假设轨道重叠仅对最近的离子是不可忽略的，则能带宽一般为 $2Q|\beta_s|$，其中 Q 是配位数。在前面的例子中，(9.11) 和 (9.12) 式表示的双原子分子 $Q = 1$，(9.26) 式表示的苯 $Q = 2$。］

　　绘制 $E(k)$ 是棘手的，因为它需要 k 三维坐标的和一维 $E(k)$。幸运的是，立方维格纳-赛茨晶胞具有反射对称性，这使得这些信息的大多数是多余的。固体物理学家定义高对称点，如图 9.26 的右面所示，并沿着连接这些点的直线绘制 $E(k)$。按照惯例，点

---

　　① 轨道之间意义重大的重叠仅发生在能量接近的轨道上，如第 9.2.2 节中讨论极性键时所讨论的那样。

$k = (0, 0, 0)$ 被标记为 Γ。图 9.27 沿着这些线中两条绘制了氯化铯的三个 p 能带和 s 能带的 $E(k)$。ΓX 连接 $k = (0, 0, 0)$ 和 $k = \left(\dfrac{\pi}{a}, 0, 0\right)$ 两点。从 (9.54) 式我们看到，s 态的能量从 Γ 处的 $\alpha_s - 6|\beta_s|$ 增加到 X 处的 $\alpha_s - 2|\beta_s|$。

转向 p 轨道，p 态在 Γ 处达到最大能量，正如 9.5.4 节一维例子所见到的。p_x 态在 k_1 方向形成 σ 键。沿着 ΓX，p_x 态的能量从 $\alpha_p + 6|\beta_p|$ 减小到 $\alpha_p + 4|\beta_p|$。p_y 和 p_z 态沿着 ΓX 没有变化，因为 k_2 和 k_3 沿这条线都是零。

图 9.27 的左面，ΓM 连接 $k = (0, 0, 0)$ 和 $k = \left(\dfrac{\pi}{a}, \dfrac{\pi}{a}, 0\right)$ 两点。沿着这条线，有 $k_1 = k_2$ 和 $k_3 = 0$，所以 p_x 和 p_y 态是简并的，p_z 态的能量是不变的。s 能带态的能量是 $E(k) = \alpha_s - 2|\beta_s|(2\cos(k_1 a) + 1)$，从 $\alpha_s - 6|\beta_s|$ 增加到 $\alpha_s + 2|\beta_s|$。

每个氯原子贡献 7 个价电子，每个铯原子贡献一个价电子。对于每个单位晶胞，这 8 个电子填满了在氯 3s 能带和氯三个 3p 能带中的所有态。费米能级在 3p 能带的顶部。由铯 6s 轨道重叠产生的能带中，接下来可获得的态，存在一个大的能隙，所以氯化铯是绝缘体。

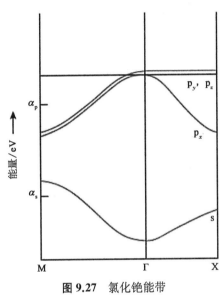

图 9.27 氯化铯能带

9.5.8 金属

大多数元素是金属。它们的原子紧密堆积。诸如在第 1 族的元素那样的许多元素，形成 bcc 结构，而另一些形成 fcc 结构。许多金属采用六角密堆积 (hcp)，这是另一种重要的堆积。金属根据其原子的电子结构可分为几类。族 1 和族 2 的元素加上铝被称为简单金属或 sp 金属。它们的外层电子在 s 轨道。（铝在 p 轨道上也有一个价电子。）价电子在 s 轨道和 d 轨道上的第 3 至 10 族中的元素被称为过渡金属。外层 s 轨道和 d 轨道的能量相近，因此这些轨道被占据的顺序因元素而轻微变化，取决于外层电子间的相互作用。第 11 和 12 族的元素被称为后过渡金属，因为它们的 d 轨道是满的，它们的价电子在 s 轨道上，分别给出了外层电子构型 $d^{10}s^1$ 和 $d^{10}s^2$。第 11 族元素铜、银、金被称为铸币金属或贵金属。

一些金属的物理性质，特别是第 1 和第 2 族金属，通过将它们的电子作为自由电子气体，可以很好地描述。自由电子模型运行得很好，因为相邻原子上的 s 轨道有很大的重叠，产生了宽的能带。如 9.5.5 节所述，电子与离子之间的相互作用可视为一个不变的背景势。在基态中，单电子态被填充到费米能级 ε_F。在动量空间中，有一个半径 k_F 的填充球，其中

$$\varepsilon_F = \frac{\hbar^2 k_F^2}{2m}. \tag{9.55}$$

如图 9.28 的左面所示，诸如钠那样的碱金属，费米面确实是几乎球形的。

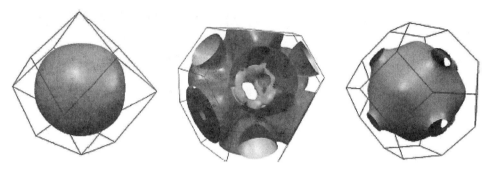

图 9.28 费米面。从左到右：钠 Na(bcc)、锰 Mn(fcc)、铜 Cu(fcc)

我们可以计算费米球的大小。如 9.5.3 节所讨论的，布里渊区的体积是 $\left(\dfrac{2\pi}{a}\right)^3$，费米球的体积是它的一半，$\dfrac{4\pi^3}{a^3}$。用球体体积公式，我们有

$$\frac{4}{3}\pi k_F^3 = \frac{4\pi^3}{a^3} \tag{9.56}$$

所以 $k_F = (3\pi^2)^{\frac{1}{3}}\dfrac{1}{a}$。我们进一步利用金属体积和它的电子数之间的关系，$V = Na^3$。因此

$$k_F = \left(\frac{3\pi^2 N}{V}\right)^{\frac{1}{3}} \tag{9.57}$$

和费米能：

$$\varepsilon_F = \frac{\hbar^2}{2m}\left(\frac{3\pi^2 N}{V}\right)^{\frac{2}{3}}, \tag{9.58}$$

即为 (8.74) 式，它完全取决于金属中的电子密度。倘若用一个经典粒子的动能 $\dfrac{1}{2}mv_F^2$ 等同于 ε_F，我们可以估计金属中的电子速度，v_F。

例如，在钠中，离子间距离为 0.366 nm。钠有一个 bcc 结构，考虑到这一点给出 $\varepsilon_F \approx$ 3.2 eV，相当于 $v_F \approx 10^6\ \mathrm{ms}^{-1}$ 范围的费米速度。（气体的粒子在 $T_F = \dfrac{\varepsilon_F}{k_B} \approx 37\,000\ \mathrm{K}$ 温度下会达到这些能量。）

9.5.9 铜的例子

自由电子模型对于过渡金属并不适用。d 轨道的半径比 s 轨道小得多，因此与相邻原子上的轨道的重叠较小。作为推论，d 轨道产生能穿过 s 能带的窄能带。这使得过渡

金属的电子结构复杂化,因为它们的费米面位于五个部分填充的 d 能带的区域中。现有的计算机程序可以用常规的方法,计算出精确的能带结构。由这样一个程序产生的过渡金属锰的费米面,如图 9.28 所示。

在后过渡金属中,如具有外层电子结构 $3d^{10}4s^1$ 的铜,d 能带被完全占据,在 4s 能带中,每个原子存在一个价电子。铜和其他贵金属中的原子采用 fcc 堆积。fcc 点阵的第一布里渊区(倒易 bcc 点阵的维格纳-赛茨晶胞)是一个平截八面体,如图 9.29 所示,带有高对称性点的标号。1955 年布兰·皮帕德的实验所用的材料,铜是首选的一种。费米面如图 9.28 右面所示。图 9.30 给出了维格纳-赛茨晶胞的横截面。图中的黑线描述如何穿过费米面,为了与灰色圆周相比较,后者描述如何穿过自由电子气体的费米球。也许令人惊讶的是,费米球达到了维格纳-赛茨晶胞六角面的 90% 以上。[①] 然而,对于与铜离子平面之间的间距可比较的波长的态,自由电子模型失效了。这些态与离子有一个较强的相互作用,从而降低了关于它们相应的自由电子态的能量。它们的晶体动量 k 位于从费米球突出的颈状部位,并与维格纳-赛茨晶胞的六角面相交。在颈内态的能量低于费米能,因此它们的晶体动量在费米面内。

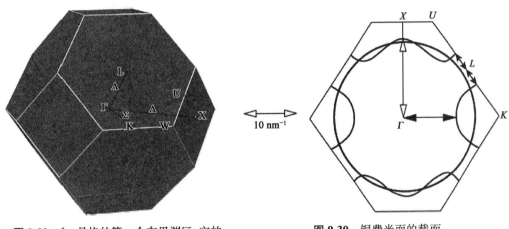

图 9.29 fcc 晶格的第一个布里渊区,它的高对称性点用常规标号表示

图 9.30 铜费米面的截面

计算机生成的铜的能带结构如图 9.31 左面所示。在自由电子模型中,s 能带有一个抛物线形状,如(9.52)式所描述的。在图中可以看到,s 能带几乎呈抛物线的形状,在 Γ 周围尤为显著。由于重叠的 d 轨道与 s 轨道混合,s 能带剪辑成 5 个相当复杂的能带。在 d 能带上面,s 能带的能量回复到抛物线状,如图的上半部所示。费米

---

① 具有顶点 $(\pm 1, \pm 1, \pm 1)$ 的 bcc 倒易点阵的立方晶胞体积为 8。每个晶胞有两个阵点,在这种情况下是一个平截八面体,所以维格纳-赛茨晶胞的体积是 4。对于单个价电子来说,费米球的体积是维格纳-赛茨晶胞体积的一半,所以费米球的体积是 2,半径为 $\sqrt[3]{\dfrac{3}{2\pi}} \approx 0.782$。维格纳-赛茨晶胞六角形面的中心在 $\left(\pm\dfrac{1}{2}, \pm\dfrac{1}{2}, \pm\dfrac{1}{2}\right)$ 处,与原点的距离为 $\dfrac{\sqrt{3}}{2} \approx 0.866$。

面位于半填满的 s 能带内。态的密度如图的右面所示。因为在宽的 s 能带中，每个原子仅存在一个电子，而在窄的 d 能带中，每个原子存在 10 个电子，所以电子密度峰在 d 能带区域。

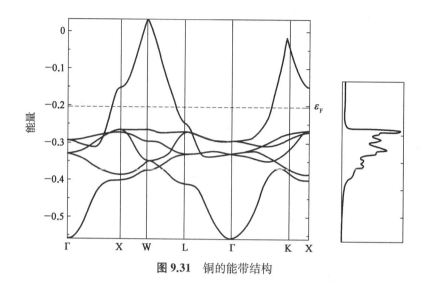

图 9.31 铜的能带结构

凭借图 9.30 所示的费米面的截面，去比较图 9.31，我们可以看到能带结构和费米面之间的关系。图 9.31 的最左边的部分给出了 Γ 点和 X 点之间的能带结构。费米能级 ε_F 处的虚线穿过正好在 X 之前的 s 能带。在图 9.30 中，这对应于从 Γ 到 X 的路径穿过费米面的点。类似地，s 能带穿过图 9.31 中，Γ 和 K 之间的费米能级，与图 9.30 中，从穿过费米面的点 Γ 到 K 的路径相一致。注意，在两幅图中，沿着从 Γ 到 L 线都没有这样的交叉，因为这条路径在费米面的颈状部位内终止。

9.6 铁 磁 性

到目前为止，考虑固体的电子结构时，我们采用了独立电子近似，在这种近似中，每个分子轨道提供了两个简并态，可用于两个相对自旋的电子。我们假设电子按照能量增加的顺序填充可用的态，电子自旋总是成对出现，不会产生整体自旋。对于核心电子来说，这是正确的，但对于价电子，就不是必然的。正如我们在 9.2.1 节中所看到的，在讨论氧分子时，如果最低的可用轨道是简并的，则电子有进入不同轨道并且自旋有取向的趋势。如果交换能支配了若干个部分填满的价带的能量间距，这也可能在固体中发生，盛行于具有部分充填 d 轨道的过渡金属情形。在过渡金属原子中，d 轨道的半径远小于外 s 轨道的半径。因此，它们与邻近原子轨道的重叠非常小，正如我们所看到的，这五个 d 能带在能量上既窄又近。

我们可以估算在过渡金属的电子自旋何时会取向。如 9.2.1 节所讨论的，占据具有相对自旋同一轨道的两个电子的所耗费的能量是交换能 K。 如果 d 能带的总宽度为

W，而且我们假设每个 d 能带有近似相同的宽度 $\frac{1}{5}W$，那么在最高占据的 d 能带中的两个电子中的一个，擢升到紧邻 d 能带的耗能是 $\frac{1}{5}W - K$。因此，发生自旋取向对准的条件是 $K > \frac{1}{5}W$，如果这一条件成立，则按照洪德第一定则，取向自旋的电子数目将最大化[①]。例如，铁离子 Fe^{3+} 的外部电子结构为 $3d^5$，在不同的 d 轨道中所有的五个电子，具有自旋取向。

正如我们在讨论氧分子时提到的，取向的电子自旋给原子一个磁矩。在固体中，这种效应可能会被显著扩大，因为与单个原子有关的磁矩可在整个晶体中取向，产生一个宏观磁场。这就是所谓的铁磁性。低于一个称为居里温度的转变温度时，铁、钴和镍就发生这种现象。铁的居里温度为 1 043 K。如其不然，相邻的原子磁矩可以取向成反平行，从而不产生整体磁矩。这种长程磁序被称为反铁磁性，它发生在被称为尼尔温度的转变温度以下的很多磁性材料中。例如，在 520 K 以下的氧化镍 NiO 是反铁磁体。在 10.12 节中，我们将对自旋排列进行理论分析。

从具有外部电子结构 $4s^2 3d^1$ 的钪到具有外部电子结构 $4s^2 3d^8$ 的镍，属于第一类过渡金属。这个序列依次给原子核增加了一个质子。随着核电荷的增加，d 轨道半径减小，因此相邻原子上 d 轨道的重叠减小，W 减小。与此同时，轨道半径的减小迫使分享同一 d 轨道的电子靠得更紧，所以交换量 K 增加。这意味着电子自旋取向的趋势不断增大。我们确实发现，第一过渡类的后半部分元素表现出铁磁的和反铁磁的性质。在接下来两个过渡类中的 4d 和 5d 轨道的半径较大，导致了更宽的能带和较小的交换能，因此磁性不是这些元素的特征。

在镧系元素中，4f 轨道被部分填满。这些轨道的半径比被填满的 5s，5p 和 6s 轨道小得多，因此它们重叠得不明显，表现得更像原子轨道。满足了电子自旋取向的条件。镧系元素有所有原子的最大的磁矩，这些元素及它们的化合物具有一些有趣且有用的磁特性。最强的商用永磁体被称为 NIB 磁铁。它们是由钕、铁和硼的合金构成，其化学式为 $Nd_2 Fe_{14} B$。钕是一个镧系元素，有外电子结构 $5s^2 5p^6 6s^2 4f^4$。

9.7　拓展阅读材料

关于原子轨道和分子键的综合讨论，见

C. S. McCaw. *Orbitals: with Applications in Atomic Spectra*. London：Imperial College Press，2015.

---

①　由于波函数的反对称化，总的交换能是具有取向自旋的电子对数目的 K 倍。对于 n 个这样的电子，这是 $\frac{n(n-1)}{2}K$。大小为 $\frac{1}{5}W$ 的能量步骤数是 $\sum_1^{n-1} m = \frac{n(n-1)}{2}$，电子为了每个占据一个不同的 d 轨道，通过这种步骤擢升。

A. Alavi. *Part II Chemistry*, *A4: Theoretical Techniques and Ideas*. Cambridge University, 2009. Available at: www-alavi.ch.cam.ac.uk/files/A4-notes.pdf.

R. M. Nix. *An Introduction to Molecular Orbital Theory*, *Lecture Notes*. Queen Mary University of London, 2013. Available at: www.chem.qmul.ac.uk/software/download/mo/

关于固体物理，见

P. A. Cox. *The Electronic Structure and Chemistry of Solids*. Oxford: OUP, 1987.

H. P. Myers. *Introductory Solid State Physics* (2nd ed.). London: Taylor and Francis, 1997.

N. W. Ashcroft and N. D. Mermin. *Solid State Physics*. Fort Worth TX: Harcourt, 1976.

S. L. Altmann. *Band Theory of Solids: An Introduction from the Point of View of Symmetry*. Oxford: OUP, 1991.

第 10 章 热 力 学

10.1 引 言

我们对物理世界的理解在热力学上达到了统一。我们所说的固体、液体和气体,甚至是所有的物质都与它相关。因此,它对物理、化学甚至是生物学都非常重要。意义重大的判据是下述事实,当热力学应用于电磁辐射时,它拉开了量子革命的序幕。热力学不仅用以描述基本粒子的行为,也在解释宇宙整体演化时起着至关重要的作用。在膨胀的时空中,物质与辐射的热历史十分重要。令人惊奇的是,对于黑洞,热力学也有着重要应用。

正如在早先的章节中所说的那样,单体或两体动力学已经由数学精确描述。但是,随着物体数目的增加,解析计算很快变得难以驾驭。然而,当数目非常巨大时,我们到达了另一种可简化的层面。我们可以进行精确的统计或者概率计算。这就是热力学的领域,也是物理学家为何将此分支称为统计力学的原因。只要物理系统是由大量具有某种独立性的子系统组成,而且子系统也有某种程度的接触,它就与统计力学相关。最经典的例子就是由大量分子组成的气体,这些分子之间会不停地产生相互碰撞。

热力学起源于我们对冷和热的认知。我们从常识中知道,这些性质将会与物质变化时的某些可观测的性质相关联。例如,在火炉中的固态铁将会从红色变为橙黄色。当气体变得更热,它们就会膨胀。诸如水和水银这样的液体也是如此。这种改变能够被用来测量温度的高低。由此,我们便能制作测量温度的工具。传统上,温度由水银温度计进行测量。温度的改变也能引起材料电学性质的平稳变化。如今的温度计制作更多的是采用的这种原理。

当允许两物体发生热交换,给定足够的时间之后,它们将达到一种平稳的状态,称为平衡态。此时,它们的温度相等。我们总是能观察到,热量从高温物体流向低温物体,所以高温物体的温度会降低,而低温物体的温度会升高。似乎没有能破坏这条定律而达到平衡态的道路。这给我们提出了一个问题,热究竟是什么?

10.1.1 热是什么

18 世纪的自然哲学家们相信,热是一种名为热质的流体。热的物体将会比冷的物体包含更多的热质。因此,当它们相互接触时,热质就会从热的物体转移到冷的物体,从而使得冷的物体温度升高。热质被认为是一种守恒的流体,它可以随意的流动,但既不会创生也不会毁灭。这种关于热的过于简化的理论,明显不能解释一些关于热的显而易见的事实。(尽管如此，该理论的痕迹仍然残留到了现今社会。我们谈论热流，并且计算卡路里。)在 1798 年，本杰明·汤普逊，又名孔特·拉姆福德，发表了他关于热产生的实验数据。他测量了机械功导致的温度改变。加农炮弹出膛是拉姆福德所探索的众多课题之一，定量而言，炮弹出膛等价于多少马匹做的功。随着炮弹持续出膛，他发现热似乎是用之不竭的，产生的热量能使大量的水沸腾。真相业已大白，热绝非含在加农炮金属中的流体，而是由出膛金属装置间的摩擦力所产生，这是由马匹做功转换产生的。实验结果表明了热与机械功密切相关。热使温度改变，通过各种力的作用，机械功将能量转换到材料中。所以假定热是一种能量是自然的。

在工业革命时期，蒸汽动力发展的需求变得日益迫切，我们需要理解热与机械能之间的关联。在发动机中，热部分地转化为功。在蒸汽发动机的锅炉和活塞中，热与功相互转换。对这些关系的理论分析使得热力学成为一门独立的分支学科。的确，热力学这个术语是热和动力学两个词的合二为一，它研究热、力与运动之间的相互关系。

10.1.2　理想气体定律

1662 年，罗伯特·玻意尔发表了他所做的关于气体实验的结果。结果表明，对于一定量的气体，在给定温度 T 时，压强 P 与体积 V 成反比，人们称这个结果为玻意尔定律。70 年后，数学家丹尼尔·伯努利证明玻意尔定律可以用下述方式作出解释，假设气体是由大量小粒子组成，这些粒子作恒定的无规则运动，它们会连续地相互碰撞，或者与容器壁发生碰撞。这个睿智见地长期无人追随，直到一个多世纪后，它成为气体分子运动论的基石。

在分子运动学中，理想气体是大量粒子的集体模型，点粒子之间进行完全弹性碰撞，粒子一旦分开就没有相互作用。这个模型有效地描述了温度远高于沸点的许多真实气体。当气体的密度远低于它的液相和固相的密度时，该模型尤为成功；模型失败于高压气体，这时分子相互作用及有限尺寸变得重要起来。氦气是理想气体的最佳实例，诸如干燥空气中的氮气和氧气那样的无极性分子气体也是很好的例子。与此相反，由于水分子具有极性与强的相互作用，所以水蒸气就不能被看作为一种理想气体。理想气体的物理性质之间服从一个简单的关系。它是玻意尔定律的推广。

$$PV = A(T + T_0). \tag{10.1}$$

它被称为理想气体定律，真实的气体以不同程度符合该定律。该定律的一个重要特征是，它包含一个额外的温度常数 T_0。T_0 的值大约为 273℃，是由经验确定的。这个常数对于所有的气体都是相同的。对于理想气体来说，它提供了一种好的近似。常数 A 与气体的质量成正比，在下文中我们将会更准确地讨论它的值。

实际上，当我们用水银温度计测量温度时，理想气体定律并不完全成立。这是因为基于诸如水银那样的液体膨胀而确定的温度范围并不完全令人满意。类似地，利用电阻系数那样的固体的物理性质所确定的温度也是如此。固体与液体包含着大量的原子，且它们之间有着复杂的相互作用。任何关于温度与物理性质之间的线性关系，都只是在某个温度范围内成立的一种近似。期待这种线性关系精确地存在是不现实的。定义温度的一个更好的方法就是利用理想气体的性质。于是,我们利用(10.1)式作为温度的定义。

由 T_0 所引起的改变意义重大。我们能由此定义绝对温度 $T_{abs} = T + T_0$,从而建立一个从零往上的绝对温度范围。威廉·汤姆森首先用开尔文勋爵来命名这种温标。此后,这种温标被称为开尔文温标。T_{abs} 由开尔文度(开)来测量,也被记为 K。在开尔文温标中,水的冰点近似为 273.15 K,沸点近似为 373.15 K。相反地,$-273.15℃$ 是绝对零度。在绝对零度,理想气体将不存在压强。相应地,一个有限大小的压强就会将理想气体的体积压缩到零。此后,我们将改变记号,用 T 表示绝对温度。因此,理想气体定律为

$$PV = AT. \tag{10.2}$$

当然,理想气体是一个数学构造。虽然,在现实世界中,我们只能通过测量真实物质的性质来确定温度。但是,我们知道在压强足够低时,所有的气体行为都类似于理想气体。因此,我们也可以通过下式来定义温度:

$$T = \frac{1}{A} \lim_{P \to 0} PV. \tag{10.3}$$

实验物理学家发明了一套精巧的制冷技术来降低实际物质样本的温度。当温度越接近绝对零度,想要再降低温度就会越困难。要想达到负的绝对温度或者绝对零度是不可能的。

10.1.3　热的微观起源

如果热的物体比冷的物体包含更多的能量,那么一个自然的疑问就是这些能量是什么形式。第一个明确回答这个问题的人是亨利·卡文迪什。他意识到加热固体将会增加固体分子间的振荡。卡文迪什于 1810 年去世,他的大部分工作也随之消失。他对于这个问题的分析也并未发表。然而,在 19 世纪中叶,许多研究者再次提出了类似的观点。麦克斯韦使用分子运动论来统计分析气体中的问题。在理想气体中,粒子之间的相互作用被忽略。组成气体的单独粒子具有动能 $\frac{1}{2}mv^2$,其中 m 是粒子的质量,v 是它的速度。

麦克斯韦计算出,室温下空气中氮分子的平均速度大约为 500 m/s。这个速度约是最快飞机速度的两倍多。很明显,空气整体并不以这个速度运动。说得更确切一些,空气中的分子在以随机方向迅速运动,且持续地相互碰撞。分子运动论的成功之一,在于它预言了气体的声速与其组分粒子速度之间的关系[1]。

10.1.4　冰茶

热总是从较热的物体向较冷的物体流动,从未反方向流动,这究竟是什么原因呢?

---

[1]　在标准大气压时,空气中的声速为 340 m/s。通过看到枪声和听到爆炸声之间的延迟,就能很容易对空气声速进行测量。

从我们与周围环境的相互作用的经验中可知,如果我们将冰块放入红茶中,冰块总是使得茶的温度降低而从不加热它。然而,从冰箱中拿出的冰块包含着大量的热;比方说,相比如西伯利亚冬日的冰块,冰箱中冰块的温度要高很多。倘若这种热量从冰块中跑到茶里面,从而使得茶变热而冰块自身变得更冷。尽管这种情形仍满足能量守恒定律,但我们知道它永远不可能发生。

为了说明这种过程的不可能性,在19世纪中叶人们引入了一个新的物理量,它被称为熵 S。熵的改变等于总热量的改变 ΔE 除以温度 T:

$$\Delta S = \frac{\Delta E}{T}. \tag{10.4}$$

对于给定的热量,在高温情形下熵的变化量将比低温时熵的变化量小。令 T_h 代表高的温度,T_l 代表低的温度,则

$$\frac{\Delta E}{T_h} < \frac{\Delta E}{T_l},因此 \Delta S_h < \Delta S_l. \tag{10.5}$$

这意味着当热从高温物体流向低温物体,改变 ΔE 时,总的熵增加。如果情况反过来,则熵会减少。我们经常看到前一种情形发生,却从未看到后一种情形发生。这个观察结果可以总结为下述说法,任意允许的过程都会使得宇宙中的总熵增加。19世纪的工程师萨迪·卡诺首先发现了这一事实。

强调这一概念的目的,或多或少是为了与能量守恒相比较。如果状态A与状态B具有同一能量,则状态A、B之间可能会相互演化。能量守恒定律允许状态A演化到状态B,也允许状态B演化到状态A。与此相比,熵只增不减定律决定了进程的发展方向,也在某种程度上与时间进程以及我们时间方向的感知能力相关。然而,自从熵开始引入时,它的起源便成为了一个谜。熵永远增加提供了判断哪些过程能够发生的一个简洁方式。但它并没有说明为什么有些过程不能被观测到,它们只是简单地被定律所排除。我们需要确定对基本热力学量、熵和温度有着至关重要影响的宏观变量。

如今认为熵是热力学中最基本的量。麦克斯韦揭示了,在不知道任何原子和分子运动信息的情况下,我们也能通过统计的方法来理解全部的热效应。随机运动的总效应被温度的概念所刻画,热是无序种类的能量,熵就是对这种无序的最直接测量。路德维希·玻尔兹曼解释了熵是由分子在经典力学中的随机速度所产生的。然而,经典力学的准确性是有限的。人们已经知道,当我们想要去了解分子和原子,或是液体和固体的性质时,必须要用到量子力学。实际上,最简单的熵定义需要使用量子态。接下来我们将会仔细考虑这个问题。

10.2 熵 和 温 度

一个简单的热力学系统依赖于两个独立的宏观变量,一个是热学的,一个是力学的。

这样的一对变量可以是温度 T 和体积 V，也可以是能量 E 和压强 P。理论上最方便的变量对是 E 和 V。在该情形下，E 被称为内能，也常用 U 来表示。它与看不见的分子热运动相关。但是如果系统在运动，它也包括系统的动能。

热力学将物理量自然地分为强度量和广延量。强度量不依赖于体系的大小和物质的总量。这样的量包括密度、温度和压强。另一方面，广延量具有相加性，与物质的总量成正比。这样的量包括能量、质量和体积。

我们假设系统是由大量分子组成的，分子数目为 N，处在一个体积为 V 的容器中。分子按照哈密顿量所描述的量子系统运动。哈密顿量也可能包含了描述分子之间的相互作用项。每个分子的波函数在容器壁处必定为零。因此在容器外找到分子的概率为零。边界条件显示了能级依赖于 V，容器的形状对其影响并不是特别重要。

本节的余下部分，我们将假设体积 V 是固定的，仅考虑系统能量改变所引起的效应。在 10.3 节，我们会同时考虑能量与体积的改变所引起的效应。

随着分子能量的增加，单个分子能级之间的间隔减少。这对于 N 个分子的体系同样成立，随着总能量 E 增加，总能级密度迅速增加。

令 $\Omega(E)$ 是 N 个粒子的系统在能量 $E - \Delta E$ 与 E 之间的独立量子态个数。ΔE 取作一个非常小的能量，它比实验室所能达到的能量分辨率更小，它具体值并不十分重要。不严谨地讲，我们认为 Ω 就是系统在能量 E 时态的个数。更准确地说，

$$\Omega(E) = g(E)\Delta E. \tag{10.6}$$

其中 $g(E)$ 是态密度[①]，它表示 E 附近单位能量间隔的态数目。

在宏观物理系统中，随能量 E 的增长，Ω 快速增长，以至于我们能将 $\Omega(E)$ 定义为能量小于 E 的量子态总数。尽管这两者听起来并不相同。实际上两者几乎是一样的，这是因为与很靠近 E 的能态数相比，显著低于 E 的能态数是可以忽略的。此处可以类比高维的单位球面表面积。面积和球面的体积基本上相同，因为几乎所有的体积都接近于表面。

作为统计力学的最基本的假设，除了能量以外系统的态没有根本差别。于是，如果系统处在能量 E 的平衡态，那么它将平等地处在该能量的各种可能态之一。因此，所有能量 E 的态所发生的概率相同 $\dfrac{1}{\Omega(E)}$。这是统计力学的基石。对于这个陈述最好的诠释就是，我们仅知道总能量 E，而对 N 个粒子的微观状态一无所知。作为推论，最重要的量并不是 E，而是态的数目 $\Omega(E)$。这使我们能得到热力学中的无序的概念。

Ω 和 g 都是十分巨大的；它们指数地依赖于 N。常见的桌面所含的分子数高于 $N = 10^{23}$。任何 $\exp(cN)$ 都大得几乎无法理解，其中 c 是某个不太大的系数，N 是阶。这种指数相关性，可以做如下理解：任何热力学系统可以看成是由具有相当平和接触的子系统所组成。例如，一个气体样本可以看成是沿着某个普通表面的具有相互作用的两个子

———————————
① 注意到这是对 N 体系而言的，而不是 8.2.1 节的单粒子情形。

系统组成。对于两个具有平和相互作用的系统，其组合系统的量子态可以表示为 $\psi = \psi_1\psi_2$，其中 ψ_1 取遍 1 系统中所有可能的态而 ψ_2 取遍 2 系统所有可能的态。因此，组合系统的总态数是 $\Omega = \Omega_1\Omega_2$。这种乘积规则与 Ω 指数依赖于粒子数是相容的，因为如果系统是相同类型的，并且 $\Omega_1 = \exp(cN_1)$ 和 $\Omega_2 = \exp(cN_2)$，那么 $\Omega = \exp(cN)$，其中，N_1 和 N_2 分别是两个系统的粒子数，$N = N_1 + N_2$ 是组合系统的总粒子数。

我们定义系统的熵 S 为

$$S(E) = \log \Omega(E). \tag{10.7}$$

尽管它仍然惊人地大，但是容易处理多了，因为它与 N 大致相当。熵是广延量，也是可加性函数。为了实际使用目的，我们对 (10.6) 式取对数，发现 $S(E) = \log \Omega(E) = \log g(E)$，由于 $\log \Delta E$ 项是固定的，且不正比于 N，因此它可以略去。关于熵的一个基本假设就是处在能量 E 的每个量子态发生的概率为 $\dfrac{1}{\Omega(E)} = e^{-S(E)}$。熵也用来测量无序度。当使用无序度的概念时，意味着对系统的状态数 $\Omega(E)$ 取对数是可以获得的。它代表了我们无法区分微观状态，因为我们对系统的精确细节并不了解[①]。

熵只是简单地在计算状态数，那么它怎么与温度相关呢？让我们考虑两个具有固定体积的系统，不一定是相同类型。先假设两系统并不相互接触，以及它们分别具有能量 E_1 和 E_2，熵 $S_1(E_1)$ 和 $S_2(E_2)$。组合系统可能的态总数是两个子系统：

$$S = S_1(E_1) + S_2(E_2). \tag{10.8}$$

接下来，通过将两系统靠得足够近，使得它们之间存在能量交换，但又不是靠得太近以至不存在粒子交换。这就是说，让两系统开始热接触，总能量守恒 $E = E_1 + E_2$。因此，可以得到 $E_2 = E - E_1$，且

$$S = S_1(E_1) + S_2(E - E_1). \tag{10.9}$$

接触允许 E_1 变化。

由于 Ω 中那个大的指数的微小改变，会导致 Ω 自身的巨大效应，对于特殊的 E_1 值，函数 $\Omega = \Omega_1\Omega_2$ 可以存在一个难以置信高而窄的极大值。作为推论，对于一个给定的总能量 E，组合后系统的绝大多数态与特殊的 E_1 值分开了。能量在系统之间流动后，莫大的可能性就是组合后的系统将占据这些最有可能态中的一个。倘若在初始能量流动之后，E_1 没有什么变化，那么我们就称组合系统达到了平衡态。

对于这个特殊的 E_1，S 也具有一个极大值，不过它与 Ω 相比就没有那样戏剧性的骤然变化。为了在热力学中描述这个极大值，我们将 S 对 E_1 微分。极大值发生在

$$\frac{dS}{dE_1} = \frac{dS_1}{dE_1} + \frac{dS_2}{dE_2}\frac{dE_2}{dE_1} = 0. \tag{10.10}$$

———————————————

① 能量为 E 的纯量子态本身不会演化成无序状态，但如果系统与外界环境存在一种称作热浴的弱耦合，那么我们可以期待它最终变成无序状态。

由于 $E = E_1 + E_2$ 是不变的，$\dfrac{dE_2}{dE_1} = -1$。因此，平衡态的条件为

$$\frac{dS_1}{dE_1} = \frac{dS_2}{dE_2}. \tag{10.11}$$

这激发了温度的热力学定义的积极性。对于熵是能量函数 $S(E)$ 的任意系统（在给定体积 V），我们可以定义系统的温度 T 为

$$\frac{1}{T} = \frac{dS}{dE}. \tag{10.12}$$

这种对温度的定义比基于理想气体定律的温度定义更加基本。具有能量 E 的系统，其热力学温度 T 就是 $S(E)$ 图像斜率的倒数，其中 S 是由系统的量子态密度所决定的。所有真实的物理系统的熵 S 都会随着 E 的增加而增加，因此温度 T 总是正的。无序度随着能量 E 而增加。此外，$\dfrac{dS}{dE}$ 随着 E 的增加而减少，所以温度随着能量而增加。(10.11)式反映了处在平衡态的两个系统，将有相等的温度。这是温度最基本的性质，它被称为热力学第零定律。

由式(10.12)所定义的热力学温度似乎相当形式化，但是它满足用温度和熵的唯象学概念所发现的关键性质。从现在开始，它就是我们所使用的温度概念。

考虑能量流动方向朝向平衡态是十分有趣的问题。将(10.8)式对时间微分，从 $\dfrac{dE_2}{dt} = -\dfrac{dE_1}{dt}$，可得

$$\frac{dS}{dt} = \frac{dS_1}{dE_1}\frac{dE_1}{dt} + \frac{dS_2}{dE_2}\frac{dE_2}{dt} = \left(\frac{1}{T_1} - \frac{1}{T_2}\right)\frac{dE_1}{dt}. \tag{10.13}$$

然而，我们已经讨论过，在两个系统合并为一个系统的过程中，能量流动会使得 S 向最大值移动，从而熵随时间增加。

$$\frac{dS}{dt} \geq 0. \tag{10.14}$$

如果 $T_2 > T_1$，$\dfrac{dE_1}{dt}$ 的符号是正的，E_1 随着时间增加；如果 $T_1 > T_2$，$\dfrac{dE_1}{dt}$ 是负的，E_1 随着时间减少。在这两种情形下，能量都从温度高的系统流到温度低的系统。这个结论，以及更一般的(10.14)式，称为热力学第二定律。

热力学定义的温度与理想气体定律定义的温度是一致的，不过这并不是一目了然的。乍看起来，一种温度能作为另一种的很复杂的函数。幸亏实际并非如此。在 10.6 节，我们将会证明，通过使用我们对熵和温度的定义，理想气体的压强和熵能够通过量子力学的第一性原理导出。届时我们将会看到，理想气体的温度就是热力学温度。

S 是无量纲的，因此 T 自然应该具有能量量纲。但是由于历史的原因，实际的温度是用开尔文（K）度来测量的。开尔文和焦耳表示的能量之间存在着一个转化因子 k_B，称作玻尔兹曼常数。我们可以令 $k_B=1$，则单位能量等价于单位温度。在原子物理中，电子伏特是一个有用的能量单位，1 eV 对应着 10^4 K。

通过微分来分析是方便的，(10.12)式可以写为

$$dE = TdS. \tag{10.15}$$

倘若以体积保持不变的方式改变系统的能量，能量就可认作为热量。因此 TdS 就是热的无穷小量。当系统的热量增加时，能量增加且温度升高。产生单位温度变化所需的热量（当体积 V 固定时）称为在常数体积时的热容，并用 C_V 表示。更精确地表示，热容为 $C_V = \dfrac{dE}{dT}$，并且从(10.15)式可得关系

$$C_V = T\frac{dS}{dT}. \tag{10.16}$$

我们能严格测定系统热量的增加，例如通过电阻式线圈来提供热量。温度的改变也能严格测定，因此 C_V 很容易就能测量出来。将(10.16)式积分，我们就能计算出熵 S，用下式表示：

$$S(T) - S(\widetilde{T}) = \int_{\widetilde{T}}^{T} \frac{C_V}{T}dT, \tag{10.17}$$

其中 $\widetilde{T}$ 是某个固定温度。与熵相关的无序度不能直接测量。因此该等式提供了计算熵的实际方法。然而，仍然有常数 $S(\widetilde{T})$ 还不能确定。从量子力学可知，任何量子系统都有一个唯一的最低能态（基态）。在零温时，基态是唯一的可能态。因此 $\Omega=1$，熵 $S(0) = \log \Omega = 0$。这样就确定了积分常数。任何系统的熵在绝对零度时为零，这个陈述就是热力学第三定律。在(10.17)式中，令 $\widetilde{T}=0$，可得

$$S(T) = \int_{0}^{T} \frac{C_V}{T}dT. \tag{10.18}$$

通过对热容的测量，我们便能对绝对熵进行实验测量[①]。然而，实际上要测量或估算向下到绝对零度的 C_V 是十分困难的。

10.3 热力学第一定律

热力学第一定律是关于热力学中的能量和熵的精确表述，其中系统的能量 E 和体积 V 都是可变量。在能量 E 的总态数是 $\Omega(E, V)$，那么熵是

———————————

① 在温度 T 以下相变时，还存在一个由潜热做出的额外贡献。

$$S(E, V) = \log \Omega(E, V). \tag{10.19}$$

温度通过偏微分来定义：

$$\frac{\partial S}{\partial E}\bigg|_V = \frac{1}{T}, \tag{10.20}$$

其中竖线的角标表示在求偏微分时，该角标变量保持不变，这是一个标准记号。（在该情形下，体积 V 保持不变。）由于 S 总是随着 E 的增加而增加，所以可以将 E 看成是两个独立变量 S 和 V 的函数。

当气体（或液体）的体积增大，系统对周围的介质做功，结果就会导致气体的内能丢失。假设外部的压强只比内部小少许，那么膨胀是平稳的，而不是爆发的。这样，当系统膨胀时，也能看成是处于平衡态。进一步假设膨胀系统的内部与外部没有热量交换。像这样的膨胀称为绝热过程。一袋空气被风吹过山峰，就是绝热过程的一个好例子。压强随高度的增加而逐渐减少，因此空气口袋会膨胀，失去能量并冷却，但在这个时间段里，基本没有热量转移到空气中。

压强 P 是气体作用在容器壁或者周围气体（即使没有隔离壁）的单位面积上的力。当气体膨胀 $P\,dV$，会对外做无穷小功，其中 dV 是体积无穷小增量。如图 10.1 所示，dV 是面积乘以移动距离。于是，$P\,dV$ 就是力乘以距离，即该力所做的功。

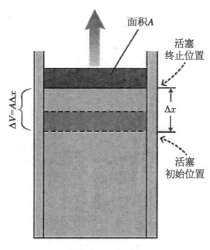

图 10.1 活塞

在不包含热的过程中，对外做功来自于气体的内能 E，因此

$$dE = -P\,dV. \tag{10.21}$$

一般的热力学过程同时包含热和功，因此系统能量改变的一般表达式为

$$dE = T\,dS - P\,dV. \tag{10.22}$$

这就是热力学第一定律。

如果 V 不变，则 T 是 E 对 S 的导数；如果 S 不变，则 $-P$ 是 E 对 V 的导数。热力学第一定律包含了这两方面的内容。更严格地说，T 和 P 是相应的偏微商

$$T = \frac{\partial E}{\partial S}\bigg|_V, \ P = -\frac{\partial E}{\partial V}\bigg|_S. \tag{10.23}$$

温度和压强均是 S 和 V 的函数。两系统通过一个薄的、可移动屏障进行接触，只有当两者的温度和压强都相等时才处于平衡态。

(10.23) 式存在一个有趣的数学结论。因为混合二阶偏微商总是对称的，即有

$$\frac{\partial^2 E}{\partial V \partial S} = \frac{\partial^2 E}{\partial S \partial V}, \text{ 从而}$$

$$\left.\frac{\partial T}{\partial V}\right|_S = -\left.\frac{\partial P}{\partial S}\right|_V. \tag{10.24}$$

这是麦克斯韦关系的一个例子。

我们定义不涉及热量的变化为绝热变化。这样的改变满足 $dS = 0$，因此 S 是常数。然而根据我们的定义 S 是系统可能态总数的对数。这两种想法是相容的么？肯定答案是毋庸置疑的。当气体膨胀，体积增大，能量量子态会发生改变。典型的，随着体积增大，能级下降，但量子能级的数目并不改变，所以 S 保持为常量。图 10.2 描绘了能级转移的草图。当气体膨胀时，初始能级区域中的许多可能能级一起移动，直到靠近最终的能级能量时，能级数目仍然保持不变。如果系统占据了其中一个能级，那么系统的能量将会连续地随着能级减小。如果没有增加热量来激发系统，在光滑、缓慢的变化中，一个量子体系将不会发生跳变。因此，熵不会改变。

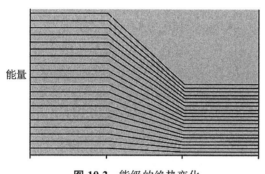

图 10.2 能级的绝热变化

左侧纵轴标注：能量

新变量

我们已经强调过一个简单的热力学系统由两个独立的变量来控制，而且一个是热学变量而另一个是动力学变量。在热力学第一定律(10.22)中，独立的参量取为 S 和 V，但是还存在许多其他的选择方法。

一个方便的方法是选择两个可直接测量的量，温度 T 和体积 V 作为独立变量。由(10.20)式，T 与 S 的导数相关，因此多少需要注意这些量的改变。标准的过程是定义一个新的能量函数，亥姆霍兹自由能 F（简称为自由能）。它以赫尔曼·冯·亥姆霍兹(Hermann von Helmholtz)的名字来命名。自由能的定义为

$$F = E - TS. \tag{10.25}$$

它是 S 和 V 的函数。但是通过将 E 和 S 表示为 T 和 V，也可以将其转换为 T 和 V 的函数。F 的无穷小变量为

$$
\begin{aligned}
dF &= dE - T dS - S dT \\
&= T dS - P dV - T dS - S dT \\
&= -S dT - P dV, \tag{10.26}
\end{aligned}
$$

其中，我们用到了莱布尼茨法则 $d(TS) = T dS + S dT$，然后利用热力学第一定律(10.22)替代掉 dE。最后的表达式类似于热力学第一定律，但是它是 F 的全微分，不是对 E 的

全微分。注意到最后的表达式中只剩下新的独立参量的无穷小改变, dT 和 dV。因此,将自由能看成是函数 $F(T, V)$,我们有

$$S = -\frac{\partial F}{\partial T}\bigg|_V, \quad P = -\frac{\partial F}{\partial V}\bigg|_T. \tag{10.27}$$

由此便可以得到一个新的麦克斯韦关系 $\dfrac{\partial S}{\partial V}\bigg|_T = \dfrac{\partial P}{\partial T}\bigg|_V$。

$P\,dV$ 是系统膨胀时对外所做的功。在 $dT = 0$ 的系统膨胀中,它等于自由能的减少。因此,自由能是温度保持恒定的情况下做功所产生的能量。当然,为了保持系统膨胀时温度不变,必须要提供热。我们将会看到自由能 F 是一个十分有用的概念。因为它可以用一种完全不同于从 E 中减去 TS 的方式,改变变量来进行计算。

另一个有用的独立变量对是 S 和 P。为了方便,我们再次需要定义一个新的修正能量函数。它就是焓 H,定义为

$$H = E + PV. \tag{10.28}$$

焓 H 的无穷小改变是

$$dH = T\,dS - P\,dV + P\,dV + V\,dP = T\,dS + V\,dP. \tag{10.29}$$

因此,将 H 看成是 S 和 P 的函数,便有

$$T = \frac{\partial H}{\partial S}\bigg|_P, \quad V = \frac{\partial H}{\partial P}\bigg|_S. \tag{10.30}$$

当压强是常数的时候,焓 H 是最有用的热力学函数。例如,标准大气压下的气体和液体会用到它。因此,化学家尤其对焓 H 感兴趣。大部分的化学反应,不论是实验室的,抑或是工业上的,都是在大气压下发生的。

$T\,dS$ 是热量。因此在定压系统中,温度升高一个单位所需要的热量为

$$C_P = T\frac{\partial S}{\partial T}\bigg|_P = \frac{\partial H}{\partial T}\bigg|_P. \tag{10.31}$$

C_P 是定压热容。

最后的修正能量函数是吉布斯自由能 G,它以乔赛亚·威拉德·吉布斯(Josiah Willard Gibbs)的名字来命名。(有时又被叫做吉布斯势能,由 Φ 来表示。)它同时结合了从 E 到 F 和从 E 到 H 的两种变换。吉布斯自由能定义为

$$G = E - TS + PV. \tag{10.32}$$

如以前一样,利用第一定律和莱布尼茨法则,可得

$$dG = -S\,dT + V\,dP. \tag{10.33}$$

因此,G 自然地成为强度量 T 和 P 的函数,它们都不依赖于系统的尺寸,且

$$S = -\frac{\partial G}{\partial T}\bigg|_P, \quad V = \frac{\partial G}{\partial P}\bigg|_T. \tag{10.34}$$

G 本身(与 E, F 和 H 一样)是广延量。这意味着它正比于系统 N 的分子总数。因此,G 可以表示为

$$G(T, P, N) = N\,\widetilde{G}(T, P), \tag{10.35}$$

其中 $\widetilde{G}(T, P)$ 是每个分子的吉布斯自由能[①]。

后面我们将会看到 $\widetilde{G}$ 是热力学系统的化学势。当粒子数是可变的(例如,在化学反应中),或在相变分析中,化学势将是一个十分有用的概念。

10.4　子系统——吉布斯分布

迄今为止,我们考虑了一个给定能量 E 的宏观系统。熵 S 是系统处在该能量的所有可能量子态总数的对数,并且假设在平衡态,每个量子态具有相等的概率。当系统与其他系统有热接触,能量就会在两系统之间转换,但一旦合并后的系统达到了一个新的平衡态,温度相等,能量的进一步扰动就可忽略。

现在让我们考虑初始系统的一个子系统,假设整个系统已经达到了平衡态。如果子系统是宏观的(例如初始系统的 1%),那么子系统也具有确定的能量,且扰动可以忽略。事实上,能量和熵是总体的 1%,子系统的温度和整体相等。如果子系统是微观的,那将更加有意思。

微观子系统的一个例子是气体中的单个原子或者分子,抑或是气体中的杂质粒子。因为子系统与系统的余下部分相接触,它将在碰撞中与系统的余下部分发生能量交换,因此它的能量将会改变。在任意一个特定时刻,我们对子系统的不完全了解,意味着我们期望的对子系统最好的描述,就是子系统的占有概率。当子系统处在平衡态,尽管子系统的能量可能扰动,但概率分布将不会改变。

我们用整数 n 来标记子系统的独立量子态数,第 n 个态的能量用 E_n 来表示。其中一些态可以是能量简并的。尽管对于一些自旋系统,n 的取值范围是有限的,但通常情形下 n 可以从 0 取到 ∞。

现在我们将确定子系统在第 n 个态的概率。这个概率依赖于 E_n 和系统的余下部分的温度 T。假设全部的系统是孤立的,并且具有能量 $E^{(0)}$。由于能量守恒,$E^{(0)}$ 是常数。如果子系统的能量为 E_n,那么系统余下部分的能量是 $E^{(0)} - E_n$。E_n 是 $E^{(0)}$ 的微观碎片,但是由于宏观系统的状态数目如此巨大,且它们的数目对于能量十分敏感,在计算中我们必须考虑这种能量的转移。系统余下部分可以看成是热浴,当子系统具有能量 E_n 时,它具有熵 $S(E^{(0)} - E_n)$。由于 E_n 非常小,我们能使用展开到一阶的泰勒级数,

---

① 类似地,E 具有更复杂的表达式 $E = N\,\widetilde{E}(S/N, V/N)$。

$$S(E^{(0)} - E_n) \approx S(E^{(0)}) - E_n \frac{dS}{dE} \tag{10.36}$$

$$= S(E^{(0)}) - \frac{E_n}{T}, \tag{10.37}$$

其中热浴的温度 T 是在能量 $E^{(0)}$ 处的取值。因此,热浴的态总数是

$$e^{S(E^{(0)} - E_n)} = e^{S(E^{(0)})} e^{-\frac{E_n}{T}}. \tag{10.38}$$

由于子系统处在确定的第 n 个态上,实际上它也是整个系统的态数。

现在再次考虑整个系统,且不再固定子系统的状态。总系统所有的可能态都具有相等的概率,且 $e^{S(E^{(0)})}$ 是常数。因此,处在第 n 个态的子系统的相关概率正比于子系统所处的可能态总数,概率为

$$P(E_n) \propto e^{-\frac{E_n}{T}}. \tag{10.39}$$

它被称为吉布斯分布,尽管在更严格的语境中,它也称作玻尔兹曼分布。

比例常数应由总概率为 1 来确定。因此,我们定义

$$Z = \sum_{n=0}^{\infty} e^{-\frac{E_n}{T}}, \tag{10.40}$$

为吉布斯求和或者配分函数。对于处在能量 E_n 的特定子系统,正确的归一化概率是

$$P(E_n) = \frac{1}{Z} e^{-\frac{E_n}{T}}. \tag{10.41}$$

配分函数是一个处理问题时非常有用的量。

以下说明是重要的,尽管子系统必定会与热浴接触,不过这种接触应当充分弱,足以使系统 E_n 的能级不受接触的影响。换句话说,热浴的仅有作用就是确定温度 T。倘若子系统存在诸如固体中单原子那样的更强耦合,那么子系统将不是孤立的。不能分开来考虑。

我们能对吉布斯分布的一致性作出检测。一个宏观子系统,不论是作为一个孤立系统,还是自身组成一个完整的系统,其性质应该是相同的。设其能量为 E。这样一个宏观子系统具有配分函数

$$Z = \int_{E_{\min}}^{\infty} g(E) e^{-\frac{E}{T}} dE, \tag{10.42}$$

其中 $g(E)$ 是态密度,对宏观子系统来说是有意义的。与(10.40)式相比,其中的求和已变为积分。将 g 用子系统的熵来表示,有

$$Z = \int_{E_{\min}}^{\infty} e^{S(E) - \frac{E}{T}} dE. \tag{10.43}$$

当指数函数对 E 取最大值时有

$$\frac{dS(E)}{dE} - \frac{1}{T} = 0, \tag{10.44}$$

这种能量 E 和温度 T 的关系式,对任何热力学系统都成立。Z 本身完全由最大值领域的积分贡献所主导。因此 Z 能够近似地写作

$$Z = e^{S(E) - \frac{E}{T}}, \tag{10.45}$$

其中 S, E 和 T 满足(10.44)式。两边取对数可得

$$-T \log Z = E - TS(E). \tag{10.46}$$

注意到上式右边正是宏观系统在温度 T 时的自由能,有

$$F = -T \log Z, \tag{10.47}$$

或者等价地写为 $\frac{1}{Z} = e^{\frac{F}{T}}$。在温度 T 时,对于一个与具有热浴相接触的归一化吉布斯分布(10.41)式,可以写作

$$P(E) = e^{\frac{F-E}{T}}. \tag{10.48}$$

这是系统处在能量 E 的微观态的概率。

事实上,压倒性的概率由能量等于热力学平衡值 E 的系统所提供。对于该能量 $F = E - TS$。因此概率(10.48)成为

$$P(E) = e^{\frac{E-TS-E}{T}} = e^{-S}. \tag{10.49}$$

另一方面,由于具有能量 E 的态总数为 $e^{S(E)}$,那么一个特定的态所占的概率确实为 $e^{-S(E)}$。由此完成了一致性检测。

对于一个与热浴相接触的宏观系统,偏离热力学平衡能 E 的扰动是可能存在的,但是有意义的扰动可以忽略。它们会被更小能量的熵因子和更大能量的能量因子所抑制。这些能量扰动的强度可以通过更精确的分析来估算,可以发现它们依赖于系统的热容。结论就是处在温度 T 的宏观系统,不管它是否与热浴相接触,它们都具有相同的热力学性质。

(10.47)式显示了配分函数 $Z = \sum_n e^{-\frac{E_n}{T}}$ 的用处。它给出了从宏观系统量子态的知识,通向系统热力学性质的一条最直接路径。由于 E_n 依赖于体积 V,自由能 $F = -T \log Z$ 是 T 和 V 的函数。由(10.27)式可知,$-F$ 对 V 的微商就是压强 P。由 T 和 V 表示的 P 称为状态方程。$-F$ 对 T 的微商是熵 S。由(10.16)式可知,S 对 T 的微商确定了热容 C_V。在 10.6 节我们将看到,配分函数对于计算 N 体接近无相互作用子系统非常有用。例如,计算 N 体原子或分子的稀薄气体那样的情形。

10.5 麦克斯韦速度分布

麦克斯韦导出了理想气体在温度 T 时,粒子速度的概率分布,由此证明了统计力学

的重要性。按照麦克斯韦的观点,我们能将宏观容器中的分子行为看成是一种很好的经典近似。在这种近似下,量子力学所预言的离散动量变成准连续的,每个分子动能的经典理论是有根据的,

$$\varepsilon = \frac{1}{2m}(P_x^2 + P_y^2 + P_z^2) = \frac{1}{2}m(v_x^2 + v_y^2 + v_z^2), \tag{10.50}$$

其中 $v = (v_x, v_y, v_z)$ 是它的速度,m 是它的质量。势能依赖于容器中分子的相对位置,不过这部分被分隔开了。如果分子间的力是吸引力,那么分子将有可能轻微成团;如果分子间的力是排斥的,则更有可能均匀地分隔开来。分子的运动速度不受空间位置的影响,最重要的是每个分子的速度都可以独立地处理。

因此,每个分子速度的概率密度是

$$P(v_x, v_y, v_z) \propto e^{-\frac{m(v_x^2 + v_y^2 + v_z^2)}{2T}}. \tag{10.51}$$

这就是麦克斯韦分布。它是将吉布斯分布应用到单个分子时的一种特殊情形,即可能状态仅对应于单个分子的可能动能范围。正确的归一化概率密度为

$$P(v_x, v_y, v_z) = \left(\frac{m}{2\pi T}\right)^{\frac{3}{2}} e^{-\frac{m(v_x^2 + v_y^2 + v_z^2)}{2T}}. \tag{10.52}$$

由高斯积分 (1.64) 可知,$\int_{-\infty}^{\infty} e^{-au^2} du = \left(\frac{\pi}{a}\right)^{\frac{1}{2}}$。于是,我们得到概率密度 $P(v_x, v_y, v_z)$ 满足归一化条件 $I = \int P(v_x, v_y, v_z) dv_x dv_y dv_z = 1$。

运动的方向是同样可能的,因此分子的速率 v 分布比速度分布更加有意义。由于 $v^2 = v_x^2 + v_y^2 + v_z^2$,速率的概率分布是

$$P(v) = \left(\frac{m}{2\pi T}\right)^{\frac{3}{2}} 4\pi v^2 e^{-\frac{mv^2}{2T}}, \tag{10.53}$$

由此很容易就可以计算出方差和平均速率。特别地,每个分子的平均动能是

$$\langle K \rangle = \left(\frac{m}{2\pi T}\right)^{\frac{3}{2}} \int_0^{\infty} \left(\frac{mv^2}{2}\right) 4\pi v^2 e^{-\frac{mv^2}{2T}} dv = \frac{3}{2}T, \tag{10.54}$$

其中最后一步用到了高斯积分 (1.66)。

由 N 个分子组成的气体,其总动能是 $N\langle K \rangle = \frac{3}{2}NT$,倘若气体是由无结构无相互作用的原子组成,这就是总能量 E。在这种情形下,热容为

$$C_V = \frac{dE}{dT} = \frac{3}{2}N. \tag{10.55}$$

热容可以直接测量，这样就提供了一种推断气体样本中原子数量的方法。历史上，这是发展物质原子图像所迈出的重要一步。

对于绝大多数的真实气体，总能量尚有另外两种贡献。第一种是势能贡献；第二种是分子内部结构引起的贡献。倘若气体并不那么稀薄，分子间距离与相互作用势的力程是可比拟的，它与分子的尺寸大致相当，那么势能贡献必须包括进来。分子的转动能和振动能属于第二种贡献。倘若在极端高温时，转动能和振动能均会很大，以致分子会破裂成原子。为了得到每个分子的配分函数，人们必定会使用(10.40)式那样的吉布斯求和，后者要求人们去考虑分子的量子态知识。然而在低温时，分子或原子的无结构理想图像成立。随着温度升高，修正随之而来，最低能量激发态的贡献出现了。作为典型的气体，分子转动态有最低能量，振动态有较高能量，而原子内的电子激发态具有更高能量。如图 10.3 所示，随着温度升高，各种不同的量子态变成占有态，分子气体的热容随之增大。

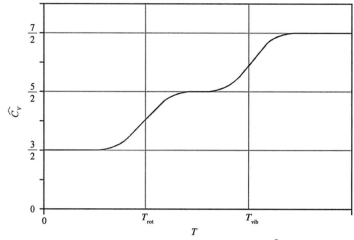

图 10.3 在低温，每个双原子气体的热容 $\widehat{C}_V$ 等于 $\dfrac{3}{2}$。在较高的温度，分子可能被激发到旋转态，因而热容相应增加。在更高的温度，分子还可能被激发到振动态

10.6　理想气体——状态方程和熵

使用 8.2.1 节所提到的相空间中的态密度，我们能进一步计算理想气体的固有属性。单个无结构分子的配分函数 z 为

$$z = \int e^{-\frac{p_x^2 + p_y^2 + p_z^2}{2mT}} \frac{\mathrm{d}^3 x \, \mathrm{d}^3 p}{(2\pi\hbar)^3}. \tag{10.56}$$

在经典极限下，用积分代替量子求和，对分子的位置和动量进行全空间积分，每个空间维

度具有一个归一化因子 $2\pi\hbar$。当仅有动能项 ε 贡献时,经典表达式中的指数是 $-\dfrac{\varepsilon}{T}$。

空间积分给出体积 V,动量积分为高斯积分。计算可得

$$z = \frac{V}{(2\pi\hbar)^3}(2\pi m T)^{\frac{3}{2}} = V\left[\frac{mT}{2\pi\hbar^2}\right]^{\frac{3}{2}}. \tag{10.57}$$

对于 N 个分子,总配分函数是

$$Z = \frac{1}{N!}z^N. \tag{10.58}$$

由于单个分子的能量之和为 $E = \varepsilon_1 + \varepsilon_2 + \cdots + \varepsilon_N$,其积分是对所有的分子在全部的相空间所进行的,因此 z^N 的确是总能量。组合因子 $N!$ 是为了补偿过高估计了物理上不可区分态。依照量子力学,全同粒子不能标记。如在 8.7 节中所讨论的一样,置换这样的分子没有物理效应。不论玻色子抑或是费米子,在这一点上是一样的。

与 Z 本身相比,我们对自由能 $F = -T\log Z$ 更感兴趣,将(10.58)式代入,可得

$$F = -T\log\left(\frac{1}{N!}z^N\right) = -T(N\log z - \log N!). \tag{10.59}$$

著名的斯特林 $N!$ 近似,在这里是派得上用处的,

$$N! \approx (2\pi N)^{\frac{1}{2}}N^N \mathrm{e}^{-N}, \tag{10.60}$$

在统计力学中,一个足够好的近似可以取为

$$\log N! \approx N\log N - N. \tag{10.61}$$

(展开式的下一项正比于 $\log N$,当 N 的数量级为 10^{23} 时,可以忽略。)使用该近似,并且提出共公因子 N,可得

$$F = -NT(\log z + 1 - \log N) = -NT\log\left(\frac{z\mathrm{e}}{N}\right), \tag{10.62}$$

其中 $\mathrm{e} = 2.718\cdots$ 是欧拉常数,自然对数的底。将(10.57)式代入,我们发现处在体积 V 温度 T 的 N 个分子理想气体的自由能为

$$F = -NT\log\left[\frac{V\mathrm{e}}{N}\left[\frac{mT}{2\pi\hbar^2}\right]^{\frac{3}{2}}\right]. \tag{10.63}$$

将其分解为正比于分子密度 $\dfrac{N}{V}$ 的项和正比于温度 T 的项,

$$F = -NT\log\left(\frac{V\mathrm{e}}{N}\right) - \frac{3}{2}NT\log\left[\frac{mT}{2\pi\hbar^2}\right]. \tag{10.64}$$

由于自由能正比于 N，而 $\dfrac{F}{N}$ 仅依赖于强度量 $\dfrac{N}{V}$ 和 T，所以自由能是广延量。如果没有 $N!$ 因子的贡献，那么情况就截然不同。

接下来，我们便能计算压强 P 和熵 S。压强为

$$P = -\frac{\partial F}{\partial V}\bigg|_T = \frac{NT}{V}. \tag{10.65}$$

这便是理想气体的状态方程。它是理想气体定律 $PV = NT$，所以 (10.2) 式中的常数 A 就是分子的个数 N。（如果包含玻尔兹曼常数，它的形式会略有不同，分子数将由气体的摩尔数替代。）我们已经从第一性原理导出了这个方程，它蕴含着我们对温度相当抽象的定义 (10.12)，与理想气体所定义的温度一致。

类似地，熵为

$$S = -\frac{\partial F}{\partial T}\bigg|_V = N\log\left(\frac{Ve}{N}\right) + \frac{3}{2}N\log\left(\frac{mT}{2\pi\hbar^2}\right) + \frac{3}{2}N. \tag{10.66}$$

再次看到，熵为广延量，不过熵更复杂地依赖于温度和密度。该式只在高温有效，因为它依赖于配分函数的经典估算。它并不满足热力学第三定律：当 $T = 0$ 时 $S = 0$。热容的表达式更为简单，

$$C_V = T\frac{\partial S}{\partial T}\bigg|_V = \frac{3}{2}N. \tag{10.67}$$

它与我们前面所得的一致。诸如能量、焓和定压热容 C_P 那样的常用量，都很容易计算。

自由能表达式的第二项是由 (10.56) 式中的指数导出的，倘若气体依然稀薄，不过分子或原子有内部结构，那么第二项依赖温度的方式将会不同，它将包括附加项，所以气体的熵和热容将是不同的。然而第一项依赖于体积，它是不会改变的，所以状态方程仍为 $PV = NT$。在力学与热学平衡下，即处在压强和温度相等的两个气体样本，倘若它们的体积又相同，那么它们将含有相同的分子数。阿伏伽德罗在 19 世纪早期，最先认识到这个结论。通过称两种气体样本的重量，我们便能得到它们的分子重量比。这让化学家有能力确定诸如 O_2，H_2O 和 CO_2 这样的简单分子的原子结构。

10.7 非理想气体

分子间的相互作用通常比原子间的相互作用更为复杂，所以我们只是考虑诸如惰性气体那样的单原子气体。惰性气体的分子是单个的原子。有很多方法可以使得气体偏离理想气体，甚至连单原子气体也能实现偏离。随着密度增加，两个原子相互靠近的概率增加，相互作用势能①将会变得越来越重要。在高密度和低温时，偏离理想气体的情

———————————

① 由于原子中电子场的扰动所产生的电偶极子，惰性气体原子之间存在非常弱的范德瓦尔斯力。

形,还与分子是费米子或玻色子有关。前面,我们曾讨论过具有能量 ε 的单原子态,且假设气体中的 N 个原子分别占据这些态。由于单原子占据一个特殊态的概率远小于 1,因此这种假设仅在高温低密度是合理的。此时,不论费米子还是玻色子都是类似的。然而在低温,吉布斯分布告诉我们,占据低能态的可能性要远高于占据高能态的可能性。至多一个费米子原子可能占据一个单态,而任意多个玻色子原子可以处于相同的态上,从而组合因子不再是简单的 N!。在另一种情形下,原子间具有有效的相互作用,因此吉布斯分布需要修正,这也会影响到气体的热力学性质。

对那些接近理想情况的气体,存在一种系统的方法写出它们的状态方程,即按照 $\dfrac{N}{V}$ 展开。这又称为位力展开,具有形式

$$P = \frac{NT}{V}\left[1 + \frac{NB(T)}{V} + \frac{N^2 C(T)}{V^2} + \cdots\right]. \tag{10.68}$$

当然,主导项给出了理想气体定律,$B(T)$ 和 $C(T)$ 分别称为第二和第三位力系数。对于经典气体,$B(T)$ 可以计算出来。尽管一般情况下,它与 T 的关系并不简单,但却可以通过涉及到一对相互作用气体的原子势能的积分来进行计算。最简单的非理想气体可以用硬球原子作为模型。假设每个原子为球形,直径为 l。原子之间的距离不能靠得比 l 更近。这表明原子之间存在短程硬排斥。由于空间被原子本身占据,这将会限制气体体积的减少,从而导致非理想气体相比于理想气体的压强更大。对于硬球模型的气体,我们可以计算第二位力系数为 $\dfrac{2\pi l^3}{3}$,与 T 无关。另一方面,即便对于硬球模型,$C(T)$ 仍然难以计算,因为它与三个原子之间的相互作用有关。

对于一种费米子或者玻色子气体,即使不存在相互作用势,从而原子间既无排斥力也无吸引力,位力系数并不为零。此时,可以得到

$$B(T) = \pm \frac{1}{2g}\left(\frac{\pi \hbar^2}{mT}\right)^{\frac{3}{2}}. \tag{10.69}$$

其中,正号对应着费米子,负号对应着玻色子。g 是原子的独立自旋态数。对于自旋为 0 的玻色子,g 为 1;对于自旋为 $\dfrac{1}{2}$ 的费米子,g 为 2。费米子的压强比经典理想气体要高。这是由泡利不相容原理导致的。而玻色子的压强要比经典理想气体低。

我们讨论的情形只发生在适中的密度,而在高密度时,真实的气体常常会液化,至少在足够低的温度是如此。这种不连续的行为称为相变。从理论的角度来讲,相变更难理解。在 10.13 节,我们将会对相变进行一些讨论。

10.8 化 学 势

在 10.3.1 节最后部分,我们已经提到过化学势的概念。系统的化学势 μ,是一个与

系统粒子数 N 变化有关的强度量。在很多情形下，化学势都起着重要的作用。这些情况包括化学反应，在反应过程中，各种化学种类的分子数量可能发生改变；当考虑某种气体系统的一个粒子可以进出的子体积时，化学势也是有用的；第三个例子便是相变，此时分子从一个相变成另一个相。

μ 与 N 之间的关系颇类似于 T 与 E 之间的关系。回想一个孤立系统有确定的能量 E，而温度 T 可直接用熵的术语定义。然而人们也能考虑一个与热浴相接触的系统，所以仍可在确定的温度 T。在此种情形，能量 E 将改变以适应强加的温度。类似地，一个孤立系统通常有一个确定的粒子数 N，但是考虑一个与粒子浴接触，并有一个确定的化学势 μ 的系统经常是有用的，粒子浴能通过一张可渗透的膜来实现，那么 N 将改变直到适应强加于系统的 μ 为止。

我们证明过两个相互接触的热系统，在温度相等时达到平衡态且具有最大熵。通过相同的方式，我们也能证明能够自由交换粒子的系统，在化学势相等的时候将达到平衡态。下面我们更精确地来定义化学势。

如果我们让宏观系统的粒子数改变，那么能量可以看成熵、体积和粒子数的函数 $E(S, V, N)$。化学势定义为

$$\mu = \frac{\partial E}{\partial N}\Big|_{S,V}. \tag{10.70}$$

它是熵与体积都固定时，能量对粒子数的偏微商。第一定律将被推广成

$$\mathrm{d}E = T\mathrm{d}S - P\mathrm{d}V + \mu\mathrm{d}N. \tag{10.71}$$

$\mu\mathrm{d}N$ 项也能定义到其他能量函数中去，例如吉布斯自由能 G，此时

$$\mathrm{d}G = -S\mathrm{d}T + V\mathrm{d}P + \mu\mathrm{d}N, \tag{10.72}$$

其中 $\mu = \frac{\partial G}{\partial N}\Big|_{T,P}$。然而，注意到 $G(T, P, N) = N\widetilde{G}(T, P)$，其中 $\widetilde{G}(T, P)$ 是每个粒子的吉布斯自由能。因此 $\frac{\partial G}{\partial N}\Big|_{T,P} = \widetilde{G}(T, P)$。这样，系统的化学势并不是一个全新的物理量，它实际上就是每个粒子的吉布斯自由能。总的吉布斯自由能为 $G = \mu N$。

现在考虑一个与极大量热浴和粒子浴相接触的系统（不一定是宏观的），其中结合在一起的能量 $E^{(0)}$ 和粒子数 $N^{(0)}$ 是常值。我们感兴趣的问题，是在该系统中找到处在能量 E 和粒子数 N 的量子态子系统的概率是多少。对于这样的微观态，浴具有能量 $E^{(0)} - E$ 和粒子数 $N^{(0)} - N$。就像导出吉布斯分布的时候那样，我们将熵 S 作线性近似，

$$S(E^{(0)} - E, N^{(0)} - N) = S(E^{(0)}, N^{(0)}) - \frac{E}{T} + \mu\frac{N}{T}, \tag{10.73}$$

其中我们已经假设体积是固定的，并且使用了热力学第一定律 $\mathrm{d}S = \frac{\mathrm{d}E}{T} - \mu\frac{\mathrm{d}N}{T}$。因此

对于结合在一起的系统,可得到的状态数是

$$e^{S(E^{(0)}-E,\, N^{(0)}-N)} = e^{S(E^{(0)},\, N^{(0)})} e^{\frac{\mu N - E}{T}}, \tag{10.74}$$

而且子系统占据微观状态的概率是

$$P(E, N) = \frac{1}{Z_G} e^{\frac{\mu N - E}{T}}. \tag{10.75}$$

这是吉布斯分布的一种,其顾及到了可变粒子数。归一化系数 Z_G 又称为巨配分函数,确保了总概率之和为 1。概率分布(10.75)式,以 T 和 μ 的方式确定了 E 与 N 的平均值。对于宏观系统而言,平均值就是热力学值。

10.9 低温时的费米和玻色气体

当温度接近于绝对零度时,费米和玻色气体显示出值得注意的性质。特别地,玻色子能发生称作玻色-爱因斯坦凝聚的相变。

我们假设气体由 N 个全同粒子组成。这些粒子可能是费米子,也可能是玻色子。它们处在一体积为 V 的盒子中,并且之间并无直接的相互作用。仅有的相互作用是全同粒子的多粒子波函数的量子禀性。由于没有直接相互作用,我们便能计算每一个粒子的能级,并且由于盒子是宏观的,单粒子态能量谱 ε 是准连续的。

如果粒子是费米子,单粒子态的占有数是 0 或者 1;如果是玻色子,单粒子态的占有数是 0 或者 1 的任意整数倍。在这种情形下,化学势非常有用。因为它可以避免复杂的组合计算。我们可以将能量为 ε 的单粒子态,看成是与热浴和粒子浴相接触的系统,其余部分气体的温度为 T,化学势为 μ。系统的占有数是可变的,当占有数是 n 的时候,系统具有能量 $\varepsilon_n = n\varepsilon$,所以 $\mu n - \varepsilon_n = n(\mu - \varepsilon)$。

在分布(10.75)中取 $N=n$ 且 $E=n\varepsilon$。能量为 ε 的单粒子态,具有占有数 n 的概率为

$$P(n) = \frac{1}{z} e^{\frac{n(\mu - \varepsilon)}{T}}, \tag{10.76}$$

其中 $z = \sum_n e^{\frac{n(\mu - \varepsilon)}{T}}$。对于费米子 $n=0, 1$,因此费米子的求和只有两项;对于玻色子 $n=0, 1, 2, \cdots$,因此玻色子的求和是一个无穷的几何级数,在 $\mu < \varepsilon$ 时,该级数收敛并且容易求和。这些单粒子的配分函数是

$$z_F = 1 + e^{\frac{\mu - \varepsilon}{T}} \quad \text{对于费米子}, \tag{10.77}$$

$$z_B = \frac{1}{1 - e^{\frac{\mu - \varepsilon}{T}}} \quad \text{对于玻色子}。 \tag{10.78}$$

10.9.1 费米-狄拉克函数

比单个粒子概率分布更重要的是平均占有数,它是 ε 的函数:

$$\bar{n}(\varepsilon) = \frac{1}{z} \sum_n n \mathrm{e}^{\frac{n(\mu-\varepsilon)}{T}}. \tag{10.79}$$

对于费米子，$z = z_\mathrm{F}$ 且 n 取 0 和 1，因此平均占有数为

$$\bar{n}(\varepsilon) = \frac{\mathrm{e}^{\frac{\mu-\varepsilon}{T}}}{1 + \mathrm{e}^{\frac{\mu-\varepsilon}{T}}} = \frac{1}{\mathrm{e}^{\frac{\varepsilon-\mu}{T}} + 1} \equiv n_\mathrm{F}(\varepsilon). \tag{10.80}$$

我们称 $n_\mathrm{F}(\varepsilon)$ 为费米-狄拉克函数。图 10.4 中给出了不同温度下 $n_\mathrm{F}(\varepsilon)$ 的图像。对于那些能量 ε 比 μ 小的态，分母上的指数项是小的，因此平均占有数接近于 1。然而对那些能量 ε 远大于 μ 的态，指数因子是大的，所以平均占有数接近于 0。由于指数项正比于 $\dfrac{1}{T}$，在低温时，这种过渡是陡直的，而在温度高时，过渡就不那么陡。它的零温极限情形是简并费米气体，此时所有的在 μ 以下的态都被占据，而在 μ 以上的态都是空的。在该情形下，μ 是最高占有态的能量，且等于费米能 ε_F。处在 ε_F 处的占有态不连续点，会在有限温度时变宽。

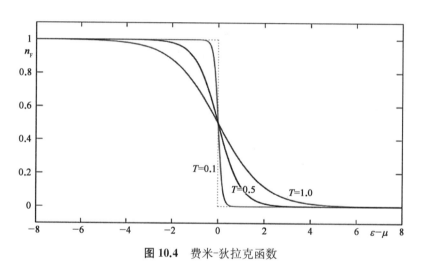

图 10.4 费米-狄拉克函数

假设处在盒子里的单粒子态密度为 $g(\varepsilon)$，且可能的能量取值从最小值 $\varepsilon_{\min}$ 向上。那么，总粒子数 N 为下述能量区间上的积分，

$$N = \int_{\varepsilon_{\min}}^{\infty} \frac{g(\varepsilon)}{\mathrm{e}^{\frac{\varepsilon-\mu}{T}} + 1} \mathrm{d}\varepsilon, \tag{10.81}$$

其中被积函数是以态密度为权重的费米子平均占有数。(10.81)式给出了作为 μ 和 T 函数的 N。我们也可以从上式反解出 μ 作为 N 和 T 的函数。气体的总能量也可以通过一个类似的积分表达式来计算，该积分中将会多出一个附加的 ε 因子。

对于处在 $T = 0$ 的简并费米气体，所有能级都被占据直到费米能 ε_F，因此 $\mu = \varepsilon_\mathrm{F}$，而 ε_F 与 N 通过下式相互关联，

$$N = \int_{\varepsilon_{\min}}^{\varepsilon_{\mathrm{F}}} g(\varepsilon)\,\mathrm{d}\varepsilon. \tag{10.82}$$

当 T 很小时，μ 与 ε_{F} 的差别很小，这种差别依赖于接近 ε_{F} 的态密度 $g(\varepsilon)$。

10.9.2　简并电子气体的压强

考虑体积 V 的盒子中的 N 个电子。假设它们的电荷被背景离子所携带的正电所屏蔽，从而电子间并无相互作用。假设温度足够低，以至于电子的行为就像简并的费米气体一样。电子的动能范围从 0 向上，态密度为 $g(\varepsilon) = \dfrac{V}{2\pi^2}\left(\dfrac{2m}{\hbar^2}\right)^{\frac{3}{2}}\varepsilon^{\frac{1}{2}}$。在费米能 ε_{F} 以下，所有的态都被占据；而在费米能以上，所有的态都是空的。在 8.7.1 节，我们计算过简并电子气体的费米能，我们也计算了 N 个电子的总能量，即

$$E = \frac{3(3\pi^2)^{\frac{2}{3}}}{5}\,\frac{\hbar^2}{2m}\left(\frac{N}{V}\right)^{\frac{2}{3}}N. \tag{10.83}$$

简并电子气体的状态是 N 个电子体系的能量最低状态，因此它是零温态。由于该状态是惟一的，其熵为零。

下面假设体积 V 可以变化。由于熵仍为 0，所以 $T\mathrm{d}S$ 为零，而热力学第一定律约化为 $\mathrm{d}E = -P\,\mathrm{d}V$。因此简并电子气体的压强为

$$P = -\frac{\mathrm{d}E}{\mathrm{d}V} = \frac{2(3\pi^2)^{\frac{2}{3}}}{5}\,\frac{\hbar^2}{2m}\left(\frac{N}{V}\right)^{\frac{5}{3}}. \tag{10.84}$$

真实压强与密度的 $\dfrac{5}{3}$ 次方成正比，这是由泡利不相容原理导致的结果。它称作电子简并压强。经典的理想气体状态方程 $PV = NT$，在零温时压强为零。但是泡利不相容原理确保了几乎所有的电子在零温都具有正的动能，并且总能量会随着体积的减小而增大，从而产生压强。在 13.7.1 节，我们将会看到，这种压强在白矮星演化过程中起了重要的作用。

10.9.3　电子气体的热容

在德鲁德理论中，金属中的电子作为一自由粒子的经典气体来处理。尽管这个早期的理论取得了一定的成功，但对金属热容的电子贡献却鲜有实验证实。如果电子真实的行为确实是无相互作用的经典粒子，我们便能预测它的能谱应当与 10.5 节所讨论的理想气体能谱相同。对于 N_e 个电子，其热容应该由理想气体(10.55)式给出，为 $\dfrac{3}{2}N_e$。但在正常室温时，测量值不到它的百分之一。

想要精确地计算热容，我们必须要用到量子理论。电子是费米子，因此量子态的平均占有数由费米-狄拉克函数(10.80)给出。金属中的电子密度很高，因此电子的费

米能 ε_F 比室温 T 高得多。费米-狄拉克函数从 1 到 0 的跃迁发生在 ε_F 的 T 阶范围上，是一个相对狭窄的能量区域，从而热激发只影响一小部分电子，即那些能量接近于 ε_F 的电子。

下面我们用使人信服的方式来计算温度比 ε_F 低得多时电子的热容。电子费米气体的热力学能量为

$$E_e = \int_{\varepsilon_{\min}}^{\infty} \varepsilon g(\varepsilon) n_F(\varepsilon) \mathrm{d}\varepsilon, \tag{10.85}$$

其中 $g(\varepsilon)$ 是态密度，$n_F(\varepsilon)$ 是费米-狄拉克函数。态密度不依赖于温度，但 n_F 与温度相关。因此，热容为

$$C_e = \frac{\mathrm{d}E_e}{\mathrm{d}T} = \int_{\varepsilon_{\min}}^{\infty} \varepsilon g(\varepsilon) \frac{\partial n_F}{\partial T} \mathrm{d}\varepsilon. \tag{10.86}$$

在低温时，化学势 μ 接近于 ε_F，而且它的温度依赖能够忽略。令 $x = \dfrac{\varepsilon - \varepsilon_F}{T}$，那么费米-狄拉克函数为

$$n_F(x) = \frac{1}{e^x + 1} \tag{10.87}$$

且它对 T 的导数为

$$\frac{\partial n_F}{\partial T} = \frac{\mathrm{d}n_F}{\mathrm{d}x} \frac{\partial x}{\partial T} = \frac{e^x}{(e^x + 1)^2} \frac{\varepsilon - \varepsilon_F}{T^2} = \frac{1}{T} \frac{x e^x}{(e^x + 1)^2}. \tag{10.88}$$

最后的表达式可以重新写为

$$\frac{1}{T} \frac{x}{\left(e^{\frac{1}{2}x} + e^{-\frac{1}{2}x}\right)^2}. \tag{10.89}$$

它是以 $x = 0$ 为中心的奇函数，也就是以 $\varepsilon = \varepsilon_F$ 为中心。因此，我们能将积分 (10.86) 中的上下限扩展到 $-\infty$ 到 ∞。将 $g(\varepsilon)$ 看成是一个常函数 $g(\varepsilon_F)$，再将能量因子 ε 由 $(\varepsilon - \varepsilon_F) + \varepsilon_F = Tx + \varepsilon_F$ 替换。注意到，最后的常数因子 ε_F 积分后为零，因为它还要乘以一个奇函数再积分。最后，将 $\mathrm{d}\varepsilon$ 由 $T\mathrm{d}x$ 替换，我们便能得到

$$C_e = Tg(\varepsilon_F) \int_{-\infty}^{\infty} \frac{x^2}{\left(e^{\frac{1}{2}x} + e^{-\frac{1}{2}x}\right)^2} \mathrm{d}x. \tag{10.90}$$

这是一个标准积分，它的值为 $\dfrac{\pi^2}{3}$。所以，在低温时

$$C_e = \frac{\pi^2}{3} Tg(\varepsilon_F). \tag{10.91}$$

在 8.7.1 节,我们已经计算过自由电子的态密度为

$$g(\varepsilon) = (2m^3)^{\frac{1}{2}} \frac{V}{\pi^2 \hbar^3} \varepsilon^{\frac{1}{2}} = \frac{3}{2} \frac{N(\varepsilon)}{\varepsilon}, \tag{10.92}$$

其中 $N(\varepsilon)$ 是处在能量 ε 及以下的粒子总数。由于 $N(\varepsilon_F) = N_e$,处在费米面的态密度为 $g(\varepsilon_F) = \frac{3}{2} \frac{N_e}{\varepsilon_F}$,将其代入(10.91),可以得到

$$C_e \approx \frac{\pi^2}{2} N_e \frac{T}{\varepsilon_F}. \tag{10.93}$$

对于室温 $T \ll \varepsilon_F$ 时的金属,上式给出的热容值比经典的 $\frac{3}{2} N_e$ 要小得多。

在低温时,金属的热容可以表示为电子贡献和点阵振动贡献两者之和。不论是点阵振动还是电子的高阶修正都与 T^3 成正比。在低温,正比于 T 的电子贡献成为主导项。这个简单的模型与自由电子模型所适用的电子热容测量值一致。在铸币金属和碱金属的情形,电子热容预测值的准确性,误差在 $10\% \sim 30\%$ 之内。

10.9.4 玻色-爱因斯坦函数

对于玻色子,每个单粒子态平均占有数也能像费米子一样计算。利用概率分布(10.76)式,并在(10.78)中令 $z = z_B$,我们便能得到平均占有数

$$\bar{n}(\varepsilon) = \frac{1}{z_B} \sum_{n=0}^{\infty} n e^{\frac{n(\mu-\varepsilon)}{T}} = (1 - e^{\frac{\mu-\varepsilon}{T}}) \sum_{n=0}^{\infty} n e^{\frac{n(\mu-\varepsilon)}{T}}$$

$$= 0 + e^{\frac{\mu-\varepsilon}{T}} + 2e^{\frac{2(\mu-\varepsilon)}{T}} + 3e^{\frac{3(\mu-\varepsilon)}{T}} + \cdots -$$

$$0 - e^{\frac{2(\mu-\varepsilon)}{T}} - 2e^{\frac{3(\mu-\varepsilon)}{T}} - \cdots$$

$$= \sum_{n=1}^{\infty} e^{\frac{n(\mu-\varepsilon)}{T}}. \tag{10.94}$$

当 $\mu < \varepsilon$,该几何级数之和为

$$\bar{n}(\varepsilon) = \frac{e^{\frac{\mu-\varepsilon}{T}}}{1 - e^{\frac{\mu-\varepsilon}{T}}} = \frac{1}{e^{\frac{\varepsilon-\mu}{T}} - 1} \equiv n_B(\varepsilon). \tag{10.95}$$

我们称 $n_B(\varepsilon)$ 为玻色-爱因斯坦函数。它与费米-狄拉克函数 $n_F(\varepsilon)$ 的区别只在分母上的 $+1$ 变为 -1。图 10.5 展示了 n_B 和 n_F 之间的差别。

$n_B(\varepsilon)$ 的分母形式意味着下述对于各种 n 的积分:

$$\int_0^{\infty} \frac{x^{n-1}}{e^x - 1} \mathrm{d}x \tag{10.96}$$

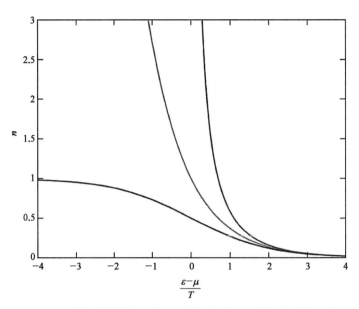

图 10.5 玻色-爱因斯坦函数（上曲线）与费米-狄拉克函数（下曲线）的比较。当 $\varepsilon \gg \mu$ 时，它们渐近相同。这是因为一个状态被多次占据的可能性可以忽略。渐近的形式为麦克斯韦-玻尔兹曼函数 $e^{\frac{\mu-\varepsilon}{T}}$（中曲线）

会经常出现在玻色气体中。它的值为

$$\int_0^\infty \frac{x^{n-1}}{e^x - 1} dx = \int_0^\infty x^{n-1} (e^{-x} + e^{-2x} + e^{-3x} + \cdots) dx$$

$$= \int_0^\infty x^{n-1} e^{-x} dx + \int_0^\infty \left(\frac{x'}{2}\right)^{n-1} e^{-x'} \frac{1}{2} dx' + \int_0^\infty \left(\frac{x''}{3}\right)^{n-1} e^{-x''} \frac{1}{3} dx'' + \cdots$$

$$= \int_0^\infty x^{n-1} e^{-x} dx \left[1 + \frac{1}{2^n} + \frac{1}{3^n} + \cdots\right]$$

$$= \Gamma(n) \zeta(n), \tag{10.97}$$

其中 $\Gamma(n) = \int_0^\infty x^{n-1} e^{-x} dx$，而 $\zeta(n) = \sum_{n=1}^\infty \frac{1}{k^n}$。$\Gamma(n)$ 是欧拉伽马函数，$\zeta(n)$ 是黎曼采他函数。当 n 是正整数时 $\Gamma(n) = (n-1)!$，另一个有用的值是 $\Gamma\left(\frac{3}{2}\right) = \frac{1}{2}\pi^{\frac{1}{2}}$。下述采他函数的值也很有用：$\zeta\left(\frac{3}{2}\right) \approx 2.612$，$\zeta(3) \approx 1.202$，$\zeta(4) \approx \frac{\pi^4}{90}$。

单粒子态的能量范围从 $\varepsilon_{\min}$ 向上。由于平均占有数不能为负，$n_B(\varepsilon)$ 只有当 μ 比每个允许的能量 ε 都小时才有意义，所以 $\mu < \varepsilon_{\min}$。μ 的值由总粒子数 N 来决定，而这再次导致了一个积分限制：

$$N = \int_{\varepsilon_{\min}}^{\infty} \frac{g(\varepsilon)}{e^{\frac{\varepsilon-\mu}{T}} - 1} d\varepsilon. \tag{10.98}$$

对于小的 T，玻色-爱因斯坦函数随 ε 的增加而迅速减小，所以假设 N 是固定的，μ 会随着 T 减少，从 $\varepsilon_{\min}$ 的下部接近于它。这样，绝大多数的粒子将占据能量位于 $\varepsilon_{\min}$ 上面一个很窄区域的激发态。值得注意的是，存在一个临界温度 T_c，在该温度以下只有一部分限定的粒子处在 $\varepsilon > \varepsilon_{\min}$ 的态上。其余的部分都处在基态上，具有能量 $\varepsilon_{\min}$。这样，基态就被宏观地占有。这种现象称为玻色-爱因斯坦凝聚。

为了找到 T_c，我们假设基态是离散的，能量为 $\varepsilon_{\min}$，而单粒子激发态的能量谱是准连续的，态密度为 $g(\varepsilon)$。对于非相对论性的、自旋为 0 质量为 m 的玻色子，假设它在体积 V 的盒子里自由运动，我们可令 $\varepsilon_{\min} = 0$。激发态的密度为

$$g(\varepsilon) = \left(\frac{m^3}{2}\right)^{\frac{1}{2}} \frac{V}{\pi^2 \hbar^3} \varepsilon^{\frac{1}{2}}. \tag{10.99}$$

当 $\mu = 0$ 时达到临界温度 T_c。在该温度，占有基态粒子仍然基本为零，所以可将 $g(\varepsilon)$ 代入(10.98)式中，并令 $\mu = 0$，得到粒子总数：

$$\begin{aligned}
N &= \left(\frac{m^3}{2}\right)^{\frac{1}{2}} \frac{V}{\pi^2 \hbar^3} \int_0^{\infty} \frac{\varepsilon^{\frac{1}{2}}}{e^{\frac{\varepsilon}{T_c}} - 1} d\varepsilon \\
&= \left(\frac{mT_c}{2\pi \hbar^2}\right)^{\frac{3}{2}} \frac{2V}{\pi^{\frac{1}{2}}} \int_0^{\infty} \frac{x^{\frac{1}{2}}}{e^x - 1} dx \\
&= 2.612 V \left(\frac{mT_c}{2\pi \hbar^2}\right)^{\frac{3}{2}},
\end{aligned} \tag{10.100}$$

其中，我们用 $x = \dfrac{\varepsilon}{T_c}$ 来得到 $n = \dfrac{3}{2}$ 时的标准积分(10.96)，且用到了 $\Gamma\left(\dfrac{3}{2}\right) = \dfrac{1}{2}\pi^{\frac{1}{2}}$ 和 $\zeta\left(\dfrac{3}{2}\right) \approx 2.612$。因此玻色-爱因斯坦凝聚的临界温度与数密度的关系，可用下式表达：

$$\frac{N}{V} = 2.612 \left[\frac{mT_c}{2\pi \hbar^2}\right]^{\frac{3}{2}}. \tag{10.101}$$

在低温，μ 仍然为零，激发态的粒子总数是 $2.612 \left[\dfrac{mT}{2\pi \hbar^2}\right]^{\frac{3}{2}}$，比 N 小。其余的粒子都处于基态，将这部分数目记为 $N_0(T)$。于是，总的粒子数为

$$N = N_0(T) + 2.612 V \left[\frac{mT}{2\pi \hbar^2}\right]^{\frac{3}{2}}. \tag{10.102}$$

利用 N 以 T_c 为变量的表达式(10.100)，我们可以得到

$$N_0(T) = 2.612V \left[\frac{m}{2\pi\hbar^2} \right]^{\frac{3}{2}} (T_c^{\frac{3}{2}} - T^{\frac{3}{2}}).$$ (10.103)

用它除以 N 得到基态粒子的占比数：

$$\frac{N_0(T)}{N} = 1 - \left(\frac{T}{T_c} \right)^{\frac{3}{2}}.$$ (10.104)

图 10.6 的左图画出了占比数作为 T 的函数图像。

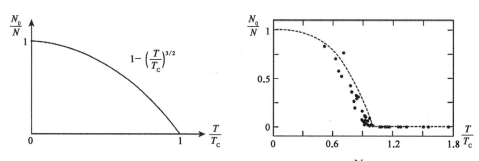

图 10.6 左图：在三维方盒子中的玻色子，理论预测凝聚占比数 $\dfrac{N_0}{N}$，作为归一化温度 $\dfrac{T}{T_c}$ 的函数图形；右图：在三维谐振子势阱中，实际观测到的原子玻色-爱因斯坦凝聚对于归一化温度绘图。虚线是函数 $\dfrac{N}{N_0} = 1 - \left(\dfrac{T}{T_c} \right)^3$ 的图形

在温度的临界点 T_c 存在着相变，从此点开始产生玻色-爱因斯坦凝聚。占有基态的粒子数 $N_0(T)$ 的微商以及热容在临界点是不连续的。由于绝大多数自然出现的玻色原子气体，在它们的临界温度之上就开始液化，液相原子之间的相互作用便不能再忽略了，从而物理系统产生玻色-爱因斯坦凝聚并不那么容易。然而，人们还是相信最富含同位素 $^4\mathrm{He}$ 的原子液氦会发生玻色-爱因斯坦凝聚。直到大约 4 K，氦还是气体，随后开始液化。在液体的自然密度，临界温度 T_c 的理论预测值是 3 K。原子的基态占比数不能直接进行测量，但是人们可以测量热容。如图 10.7 所示，在温度 2.17 K 处，氦的热容存在一个尖峰。在这个温度之下，氦是超流体，人们认为这种相变与玻色-爱因斯坦凝聚有关。

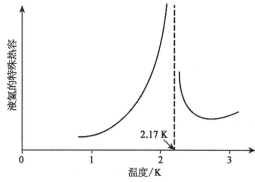

图 10.7 氦的热容存在一个尖峰，由于它的形状又称为 λ 峰，峰值点处于 2.17 K

无可争辩的证据表明，在超冷碱金属原子系统中存在玻色-爱因斯坦凝聚。通过使用激光和非均匀磁场，研究者们能够

在谐振子势阱中捕获①铷 87 和钠 23 等原子。通常只有 10^4—10^7 个原子被捕获到,其密度远低于液氦。因此,这些原子的相互作用要比液氦中原子的相互作用弱得多。也就是说,它们更符合理想玻色气体理论的假设。低密度意味着临界温度 T_c 处在微开尔文范围内。T_c 能用类似于(10.100)的积分进行计算,但是谐振子势中的态密度正比于 ϵ^2 而非 $\epsilon^{\frac{1}{2}}$。通过定义新变量 $x = \dfrac{\epsilon}{T_c}$,$\epsilon^2 d\epsilon$ 将由 $T_c^3 x^2 dx$ 代替,那么 $\dfrac{N_0(T)}{N} = 1 - \left(\dfrac{T}{T_c}\right)^{\frac{3}{2}}$,就得到图 10.6 的右图。通过使用该技术,卡尔·惠曼和埃里克·康奈尔在 1995 年首次获得了玻色-爱因斯坦凝聚。他们将铷原子云冷却到超低温。这些原子包括了 37 个电子,37 个质子和 50 个中子,总的自旋是 $\dfrac{1}{2}$ 的偶数倍。因此,它们是玻色子系统。当温度降低到 1.7×10^{-7} K 时,大量的铷原子凝聚到同一状态。图 10.8 是铷原子云在三种不同的温度下,空间密度分布的图像。该图展示了随着温度降低,原子凝聚到了同一状态。红色表示低密度,黄色和绿色表示中等密度,蓝色和白色表示高密度。

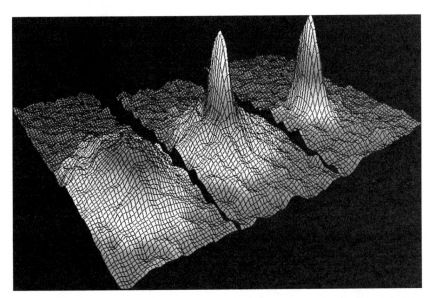

图 10.8 玻色-爱因斯坦凝聚。1995 年,卡尔·惠曼和埃里克·康奈尔通过冷却铷原子(玻色子)达到 1.7×10^{-7} K 以下,第一次真正获得玻色-爱因斯坦凝聚

激光脉冲能够旋转玻色-爱因斯坦凝聚,这会导致凝聚态中将会形成一系列的涡流。这些涡流携带着角动量。图 10.9 展示了一个转动的玻色-爱因斯坦凝聚态。

---

① 我们将会在 11.3.2 节中证明,三维谐振子势第 N 个能级的能量为 $\epsilon_N = \left(N + \dfrac{3}{2}\right)\hbar\omega$,简并度为 $g(\epsilon_N) = \dfrac{1}{2}(N+1)(N+2)$。因此,$g(\epsilon_N) \propto \left(\epsilon_N - \dfrac{1}{2}\hbar\omega\right)\left(\epsilon_N + \dfrac{1}{2}\hbar\omega\right) = \epsilon_N^2 - \dfrac{1}{4}\hbar^2\omega^2$。当 N 很大时,后面的一项可以忽略。

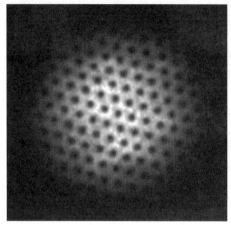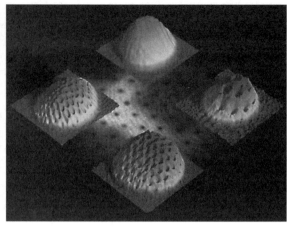

图 10.9　左图：钠原子的旋转凝聚物中存在一种规则的涡旋点阵。用激光来使得半径为 $60\,\mu m$、长度为 $250\,\mu m$ 的凝聚物旋转。右图：凝聚物暴增 20e 重数的复制品。这些 2 维图像形象地描绘了密度分布，也展示了在涡旋的中心，密度取最小值。图例中分别包含了 0,16,70 和 130 个涡旋

10.10　黑　体　辐　射

到目前为止，我们对费米和玻色气体的讨论，已经涉及到非相对论性运动的有质量原子或电子，但还存在一些人们可能认为不是气体的粒子集合体，它们的性质也可以用类似的方法来讨论。其中之一便是光子气体，我们称之为黑体辐射。这个术语来自于理想化的电磁发射体和吸收体所产生的电磁辐射。黑体光谱的测量值无法用经典力学来解释，这导致了 19 世纪末物理学的危机，直到量子力学的出现才得到解决。

令人惊奇的是，即便是一个不包含任何物质的空盒子也具有热力学性质。这是因为盒子内的电磁场是由形成盒子壁的物质热激发的。盒子中存在着光子气体，这种气体会不断地被壁内的材料发射和吸收。这些光子迅速达到热平衡，温度等于盒子的温度。

化学势 μ 是能量对粒子数的导数。μ 是粒子数增 1 的能量代价。光子的静质量为零，意味着发射光子所耗费的能量可以任意小；波长无限长的光子能量为零。由于光子数不守恒，光子不停地吸收和发射，因此光子的化学势 $\mu=0$。我们可以将遍及全空间的电磁场，想象成一种无限的光子浴，用以维持光子化学势为零。

光子是无质量的自旋为 1 的粒子，因此它们是玻色子，在传播方向上存在两个独立的偏振态。作为相对论性粒子，它们遵循 $E=|\,\boldsymbol{p}\,|$ 的关系，即类似无质量粒子(4.27)式的情形。它们之间的相互作用可以忽略，于是它们形成了理想的玻色气体。在具有周期边界条件、有限体积为 V 的盒中，允许的电磁波模式的波矢 $\boldsymbol{k}$ 是离散的。我们在 8.2.1 节中曾推导过，$\boldsymbol{k}$ 空间中波模的密度为 $\dfrac{2V}{(2\pi)^3}$，额外的因子 2，是由于具有两个偏振态。波数 k（波矢的大小）的密度为 $\dfrac{8\pi k^2 V}{(2\pi)^3}=\dfrac{k^2 V}{\pi^2}$。使用频率 ω 来描述是方便的，对电磁波而言，

它与 k 等价。因此，处在频率 ω 的模密度为

$$g(\omega) = \frac{\omega^2 V}{\pi^2}. \tag{10.105}$$

盒子里的每一种电磁发射模式都可以被任意数量的光子占据。假设模的频率为 ω，每个光子具有能量 $\hbar\omega$，进一步假设具有 n 个光子，总能量为 $n\hbar\omega$。每个模式的平均光子数由 $\mu=0$ 的玻色-爱因斯坦函数给出，

$$n_{\mathrm{B}}(\omega) = \frac{1}{\mathrm{e}^{\frac{\hbar\omega}{T}} - 1}. \tag{10.106}$$

在频率 ω 的光子数密度是，处在该模式的光子平均数 $n_{\mathrm{B}}(\omega)$ 乘以态密度 $g(\omega)$，

$$N(\omega) = \frac{\omega^2}{\pi^2} \frac{V}{\mathrm{e}^{\frac{\hbar\omega}{T}} - 1}. \tag{10.107}$$

用 $N(\omega)$ 去乘每个光子的能量 $\hbar\omega$，便能得到光子的能量密度，为

$$E(\omega) = \frac{V\hbar}{\pi^2} \frac{\omega^3}{\mathrm{e}^{\frac{\hbar\omega}{T}} - 1}. \tag{10.108}$$

这通常称作为普朗克公式。普朗克正是在这里首次引入了 h，后来 h 便称作普朗克常数。$E(\omega)$ 就是黑体辐射的能量密度谱。能量密度作为波长的函数，在不同温度下的曲线画在图 10.10 中。

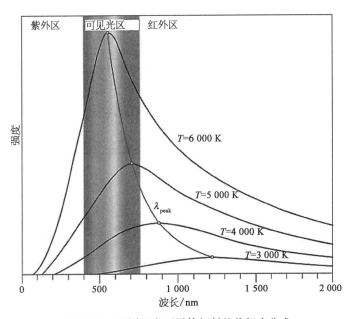

图 10.10 不同温度下黑体辐射的普朗克公式

接下来我们来确定发射峰值，也即 $E(\omega)$ 的最大值，是如何随着温度变化的。为了方便起见，我们重新定义变量 $x = \dfrac{\hbar\omega}{T}$，于是 $E(\omega) \propto \dfrac{x^3}{e^x - 1}$。通过微分，我们可以看到最大值应满足等式 $3x^2(e^x - 1) - x^3 e^x = 0$，或者等价地，位于 $\dfrac{x}{1 - e^{-x}} = 3$。通过数值计算，可以得到 $x = 2.821\,4$。因此，黑体辐射的峰值处在

$$\hbar\omega_{\text{peak}} \approx 2.821\,4T. \tag{10.109}$$

这种随温度线性增长的规律又被称为维恩位移定律。通常又写成 $\lambda_{\text{peak}} \propto \dfrac{1}{T}$。温度和波长之间的关系，参见图 10.10。热的炊壶主要发射红外线，而太阳的表面温度约为 6 000 K，其发射的相当大一部分是可见光和紫外光。值得注意的是，一个温度较高的物体在所有波长都会释放出更多的辐射，而不仅仅是在峰值区域。在第 13 章中，我们将利用维恩位移定律来考虑恒星的物理性质。

在所有模中的光子总数是 $N(\omega)$ 的积分：

$$N = \frac{V}{\pi^2} \int_0^\infty \frac{\omega^2}{e^{\frac{\hbar\omega}{T}} - 1} \mathrm{d}\omega = \frac{VT^3}{\pi^2 \hbar^3} \int_0^\infty \frac{x^2}{e^x - 1} \mathrm{d}x \approx 2.404 \frac{VT^3}{\pi^2 \hbar^3}, \tag{10.110}$$

其中我们使用了变量代换 $x = \dfrac{\hbar\omega}{T}$，得到了 $n = 3$ 时的积分式 (10.96)，并利用了函数值 $\Gamma(3) = 2$ 和 $\zeta(3) \approx 1.202$。

黑体辐射的总能量是 $E(\omega)$ 的积分：

$$E = \frac{V\hbar}{\pi^2} \int_0^\infty \frac{\omega^3}{e^{\frac{\hbar\omega}{T}} - 1} \mathrm{d}\omega = \frac{VT^4}{\pi^2 \hbar^3} \int_0^\infty \frac{x^3}{e^x - 1} \mathrm{d}x = \frac{\pi^2}{15} \frac{VT^4}{\hbar^3}. \tag{10.111}$$

此处我们用到了 $n = 4$ 时的积分式 (10.96)，并使用了函数值 $\Gamma(4) = 3! = 6$ 和 $\zeta(4) = \dfrac{\pi^4}{90}$。这个结果通常又被表示成

$$E = 4\sigma VT^4, \tag{10.112}$$

其中 $\sigma = \dfrac{\pi^2}{60\hbar^3}$ 是斯忒藩-玻尔兹曼常数。

经典上来讲，辐射的模式有无限多个，而且每个模式都会携带等量的热能，所以总能量是无限大的。我们现在知道，电磁辐射是以离散的包或光子的形式进行传输的，这就抑制了极端紫外模式下的能量，导致量子理论中的能量是有限的。黑体辐射的总光子数 N 和总能量 E 都与体积成正比，且都是有限的。这是由普朗克引入量子概念的首功。

黑体辐射有进一步的热力学性质。在固定的体积下，热力学第一定律为 $\mathrm{d}E = T\mathrm{d}S$，从 $E = 4\sigma VT^4$，可得到 $\mathrm{d}E = 16\sigma VT^3 \mathrm{d}T$，所以 $\mathrm{d}S = 16\sigma VT^2 \mathrm{d}T$。对其进行积分，我们可

以得到黑体辐射的熵:

$$S = \frac{16}{3}\sigma V T^3,\qquad(10.113)$$

其中已取积分常数为零,这是因为在零度时熵为零。将 T 代入(10.112)式,我们得到用 S 和 V 的表达式的总能量 E:

$$E = \left(\frac{81}{1\,024}\right)^{\frac{1}{3}} V^{-\frac{1}{3}} S^{\frac{4}{3}}.\qquad(10.114)$$

因此,温度为 T 时,黑体中光子所产生的辐射压强为

$$P = -\frac{\partial E}{\partial V}\bigg|_s = \frac{1}{3V}E = \frac{4}{3}\sigma T^4.\qquad(10.115)$$

第 13 章中,当我们考虑恒星内部的辐射压强时,这个结果将会非常有用。

在黑体表面上的能量辐射也很重要。它的计算如下。假设在靠近物体表面,有一小块温度为 T 黑体辐射。能量由以单位速度(光速)在各个方向随机运动的光子组成。能量密度是 $4\sigma T^4$,如果所有的能量都垂直于物体表面向外辐射,那么单位面积的能量辐射率为 $4\sigma T^4$;然而只有一半的能量会向外辐射,且对于这一半,垂直于表面的速度分量在 0 到 1 之间变化。速度垂直于表面的平均分量是 $\frac{1}{2}$($\cos\theta$ 在半球面 $0 \leqslant \theta \leqslant \frac{\pi}{2}$ 的平均值)。因此,单位面积的能量辐射率为 σT^4。这又称为斯忒藩-玻尔兹曼定律,它决定了恒星的亮度。

10.11　激　　光

在这一节中,我们将研究黑体辐射与原子中光子吸收和发射的相互影响,并讨论物理学中出现的激光技术。

波尔提出的多能级思想对于原子中的电子是可利用的。处在激发态 E_2 的电子,将自发地落到能量更低的能级 E_1,并发射出能量为 $E_2 - E_1 = \hbar\omega$ 的光子,其中 ω 是光子的频率。相反地,具有这种能量的光子,也能将电子从 E_1 能级擢升到 E_2 能级。爱因斯坦认识到具有合适能量的光子将会诱发电子落到更低的能级。具有能量为 $E_2 - E_1 = \hbar\omega$ 的光子将会激励处在激发态 E_2 的电子,发射出更多具有相同能量的光子,而落到 E_1 能级。

爱因斯坦的论证基于一个简单的原子模型,这个原子模型由两个能级系统来描述,其中 $E_2 > E_1$,处在 E_m 能级上的电子数是 n_m。爱因斯坦假设电子数 n_2 的变化率为

$$\frac{\mathrm{d}n_2}{\mathrm{d}t} = -n_2 A_{21} - n_2 B_{21} u(\omega) + n_1 B_{12} u(\omega),\qquad(10.116)$$

其中 $u(\omega)$ 是单位体积光子的谱能量密度。此处，$-n_2 A_{21}$ 是自发发射率，$-n_2 B_{21}$ 是受激发射率，而 $n_1 B_{12} u(\omega)$ 是将电子从能级 E_1 擢升到能级 E_2 的受激吸收率。A_{21} 是一个能级的内禀性质，与它的半衰期相关，而通过 $u(\omega)$ 包含 B_{12} 和 B_{21} 的项，依赖于其他频率 ω 的光子。对于那些与黑体辐射达到热平衡状态的原子气体，两个能级的电子数保持为常数，即 $\dfrac{\mathrm{d} n_1}{\mathrm{d} t} = \dfrac{\mathrm{d} n_2}{\mathrm{d} t} = 0$。 因此，由(10.116)式可得

$$(n_1 B_{12} - n_2 B_{21}) u(\omega) = n_2 A_{21}. \tag{10.117}$$

通过重新整理，给出

$$u(\omega) = \frac{A_{21}}{B_{12}} \frac{1}{\left(\dfrac{n_1}{n_2} - \dfrac{B_{21}}{B_{12}} \right)}. \tag{10.118}$$

在温度为 T 的热力学平衡态，原子数的比值由吉布斯因子的比值给出

$$\frac{n_1}{n_2} = \frac{\mathrm{e}^{-\frac{E_1}{T}}}{\mathrm{e}^{-\frac{E_2}{T}}} = \mathrm{e}^{\frac{\hbar\omega}{T}}, \tag{10.119}$$

而从普朗克公式(10.108)可知 $u(\omega) = \dfrac{1}{V} E(\omega)$，由此可得

$$u(\omega) = \frac{\hbar\omega^3}{\pi^2} \frac{1}{\mathrm{e}^{\frac{\hbar\omega}{T}} - 1} = \frac{A_{21}}{B_{12}} \frac{1}{\left(\mathrm{e}^{\frac{\hbar\omega}{T}} - \dfrac{B_{21}}{B_{12}} \right)}. \tag{10.120}$$

该方程仅当 $B_{12} = B_{21}$ 时才能成立，我们便能得到一个惊人的关系 $\dfrac{A_{21}}{B_{12}} = \dfrac{\hbar\omega^3}{\pi^2}$。

受激发射是光子的玻色子本性的直接推论。若没有(10.116)式中的受激发射项 $B_{21} u(\omega)$，我们便得到 $u(\omega) = \dfrac{A_{21}}{B_{12}} \mathrm{e}^{-\frac{\hbar\omega}{T}}$，这将适合于可区分的粒子。非正式地说，玻色子喜欢和其他玻色子占据同样的状态。

我们可以通过几个实际的例子来评价受激发射的重要性。对于波长 632.8 nm 的红光，$\omega \approx 3 \times 10^{15}\ \mathrm{s}^{-1}$。在室温，$T \approx 0.025\ \mathrm{eV} = 4 \times 10^{-21}\ \mathrm{J}$，从而 $\dfrac{\hbar\omega}{T} \approx \dfrac{10^{-34} \times 3 \times 10^{15}}{4 \times 10^{-21}} = 75$。 由(10.120)式和 B 的系数相等，

$$\frac{A_{21}}{B_{12} u(\omega)} = \mathrm{e}^{\frac{\hbar\omega}{T}} - 1 \approx \mathrm{e}^{75}, \tag{10.121}$$

所以在室温下，红光的自发发射远远超过了受激发射。然而，如果 $\omega = 10^{12}\ \mathrm{s}^{-1}$，它对应于微波频谱的高频端，相反的结论成立。

对于这样一种微波, $\dfrac{\hbar\omega}{T} \approx 0.025$, 可得

$$\frac{A_{21}}{B_{12}\,u(\omega)} = \mathrm{e}^{0.025} - 1 \approx 0.025. \tag{10.122}$$

因此受激发射远远超过了自发发射。一般来说, 频率远大于黑体光谱峰值的辐射以自发发射为主, 频率小于黑体峰值的发射以受激发射为主。

初看上去, 自发发射和受激发射的过程似乎是截然不同的, 但事实并非如此。即使在电磁场不包含任何光子激发的情况下, 每个模仍然具有零点能 $\dfrac{1}{2}\hbar\omega$。 自发发射可以看作是这些零点振荡所产生的受激发射。

受激发射现象给我们提供了一种非常重要的技术, 它的首字母缩写激光(LASER, Light Amplication by the Stimulated Emission of Radiation)已经成了我们的日常用语。要制造激光, 系统必须脱离热力学平衡, 并提供能量以维持电子能级的粒子数反向转化。我们很快就考虑要如何做到这一点。在两个能级的系统中, 如果我们让大部分电子占据能级 E_2, 这样那些自发下落到 E_1 能级的电子, 将发射出频率为 ω 的光子, 它又使相同频率的光子受激发射, 触发一连串的光子。通过注入能量使得电子返回 E_2 能级, 我们就可以得到一种频率为 ω 的持续光子输出。最重要的是, 每一个被激发的光子不仅具有相同的频率, 而且具有相同的偏振。受激光子与激发波处于同一相位, 并且向相同的方向辐射。

在 1960 年, 研究人员首次当众展示了一台实用激光器, 它是建立在氦原子和氖原子以 10∶1 的比例混合的基础上。如图 10.11 所示, 氦原子存在一个接近氖原子的激发态。经过混合气体的一股电流, 激发氦原子中的电子。氦原子随后经历了与氖原子碰撞, 而擢升氖原子的外层电子到激发态。(小的能量差别由氦原子的动能提供。) 氖 3s 的状态是亚稳态, 因此电子的数量众多; 而氖 2p 的状态会迅速衰变到 1s 的状态, 所以电子的数量稀少。[①] 只要有电流通过气体, 这种数量反转就会持续发生。

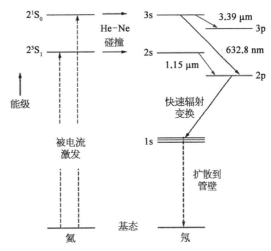

图 10.11　氦原子和氖原子的能级。粒子数转化发生在氖原子的 3s 和 2p 能级之间

如图 10.12 所示, 为了产生激光, 混合气体被放置在两个高度抛光的镜子之间的一个狭窄的腔内, 形成一个光学谐振腔。氖 3s 到 2p 能级的自发衰变产生光子, 激发进一步的

———————————

① 在这里使用了帕邢(Friedrich Paschen)激发态记号。

跃迁反应。这样的一束光在两端镜子之间来回反射,任何离轴发射的光子都将失去。激光本质上是一台甚高频的电磁振荡器。其中的一面镜子部分(99%)镀银,这允许光束逃逸。氦氖激光器发射 632.8 nm 波长的红光。作为一种廉价、小巧、功能强大的单色光源,它已被广泛应用于条形码扫描器等领域。如今,我们已经开发出许多其他类型的激光器,它们基于所有不同的材料:气体、液体、晶状的固体、半导体和绝缘体。

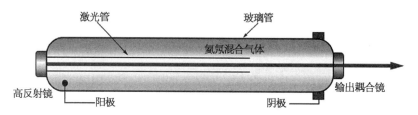

图 10.12   氦氖激光。管孔必须足够窄,以便氖原子迅速扩散到管壁,在那里碰撞使氖 1s 激发态的电子返回基态

激光束与诸如白炽灯泡的传统光源所产生的光有很大区别。当钨丝被电流加热时,它发出的发射的热频谱,可以看成是普朗克公式的一个非常好的近似。这种辐射是随机过程的结果,具有随机的极化方向和相位的光子,发射到各个方向,因此它产生的光不是相干的。相比之下,激光中的光子都处于相同的相位,并且在窄光束中以同一方向发射,且具有相同的偏振。标准透镜将激光发出的相干光聚焦到一个衍射极限的光斑上,该光斑的大小取决于波长。对于氧乙炔炬,相比于能流密度为 10^3 Wcm^{-2},高达 10^{17} Wcm^{-2} 的能流密度将很容易实现。这导致了从焊接到核聚变研究的广泛应用。激光光束的相干性对全息照相和引力波干涉仪等许多其他应用都是必不可少的。其他一系列应用包括从 CD 和 DVD 中存储和检索数据、眼科手术、自适应光学的导星、激光打印以及光纤。人们正花费大量精力发展光子学技术,作为另一种的电子学。因为光子以光速运动,与其他光子的相互作用可以忽略不计,所以光子器件具有体积小、速度快的显著优点。

10.12   自旋系统中的磁化

就如我们在第 9 章中已看到的那样,在以原子规则点阵的晶体化固体中,原子经常具有净自旋。作为推论,每一原子都表现得像一个微观磁体,其磁矩在某些固体中产生相邻原子之间的磁相互作用。基于自旋点阵系统的简单模型来解释此类材料的热力学性质和物理特性,存在着大量有趣的处理。让我们来考虑自旋为 $\frac{1}{2}$ 的原子,这样它们只有两个独立的自旋态,点阵结构迫使每个自旋沿着点阵轴要么向上,具有投影 $+\frac{1}{2}$;要么向下,具有投影 $-\frac{1}{2}$。自旋的态叠加可以忽略。于是,磁矩会指向上或指向下,强度是常数乘以自旋投影。

磁力随着距离的增加而迅速下降,所以可以假设对能量的唯一贡献来自相邻点阵自旋之间的相互作用。在最普通的材料中,磁的微观行为方式与一对铁磁条相似。磁性相反的两极靠得很近。在这种材料中,原子自旋的最低能量排列是相邻的磁矩在相反的方向上取向。任何平行磁矩都会使能量增加。

最简单的这类模型是一个一维链,是由 $N+1$ 个大量等间距的自旋组成。如图 10.13 (下图)所示,在基态中,自旋的方向是交替的,这种状态被称为完全反铁磁性的。我们把能量进行正则化,使基态的能量为零。激发态存在缺陷,缺陷处相邻自旋取向于同一方向。图 10.13(上图)所示的状态有两个缺陷。

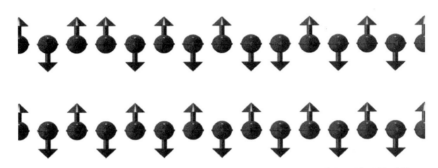

图 10.13 底部:一维反铁磁体的基态;顶部:具有两个缺陷的一维反铁磁体

我们可以从第一性原理来研究这个系统的热力学性质。假设只有最邻近的自旋存在相互作用,那么每个缺陷会提高一个能量 ε。 例如,n 个缺陷的能量是 $n\varepsilon$。n 个缺陷有 N 个可能的位置,并且缺陷必须都在不同的位置。假设链左端的自旋是向上的,具有 n 个缺陷的状态数 Ω 是组合因子:

$$\binom{N}{n} = \frac{N!}{n!\,(N-n)!}. \tag{10.123}$$

它就是从 N 里面选出 n 个位置的方法数。因为 N 非常大,我们记 $n=\alpha N$,其中 α 是缺陷的相对密度。于是

$$\Omega = \binom{N}{\alpha N} = \frac{N!}{(\alpha N)!\,((1-\alpha)N)!}. \tag{10.124}$$

利用近似(10.60),$\log X! = X\log X - X$,我们便可以得到熵作为如下的 α 的函数,

$$\begin{aligned}
S = \log \Omega &= N(\log N - 1) - \alpha N(\log(\alpha N) - 1) - (1-\alpha)N(\log((1-\alpha)N) - 1) \\
&= N\{\log N - \alpha \log(\alpha N) - (1-\alpha)\log((1-\alpha)N)\} \\
&= N\{\log N - \alpha(\log \alpha + \log N) - (1-\alpha)(\log(1-\alpha) + \log N)\} \\
&= -N\{\alpha \log \alpha + (1-\alpha)\log(1-\alpha)\}.
\end{aligned} \tag{10.125}$$

用 α 的形式来表示能量,$E = \alpha N\varepsilon$。

将这些表达式中的 N 固定,对 α 微分,可得

$$\frac{\mathrm{d}S}{\mathrm{d}\alpha} = -N\{\log\alpha + 1 - \log(1-\alpha) - 1\} = N\log\left(\frac{1}{\alpha} - 1\right), \qquad (10.126)$$

$$\frac{\mathrm{d}E}{\mathrm{d}\alpha} = N\varepsilon. \qquad (10.127)$$

因此，对于该系统，

$$\frac{1}{T} = \frac{\mathrm{d}S}{\mathrm{d}E} = \frac{\mathrm{d}S}{\mathrm{d}\alpha}\frac{\mathrm{d}\alpha}{\mathrm{d}E} = \frac{1}{\varepsilon}\log\left(\frac{1}{\alpha} - 1\right). \qquad (10.128)$$

从(10.128)式可得到 α 的表达式：

$$\alpha = \frac{1}{\mathrm{e}^{\frac{\varepsilon}{T}} + 1}. \qquad (10.129)$$

这是相邻自旋对取向成反铁磁体缺陷的相对密度。在低温 $T \ll \varepsilon$ 时，相对密度 $\alpha \approx \mathrm{e}^{\frac{\varepsilon}{T}}$，它是一个指数式小量，所以存在具有精确反铁磁有序化自旋的大块。然而，由于缺陷密度小，当 N 趋向无穷时，不存在长程序。如果自旋距离链的左端很远，它向上或向下的可能性是相等的。在高温 $T \gg \varepsilon$ 时，相对密度 α 接近于 $\frac{1}{2}$，因此缺陷和非缺陷是等概率的。自旋是完全随机的，随着 $T \to \infty$，甚至连最相邻的自旋也将变得毫无相关性。

这是自旋点阵的最简单的模型。此外，尚存在着难以计数的其他模型。如图 10.14 所示，也可以将一维相邻自旋的相同指向看成是铁磁体。这两种链都可能受到外部磁场的影响，磁场会影响能量并使自旋趋向于相同指向。上面所讨论的自旋链只是一个单纯的热系统，倘若包含外场，它就变成一个热力学系统，外场代替了气体中的压强，净磁化代替了体积。

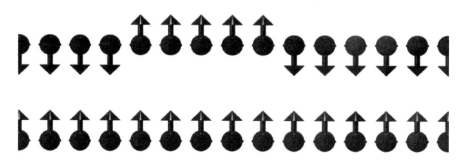

图 10.14 下图：一维铁磁体的基态；上图：具有两个缺陷的一维铁磁体

考虑二维或三维的自旋点阵也是可行的，并且允许自旋投影具有两个以上的值来构建自旋大于 $\frac{1}{2}$ 的原子模型。对于立方点阵，相邻自旋之间的耦合可能不同，这取决于相邻自旋投影，是平行的还是垂直的。

存在着真正的量子自旋点阵,每个原子都有自旋 $\frac{1}{2}$,并有自旋算子 s,但我们不能直接假设每个自旋向上或者向下。每个相邻自旋对的量子哈密顿量 $s^{(1)}$ 和 $s^{(2)}$,可能具有各向同性形式 $c s^{(1)} \cdot s^{(2)}$;或者更加复杂的形式 $c_1 s_x^{(1)} s_x^{(2)} + c_2 s_y^{(1)} s_y^{(2)} + c_3 s_z^{(1)} s_z^{(2)}$。总的哈密顿量是这些形式,在所有相邻自旋对上的和。

一些自旋点阵模型的热力学性质可以精确计算,特别以二维铁磁体伊辛模型为著称,其中 $c_1 = c_2 = 0$ 且 $c_3 < 0$。这是由拉斯·昂萨格用更精致的组合方法解决的,而不再是我们之前使用的一维反铁磁链。伊辛模型最重要的结果是,在低温总存在长程铁磁序,即使在没有任何外部磁场情况下也是如此。这意味着大多数系统形成了一个自旋指向相同的连通区域。缺陷出现在反方向自旋指向的孤立小区域,随着温度的升高,无序度也会增加。在一个临界温度 T_{Curie} 时,铁磁体存在相变,无限大范围的秩序消失。这个温度又被称为居里温度。如果一个特定的自旋是向上的,那么附近的自旋仍然更有可能是向上的,而不是向下的。但是随着距离的增加,距离较远的自旋向上的概率接近 $\frac{1}{2}$。

10.13 相 变 简 述

许多材料的物理特性在特定的温度下会发生剧烈的变化。水的冻结和沸腾是这些转变中最常见的例子,这些转变称为相变。相变发生在热力学行为不连续时,甚至还在一个系统中出现。在大气压下,水在 273 K 时结冰(最接近的温度),蒸汽在 373 K 时液化。冰显然不同于液态水或蒸汽,因为它是晶体,而熔化 1 克冰需要 334 焦耳的潜热。水和水蒸气的区别不是那么容易识别。在 373 K 时,水的性质显然是不连续的,因为在这个温度下,水转化为蒸汽需要大量的潜热。在大气压下,一克水的温度从 273 K 升到 373 K 大约需要 420 焦耳,然后需要 2 270 焦耳才能将水变成蒸汽。这就是为什么使整个壶里的水沸腾要花上很长时间的缘故。水蒸气的体积远大于水的体积,水蒸气的熵也远大于水的熵。我们已经遇到了其他类型的相变,例如玻色子气体的玻色-爱因斯坦凝聚的例子中,当温度低于临界值,只有有限比例的原子处于单粒子基态。固体材料中也有相变,相变与它们的电磁场性质有关。例如铁磁体的居里温度,在居里温度以下,由于原子自旋的净指向,铁磁材料自发地获得净磁化。在其他相变中,固体的晶体结构会发生改变。例如,在 1 044 K 的临界温度下,铁的晶体结构由体心立方转变为面心立方。(有关这些堆积的描述,请参见图 9.20。)这与铁在居里温度 1043 K 时的铁磁相变有关。其他一些相变发生在诸如液晶那样的化学混合物和溶液中。另一个例子是超导现象,当某些材料冷却到临界温度以下时,超导现象会突然出现。在这个转变温度以下,超导体会排除任何穿过该材料的磁场,这样其电阻就会消失,所以任何电流都将无限地存在下去。正如前面所讨论的,可以严格证明发生相变的少数几个模型系统之一,是二维的伊辛铁磁系统。

不同种类的相有一个基本特征,它们可以共存于相互接触的系统中(例如,水与水蒸气接触),并且仍然处于平衡状态。我们从一般的热力学考虑知道,处于平衡状态的系统必须具有相同的温度、压强和化学势。若非如此，它们就会交换能量或粒子，或者分离它们的表面就会发生移动。让我们假设自变量是温度和压强，所有其他热力学量都是它们的函数。特别的，两个阶段的化学势 I 和 II 是两个不同的函数 $\mu_I(T, P)$ 和 $\mu_{II}(T, P)$。于是，相在 (T, P) 平面相变曲线上达到平衡共存的点为 $\mu_I(T, P) = \mu_{II}(T, P)$。这是一个关于 P 和 T 的方程。(μ_I 是定义在 I 相区域中的函数。但从理论上讲，它的范围有可能超出这条曲线，延伸到 II 相的区域，不管 I 相是否在此处稳定。类似地，μ_{II} 也能延伸到 I 相的区域。这与过冷和过热现象有关。)

图 10.15 是一个典型的 (T, P) 平面相图。许多系统都有三个或以上不同的相。三种相只有在 (T, P) 平面上的孤立点才具有相等的化学势。处在三种相共存的点称为三相点。

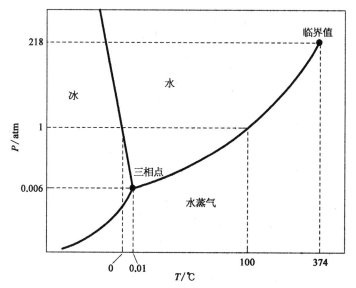

图 10.15 水的 T, P 相图的略图（三相点附近区域放大，冰水共存曲线斜率也会增大）

如果在 (V, T) 平面上绘制相图，看起来将会有所不同。这里，V 指的是对于特定质量物质的总体积，因此两种相位的体积并不相同。在 (V, T) 平面上，图 10.16 展示了一个典型的液气相图。沿着特定的温度线 $T = \tilde{T}$ 向右移动，在区域 I 体积会缓慢增大，但是物质只有液相。压强在减小，但这没有显示出来。在曲线 1 上相变开始，在曲线 1 和曲线 2 之间存在着一些液体和气体共存和接触的实例。随着曲线之间的体积增大，液体的比例从 1 下降到 0，但是压强和温度不变。在曲线 2 上是纯气体。在区域 II，体积继续增加，压强再次减小。在 (T, P) 平面的相分隔线的斜率与潜热之间存在一个有趣的关系，称为克劳修斯-克拉珀龙关系。曲线左右毗连的点分别代表处于相 I 和相 II 的系统。在这样两类点上，T, P 和 μ 都具有相同的值，并且在相变中粒子既不产生也不消灭，从而 N 也有相等的值。所以，在这样两类点上，吉布斯自由能 $G = \mu N$ 具有相等的值。当系统通过相隔离曲线时，不连续的量是熵 S 和体积 V。我们用 S_I, V_I 和 S_{II}, V_{II} 表示曲线两边的这些量。尽管吉布斯自由能相等，我们仍然分别用 G_I 和 G_{II} 来分别标记

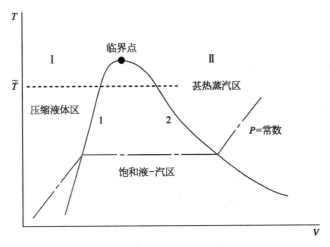

图 10.16 V, T 相图

它们。

现在我们考虑沿着曲线的一对相邻点的无穷小移动 $(\mathrm{d}T, \mathrm{d}P)$。沿着曲线两边的 G_{I} 和 G_{II} 的无穷小变化相等。因为 $\mathrm{d}G = -S\mathrm{d}T + V\mathrm{d}P + \mu\mathrm{d}N$，并且粒子数是固定的，所以，

$$-S_{\mathrm{I}}\mathrm{d}T + V_{\mathrm{I}}\mathrm{d}P = -S_{\mathrm{II}}\mathrm{d}T + V_{\mathrm{II}}\mathrm{d}P. \qquad (10.130)$$

于是，

$$(S_{\mathrm{II}} - S_{\mathrm{I}})\mathrm{d}T = (V_{\mathrm{II}} - V_{\mathrm{I}})\mathrm{d}P, \qquad (10.131)$$

这意味着沿着曲线,斜率为

$$\frac{\mathrm{d}P}{\mathrm{d}T} = \frac{S_{\mathrm{II}} - S_{\mathrm{I}}}{V_{\mathrm{II}} - V_{\mathrm{I}}}. \qquad (10.132)$$

一般来说，$T\mathrm{d}S$ 是无穷小热量。在 T 为常数的相变过程中，我们便能对此进行积分并推断出相变潜热 L 为 $T(S_{\mathrm{II}} - S_{\mathrm{I}})$。于是，(10.132)式可以重新写为

$$\frac{\mathrm{d}P}{\mathrm{d}T} = \frac{L}{T(V_{\mathrm{II}} - V_{\mathrm{I}})}, \quad (10.133)$$

这就是克劳修斯克-拉珀龙关系（图 10.17）。相变曲线的斜率与相变潜热成正比。因为 T 和 L 都是广延量，所以斜率不依赖于物质的总量。在液气相变过程中，L 和 T 都是正的,且 $V_{\mathrm{II}} \gg V_{\mathrm{I}}$，因此斜率是正的。这意味着随着压强增加，沸点将

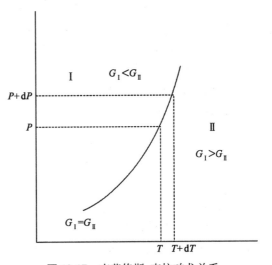

图 10.17 克劳修斯-克拉珀龙关系

会升高。这就是为什么有水蒸气存在的高压锅能加快烹饪速度的原因，也是为什么在大气压低于海平面的高山上，水会在低于 373 K 的温度下沸腾的原因。

在冰融化成水的相变过程中，液态水的体积小于等质量固体冰的体积。如9.4.1节所述，这是冰晶体结构的出乎意料的推论。由于 L 和 T 都是正的，克劳修斯-克拉珀龙关系意味着随着压强降低，熔点也会降低。但是由于 V_{II} 与 V_{I} 之间非常接近，这种效应非常小。在压强为大气压的百分之一时，水存在一个三相点。如图 10.15 所示，在更低的压强下，液态水不再存在。

10.14 霍金辐射

在 6.11.1 节，我们证明了质量为 M 的非旋转黑洞的视界是一个球面，它的表面积为

$$A = 4\pi r_{\text{S}}^2 = 16\pi G^2 M^2 , \tag{10.134}$$

其中 r_{S} 是史瓦西半径。任何落入黑洞的物质都会增加它的质量，也就是增加它的面积。如果两个质量为 M 的施瓦西黑洞合并，质量为 $2M$ 的黑洞的面积是 $64\pi G^2 M^2$，这比原来合并的两个黑洞的总面积 $2 \times 16\pi G^2 M^2$ 要大。这在黑洞是旋转且带电的普遍情况下也是正确的。事实上，在 1971 年，斯蒂芬·霍金从非常普遍的假设出发，证明了在任何过程中，宇宙中黑洞视界的总面积 A 必须增加：

$$\frac{\mathrm{d}A}{\mathrm{d}t} \geqslant 0. \tag{10.135}$$

它又被称为黑洞面积定理。

大约在此同时，雅各布·贝肯斯坦（Jacob Bekenstein）注意到，黑洞似乎提供了一个熵汇，在这里宇宙可能会失去一些熵。任何落入黑洞的物质，连同它所包含的熵，都会在宇宙的其他部分永远消失。这似乎是一种减少宇宙中熵的方法，它会违反热力学第二定律，所以这很令人费解。在 1972 年，贝肯斯坦意识到，给黑洞指派熵也许是一个可能的解决方案。贝肯斯坦注意到霍金的面积定理与热力学第二定律之间的相似性，尝试性地建议，两者之间可能存在精确的对应关系，比如黑洞的面积实际上是其熵的量度。当物质落入黑洞时，其视界面积就会增大。如果这被解释为黑洞熵的增加，那么它可能会补偿宇宙其他部分熵的损失。不过如何才能使人信服呢？黑洞的面积定理是广义相对论的几何结果，而热力学第二定律是关于热的统计定律。此外，人们认为黑洞仅由质量、角动量和电荷所决定，除此之外再无其他特征。它们怎么可能存在统计特性呢？

起初，霍金驳斥了贝肯斯坦的观点。如果将熵赋予黑洞，那么黑洞必须表现得像一个具有确定温度的物体，所以它必须发射辐射。这与所有有关黑洞的理论矛盾。当黑洞在广义相对论中模型化时，它的温度必须为零，因为尽管辐射可能落入黑洞，但是任何东西都无法逃逸。然而，霍金很快意识到，如果将量子力学考虑进去，情况就大不相同了。广义相对论非常有效。它是我们最好的引力理论，但它是一个经典理论。现实世界是量

子力学的,所以最终的引力理论必须是量子理论。霍金证明了量子黑洞确实会发射辐射,也就是现在所说的霍金辐射,因此黑洞将具有非零温度。

霍金的面积定理(10.135)通常被称为黑洞力学的第二定律,而依照贝肯斯坦,它又被认为是热力学第二定律(10.14)的类似。通过进一步的类比,黑洞力学的第一定律类似于热力学第一定律(10.22),黑洞质量(等价于它的能量)的改变将与视界面积和角动量 J 的改变相关。从面积质量关系式(10.134)可知,对于非旋转的黑洞 $dA = 32\pi G^2 M dM$,因此 $dM = \frac{\kappa}{8\pi G} dA$,其中 $\kappa = \frac{1}{4GM}$。这就是 $J = 0$ 时的第一定律。更一般的,对于旋转黑洞,黑洞力学的第一定律为

$$dM = \frac{\kappa}{8\pi G} dA + \Omega dJ, \tag{10.136}$$

其中 $\Omega = \frac{a}{4Gr_+}$ 是视界的角速度,已经在 6.11.2 节中定义过。如果黑洞带电,第一定律中还存在一个额外项。

$\kappa = \frac{1}{4GM}$ 被解释为事件视界的表面引力,它是在物体表面所经历的重力加速度 g 的相对论推广[①]。在黑洞视界上的表面引力 κ 必须是常数,这为我们提供了一个类似地热力学第零定律,κ 的倍数起到温度的角色。霍金利用量子理论研究黑洞的光子发射,计算出黑洞具有霍金温度:

$$T_{\mathrm{H}} = \frac{\hbar}{2\pi} \kappa = \frac{\hbar}{8\pi GM}. \tag{10.137}$$

然后从黑洞力学第一定律(10.136)可知 $\frac{\kappa}{8\pi G} dA = \frac{T_{\mathrm{H}}}{4\hbar G} dA = T_{\mathrm{H}} dS_{\mathrm{BH}}$,于是黑洞的熵为

$$S_{\mathrm{BH}} = \frac{A}{4\hbar G}. \tag{10.138}$$

黑洞的温度是由视界外的人测量出来的,它由黑洞所发射的霍金辐射推导得到。因此,尽管黑洞内部可能经历着难以置信的剧烈过程,但它的温度可能非常低。事实上,恒星质量黑洞的温度低得无法测量。

要了解黑洞质量与其温度之间的联系,最简单的方法是考虑它发出的辐射波长。根据量子力学,黑洞不能束缚波长大于其视界的发射。黑洞内的电磁场在连续的波动。任何波长大于史瓦西半径的光子都可能通过量子力学隧道效应发现自己在黑洞之外,并逃

---

① κ 表达式的严格推导需要在广义相对论中进行,但是我们也可以通过考虑在史瓦西半径下的牛顿加速度来理解它,也就是 $\frac{GM}{r_{\mathrm{S}}^2} = \frac{GM}{(2GM)^2} = \frac{1}{4GM}$。

逸到一个遥远的观察者那里。如果霍金辐射的特征波长是 $\lambda_H \approx r_S = 2GM$，那么它的频率是 $\omega_H = \dfrac{2\pi}{\lambda_H} \approx \dfrac{\pi}{GM}$。 由此我们可以大致估算霍金温度。利用式(10.109)将黑体辐射峰值频率与温度联系起来，得到

$$T_H \approx \frac{\hbar \omega_H}{2.8} \approx \frac{\pi}{2.8}\frac{\hbar}{GM}. \tag{10.139}$$

霍金更精确的计算出了温度(10.137)。

恒星质量黑洞的史瓦西半径是几公里，所以霍金辐射的特征波长也是几公里，对应的温度低于 10^{-7} K。温度是如此之低，以至于这样黑洞不可避免地吸收的辐射比它释放的要多。宇宙沐浴在大爆炸后不久产生的宇宙微波背景发射中。它的谱对应于大约 2.7 K 的黑体温度，远高于恒星质量黑洞的霍金温度。

由于霍金辐射的波长与视界的大小相当，史瓦西半径为几百纳米的黑洞将发射出可见光谱段的辐射，其温度大约在 10^3 K 左右。这对应的黑洞质量为 10^{20} kg。霍金推测，这种微型黑洞可能在宇宙大爆炸后不久形成，当时宇宙密度非常大。如果早期宇宙中的物质存在块状聚集，一些密度更大的区域将坍塌形成黑洞，这种情况就会发生。这些理论论证的小黑洞被称为原初黑洞。它们的质量可能与小行星的质量相当，比方说①，将小行星装进一个比原子还小的区域里，就可以形成小黑洞。由于温度较高，这些小黑洞会释放出大量辐射，从而逐渐失去质量。随着质量下降，它们的温度会进一步上升，从而增加它们的辐射速率。在这样不断向外辐射的过程中，迷你黑洞的温度会在其最后时刻急剧上升，直到它在巨大的辐射风暴中消失。

山体级别质量的原初黑洞，质量约为 10^{11} kg，处于立刻就会爆发的边缘。稍大一些的黑洞将一直发射 X 射线和伽马射线，持续许多个世代。天文学家们一直在寻找小型黑洞爆炸时产生的伽马射线暴，但从未发现。不管它们是否存在，毫无疑问，该理论的一般性原理是正确的，而且黑洞确实存在霍金辐射。广义相对论、量子力学和热力学的结合是如此紧密，以至于这些思想必须在宇宙的基本结构中发挥重要作用。这是第一个将量子力学与引力联系起来的结果；这也是为什么在现代物理学中，它是最深奥的思想之一。黑洞熵的微观起源仍未被完全理解，但通常认为熵与量子引力的微观态数的对数相关，它描述时空度规的量子涨落。

10.15 拓展阅读材料

K. Huang. *Introduction to Statistical Physics*. London：Taylor and Francis，2001.

L. D. Landau and E. M. Lifschitz. *Statistical Physics（Part 1）：Course of Theoretical Physics*，Vol.5 (3rd ed.). Oxford：Butterworth-Heinemann，1980.

---

① 一颗直径 1 000 km 的小行星的质量约为 10^{20} kg。

关于相变的概述，请参阅

J. M. Yeomans. *Statistical Mechanics of Phase Transitions*. Oxford：OUP，1992.

关于玻色爱因斯坦凝聚的更多介绍，请参阅

C. J. Pethick and H. Smith. *Bose-Einstein Condensation in Dilute Gases*. Cambridge：CUP，2002.

关于光、光学、黑体辐射和激光的概述，请参阅

I. R. Kenyon. *The Light Fantastic*. Oxford：OUP，2008.

第11章 核物理

11.1 核物理学起源

卢瑟福提出金箔实验设想后的 1911 年,汉斯·盖格和欧内斯特·马斯登进行了这个实验,从而证实了原子核存在。利用金箔散射 α 粒子的实验结果,卢瑟福可以计算金原子核的半径[①],其现代值为 7.3 fm(飞米),1 fm $= 10^{-15}$ m。一个金原子的半径为 135 pm(皮米),1 pm $= 10^{-12}$ m,相比之下要大 18 500 倍,因此,原子核只占据原子中极小的一部分。在随后的十年里,卢瑟福进一步发现了原子核的第一个组成部分,他称之为质子。1920 年,卢瑟福预测原子核中肯定还包含一种质量相近的中性粒子。在 20 世纪 20 年代里,卢瑟福在剑桥的团队找寻这种难以捉摸的粒子而没有成功。

1930 年,瓦尔特·博特和赫伯特·贝克尔用放射性钋源的 α 粒子轰击铍样本,发现会发射穿透性很强的射线。他们认为这一射线是由高能 γ 射线光子组成。不久之后,伊伦·居里和弗雷德里克·约里奥发现这种射线能从富含氢的石蜡靶中击出质子。这意味着倘若这种射线真的是由 γ 射线组成,那它们的能量将远高于此前发现的任何辐射,要高出 52 MeV 之多。詹姆斯·查德威克听说了约里奥-居里的实验后,意识到这可能就是卢瑟福的中性粒子。1932 年,通过大约 6 周的一系列十分精细的持续实验,查德威克证实了轰击铍确实释放出一种新的粒子,中子,即卢瑟福预测的核粒子。由于中子的质量几乎与质子相等,中子要从石蜡中弹射出质子,所需的动能远比 γ 射线小。中子的发现,改变了我们对物质结构的理解。业已清楚,一个原子由一个带正电的核以及绕其运行的电子云组成,而核本身则由一组核子构成,核子分两类:质子和中子。中子和质子的质量分别为 939.57 MeV 和 938.27 MeV,是电子质量的 1 838.7 倍和 1 836.2 倍。由于一个原子中,核子的数目通常至少是电子数目的两倍,所以原子核的质量大约是电子总质量的 4 000 倍。

查德威克的发现是理解和探索原子核的关键。1930 年代末期爆发的战争,带来了美国的曼哈顿计划以及核技术的加速发展。到战争结束时,离中子的发现不过 13 年而已,世上已有了核裂变反应堆以及曾用于实战的核武器了。

---

① α 粒子没有激发或者破坏金原子核,而且遵循卢瑟福弹性散射公式,所以离原子核最近的距离可以通过令它们的动能与库仑势能相等来计算。这让卢瑟福得出了金原子核的最大半径,约为真实半径的三倍。

11.2　强　　力

表示元素 X 的核的标准符号是 $_Z^A X_N$，其中原子数 Z 等于核中的质子数，而核的质量数为 $A = Z + N$，其中 N 为核中的中子数。通常这个符号简化为 $^A X$，因为 Z 和 N 很容易从元素名称和质量数计算出来。例如，铀-238 的 α 衰变由以下核转化描述：

$$_{92}^{238} U_{146} \rightarrow {}_{90}^{234} Th_{144} + {}_2^4 He_2. \tag{11.1}$$

这里 $_{92}^{238} U_{146}$ 和 $_{90}^{234} Th_{144}$ 分别表示铀和钍的核，而 $_2^4 He_2$ 则是氦核，也就是 α 粒子。核转化过程的 Q 值是指核转化中释放的能量；在上述例子中 Q 为 $4.27\,MeV$。这些能量分布在 α 粒子的动能（$4.198\,MeV$）和反冲钍核的动能（$0.070\,MeV$）之中。

原子核的许多性质很容易从一些基本的实验事实中推断出来。原子核是由一组紧密结合的质子和中子组成，两者数目相近。质子带一个正电荷，而中子则是电中性，这就意味着核内有一种比电磁力强得多的力在起作用，以克服质子之间的排斥。我们称这种力为强力。在核内，它的强度大约是两个质子之间静电力的 100 倍。静电力由平方反比律描述，这让它有无限的力程。与此相反，强力只作用于核内。它的力程大约为 1—3 fm。在距离小于 1 fm 处，核子有一个硬的排斥性核心[1]。假如强力在这么近的距离内不是排斥性的，核物质直接就会坍缩。

化学键中的能量相对这里而言是很小。尽管一个原子与另一个原子结合成键时质量要变小，但这个差别小得无法测量。核结合能则截然不同，用参与反应的核的质量变化方式来表示最为合适。例如，最简单的核系统是氘核，由一个中子和一个质子组成。氘核的质量 m_d 明显比中子质量 m_n 和质子质量 m_p 之和要小，为

$$m_d = 2.013\,55u \tag{11.2}$$

而

$$m_n + m_p = 1.008\,66u + 1.007\,28u = 2.015\,94u. \tag{11.3}$$

这里的 u 是原子质量单位，其定义为处于基态的无束缚中性碳原子质量的十二分之一；u 等于 $931.494\,1\,MeV$，即 $1.660\,539 \times 10^{-27}\,kg$。因此氘核的结合能为

$$\Delta m = (m_n + m_p) - m_d = 2.015\,94u - 2.013\,55u = 0.002\,39u, \tag{11.4}$$

它等于 $2.2\,MeV$。一般而言，核的束缚能公式可写作

$$B(Z, A) = Z m_p + N m_n + Z m_e - m(Z, A), \tag{11.5}$$

其中 m_e 是电子的质量，而 $m(Z, A)$ 是该原子的质量。（通常用原子质量而不是原子核

---

[1]　质子核心的半径大约为 0.8 fm。

质量，因为这更容易测量，而且电子的数目在核反应中保持不变，所以它们质量的影响可以消掉。）

最稳定的低质量原子核通常含有相同数目的质子和中子，即 $Z = N$。这样的例子有很多，比如 ^4He，^{12}C，^{14}N 以及 ^{16}O。这表明，强力作用在质子和中子上的方式是一样的。

重的原子核含有的中子数目比质子多；最稳定的核通常有 $\dfrac{Z}{A} \approx 0.4$，或者 $N \approx 1.5Z$。

把质子之间的静电排斥考虑进来就很容易理解这种现象。图 11.1 展示了各原子核中，中子与质子的数目对比。稳定的原子核中，中子和质子数的比例恰好落在稳定谷中，夹在含有额外质子或中子的放射性原子核之间。Z 的值决定了元素的种类。Z 一样而 N 不同的原子核称为该元素的各种同位素。许多元素有不止一种稳定同位素。例如，碳有两种稳定同位素，^{12}C 和 ^{13}C。

核子在原子核内的分布已通过各种散射及其他实验进行探索[①]。结果显示，在整个

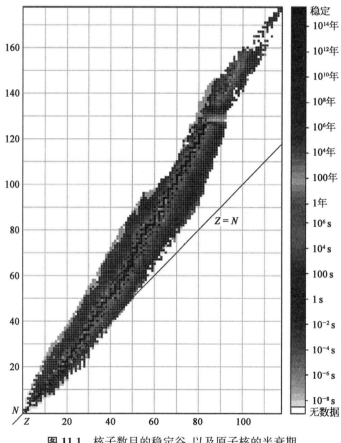

图 11.1　核子数目的稳定谷，以及原子核的半衰期

①　这包括 α 衰变分析以及 π 子原子（π 子–原子核束缚态）的光谱学。我们稍后会讨论，α 衰变对核势非常敏感。π 子比电子质量更大，因此被原子核束缚得更紧密。它们的轨道穿过原子核，核势对它们的能级有显著影响。

原子核内,其密度大致保持为常数,但在核的边缘密度降低,因此原子核有一层低密度的外壳。如图 11.2 所示,这个外壳的厚度对于不同的原子核大致相同,大约为 2.3 fm。这是由于强力的有限力程所致。

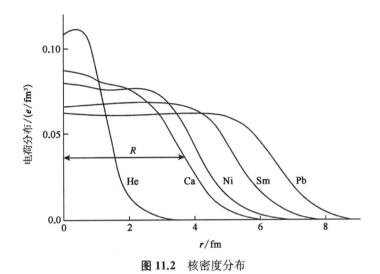

图 11.2 核密度分布

此外,除了最轻的核密度稍低以外,对于所有其他原子核,核子的密度几乎都是一样的。随着原子核中核子的数目增加,原子核的体积 V 成比例地增长。这就像用胶粘球那样。单位核体积内的核子数是常数,因此对于质量数为 A 的原子核,

$$V = \frac{4\pi}{3} R_0^3 A, \text{以及 } R = R_0 A^{\frac{1}{3}}, \tag{11.6}$$

其中 R_0 是一个长度常数而 R 是核半径。相比之下原子半径的变化趋势就没这么有规律了。例如,一个 11 号元素硫原子的半径是 180 pm,而一个 18 号元素氩原子的半径只有 70 pm。

各种不同的实验给出一致的 R_0 值,约为 1.2 fm。另外,质子和中子在各自的原子核内分布得相当均匀,因此核密度是常数,其值为

$$\rho_{\text{nuc}} = \frac{m_p A}{V} = \frac{3 m_p}{4\pi (1.2)^3} \text{ fm}^{-3} \approx 2.31 \times 10^{17} \text{ kg m}^{-3}. \tag{11.7}$$

推导这个表达式的过程中,我们给定了所有核子相同的质量,即 $m_n \approx m_p$,我们还用到了 (11.6) 式。

11.2.1 核势

原子核内的核子可以视作在其他核子产生的平均势场中以量子力学的方式运动,这是一个不错的近似。观测发现核子有分立的能级,与这个模型相符。质子所感受到的势与中子略有差别,这是由于质子之间存在库仑排斥。这使得质子的能级相比于中子有所

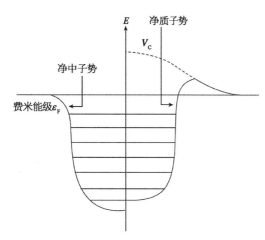

图 11.3 中子(左)和质子(右)的核势。V_C 为库仑势，只影响质子

提高。这些势如图 11.3 所示。势的深度和半径与核质量数 A 有关。

质子和中子是自旋为 $\frac{1}{2}$ 的费米子，所以它们遵循泡利不相容原理，这是原子核结构的关键所在。这意味着两个核子不能处于一个完全相同态上。在核基态，核子处于能量最低的各态上，并与泡利原理兼容。原子核也可以以激发态存在，即其中一个或多个质子或中子擢升到更高的能级上。原子核还可能由于整个核的集体激发而处于激发态。这包括转动和振动的态。集体激发从单个核子的能级来看并不容易理解。

激发的原子核通过发射 γ 射线光子迅速衰变到基态。这些光子的典型能量为 MeV 量级，约为原子中电子跃迁能量变化的一百万倍。原子核也可能通过发射其他粒子而落到较低的能级，比如 α 粒子或者中子，甚至在核裂变方式下。

由于核密度为常数，体积为 V 的有限深球方势阱是对核势的一个好的一阶近似。由此可以估算核子的动能。在原子核的基态中，核子占满了最大能量 ε_F 以下的所有态，该能量对应于一个最大动量 p_F，即在动量空间中被占据的态组成的球的半径。与固体物理中一样，ε_F 称为费米能，p_F 称为费米动量，见第 10 章的(10.82)式。

在动量空间的无穷小区域 $\mathrm{d}^3 p$ 中，核子的态数目为

$$\mathrm{d}A = 2 \times 2 \times V \frac{\mathrm{d}^3 p}{(2\pi\hbar)^3} = 4V \frac{4\pi p^2 \mathrm{d}p}{(2\pi\hbar)^3}, \tag{11.8}$$

其中一个因子 2 是由于有两种核子，而另一个 2 表示两种自旋态。原子核中总核子数，可以通过对(11.8)式积分得到

$$A = \frac{16\pi V}{8\pi^3 \hbar^3} \int_0^{p_F} p^2 \mathrm{d}p = \frac{2V}{3\pi^2 \hbar^3} p_F^3, \tag{11.9}$$

利用(11.7)式，

$$p_F^2 = \left(\frac{3\pi^2 \hbar^3 A}{2V}\right)^{\frac{2}{3}} = \left(\frac{3\pi^2 \hbar^3 \rho_{\mathrm{nuc}}}{2m_p}\right)^{\frac{2}{3}}. \tag{11.10}$$

因此，每个最高能量的核子的动能为

$$\varepsilon_F = \frac{p_F^2}{2m_p} = \frac{1}{2m_p} \left(\frac{3\pi^2 \hbar^3 \rho_{\mathrm{nuc}}}{2m_p}\right)^{\frac{2}{3}} \approx 35\,\mathrm{MeV}. \tag{11.11}$$

这几乎是一个核子静质量的 4%，这使得核子速度超过光速的 25%。即便对于这些最高

能量的核子,它们仍被束缚着,结合能约为 8 MeV,因此原子核的球方势阱至少深 43 MeV。势阱的半径随着 A 增加,但其深度几乎与 A 无关。

核势可能用伍德斯-撒克逊(Woods-Saxon)势来描述更为准确,该模型通过核子的分布来表示平均场。这个势考虑了原子核的低密度外壳,其形式为

$$V(r) = -\frac{V_0}{e^{\frac{r-R}{a}} + 1} \tag{11.12}$$

其中 V_0 为近似与 A 无关的势阱深,a 是外壳厚度,而 R 是原子核半径。该势如图 11.4 所示。

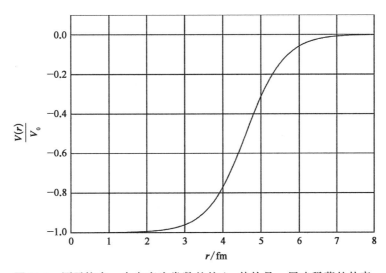

图 11.4 原子核有一个密度为常数的核心,其外是一层略稀薄的外壳。密度的分布反映在核势上,由伍德斯-撒克逊势所描述。该势是边缘明确的球方势阱与三维谐振子的折中方案

11.2.2 核子配对

在第 9 章中,我们讨论了电子按照洪德第一定则取向自旋的趋势。两个电子之间的静电力是排斥的,因此电子倾向于占据反对称的空间波函数,以致它们的间距最大化,从而使得静电势能最小。由于电子是费米子,两电子的波函数是反对称的,因此在反对称空间波函数上的一对电子必然有对称的自旋波函数,其自旋是取向的。

在原子核中,由于强力是吸引的,中子和质子的情况则与电子相反。从能量角度来说,两个全同核子趋向于进入相同的轨道,因为这样能使它们的平均间距最小化,使结合能最大。于是两核子的空间波函数就是对称的,而自旋波函数就必然是反对称的。因此,一对有相对自旋的核子进入同一轨道时,核子间的结合能最大,这个规律是普适的。图 11.5 展示了锡的同位素的中子结合能。图中锯齿状往复的图线是由于偶数个中子导致的结合能增加,这是由于配对相互作用。配对的效果通常使能量减少 $1.0 \sim 1.5$ MeV。

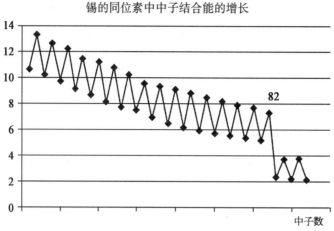

图 11.5　结合能（单位为 MeV）随着锡同位素的中子数目
增加的变化。第 83 个中子处出现

　　质子间的结合能也有类似的规律，表现为原子数 Z 为偶数或奇数的元素其丰度有显
著区别，如图 11.6 所示。图中以对数坐标展示了太阳系内元素的相对丰度。例如，14 号
元素硅丰度为 15 号元素磷的 100 倍，16 号元素硫丰度约为磷的 70 倍[1]。也许最值得注
意的是，N 和 Z 都为奇数时几乎没有稳定的核。

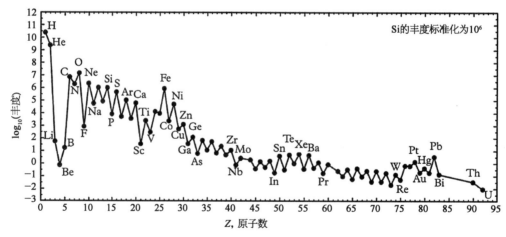

图 11.6　太阳系内原子核丰度（对数坐标）。铍的丰度特别低，这是由于 ^{8}Be 不稳定，
而稳定的 ^{9}Be 则在恒星聚变中被迅速消耗掉

11.2.3　液滴模型

　　图 11.7 所示的是，对于在稳定谷内的原子核，由实验测定的平均结合能，$\dfrac{B}{A}$。
（这是指完全破坏原子核所需的能量除以核子数，而不是只移除一个核子所需的能

---

① 磷是 DNA 等生物分子的关键组分。在地球上磷的丰度远比生物有机体的其他主要原子组分少。

量。）$\dfrac{B}{A}$ 随着 A 增加而增加，直至稳定在 $A = 60$ 附近的一个宽峰，对应于铁附近的

元素，此处 $\dfrac{B}{A} \approx 8.6\ \text{MeV}$ 每核子。最稳定的核是 $^{56}_{26}\text{Fe}_{30}$。这意味着，原则上可以通过

比 ^{56}Fe 轻的核聚变，或者通过比 ^{56}Fe 重的核裂变成碎片，从而释放能量。由于在铁附近

存在平台，聚变只比铁轻一点的核并不能释放多少能量。实际情况确乎如此，可利用的

聚变能量主要来自于第一个台阶，氢聚变产生氦。类似地，除非是比铁重得多的元素，否

则也没有多少裂变能量可以利用。在 $A = 60$ 之后，$\dfrac{B}{A}$ 平缓地下降，到最重的核为每核

子 $7.6\ \text{MeV}$。

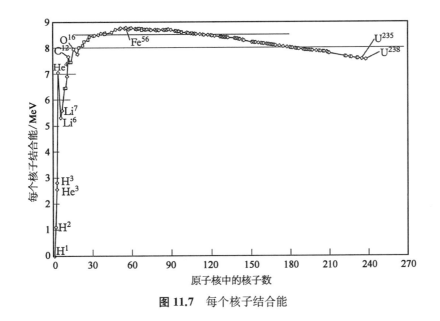

图 11.7 每个核子结合能

通过把原子核类比成液滴，可以构造出关于总的核结合能 $B(Z, A)$ 作为 Z 和 A 函

数的一个非常有用的公式。我们把它称为液滴公式，它也被称为半经验质量公式，或者

贝特-魏茨泽克（Bethe-Weizsäcker）公式。该公式基于对原子核结构的简单描述，由五项

组成

$$B(Z, A) = a_{\text{V}} A - a_{\text{S}} A^{\frac{2}{3}} - a_{\text{C}} Z(Z-1) A^{-\frac{1}{3}} - a_{\text{A}} \frac{(A-2Z)^2}{A} + \delta(Z, A).$$

$$(11.13)$$

第一项，$a_{\text{V}} A$，正比于核子数。如(11.6)式所示，由于核体积 V 与 A 成正比，这项也

正比于体积。这一项占主导地位，因此单位核子的结合能大致为常数。其物理原因是核

力的力程与核子大小相当，因此核子只与离它们最邻近的核子束缚在一起。如果每个核

子与所有其他核子之间存在吸引，那么结合能就会以 $A(A-1)$ 项为主。

靠近核的边缘的核子并没有完全被其他核子包围，因此它们的束缚较为宽松。第二

项，$-a_S A^{\frac{2}{3}}$，是表面能项，补偿核子在表面附近时较低的结合能。可以把这项视为表面张力效应，正比于核的表面积。表面积与体积的比随着核大小的增加而减小，因此随着 A 增加，这项变得更为次要。

到目前为止这个公式把所有核子都当成是一样的，对于强力来说它们确实如此。然而，对于电磁力而言，它们则非常不同。第三项就是来自于质子间库仑排斥的修正。Z 个质子每个都受到其他 $Z-1$ 个质子的排斥，因此这项正比于 $\dfrac{Z(Z-1)}{R}$。核半径 R 正比于 $A^{\frac{1}{3}}$，所以库仑项的形式为 $-a_C Z(Z-1) A^{-\frac{1}{3}}$。

如果我们可以使电磁相互作用突然消失，那么可以预料，稳定的核含有相等数目的中子和质子，以使得中子和质子的费米能量 ε_F 相等。第四项正比于 $\dfrac{(A-2Z)^2}{A}$ 或 $\dfrac{(N-Z)^2}{A}$，代表的是核偏离 $N=Z$ 的能量补偿，被称为反对称项。它的系数正比于 $\dfrac{1}{A}$，这是由于随着 A 增加，更高的能级被核子占据，而这些核子相互靠得更近。

最后，如前所述，如果可能的话会形成中子对和质子对。从能量角度来说核子趋于组成这种配对，反映在拥有偶数个中子和质子的核与拥有奇数个这些粒子的核之间存在结合能差。更确切地说，这个效应对于核的稳定性如此重要，以至于只有四个稳定的奇-奇核：^{2}H，^{6}Li，^{10}B 以及 ^{14}N。配对效应在核基态看来是普适的，液滴公式的最后一项把它量化了。

$$\delta(Z,A)=\begin{cases} +\delta_0, & \text{对于偶数的 } N \text{ 和 } Z \\ 0, & \text{对于奇数的 } A \\ -\delta_0, & \text{对于奇数的 } N \text{ 和 } Z \end{cases}$$

其中 $\delta_0 = a_P A^{-\frac{3}{4}}$。

常数 a_V，a_S，a_C，a_A，a_P 由实验确定，其值为：

$$a_V \approx 15.6 \text{ MeV}, \ a_S \approx 16.8 \text{ MeV}, \ a_C \approx 0.72 \text{ MeV},$$
$$a_A \approx 23.3 \text{ MeV}, \ a_P \approx 34 \text{ MeV}. \tag{11.14}$$

液滴公式意味着每核子结合能为

$$\frac{B(Z,A)}{A} = a_V - a_S A^{-\frac{1}{3}} - a_C Z(Z-1) A^{-\frac{4}{3}} - a_A \frac{(A-2Z)^2}{A^2} + \frac{\delta(Z,A)}{A}. \tag{11.15}$$

图 11.8 就展示了该公式中的各项如何叠加。表面能、库仑能以及反对称能的贡献都为负的，使得结合能减少。由液滴公式导出的结合能与图 11.7 所示的测得的结合能符合得很好。

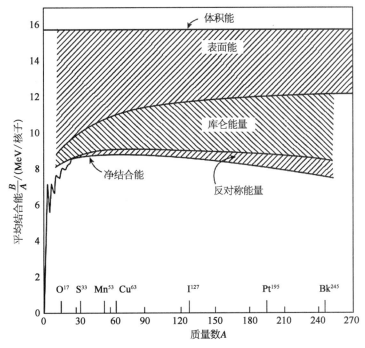

图 11.8 液滴模型各项对每核子结合能的贡献

以 ^{238}U 为例,我们可以看到各项的相对重要程度。此时每核子结合能为

$$\frac{B(92,238)}{A} = 15.6 - \frac{16.8}{(238)^{\frac{1}{3}}} - 0.72\frac{92 \times 91}{(238)^{\frac{4}{3}}} - 23.3\frac{(54)^2}{(238)^2} + \frac{34}{(238)^{\frac{7}{4}}}$$

$$= 15.6 - 2.7 - 4.1 - 1.2 + 0.002 = 7.6 \text{ MeV}. \tag{11.16}$$

(注意对于重核,由于配对项只修正原子核中最后一对核子间的配对相互作用,所以该项相对而言不重要。这也是为什么在图 11.8 中并没有出现配对项。)^{238}U 的质量 $m(92,238)$ 为 $238.050\,788u = 238.050\,788 \times 931.494\,1 \text{ MeV} = 221\,742.9 \text{ MeV}$。 利用(11.5)式,我们可以计算出该核真实的结合能为

$$B(92,238) = 92m_p + 146m_n + 92m_e - m(92,238)$$

$$= 92 \times 938.272\,3 + 146 \times 939.565\,6 + 92 \times 0.511\,0 - 221\,742.9$$

$$= 223\,544.6 - 221\,742.9$$

$$= 1\,801.7 \text{ MeV}, \tag{11.17}$$

因此真正的每核子结合能为 $\frac{1\,801.7}{238} = 7.57 \text{ MeV}$。 液滴模型的计算在其五个参数的精度内符合测量值。

我们可以利用液滴公式来找到稳定核中质子数 Z 与总核子数 A 之间的关系。保持(11.13)式中的 A 不变,对 Z 求导,可知结合能最大的情况为

$$\frac{\partial B}{\partial Z} = -a_C(2Z-1)A^{-\frac{1}{3}} + 4a_A\frac{A-2Z}{A} = 0. \tag{11.18}$$

整理得

$$\frac{Z}{A} = \frac{1}{2}\left(\frac{4a_A + a_C A^{-\frac{1}{3}}}{4a_A + a_C A^{\frac{2}{3}}}\right) \approx \frac{1}{2}\left(\frac{1}{1+\dfrac{a_C}{4a_A}A^{\frac{2}{3}}}\right), \tag{11.19}$$

其中我们利用了 $a_C A^{-\frac{1}{3}}$ 总是很小这一点。这个表达式给出对于小的 A，质子比例为 $\frac{Z}{A} \approx 0.5$，但 $\frac{Z}{A}$ 随着 A 增加而减小。对于 $A=238$，此公式能够正确预测核中有 $0.39\times 238 = 92$ 个质子。

在考虑 α 衰变、裂变以及其他放射现象，乃至中子星结构时，液滴模型都是非常有用的。

11.3 核壳层模型

液滴模型与原子核结合能的总体趋势符合得非常好。然而，如图 11.7 所示，有些原子核的结合能比预期的要大。注意到，这种原子核结合能大于前述公式计算值的情况，只出现在质子或中子数为某些特定幻数的核上。幻数在一系列广泛的实验中都非常明显，它们为 2, 8, 20, 28, 50, 82 和 126。中子或质子数为幻数的原子核稳定性更高，也比邻近的核数量更多。幻数也体现为存在更多种不同的稳定同位素和同中子异荷素（中子数相同而质子数不同的核称为同中子异荷素）。例如，稳定同位素最多的元素是锡，元素序号为 50，其质子数就是一个幻数。锡有十种稳定同位素。相比之下，邻近的元素碘（$Z = 49$）和锑（$Z = 51$）各自只有一到两种同位素。幻数核也有特别高的第一激发能，格外长的半衰期（如果不稳定的话）以及非常小的中子捕获截面。双幻数的核，如 $^{4}_{2}\text{He}_2$，$^{16}_{8}\text{O}_8$ 以及 $^{208}_{82}\text{Pb}_{126}$，相比于它们邻近的核而言特别稳定。的确，$^{208}_{82}\text{Pb}_{126}$ 是最重的稳定原子核。（最近发现 $^{209}_{83}\text{Bi}_{126}$ 是准稳定的，半衰期为 1.9×10^{19} 年。）

11.3.1 原子壳层类比

那我们如何解释这些异常稳定的核呢？这与惰性气体（氦、氖、氩、氪、氙、氡）的化学稳定性有着明显的相似性。如 9.1.2 节所述，这些原子的性质很容易从它们的电子分布结构来理解。图 9.10 显示，随着原子数变化，从原子中移除一个电子所需的能量，分别在这些惰性气体处达到峰值，这就解释了为什么它们不容易形成化合物，而且在自然界以单原子气体的形式存在。电子的轨道存在于能量分立的壳层上；惰性气体原子是满壳层结构，要激发一个电子到下一个空的能级需要大量能量，因此是稳定的。各壳层的态数目与相应的原子幻数在表 9.1 与图 9.3 中给出。类似的，一般认为核幻数是完全填满核势壳层的质子或中子数目。

如果我们继续深究这一类比，就可以理解为什么在图 11.5 中第 83 个中子出现了结合能的骤降，以及为什么这种同位素的半衰期比邻近的、中子数更少的锡同位素短。就是因为第 82 个中子填满了一个壳层，所以下一个中子必须到更高的能壳上。同位素 $^{133}_{50}\text{Sn}_{83}$ 的最后一个中子，就等同于钾之类的碱金属原子最外层那个松散束缚的电子。

11.3.2 谐振子

核幻数与原子幻数不同，这是由于核势与原子中的库仑势明显不同，因此各壳层上的态数目也不同。对于球方势阱（球形盒子）或者伍德斯-撒克逊势（图 11.4），薛定谔方程都没有解析解。不过，还有另一种有简单解的势可以作为描述核势的良好起点——三维谐振子势[①]。

如在第 7 章所讨论的那样，一维谐振子的薛定谔方程为

$$\left[-\frac{\hbar^2}{2m}\frac{\mathrm{d}^2}{\mathrm{d}x^2}+\frac{1}{2}m\omega^2 x^2\right]\chi(x)=E\chi(x),\tag{11.20}$$

有（未归一化的）解：

$$\chi_n(x)=H_n\left(\sqrt{\frac{m\omega}{\hbar}}x\right)\mathrm{e}^{-\frac{m\omega}{2\hbar}x^2},\tag{11.21}$$

其中 H_n 为厄米多项式(7.37)。能级为

$$E_n=\left(n+\frac{1}{2}\right)\hbar\omega,\tag{11.22}$$

因此基态能量为 $\frac{1}{2}\hbar\omega$，而激发态的能量间隔为 $\hbar\omega$。

谐振子很容易推广到任意维。在二维情形，势为 $V(x,y)=\frac{1}{2}m(\omega_x^2 x^2+\omega_y^2 y^2)$。解为一维解的乘积，而能量等于一维解能量之和，$E_{p,q}=\left(p+\frac{1}{2}\right)\hbar\omega_x+\left(q+\frac{1}{2}\right)\hbar\omega_y$。如果是各向同性，$\omega_x=\omega_y=\omega$，能级为 $E_n=(n+1)\hbar\omega$，其中 $n=p+q$。能级 E_n 的简并度为 $n+1$，即 n 由 p 和 q 组成的可能方式。(p 可以取 0 到 n 之间的任意值，而 q 则固定了。)类似地，在三维情况下，各向同性谐振子的势为 $V(x,y,z)=\frac{1}{2}m(\omega_x^2 x^2+\omega_y^2 y^2+$

---

① 乍看之下这似乎并不合适，因为我们知道核子之间通过强力相互作用，这是短程力，而谐振子的力是长程的，并且随着距离增加而增加。然而，如果从短程且突然截断的球方势阱入手，我们基本上会得到一样的最终结果。

$\omega_z^2 z^2$）。解为一维解的乘积，记为 (p, q, r)，令 $N = p + q + r$，能级则为 $E_N = \left(N + \dfrac{3}{2}\right)\hbar\omega$，简并度更大。在能级 E_N，$p + q$ 可以取 0 到 N 之间的任意值 n，一旦 p 和 q 确定了，r 就确定了，利用前面二维情况的结果，总的简并度 Δ_N 为

$$\Delta_N = \sum_{n=0}^{N} (n+1) = \frac{1}{2}(N+1)(N+2), \tag{11.23}$$

即第 $(N+1)$ 个三角形数[①]。

在球极坐标下，三维各向同性谐振子的薛定谔方程为

$$\left(-\frac{\hbar^2}{2m}\nabla^2 + \frac{1}{2}m\omega^2 x^2\right)\chi = E\chi. \tag{11.24}$$

分离径向和角向坐标，解可以表示为

$$\chi_{nlm}(r, \vartheta, \varphi) = \frac{1}{r}R_n(r)P_l^m(\vartheta, \varphi), \tag{11.25}$$

这里的 n 是径向量子数，l 是轨道角动量，而 m 为角动量的 z 分量。角动量态的记号与原子物理一致：

$$l = 0, 1, 2, 3, 4, 5\cdots; \; s, p, d, f, g, h, \cdots. \tag{11.26}$$

能量为

$$E_N = \left(2n + l - \frac{1}{2}\right)\hbar\omega, \tag{11.27}$$

因此 $N = 2n + l - 2$，径向量子数 n 增加 1 与轨道量子数 l 增加 2 对能量的影响是一样的。对于给定 N，l 的最大值为 N，其他可能值与最大值相差 2 的倍数。

简并度为 Δ_N 的谐振子多重态，从而可以分解为如下角动量多重态：

$$\Delta_{2k} = 1 + 5 + 9 + \cdots + (4k + 1), \tag{11.28}$$

$$\Delta_{2k+1} = 3 + 7 + 11 + \cdots + (4k + 3). \tag{11.29}$$

例如，三维谐振子的第五个激发态，简并度 Δ_5 可以分解为

$$\Delta_5 = 21 = 3 + 7 + 11 = 3p + 2f + 1h. \tag{11.30}$$

（角动量多重态按能量递增的顺序标记。比如 p 态的第三次出现是在第五能级，所以记为 3p。）表 11.1 给出了三维谐振子的低能态。

―――――――――――――

① 这也是可以由 x，y，z 组成的 N 次单项式的个数。

表 11.1 三维谐振子的态。

能级 N	态	简并度（包括自旋）$2\Delta_N$	幻　　数
0	1s	2	2
1	1p	6	8
2	1d, 2s	$10+2=12$	20
3	1f, 2p	$14+6=20$	40
4	1g, 2d, 3s	$18+10+2=30$	70
5	1h, 2f, 3p	$22+14+6=42$	112

再考虑到核子的两种自旋态,就给出了幻数 2,8,20,40,70 和 112。现在最小的幻数已经正确地得出了,但对于较大的数字就不符合了。不过,这个问题可以通过修正谐振子解决,玛利亚·戈皮特-迈尔和奥托·哈克赛尔,以及汉斯·詹森和汉斯·苏斯分别独立地证明了这一点。他们的解释发表在 1949 年物理评论的同一期上。

按照这些作者的思路,我们假设谐振子态受到一个与其角动量有关的扰动。在每个振子能级 N,低角动量态的能量上升而高角动量态的能量下降。由于核子平均径向位置随着其角动量上升而变大,高角动量态更靠近核的表面,这使得谐振子势变得平坦,更接近于伍德斯-撒克逊势。

如果我们简单地在哈密顿量上加上一项正比于 $-l^2$ 的项,就会减少各壳层间的能隙,这并不是我们想要的。为了弥补这点,我们再减去 l^2 在各振子能级上的平均值 $\langle l^2 \rangle_N$,所以要添加的项就变成了 $-\beta(l^2 - \langle l^2 \rangle_N)$,其中 β 是由实验测定的正常数。例如,考虑 $N=4$ 的 15 个振子态,分别为在各向同性谐振子势中简并的 1 个 3s,5 个 2d,以及 9 个 1g 轨道。l^2 的本征值为 $l(l+1)$,对这些不同轨道取值分别为 0,6 和 20,所以平均值为 $\langle l^2 \rangle_4 = \dfrac{1}{15}(1\times 0 + 5\times 6 + 9\times 20) = 14$。因此对于 $N=4$,要加到能量上的项为 $-\beta(l(l+1)-14)$,这就解除了简并,提高了 3s 和 2d 态的能量而降低了 1g 态的能量。一般地,$\langle l^2 \rangle_N = \dfrac{1}{2}N(N+3)$。这样得到的修正的三维谐振子能级序列,如图 11.10 的左边所示。我们也可以从球方势阱着手,加上一项符号相反的角动量项就能得到非常相似的结果。

11.3.3　自旋轨道耦合

迈尔和哈克赛尔,詹森和苏斯取得突破性进展的关键,是考虑了额外的自旋轨道耦合。这意味着核子的自旋强烈倾向于与轨道角动量平行,所以量子态要以它们的总角动量 $j = l + \dfrac{1}{2}$ 或 $j = l - \dfrac{1}{2}$ 来标记。比如,$l=4$ 的 18 个 1g 态就分裂成 10 个 $1g_{\frac{9}{2}}$ 态和 8 个 $1g_{\frac{7}{2}}$ 态。自旋轨道耦合项使得自旋与角动量同向的态能量下降,而使得自旋与角动量反向的态能量上升,如图 11.9 所示。所以 $1g_{\frac{9}{2}}$ 态的能量减少了,而 $1g_{\frac{7}{2}}$ 态的能量增加了。

图 11.9　在核内，强力使得轨道角动量和核子的自旋取向改变。该效应使得总角动量 $j = l + \frac{1}{2}$ 的核子态（左）能量减少，而使得总角动量 $j = l - \frac{1}{2}$ 的核子态（右）能量增加

　　自旋轨道耦合是一种表面效应。在核内部的核子所感受到的环境在所有方向上都是一样的，所以在这里轨道角动量的方向就失去了意义。而对于在表面处的核子，径向和切向是不一样的，轨道角动量是切向的。自旋轨道耦合可以在哈密顿量中以 $-2\alpha \boldsymbol{l} \cdot \boldsymbol{s}$ 项表示，其中 α 为正数。这一项的效果可以通过计算总角动量算符 $\boldsymbol{j} = \boldsymbol{l} + \boldsymbol{s}$ 的平方算出，即 $\boldsymbol{j}^2 = (\boldsymbol{l}+\boldsymbol{s})^2 = \boldsymbol{l}^2 + \boldsymbol{s}^2 + 2\boldsymbol{l} \cdot \boldsymbol{s}$，所以 $2\boldsymbol{l} \cdot \boldsymbol{s} = \boldsymbol{j}^2 - \boldsymbol{l}^2 - \boldsymbol{s}^2$。用这些算符的本征值来表示，我们就得到 $2\boldsymbol{l} \cdot \boldsymbol{s} = j(j+1) - l(l+1) - s(s+1)$。代入 j 的值，以及 $s = \frac{1}{2}$，我们发现对于 $j = l + \frac{1}{2}$，自旋轨道项为 $-\alpha l$，而对于 $j = l - \frac{1}{2}$，该项为 $\alpha(l+1)$，所以对于轨道角动量为 l 的态，自旋轨道项总共产生了 $\alpha(2l+1)$ 个能级分裂。这意味着在 $N = 3$ 能级，在谐振子势中简并的各态中，$1\mathrm{f}_{\frac{7}{2}}$ 与 $1\mathrm{f}_{\frac{5}{2}}$ 之间的能量差比 $2\mathrm{p}_{\frac{3}{2}}$ 与 $2\mathrm{p}_{\frac{1}{2}}$ 之间的要大；而在 $N = 4$ 能级，$1\mathrm{g}_{\frac{9}{2}}$ 和 $1\mathrm{g}_{\frac{7}{2}}$ 态所受到的影响比 $2\mathrm{d}_{\frac{5}{2}}$ 和 $2\mathrm{d}_{\frac{3}{2}}$ 态，或者 $3\mathrm{s}_{\frac{1}{2}}$ 态要大。一般而言，在各谐振子能级 N，自旋轨道项对高角动量态的影响要远大于低角动量态，最高角动量态的能量因此而减少得足够多，使得它们进入了下面的一个壳层，如图 11.10 的右侧所示。比如，8 个 $1\mathrm{f}_{\frac{7}{2}}$ 态下降而形成了另一个壳层，而 10 个 $1\mathrm{g}_{\frac{9}{2}}$ 则下降了整整一个壳层。这种大的能级变动改变了各个核壳层的态数目，从而得到了观测到的核幻数，如图 11.10 所示。表 11.2 给出了各壳层上的态。

　　自旋轨道耦合对强力的贡献产生了非常大的效应，比原子物理中观测到的电磁自旋轨道耦合要大得多，后者并不会对原子壳层的构成产生影响。耦合强度 α 这么大的原因还没有完全清楚。

　　在常用的哈密顿量参数化方法中，α 和 β 分别表示为 $\alpha = \kappa \hbar \omega_0$ 以及 $\beta = \mu \kappa \hbar \omega_0$，其中 ω_0 为最佳振子频率。修正的振子势为

$$V_{\mathrm{MO}} = \frac{1}{2} m \omega_0^2 r^2 + V_l, \tag{11.31}$$

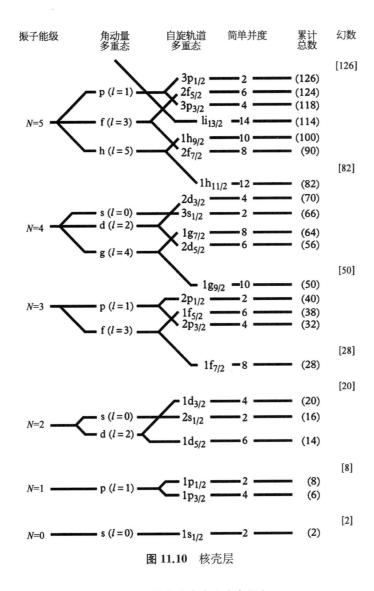

图 11.10 核壳层

表 11.2 核态分类成全套壳层表。

能级 N	态	简并度(包括自旋) $2\Delta_N$	幻 数
0	$1s\frac{1}{2}$	2	2
1	$1p\frac{3}{2}$, $1p\frac{1}{2}$	$4+2=6$	8
2	$1d\frac{5}{2}$, $1d\frac{3}{2}$, $2s\frac{1}{2}$	$6+4+2=12$	20
3	$1f\frac{7}{2}$	8	28
4	$1f\frac{5}{2}$, $2p\frac{3}{2}$, $2p\frac{1}{2}$, $1g\frac{9}{2}$	$6+4+2+10=22$	50
5	$1g\frac{7}{2}$, $2d\frac{5}{2}$, $2d\frac{3}{2}$, $3s\frac{1}{2}$, $1h\frac{11}{2}$	$8+6+4+2+12=32$	82
6	$1h\frac{9}{2}$, $2f\frac{7}{2}$, $2f\frac{5}{2}$, $3p\frac{3}{2}$, $3p\frac{1}{2}$, $1i\frac{13}{2}$	$10+8+6+4+2+14=44$	126

其中

$$V_l = -\kappa\,\hbar\,\omega_0\left(\mu\left(l^2 - \frac{1}{2}N(N+3)\right) + 2l\cdot s\right). \tag{11.32}$$

它只依赖于三个参数：κ，μ 和 ω_0。取值 $\kappa \approx 0.06$ 和 $\mu \approx 0.4$ 时能够非常好地重现核能级。振子频率 ω_0 对于不同核各不相同；$\hbar\omega_0$ 大约为 $41A^{-\frac{1}{3}}$ MeV。$A = 125$ 到 216 之间时，$A^{\frac{1}{3}} = 5$ 到 6，因此 $41A^{-\frac{1}{3}}$ MeV ≈ 7 到 8 MeV，这给出了中重核主要壳层间的能隙。

壳层模型用于描述接近幻数的原子核效果很好。由于配对效应，自旋相对的核子形成了核子对，所有偶-偶核自旋都为零。壳层结构对于诸如 $^{41}_{20}\text{Ca}_{21}$ 这样的原子核意义尤为重要，这种核有幻数个质子以及比幻数多一个中子。多出来的未配对中子决定了核的总自旋。在基态，这个核有几个由质子和中子填满的壳层，加上一个额外进入新一壳层的中子。从图 11.10 我们可以看到第 21 个中子会在 $1f_{\frac{7}{2}}$ 态。可以预期这个核的自旋为 $J = \frac{7}{2}$，事实确实如此，镜像核 $^{41}_{21}\text{Sc}_{20}$ 也是这样。类似地，$^{91}_{41}\text{Nb}_{50}$ 的核和 $^{91}_{40}\text{Zr}_{51}$ 的核自旋分别为 $\frac{9}{2}$ 和 $\frac{5}{2}$，同样可以通过图 11.10 确认。

对于幻核心以外还有两个核子的原子核，核子之间还有相当强的剩余相互作用。这种作用是短程的且是吸引的，所以最低能态是核子波函数重叠最大的态。我们可以通过近似的经典图像来理解其意义。记得由于自旋轨道耦合，核子的自旋平行于它的轨道角动量。核子沿着赤道附近的轨道运动，如图 11.9(左)。当两个核子沿着同一条赤道线同向或者反向运动时，它们的波函数重叠最大。于是它们的角动量矢量就是平行或反平行的。

对于两个中子或者两个质子，泡利原理禁止两个粒子在同一个位置又有同样的自旋态。如果角动量是平行的话就抵消了短程吸引力，所以角动量更偏向于反平行。在 $^{42}_{20}\text{Ca}_{22}$ 中，有两个在 $1f_{\frac{7}{2}}$ 态的中子处于幻 $^{40}_{20}\text{Ca}_{20}$ 核心之外，总角动量可以是 $J = 0, 2, 4, 6$，与泡利原理相容。因为中子有反平行的角动量，J 增加时能量也随之增加，所以基态为 $J = 0$ 态。

$^{42}_{21}\text{Sc}_{21}$ 核更为有趣。此时核心外有一个质子和一个中子处于 $1f_{\frac{7}{2}}$ 态。总角动量 J 可以取 0 到 7，但 J 为奇数的态与 $^{42}_{20}\text{Ca}_{22}$ 结构不同。其中的最低态，即质子和中子的角动量几乎为反平行时，有 $J = 1$，而值得注意的是，$J = 7$ 角动量平行的态其能量只略微高一点。$J = 3$ 和 $J = 5$ 的态的能量则高出相当多。

由于与 $J = 0$ 态之间的大自旋间距和小能隙，$J = 7$ 态并不容易释放掉其额外的能量。事实上，$^{42}_{21}\text{Sc}_{21}$ 的 $J = 7$ 态通过倒逆 β 衰变转化为 $^{42}_{20}\text{Ca}_{22}$（见 11.3.4 节），其半衰期大于一分钟。基态以外的核态有这么长的半衰期并不常见，因此 $J = 7$ 态的 $^{42}_{21}\text{Sc}_{21}$ 被称为同质异能素，意指准稳定的激发态原子核。

在幻核心外有三个或者四个核子时，它们之间的剩余吸引作用足以使得这些核子集结成团,比如说,氘团($_1^3H_2$)或者 α 粒子。这种结团很常见,如 $_9^{19}F_{10}$ 和 $_{10}^{20}Ne_{10}$ 就分别在 $_8^{16}O_8$ 核心外有氘团和 α 粒子团。

11.3.4 β 衰变

中子和质子是分别填充原子核的能级的,所以幻数对于中子和质子也是分别适用的。这点很清楚,尽管两个中子不能处于同一个态,但一个中子和一个质子则可以,因为它们是不同的粒子。质子受到核内所有其他质子的静电排斥。这使得它们的能级相比于中子能级要高。在稳定原子核中,被占据的最高能级——费米能级——必然对于中子和质子都是一样的,否则可以通过转化中子为质子或转化质子为中子来释放能量。通过弱力,这种转化是可能的,并以放射性 β 衰变的形式被观测到。有额外中子的原子核会发生类似如下的反应:

$$_3^9Li_6 \rightarrow _4^9Be_5 + e^- + \bar{\upsilon}_e, \tag{11.33}$$

其中 e^- 为一个电子(或称为 β 粒子)而 $\bar{\upsilon}_e$ 则表示一个反中微子。在这些原子核中核子的能级如图 11.1 所示。自由中子会发生 β 衰变,半衰期约为 10 分钟:

$$n \rightarrow p + e^+ + \upsilon_e, \tag{11.34}$$

有额外质子的原子核会发生类似如下的反应:

$$_{12}^{23}Mg_{11} \rightarrow _{11}^{23}Na_{12} + e^+ + \upsilon_e, \tag{11.35}$$

其中 e^+ 为一个正电子(电子的反粒子),而 υ_e 表示一个中微子。这被称为逆 β 衰变。在某些重原子核中,质子还可能通过捕获原子内层的电子,并释放一个中微子而转化为中子。这个过程被称为电子捕获。

这些过程使得原子核朝着图 11.1 所示的稳定谷转化。在图中稳定谷左侧的核发生 β 衰变,而在右侧的核发生逆 β 衰变。在图 11.11 中质子的能级相比中子能级略高。由于库伦排斥,越重的原子核这种变化越明显,这就是为什么稳定谷对于重原子核偏离了 $Z = N$。

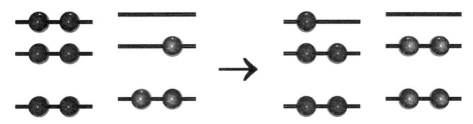

图 11.11 ^9Li 核内中子和质子能级的简图(左),半衰期为 178 毫秒,会发生 β 衰变形成 ^9Be(右)

单独的质子和中子很少自发地从原子核中发射出来。这是因为每个质子和中子都有正的结合能。不过,如果给稳定谷左侧的原子核加上几个中子,所加中子的结合能将会递减,直到再加的一个中子时结合能为零。此时我们就到达了中子溢出线。中子数超出此线的富中子原子核会在 10^{-23} 秒左右的时间尺度内释放中子，这个时间尺度正是光穿过中子半径这么长距离所需的时间，所以说这样的原子核会尽可能快地分解。在稳定谷的另一边我们可以找到质子溢出线，超出此线的富质子原子核也会迅速释放质子。

11.3.5 尼尔逊模型

在幻数区域，原子核是球形的，所以前面所述的球壳模型运作良好。当核壳层只被部分填满时，原子核通过变形为椭球而达到更低能量的位形，这样就破缺了完全的转动对称性。这是分析这些原子核的基础。这些核用一种改进的壳层模型来描述，称为尼尔逊模型，以斯文·哥斯塔·尼尔逊(Sven Gösta Nilsson)的名字命名。这些原子核仍有轴对称性，对称轴定义为 z 轴，核的体积与那些有同样核子数目的球形核一样。这种变形用一个参数 ε 描述。当 ε 为正时原子核为长椭球，当 ε 为负时原子核呈扁椭球，如图 11.12 所示。外层核子壳层部分填满的大型原子核大多形成长椭球。外层具有不多个空态(或空穴)的核，则倾向于形成扁椭球。

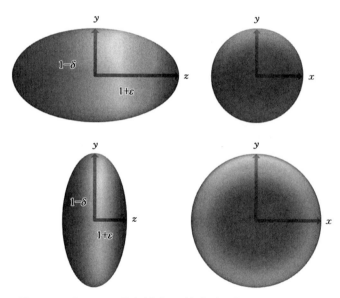

图 11.12 上：$\varepsilon > 0$ 的长椭球，z 轴分别沿水平方向(左)和垂直指向纸外(右)；下：$\varepsilon < 0$ 的扁椭球，z 轴分别沿水平方向(左)和垂直指向纸外(右)

在原来的球壳模型中，相同总角动量 j 的核子态是简并的。比如说六个 $1d_{\frac{5}{2}}$ 态能量都一样。但是，微小的长椭球形变会造成扰动，从而解除这种简并；此时能量就依赖于角动量在仅剩的对称轴 z 轴上的投影 K。 图 11.13 展示了长椭球形的原子核中三条假想的、角动量大小一样的轨道。其中一条轨道在 (x, y) 平面内，所以它的轴与 z 轴重合，$K = j$。 而另外两条轨道的轴则垂直于 z 轴，这种情况下角动量在 z 轴上的投影为 $K = 0$。 $K = j$ 的轨道大部分在原子核的吸引势阱外，因而束缚得不那么紧密，所以能量比另外两条几乎都在核内的轨道要高。一般地，对于长椭球形变，轨道主要在核内的态能量下降，而轨道主要在核外的态能量则上升。角动量在 z 轴上的投影越小，其能量就越低。比如，六重简并的 $1d\frac{5}{2}$ 态就分裂为三对二重简并态，按能量递增顺序分别为 $K = \pm\frac{1}{2}$，$K = \pm\frac{3}{2}$ 以及 $K = \pm\frac{5}{2}$。

椭球状的原子核可以用尼尔逊势 V_N 来描述，这是一个修正的非各向同性的谐振子势，包含了与球壳模型相同（或相似）的角动量以及自旋轨道项 V_l，

$$V_{\mathrm{N}} = \frac{1}{2}m\left(\omega_x(x^2 + y^2) + \omega_z z^2\right) + V_l,$$

$$(11.36)$$

图 11.13 如果一个原子核形变为长椭球，球对称性就被破缺了。图中画出了 3 条互相正交的等半径轨道。轴与仅剩的对称轴重合的轨道能量最高，因为该轨道大部分在原子核外，所以在这个轨道上的核子将经受更弱的吸引势

其中 $\omega_x^2 = \omega_y^2 = \omega_0^2\left(1 + \frac{1}{3}\varepsilon\right)$，$\omega_z^2 = \omega_0^2\left(1 - \frac{2}{3}\varepsilon\right)$。

图 11.14 所示的是单核子态在这个势中的能级与形变参数 ε 的关系。中间的线给出了 $\varepsilon = 0$ 的球形原子核的能级，右边 ε 是正的，形成长椭球核，而左边 ε 是负的，原子核呈扁椭球状。

兹举例如下，在 $\varepsilon = 0$ 时简并的六个 $1d\frac{5}{2}$ 态，在 ε 为正时分裂为三对态，以能量递增顺序分别记为 $\frac{1}{2}[220]$，$\frac{3}{2}[211]$ 和 $\frac{5}{2}[202]$，它们之间的能量差随着 ε 增大而增大。当 ε 为负时，能量顺序则反过来。现在我们来解释所用的记号。在方括号前的分数为 $|K|$。在方括号内，第一个数字给出三维（各向同性）谐振子能级，第二个数字给出在 z 方向上的谐振子能级，第三个数字则是轨道角动量在 z 轴上的投影 m，其中 $K = m \pm \frac{1}{2}$。

原子核的长椭球形变是怎么出现的呢？这种形变是核子间一种自洽的、集体效应，通过增加它们之间的相互作用而降低它们总的能量。j 多重态所有波函数的整体密度是球对称的，所以所有满的低能壳层形成一个球对称的核心。而在最外层，核子更偏向于占据那些轴与 z 轴接近垂直的轨道，这就产生了沿 z 轴的长椭球形变，同时也就降低了那些促成形变的轨道的能量。例如，外层 $1h\frac{11}{2}$ 质子层半满的原子核，即 $Z = 76$，形变就意味着质子会填充 $K = \pm\frac{1}{2}$，$\pm\frac{3}{2}$，$\pm\frac{5}{2}$ 的态，这些态都有低于球壳模型中相应壳层的能量。而那些能量相比升高了的态，$K = \pm\frac{7}{2}$，$\pm\frac{9}{2}$，$\pm\frac{11}{2}$，则全部空着，所以总体上原子核的形变降低了总能量。这就是为什么许多 $Z = 76$ 的锇同位素都是长椭球形的理由。

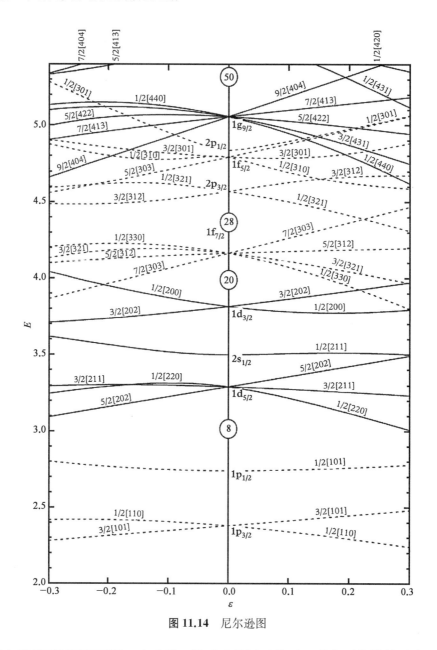

图 11.14 尼尔逊图

　　尼尔逊模型还可以更进一步改进。椭球形的原子核可以激发到集体转动态，在这些态上它们绕着垂直于 z 轴的一个轴自转。那么在各个核子的角动量与整个原子核的自转角动量之间就存在相互作用。通过与经典动力学类比，这种相互作用称为科里奥利力。这导致了核子能级的进一步分裂。K 与整个核自转方向一样的态能量更低，而方向相反的态能量更高。

11.4 α 衰变

　　在铁峰之后，随着原子数增加，每核子结合能总体而言是减少的。这如图 11.7 所示，并且用液滴公式(11.15)可以很好地描述。因此通过碎裂重原子核来释放能量是有可能的。这主要是由于原子核内质子之间库仑排斥的增强。不过,强力把核子束缚在势阱中,阻止了原子核即刻瓦解。

重原子核不稳定,会在随机的时间点发生衰变,通过各种可能衰变的半衰期来描述。重原子核常见的衰变方式是通过类似于(11.1)式的过程释放 α 粒子。大部分超额的能量都被 α 粒子以其动能的形式带走。α 衰变的半衰期强烈依赖于所释放的能量,即 Q_α 的值,这又依赖于发生衰变的同位素。所释放的 α 粒子能量越大,衰变的半衰期就越短。图 11.15 描绘了几种含有偶数个质子和中子的放射性元素同位素的半衰期,它们为几乎平行的分立线段。对于各给定质子数但不同中子数的各种元素,半衰期 $\tau_{\frac{1}{2}}$ 的对数与所释放的能量的关系可以表示为

$$\log \tau_{\frac{1}{2}} = A + B\,\frac{1}{\sqrt{Q_\alpha}}. \tag{11.37}$$

这称为盖革-努塔耳(Geiger-Nuttall)定律。拥有 90 个质子的元素钍,其同位素的计算结果列在表 11.3 中。

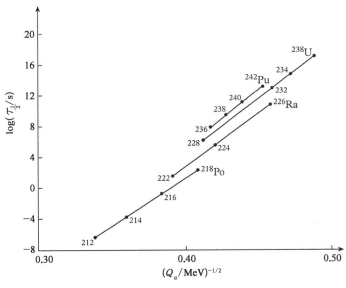

图 11.15 盖革-努塔耳定律

表 11.3 钍各同位素的 α 衰变能量和半衰期。$1/\sqrt{Q_\alpha}$
增长 0.01 对应于 $\log \tau_{\frac{1}{2}}$ 增长约 1.4。

A	Q_α (MeV)	$1/\sqrt{Q_\alpha}$	$\tau_{\frac{1}{2}}$ (s)	$\log \tau_{\frac{1}{2}}$
218	9.85	0.319	10^{-7}	-7.00
220	8.95	0.334	10^{-5}	-5.00
222	8.13	0.351	2.8×10^{-3}	-2.55

（续表）

A	Q_α (MeV)	$1/\sqrt{Q_\alpha}$	$\tau_{\frac{1}{2}}$ (s)	$\log \tau_{\frac{1}{2}}$
224	7.31	0.370	1.04	0.017
226	6.45	0.394	1 854	3.27
228	5.52	0.426	6.0×10^7	7.78
230	4.77	0.458	2.5×10^{12}	12.40
232	4.08	0.495	4.4×10^{17}	17.64

从经典的角度来看，原子核内的 α 粒子会被束缚在核势阱内，没有外来的能量输入将无法逃脱。乔治·伽莫夫于 1928 年指出，量子力学允许隧穿势垒的可能性，所以 α 粒子总是有小概率出现在势垒的另一边。通过这种理解可以对盖革-努塔耳定律作出解释，这是量子理论早期获得的非凡成就，不仅有助于洞悉 α 衰变，也对裂变和聚变有所顿悟。

按照伽莫夫的想法，我们可以计算 α 衰变的半衰期。原子核内的 α 粒子所感受到的势 $V(r)$，可以近似为半径为 R 的球方势阱，在核外是长程的库仑排斥势。如图 11.16 所示。如果 α 粒子和子核分开后变为静止，它们的总能量就对应图中能量为零的线。真实的能量为 $E = Q_\alpha$，它是正的，但比势垒的顶部要低。所以 α 粒子需要隧穿势垒。我们忽略任何对角动量的依赖，而看作是一维问题，一个预先确定的 α 粒子在核势 $V(r)$ 中运动。α 粒子的波函数 $\chi(r)$ 大部分都在球方势阱内。在势阱周围的势垒中波函数指数衰减，有一个振荡的尾部伸到势垒之外。

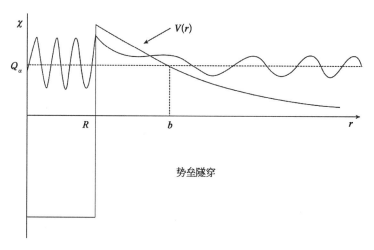

图 11.16 势垒的隧穿

势阱外的 α 粒子，用 $r > R$ 处的薛定谔方程来描述：

$$-\frac{\hbar^2}{2m_\alpha} \frac{\mathrm{d}^2 \chi}{\mathrm{d}r^2} + (V(r) - Q_\alpha)\chi = 0, \qquad (11.38)$$

其中 V 为库仑势：

$$V(r) = \frac{2Ze^2}{4\pi r}. \tag{11.39}$$

Ze 是子核的电荷，$2e$ 是 α 粒子的电荷，而 m_α 是 α 粒子的质量[①]。势垒位于 R 之外的区域，在那里 $V(r) > Q_\alpha$。在该区域波函数指数衰减，近似为

$$\chi(r) \approx \chi_0 \exp\left[-\sqrt{\frac{2m_\alpha}{\hbar^2}} \int_R^r \sqrt{V(r) - Q_\alpha}\, dr\right], \tag{11.40}$$

其中 χ_0 为归一化因子。势垒的外边界在库仑势 $V(r)$ 等于 Q_α 的半径 b 处，故

$$b = \frac{2Ze^2}{4\pi Q_\alpha}. \tag{11.41}$$

在这个位置外，α 粒子有正的动能，且被原子核的其他部分所排斥，会一直加速到动能为 Q_α。例如，在钍同位素的 α 衰变中，子核的电荷为 $Z = 88$，由于 $\frac{e^2}{4\pi} \approx 1.440\,\mathrm{MeV\,fm}$，可以算得

$$b = 1.440\,\frac{176}{Q_\alpha}\,\mathrm{fm} = 253.44\,\frac{1}{Q_\alpha}\,\mathrm{fm}, \tag{11.42}$$

其中 Q_α 的单位是 MeV。表 11.3 中的 Q_α 值给出势垒半径 b 为 25.7—62.1 fm。（子核相应的半径为 7.2 到 7.3 fm 之间。）

利用(11.41)式，库仑势可以表示为

$$V(r) = Q_\alpha\,\frac{b}{r}. \tag{11.43}$$

α 衰变率 $\Re_\alpha$ 正比于 α 粒子穿透势垒的概率。这一隧穿概率 P_{tun} 正比于 $r = b$ 处波函数波幅的平方。从(11.40)和(11.43)式有

$$P_{\mathrm{tun}} = \chi_0^2 \exp(-2G), \tag{11.44}$$

其中伽莫夫因子 G 为

$$G = \sqrt{\frac{2m_\alpha}{\hbar^2}} \int_R^b \sqrt{V(r) - Q_\alpha}\, dr = \sqrt{\frac{2m_\alpha Q_\alpha}{\hbar^2}} \int_R^b \sqrt{\frac{b}{r} - 1}\, dr. \tag{11.45}$$

这个积分可以通过替换 $r = b\sin^2\theta$ 来精确计算，但 $R \ll b$，所以令 $R = 0$ 是一个足够好的近似，这给出

---

① 严格来说，这是 α 粒子的约化质量。

$$\int_R^b \sqrt{\frac{b}{r}-1}\,dr \approx \frac{b\pi}{2}. \tag{11.46}$$

利用这一近似：

$$G \approx \sqrt{\frac{2m_\alpha Q_\alpha}{\hbar^2}}\,\frac{b\pi}{2} = \sqrt{\frac{2m_\alpha}{\hbar^2 Q_\alpha}}\,\frac{Ze^2}{4}, \tag{11.47}$$

其中我们用到了(11.41)式来代入 b。α 衰变的半衰期是衰变率 $\Re_\alpha$ 的倒数，因此

$$\tau_{\frac{1}{2}} = \frac{1}{\Re_\alpha} = a\exp(2G) \tag{11.48}$$

而

$$\log\tau_{\frac{1}{2}} = \log a + 2G = \log a + \sqrt{\frac{2m_\alpha}{\hbar^2}}\,\frac{e^2}{2}\,\frac{Z}{\sqrt{Q_\alpha}}, \tag{11.49}$$

其中 a 为常数。至此我们已经得出了盖革-努塔耳定律,(11.37)式。

尽管伽莫夫的理论解释了偶-偶核的 α 衰变规律,但该理论需要假设存在一个预先确定的 α 粒子。没什么好的办法来估计 α 粒子预先确定的概率,不过对于偶-偶核我们可以预料,在最外层能级中的一对中子和一对质子很容易形成 α 粒子。但在 A 为奇数的核中,能量最高的核子没有配对,情况就相当不同。在这种原子核内,要形成 α 粒子,至少有一个核子要从较低能级而来。这种额外的麻烦意味着,我们不能指望奇数核也表现出与偶-偶核一样简单的 α 衰变规律。

重原子核释放 α 粒子的情况已广为人知,那释放其他轻核又会怎样呢? 例如,从 ^{220}Ra 中释放 ^{12}C 的 $Q=32\text{ MeV}$。 倘若对上述 α 衰变率的计算作适当的修正,那么人们可以预测 ^{12}C 的发射率要乘上一个约为 10^{-3} 的因子。然而,^{12}C 的发射并没有被观测到。另一方面,^{223}Ra 的 α 衰变半衰期为 11.2 天,而且如下的衰变也已被观测到

$$^{223}\text{Ra} \rightarrow {}^{14}\text{C} + {}^{209}\text{Pb}, \tag{11.50}$$

衰变率为 10^{-9} 乘上 α 衰变率。这意味着在镭原子核内形成一个 ^{14}C 核的概率大约为形成 α 粒子的 10^{-6} 倍。有趣的是,尽管 ^{12}C 是自由空间中最稳定的碳核,但在重原子核的富中子环境中 ^{14}C 看来更为稳定,至少更可能形成 ^{14}C。

11.5　裂　　变

^{238}U 是地球上自然存在的最重的核。在地壳中发现的铀主要由两种寿命最长的同位素组成,为 99.27％ 的 ^{238}U,0.72％ 带有 ^{234}U 痕量的 ^{235}U。 ^{238}U 的 α 衰变半衰期为 4.5×10^9 年,而 ^{235}U 的半衰期为 7.0×10^8 年,在远古时,^{235}U 的自然存在比更高。我们随后就会看到,这些同位素的比例有重要的技术意义,因为这两种核有非常不同的裂变性质。

最重的原子核对于裂变并不稳定,会在反应中分解成两个更小的,结合得更紧密的

核,例如

$$^{238}_{92}U_{146} \rightarrow {}^{143}_{55}Cs_{88} + {}^{93}_{37}Rb_{56} + 2n. \tag{11.51}$$

^{238}U 的每核子结合能约为 7.6 MeV,而比它小一半的原子核为 8.5 MeV。这意味着 ^{238}U 的裂变释放出大约 $238 \times 0.9 = 214$ MeV 的能量。(这是个粗糙的估计,因为原子核有很多种方式进行裂变。)尽管能量释放明显,自发裂变的概率也是非常小的。^{238}U 的自发裂变半衰期约为 10^{16} 年,是 α 衰变半衰期的两百万倍。

究其原因,在于两个裂变的碎片在裂变路径上,需要通过一个能量比原本的核更高的势垒。这个势垒保持了原子核的完整性。裂变路径上的势能分布如图 11.17 所示。

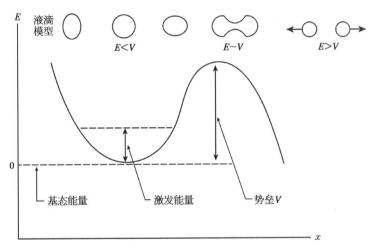

图 11.17 两个核碎片之间的势能曲线,随它们中心距离 x 的分布

因此裂变也如 α 衰变一样需要隧穿,但大的核碎片与相对小的 α 粒子相比,发生隧穿的概率要小得多,因为伽莫夫因子(11.45)式,随着碎片的质量而增加。这就解释了为什么 ^{238}U 裂变的半衰期要比 α 衰变长得多。势垒的高度称为激活能。^{238}U 的激活能大约为 5.5 MeV。

在诸如(11.51)式那样的裂变事件中,额外的中子会以高概率释放出来,由于维持诸如 ^{238}U 那样的重核稳定,比稳定两片较小的碎片,需要更多的中子。对于 $A > 200$,$\frac{N}{Z} \approx 1.5$,而对于 $70 < A < 160$,$\frac{N}{Z} \approx 1.3 \sim 1.4$。所以在裂变后会有多余的中子。为了到达原子核稳定谷,这些中子以各种方式被放出。有些中子在裂变时马上释放出来。这些被称为迅发中子。还有些则由高度激发的裂变产物在类似如下的反应中释放出来:

$$^{90}_{36}Kr^*_{54} \rightarrow {}^{89}_{36}Kr_{53} + n, \tag{11.52}$$

其中 * 表示激发态。由这些缓发中子所提供的时间滞后,对控制裂变反应堆至关重要。纵然没有中子释放,很多裂变产物都是极度放射性的,会通过 β 衰变把中子转换为质子,不过这需要很多年。

由于不存在库仑势垒，这些释放出来的中子很容易被其他铀原子核所吸收。铀原子核吸收中子会释放能量，因而新的铀同位素产生时就处于激发态。激发能足以把原子核推过裂变势垒，如图 11.18 所示。例如，^{235}U 拥有奇数个中子，所以倾向于在如下反应中结合另一个中子形成 ^{236}U：

$$^{235}_{92}U_{143} + n \rightarrow {}^{236}_{92}U^*_{144}, \tag{11.53}$$

图 11.18 中子诱发的核裂变

结果就是产生处于高度激发态的 ^{236}U，其能量为

$$m(92, 236)^* = m(92, 235) + m_n = (235.043\,924u + 1.008\,666\,5u)$$
$$= 236.052\,589u \tag{11.54}$$

激发能就是

$$Q_{exc} = m(92, 236)^* - m(92, 236) = 236.052\,589u - 236.045\,563u$$
$$= 6.5\,MeV, \tag{11.55}$$

鉴于 ^{236}U 的激活能为 6.2 MeV，因此新形成的这个原子核拥有足够能量，可以轻易通过裂变势垒。每个中子诱发的裂变又进一步释放中子，因而在 ^{235}U 中有可能会发生链式反应，假如不对此进行控制，可能会发生爆炸。

相比较之下，^{238}U 的原子核拥有偶数个核子，因此再加一个额外中子的结合能要低得多。如上进行类似计算，可以算出激发能量为 4.8 MeV，比裂变激活能 5.5 MeV 要低。因此对于 ^{238}U 链式反应并不能发生，除非中子吸收了足够动能（0.7 MeV）来补上能量差。对于各种功能的核反应堆，铀同位素的这些性质决定了有潜在价值的设计。

11.6 聚 变

聚变反应对于宇宙所有氢以外元素的合成至关重要，因而也是我们人类存在的关键。聚变反应也是恒星产出能量的来源，这将在第 13 章讨论。利用核聚变来产出大量廉价能量是物理学家长久以来的梦想。在以往五十多年追求这一目标的过程中,人们建造了各种实验性的聚变反应堆,在法国南部的卡达拉什,目前正在建造 ITER(国际热核实验反应堆),反应堆的剖面图参见图 11.19。

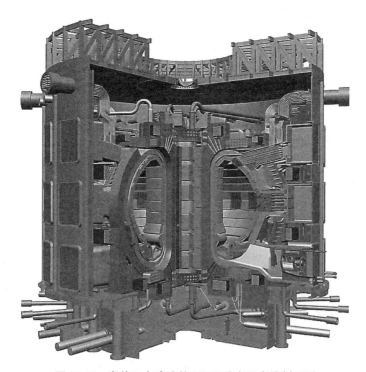

图 11.19　当前正在建造的 ITER 聚变反应堆剖面图

要发生聚变,两个原子核必须靠得足够近,强作用才能付诸实现。所有原子核都带正电,因此在常温常压下库仑势垒会阻止原子核相互靠近。对 Z 小的原子核这个势垒低一些,因此最轻的原子核聚变所需的温度最低。

在 X 粒子静止的参考系下考虑如下反应:

$$B + X \rightarrow Y. \tag{11.56}$$

动量为 p 的非相对论性粒子 B,其碰撞截面 σ_{coll} 是半径为德布罗意波长 $\dfrac{2\pi\hbar}{p}$ 的圆盘面积。因此碰撞截面反比于粒子的动能 E,

$$\sigma_{\mathrm{coll}} = \pi \frac{(2\pi\hbar)^2}{p^2} \propto \frac{1}{E}. \tag{11.57}$$

要聚变,两个原子核就要碰撞,并且隧穿势垒,因此聚变的截面 σ_{fus} 为碰撞截面乘上隧穿概率。这就像 α 衰变相反的情况;B 的动能越高,势垒就越窄,隧穿的可能性就越大。

于是我们就可以利用 11.4 节的结果。隧穿概率正比于 $\exp(-2G(E))$,其中 $G(E)$ 为伽莫夫因子,所以聚变截面就是

$$\sigma_{\text{fus}} = \frac{S(E)}{E} \exp(-2G(E)), \qquad (11.58)$$

其中 $S(E)$ 为缓慢变化的核结构函数，这可以从实验确定，或者用半经验的方式估计。伽莫夫因子可以从(11.45)式得到

$$G(E) = \sqrt{\frac{2\mu}{\hbar^2}} \int_R^b \sqrt{V(r) - E}\, dr = \sqrt{\frac{2\mu E}{\hbar^2}} \int_R^b \sqrt{\frac{b}{r} - 1}\, dr, \qquad (11.59)$$

其中 μ 为 B 和 X 的约化质量，而 b 为 B 的动能等于库仑势能时的距离，所以 $E = V(b) = \dfrac{Z_B Z_X e^2}{4\pi b}$。$G(E)$ 可用前述方法计算，给出修正版本的(11.47)式，

$$2G(E) \approx 2\sqrt{\frac{2\mu}{\hbar^2 E}} \frac{Z_B Z_X e^2}{8} = \sqrt{2\pi^2 \alpha^2 m_{\text{p}}} \sqrt{\frac{\mu}{m_{\text{p}}}} \frac{Z_B Z_X}{\sqrt{E}} = \sqrt{\frac{E_G}{E}}, \qquad (11.60)$$

其中 $\alpha = \dfrac{e^2}{4\pi\hbar}$ 为精细结构常数，我们把所有常数部分都放到一起来定义伽莫夫能量：

$$E_G = 2\pi^2 \alpha^2 m_{\text{p}} \frac{\mu}{m_{\text{p}}} (Z_B Z_X)^2 = 2\pi^2 \alpha^2 \times (938\ \text{MeV}) \left(\frac{\mu}{m_{\text{p}}}\right) (Z_B Z_X)^2$$

$$= \left(\frac{\mu}{m_{\text{p}}}\right) (Z_B Z_X)^2 \times 987\ \text{keV}. \qquad (11.61)$$

（在计算伽莫夫能量最终表达式的过程中，我们代入了质子的静止质量 $m_{\text{p}} = 938\ \text{MeV}$，还利用了广为人知的一个近似 $\alpha \approx \dfrac{1}{137}$。）

在粒子加速器中，可以实现一束数密度为 n_B、速度为 v 的 B 粒子，撞到由数密度为 n_X 的 X 原子核组成的靶上，那么在体积 dV 和时间 dt 内总的聚变反应数为

$$dN_{\text{fus}} = \frac{n_B n_X}{1 + \delta_{BX}} \sigma_{\text{fus}}(E) v\, dt\, dV, \qquad (11.62)$$

其中 $\sigma_{\text{fus}}(E)$ 由(11.58)式给出。在这里 $E = \dfrac{1}{2}\mu v^2$，另外为了避免全同原子核聚变的重复计算，当 B 和 X 是一样时 $\delta_{BX} = 1$，否则为零。

11.6.1 热核聚变

在离子化的热等离子体内，比如说在恒星内，原子核的速度随机分布，聚变的概率依赖于任意两个入射粒子的相对速度。这一概率随着速度增加急剧上升，而聚变只有在温度 T 很高时才有可能发生。因此这就被称为热核聚变。在热平衡时，原子核的速度分布为麦克斯韦分布(10.53)式。要计算聚变率，我们应将截面对这个分布积分。由(11.62)式，单位体积的累积反应率为

$$\mathfrak{R}_{\text{fus}} = \frac{\mathrm{d}N_{\text{fus}}}{\mathrm{d}V\mathrm{d}t} = \frac{n_B n_X}{1+\delta_{BX}} \langle \sigma_{\text{fus}}(E)v \rangle, \tag{11.63}$$

其中

$$\langle \sigma_{\text{fus}}(E)v \rangle = \int_0^\infty \left(\frac{\mu}{2\pi T}\right)^{\frac{3}{2}} \exp\left(-\frac{E}{T}\right) \sigma_{\text{fus}}(E)v 4\pi v^2 \mathrm{d}v$$

$$= \left(\frac{2}{\pi\mu T^3}\right)^{\frac{1}{2}} \int_0^\infty \exp\left(-\frac{E}{T}\right) \sigma_{\text{fus}}(E)E\,\mathrm{d}E, \tag{11.64}$$

其中含 T 的因子来自于麦克斯韦分布。把(11.58)式代入，$\sigma_{\text{fus}}(E) = \dfrac{S(E)}{E} \exp(-2G(E))$，

再把(11.60)式的伽莫夫因子 $2G(E) = \sqrt{\dfrac{E_G}{E}}$ 代入，可得

$$\langle \sigma_{\text{fus}}(E)v \rangle = \left(\frac{2}{\pi\mu T^3}\right)^{\frac{1}{2}} \int_0^\infty S(E) \exp\left(-\frac{E}{T} - \sqrt{\frac{E_G}{E}}\right) \mathrm{d}E. \tag{11.65}$$

即使在恒星内部，也只有麦克斯韦分布尾部的那些极高能粒子才有足够的动能参与聚变。$\exp\left(-\dfrac{E}{T}\right)$ 这个因子随着 E 增加急剧减小，而隧穿概率 $\exp\left(-\sqrt{\dfrac{E_G}{E}}\right)$ 则迅速增加。只有在这两个指数函数充分重合的区域才可能发生聚变，这个区域称为伽莫夫峰。在伽莫夫峰附近相对狭窄的区域称为最佳施姿能量 $E_\circ$。随着 T 增加，麦克斯韦分布偏移到更高能量，这使得伽莫夫峰的高度和宽度都增加了，如图 11.20 所示，因此聚变率急剧增加。

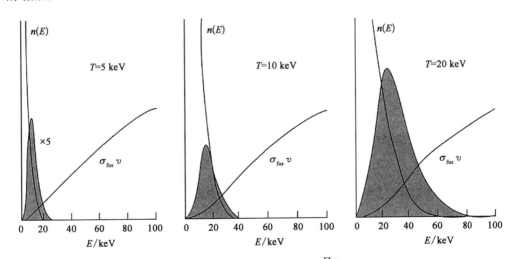

图 11.20　随着温度 T 增加，玻尔兹曼因子 $n(E) = \exp\left(-\dfrac{E}{T}\right)$ 往右偏移。这使得与隧穿概率 $\sigma_{\text{fus}}(E)v$ 重叠得更多，于是大幅增加伽莫夫峰（阴影部分）的大小，结果就是聚变率极大地依赖于温度

(11.65)式的积分无法解析地计算,不过指数上的 $f(E) = -\dfrac{E}{T} - \sqrt{\dfrac{E_G}{E}}$ 有一个尖锐的极大值,因此这个积分可以通过最陡下降法近似估算,这个方法在第 1.4.4 节已作过描述。如果在最佳施轰能量附近没有核共振,这个方法能给出聚变率的一个很好的估计。对指数函数 $\exp(f(E))$ 求导,可以得到其极大值所满足的方程:

$$f'(E) = -\frac{1}{T} + \frac{1}{2E}\sqrt{\frac{E_G}{E}} = 0. \tag{11.66}$$

解这个方程就得到在伽莫夫峰高处的最佳施轰能量,

$$E_o = \left(\frac{E_G T^2}{4}\right)^{\frac{1}{3}} \text{ 以及 } f(E_o) = -3\left(\frac{E_G}{4T}\right)^{\frac{1}{3}}. \tag{11.67}$$

再计算二阶导数,并把 E_o 代入,得到

$$f''(E) = -\frac{3}{4E^2}\sqrt{\frac{E_G}{E}} \text{ ,因此} \frac{1}{\sqrt{f''(E_o)}} = \frac{1}{\sqrt{3}}(2E_G T^5)^{\frac{1}{6}}, \tag{11.68}$$

其中 $\dfrac{1}{\sqrt{f''(E_o)}}$ 为伽莫夫峰的宽度。于是最陡下降公式(1.77)给出

$$\langle \sigma_{\text{fus}}(E)v \rangle \approx \left(\frac{2}{\pi\mu T^3}\right)^{\frac{1}{2}} S(E_o)\exp(f(E_o))\sqrt{\frac{2\pi}{|f''(E_o)|}}$$

$$= \left(\frac{4}{\mu T^3}\right)^{\frac{1}{2}} \frac{1}{\sqrt{3}}(2E_G T^5)^{\frac{1}{6}} S(E_o)\exp\left\{-3\left(\frac{E_G}{4T}\right)^{\frac{1}{3}}\right\}. \tag{11.69}$$

代入(11.63)式,我们就得到聚变率:

$$\mathfrak{R}_{\text{fus}} \approx \frac{n_B n_X}{1+\delta_{BX}}\left(\frac{2}{\sqrt{3\mu}}\right)\frac{S(E_o)(2E_G)^{\frac{1}{6}}}{T^{\frac{2}{3}}}\exp\left\{-3\left(\frac{E_G}{4T}\right)^{\frac{1}{3}}\right\}. \tag{11.70}$$

天体物理学家通常把聚变率与温度的关系写为 $\mathfrak{R}_{\text{fus}} \propto T^n$,其中幂次 n 通过求 $\mathfrak{R}_{\text{fus}}$ 的对数的导数得到,即 $n = \dfrac{T}{\mathfrak{R}_{\text{fus}}}\dfrac{\text{d}\mathfrak{R}_{\text{fus}}}{\text{d}T}$。尽管幂次 n 与温度有关,但恒星内部聚变反应发生在给定温度下,这个方程就相当有用。(11.70)式的对数为

$$\ln\mathfrak{R}_{\text{fus}} = -\frac{2}{3}\ln T - 3\left(\frac{E_G}{4T}\right)^{\frac{1}{3}} + 常数, \tag{11.71}$$

于是对数的导数为

$$n = \frac{T}{\mathfrak{R}_{\text{fus}}}\frac{\text{d}\mathfrak{R}_{\text{fus}}}{\text{d}T} = T\frac{\text{d}\ln\mathfrak{R}_{\text{fus}}}{\text{d}T} = -\frac{2}{3} + \left(\frac{E_G}{4T}\right)^{\frac{1}{3}}. \tag{11.72}$$

将 (11.61) 式的 E_o 代入, 得到最佳施轰能量以及伽莫夫峰宽为

$$E_o \approx 1\,220 \times \left(\left(\frac{\mu}{m_p} \right) (Z_B Z_X)^2 (T_6)^2 \right)^{\frac{1}{3}} \text{eV}, \tag{11.73}$$

$$\frac{1}{\sqrt{f''(E_o)}} \approx 265 \times \left(\left(\frac{\mu}{m_p} \right) (Z_B Z_X)^2 \right)^{\frac{1}{6}} (T_6)^{\frac{5}{6}} \text{eV}, \tag{11.74}$$

其中 $T_6 = \dfrac{T}{10^6\,\text{K}}$ 为恒星温度以百万开尔文为单位定义的无量纲方便记号。由于 $1\,\text{K} = 8.62 \times 10^{-5}\,\text{eV}$, 一个 T_6 温度对应于 $86.2 T_6\,\text{eV}$。利用这一记号, 我们还可以得到

$$n = -\frac{2}{3} + \left(\frac{2\,860 \left(\dfrac{\mu}{m_p} \right) (Z_B Z_X)^2}{T_6} \right)^{\frac{1}{3}}. \tag{11.75}$$

大部分太阳能都是由所谓的质子-质子链过程产生的, 该过程或写成 pp 链, 这是两个质子的聚变, 我们会在 13.5.1 节讨论。B 和 X 都是质子, 所以 $Z_B = Z_X = 1$, 聚变质子的约化质量就是 $\mu = \frac{1}{2} m_p$。聚变发生的太阳中心处温度约为 $T = 1.6 \times 10^7\,\text{K}$, 因此 $T_6 = 16$, 故

$$E_o(\text{pp 链}) \approx 1\,220 \times \left(\left(\frac{1}{2} \right) (16)^2 \right)^{\frac{1}{3}} \text{eV} \approx 6.2\,\text{keV},$$

$$\frac{1}{\sqrt{f''(E_o)}}(\text{pp 链}) \approx 265 \times \left(\frac{1}{2} \right)^{\frac{1}{6}} (16)^{\frac{5}{6}} \text{eV} \approx 2.4\,\text{keV}. \tag{11.76}$$

在这个温度下, 质子的典型能量为 $86.2 \times 16\,\text{eV} \approx 1.4\,\text{keV}$。由于最佳施轰能量 E_o 为 $6.2\,\text{keV}$, 太阳内大部分聚变能量都是在典型能量的四倍以上产生的。

比太阳质量更大的恒星通过 CNO 循环产出它的大部分能量, 即由碳、氮和氧原子核催化的聚变过程, 我们将在 13.5.2 节看到。这样的恒星的核心温度大约为 $T = 2.0 \times 10^7\,\text{K}$, 因此 $T_6 = 20$。CNO 循环的瓶颈为如下反应:

$$p + {}^{14}\text{N} \rightarrow {}^{15}\text{O}. \tag{11.77}$$

此时 $Z_B = 1$ 而 $Z_X = 7$, 相碰的质子和氮原子核的约化质量为 $\mu = \dfrac{14}{15} m_p \approx m_p$。将这些值代入 (11.73) 式和 (11.74) 式给出

$$E_o(\text{CNO 循环}) \approx 1\,220 \times \left((7)^2 (20)^2 \right)^{\frac{1}{3}} \text{eV} \approx 33\,\text{keV},$$

$$\frac{1}{\sqrt{f''(E_o)}}(\text{CNO 循环}) \approx 265 \times (7)^{\frac{1}{3}} (20)^{\frac{5}{6}} \text{eV} \approx 6.2\,\text{keV}. \tag{11.78}$$

现在质子典型能量为 $1.7\,\text{keV}$, 因此在 CNO 循环中产生的大部分能量来自于能量极高的

一小部分质子。

在太阳核心温度 $T_6 = 16$ 下，决定 pp 链聚变率与温度关系的 n 为

$$n(\text{pp 链}) \approx -\frac{2}{3} + \left(\frac{2\,860}{2 \times 16}\right)^{\frac{1}{3}} = -0.67 + 4.47 \approx 3.8, \tag{11.79}$$

而对于温度为 $T_6 = 20$ 的 CNO 循环：

$$n(\text{CNO 循环}) \approx -\frac{2}{3} + \left(\frac{2\,860 \times (7)^2}{20}\right)^{\frac{1}{3}} = -0.67 + 19.1 \approx 18, \tag{11.80}$$

因此 CNO 循环的聚变率对温度极为敏感。我们在第 13 章时将会用到这些结果。

11.6.2　可控核聚变

重新回到可控核聚变的展望，氢的各种同位素显然是核燃料的候选者。氢的同位素有氘 ^2H，其核由一个质子和一个中子组成，还有氚 ^3H，其核由一个质子和两个中子组成。这些原子核称为氘核和氚核。氘核聚变成 ^4He 并不高效，因为所释放的能量为 23.8 MeV，足以分离一个中子或者质子。如下的两个反应有着相同的概率，发生的可能性远大于前者：

$$^2\text{H} + {}^2\text{H} \rightarrow {}^3\text{He} + \text{n} + 3.3 \text{ MeV} \tag{11.81}$$

$$^2\text{H} + {}^2\text{H} \rightarrow {}^3\text{H} + \text{p} + 4.0 \text{ MeV}. \tag{11.82}$$

ITER 则通过更有效的氘核和氚核聚变来产生能量：

$$^2\text{H} + {}^3\text{H} \rightarrow {}^4\text{He} + \text{n} + 17.6 \text{ MeV} \tag{11.83}$$

$$^3\text{H} + {}^3\text{H} \rightarrow {}^4\text{He} + 2\text{n} + 11.3 \text{ MeV}. \tag{11.84}$$

氘–氚等离子体由环状的托卡马克约束，温度升高到 10^8 K 以实现聚变。目标是要产生十倍于反应堆运行所需的能量。如果一切按计划进行，聚变每次将会维持十分钟，功率为 5 亿 W。

氚的半衰期为 12.3 年，在自然界中并不容易找到。ITER 的核心将由一层锂包裹着，这样反应堆就能自行由如下反应产生氚燃料：

$$\text{n} + {}^6\text{Li} \rightarrow {}^4\text{He} + {}^3\text{H} \tag{11.85}$$

$$\text{n} + {}^7\text{Li} \rightarrow \text{n} + {}^4\text{He} + {}^3\text{H}. \tag{11.86}$$

11.7　稳 定 岛

自然存在的最重的原子核是 ^{238}U，因为更重的核的半衰期都比地球年龄短得多。自 1940 年后，许多铀后元素都在实验室中被人工制造出来并加以研究。$Z = 93 - 100$ 的原子核最早由格伦·西博格和他在加利福尼亚伯克利大学的团队制造出来，所采用的办法是让铀长期接触核反应堆的强中子流[1]。铀后元素由新形成的富中子原子核通过 β 衰变产

---

① 这等价于天体物理学家所熟悉的 r 过程。

生。然后再通过化学手段分离提纯这些元素。用这种方法创造新元素有其局限性。随着原子数 Z 增加，原子核的半衰期迅速减少。钚寿命最长的同位素为 $^{244}_{94}\text{Pu}_{150}$，其半衰期为 8×10^7 年，而锎的同位素中半衰期最长的是 $^{251}_{98}\text{Cf}_{153}$ 的 898 年，然后镄的同位素 $^{257}_{100}\text{Fm}_{157}$ 只有 100.5 天。接下去镄的同位素 $^{258}_{100}\text{Fm}_{158}$ 阻挡了我们向更重核前进的步伐，它的半衰期只有 0.3 ms。要接触到这后面的原子核，就有必要加速轻原子核，射向由重原子核组成的靶上。例如，104 号元素𬬻就在 1969 年在伯克利通过把 ^{12}C 核射向锎核产生出来，其结果为

$$^{12}_{6}\text{C}_6 + {}^{251}_{98}\text{Cf}_{151} \rightarrow {}^{257}_{104}\text{Rf}_{153} + 4\text{n}. \tag{11.87}$$

在质子数分别为 Z_1 和 Z_2 的离子之间发生反应，需要克服正比于 $Z_1 Z_2$ 的巨大库仑势垒，因此这方面的研究需要高能重离子加速器。在上述例子中，$Z_1 Z_2 = 6 \times 98 = 588$。

满充原子核壳层给予原子核额外的稳定性。在 20 世纪 60 年代后期，西博格指出随着 Z 和 N 接近下一个幻数，稳定性趋势应该反过来。尼尔逊及其同事计算的 α 和 β 衰变率，以及裂变半衰期都支持这一点。新幻数具体是多少还不知道，不过预计在 $Z = 114$，118 或 126 以及 $N = 184$ 附近。寿命相对长的原子核可能会在这些被称为稳定岛的数值附近存在。计算显示，𫟼 294，$^{294}_{110}\text{Ds}_{184}$ 的半衰期可能长达 10^6 年。以通用的技术还无法抵达稳定岛，但这只是对目前的情形而已。

自然存在的钙有 0.2% 是由双幻数的富中子原子核 $^{48}_{20}\text{Ca}_{28}$ 组成。它的中子含量比例之大，使之成为了产生富中子重核的理想抛射核。在俄罗斯杜布纳的弗莱洛夫核反应堆研究所，以及在德国达姆施塔特的 GSI 亥姆霍兹重离子研究中心，研究者们通过将 ^{48}Ca 核射向重靶，产生了原子数 118 以下的所有元素，如 Pu，Am，Cm，Bk，以及 Cf。举个例子，最近刚被命名为𰚥（tennessine）的第 117 号元素，是在 2014 年在达姆施塔特通过把 $^{48}_{20}\text{Ca}_{28}$ 离子射向锫靶产生的。美国的橡树林实验室专门为这个实验生产了约 13 mg 的 $^{249}_{97}\text{Bk}_{152}$，其半衰期只有 330 天。通过如下反应产生了𰚥核：

$$^{48}_{20}\text{Ca}_{28} + {}^{249}_{97}\text{Bk}_{152} \rightarrow {}^{293}_{117}\text{Ts}_{176} + 4\text{n}. \tag{11.88}$$

在这个反应中，$Z_1 Z_2 = 20 \times 97 = 1\,940$，这给出了要求合成超重原子核，增加离子束能量的一些想法。

最重原子核的已知同位素半衰期随着中子数增加而增加，总体上与预测符合，所以我们可能很快就能看到稳定岛了。

11.8　异　核

在极其轻的那些原子核中，大部分核子都在核表面，因此它们的束缚并不饱和。这些原子核并不符合液滴公式，密度比(11.6)式所预计的要低。还有其他原子核与壳层模型符合得不好。例如图 11.7 表明，^{12}C 的每个核子的结合能相对高些，尽管它并不含有幻数的中子或者质子。描述轻原子核的模型有好几种，每种模型都描述了它们结构的某

些方面。

最轻的复合原子核是氘核，由一个中子和一个质子组成。它的结合能仅为 2.2 MeV，比大原子核的每核子结合能还要小得多，而且它没有束缚的激发态。于是，氘核的平均半径为 2.14 fm，比用 (11.6) 式估算的明显要大。最稳定的轻原子核是 ^{4}He。它是如此稳定，以至于不可能通过加一个中子或者质子来形成 ^{5}He 或 ^{5}Li，也不可能聚变两个 ^{4}He 核来形成 ^{8}Be。这给产生比氦重的元素带来了不可忽略的阻碍。尽管加上一个额外粒子并不能产生稳定的原子核，但给 ^{4}He 加上两个核成分却能得到稳定的原子核，比如 ^{6}Li，^{9}Be，以及 ^{12}C。

图 11.21 博罗梅奥环

后面这些原子核被称为博罗梅奥核，因为它们有一个奇怪的性质，如果从它们中移去一个组分，它们就会分成三块。这让人想起意大利博罗梅奥家族盾形纹章上的博罗梅奥环，如图 11.21 所示。尽管这三个环无法分开，但任意两个环都没有相扣，所以一旦移去一个环另外两个环就会分开。其他博罗梅奥核的例子还有 ^{6}He，^{11}Li，^{14}Be，以及 ^{22}C。在壳层模型中并不容易理解这些原子核，它们似乎有近似于分子的结构。

例如，^{9}Be 似乎是由两个 α 粒子加上一个中子组成，如图 11.22（左）所示，而且该核很容易就分解成这三部分，

$$^9\text{Be} \rightarrow \, ^4\text{He} + \, ^4\text{He} + \text{n}. \tag{11.89}$$

当铍被 α 粒子轰击，就会释放中子，这就是发现中子的关键所在，我们曾在 11.1 节讨论过。

还有证据表明，像 ^{12}C，^{16}O，^{20}Ne，以及 ^{24}Mg 这样的原子核可以视为是 α 粒子的结团。^{12}C 的基态形状看来就像是三个 α 粒子组成的等边三角形，如图 11.22（右）所示。弗雷德·霍伊尔预测存在 ^{12}C 的一个激发态，这个态在原初核合成时至关重要，这将在第 13 章讨论。这一激发态被认为是三个 α 粒子的线状链（或者弯链）。

在 20 世纪 80 年代之后，人们对中子溢出线附近的富中子而低质量的原子核很感兴趣。这些原子核比 (11.6) 式给出的关系预测的要大。它们被称为晕核，因为它们包含一些只被核心微弱束缚的中子。松散束缚的核子只有不到一半的时间在核心内。其中一个例子为 ^{6}He，它包含两个被 ^{4}He 核心微弱束缚的中子。另一个被充分研究的晕核是 ^{11}Li，它包含两个被 ^{9}Li 核心微弱束缚的中子。这个核的大小与 ^{208}Pb 差不多，如图 11.23 所示。^{11}Li 的半衰期为 9 ms。它是个博罗梅奥核，只需要 0.3 MeV 的能量就能移去它的晕中子。

图 11.24 展示了其他晕核，包括 ^{8}He，^{11}Be，^{14}Be，^{17}B，以及 ^{19}C。还有些核，如 ^{8}B 以及 ^{17}Ne，看来包含松弛束缚的质子。

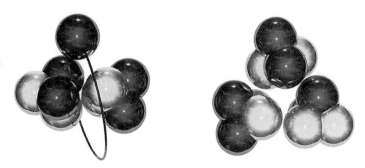

图 11.22 左：^{9}Be 核由两个 α 粒子加上一个中子组成；右：^{12}C 由三个 α 粒子组成

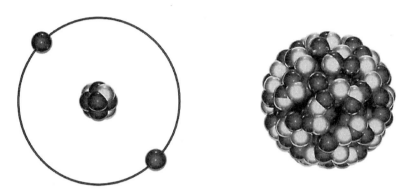

图 11.23 左：晕核 ^{11}Li；右：^{208}Pb 原子核，其大小与 ^{11}Li 相当

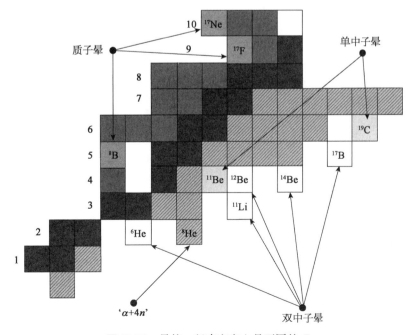

图 11.24 晕核。竖直方向上是不同的 Z

11.9 π 子，汤川理论和 QCD

目前为止，我们通过唯象的模型，比如壳层模型和液滴模型，来研究原子核。通过核子间相互作用的更深入的模型，以及高性能计算机，现在已经有可能精确计算许多小原子核的质量及其激发态能量了。原子核要视为两核子势和三核子势的多核子量子系统。要得到更深的理解，就应该从核子间的基本相互作用来推导这些核势。1935 年，汤川秀树(Hideki Yukawa)尝试做了这件工作。他提出一个能够解释强力的短程性质以及核外壳密度降低的理论。他的想法是核子间的强力来自于一种新粒子的交换。不同于电磁力所交换的光子，汤川的粒子拥有非零的质量。

通过交换这种粒子，产生了由汤川势描述的力：

$$V(r) = -\frac{\lambda^2}{4\pi r}\exp\left(-\frac{r}{a}\right),\tag{11.90}$$

其中 λ^2 决定了相互作用的强度。力程为 $a = \dfrac{\hbar}{m_\pi}$，其中 m_π 为交换粒子的质量。注意如果交换粒子质量为零，汤川势就退化为无限力程的库仑势。为了与已知的强力力程匹配，汤川预测这种粒子静质量至少为电子质量的 200 倍，大约在 130 MeV 左右。1947 年，塞西尔·鲍威尔、西舍·拉泰斯以及久塞培·奥洽里尼在宇宙射线中发现了该种粒子的三重态 π^-，π^0，π^+，性质正如所预测的那样。它们被称为 π 子，是被称为介子的粒子族中最轻的一种。电中性的 π^0 质量为 135.0 MeV，而带电的 π^- 和 π^+ 质量为 139.6 MeV。

如图 11.25 所示的核子-核子势已被散射实验所确认，但 π 子交换只能解释其中一部

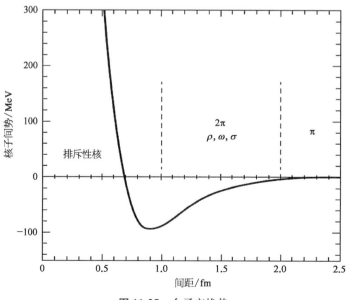

图 11.25 介子交换势

分。沿着汤川的工作继续深入，其他日本理论家发展出了更深刻复杂的原子核模型。具体而言，武谷三男及其合作者在 20 世纪 50 年代提出，核势可以分三层来理解。单 π 子交换，如汤川势所表述的那样，这能解释 2.0 fm 之外的最外层区域。在 1.0 fm 和 2.0 fm 之间，这个势用双 π 子交换解释得最好，这样给出的势是如下形式的范德瓦耳斯势

$$V(r) \approx -\frac{P(m_\pi r)}{r^6}\exp\left(-\frac{2r}{a}\right), \tag{11.91}$$

其中 P 是以 $m_\pi r$ 为宗量的多项式。图 11.26 所示的就是这些 π 子交换图。在更近的距离内，更重的其他介子交换也很重要。这包括了 $\eta(549)$，$\rho(770)$ 以及 $\omega(782)$ 介子[①]，括号内的数字是它们的质量，单位是 MeV。在距离小于 1.0 fm 内区域，核子间存在一种强的排斥作用力，这导致了存在一个硬核，从而防止核子的并合。

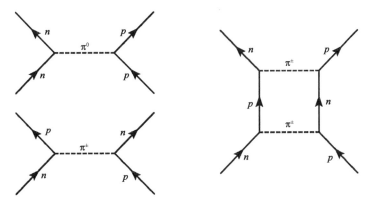

图 11.26　左：单 π 子交换的两个例子；右：双 π 子交换的一个例子

　　事实上，强力的物理比上述讨论更为复杂。它的势并非如图 11.25 所示的单个变量的函数，因为它还依赖于核子的自旋，以及核子是否是同一类。最好使用的二核子势和三核子势目前仍然是唯象的，利用散射数据和一些束缚态性质对它们进行了调节，但通过强相互作用 π 子的有效场，它们的一些特点能被理解，并在一定程度上进行预测。

　　我们业已知晓，无论质子还是中子其实都不是基本粒子。质子包含两个上夸克和一个下夸克，而中子包含一个上夸克和两个下夸克。夸克由色力束缚，由量子色动力学（QCD）描述。我们将在第 12 章更详细地讨论这些。介子这个词最初是指质量介于电子和质子之间的粒子。但这不再站得住脚。介子的现代含义为由夸克-反夸克对组成的粒子。这些粒子中最轻的一种，π 子，由正反上夸克和下夸克对组成。

　　现在 QCD 是一个非常完善的理论，有大量的实验支持。令人啼笑皆非的是，我们对决定核子结构的夸克力业已洞悉，居然远比决定核结构的核子间的力理解更深。原则上，通过 QCD 来推导核子-核子势及其他原子核性质是可能的，但这个问题过于困难。例如，核子和原子核之间的自旋-轨道耦合至今仍在摸索之中。利用计算机的强大计算

---

① 还有 σ 介子，其结构目前尚未完全清楚。

能力，最近已经有可能导出参与强相互作用的粒子，如质子和中子以及各种介子的质量，这是直接从 QCD 计算的，精度约为 5%。这是个伟大的成就。现在，核子之间的相互作用也正在计算机上进行探索，从前期结果看来，QCD 产生的核子间势确实在较远距离处为吸引力，而在小于 1.0 fm 处突然转变为硬的排斥力，与图 11.25 所示的测量到的势一致。

11.10　拓展阅读材料

K. Heyde. *Basic Ideas and Concepts in Nuclear Physics: An Introductory Approach* (3rd ed.). Bristol：IOP，2004.

K. S. Krane. *Introductory Nuclear Physics*. New York：Wiley，1988.

R. F. Casten. *Nuclear Structure from a Simple Perspective* (2nd ed.). Oxford：OUP，2000.

包括原子核的形变效应的壳层模型，参见下述概论

S. G. Nilsson and I. Ragnarsson. *Shapes and Shells in Nuclear Structure*. Cambridge：CUP，1995.

关于超重原子核的产生和性质的综述，见

Y. Oganessian. *Synthesis and Decay Properties of Superheavy Elements*. Pure Appl. Chem. 78 (2006) 889 - 904.

关于晕核的综述，见

J. Al-Khalili. *An Introduction to Halo Nuclei in The Euroschool Lectures on Physics with Exotic Beams*. Vol.1，eds. J.S. Al-Khalili and E. Roeckl. 77 - 112，Berlin，Heidelberg：Springer，2004.

关于汤川的 π 子理论，见

W. Weise. *Yukawa's Pion*，*Low-Energy QCD and Nuclear Chiral Dynamics*. Prog. Theor. Phys. Suppl. 170 (2007) 161 - 184.

第 12 章 粒 子 物 理

12.1 标 准 模 型

在这一章中,我们将研究物质的基本组成部分。迄今为止,我们考虑了宇宙的结构,以及从四种不同力的角度考虑了物质,这四种力为:引力、电磁力以及两种核力,强力和弱力。引力决定了宇宙的大尺度结构,但引力本身很微弱,在基本粒子之间的相互作用上,比如说考虑原子内的电子时,引力的效果完全可以忽略。相比之下,剩下的三种力在粒子物理中都扮演着重要的角色。原子依靠电磁力维持在一起。强力把质子和中子束缚在原子的核内,在 α 衰变和核裂变中也很重要。弱力则导致原子核的 β 衰变,而且在恒星的元素合成中扮演重要角色。弱力起作用时,粒子本身可能会改变。例如,β衰变中一个中子转化为质子,同时产生一个电子和一个反电中微子。如今,这三种力是在同一个理论架构下解释的,这一架构包括电磁力和弱力的统一理论,再结合一个与之类似的强力理论。这一极其成功的理论是现代物理学的一大胜利。它被称为标准模型。

基本粒子

所有已知的粒子和力,都可以还原为少数几种基本粒子的相互作用,这些基本粒子如图 12.1 所示。每种粒子都完全由其质量、自旋,以及决定其作用的荷来定义。粒子可能会有许多其他性质,例如它们的磁矩,它们衰变成其他粒子的衰变率。这些都可以从这套理论计算出来。量子力学认为同一种粒子是不可分辨的。它们自然地分为两类:玻色子,其自旋为整数,并遵循玻色-爱因斯坦统计;以及费米子,其自旋为半整数,服从费米-狄拉克统计和不相容原理。总共只有 12 种费米子及其反粒子,自旋都是 $\frac{1}{2}$,如表 12.1 所示。它们分成两类,夸克和轻子,通过是否受到强力的作用来划分。夸克通过强、弱和电磁力相互作用。带电的轻子,也就是电子、μ 子和 τ 子,通过弱力和电磁力相互作用,但不参与强相互作用。不带电的轻子就是中微子[①]。它们仅参与弱相互作用。

---

① 直接从粒子衰变出发,图 12.1 给出了当前中微子质量上限;从宇宙学和中微子振荡实验出发,表 12.1 给出了严格得多的上限。

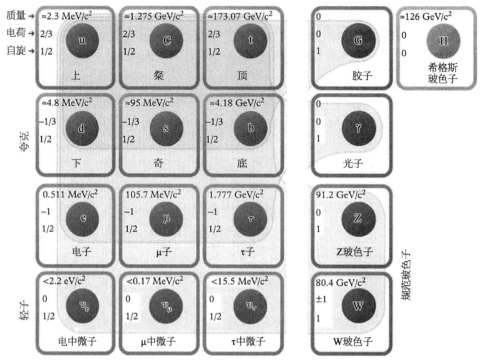

图 12.1 标准模型粒子表。前三列是三代费米子，最后一列是玻色子

表 12.1 标准模型中自旋为 $\frac{1}{2}$ 的基本费米子。q 为所带电荷，以质子电荷为单位。

（每种粒子都有反粒子，与正粒子的质量相同，荷相反。）

代	轻 子	q	质量(GeV)	夸 克	q	质量(GeV)
I	电子 (e^-)	-1	0.000 5	上 (u)	$\frac{2}{3}$	0.002
I	中微子 (ν_e)	0	$<10^{-9}$	下 (d)	$-\frac{1}{3}$	0.005
II	μ 子 (μ^-)	-1	0.106	粲 (c)	$\frac{2}{3}$	1.3
II	中微子 (ν_μ)	0	$<10^{-9}$	奇 (s)	$-\frac{1}{3}$	0.1
III	τ 子 (τ^-)	-1	1.78	顶 (t)	$\frac{2}{3}$	173
III	中微子 (ν_τ)	0	$<10^{-9}$	底 (b)	$-\frac{1}{3}$	4.2

这十二种费米子分为三代，每代四种粒子。第一代由上夸克和下夸克，电子和电中微子组成。通常的物质由其中的前三种粒子组成。质子是由两个上夸克和一个下夸克束缚在一起形成的。中子由两个下夸克和一个上夸克组成。第二代中的两种夸克被称为粲夸克和奇夸克，而两种轻子为 μ 子和 μ 中微子。第三代由顶夸克和底夸克，τ 子和 τ 中微子组成。第二代和第三代中的每种粒子带电情况都与第一代中的相应粒子一样，看

来只是质量更重的版本。

大部分粒子都不稳定,在这种或者那种基本力作用下通过一些过程发生衰变。较重的粒子衰变为两个或更多个较轻的粒子,能量以衰变产物的动能的形式释放。如果一种粒子平均寿命为 T(即半衰期为 $(\log 2)T$),且在 $t=0$ 时刻该种粒子共有 $N(0)$ 个,那么在随后时刻,粒子数为

$$N(t) = N(0)\exp(-\Re t) \tag{12.1}$$

其中衰变率为 $\Re = \dfrac{1}{T}$。 在对撞机实验中测量的通常是衰变宽度(能量单位):

$$\Gamma = \hbar \Re = \frac{\hbar}{T}. \tag{12.2}$$

短寿命粒子的静止质量(或者能量)并没有精确定义,这是因为量子力学的不确定性关系。Γ 是静止质量分布的宽度,例如图 12.26 所示。如果粒子会通过几种方式衰变,那么

$$\Gamma_{\text{total}} = \sum_i \Gamma_i \text{ 以及 } \mathrm{Br}_i = \frac{\Gamma_i}{\Gamma_{\text{total}}}, \tag{12.3}$$

其中 Γ_i 为衰变方式 i 的部分衰变宽度,而 Br_i 为这种模式的分支比。

粒子衰变的半衰期一般为:强力,10^{-24}—10^{-20} s;电磁力,10^{-19}—10^{-16} s;弱力,10^{-12}—10^{-6} s。第二和第三代的夸克和带电轻子不稳定,主要通过弱力迅速衰变。

在所有粒子碰撞和衰变中,看来有两条守恒定律普遍适用。一条是轻子数守恒,其中轻子对轻子数贡献 +1,而反轻子贡献 −1;还有一条是重子数守恒,其中夸克对重子数贡献 $\frac{1}{3}$,而反夸克贡献 $-\frac{1}{3}$。$\frac{1}{3}$ 这个因子是因为重子,比如说质子和中子,是由三个夸克组成的,而反重子则由三个反夸克组成。

基本的玻色子如表 12.2 所示。通过交换这里所列的这么几种自旋为 1 的玻色子,产生了强、电磁和弱力,我们稍后会加以对比讨论。希格斯玻色子是所知唯一的自旋为 0 的粒子,或者称为标量粒子。在标准模型中它有独特的地位,通过它给出了 W 和 Z 玻色子及基本费米子的质量,但没有赋予光子质量,从而破坏了弱电力的对称性。基本粒子的质量,不管是费米子还是玻色子,都相差非常大。

表 12.2 标准模型中的基本玻色子。

玻 色 子	q	质量(GeV)	自旋	扮演角色
胶子(G)	0	0	1	QCD 交换玻色子
光子(γ)	0	0	1	QED 交换玻色子
$W^{\pm}$ 玻色子	± 1	80.4	1	弱交换玻色子
Z 玻色子	0	91.2	1	弱交换玻色子
希格斯玻色子(H)	0	125	0	希格斯机制

标准模型的所有这些粒子和力的行为，只能将量子力学和相对论合并起来解释。这种统一最合适的语言是量子场论，我们现在来讨论它。

12.2 量 子 场 论

爱因斯坦最早引入量子力学来解释光电效应，把电磁波看作由光子组成，即无质量的以光速运动的粒子。但标准的量子力学显然是一种非相对论性的理论。薛定谔方程包含对时间的一阶导数，对空间导数却是二阶的。此外，对于质量为 m，不受势影响的量子力学粒子而言，能量与动量的关系为 $E = \dfrac{\boldsymbol{p}^2}{2m}$，而不是相对论性的关系 $E^2 = \boldsymbol{p}^2 + m^2$。要描述光子和其他运动速度接近光速的粒子，就有必要找到与狭义相对论相容的量子力学形式。

最早的尝试是去寻找相对论性不变的、与薛定谔方程等价的方程，期待其解为相对论性粒子的波函数。有两个方程刚开始看起来很有希望。一个是克莱因-戈登方程，我们在 3.2 节提到过。在这个方程中，时间的一阶导数被去掉了，负的拉普拉斯算符 $-\nabla^2$ 换成了波动算符 $\dfrac{\partial^2}{\partial t^2} - \nabla^2$。更激进的另一种选择是狄拉克方程。狄拉克意识到在量子力学波动方程中保持一阶时间导数的重要性，只有这样波函数在将来的演化中才只依赖于初始时刻的波函数本身，而不依赖于波函数的一阶导数。这与波函数坍缩假设相符，这意味着波函数可以用测量结果确定，其随后的演化由波动方程决定。我们将在 12.3 节介绍实现这一点的新颖方法。

然而，克莱因-戈登方程或者狄拉克方程都不能当作薛定谔方程的一个真实的、相对论性单粒子的类比。克莱因-戈登方程的问题在于，对粒子位置的概率密度无法给出合适的定义。而狄拉克方程的障碍在于，在普通的正能量态以外，其解还包括负能量粒子态，能量值可以取任意负数。

这些问题背后的原因在于，以相对论性速度相互作用的粒子，拥有足以产生新粒子的能量。在标准的量子力学中，可以定义数个相互作用的粒子的波函数，如同我们在 8.7 节所做的那样，但粒子数并不随时间变化。然而，当一个粒子运动速度接近光速时，它的总能量可能是其静质量的数倍。在高能粒子碰撞中，能量就很容易转化为新的粒子，所以在相对论性物理中，粒子数确实常会改变。这意味着相对论性量子力学必须是多粒子理论，而且粒子数不是定值。历史上，可变粒子数的多粒子量子力学的认识过程相当曲折，但最终结果是量子场论诞生了。克莱因-戈登方程和狄拉克方程在这里再次出现，不过是作为相对论性的场方程，对它的理解接近于经典的麦克斯韦方程。我们在本章中对该问题的讨论大部分都是描述性的，这是因为在量子场论中，进行计算涉及大量技术性细节和复杂的数学手段。

在经典物理中，物质粒子和场之间的差异是很清楚的。粒子是点状的，至少是高度定域的，而场则延伸至整个空间和时间；而粒子之间的力归咎于场。量子场论极大地消除了这种差异。例如,电子对应有一个电子场,就如光子对应于一个电磁场。当然,还是有一部分差异得以保留,因为物质主要是由费米粒子组成,而半整数自旋的费米子(如电子)与整数自旋的玻色子(如光子)对应于不同类型的量子化的场。

量子场论强有力之处是,它能囊括除了引力相互作用以外的所有粒子相互作用。所以,粒子束缚态和粒子散射的理论,通常分别以吸引力和排斥力来描述,现在可以用粒子产生和衰变的理论统一起来。这就是为什么我们会说中子衰变,或者 Z 玻色子产生,这都是由于弱力的作用。

12.2.1 电磁场的量子化

现在认为,对于每一种基本粒子,都有一个场,而这些场是时空基本结构的一部分。场在空间的每一点都有一个动力学自由度,所以场的总自由度就是无穷多个。不同点的场的值是相连接的,在最简单情况的结果是,场方程的基本动力学解,是确定波矢 k 和频率 ω 的波模。通过场方程可以把 ω 用 k 表示,但还是有无穷多个解,因为 k 可以是任意 3-矢量。在经典理论中,每个波模的强度 $A(k)$ 是独立振荡的。

在量子场论中,每个强度都被处理成一个量子谐振子,而对于每个 k 都存在一个振子。[在谐振子的变量 x 与波模的变量 $A(k)$ 之间存在着类似性。x 通常是空间位置,不过在这里并不重要。]粒子是这些量子化的波模的激发态。它们不是空间定域的,但它们有确定的能量和动量,与 ω 和 k 相联系。

遵循克莱因-戈登方程或其变形形式的场,其激发态为自旋为 0 的粒子。遵循狄拉克方程的场,其激发态为自旋为 $\frac{1}{2}$ 的粒子。我们将循序讨论这些粒子,但现在我们先考虑自旋为 1 的光子。它们是电磁场的量子化激发态,我们对此更熟悉一些。我们已经在第 3 章仔细探讨过电磁场的经典理论,在 10.10 节讨论黑体辐射时,光子已出现过了。

要构造电磁的量子场论,我们从经典的电磁场出发,它遵循无源的相对论性麦克斯韦方程。这个场有无穷多个波模,对每个非零的波矢 k 都有两个独立的极化方向。(零波矢的模式是非物理的,因为它可以通过规范变换去掉。)每个波模都有其振荡幅度,由 4-矢势 $\mathcal{A}$ 描述,或者等价地由相应的电场和磁场强度描述。从麦克斯韦方程可以得知,一个波矢为 k 的波模频率为 $\omega = |k|$。将电磁场量子化,意味着要把所有这些波模都量子化。更确切地说,这意味着要为无限维的谐振子集合构造量子哈密顿算符。在 11.3.5 节讨论原子核的尼尔逊模型时出现过三维振子,而这里是这种三维振子的无限维扩展。本质上,存在一个所有振子的薛定谔方程,其解总称为场的波泛函。

对于选定极化的,波矢和频率分别为 k 和 ω 的模,振子的能级为 $E_n = \left(n + \frac{1}{2}\right)\hbar\omega$,$n = 0, 1, 2, \cdots$。其中基态可以理解为没有光子的态。第一激发态比基态能量高 $\hbar\omega$,理解为一个波矢为 k 频率为 $\omega = |k|$ 的单光子。爱因斯坦曾假设频率为 ω 的电磁波由能量为 $\hbar\omega$ 的光子组成,这里对激发态的理解与这个假设相符。第 n 激发态为 n 光子态,每个光子波矢都为 k,能量都为 $\hbar\omega$。这个 n 光子态是唯一的,所以置换光子没有任何效应。

另外，这里对 n 没有限制，所以这个理论能正确地把光子描述为玻色子。量子场论的定态最好用占有数来描述——即不同波矢 k 的光子数。一般态为这些态的叠加。

如果每一个模都处于基态，那么整个电磁场就处于它的基态。这个态称为真空，没有任何光子。频率为 ω 的谐振子基态能量为 $\frac{1}{2}\hbar\omega$，所以对无限个波模式的基态能量求和在数值上是无限的，总能量看来是无限大的。然而，这个能量在物理上是无法探测的，因此可以直接将这个能量丢弃，而把基态能量定义为零[①]。这可以通过让每个振子的量子哈密顿量减去一个常数实现，这样其基态能量就是零而不是 $\frac{1}{2}\hbar\omega$。

经典的电磁场除了带有能量外，还有动量。用波模的强度和波矢 k 可以表示出这个动量，而在此基础上就可以推导量子场论中的动量算符。它是每个波模各自有关项的和。对于波矢为 k 的波模，动量算符与哈密顿量相似，只是把 ω 换成 k。因此该模的单光子态同时拥有动量 $p = \hbar k$ 和能量 $E = \hbar\omega$。由于 $\omega = |k|$，这就得出光子满足相对论性的能量-动量关系 $E = |p|$。因此光子是无质量的。

光子是自旋为 1 的（矢量）粒子。有质量的自旋为 1 的粒子将会有三个独立的极化态，这是由于在其静止系所有三个互相垂直的空间方向都是可利用的，而光子是无质量的，因此不能是静止的（即动量不能为零），与此一致的是它只有两个独立的极化态，沿 k 方向没有极化态。如 3.7 节所述，经典矢势中，平行于 k 的纵向部分可以通过规范变换去掉，从这一点可以直接得出这里的结果。不过，光子仍然是矢量粒子，其极化在围绕 k 轴的空间转动下，照着矢量一样转动。

对电磁场的量子化得到了光子作为无质量的、自旋为 1 的粒子的完备理论。这一方法的成功，暗示着其他粒子可能也可以理解为不同类型的场的量子化，这些场满足适当的场方程。

12.2.2 标量克莱因-戈登场的量子化

通常量子场论最合宜的出发点是场的经典拉格朗日密度。在此基础上，利用最小作用量原理，就可以推导出经典的动力学场方程，如 2.3 节所述。

我们来考虑标量场 $\phi(x, t)$ 的拉格朗日密度，如下：

$$\mathcal{L} = \frac{1}{2}\partial\phi \cdot \partial\phi - \frac{1}{2}m_0^2\phi^2 = \frac{1}{2}\left(\frac{\partial\phi}{\partial t}\right)^2 - \frac{1}{2}\boldsymbol{\nabla}\phi \cdot \boldsymbol{\nabla}\phi - \frac{1}{2}m_0^2\phi^2, \tag{12.4}$$

其中 m_0 为正的质量参数。总的作用量是 $\mathcal{L}$ 在时空上的积分，

$$S = \int \mathcal{L}\, \mathrm{d}^4 x, \tag{12.5}$$

---

① 对于电磁场或我们将要考虑的其他场的量子理论，这个操作不会引入任何问题，但对于引力的量子理论就会是个问题，因为对于引力场，所有能量都是源。

从这个作用量推导出来的场方程即为克莱因-戈登方程:

$$\frac{\partial^2 \phi}{\partial t^2} - \nabla^2 \phi + m_0^2 \phi = 0. \tag{12.6}$$

这就是我们的(3.18)式,但现在它是相对论性的,我们取了 $c = 1$。(我们还把 μ 换成了 m_0。)

克莱因-戈登方程比麦克斯韦方程简单,因为 ϕ 只有一个量,并没有矢量极化,也不用考虑规范变换。这个方程对 ϕ 是线性的,因此它的线性无关解还是波矢为 $\mathbf{k}$,频率为 ω 的波模。把波形:

$$\phi(\mathbf{x}, t) = A \mathrm{e}^{\mathrm{i}(\mathbf{k} \cdot \mathbf{x} - \omega t)} \tag{12.7}$$

代入(12.6)式,可以得到如下关系

$$\omega^2 = \mathbf{k}^2 + m_0^2. \tag{12.8}$$

就这个特定的波而言,它是复的,诸如此类的振子问题中,实的解可以通过复解的线性组合得到。于是场以正的频率 $\omega = \sqrt{\mathbf{k}^2 + m_0^2}$ 作简谐振动。

量子化通过把每个波模视为量子谐振子来进行,如同电磁场那样。对于每个模,都要把振子幅度 A 量子化。一个频率为 ω 的模,其基态能量为 $\frac{1}{2}\hbar\omega$,在此之上还有能隙为 $\hbar\omega$ 的各激发态。真空时,所有模式都在其基态。无穷多个模式的基态能量贡献在这里同样可以丢弃,真空的能量设定为零。波矢为 $\mathbf{k}$ 的模式的第一激发态理解为单粒子态,与单光子类似。这个粒子能量为 $E = \hbar\omega = \hbar\sqrt{\mathbf{k}^2 + m_0^2}$,通过找出代表场总动量的量子算符,同样可以得出,对于该粒子 $\mathbf{p} = \hbar\mathbf{k}$。(12.8)式乘以 $\hbar^2$ 可以得出粒子的能量和动量有

$$E^2 = \mathbf{p}^2 + (\hbar m_0)^2, \tag{12.9}$$

E 为正数。对于质量为 $m = \hbar m_0$ 的相对论性粒子,这就是其能量-动量关系。所以量子化的、实的克莱因-戈登场理论描述了一种质量为 m 的粒子。如果某个振子模式处于第 n 激发态,那么这个态就代表 n 个全同粒子,每个粒子都带有同样的动量和能量。类似于光子,我们有了一个玻色子的理论。克莱因-戈登粒子自旋为 0,因为单粒子态完全由其动量确定,而且没有极化矢量,这种粒子被称为标量玻色子。

注意到粒子质量 $m = \hbar m_0$ 引入了普朗克常数,这是一种量子现象。这很令人诧异。m_0 是场的质量参数,有时候不太严谨地称之为场的质量,但其本身的量纲不是粒子质量的量纲。

波模在空间不是定域的,因此由克莱因-戈登场激发而出现的粒子没有确切的位置。动量和波矢之间的关系为德布罗意关系,$\mathbf{p} = \hbar\mathbf{k}$,因此在非相对论性极限下,克莱因-戈登场和单粒子的量子力学波函数之间有相当紧密的关系。克莱因-戈登场的解,若其波矢相对于 m_0 较小,则其性质与非相对论性粒子的量子态类似。这是因为对于小动量,动

量-能量关系(12.9)式变为 $E \approx m + \dfrac{p^2}{2m}$。常数项 m 只为场提供一个共有的、依赖于时间的因子 $e^{-im_0 t}$。把这个因子提取出来后，剩下的场满足质量为 m 的自由粒子的薛定谔方程。通过不同动量的模的组合，可以产生一个定域的单粒子态，跟非相对论性量子力学一样。不过，动量必须要小，这就限制了空间定域化的程度。尝试恢复定域化一个粒子，实际构造的是一个多粒子态，所以该理论并不能精确简缩到与相对论相容的单粒子量子理论。

12.3　狄 拉 克 场

狄拉克场 ψ 满足一个对时间和空间都是一阶导数的相对论性方程。这样一个方程只有通过构造四个 4×4 矩阵才能实现，这些矩阵现在称为狄拉克矩阵或 γ 矩阵，因此 ψ 必然有一列四个复的分量。在 8.5 节我们介绍了这样一个概念，即自旋为 $\dfrac{1}{2}$ 的电子的波函数是一个 2-分量的旋量。狄拉克场 ψ 是这个概念的一种修正，称为 4-分量狄拉克旋量[①]。量子化后，它描述的是两个相关的粒子态，自旋都是 $\dfrac{1}{2}$。对此我们稍后将作详细解释，但在这里进行一些简单介绍：如果其中一个是电子，另一个就是它的反粒子，即正电子，这是反物质的一个例子。狄拉克场的量子化给出一个多粒子理论，但就如克莱因-戈登的情况一样，单粒子态是基础的态。

12.3.1　狄拉克方程

利用第 4 章和第 6 章的 4-矢量简写符号，狄拉克方程为

$$(i\gamma \cdot \partial - m_0)\psi = 0, \tag{12.10}$$

其中 m_0 为质量参数。将 4-矢量的点积 $\gamma \cdot \partial$ 展开，方程就变为 $i\gamma^\mu \dfrac{\partial \psi}{\partial x^\mu} - m_0\psi = 0$，完整形式为

$$i\gamma^0 \frac{\partial \psi}{\partial x^0} + i\gamma^1 \frac{\partial \psi}{\partial x^1} + i\gamma^2 \frac{\partial \psi}{\partial x^2} + i\gamma^3 \frac{\partial \psi}{\partial x^3} - m_0\psi = 0. \tag{12.11}$$

我们可以看到，这个方程对时间（$x^0 = t$）和空间（x^1，x^2，x^3）是对称的，都是一阶导数，当然看起来也是相对论性的。初看起来，γ 似乎是某个普适的常 4-矢量，但这显然不对，因为选取一个特定的 4-矢量，会破坏了洛伦兹变换对称性，后者对相对论性理论至关重要。相对运动中的不同观察者，会要求 γ 为不同的 4-矢量。

狄拉克找到了解决办法。他构造了四个常方阵 $\gamma = (\gamma^0, \gamma^1, \gamma^2, \gamma^3)$ 来取代通常的

---

① 这并不是一个 4-矢量，因为旋量与矢量在洛伦兹变化下变换规律不一样。

数分量,这四个方阵整体上有所需的洛伦兹变换性质。这四个 γ 矩阵要满足某些代数关系,以确保符合狭义相对论。作为它们的一个推论,ψ 的每一个分量都满足相对论性克莱因-戈登方程。于是波模解就满足频率和波矢的相对论性关系,$\omega^2 = \boldsymbol{k}^2 + m_0^2$。

为了确定这些代数关系,我们假设 ψ 满足狄拉克方程(12.10)式,然后用算符 $i\gamma \cdot \partial + m_0$ 从左边作用,得到

$$(i\gamma \cdot \partial + m_0)(i\gamma \cdot \partial - m_0)\psi = 0 \tag{12.12}$$

或者写得更详细些,

$$\left[i\gamma^\nu \frac{\partial}{\partial x^\nu} + m_0 \right] \left[i\gamma^\mu \frac{\partial}{\partial x^\mu} - m_0 \right] \psi = 0. \tag{12.13}$$

将这个方程展开得

$$\gamma^\nu \gamma^\mu \frac{\partial^2 \psi}{\partial x^\nu \partial x^\mu} + m_0^2 \psi = 0. \tag{12.14}$$

由于两次微分在交换 μ 和 ν 下是对称的,所以 $\gamma^\nu \gamma^\mu$ 中起作用的部分为其对称部分 $\frac{1}{2}(\gamma^\mu \gamma^\nu + \gamma^\nu \gamma^\mu)$。对于 ψ 的每个分量,要(12.14)式可以回到克莱因-戈登方程:

$$\frac{\partial^2 \psi}{\partial t^2} - \nabla^2 \psi + m_0^2 \psi = 0, \tag{12.15}$$

就要求

$$\gamma^0 \gamma^0 = 1_n, \ \gamma^1 \gamma^1 = \gamma^2 \gamma^2 = \gamma^3 \gamma^3 = -1_n, \tag{12.16}$$

其中 1_n 为 $n \times n$ 单位矩阵,此外还要求当 μ 和 ν 不同时有

$$\gamma^\mu \gamma^\nu + \gamma^\nu \gamma^\mu = 0. \tag{12.17}$$

(12.16)式和(12.17)式的代数关系可以写成更紧凑的形式

$$\gamma^\mu \gamma^\nu + \gamma^\nu \gamma^\mu = 2\eta^{\mu\nu} 1_n, \tag{12.18}$$

其中 $\eta^{\mu\nu} = \text{diag}(1, -1, -1, -1)$ 为(逆)闵科夫斯基度规张量,在(6.11)式中给出了定义。

关系式(12.18)称为狄拉克代数,也称为 γ 矩阵反对易关系("反"是因为左边的两项之间是加号)。这些关系确实能被满足,基本的解为 4×4 矩阵。没有更低阶的矩阵能满足该代数关系。例如,1×1 矩阵就是数,尽管(12.16)式可以解得 ± 1 和 $\pm i$,但(12.17)式无法同时满足。一种表示解的方式为,将这些 4×4 矩阵写成 2×2 分块,每块要不是零矩阵,就是单位矩阵 1_2,或者是 8.5 节定义过的泡利矩阵 $\sigma_1, \sigma_2, \sigma_3$。这样 γ 矩阵就写为

$$\gamma^0 = \begin{bmatrix} 1_2 & 0 \\ 0 & -1_2 \end{bmatrix}, \ \gamma^i = \begin{bmatrix} 0 & \sigma_i \\ -\sigma_i & 0 \end{bmatrix}, \ i = 1, 2, 3, \tag{12.19}$$

这样能满足要求是因为 $\sigma_i\sigma_j + \sigma_j\sigma_i = 2\delta_{ij}1_2$。尽管解不是唯一的，但 4×4 矩阵的不同解只差一个狄拉克旋量空间的基变换，因此物理上没有区别。还有更大矩阵的解，但那只是用几个上面的 4×4 矩阵构造出来的，对应于数个旋量，表示多个狄拉克场。所以我们给出的解本质上是唯一的。

在任意时空维度，都有一种狄拉克代数，时空的每一个坐标都可以是类时的或者类空的。特别的，有一种任意维欧几里得空间的版本。每当维数增加 2 维，狄拉克矩阵的阶就翻倍。所以在十维时空中，矩阵为 32×32 的，不过它们还是可以用 1_2 和泡利矩阵构建。

现在我们回到四维时空，找寻狄拉克方程的解。由于 γ 矩阵写成 2×2 分块的形式，所以把 ψ 分成一对二分量旋量更为方便。狄拉克方程并不含有空间和时间的显式函数，所以设定如下形式的波模解是自然的，

$$\psi(\boldsymbol{x},\ t) = \mathrm{e}^{\mathrm{i}(\boldsymbol{k}\cdot\boldsymbol{x} - \omega t)}\begin{bmatrix}\chi\\\xi\end{bmatrix}, \tag{12.20}$$

其中 χ 和 ξ 为常二分量旋量。将此式代入狄拉克方程(12.10)式，可以得到两个方程：

$$(\omega - m_0)\chi - \boldsymbol{k}\cdot\boldsymbol{\sigma}\xi = 0$$
$$\boldsymbol{k}\cdot\boldsymbol{\sigma}\chi - (\omega + m_0)\xi = 0, \tag{12.21}$$

其中

$$\boldsymbol{k}\cdot\boldsymbol{\sigma} = k_1\sigma_1 + k_2\sigma_2 + k_3\sigma_3 = \begin{pmatrix} k_3 & k_1 - \mathrm{i}k_2 \\ k_1 + \mathrm{i}k_2 & -k_3 \end{pmatrix} \tag{12.22}$$

为一个 2×2 矩阵。如果我们把 χ 取为任意常 2-旋量，则第二个方程给出

$$\xi = \frac{\boldsymbol{k}\cdot\boldsymbol{\sigma}\chi}{\omega + m_0}. \tag{12.23}$$

代入到第一个方程中，利用恒等式 $(\boldsymbol{k}\cdot\boldsymbol{\sigma})^2 = \boldsymbol{k}^2 1_2$，可以得到

$$(\omega - m_0)\chi - \boldsymbol{k}^2\frac{\chi}{\omega + m_0} = 0. \tag{12.24}$$

为了得到 χ 不为零的非平凡解，我们有 $\omega^2 - m_0^2 - \boldsymbol{k}^2 = 0$，或者等价地写成

$$\omega^2 = \boldsymbol{k}^2 + m_0^2. \tag{12.25}$$

这个条件保证了狄拉克方程可以满足，并且可以得出，狄拉克旋量 ψ 的每个分量满足克莱因-戈登方程。

在这里并没有理由可以确定 ω 的符号。对给定 $\boldsymbol{k}$，频率 ω 为 $\boldsymbol{k}^2 + m_0^2$ 的平方根，正负都可。如果固定 m_0 为正，则当 ω 为正时有 $\omega \geqslant m_0$，而当 ω 为负时有 $\omega \leqslant -m_0$。（如果 $\boldsymbol{k}$ 为零而 $\omega = -m_0$，则 χ 为零而 ξ 为任意常 2-旋量。）狄拉克方程是线性的，所以不同的波模解互相独立，且可以叠加。

由于 ψ 的每个分量都满足克莱因-戈登方程，所以狄拉克方程看来与相对论性一致。

然而旋量场 ψ 的四个分量并不独立,为 ψ 找到合适的洛伦兹变换需要进一步代数工作。可以验证,狄拉克方程可以进行洛伦兹变换。洛伦兹推动会混合上下两个 2-旋量 χ 和 ξ,而空间转动的作用则更简单些。两个 2-旋量分别以同样方式转动,跟非相对论性的 2-旋量转动一样。这正是所需的。这意味着 χ 就如自旋为 $\frac{1}{2}$ 的粒子的自旋态那样变换,且自旋朝向任意。给定 χ 后,ξ 就由(12.23)式确定,按同样方式进行变换。

12.3.2 狄拉克场的量子化——粒子和反粒子

通过把狄拉克场的每个波模视为谐振子,我们可以尝试将它量子化,就像其他类型的场那样。在质朴的真空中,所有模都没有激发。然而,这个过程有一个严重的问题。负频率 ω 的解对应于负能量的粒子态。负频率模的每个激发态都减少总的能量,这会产生无法遏止的能量坍缩。狄拉克场与其他场的相互作用会激发正负频率的波模,导致无限数量的负能量粒子。简单说,这样的理论是不稳定的。

构建狄拉克场是用来描述电子的,而电子是费米子。狄拉克意识到负能量态的问题与泡利不相容原理紧密相关,因此提出了如下的,具体到每个波模的费米量子化。每个波模只有两个可能的量子态。要么未激发,没有粒子出现,要么激发,在这种情况下有且仅有一个粒子出现。换句话说,波模要么未被占据,要么只被一个粒子占据。任何两个粒子不能处于相同动量、能量和自旋的态。在真空态,正频率的模都未被占据。一个被占据的正频率 ω 模,其能量比真空态高 $\hbar\omega$,这可以理解为正能量粒子。如果波矢为 k,粒子的动量为 $\hbar k$,能量为 $\sqrt{\hbar^2 k^2 + \hbar^2 m_0^2}$,所以就像克莱因-戈登理论中一样,粒子质量为 $m = \hbar m_0$。

负频率模又是怎样呢?狄拉克假设,在真实的真空态,所有这些负频率的模都是占有态。这一狄拉克真空态也被称为满充狄拉克海,如图 12.2 中图所示。狄拉克真空为该理论带来了值得注意的,不同于质朴真空的对称性。这是交换正负能量,同时把未占有的态替换成占有态的对称性。

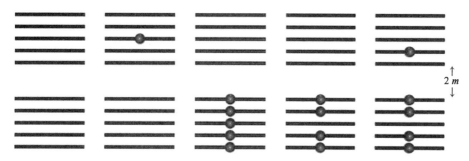

图 12.2 从左到右:质朴的真空;质朴单粒子态;满充的狄拉克海,即真真空态;单狄拉克空穴态,表示一个反粒子;有一个粒子和一个反粒子的态

现在考虑下述问题:一个负频率模从占有态变为未占有态,将会发生什么?由于 ω 取负值,所以能量就减少了一个负的量,换句话说,能量增加了。未占有态的能量比占有

态高了 $\hbar|\omega|$。我们可将这个正能量看成是一个反粒子的能量，反粒子是一种新类型粒子。（反粒子原先称为做空穴，因为反粒子是狄拉克海中的空穴。）

这个理论描述了粒子和反粒子，两者都可以存在动量为 $\boldsymbol{p}=\hbar\boldsymbol{k}$，自旋不是上，便是下的态。动量为 $\boldsymbol{p}=\hbar\boldsymbol{k}$ 的粒子是波矢为 $\boldsymbol{k}$ 的波模的激发。动量为 $\boldsymbol{p}=\hbar\boldsymbol{k}$ 的反粒子是波矢为 $-\boldsymbol{k}$ 的波模的去激发。粒子与反粒子质量都为正的 $m=\hbar m_0$，都有正的能量 $\sqrt{\boldsymbol{p}^2+m^2}$。那么通过什么来区分粒子与反粒子呢？一般来说，它们会受到不同的作用影响。许多情况下，我们可以通过它们的带电量来区分[①]。与电磁场耦合时，狄拉克场带电量是确定的，而且对于所有波模都是一样的。当一个未占有态变为占有态，电荷改变为一个定值 q。因此一个粒子带电荷 q。但反粒子来自于一个占有态变为未占有态，这样电荷改变就为 $-q$，因此反粒子带电荷 $-q$。

狄拉克场与量子化的电磁场耦合时，一个光子有可能把一个占有的负能量态（一个负能量粒子）从狄拉克海中提升到正能量态。这既产生了狄拉克海中的一个空穴，也产生了一个正能量的粒子。这解释为粒子-反粒子对的产生，如图 12.3 所示。电荷是守恒的，因为光子和粒子-反粒子对净电荷都为零。正负能量态之间的能隙为 $2m$，所以只有当光子至少具有这个能量时，过程才会发生。

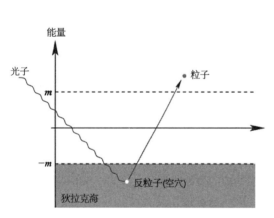

图 12.3 从狄拉克海产生粒子对

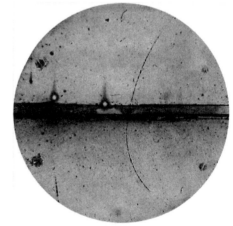

图 12.4 正电子的第一张照片。其轨迹因探测器内的磁场而弯曲。正电子从右上出现，经过铅板逐渐减速，通过探测器中心

如果 q 为电子的电量 $-e$，m 为电子质量 m_e，那么狄拉克理论既描述了相对论性电子（e^-），也预言了电子反粒子的存在，且带电荷为 e。这种粒子现在称为正电子（e^+），因为它们带正电。这是对反物质的最早预言。1932 年，在狄拉克发展出这套理论后不久，正电子就被卡尔·安德森发现了，其时他正在用云室研究宇宙射线。图 12.4 展示的

---

① 对于不带电的狄拉克粒子，比如说中微子，我们可以定义一种新的荷，称为 ψ 粒子数，然后把 ψ 粒子定义为带有 $+1$ 荷，把反 ψ 粒子定义为带有 -1 荷。

是最早发表的正电子轨迹照片。正如预言的一样,正电子与电子质量一样,但带相反电荷。它们的发现是这一理论的一大胜利。

从历史的角度而言,被填满的狄拉克海这个想法非常重要,因为它带来了反物质的发现,但它也带来了许多关于真空态的问题。这个态的净能量、净动量和净电荷都必须为零,但它又要被无限的负能量粒子的海洋所满充,这些粒子可能带有负无穷的总能量和总电荷。尽管如同我们刚才所介绍的那样,反粒子最初被理解为狄拉克海中的空穴,今天的粒子物理学家认为满充的狄拉克海是一根不必要的拐杖。现在通常把粒子和反粒子直接当作狄拉克场中相互独立的激发来讨论。这也避免了关于负能量粒子的无穷海洋的争论。

量子化的狄拉克场不只适用于电子和正电子;它适用于所有自旋为 $\frac{1}{2}$ 的粒子。具体而言,其他每一种有质量轻子,μ 子和 τ 子及它们的反粒子,还有每一种夸克及反夸克,都对应有一种不同的狄拉克场。这些粒子由它们的质量和荷,以及它们的场与其他场的作用来区分。

中微子更复杂些,至今还没有被完全理解。它们的自旋也为 $\frac{1}{2}$,不过在量子场论中,尚未确定最适合描述它们的方式。到 20 世纪 90 年代为止,中微子通常被描述为质量参数为零的狄拉克场的一种变形形式。现在我们知道中微子有微小但非零的静质量。值得引起注意的是,它们可以在空无一物的空间中从一种类型转变为另一种,它们甚至还可能与它们的反粒子全同。我们将会在 12.9 节中介绍当前对它们性质的研究。

12.4　作用量和相互作用

到目前为止,我们考虑的都是遵循线性场方程的场的量子化,其激发态代表无相互作用的自由粒子。它可以应用到一盒光子上,建立黑体辐射的模型。可能有大量的光子被限制在盒子内,但他们不会在任何不可忽略的程度上互相散射。

有相互作用的粒子在高能碰撞中会互相散射,它们的动能可能会转化为新的粒子。这就是为什么粒子物理这一实验对象如此激动人心。粒子碰撞后,如果想要看到正在产生的粒子轨迹,以及想要测量粒子的能量和动量,它们与探测器的进一步相互作用就至关重要了。相互作用也导致了粒子衰变,不稳定的粒子通常会衰变为两个或更多的较轻粒子。

要描述相互作用的粒子,我们就必须考虑相互作用的场,这就需要场方程中的非线性项。于是一个场就是另一类场的源。在经典的非线性理论中,一个场的波模振荡会引起另一个场波模的振荡。在量子场论中,这对应于粒子的产生和衰变。即便只有一个场,非线性项可以是频率和波矢不同的模之间的耦合。在量子力学中这被解释为粒子散射,在这个过程中粒子碰撞的能量从一个方向的运动转为另一个方向。

场的拉格朗日量为表述场和粒子相互作用提供了最简明的办法。通过最小作用量原理,二次的拉格朗日量可以得出线性的场方程,这样量子化的场论不含粒子相互作用。

含有场的更高次幂的拉格朗日量可以得到非线性的场方程，以及粒子相互作用。除了少数例外情形，相互作用的量子场论是无法精确求解的。常用的策略是假设任何二次以上的项的系数都很小，这样相互作用只对自由粒子理论带来小的修正。这些系数称为耦合常数。理论预言的任何可观测量的大小可以通过对耦合常数的级数展开来计算，这个过程称为微扰论。就是这个方法带来了费曼图。

12.4.1 量子电动力学

物理学家在为光子与带电粒子相互作用建模时，最早发展出了粒子相互作用的扰动方法。这些努力的巅峰，成为了有史以来最成功的理论之一，量子电动力学，英文首字母缩写成 QED。在这个理论中，电磁力来自于带电粒子之间的光子交换，比如质子和电子之间，或者是更基础的层面，在夸克和带电轻子之间。QED 的预言已在实验室中得以验证，而且以惊人的精度与实验测量相符，在某些情况下接近万亿（10^{12}）分之一。

电磁学的一个非常重要特点是，可以自由地通过规范变换来重新定义势，如第 3 章所讨论的那样。规范变换不改变电磁场 $\mathcal{F}$，因此对任何物理测量没有影响。这只不过反映了我们对电磁的描述存在多余的部分，但这却是经典理论和量子场论两者均具备的基本特色。任何含有电磁的拉格朗日密度必须在规范变换下不变。或者说，它必须有规范不变性。

构造拉格朗日量时，要实现规范不变性，可以按如下方式修改对任何荷电 q 的场的微分：

$$\partial \to D = \partial - \mathrm{i}q\,\mathcal{A}, \tag{12.26}$$

其中 $\mathcal{A}$ 为电磁 4-矢势。这引入了相互作用同时又保持了规范不变性。通过电磁场进行相互作用的自旋为 $\frac{1}{2}$ 的粒子，其 QED 拉格朗日密度为[①]：

$$\mathcal{L} = -\frac{1}{4}\,\mathcal{F}\cdot\mathcal{F} + \mathrm{i}\,\bar{\psi}\gamma\cdot D\psi - m_0\,\bar{\psi}\psi. \tag{12.27}$$

这里的场是 4-矢势 $\mathcal{A}$ 以及狄拉克场 ψ，$\mathcal{A}$ 的场强为

$$\mathcal{F} = \partial\mathcal{A} - (\partial\mathcal{A})^T, \tag{12.28}$$

ψ 的质量参数为 m_0，电荷为 q。$\bar{\psi}$ 为 ψ 的狄拉克共轭，由 ψ 的分量的复共轭构造的行 4-旋量（第 3、4 分量反号，以实现洛伦兹不变性[②]）。$D\psi$ 表示 $\partial\psi - \mathrm{i}q\,\mathcal{A}\psi$。

规范变换按如下方式作用到场上：

$$\mathcal{A} \to \mathcal{A} - \partial\lambda, \quad \psi \to \mathrm{e}^{-\mathrm{i}q\lambda}\psi, \tag{12.29}$$

---

① 这里和后续方程中出现的 γ 表示 γ 矩阵 4-矢量，请勿与光子混淆。

② 译者注：狄拉克共轭旋量 $\bar{\psi} = \psi^+\gamma^0$，在狄拉克表示中，$\gamma_0 = \mathrm{diag}(I_2, -I_2)$，所以 3、4 分量反号。

其中 λ 为空间和时间的任意函数。$\mathcal{A}$ 的变换给 4 -矢量形式带来(3.58)式所给出的变换。ψ 改变了一个依赖于 λ 和电荷 q 的相位。

我们来检验一下 QED 拉格朗日密度(12.27)式的规范不变性。在规范变换(12.29) 下，$\partial \mathcal{A}$ 多出了一项额外项 $-\partial\partial\lambda$ ，而 $(\partial\mathcal{A})^T$ 则多出了这一项的转置，转置交换了偏导的顺序。由混合偏导的对称性，这些额外项在 $\mathcal{F}$ 中相互抵消，所以 $\mathcal{L}$ 的第一项是规范不变的。最后一项，狄拉克场的质量项是不变的，因为 $\bar{\psi}$ 涉及 ψ 的复共轭，变换中的相位因子 $\mathrm{e}^{iq\lambda}$ 与 ψ 所乘的相位因子互相抵消。中间那项最为有意思。修改后的导数 $D\psi = \partial\psi - iq\mathcal{A}\psi$ 规范变换为

$$\begin{aligned}
\partial\psi - iq\,\mathcal{A}\,\psi &\to \partial(\mathrm{e}^{-iq\lambda}\psi) - iq(\mathcal{A} - \partial\lambda)\mathrm{e}^{-iq\lambda}\psi \\
&= \mathrm{e}^{-iq\lambda}(\partial\psi - iq(\partial\lambda)\psi - iq\,\mathcal{A}\,\psi + iq(\partial\lambda)\psi) \\
&= \mathrm{e}^{-iq\lambda}(\partial\psi - iq\,\mathcal{A}\,\psi).
\end{aligned} \tag{12.30}$$

也就是说，$D\psi$ 变换为 $\mathrm{e}^{-iq\lambda}D\psi$，只是多出了一个与 ψ 自身一样的相位因子，由于这个原因，$D\psi$ 称为 ψ 的规范协变导数。$\mathcal{L}$ 的中间项为 $\bar{\psi}$ 和 $D\psi$ 的乘积，这也同样抵消了相位因子，因此这一项也是规范不变的。

规范不变的重要性在于如下几点。它保证了光子没有纵向极化的物理态。这符合涉及光和偏振片的简单实验事实。两块偏振方向相互垂直的偏振方向把两个横向的极化都阻挡了，因此完全阻挡了光束。另外如果光有纵向极化态，黑体辐射的能量和熵的公式就会不一样，与光压的测量不一致。最后，也许也是最重要的一点，没有规范不变性，光子可以通过相互作用获得质量。那样光在真空中就不会以固定的"光速"运动，这就会颠覆相对论在许多物理领域中的成功。

在 QED 拉格朗日密度中，除了下述项外，

$$\mathcal{L}_{\text{int}} = q(\bar{\psi}\gamma\psi) \cdot \mathcal{A}, \tag{12.31}$$

其他项都是二次项，上述项来自于规范协变导数的第二部分。正是这一项描述了带电粒子、它们的反粒子以及光子之间的相互作用。我们现在来更仔细地探讨这些粒子相互作用带来的物理。

12.4.2 费曼图

费曼创造了一种非常有用的图解方法，将粒子间相互作用形象化。对于电子、正电子和光子，QED 拉格朗日密度中的相互作用项为

$$\mathcal{L}_{\text{int}} = -e(\bar{\psi}\gamma\psi) \cdot \mathcal{A}, \tag{12.32}$$

它可以由一个称为顶点的简单图形表示出来，如图 12.5(左)和(中)所示。

在这些图中，时间向上流逝。实线代表电子和正电子，波浪线表示光子。向前的箭头代表电子，向后的箭头代表正电子。同一个顶点图根据朝向不同可以表示不同的过程。左边的顶点图表示一个电子发射或吸收一个光子。中间的图表示电子和正电子湮灭产生一个光子。相互作用的强度由耦合常数 $-e$ 决定。在每个顶点处，与理论相关的

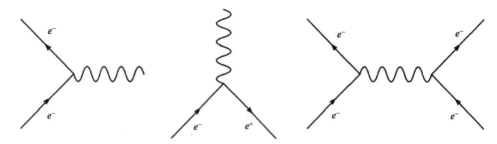

图 12.5 表示电子发射或吸收光子、正反电子湮灭产生光子，以及散射电子间交换光子的费曼图

守恒定律都成立，比如说电荷守恒和能量动量守恒。这是自动满足的，只要这些图是用量子场论的完整机制来构造的。

多个顶点可以组合起来，构造表示散射过程的费曼图。最简单的两个电子散射的图，如图 12.5(右)所示。在这个图中，两个电子间交换了一个光子。由于光子带有能量和动量，两个电子之间交换了这个光子，就传递了能量和动量，两个电子的轨迹由此而改变了。这个图可以具体计算，在扰动理论的最低阶上计算散射振幅。该振幅正比于 e^2，这是由于每个顶点都乘一次电荷因子。物理上可测量的量，比如说散射截面，依赖于散射概率，这可以通过振幅的模方来计算，因此散射截面正比于 e^4。

完整的计算结果是量子力学中双电子散射结果的相对论性外延，量子力学中是通过排斥的 $\dfrac{e^2}{4\pi r}$ 库仑势计算出来的。这是个重要成果，因为在非相对论性量子力学中，库仑势只是在众多可能性中选出来的。切实可行的量子场论构造起来要难得多。只有那些关于最简单相互作用顶点的才是相符的，所以没有挑选势的自由。在规范不变的拉格朗日量中，通过定义电子-光子相互作用的最简单顶点，我们得到了最低阶的结果。从本质上来说，荷电的费米子与电磁场的耦合，不存在其他方式，仅有的自由度是通过改变电荷 q 而改变耦合常数值。因此量子场论提供了库仑力的更深层解释。

我们可以在微扰论的更高阶上，构造代表电子-电子散射的费曼图，如图 12.6 所示。引入这些高阶的图会给出初步结果的一系列量子修正。费曼图是与这些高阶项计算相联系的最简单方法。每一个图都可以具体求值，对散射的量子振幅作贡献。如果对不同图初态和终态一样，那么在这些贡献之间可能有量子干扰，因为在计算最后的散射截面前必须加上这些图所对应的振幅。要计算到 e^4 阶的散射振幅，我们必须考虑含有最多四

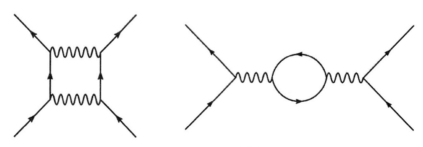

图 12.6 QED 一圈费曼图

个顶点,且带有代表电子的外线的所有可能图。内线代表只短暂存在的粒子,称为虚粒子。它们可能是光子、电子或正电子。这些图看来给出了物理过程的时空图,尽管每个带有内圈的图实际上对应于一个相当复杂的,对可能的虚粒子能量动量的积分。只要耦合常数是小的,如图 12.5(右)所示的单光子交换就给出了散射振幅的主要贡献。在一个图中,每增加一个顶点,在相应的贡献中就添加一个 e 因子,从而压低了它的贡献。这些图的序列代表了扰动展开,原则上可以用来计算任意精度的散射振幅。

计算这些图并非易事,尤其是当其包含几个内圈时,代表的是数个四极矩积分。这依赖于一个的精妙而技巧性的过程,称为重整化。重整化的一个特点是,粒子的质量和耦合参数不是由理论给出的,而是当作实验输入的测量结果,我们必须要接受这一点。然后我们就能在高精度和任意高能量上计算散射截面和其他可测量的量。这让量子场论拥有强有力的预测能力。

带电粒子有很多种。在完整的 QED 理论中,我们必须囊括代表每一种基本费米子的狄拉克场。于是我们就有了一个描述所有这些不同带电粒子之间的电磁相互作用的理论。QED 过程的一个例子是,一对电子-正电子对转化为 μ 子-反 μ 子对。这个过程由一个虚光子中介,这个光子携带了所有的能量和动量。这个过程的总截面的最低阶预言,如图 12.7(左)所示,为

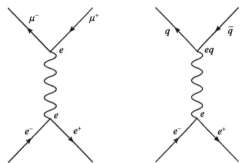

图 12.7　代表电子-正电子湮灭产生 μ 子-反 μ 子对(左),或夸克-反夸克对(右)的费曼图

$$\sigma(e^+ e^- \rightarrow \mu^+ \mu^-) = \frac{4\pi\alpha^2}{3E^2}, \tag{12.33}$$

其中 $\alpha = \dfrac{e^2}{4\pi\hbar} \approx \dfrac{1}{137}$ 为精细结构常数,而 E 为质心能量。无量纲的 α 是 QED 扰动级数中真正的展开参数。

12.5　强　　力

汤川在 1935 年提出,在质子 p 和中子 n 之间,保证原子核结合在一起的强力,可以理解为交换三种自旋为 0 的粒子,这三种粒子现在被称为 π 子:π^+, π^- 和 π^0。这已在 11.9 节作过介绍,但量子场论给出了更深层次的理解。在汤川实际构造的理论中,核子由一个狄拉克场的二重态 $N = (p, n)$ 代表。这个二重态的两个成员由同位旋[①]来区分;质子 p 同位旋为 $\dfrac{1}{2}$ 而中子 n 的同位旋为 $-\dfrac{1}{2}$。标量 π 子场 (π^+, π^0, π^-) 同位旋分别为

---

① 同位旋与自旋有一定相似性,用来对把强相互作用的粒子作分类。就我们的目标而言,我们只需要考虑同位旋的一个分量,类似于自旋的 s_3 分量。

1，0 和−1[1]。

汤川理论的一种简化版本中只有一个狄拉克场 ψ，与一个标量克莱因-戈登场 ϕ 相互作用，ψ 场和 ϕ 场的质量参数分别为 M_0 和 m_0。拉格朗日密度为

$$\mathcal{L} = \frac{1}{2}\partial\phi \cdot \partial\phi - \frac{1}{2}m_0^2\phi^2 + \mathrm{i}\,\bar{\psi}\gamma \cdot \partial\psi - M_0\,\bar{\psi}\psi + \lambda\,\bar{\psi}\psi\phi. \tag{12.34}$$

前四项描述了自由的克莱因-戈登场和自由的狄拉克场，只有最后一项是非二次项，包含两个场的耦合 $\lambda\,\bar{\psi}\psi\phi$，对应于图 12.8 所示的顶点。这被称为汤川耦合。量子化的理论中有一个自旋为 $\frac{1}{2}$ 的狄拉克粒子，我们也叫它 ψ，还有它的反粒子，反 ψ，再加上一个自旋为 0 的标量粒子，ϕ。在费曼图中，实线表示 ψ 和反 ψ 粒子，虚线表示 ϕ 粒子。表示两个 ψ 粒子散射的费曼图如图 12.9 所示。这些是树图——没有圈的图。

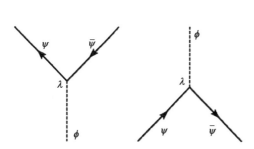

图 12.8 汤川顶点；λ 为顶点处的耦合常数。左：一个 ϕ 粒子转化为一个 ψ 粒子和一个反 ψ 粒子；右：一个 ψ 粒子和一个反 ψ 粒子湮灭形成一个 ϕ 粒子

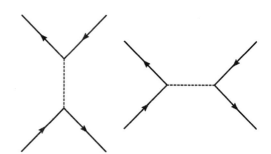

图 12.9 ψ-反 ψ 散射的汤川树图。左：一个 ψ 和一个反 ψ 湮灭形成一个虚 ϕ，随后又转变回一个 ψ 和一个反 ψ；右：一个 ψ 和一个反 ψ 交换一个 ϕ

自由的 ϕ 场满足克莱因-戈登方程(12.6)式：

$$\frac{\partial^2\phi}{\partial t^2} - \nabla^2\phi + m_0^2\phi = 0, \tag{12.35}$$

对于静态场有

$$\nabla^2\phi(\boldsymbol{x}) = m_0^2\phi(\boldsymbol{x}). \tag{12.36}$$

该方程的解描述的是一个在原点处的 ψ 粒子与在 r 处的 ψ 粒子之间的相互作用，为汤川势：

$$V(r) = -\frac{\lambda^2}{4\pi r}\exp(-m_0 r), \tag{12.37}$$

---

① 译者注：核子之间的同位旋对称性，用 SU(2) 群来描述。核子是同位旋的 2 维表示（旋量表示），π 子是 3 维表示（矢量表示）。这一段叙述的严格表述应为核子的同位旋第 3 分量 $I_3 = \left(\frac{1}{2}, -\frac{1}{2}\right)$，$\pi$ 子的同位旋第 3 分量 $I_3 = (1, 0, -1)$。

它的力程是 $\dfrac{1}{m_0}$。该势也在利用图 12.9 计算散射振幅时出现。记得 ψ 粒子的质量为 $M = \hbar M_0$。如果这远大于可利用的动能,那么产生 ψ 粒子对是不可能的。不过,缓慢运动的 ψ 粒子通过汤川势以量子力学的方式互相作用。作为一种核子-核子力的模型,这是核子与 π 子汤川理论的基础。

在更完整的汤川理论中,存在着核子的二重态和 π 子的三重态,二重态中的场相互混合,三重态中的场也相互混合。这就意味着通过相互作用,粒子的本身可能会改变。中子可能变成质子,反之亦然,如图 11.26 所示。在各个顶点同位旋是守恒的,这对转变作出了限制。例如,在图 11.26 中,左上的图表示交换一个 π^0 的过程,在这个过程中,核子的同位旋没有改变。但在左下的图中,左边的顶点处,一个中子发射了一个同位旋为 -1 的 π^- 而变成了质子。质子的同位旋比中子多 1,所以在这个顶点处同位旋守恒。在右边的顶点处,π^- 被一个质子吸收,质子转化为中子,同位旋还是守恒的。在原子核内的质子和中子之间,这些过程一直在持续发生。在上述例子中,同位旋守恒可能看起来只是一种确保电荷守恒的方式,但同位旋内涵不止于此,它实际上是强相互作用的内禀旋转对称性。例如,它把 π^0 耦合的强度与 $\pi^\pm$ 耦合的强度联系起来。

为了解释强力的力程,汤川预测 π 子的质量 m_π 应在 130 MeV 附近。观测到的带电 π 子,π^+ 和 π^- 的质量 m_π 为 139.6 MeV。在核内,π 子通常不会衰变,但作为自由粒子,它们的平均寿命为 2.6×10^{-8} s,通过弱力进行如下衰变:

$$\pi^- \to \mu^- + \bar{\nu}_\mu, \quad \pi^+ \to \mu^+ + \nu_\mu, \tag{12.38}$$

其中 μ^- 为 μ 子而 μ^+ 为反 μ 子。中性 π 子,π^0 的质量为 135.0 MeV。它通过电磁力衰变,其半衰期要短得多,为 8.4×10^{-17} s。主要的反应模式为(其中 γ 表示光子):

$$\pi^0 \to 2\gamma \qquad (\mathrm{Br} = 0.988),$$
$$\pi^0 \to \gamma + e^- + e^+ \qquad (\mathrm{Br} = 0.012), \tag{12.39}$$

其中分支比 Br 为各衰变所占的比例。

在 20 世纪 40 到 50 年代,曾有过大量发展汤川理论的研究工作。要得到相对论性的拉格朗日量,就必须考虑 π 子场之间的相互作用项,而这在实验确认上又相当复杂和困难。然而,原则上按照这个方法,所有核力以及原子核的性质都可以进行预测,并用少数几个耦合常数表达出来。实际上,计算并不可靠,因为耦合常数 λ 很大。这也是为什么这种相互作用叫做强相互作用的缘故。更高阶的费曼图,类似于图 12.6 的圈图,产生了更大的效应,尤其在短程上更是如此,所以尽管汤川势在中程(1—5 fm)上很好地描述了核子-核子间的力,但它在短程上并没有预测能力。

更为复杂的是,π 子之间的相互作用如此之强,以致存在一些粒子可以视为是两个或三个 π 子的短暂束缚态。这些粒子称为 ρ 和 ω 介子。原则上,它们的效应已经完全囊括在汤川理论中,但把它们当作与核子耦合的独立粒子通常更为简单。

到 1960 年左右,通过核子之间以及 π 子与核子间的高能对撞,发现了更多粒子,所有这些粒子之间强相互作用的理论,变得极端复杂而难以使人满意。似乎构造强力量子场论的努力注定要失败。但就在这个时候,一个重大突破出现了,为发展出强相互作用的当前理论铺平了道路。

12.5.1　夸克

像质子、中子和 π 子这样通过强力相互作用的粒子被称为强子。(欧洲核子中心 CERN 的 LHC 之名就是来源于此。)强子分为两类,一类是介子,比如 π 子,还有一类是重子,比如质子和中子。20 世纪 50 到 60 年代的粒子加速器发现了大量的介子和质子。如今我们通过这些粒子的更深层结构来理解它们的性质。默里·盖尔曼认识到,这些性质可用一种他称为夸克的自旋为 $\frac{1}{2}$ 的组分粒子解释,这意味着质子和中子之间的汤川力来源于更深层次的夸克间相互作用,而这才是强力的根本。

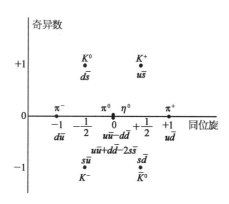

图 12.10 自旋为 0 的介子及它们的夸克组分 u, d 和 s。字母上的横杠代表反夸克。不带电的介子 π^0 和 η^0 由夸克和反夸克正交叠加而成

最初的假设是,有三种夸克：上夸克 u、下夸克 d 以及奇夸克 s。 u 和 d 夸克构成了同位旋二重态,而 s 则是同位旋单态[①]。盖尔曼的构思中,很重要一点在于,这三种夸克统一于更大的一个对称性结构中。如今我们了解到还有另外三种更重的夸克,分别称为粲 c,底 b 和顶 t。 这六种夸克的类型称为夸克的六种味。依照盖尔曼的想法,诸如 π 子和 K 子那样的介子,是由一个夸克和一个反夸克束缚在一起形成的。例如,带正电的 π 子 (π^+) 是由一个上夸克和一个反下夸克组成,即 $u\bar{d}$。 图 12.10 所示为最轻的那些介子的夸克组分。这个介子八重态中的所有粒子自旋都为 0,因为它们组分中的夸克和反夸克反平行指向。还有一组质量更大的自旋为 1 的介子,其中就包括 ρ 和 ω 介子,此时组分中的夸克和反夸克是平行指向的。还有更高自旋的其他介子,这个时候夸克组分就带有一些轨道角动量。这些介子相应地有更大的质量。

至关重要的是,盖尔曼模型中的夸克还可用另一种方式形成粒子。三个夸克可以束缚在一起形成一个重子。例如,质子就是由一个下夸克和两个上夸克组成,即 duu；而中子则是由两个下夸克和一个上夸克组成,即 ddu。 中子和质子自旋都为 $\frac{1}{2}$。 这是由于其中一个夸克的自旋与另外两个夸克的自旋取相对指向。自旋为 $\frac{1}{2}$ 的重子八重态及其夸克成分如图 12.11(左)所示。跟介子类似,还有质量更高的重子,有着不一样的夸克自

---

① s 夸克也被说成是带有一个单位的(负)奇异荷。

旋和轨道角动量配置。由 u，d 和 s 夸克组成的自旋为 $\frac{3}{2}$ 的重子共有十种，其中的夸克全部平行排列。盖尔曼把这组重子称为十核子组（decimet），现在一般称为重子十重态。这些粒子的夸克成分如图 12.11（右）所示。这些粒子组的六边形或三角形结构，正是盖尔曼关于夸克味的对称性的成功预言[①]。

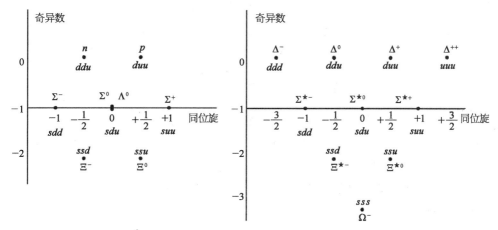

图 12.11 左：自旋为 $\frac{1}{2}$ 的重子的夸克组分。Σ^0 和 Λ^0 由 u，d 和 s 夸克正交叠加组成。右：自旋为 $\frac{3}{2}$ 的重子十重态的夸克组分

除了质子以外，所有这些粒子都不稳定。Δ 粒子通过强力衰变为核子和 π 子；它们衰变得如此之快，以至于都无法直接看到它们，而它们存在的主要证据就是，当 π 子与核子在质心能量约为 1 230 MeV 处相互作用时，散射截面大幅增强。自由中子通过弱力衰变，半衰期约为 10 分钟。所有其他粒子至少含有一个奇夸克，同样通过弱力衰变，例如：

$$\Sigma^+ \rightarrow p + \pi^0 \quad (Br = 0.52),$$
$$\Sigma^+ \rightarrow n + \pi^+ \quad (Br = 0.48),$$
(12.40)

它们在衰变前，会在粒子探测器内留下轨迹。

12.5.2 禁闭

粒子加速器中观测到了数以百计的强子，尽管盖尔曼的夸克假设对于它们的性质给出了简洁明了的解释，但却有一个显而易见的问题，从来没有任何夸克被观测到。为了和质子、中子以及其他强子的电荷相配，上夸克的电荷 q_u 必须是 $\frac{2}{3}$，而下夸克电荷 q_d 必

---

① 译者注：盖尔曼选取 SU(3) 群作为夸克味对称性。所谓的八重态或十重态对应着 SU(3) 群的 8 维或 10 维表示。夸克是 3 维基本表示 (u, d, s)，反夸克是 3^* 维表示 $(\bar{u}, \bar{d}, \bar{s})$。通过群表示论公式 $3 \otimes 3^* = 8 \oplus 1$ 和 $3 \otimes 3 \otimes 3 = 1 \oplus 8 \oplus 8 \oplus 10$，就不难导出图 12.10 和 12.11 中的介子与重子的夸克组分，及其六边形和三角形结构。

须是 $-\dfrac{1}{3}$（单位是质子电量 e）。 带分数电荷的粒子应该很容易与其他粒子区分开来。比如说，在气泡室照片上，这种粒子轨迹的宽度会窄得多。然而，历经 40 余年的寻觅，并未找到自由夸克存在的证据。

幸运的是，不提取和分离独立的夸克，而只探测质子和中子并证明它们含有这些类点状的组分是可能实现的。在 1960 年代末到 1970 年代初，在加利福尼亚的斯坦福直线加速器中心（SLAC），一系列旨在找出质子内部隐藏结构的实验得以实施。实验所采用的方法非常类似于卢瑟福的 α 粒子实验，只是规模更大。能量在 5 GeV 到 20 GeV 之间的电子束轰击到液态氢靶上。结果显示，质子确实包含微小的、坚硬的、自旋为 $\dfrac{1}{2}$ 的、会散射电子的组分。很自然的，这些质子中的小组分就被称作盖尔曼的夸克。

夸克之间的力如此之强，以至于夸克无法脱离囚禁而作为独立的自由粒子存在。它们总是关在诸如 π 子、质子或中子这样的复合粒子内。这种惊人的性质称为禁闭。这种令人惊愕的性质在夸克模型的早期导致了诸多疑虑，只有当束缚夸克的力被理解得更清楚之后，它们真实的物理存在性才被接受。

分配到夸克上的电荷可以通过电子-正电子湮灭实验来验证。当一个电子和一个正电子湮灭时，会有几种结果。其一是产生一个 μ 子和一个反 μ 子，如图 12.7（左）所示。这一事例的散射截面由（12.33）式给出。此外，还可能产生一个夸克和一个反夸克，如图 12.7（右）所示。在低能量时，有三种夸克-反夸克对可能会产生：$u\bar{u}$ 对，$d\bar{d}$ 对或是 $s\bar{s}$ 对。这些夸克无法被看到，因为在它们产生时强力就起作用，实验所观测到的是在反应点射出来的一系列强子。这一过程称为强子化。这些强子的运动趋于平行，而形成从电子-正电子碰撞点射出来的粒子喷注。

电子和正电子的湮灭是纯粹的电磁相互作用，由图 12.7（右）所示的有两个顶点的费曼图所确定。在第一个顶点处，耦合为 e，而在第二个顶点处，耦合为夸克电荷 eq。 所以产生每类夸克-反夸克对的振幅正比于 $e^2 q$。 因此散射截面 σ 正比于 $e^4 q^2$，若非如此，就与产生 μ 子-反 μ 子的散射截面完全一样。这就给出了各种夸克对于 μ 子-反 μ 子的比例，例如对于奇夸克：

$$\frac{\sigma(e^+ e^- \rightarrow s\,\bar{s})}{\sigma(e^+ e^- \rightarrow \mu^+ \mu^-)} = \frac{e^4 q_s^2}{e^4} = \frac{1}{9}. \tag{12.41}$$

通过产生夸克的总散射截面与产生 μ 子的散射截面的比，我们估算在电子-正电子对撞中产生强子碎片的比例 R：

$$R = \frac{\sigma(e^+ e^- \rightarrow \text{强子})}{\sigma(e^+ e^- \rightarrow \mu^+ \mu^-)} = \frac{\sum \sigma(e^+ e^- \rightarrow \text{夸克-反夸克})}{\sigma(e^+ e^- \rightarrow \mu^+ \mu^-)} = \sum_{\text{味}} q^2. \tag{12.42}$$

对于盖尔曼的三种味，u、d 和 s 夸克，简单夸克模型中这个比例为

$$R^{u,d,s} = \frac{4}{9} + \frac{1}{9} + \frac{1}{9} = \frac{2}{3}. \tag{12.43}$$

然而,在实验中发现,这个比例接近于 2,因此强子碎片是预期的三倍之多。在更高的对撞能量下,可能还会产生更多重夸克和更多强子碎片。当碰撞能量 Q 超过创造粲夸克及其反夸克的阈值时,强子碎片的数量就会增加,这个能量阈值约为 $2m_c \approx 3.0\,\mathrm{GeV}$。能量在这个阈值之上时,$R^{u,d,s,c} = \frac{4}{9} + \frac{1}{9} + \frac{1}{9} + \frac{4}{9} = \frac{10}{9}$。在底夸克-反底夸克阈值之上,即 $2m_b \approx 10\,\mathrm{GeV}$,强子碎片的数量还会进一步增加。此时为 $R^{u,d,s,c,b} = \frac{4}{9} + \frac{1}{9} + \frac{1}{9} + \frac{4}{9} + \frac{1}{9} = \frac{11}{9}$。但实验显示,产生的强子碎片总是简单夸克模型所预测数量的三倍。该结果如图 12.12 所示。

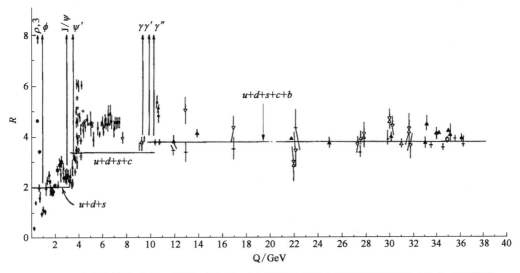

图 12.12　通过散射截面比 R 测量,在电子-正电子湮灭实验中找到的强子碎片(Q 为对撞能量)

要解释这一结果,还需假设每一种味的夸克还具有三种色:红色 r、蓝色 b 和绿色 g,因此才会有三倍那么多种不同的夸克。这一量身定制的方案,显而易见地导致了一种称作量子色动力学的理论,这是理解夸克之间力的关键所在。

12.6　量子色动力学

量子电动力学(QED)最终会发展成为弱和强力的成功理论。1954 年,杨振宁和罗伯特·米尔斯想出了一种方法来推广电磁学的规范不变性,从而构造类似于 QED 但基于更大规范对称性的理论。电磁由光子传递,光子是自旋为 1 的无质量玻色子。在杨-米尔斯理论中,相互作用由一个场的矩阵产生,这些场构成一组互相紧密联系的自旋为 1 的无质量玻色子。在 1970 年代早期,物理学家们意识到,有一种杨-米尔斯理论能完美地解释夸克之间的力。这种力被称为色力，更正式的说法是量子色动力学（QCD）。它把三个夸克束缚在一起形成质子或者其他类型的重子。用色这个说法，是类比于混合红蓝绿光能形成白光，电视或显示器屏幕上就是这样产生白光的。对于不同粒子，只要带同样的电荷，例如质子和正电子，它们受到的电磁力就是一样的，同样，两种不同味的夸克所受到的色力也是一样的。

QCD 与 QED 很相像，但有几个重要区别。QED 的相互作用依赖于单一的电荷，而在色动力学中有三种荷：红、蓝和绿。组合三个各带一种不同荷的夸克，就产生一个粒子，比如说质子，这个粒子就是色荷中性的。换句话说，一个红色荷，一个蓝色荷和一个绿色荷的总和是无色的，颜色类比就是由此而来。

每种色荷也有负值，称为反红、反蓝和反绿。这就给出了另一种形成色中性粒子的方式。如果 个夸克带有一种颜色，而一个反夸克带有相应的反色，那它们就可以束缚在一起形成介子，这样色荷互相抵消而总和就是无色的。例如，夸克可能带了红色荷，而反夸克带了反红色荷，组合成 $r\bar{r}$；夸克带了蓝色荷而反夸克带了反蓝色荷，组合成 $b\bar{b}$。

12.6.1　胶子

色力来自于交换一种被称为胶子的杨-米尔斯粒子，之所以叫做胶子是因为它们为夸克粘在一起提供了黏合机制。胶子用 G 表示。图 12.13（左）所示为两个夸克互相散射相互作用的 QCD 费曼图。在这里，带箭头的线表示夸克。卷曲线代表两个夸克间交换的胶子。耦合的强度为 q_s，下标 s 指的是强力。

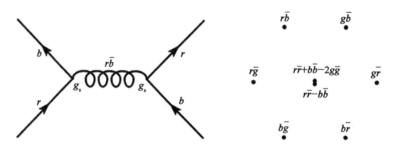

图 12.13　左：表示通过交换胶子互相散射的夸克的费曼图；
右：在胶子八重态中的胶子所带的色荷

在夸克间交换的胶子有 8 种。每种胶子带两个荷，一个色荷和一个反色荷。（这是由于胶子场是一个矩阵。）8 种 QCD 胶子合在一起构成颜色对称的 8 重态，如图 12.13（右）所示[①]。8 重态图展示了每种胶子所带的色荷和反色荷。例如，图左上的点所代表

---

① 译者注：由于作者避开使用群论语言，这里称胶子场为矩阵是不严谨的。事实上，色动力学的规范对称群是 SU(3) 群，夸克是群的 3 维表示（红，蓝，绿），反夸克是 3* 维表示（反红，反蓝，反绿），而胶子是群的 8 维伴随表示。后者可以从群表示论公式 3⊗3* ＝8⊕1 中得到，所以，每种胶子可带有一正一反两种色，分别为 $r\bar{b}$，$g\bar{b}$，$r\bar{g}$，$b\bar{g}$，…。这就是胶子 8 重态的来历，也帮助我们如何构造合理的费曼图。此外，要提醒读者的是，切勿将色规范群与盖尔曼的味对称群混淆，尽管两者在数学上都是 SU(3) 群。

的胶子带有一个红色荷和一个反蓝色荷。这样的一个胶子会参与如费曼图所示的相互作用。在费曼图左侧，入射的红夸克发射出(红,反蓝)胶子，从而转变为一个蓝夸克。这一作用中红色荷守恒，因为红色荷传递给了胶子。同样蓝色荷也守恒，因为夸克的蓝色荷和胶子的反蓝色荷同时产生。然后，在费曼图的右侧，(红,反蓝)胶子与一个蓝夸克相互作用。胶子上的反蓝色荷抵消掉夸克上的蓝色荷，而胶子上的红色荷传递给了夸克。交换这个胶子的最终效果就是，两个夸克间传递了能量和动量，还交换了色荷。如果蓝夸克发射一个(蓝,反红)胶子被红夸克吸收也会产生同样的效果；一个费曼图可以表示这两种过程。考虑到胶子的种类，介子的颜色态不是如前所述的简单的 $r\bar{r}$ 或者 $b\bar{b}$，而是色中性且对称的叠加态，$r\bar{r}+b\bar{b}+g\bar{g}$。然而，并不存在 $r\bar{r}+b\bar{b}+g\bar{g}$ 这样的胶子，因为这样的胶子没有色耦合强度①。

光子是电中性的，因此它们自身感受不到电磁力，也不会直接与其他光子相互作用。但是胶子带有色荷。因而胶子自身能感受到色力，也会与其他胶子相互作用。QCD 的拉格朗日量含有 $g_s G^3$ 和 $g_s^2 G^4$ 的胶子的三次和四次自耦合项，其中 g_s 是强力耦合常数，因此一个胶子可能会分解为两个或三个胶子，而两三个胶子也可能会合成一个胶子。这使得色相互作用大为复杂，也使得色力与电磁力大相径庭。

图 12.14 所示的是几个高阶的 QCD 图。同样，实线代表夸克，而卷曲线代表胶子。左边的两个图与 QED 类似，把夸克换成电子，把胶子换成光子，就会得到对应的 QED 图。另外三个 QCD 图含有胶子与其他胶子的相互作用，因此它们没有 QED 对应图。例如，在中间靠上的图中，一个夸克发射出一个胶子，然后这个胶子分解为一对胶子，这对胶子接着重新合成为一个胶子，最后这个胶子被另一个夸克吸收。QCD 不仅在计算上比 QED 更为繁复，额外的图还意味着这种力有着迥然不同的作用方式。

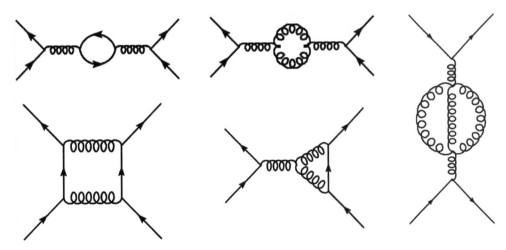

图 12.14　高阶的 QCD 费曼图

---

①　译者注：事实上，这对应着群表示论公式中 $3\otimes3^* = 8\oplus1$ 中的 1 维平庸表示，所以它不会参与色相互作用。

在很短距离上，色力其实相当微弱，只在较长距离上变强。在这个方面它就与电磁力非常不同。这就是 QCD 的伟大成就之一，因为它看来能够正确描述对撞实验中观测到的强力运作方式。在较长的距离上，我们可以把两个夸克之间的力想象为极其复杂的众多胶子交换的净结果，这些胶子之间同时还存在相互作用。这一堆纠缠在一起的胶子实际上形成了一条色流管，有点像夸克之间的一条弹性带，如图 12.15 所示。这就是说，两个夸克之间的色力与它们之间的间距无关，因为色场的能量几乎是随着间距线性增加的。这意味着永远没有足够的能量能把夸克彻底分开。事实上，当间距达到一个强子的典型大小时，即约 10^{-15} m 时，色场中的能量已经足以形成一个新粒子，如图 12.15（右）所示。这实际上就是禁闭。看不到独立的夸克，是因为当夸克分离出来时，就伴随着夸克-反夸克对的产生。

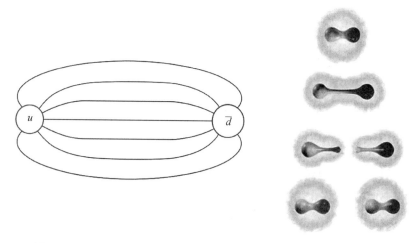

图 12.15　左：两个夸克之间的色场线形成一条色场通量管；右：当两个夸克分开时，它们之间色场的能量转化为新的夸克

如前所述，电子与正电子正面碰撞的结果是它们被完全湮灭，从释放的能量中，可能会产生带有很大动能的一个夸克和一个反夸克。随着这对夸克和反夸克远离对方，它们之间的色场能量转变为一大堆夸克和反夸克。所有这些夸克和反夸克迅速强子化，因而它们的裸色荷被隐藏到色中性的粒子中，这些粒子正是探测器上看到的那些。这一事例表现为两个狭窄的粒子喷注，从电子-正电子碰撞点沿相反方向发射。

有时候还会产生粒子的 3-喷注，如图 12.16（右）所示，QCD 也能对此作出解释。在特定的情况下，电子-正电子撞击产生的夸克或者反夸克会在其出现的瞬间发射出一个胶子，如图 12.16（左）的费曼图所示。由于这个胶子发射而产生了第三个强子喷注。有时候夸克和反夸克都会发射出一个胶子，在这种情况下就会看见四个喷注。发射出一个胶子的事件中，振幅包含一个额外的 g_s 因子，因此单胶子的发射率正比于 $\alpha_s = \dfrac{g_s^2}{4\pi\hbar}$ 乘以夸克-反夸克对的产生率，α_s 这一强力中的常数对应于电磁精细结构常数。这带来了强子产生散射截面的二阶修正，正比于 $\dfrac{\alpha_s}{\pi}$，因而有

$$R_{\text{QCD}} = \frac{\sigma(e^+e^- \to \text{强子})}{\sigma(e^+e^- \to \mu^+\mu^-)} = 3 \times \left[1 + \frac{\alpha_s}{\pi}\right] \sum_{\text{味}} q^2, \tag{12.44}$$

其中 3 这个因子来自颜色求和。由于 $\alpha_s \approx 0.15$,因此这个额外的项给 R 的表达式带来了 5% 的修正,这进一步提高了理论与实验的符合程度。

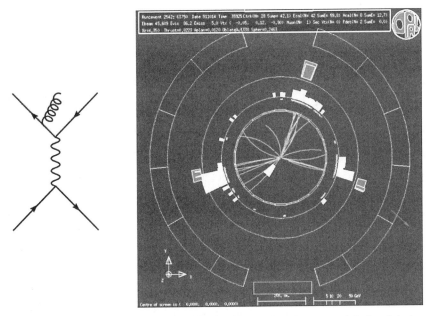

图 12.16 左:电子-正电子湮灭事例的费曼图,其中产生了一对夸克-反夸克对,夸克发射出一个胶子。这看作为 3-喷注事件。右:在 CERN 的 OPAL 探测器看到的 3-喷注事件

通过分析一个喷注中所有粒子的分布,可以区分这道喷注是产生于一个夸克还是一个胶子。同样还可以通过喷注的角度分布来确定胶子的自旋。这就确认了胶子不是标量粒子。它们自旋为 1,如果它们确实传递杨-米尔斯力,那它们自旋就应该是 1。

在 SLAC 和其他加速器做的更进一步的非弹性散射实验,证明了强子的结构比最初认为的要复杂得多。盖尔曼提出质子的组成为 duu。这三个夸克被称为价夸克。质子内还有夸克-反夸克对在存在与不存在之间涨落,它们也可能会散射入射的粒子。它们被称为海夸克。此外,这些实验建议,质子的动量通常只有一半由其夸克组分携带,余下的由质子内到处高速运动的胶子携带,正是这些胶子把夸克聚合在一起。

12.6.2 格点 QCD

世界上最先进的加速器不断在验证 QCD 的预言,但有些 QCD 的计算,用手工技巧太难算了,因此物理学家必须转而求助超级计算机。QCD 用一个代表空间和时间的离散网格来建模,这一方法称为格点 QCD。物理学家想要解答的其中一个问题,就是 QCD 与禁闭的关系。所有证据都表明,QCD 意味着禁闭,格点 QCD 对这一观点给出了支持,但还缺乏确定性的证明。格点 QCD 的另一个目标是,从第一性原理预测由夸克形成的粒

子的质量。这类似于计算一个原子的能级，只是更为复杂。各种介子与重子的质量计算与加速器上测得的值符合得非常好；一般情况下，QCD 的预测与实验结果符合的准确度在误差 4% 之内，只有对于最轻的介子，π 子，结果才少了点说服力。尽管还比不上量子电动力学或是原子物理中对应结果的惊人精确度，但这还是相当令人赞叹。随着可用的计算能力变得更为强大，以及执行计算的技术变得更为优化，计算的精度将会进一步增加。

12.6.3　重夸克和例外强子

1974 年，有两个团队同时宣布发现了一种新的质量为 3.1 GeV 的介子，一个是布鲁克海文实验室由丁肇中领导的团队，他们称之为 J，另一个是 SLAC 由伯顿·里克特领导的团队，他们称之为 ψ。从那时起直至今日，这个介子就被称为 J/ψ。这个新介子的意义在于，它是第四种味的夸克，即粲夸克的首次显现。J/ψ 介子的构成为 $c\bar{c}$。三年之后，费米实验室一个由利昂·利德曼领导的团队发现了 γ 介子，首个含有第五种夸克，底夸克的粒子。γ 介子是由 $b\bar{b}$ 夸克组成的最轻的介子。第六种夸克是完成第三代费米子所需的，物理学家为此寻找多年，并无所获。

在发现底夸克的两个十年后，顶夸克最终于 1995 年在费米实验室被发现了。这是在 Tevatron 粒子加速器上发现的，这是一台质子-反质子对撞机，运行能量高达每粒子束 0.98 TeV，反应过程为

$$p + \bar{p} \to t + \bar{t} + X^0, \tag{12.45}$$

其中 X^0 代表其他强子。顶夸克的质量为 173 GeV，大约是一个金原子的质量，几乎是底夸克质量的 40 倍。顶夸克的寿命极其短，约为 4×10^{-25} s。这意味着，顶夸克不同于其他夸克，它会在形成任何强子前衰变。（底夸克和粲夸克寿命约为 10^{-12} s。）

在盖尔曼发表其夸克模型之后的半个世纪内，数以百计的强子被发现，所有这些强子都可以按如下分类：夸克成分为 $q\bar{q}$ 的介子，夸克成分为 qqq 的重子，还有夸克成分为 $\bar{q}\bar{q}\bar{q}$ 的反重子。不过，QCD 并没有排除其他色中性的夸克组合，称为例外强子，比如说双介子或者叫四夸克 $qq\bar{q}\bar{q}$，五夸克 $qqqq\bar{q}$，甚至还有这样的组合 $q\bar{q}G$，这里 G 代表的是一个胶子。经历了多次无果的搜索之后，在 2014 年，LHC 确认存在称为 Z(4430) 的强子共振，这看来就是一个双介子，由两个夸克和两个反夸克组成，质量为 4 430 MeV。翌年，CERN 公布了五夸克态的证据。这被称为 $P_c(4380)^+$ 和 $P_c(4450)^+$。

12.7　弱　　力

弱力首先在放射性 β 衰变中被观测到，如 11.3.4 节所述。这会在某些原子核中发生，此时一个中子带上电荷成为质子，并放射出一个电子。当一个原子核发生 α 衰变时，发射出的 α 粒子带有非常确定的能量。相比之下，β 衰变中发射出的电子所带的能量有一个较宽的范围。恩里科·费米意识到，在 β 衰变中，还有另外的粒子随着电子被发射

出来,并带走一部分能量和动量。如今我们称这个粒子为反电中微子 $\bar{\nu}_e$。因此,中子的 β 衰变为

$$n \rightarrow p + e^- + \bar{\nu}_e. \tag{12.46}$$

由于如下原因,与电子一起被发射出来的粒子被定义为反中微子。轻子总是成对地产生和消灭。这一事实的正式表述为,引入一种称为轻子数的荷,这种荷在所有弱相互作用的反应中守恒。强子的轻子数为 0,所以,如果电子的轻子数为 +1,而轻子数又是守恒的,那么在 β 衰变中发出的另一个轻子的轻子数必定为 −1,因此它被定义为反中微子。中微子并不带电;它们只参与弱相互作用。一个惊人的事实是,中微子一般可以穿过几光年厚的固体物质而不发生相互作用。

费米对中微子的预言一直无法被证实,直到建造核裂变反应堆时,才得到这种粒子的极强源,此时这一预言才被证实。1956 年,弗雷德里克·赖纳斯和克莱德·科万探测到从美国的萨凡纳河反应堆发射出来的反中微子。这个探测器由 300 升氯化镉构成。来自于核反应堆的反中微子,通过与溶液中的质子发生倒逆 β 衰变而被探测到:

$$\bar{\nu}_e + p \rightarrow n + e^+. \tag{12.47}$$

正电子迅速与一个电子湮灭,产生两个方向相反的能量为 0.511 MeV 的 γ 射线光子,而中子则被一个镉核捕获,因为镉核的中子捕获截面很大:

$$n + {}^{108}Cd \rightarrow {}^{109}Cd^* \rightarrow {}^{109}Cd + \gamma. \tag{12.48}$$

${}^{109}Cd^*$ 核形成时处于激发态,会在几个微秒内发生 γ 衰变。正电子湮灭后紧随着镉核 γ 衰变,这两个略有间隔的反应就是一个反中微子被探测到的信号,如图 12.17 所示。

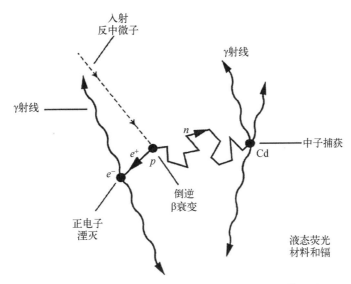

图 12.17 在赖纳斯-科万实验中,探测到反中微子的信号就是一个正电子紧接着一个镉核的 γ 衰变

在确定中微子之前，还有另一种轻子被发现了。1937 年，μ 子（μ^-）出现在卡尔·安德森和塞思·内德迈耶的宇宙射线研究中，不过其身份在随后的十年内都没有被确认。μ 子就像电子的重型复制品，其发现是完全在意料之外的。μ 子的质量为 105.7 MeV，是电子质量的 207 倍。μ 子并不稳定，平均寿命为 2.2×10^{-6} s，通过如下反应衰变：

$$\mu^- \rightarrow e^- + \bar{\nu}_e + \nu_\mu. \tag{12.49}$$

可以看到，与 μ 子相联系的还有第二种中微子，称为 μ 中微子，以 ν_μ 表示。μ 中微子区别于 β 衰变中释放出来的反电中微子，这由利德曼、梅尔文·施瓦兹和杰克·施泰因贝格在 1962 年首次明确地论证的。

在 1970 年代中叶，马丁·帕尔发现了第三种带电轻子，即 τ 子（τ^-）。τ 子质量为 1 777 MeV，约为电子质量的 3 500 倍，寿命为 2.9×10^{-13} s。它通过多种方式衰变，最常见的有：

$$\begin{aligned} \tau^- &\rightarrow \pi^- + \pi^0 + \nu_\tau & (\text{Br} = 0.255) \\ \tau^- &\rightarrow e^- + \bar{\nu}_e + \nu_\tau & (\text{Br} = 0.178) \\ \tau^- &\rightarrow \mu^- + \bar{\nu}_\mu + \nu_\tau & (\text{Br} = 0.174) \end{aligned} \tag{12.50}$$

第三种不同的中微子，即 τ 中微子，由费米实验室于 2000 年确认存在。

这些粒子的存在，以及相应的涉及中微子的衰变过程，要求一个细致的弱相互作用的理论。这一理论发展缓慢，有多位物理学家作出了贡献。宇称、荷共轭以及时间反演的离散对称性，在弱相互作用中意外的破坏，给出了这个理论一些重要线索。

宇称破坏

在量子力学的早期，人们就意识到原子波函数在空间反演 $x \rightarrow -x$ 下，可以分为奇函数和偶函数。空间反演记为宇称算符 P，将波函数 $\Psi(x, t)$ 转变为 $\Psi'(x, t)$，其中

$$\Psi'(x, t) = P\Psi(x, t) = \Psi(-x, t). \tag{12.51}$$

P 的本征值称为宇称。如果 $\Psi(-x, t) = \Psi(x, t)$，那么宇称就是正的，而 $\Psi(-x, t) = -\Psi(x, t)$，那么宇称就是负的[①]。空间反演很重要，因为在大部分物理领域内，它都是一种对称性。例如，如果 $\Psi(x, t)$ 是一个电子绕原点处核子运行的波函数，那么 $\Psi(-x, t)$ 就是一个相关的波函数，如果是定态，那么能量就是一样的，如果不是定态，那么就相似地演变。有时候 $\Psi(x, t)$ 和 $\Psi(-x, t)$ 在物理上是有区别的，不过通常它们是等价的，或者只差一个符号；换句话说，波函数有确定的宇称。

类似地，我们可以定义时间反演算符 T，其中

$$\Psi'(x, t) = T\Psi(x, t) = \Psi(x, -t), \tag{12.52}$$

---

① 宇称也可以说是偶的或者奇的。

还有荷共轭算符 C，这个算符把正反粒子互相转换，

$$\Psi'(\boldsymbol{x}, t) = C\Psi(\boldsymbol{x}, t) = \overline{\Psi}(\boldsymbol{x}, t), \tag{12.53}$$

其中 $\overline{\Psi}$ 为 Ψ 的复共轭。

当任何一个这种离散算符作用两次，就能回到原来的波函数。例如，宇称算符作用两次就得到

$$PP\Psi(\boldsymbol{x}, t) = P\Psi(-\boldsymbol{x}, t) = \Psi(\boldsymbol{x}, t). \tag{12.54}$$

因此 P 的本征值就是 ± 1，类似地，T 和 C 的本征值也必然是 ± 1。在非常普遍的假设下，可以证明，如果物理可以用量子场论描述，那么在这三个算符同时作用下这个理论肯定是不变的，所以该理论必然有 PCT 这一种对称性。这被称为 PCT 定理。这意味着，如果 $\Psi(\boldsymbol{x}, t)$ 是一个物理的态，那么 $PCT\Psi(\boldsymbol{x}, t) = \overline{\Psi}(-\boldsymbol{x}, -t)$ 也必然是一个物理的态。我们可能会猜想，物理对于这三个变换中的任意一个独立作用时也应该是不变的，但是实在并没有这么简单。

如果空间反演是基础物理的一个真实的对称性，那么对于每一个观测到的过程，都会有一个同样可能存在的镜像过程。在量子力学中，宇称是守恒的。1956 年，李政道和杨振宁质疑这一假设。他们花了数周时间回顾过去的实验，最终得出结论，有很多实验可以证实电磁和强相互作用中的宇称守恒，但没有一个实验与弱相互作用中宇称是否守恒有关。他们提出了几个实验来验证这一点，吴健雄着手实施了其中一个实验。她开始研究钴-60 的 β 衰变，这一原子核的自旋为 5。

钴-60 核发生的 β 衰变为

$$^{60}_{27}\text{Co} \rightarrow {}^{60}_{28}\text{Ni} + e^- + \overline{\nu}_e. \tag{12.55}$$

吴健雄把一份 ^{60}Co 的样本冷却到 0.01 K，并将其放入强磁场中，使得 ^{60}Co 核的自旋指向。每个原子核初始时都处于一个确定的宇称态。如果宇称守恒，那么电子发射的方向，应该与核的自旋轴没有关联。我们可以这样看。空间反演是同时把三个空间方向倒置的操作。x 轴的反演（$x \rightarrow -x$）后再接上 y 轴的反演（$y \rightarrow -y$）等价于绕着 z 轴转动 $180°$。如果把一个 ^{60}Co 核放在原点，设它的自旋轴为 z 轴，那么其自旋就在这种转动下不变。在 z 轴反演（$z \rightarrow -z$）下也不变。如果一个电子相对于核自旋方向发射，它的飞行方向在绕 z 轴的转动下也是不变的，但是在 z 轴反射下却变为反向。如果宇称是守恒的，那么所有过程应该与其镜像过程的发生率一样，因此，宇称守恒意味着会有相同数量的电子分别平行和反平行于 ^{60}Co 核自旋发射。但吴健雄发现并非如此。她证实了电子更倾向于沿着 ^{60}Co 核自旋相反的方向射出，如图 12.18（左）所示，从而确认了在弱相互作用中，宇称对称性是破坏的[①]。

---

①　译者注：由于作者避免引进极矢量和轴矢量这样的数学概念，所以上述讨论较为累赘。事实上，电子速度方向是极矢量，而核自旋方向是轴矢量，因此空间反演将改变两者的关系。3 维空间反演 = 绕 z 轴转动 $180°$ + z 轴镜像反演，如果镜外的电子倾向于反平行核自旋发射，则镜内的电子倾向于平行发射，反之亦然。宇称守恒意味着平行和反平行 ^{60}Co 核自旋发射的电子数相等。

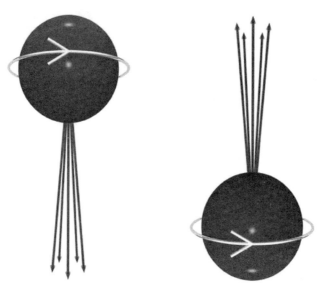

图 12.18 左：当 ^{60}Co 核发生 β 衰变时，电子倾向反平行于核的自旋发射；右：宇称变换改变了 ^{60}Co 自旋与电子运动方向两者的关系。但这个图像不是物理的。电子很少会平行于 ^{60}Co 自旋发射，所以宇称对称性就被破坏了

在发现宇称破坏后，人们有假设宇称和荷共轭的联合作用 CP 应该是守恒的。然而，在 1964 年，又发现弱相互作用同样破坏 CP 守恒。与宇称破坏不同，CP 的破坏是一个很小的量子效应。如果有三代或者更多代的基本费米子，CP 破坏就可以理解。（由于 PCT 定理，CP 破坏就等价于时间反演 T 的破坏。）P 和 CP 的破坏如今已被整合到了电磁和弱力的统一理论中，构成标准模型的一大部分。

12.8 弱 电 理 论

QED 把电磁力解释为带电粒子之间交换虚光子，而 QCD 则把强力解释为夸克、反夸克和胶子之间交换胶子。这就引出了下述问题，弱力是否也可能是这么一种类似的，规范不变的杨-米尔斯理论。

在 1930 年代，费米提出了一个弱力的早期理论，在这个理论中，β 衰变源于单个相互作用顶点，在这个顶点处四个粒子以费米耦合常数 G_F 耦合，如图 12.19（左）所示，其中 $\dfrac{G_F}{\hbar^3} \approx 1.17 \times 10^{-5} \text{ GeV}^{-2}$。如果这个相互作用是来自于交换质量为 M_W 的 W 玻色子，如图 12.19（中）所示，那么就可以解释观测上弱力的微弱。这个图中，两个顶点的强度为弱耦合常数 g_W。对于低能相互作用 $E^2 \ll M_W^2$，有 $\dfrac{G_F}{\sqrt{2}} = \dfrac{g_W^2 \hbar^2}{M_W^2}$。（因子 $\sqrt{2}$ 是由于 G_F 的历史定义。）弱作用中的无量纲精细结构常数为 $\alpha_W = \dfrac{g_W^2}{4\pi\hbar}$，如果假设这个常数与电磁精

细结构常数具有可比性,那么 $\alpha_W \approx \alpha \approx \dfrac{1}{137}$。 这就有

$$M_W^2 = \frac{4\pi\hbar^3 \alpha_W \sqrt{2}}{G_F} \approx \frac{4\pi\sqrt{2}}{137 \times 1.17 \times 10^{-5}}\ \mathrm{GeV}^2, \tag{12.56}$$

这就蕴含着所交换的玻色子质量应当在 100 GeV 左右。当可利用能量比 100 GeV 少得多时,弱相互作用就比电磁相互作用弱得多,中子 β 衰变就是这样的例子,不过在较高能量,它们的强度将会变得差不多。

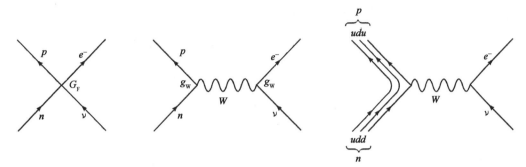

图 12.19　左:费米理论中的四粒子顶点;中:交换 W 玻色子;右:在夸克层面的 β 衰变

　　把费米的相互作用顶点替换为 W 玻色子交换,这有一定理论上的益处,这在 W 玻色子被实验发现前就意识到了。它暗示着电磁和弱相互作用的统一。然而仍然存在着一个问题。在杨-米尔斯拉格朗日量中,加上质量项 $\dfrac{1}{2}M_W^2 W \cdot W$ 就会破坏理论的规范不变性,使得它在数学上不自洽。最初这被视为该模型令人担忧的绊脚石。1964 年,有几位理论家分别独立地找到了这个问题的解决方案,他们是:彼得·希格斯(Peter Higgs);罗伯特·布劳特和弗朗索瓦·恩格勒;杰拉德·古拉尼、卡尔·哈根和汤姆·基布尔。这个解决方案称为希格斯机制,我们将在 12.8.1 节介绍它是如何实现的。这是电磁和弱相互作用统一理论,GWS(Glashow-Weinberg-Salam)理论的关键,这是以谢尔顿·格拉肖、斯蒂芬·温伯格和阿卜杜斯·萨拉姆的名字命名,该理论于 1960 年代末期发展出来。GWS 弱电理论是一个以特殊方式与标量希格斯场、夸克及轻子耦合的杨-米尔斯规范理论。

　　根据 GWS 理论,弱力来自于交换三种有质量的、自旋为 1 的玻色子:W^-,W^+ 以及 Z 玻色子。在夸克和轻子的层面,β 衰变可由 W^- 的交换来解释,如图 12.19(右)所示。中子中的一个下夸克发射出一个虚 W^- 粒子,并转变成一个上夸克。这样中子就变为质子。发射出来的虚 W^- 粒子马上衰变成电子和电中微子,从原子核中释放出来。类似地,逆 β 衰变则可由 W^+ 的交换来解释。

12.8.1　希格斯机制

　　我们将通过一个基于电磁的例子来介绍希格斯本人给出的原始版本的希格斯机

制。将这一机制推广到物理上重要的弱电理论将在代数上更为复杂,但基本原理是一样的。希格斯提出如下拉格朗日密度描述带单位电荷的复标量场 Φ 与电磁 4-矢势 $\mathcal{A}$ 的耦合,

$$\mathcal{L} = -\frac{1}{4}\,\mathcal{F}\cdot\mathcal{F} + \frac{1}{2}\,\overline{D\Phi}\cdot D\Phi + \frac{1}{2}\mu^2\mid\Phi\mid^2 - \frac{1}{4}\lambda\mid\Phi\mid^4 \qquad (12.57)$$

其中电磁场强为 $\mathcal{F}$, $D\Phi = \partial\Phi - \mathrm{i}\,\mathcal{A}\,\Phi$ 为标量场的协变导数,而希格斯势为

$$U(\mid\Phi\mid) = -\frac{1}{2}\mu^2\mid\Phi\mid^2 + \frac{1}{4}\lambda\mid\Phi\mid^4. \qquad (12.58)$$

这里的 λ 和 μ 为正的常数,而 $\mid\Phi\mid^2 = \overline{\Phi}\Phi$。$U$ 被称为墨西哥草帽势,如图 12.20 所示。

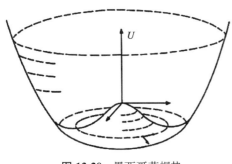

图 12.20 墨西哥草帽势

这个势在规范变换下是不变的,因为 U 与 Φ 的相位无关。而 $-\frac{1}{4}\,\mathcal{F}\cdot\mathcal{F} + \frac{1}{2}\,\overline{D\Phi}\cdot D\Phi$ 这两项也是规范不变的,本质上与我们在 12.4.1 所讨论的 QED 拉格朗日密度一样。为了方便起见,我们把希格斯势改变一个常数 $\frac{1}{4}\lambda\upsilon^4$, 其中 $\mu^2 = \lambda\upsilon^2$。这个改变也对场方程没有影响,不过现在势变成了

$$U(\mid\Phi\mid) = \frac{1}{4}\lambda(\mid\Phi\mid^2 - \upsilon^2)^2. \qquad (12.59)$$

我们已在 12.2 节讨论过,在量子场论中,物理粒子是在真空附近的量子激发。在希格斯模型中,量子场论的真空态位于势 U 的最小值处。此前我们曾假设真空态 $\Phi = 0$, 因此场消失了。但是,希格斯势构造得与此不同;它在任意满足 $\mid\Phi\mid = \upsilon$ 的场处取到最小值。量子场论必须要有一个唯一的真空态,但在这里真空似乎是简并的,这一点对于这个理论至关重要。从数学上来看,可能的真空态,是一个由 $\mid\Phi\mid = \upsilon$ 给出的圆周,但这些真空态在物理上是不可区分的,因为它们只相差一个改变 Φ 相位的规范变换。我们假设在宇宙演化的极早期,在系统随机量子涨落中出现了一个唯一的真空态。为了简单起见,我们把这个态选定为 $\Phi = \upsilon$。(我们可以通过选择一个方便的规范固定来实现这一点。)现在我们有了一个全空间的非零场 $\Phi = \upsilon$, 虽然 Φ 场并没有激发,也没有出现 Φ 粒子,这是由于 Φ 场具有非线性的自耦合的缘故。需要指出的是,这仅对于标量场是可能的,因为非零的背景矢量场会给出一个空间的特定方向,从而破坏洛伦兹不变性。在真空时,电磁势必须满足 $\mathcal{A} = 0$。

选定唯一真空态,系统似乎就失去了希格斯势原有的对称性。这被称为自发对称性破缺。经常会说成隐藏了对称性,而不是说破缺,因为这个理论持有了原来潜在的规范对称性,只不过以更为复杂的非线性方式出现。附带的效果是电磁场的规范对称性自发

地破缺,而光子变成了有质量粒子。为了证明这一点,我们作如下展开:

$$\Phi(\boldsymbol{x}, t) = \upsilon + \eta(\boldsymbol{x}, t), \tag{12.60}$$

并把它代回到拉格朗日量中。$\dfrac{1}{2}\overline{D\Phi} \cdot D\Phi$ 项含有 $\dfrac{1}{2}\overline{(-\mathrm{i}\,\mathcal{A}\,\Phi)} \cdot (-\mathrm{i}\,\mathcal{A}\,\Phi) = \dfrac{1}{2}\mathcal{A} \cdot \mathcal{A}$

$|\Phi|^2$。在真空 $\Phi = \upsilon$ 附近,其主导部分为 $\dfrac{1}{2}\upsilon^2 \mathcal{A} \cdot \mathcal{A}$,这就是场 $\mathcal{A}$ 的质量项,因此这个

理论描述了一个有质量的矢量玻色子,质量参数 $M = \upsilon$。

通过代换 $\Phi = \upsilon + \eta$ 重写拉格朗日量中剩下的部分,含有 η 的项为

$$\mathcal{L}_\eta = \frac{1}{2}\partial\eta \cdot \partial\eta - \frac{1}{4}\lambda((\upsilon+\eta)^2 - \upsilon^2)^2 = \frac{1}{2}\partial\eta \cdot \partial\eta - \lambda\upsilon^2\eta^2 + \cdots. \tag{12.61}$$

η 是一个实的动力学场,是 Φ 对真空 υ 的偏离,通过量子化这个场而得到的粒子称为希格斯玻色子。η^2 项的系数为 $\lambda\upsilon^2$,因此希格斯玻色子的质量参数 $m_\eta = \sqrt{2\lambda}\,\upsilon$。

无质量的自旋为 1 的粒子有两种极化,而有质量的自旋为 1 的粒子(矢量玻色子)有三种极化。这种额外的极化从何而来?Φ 场是复的,因此它有两个自由度。一个是 η 场,另一个是联系各简并真空的墨西哥草帽势的角变量。这第二个自由度变成了矢量玻色子的纵向极化。还存在着另一种观点来解释,在 Φ 为实的规范中,无法取 $\mathcal{A}$ 的规范条件使得它的纵向分量为零。所以又回到了原先的讨论,无质量的光子已要求一个附加的极化态,从而变成了一个有质量的矢量玻色子。

GWS 理论的拉格朗日量更为复杂。它从 4 个传递弱电力的无质量自旋为 1 的玻色子出发。它还包括一个标量场 Φ,它的自相互作用由希格斯势描述。在这里,场 Φ 是一个复的二重态,因此它有 4 个实的自由度。希格斯势的对称性自发破缺,结果是 4 个自旋为 1 的玻色子中有 3 个变成有质量的 W^+、W^- 和 Z 玻色子,由它们传递弱力。Φ 场自由度中的 3 个变为这些粒子的纵向极化。类似于 η 场,剩下的那个自由度与前面的粒子无关,量子化后得到一个自旋为 0 的标量粒子,即希格斯玻色子 H。第 4 个自旋为 1 的玻色子并不与 Φ 场相互作用,它们仍然是无质量的。这就是物理的光子[①]。原来的弱电力由此分为两种显然不同的力:强而长程的电磁力以及弱而短程的弱力。

12.8.2　费米子质量

如今我们知道了,弱相互作用极大地破坏了宇称,而令人惊异的是,这是因为 W 玻色子只与左手的轻子和夸克,以及右手的反轻子和反夸克耦合。左手的无质量粒子是指自

[①]　译者注:因为作者刻意回避群论语言,这句话是不严谨的。事实上,弱电模型的规范群是 $\mathrm{SU}_L(2) \times \mathrm{U}_Y(1)$,$\mathrm{SU}_L(2)$ 是左手弱同位旋群,它的规范玻色子是 W^1、W^2 和 W^3;$\mathrm{U}_Y(1)$ 是弱超荷群,它的规范玻色子是 B。电荷 $Q = t_3 + Y/2$,其中 t_3 是弱同位旋第 3 分量。自发对称破缺的模式为 $\mathrm{SU}_L(2) \times \mathrm{U}_Y(1) \to \mathrm{U}_Q(1)$,通过希格斯机制,原来的 4 个希格斯场变成了 $W^\pm$ 和 Z^0 玻色子的纵向分量以及中性的希格斯粒子。两个物理的中性粒子,光子和 Z^0,是有 W^3 和 B 混合形成,混合角称为温伯格角 θ_W。

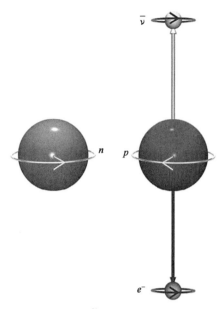

图 12.21　左：^{60}Co 核中的一个中子，在 β 衰变前中子的自旋向上；右：β 衰变后，质子自旋向下。β 衰变中释放的反中微子总是右手的，因此由于角动量守恒它必然是向上射出的。又由于动量守恒，电子必然是向下射出的

旋轴与动量相反的粒子。W 玻色子看不见右手的轻子和夸克或者左手的反轻子和反夸克。

我们现在可以理解 ^{60}Co 中观测到的宇称破坏。当中子发生 β 衰变，^{60}Co 核失去一个单位的自旋。如果原来中子的自旋指向正 z 轴方向（通过磁场实现），那么在 β 衰变后，得到的质子自旋就指向负 z 轴方向。鉴于角动量守恒，所以反中微子和电子必然有总共为 1 的自旋与质子方向相反，因此反中微子和电子自旋必定都指向正 z 轴方向的。又由于动量守恒，原子核在 β 衰变前后动量实质上都为零，这意味着反中微子与电子必然沿相反方向射出。反中微子有小于 1 eV 的微小质量，因此它以极端相对论性速度退行。而衰变中子射出的虚 W 玻色子只与右手的反中微子耦合，因而反中微子的自旋轴必然指向它的动量矢量。所以，反中微子沿着正 z 轴方向射出，而电子则沿着负 z 轴方向，如图 12.21 所示。

宇称破坏导致了电弱理论的几个推论，其中包括关于费米子质量起源的问题。费米子质量之所以是个问题，是来自于如下的论据。考虑一个电子以速度 v 沿着正 z 轴方向运动，其自旋矢量也指向同一方向。如果我们以速度 u 沿着正 z 轴方向洛伦兹推动一个参考系，其中 $|u| > |v|$，那么在这个参考系内电子就沿着负 z 轴方向运动，但它的自旋还是沿着正 z 轴方向。我们仅仅是通过参考系变换，就把一个右手的电子变换成了一个左手的电子。所以像电子这样的有质量的费米子，其场需要有左和右两部分，狄拉克 4-旋量 ψ 确实有这两部分，于是拉格朗日密度中就可以有形如 $M_0 \bar{\psi}\psi$ 的质量项。但是，弱电力对左手和右手粒子是区别对待的，因此就无法在标准模型拉格朗日量中，引入一个与弱电规范对称性相符的狄拉克质量项。然而大部分的夸克和轻子又确实有质量。这个悖论的解决要从无质量的费米子开始，通过希格斯机制使得它们动力学地获得它们的质量。

汤川相互作用描述了费米子、反费米子和标量之间的耦合。在 GWS 模型中，费米子作为无质量粒子加到拉格朗日量中，与希格斯场作汤川耦合。只有左手的费米子参与弱相互作用，因此左手的费米子场组成二重态，与 W 及 Z 规范玻色子耦合。有 u 和 d 夸克组成的二重态，有 e 和 υ_e 轻子组成的二重态[①]，类似地还有另外两代粒子的二重态。右手的场不与 W 及 Z 耦合，因此它们是单态，不带任何弱相互作用荷。拉格朗日量中的质量项必须包括左手和右手的场，而把左手二重态与右手单态以规范不变方式耦合的唯一办

---

① 译者注：严格地说，应为左手弱同位旋群的二重态。

法,就是引入复的二重态希格斯场 Φ。有了希格斯场,就可以有如下拉格朗日量的汤川项:

$$\mathcal{L}_{\text{Yuk}} = g_f \, \overline{\psi}_L \Phi \psi_R. \tag{12.62}$$

左手的费米子二重态 $\overline{\psi}_L$ 与希格斯二重态 Φ 的乘积是规范不变的,右手的费米子单态 ψ_R 也是。所以汤川项是规范不变的。

现在希格斯机制开始工作。Φ 有一个非零的真空值。如果在真空附近展开,把 $\Phi = \nu + H$ 代入到汤川项,我们会得到两项,分别为 $g_f \nu \, \overline{\psi} \psi$ 和 $g_f \, \overline{\psi} \psi H$。第一项是费米子的质量项,第二项是与希格斯玻色子 H 的耦合项。在 GWS 模型中,汤川耦合常数 g_f 通过要求希格斯机制为每个费米子提供其所有静质量来确定。质量本质上就是 $g_f \nu$。ν 可以从 W 和 Z 粒子的物理知道,所以测量每个费米子 f 的质量就可以确定耦合常数 g_f。可惜的是,暂时还没有对费米子质量独立的认知,可以用来预测 g_f。不过,由于知道 g_f 正比于费米子质量,那么希格斯玻色子 H 与各个标准模型费米子的汤川耦合就正比于费米子质量,因此不同费米子耦合就不同。重夸克 t 和 b 的希格斯耦合,还有重的 τ 子的希格斯耦合,都远强于轻夸克或轻轻子的耦合,所以希格斯玻色子优先衰变为较重的粒子。希格斯玻色子衰变道的分支比目前正在测量。最新的结果似乎确认了 GWS 模型的预测。

12.8.3 W 和 Z 玻色子,希格斯玻色子的发现

在 1970 年代早期,并未发现任何可以归结为交换电中性的 Z 玻色子的效应,不过由于 Z 耦合强度跟 W 一样,这种效应很小且难以检测。这种称为弱中性流的效应,包含因交换一个 Z 而导致的中微子散射过程,如图 12.22(右)所示,1975 年,在欧洲核子中心的加尔加梅勒气泡室首次观测到这个过程。它们的发现是 GWS 弱电理论获得认可的关键证据。

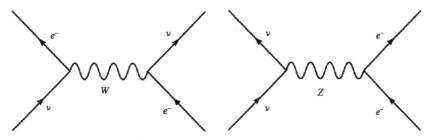

图 12.22 左:中微子与电子之间交换一个 W 玻色子;
右:中微子与电子之间交换一个 Z 玻色子

在弱中性流发现之后,卡洛·罗比亚,彼得·麦金蒂尔和大卫·克拉恩说服欧洲核子中心,把新的超级质子同步加速器(SPS)改建成质子-反质子对撞机,并建造两个新的探测器,称为 UA1 和 UA2。这么做的目的是为了寻找 W 和 Z 玻色子。这两个探测器在 1981 年记录了第一次对撞。图 12.23(左)所示为质子-反质子对撞机中产生的 W^+ 的一种模式。接着 W^+ 衰变为一个带电轻子,以及一个未探测到的中微子,如图 12.23(右)所

示。因此 W^+ 的信号就是探测到一个高能的轻子，其能量等于 W^+ 玻色子静质量的一半。图 12.24(左)是产生的 Z 玻色子的一种模式。Z 玻色子有多种衰变模式。最独特的是衰变成轻子-反轻子对，如图 12.24(右)所示。Z 的信号是在相反方向上探测到高能的轻子与高能的反轻子，它们的能量都等于 Z 在 Z 玻色子静止系中的质量的一半。W 玻色子的发现公布于 1983 年 1 月，而 Z 玻色子的发现在同年稍晚时候公布。W 的质量为 80.4 GeV。Z 的质量为 91.2 GeV。

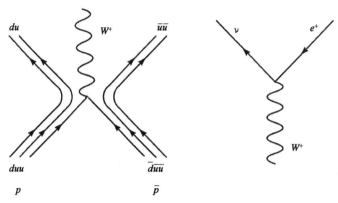

图 12.23 左：在质子-反质子对撞中产生的一个 W^+ 玻色子；
右：W^+ 玻色子衰变为一个正电子和一个中微子

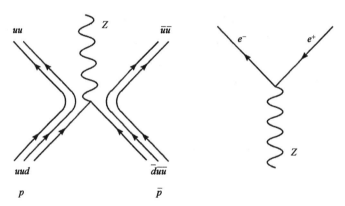

图 12.24 左：在质子-反质子对撞中产生的一个 Z 玻色子；
右：W^+ 玻色子衰变为一个电子和一个正电子

2008 年，LHC 开始工作的首要任务，是寻找标准模型缺失的最后一块拼图，尚未观测到的希格斯玻色子 H。如前所述，标准模型希格斯机制的作用，是给 W 和 Z 玻色子及基本费米子以静质量，由此可以得出，这些粒子与 H 之间的耦合强度正比于它们的质量。这对 H 的产生与衰变都很重要。质子含有夸克和胶子等子成分，这提供了希格斯玻色子可能在质子-质子对撞中产生的几种方式。顶夸克的质量远大于其他夸克和轻子，所以与 H 耦合它显然是最强的。图 12.25(左)表示，通过一个顶夸克圈，胶子聚变产生 H。这是在 LHC 产生希格斯玻色子的最重要通道。图 12.25(右)所示为通过两个夸克间交换 W 而产生 H。

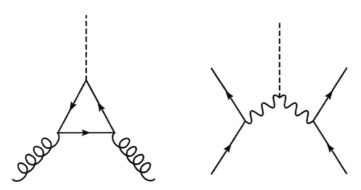

图 12.25 在质子-质子对撞中可能产生希格斯玻色子的两种方式。左：胶子通过一个顶夸克圈聚变；右：交换 W 或 Z 玻色子

2012 年 7 月，欧洲核子中心宣布，LHC 发现了质量为 125 GeV 的希格斯玻色子。H 的衰变目前正在积极研究中，看是否能与基于标准模型粒子质量的预期相符。迄今为止，希格斯玻色子与 W 和 Z 以及各种夸克和轻子的耦合都与理论符合得很好。希格斯玻色子的自旋也已测量，确认为零。任何对这些模式的偏离，都将标志着超越标准模型的新物理曙光。

12.8.4 夸克混合

在 GWS 模型的简化版中，如前所述，弱力在各代之内分别独立作用，GWS 拉格朗日量的费米部分由各代的左手二重态与右手单态构成。倘若仅此而已，那么第二和第三代中最轻的夸克就会是完全稳定的，不会转化成第一代的夸克。这就蕴含着在强相互作用过程中产生的 $K^-(s\bar{u})$ 介子一旦在空间上分开，就不再会衰变。事实并非如此，由于 s 夸克通过 W^- 传递而衰变为 u 夸克，K^- 介子的寿命其实相当短。要正确地构造 GWS 模型，我们必须把其他几个实验结果也考虑进去。尽管在弱相互作用中，各种带电轻子的耦合强度都一样，但在弱相互作用夸克顶点 udW 处，耦合强度要比 $\mu\nu_\mu W$ 顶点处弱 5%。另外，测得的 $K^-(s\bar{u}) \rightarrow \mu^- \bar{\nu}_\mu$ 和 $\pi^-(d\bar{u}) \rightarrow \mu^- \bar{\nu}_\mu$ 的衰变比，与弱耦合对所有夸克都一样的情况相比较，前者约是后者的二十分之一。

这些问题的解决方案是在理论中引入某种夸克混合。GWS 拉格朗日量只能用左手的夸克二重态（和右手的单态）来构造，所以我们必须把六种味的夸克混合到 3 个二重态内。依照惯例，3 个二重态上面的夸克就分别直接取 (u, c, t)。而二重态下面的夸克却不是费米子表格中标准的 (d, s, b)，而是它们的混合，记为 (d', s', b')。（如果电荷是守恒的，就只能混合带有同样电荷的夸克。）

费米子表格上每一种味的夸克都是一个质量本征态，这也是测量一个介子质量时所看到的。但是我们并没有理由认为，弱相互作用所看到的夸克态与质量本征态一致。暂时忽略第三代夸克，夸克的混合由一个角度来参数化，即卡比博角 θ_C。弱本征态 (d', s') 与 (d, s) 之间的关系为

$$\begin{bmatrix} d' \\ s' \end{bmatrix} = \begin{bmatrix} \cos\theta_C & \sin\theta_C \\ -\sin\theta_C & \cos\theta_C \end{bmatrix} \begin{bmatrix} d \\ s \end{bmatrix}. \tag{12.63}$$

弱相互作用直接把上夸克 u 与 d' 耦合，把粲夸克 c 与 s' 耦合。因此，u 夸克与 s 夸克的弱耦合正比于 $g_w^2\sin^2\theta_C$，而 u 夸克与 d 夸克的弱耦合正比于 $g_w^2\cos^2\theta_C$，它们的比值为 $\tan^2\theta_C$。要解释 K 子和 π 子的衰变率，以及其他弱相互作用率，则有 $\tan^2\theta_C \approx 0.05$。目前卡比博角的最佳值为 $\theta_C \approx 0.23$。

这个在 1960 年代发展起来的方案，解释了含有奇夸克的介子的衰变，但它也指出需要另一个夸克 c 与 s 夸克配对。这一预言的确认，加上 1974 年 11 月第四种夸克粲夸克的发现，对于夸克存在性获得认可，以及标准模型称为粒子物理学的最前沿，有重要意义。

我们现在知道有三代夸克。弱相互作用中各种味的完全混合由卡比博-小林-益川（Cabibbo-Kobayashi-Maskawa，CKM）矩阵描述：

$$\begin{bmatrix} d' \\ s' \\ b' \end{bmatrix} = \begin{bmatrix} V_{ud} & V_{us} & V_{ub} \\ V_{cd} & V_{cs} & V_{cb} \\ V_{td} & V_{ts} & V_{tb} \end{bmatrix} \begin{bmatrix} d \\ s \\ b \end{bmatrix}. \tag{12.64}$$

在弱电相互作用中，$q = \dfrac{2}{3}$ 的夸克 (u, c, t) 直接与 $q = -\dfrac{1}{3}$ 的夸克 (d', s', b') 耦合，而通过 CKM 矩阵与 (d, s, b) 耦合。没有 CKM 矩阵，更重代的夸克就无法衰变为较轻代的夸克。CKM 矩阵中矩阵元的限制使其退化为三个独立的转动角和一个复的相位。这个复相位非零，这导致了弱相互作用中的 CP 对称性破坏。卡比博的两代模型不能自然地适应 CP 破坏相位，所以理论上存在三代夸克有一定的必然性。不过，目前还没有更深层次的认识，来解释这三个角和复相位的取值。

12.8.5 有多少代？

一个值得注意的事实是，如果允许存在基本粒子的任意集合，标准模型在数学上是不自洽的。这种潜在的不自洽性称为反常，这来源于弱耦合对于左和右手费米子的不同。要使理论自洽，就必须要有不同基本粒子反常之间的互相抵消，而这种抵消意味着粒子所带电荷之间存在关系。结果就是，在每一代费米子中的四个粒子互相抵消反常。这表示，标准模型对于完整的代是自洽的。正因为此，1970 年代中叶当 τ 子被发现时，物理学家可以有把握地预测第三代中还存在另外 3 个成员，尽管花了 20 年的时间，顶夸克才被观测到，又过了 5 年这一代的最后一位成员，τ 中微子才被发现。所以，至少有三代基本费米子，那总共有多少代呢？值得注意的是，我们现在对这个问题已有了确定的答案。

从 1989 年到 2000 年，欧洲核子中心的大型电子-正电子对撞机（LEP）一直在运行。电子和正电子束的能量，调整到可以大量产生 Z 玻色子，于是它的衰变性质就可得以确定。Z 玻色子有几种衰变方式。它可以衰变为夸克-反夸克对,其中夸克可以是 5 种最轻的夸克中的任意一种,在这种情况下最终产物为强子。它还可以衰变为三种带电轻子(l^-)中的每一种,以及它们的反粒子(l^+)。它还可以衰变为中微子-反中微子对,比如说 $Z \to \nu_e \, \bar{\nu}_e$。关键之处在于假设中微子要远远轻于 Z 玻色子,那么有多少代就有多少种可能的方式发生这种衰变。这些衰变的每一种模式都对 Z 的衰变率有贡献。在 LEP 总共观测到 1 700 万次 Z 衰变。这使得物理学家可以确认中微子种类的数目,从而确定代数。在 Z 玻色子衰变为中微子后,中微子逃逸而无法探测。不过,衰变为中微子的部分衰变宽度 $\Gamma(Z \to \nu_l \, \bar{\nu}_l)$ 可以从总宽度的公式中推导出来

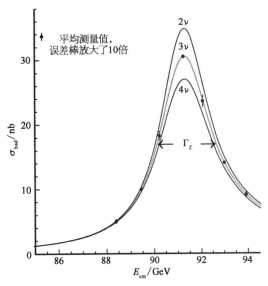

图 12.26 测得的 Z 玻色子衰变宽度 Γ_Z,与二、三、四种中微子计算的宽度对比。在 LEP 测得的宽度与三种中微子的预测宽度相符

$$\Gamma_Z = \Gamma(Z \to \text{强子}) + 3\Gamma(Z \to l^+ l^-) + N(\upsilon)\Gamma(Z \to \nu_l \, \bar{\nu}_l), \tag{12.65}$$

其中 $N(\upsilon)$ 为中微子种类数。总的 Z 玻色子衰变宽度测得为 $\Gamma_Z = 2.490 \pm 0.007\,\text{GeV}$。衰变为强子的部分宽度测得为 $\Gamma(Z \to \text{强子}) = 1.741 \pm 0.006\,\text{GeV}$,而衰变为每一种带电轻子的部分宽度为 $\Gamma(Z \to l^+ l^-) = 0.083\,8 \pm 0.000\,3\,\text{GeV}$。这些测量值与标准模型计算相符。计算所得的衰变到每一种中微子的宽度为 $\Gamma(Z \to \nu_l \, \bar{\nu}_l) = 0.166\,\text{GeV}$。如果把上述数据代入(12.65)式,我们就得到 $N(\upsilon) = 2.984\,0 \pm 0.008\,2$,这很清楚地说明,共有不多不少三种中微子。由于标准模型只有当费米子属于完整代时才自洽,所以这个结果恰好证明了总共存在三代基本费米子。

12.9 中微子振荡

由于恒星的内核进行聚变反应,发射出巨量的中微子。1960 年代末期,雷·戴维斯设计并建造了一台中微子探测器,建于南达科他州霍默斯塔克金矿地下 1.5 km 处,用于研究太阳发射的中微子。平均每天有 0.48 个太阳中微子被探测到,而戴维斯的合作者约翰·巴考尔通过计算太阳中微子通量,预测探测率应该有每天 1.5 个。这个差异起初被大部分物理学家忽视了,因为这个探测器不够精密,而且中微子通量的计算又依赖于难以验证的复杂恒星模型。在戴维斯开创性的实验几年后发现,这个差异是真实存在的,而且可以由中微子一个相当出人意料的特性来解释。

在最近几十年,恒星理论得到了新学科日震学的支持。太阳靠近表面层的湍流生成

压力波，导致了太阳光谱吸收线的多普勒频移。这些波自 2000 年起一直持续为 SOHO（太阳和日光层天文台）空间探测器所监控，这个探测器位于地球-太阳的 L_1 拉格朗日点。正如地震产生的地震波可以用来探测地球内部结构，太阳的压力波也是了解太阳结构的重要信息源。这也是为什么他们的研究叫做日震学的缘故。他们的分析使得天体物理学家们可以精确地确定太阳的关键特性，例如其密度分布曲线、核心温度及核心构成等。这些测量给出恒星模型的关键证明，我们将在第 13 章讨论。确实如此，这些观测在约 99.5% 的精确性上确认了巴考尔的标准太阳模型，这就没有留下余地可以改进对太阳内聚变反应的描述，用来解释中微子的亏损。

在太阳物理学发展的同时，世界上建造的中微子探测器也有了重大进步。最大的探测器是日本的超级神冈探测器，它包括 50 000 t 超纯水，围绕在超纯水之外的是光电倍增管，可以探测到单个光子。中微子会偶然散射水中的一个电子。这一下急冲会使电子以相对论性速度运动，方向与中微子入射方向紧密相关。随着电子快速穿过水，它会发射出切伦科夫辐射[①]，被光电倍增管探测到，这就使得探测器可以确定中微子来自的方向。超级神冈探测器确认，霍默斯塔克实验探测到的中微子确实来自太阳。同样，人们也可以分析宇宙射线在大气层内相互作用而产生的中微子，可以将来自探测器上方的中微子探测数，与在地球另一面大气层内产生后，再穿过地球而来的中微子探测数作对比。

另一个精密的中微子设施是加拿大安大略省的萨德伯里中微子天文台（SNO）。这个探测器由 1 000 t 重水构成，可以以 3 种方式探测中微子。第一种是通过带电流的通道，电中微子与氘核交换一个虚 W 玻色子，发生如下相互作用，从而可以确定其通量 $\Phi(v_e)$：

$$v_e + {}^2H(p, n) \rightarrow p + p + e^-. \tag{12.66}$$

第二种是通过中性流的通道，氘核由于与中微子交换虚 Z 玻色子而分解：

$$v + {}^2H(p, n) \rightarrow p + n + v. \tag{12.67}$$

这个相互作用对于所有三种中微子都适用，因此确定了中微子的总通量 $\Phi(v_e) + \Phi(v_\mu) + \Phi(v_\tau)$。此外所有三种中微子还可能与电子发生弹性散射。这被称为弹性散射通道：

$$v + e^- \rightarrow v + e^-. \tag{12.68}$$

电中微子可能会因交换 W 玻色子或 Z 玻色子而把电子散射开，如图 12.22 所示，而 μ 中微子和 τ 中微子只能通过交换 Z 玻色子而散射，因此电中微子的散射率不同。通过这一通道确定的总的通量计算为 $\Phi(v_e) + 0.15(\Phi(v_\mu) + \Phi(v_\tau))$。SNO 的结果给出如下的中微子通量，单位为 $10^{-8}\ \mathrm{cm}^{-2}\mathrm{s}^{-1}$：

$$\begin{aligned} \Phi(v_e) &= 1.76 \pm 0.01, \\ \Phi(v_e) + \Phi(v_\mu) + \Phi(v_\tau) &= 5.09 \pm 0.63, \end{aligned} \tag{12.69}$$

---

① 一个带电粒子以大于介质光速的速度穿过介质，会发出一个切伦科夫辐射锥。这是一个冲击波，类似于物体超音速运动时产生的声震。

因此总的中微子通量约为电中微子通量的三倍。此外,在同一单位下,巴考尔的标准太阳模型预测,太阳的核心有足够的能量($>2\,\mathrm{MeV}$)来分解氘核,产生的电中微子通量为

$$\varPhi_{\mathrm{BSSM}}(\upsilon_{\mathrm{e}})=5.05\pm1.01.\tag{12.70}$$

这就确认了霍默斯塔克中微子探测器最初的结果,同时还强有力地表明,那些来自于太阳内的中微子,初始时都是电中微子[①],然后在到达地球的探测器时已通过某种方式转变为 μ 中微子和 τ 中微子。这一观点被其他众多中微子实验论证得更为充分,其中包括对核电站产生的中微子,宇宙射线撞到地球大气层产生的中微子的研究,还有粒子加速器产生的中微子束的实验。

如果三种中微子都有非常小但各不相同的质量,而且弱本征态与质量本征态不一致,那么中微子种类之间的转化就可以理解,就如同我们在考虑夸克时那样。如果是通过带电流通道探测到中微子,并且产生了一个电子,我们就可以确定,进入我们探测器的是电中微子。类似地,当一个原子核发生倒逆 β 衰变,我们知道随着正电子一起发射的中微子是一个电中微子。由定义,与 W 玻色子耦合产生一个电子的中微子是一个电中微子,对于 μ 中微子和 τ 中微子也是类似的。这几种中微子 υ_{e}, υ_{μ}, υ_{τ},称为弱本征态。我们可以在中微子发生相互作用时确定其种类,但我们无法确定其质量本征态,所以我们并没有理由认为弱本征态与质量本征态一致。根据量子力学,我们仅能假设,当产生一个电中微子时,它处于三个质量本征态的叠加态。我们可以把这表示为

$$\varPsi(\upsilon_{\mathrm{e}})=U_{\mathrm{e}1}\varPsi(\upsilon_{1})+U_{\mathrm{e}2}\varPsi(\upsilon_{2})+U_{\mathrm{e}3}\varPsi(\upsilon_{3}),\tag{12.71}$$

其中 υ_{1}, υ_{2}, υ_{3} 为三个质量本征态,而 $U_{\mathrm{e}1}$, $U_{\mathrm{e}2}$, $U_{\mathrm{e}3}$ 则是一个类似于 CKM 矩阵的 3×3 矩阵的矩阵元。更一般的,

$$\begin{pmatrix}\varPsi(\upsilon_{\mathrm{e}})\\\varPsi(\upsilon_{\mu})\\\varPsi(\upsilon_{\tau})\end{pmatrix}=\begin{pmatrix}U_{\mathrm{e}1}&U_{\mathrm{e}2}&U_{\mathrm{e}3}\\U_{\mu1}&U_{\mu2}&U_{\mu3}\\U_{\tau1}&U_{\tau2}&U_{\tau3}\end{pmatrix}\begin{pmatrix}\varPsi(\upsilon_{1})\\\varPsi(\upsilon_{2})\\\varPsi(\upsilon_{3})\end{pmatrix}.\tag{12.72}$$

为了简单起见,我们仅考虑两代的模型。我们可以把质量本征态的混合用一个角度 θ 来参数化,于是有

$$\begin{pmatrix}\varPsi(\upsilon_{\mathrm{e}})\\\varPsi(\upsilon_{\mu})\end{pmatrix}=\begin{pmatrix}\cos\theta&\sin\theta\\-\sin\theta&\cos\theta\end{pmatrix}\begin{pmatrix}\varPsi(\upsilon_{1})\\\varPsi(\upsilon_{2})\end{pmatrix}.\tag{12.73}$$

在 $t=0$ 时刻产生的一个电中微子,其量子态可以用如下波函数表示:

$$\varPsi(0)=\varPsi(\upsilon_{\mathrm{e}})=\cos\theta\varPsi(\upsilon_{1})+\sin\theta\varPsi(\upsilon_{2}).\tag{12.74}$$

中微子波函数的演化,由含时的自由薛定谔方程描述。在 t 时刻,距离源 z 处,波函数为

$$\varPsi(z\,,\,t)=\cos\theta\varPsi(\upsilon_{1})\mathrm{e}^{\mathrm{i}\phi_{1}}+\sin\theta\varPsi(\upsilon_{2})\mathrm{e}^{\mathrm{i}\phi_{2}},\tag{12.75}$$

---

① μ 中微子只会在涉及 μ 子的过程中产生,而太阳内核的温度远低于产生 μ 子的温度。

其中 $\phi_i = \dfrac{1}{\hbar}(p_i z - E_i t)$ 而 $E_i^2 - p_i^2 = m_i^2$。在这里出现了质量，这也是为什么 $\Psi(\upsilon_i)$ 称为质量本征态的理由。如果质量 m_1 和 m_2 是两个不同的本征态，那么中微子波函数两部分的相对相位就会改变。利用混合矩阵的逆矩阵，可以将质量本征态分解为弱本征态，

$$\Psi(\upsilon_1) = \cos\theta\, \Psi(\upsilon_e) - \sin\theta\, \Psi(\upsilon_\mu)$$
$$\Psi(\upsilon_2) = \sin\theta\, \Psi(\upsilon_e) + \cos\theta\, \Psi(\upsilon_\mu),$$

(12.76)

把这些表达式代入到 $\Psi(z, t)$ 中，我们就得到

$$
\begin{aligned}
\Psi(z, t) &= \cos\theta(\cos\theta\,\Psi(\upsilon_e) - \sin\theta\,\Psi(\upsilon_\mu))e^{i\phi_1} + \\
&\quad \sin\theta(\sin\theta\,\Psi(\upsilon_e) + \cos\theta\,\Psi(\upsilon_\mu))e^{i\phi_2} \\
&= (e^{i\phi_1}\cos^2\theta + e^{i\phi_2}\sin^2\theta)\Psi(\upsilon_e) - (e^{i\phi_1} - e^{i\phi_2})\sin\theta\cos\theta\,\Psi(\upsilon_\mu) \\
&= e^{i\phi_1}\{(\cos^2\theta + e^{i\Delta\phi}\sin^2\theta)\Psi(\upsilon_e) - (1 - e^{i\Delta\phi})\sin\theta\cos\theta\,\Psi(\upsilon_\mu)\} \\
&= c_e\Psi(\upsilon_e) + c_\mu\Psi(\upsilon_\mu),
\end{aligned}
$$

(12.77)

其中的系数为 $c_e = e^{i\phi_1}(\cos^2\theta + e^{i\Delta\phi}\sin^2\theta)$ 以及 $c_\mu = -e^{i\phi_1}(1 - e^{i\Delta\phi})\sin\theta\cos\theta$，另外我们还定义了两个质量本征态之间的相差为 $\Delta\phi = \phi_2 - \phi_1 = \dfrac{1}{\hbar}((p_2 - p_1)z - (E_2 - E_1)t)$。

如果 $\Delta\phi = 0$，那么 $|c_e| = 1$ 而 $c_\mu = 0$，此时电中微子仍然是电中微子。然而，倘若 $\Delta\phi \neq 0$，那么 $c_\mu \neq 0$，在初始为电中微子的粒子束中探测到 μ 中微子的概率为

$$
\begin{aligned}
P_\mu &= |c_\mu|^2 \\
&= (1 - e^{i\Delta\phi})(1 - e^{-i\Delta\phi})\sin^2\theta\cos^2\theta \\
&= (2 - 2\cos\Delta\phi)\sin^2\theta\cos^2\theta \\
&= \sin^2\left(\frac{\Delta\phi}{2}\right)\sin^2(2\theta).
\end{aligned}
$$

(12.78)

$\Delta\phi$ 是时间和位置的函数，所以这个概率会振荡。$\sin^2(2\theta)$ 这个因子给出了混合的强度。通过在距离中微子源不同位置出测量 P_μ，可以分离 $\Delta\phi$ 和 θ 的效应（见图 12.27）。最大混合要求 $\sin^2(2\theta) = 1$，此时一束电中微子会周期性地完全转化为 μ 中微子然后又变回来。（对于电中微子和 μ 中微子，观测到的 θ 接近于满足这一点。）

三代中微子的混合矩阵称为庞蒂科夫-牧-中川-坂田（PMNS）矩阵，以布鲁诺·庞蒂科夫，牧二郎，中川昌美和坂田昌一的名字命名。跟夸克的 CKM 矩阵一样，这个矩阵可以简化为三个独立的角度和一个相位 δ。目前混合角的最佳值为

$$\sin^2(2\theta_{12}) = 0.87 \pm 0.04, \ \sin^2(2\theta_{23}) > 0.92, \ \sin^2(2\theta_{13}) \approx 0.10 \pm 0.01,$$

(12.79)

其中下标表示所涉及的代。相位 δ 的大小目前还不知道。如果它是非零的，那么中微子振荡会破坏 CP 守恒。

相比于夸克和带电轻子，中微子的质量很微小。它们可以在涉及未观测到的中微子的过程中，分别独立地通过观测到的粒子的动量和能量来确定。迄今为止，并未精确知

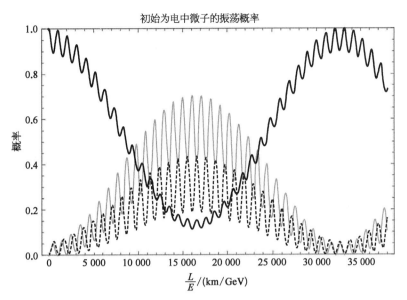

图 12.27 从一束能量为 E(单位为 GeV)的电中微子开始,黑线表示一个中微子在距离 L km 处被探测为电中微子的概率。灰线和虚线分别表示被探测为 μ 中微子和 τ 中微子的概率

道它们的质量,但肯定小于 $1\,\mathrm{eV}$。(作为对比,电子的质量为 $511\,\mathrm{keV}$。)不过,中微子质量的差异已经在中微子振荡实验中确定,准确度在误差 5% 之内。结果为

$$\Delta m_{21}^2 = m_2^2 - m_1^2 \approx (7.6 \pm 0.2) \times 10^{-5}\,\mathrm{eV}^2,$$
$$|\Delta m_{32}^2| = |m_3^2 - m_2^2| \approx (2.3 \pm 0.1) \times 10^{-3}\,\mathrm{eV}^2,$$

$$(12.80)$$

所以 $|\Delta m_{31}^2| \approx |\Delta m_{32}^2|$。

这些结果是如下确定的。对于一个确定能量远大于质量的中微子,$E_1 = E_2 = E_\upsilon$ 且 $p_i = (E_i^2 - m_i^2)^{\frac{1}{2}} \approx E_\upsilon - \dfrac{m_i^2}{2E_\upsilon}$。$p_2 - p_1$ 的差于是就正比于 $\Delta m^2 = m_2^2 - m_1^2$,而对于每一种中微子振荡,相位差随着距离 z 的变化为 $\Delta\phi = \dfrac{1}{\hbar}((p_2 - p_1)z - (E_2 - E_1)t) \approx -\dfrac{(\Delta m^2)z}{2E_\upsilon\hbar}$。对于能量为 $E_\upsilon = 1\,\mathrm{GeV}$ 的一束中微子,我们得到

$$\frac{|\Delta\phi|}{2} = \frac{(\Delta m^2)z}{4 \times 10^9 \times 1.97 \times 10^{-7}}\,\mathrm{eV}^{-2}\mathrm{m}^{-1} = 1.27 \times 10^{-3}(\Delta m^2)z\,\mathrm{eV}^{-2}\mathrm{m}^{-1},$$

$$(12.81)$$

其中我们利用了因子 $\hbar = 1.97 \times 10^{-7}\,\mathrm{eV}\,\mathrm{m}$。在中微子振荡的相邻两个峰,$\sin^2\left(\dfrac{\Delta\phi}{2}\right)$ 函数的宗量变化了 π。令 $\dfrac{|\Delta\phi|}{2} = \pi$,并用 $\Delta m_{21}^2 = 7.6 \times 10^{-5}\,\mathrm{eV}^2$ 代入到(12.81)式,就得

到了对于电-μ中微子振荡，波长为 $z = \dfrac{\pi}{1.27 \times 7.6} \times 10^8$ m $\approx 33\,000$ km，这与图 12.27 所示的观测到的振荡相符。$\Delta m_{32}^2 = 2.3 \times 10^{-3}$ eV^2 给出 μ-τ 中微子振荡的波长为 $z = \dfrac{\pi}{1.27 \times 2.3} \times 10^6$ m $\approx 1\,100$ km。

当前，有大量实验上的工作正在进行，为了将这些波长测量得更为准确。其中包括一些长基线的测量，这些测量中，中微子在某个实验室（日本质子加速器，欧洲核子中心，费米实验室）中产生，在数百公里外的另一个实验室（超级神冈探测器，大岩实验室（意大利），苏旦矿井实验室（美国））被探测到。接收中微子的实验室都是建造在地下，以限制来自于宇宙射线的除了中微子外的粒子背景。

12.10 拓展阅读材料

关于量子理论的费曼方法，尤其是光子与物质的相互作用的概述见

R. P. Feynman. *QED: The Strange Theory of Matter and Light*. London：Penguin，1985.

关于粒子物理史的介绍，尤其是夸克、电弱理论以及希格斯机制，见

N. J. Mee. *Higgs Force: Cosmic Symmetry Shattered*. London：Quantum Wave，2012.

A. Watson. *The Quantum Quark*. Cambridge：CUP，2004.

涵盖粒子物理及量子场论详尽的综述，见

M. Thomson. *Modern Particle Physics*. Cambridge：CUP，2013.

M. D. Schwartz. *Quantum Field Theory and the Standard Model*. Cambridge：CUP，2014.

A. Zee. *Quantum Field Theory in a Nutshell*. Princeton：PUP，2003.

关于中微子物理的近期研究，见

K. Zuber. *Neutrino Physics* (2nd ed.). Boca Raton FL：CRC Press，2012.

S. Boyd. *Neutrino Physics Lecture Notes — Neutrino Oscillations: Theory and Experiment*. Warwick University，2015.

第 13 章　恒　　星

我们所在的星系中有数千亿颗恒星,而宇宙中也许有万亿个星系。恒星间相距极为遥远,但它们对于我们存在的重要性怎么说都不为过。构成我们的原子是在前几代的恒星中合成的,我们依赖于离我们最近的恒星——太阳来获得生命的要素:暖和、光亮和食物。在这一章中,我们来摘星揽"日"。

13.1　太　　阳

天文学家在 18 世纪第一次确定了太阳系的尺寸。在埃德蒙·哈雷的建议下,对 1761 年金星凌日的观测在多个相距甚远的地方进行,这样就可以测量由于视差导致的金星视觉位置的改变。结合一些简单的几何学,就得到了地球到太阳的距离为

$$d_\odot = 1.50 \times 10^{11} \text{ m}. \tag{13.1}$$

通过观测到的太阳盘面大小,太阳的半径就可以轻易计算出来。其现代值为

$$R_\odot = 6.96 \times 10^8 \text{ m}. \tag{13.2}$$

有了 $d_\odot$,加上通过卡文迪什实验测得的牛顿常数 G,就可以把开普勒第三定律 (2.100) 应用到地球轨道上,从而确定太阳的质量。把 T 取为地球年,可以得到

$$M_\odot = 1.99 \times 10^{30} \text{ kg}. \tag{13.3}$$

太阳的平均密度惊人地低。通过上述数据,可以计算得到

$$\bar{\rho}_\odot = \frac{3M_\odot}{4\pi R_\odot^3} = 1.41 \times 10^3 \text{ kg m}^{-3}, \tag{13.4}$$

这只是水密度的 1.4 倍,不过在太阳中心处密度要高得多。

相比于其他恒星,太阳离我们要近得多,我们对它的了解也要多得多,因此太阳是对恒星建模的一个很好的出发点。太阳看起来相当典型,其质量大约在恒星质量可能范围的中间,不过约有 85% 的恒星质量比太阳要小。太阳质量 $M_\odot$ 是把其他恒星排列分类的标准。

在一个很好的近似下可以把太阳视为球形。它泰然地慢慢自转,要近一个月才转上一圈。太阳由一团翻腾的等离子体组成。但这些物质的脉动必然都是相当徐缓的,否则太阳的亮度就会发生变化。

太阳受到共振振荡的影响,这种振荡可由其在谱线中产生的多普勒频移来检测。尽

管这种振荡并不影响我们将要讨论的恒星模型，但它为天文学家提供了窥视太阳内部的一个窗口。对这些波的分析，使得天文学家可以测量太阳内部的密度、温度和压强分布，并验证了远早于这些信息所建立的恒星模型的有效性。

13.2　赫　罗　图

离我们较近的恒星，其在天空中的位置会因地球绕太阳运动而有微小的变化，通过测量这种变化可以确定它们离我们的距离，如图 13.1 所示。在 1989 年到 1993 年间，欧洲航天局的卫星依巴谷（Hipparcos）确定了近 120 000 颗邻近恒星的距离。这些精确的天体测量构成了距离天梯的第一级台阶，利用这台天梯，天文学家最终可导出最遥远的星系与我们之间的距离。由于提供了大量的已知距离的恒星类型样本，而这些恒星的本征光度又是可以确定的，依巴谷的测量因此也巩固了我们对恒星天体物理的认知。图 13.2 展示了一系列依巴谷所测得的恒星位置。

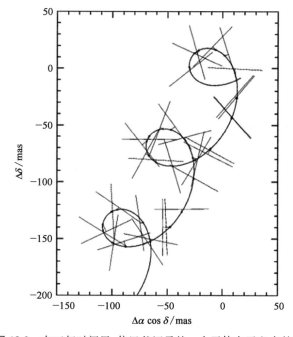

图 13.1　对于邻近的恒星，可以通过测量它们因地球绕太阳运动而产生的微小位置变化，来确定它们离开我们的距离

图 13.2　在三年时间里，依巴谷记录的一个天体在天空中的轨迹。每条直线表示恒星在特定时期被观测到的位置。曲线为所有测量拟合的恒星轨迹。在各时期推断的位置由点表示。来回往复运动的幅度给出了恒星的视差，而运动的线性分量则给出恒星的自行运动。图中 δ 和 α 是天球坐标，单位为毫角秒（mas）

恒星的观测光度或者视光度，是指在地球表面垂直于视线方向，单位面积的光能接收率。辐射强度随距离平方反比下降，所以一旦知道与恒星的距离 d，我们就可以通过观测光度 I，利用如下公式来计算它的本征光度或者绝对光度 L：

$$I = \frac{L}{4\pi d^2}. \tag{13.5}$$

恒星的另一个基本特征是它的表面温度 T_{surf}，这可以由黑体辐射的维恩定律(10.109)式，$\hbar\omega_{peak} = 2.821\,4T_{surf}$ 得到。利用该式可得

$$T_{surf} = \frac{2.898 \times 10^6}{\lambda_{peak}}, \tag{13.6}$$

其中 T_{surf} 单位为开尔文(K)，而 λ_{peak} 为发射辐射的强度峰值所对应的波长，单位为纳米(nm)。例如，太阳辐射的峰值在光谱的绿色部分，波长约为 500 nm。这对应于表面温度 $T_{\odot\,surf} = 5\,800$ K。夜空中许多恒星的辐射峰值其波长都在红和蓝之间，因此太阳相当有代表性。

恒星的这两个特征，L 和 T_{surf}，是得到许多其他性质的关键。自 1910 年左右起，它们被画到一种被称为赫茨普龙-罗素(赫罗)图的图形上，以埃纳·赫茨普龙和亨利·诺里斯·罗素的名字命名，如图 13.3 所示。纵轴是本征光度 L 的对数坐标，横轴是表面温度 T_{surf} 的对数坐标。赫罗图有点古怪，图中约定温度沿着水平轴往左递增。天体物理学家的一项任务就是要解释赫罗图中所展现出来的规律。

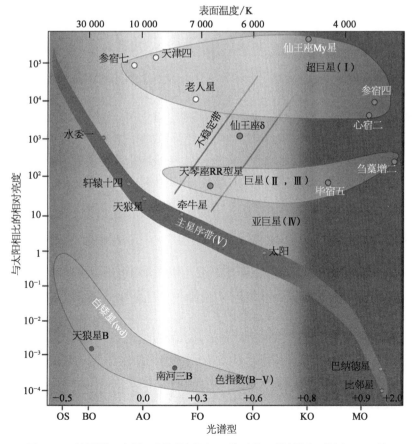

图 13.3 赫罗图。它是一幅恒星亮度 L 的对数，对恒星表面温度 T_{surf} 的对数的图，表面温度由恒星辐射峰值的波长导出

在赫罗图上，恒星并非均匀地分布在所有区域上。大部分恒星都位于图上从右下到左上的一条对角带上。右下是冷暗的恒星，而左上的恒星则热而明亮。这条带称为**主序带**。太阳就在主序带上，大部分邻近的恒星，如天狼星和织女星，也都在主序带上。我们能在主序带上找到这么多恒星的原因是，恒星会在这里度过其大半生。

赫罗图上也有一些位于主序带以外的恒星。在右上角有一些非常明亮，但相对低温的恒星。这些恒星膨胀至尺寸巨大，这让它们特别明亮，但它们的外层是冷的。它们被称为**红巨星**。在它们之上还有更大更亮的**超巨星**。巨星和超巨星很稀少，但因为它们如此明亮，在我们的夜空中很显眼。像毕宿五、心宿二和参宿四这些恒星就位于赫罗图的这一区域。超巨星的巨大尺寸早在 1920 年就由艾伯特·迈克尔逊和弗朗西斯·皮丝确认，他们在加利福尼亚的威尔逊山天文台建造了一台干涉仪，测定了参宿四的直径。近年的测量显示，它的直径约为太阳的 1 000 倍，但这并不精确，因为参宿四的大小和形状是变化的，没有确定的边界。

靠近赫罗图左下角的地方有一群炽热但非常暗的恒星。这些是**白矮星**。白矮星是耗尽了核燃料的、高度压缩的恒星内核。它不能产生能量，所以随着热量被辐射到太空中，它慢慢地冷却了。白矮星无法用肉眼看到。离我们最近的一颗是天狼星 B，它是天狼星双星的伴星，其轨道我们在 2.10.1 中讨论过。

13.3　恒星的诞生

恒星由气体云的引力坍缩形成，主要成分是氢和氦。随着云的坍缩，引力能量得以释放，云的温度于是升高，直到热压力能够抵抗进一步坍缩。部分释放的引力能量肯定被辐射到了太空中，才会发生持续坍缩。但这种所谓的原恒星是不透明的，所以辐射要花相当一段时间才能扩散到其表面。结果就是这一坍缩阶段要持续一千万年甚至更久。最终，原恒星的中心区域达到足以触发核聚变反应的高温，而产生的热压力阻止了进一步坍缩。原恒星于是就变成了主序星，这一阶段要持续数十亿年。

13.3.1　星体的组成

在 1920 年代，恒星的化学成分由塞西莉亚·佩恩最先确定。她借助于光谱学，发现恒星几乎完全由氢和氦组成，这在当时完全出乎人们的意料。我们现在知道恒星由气体云凝聚而成，其中氢（^{1}H）约占四分之三的质量，氦（^{4}He）约占剩下的四分之一。几乎所有的这些氦都产生于大爆炸随后的原初核合成。原初物质的密度不足以发生聚变反应来产生更重的元素，只能产生诸如氘（^{2}H）、氦-3（^{3}He）和锂-7（^{7}Li）这样一些少量的轻同位素。除了大爆炸后很快产生的第一代恒星，在所有其他恒星中，还混合了一些在前几代恒星中合成的较重的元素。这在构成太阳的物质中占 1.69％ 的质量，比例很小但很重要。

恒星或原恒星内的温度远高于氢原子能存在的温度，所以恒星由分离的电子、质子和氦核，外加小部分的重离子组成。像这样高温离子化的物质称为**等离子体**。这可以视为是由电子和离子组成的理想气体。因此可以用理想气体定律(10.65)式作为合适的状态方程。电子和离子都对气体压强 P 有贡献,而对不发生反应的气体来说,分压是可加的[①],所以有

$$P = \frac{(N_e + \sum_i N_i)}{V} T = (n_e + \sum_i n_i) T \tag{13.7}$$

其中 N_e 和 N_i 分别为体积 V 内的电子数和各种离子数,而 $n_e = \dfrac{N_e}{V}$ 和 $n_i = \dfrac{N_i}{V}$ 则分别为电子和离子的数密度。用质量密度 $\rho = n_e m_e + \sum_i n_i m_i$ 来表示压强 P 更为方便。电子质量 m_e 相比于离子质量 m_i 而言可以忽略,所以在相当好的近似下有 $\rho = \sum_i n_i m_i$。因此

$$P = \frac{n_e + \sum_i n_i}{\sum_i n_i m_i} (\sum_i n_i m_i) T = \frac{1}{\mu m_p} \rho T, \tag{13.8}$$

其中

$$\mu m_p = \frac{\sum_i n_i m_i}{n_e + \sum_i n_i} \tag{13.9}$$

为等离子体中粒子的平均原子质量,写为质子质量的倍数形式。

显然,μ 依赖于等离子体的组分。如果等离子体由氢构成,那么它含有相同数量的质子和电子,所以 $\mu = \dfrac{1}{2}$。而如果等离子体全是 ^4He,那么每有一个原子核就有两个电子,而每个原子核的质量可以很好地近似为 $4m_p$,所以 $\mu = \dfrac{4}{3}$。因此,随着恒星内核中的氢转化为氦,μ 逐渐增加。太阳在形成时,其质量约有四分之三是氢离子,四分之一是氦离子,每个氢离子有一个电子而每个氦离子有两个。质量为 $\dfrac{3}{4}$ 比 $\dfrac{1}{4}$,对应的数量为 $\dfrac{3}{4}$ 比 $\dfrac{1}{16}$,所以在形成的最早时期

$$\mu_{\text{原初}} \approx \frac{\left(\dfrac{3}{4} \times 1 + \dfrac{1}{16} \times 4\right)}{\left(\dfrac{3}{4} + 2 \times \dfrac{1}{16} + \dfrac{3}{4} + \dfrac{1}{16}\right)} = \frac{16}{27} \approx 0.59, \tag{13.10}$$

据估计,对于现在太阳核心的组分,$\mu_\odot \approx 0.62$。

---

① 这被称为道尔顿分压定律。

13.3.2　位力定理

我们来建立一个典型恒星的模型,把它看作为组分均一且处于热平衡的理想的气体球。恒星演化缓慢,可以视为是准静态的。这是合理的,因为我们知道太阳已经非常平稳地度过了数十亿年了。在这巨大的时间跨度中,即使是相对较小的亮度变化,都能灭绝地球上的生命。因此我们假设恒星并不闪烁,同时也忽略其转动。

设恒星模型的总质量为 M,半径为 R。 这些质量并不是均匀分布在整个恒星中的,而是向其中心聚集的。定义一个径向的质量函数 $m(r)$,表示离中心的距离 r 以内的质量。$m(r)$ 就在范围 $0 \leqslant m(r) \leqslant M$ 之中,而且 $m(0)=0$, $m(R)=M$。$m(r)$ 与密度 $\rho(r)$ 的关系为

$$\frac{\mathrm{d}m}{\mathrm{d}r} = 4\pi r^2 \rho. \tag{13.11}$$

球对称的假设意味着压强 $P(r)$,温度 $T(r)$,向外的能流 $F(r)$,都不依赖于角度。在表面处向外的能流,$F(R)$,即为光度 L。（在下文中,为了简便起见,我们大多省略了对 r 的显式依赖。）

气体云遍布星系,而这正是新恒星形成的摇篮。两朵气体云的碰撞,或者超新星爆炸的冲击波,都可能引起大片区域的气体在引力下坍缩。随着气体的收缩,释放的引力能量加热了气体,温度升高,散发到太空中的热辐射增加。

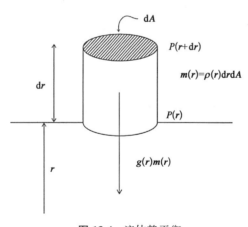

图 13.4　流体静平衡

恒星的引力能量和热能,或者内能之间有一个非常简单的关系,称为位力定理。在一个稳定的恒星中,在引力下坍缩的趋势由等离子体内部运行的热压力抵消。考虑一个小体积 $\mathrm{d}V = \mathrm{d}r\mathrm{d}A$ 内的等离子体,位于恒星内的 r 和 $r+\mathrm{d}r$ 之间,其质量为 $\rho(r)\mathrm{d}r\mathrm{d}A$,如图 13.4 所示。该质量因受到引力的向下的力为 $g(r)\rho(r)\mathrm{d}r\mathrm{d}A$,其中 $g(r) = \dfrac{Gm(r)}{r^2}$。

由于热等离子体的热压力而受到向上的力为 $-\dfrac{\mathrm{d}P}{\mathrm{d}r}\mathrm{d}r\mathrm{d}A$,其中 $-\dfrac{\mathrm{d}P}{\mathrm{d}r}\mathrm{d}r$ 为上下表面所受到的压强差。令这两个力相等我们得到流体静平衡等式:

$$\frac{\mathrm{d}P}{\mathrm{d}r} = -\frac{Gm\rho}{r^2}, \tag{13.12}$$

可以假设该等式在整个恒星内成立。

恒星在半径 r 内的体积为 $V(r) = \dfrac{4\pi}{3}r^3$。 在(13.12)式左边乘以 $V(r)\mathrm{d}r$,而右边乘

以 $\dfrac{4\pi}{3}r^3\,\mathrm{d}r$，得到

$$V\mathrm{d}P = -\frac{4\pi G}{3}m\rho r\,\mathrm{d}r. \tag{13.13}$$

在球壳里的质量为 $\mathrm{d}m = 4\pi r^2 \rho\,\mathrm{d}r$，所以用 $\mathrm{d}m$ 替代 $\mathrm{d}r$，有

$$3V\mathrm{d}P = -\frac{Gm}{r}\mathrm{d}m. \tag{13.14}$$

从恒星的中心到表面积分(13.14)式，我们有

$$3\int_{P_{\mathrm{cen}}}^{P_{\mathrm{surf}}}V\mathrm{d}P = -\int_0^M \frac{Gm}{r}\mathrm{d}m, \tag{13.15}$$

其中 P_{cen} 和 P_{surf} 分别为恒星中心处和表面处的压强。对左边分部积分，可得

$$\begin{aligned}
\int_{P_{\mathrm{cen}}}^{P_{\mathrm{surf}}}V\mathrm{d}P &= \big[PV\big]_{\mathrm{cen}}^{\mathrm{surf}} - \int_0^{V_{\mathrm{surf}}}P\mathrm{d}V \\
&= -\int_0^{V_{\mathrm{surf}}}P\mathrm{d}V, \\
&= -\int_0^M \frac{P}{\rho}\mathrm{d}m,
\end{aligned} \tag{13.16}$$

其中我们利用了两个简单结果，在恒星中心处体积为零，在表面处压强为零，另外在最后一步利用了 $\mathrm{d}V = \dfrac{1}{\rho}\mathrm{d}m$。把这个结果代入(13.15)式，我们就得到了位力定理：

$$3\int_0^M \frac{P}{\rho}\mathrm{d}m - \int_0^M \frac{Gm}{r}\mathrm{d}m = 0. \tag{13.17}$$

由于 $-\dfrac{Gm}{r}$ 是在半径 r 处的引力势，所以第二项就是恒星总的引力势能 Ω。这是一个负的量。$|\Omega|$ 就是由于引力束缚住恒星质量而释放出来的能量值。（也可以说，这是把恒星中每一个粒子移出它们引力互相吸引的范围所需的能量值。）

如果我们假设理想气体定律适用于恒星内部，那么根据(10.54)式，单位体积内等离子体粒子总的热能为 $\dfrac{3}{2}(n_e + \sum_i n_i)T$。单位体积的质量为 $\sum_i n_i m_i$，因此单位质量的热能为

$$u = \frac{3}{2}\frac{n_e + \sum_i n_i}{\sum_i n_i m_i}T, \tag{13.18}$$

其中 n_e 和 n_i 分别为电子和离子的数密度。由(13.8)和(13.9)式给出的理想气体定律形

式为

$$\frac{P}{\rho} = \frac{n_e + \sum_i n_i}{\sum_i n_i m_i} T,$$ (13.19)

所以

$$\frac{P}{\rho} = \frac{2}{3} u,$$ (13.20)

这一简单关系在整个恒星内成立。从恒星中心到表面积分(13.20)式，我们得到

$$3 \int_0^M \frac{P}{\rho} dm = 2 \int_0^M u \, dm = 2U,$$ (13.21)

这里 U 是整个恒星的热能。位力定理(13.17)式现在就约化为

$$2U + \Omega = 0, \quad \text{或} \quad U = \frac{1}{2} |\Omega|.$$ (13.22)

上式将恒星的热能和引力能联系了起来。

我们通过假设理想气体定律成立，得到了这个结果。如果等离子体的粒子相比于粒子空间间隔是很小的，而粒子又可以视为是自由的话，粒子的能量就只有动能，而没有粒子间相互作用的电磁势能，在这种情况下，理想气体的假设是一个很好的近似。在等离子体内，最大的粒子是原子核，其尺寸远小于原子，因此除非压强达到一个非常高的值，不然这些条件都是成立的。在恒星寿命中的绝大部分时间内，我们都可以假设理想气体定律能很好地描述其等离子体。(注意，白矮星的密度非常大，由电子简并压支持，此时电子的费米子性质就起作用了，因此理想气体定律并不成立，以下的讨论也不适用于此。)

在下一节中，我们来看看位力定理在恒星形成中的作用。我们日常熟悉的固态物体，冷却对它的物理结构没有显而易见的影响。但恒星遵循理想气体定律，这就意味着它们性质截然不同。

13.3.3 恒星形成

随着气体云或者原恒星在自身引力下收缩，其引力束缚能 Ω 负得更多，而位力定理意味着原恒星的热能 U 将不可避免地增加。这样，原恒星的温度增加，导致散发的辐射增加。因此原恒星会失去能量，又由于它是理想气体，原恒星内的压强就会下降，导致进一步的收缩、继续释放引力束缚能，再次提升热能。所以原恒星在损失能量的过程中被加热。这是引力系统的一个普遍特征。有时候也用负热容来描述这个过程。

总能量必然是守恒的，所以(13.22)式表示，随着恒星的形成，所释放的引力束缚能中有一半加热了恒星，变成了恒星的热能，而另一半的束缚能辐射到了太空中。事实上，一团气体云除非能以这种方式损失一半的束缚能，否则是不能形成恒星的，与热岩石(或者白矮星)不同，理想气体的辐射和冷却必然伴随着压强的显著下降。幸运的是，对于原恒

星和恒星来说,通过辐射光子来损失能量是相当不容易的,否则它们就会迅速坍缩。这是因为恒星都由带电粒子的等离子体组成,因此它们不是透明的,光子需要经历多得数不清次与电子和离子的相互作用,才会离开恒星。

不透明度是对光子在发生相互作用前可穿越的距离的测量。一个光子的平均自由程为 $\bar{l} = \dfrac{1}{\kappa \rho}$,其中 κ 是单位质量的不透明度。在低温或者极高温时,不透明度都低。在高温时,比如说在恒星核心处,大部分光子都有非常高的能量,不容易被吸收,造成不透明的主要原因是自由电子对光子的散射。太阳的中心密度大约为 10^5 kg m^{-3},单位质量的不透明度为 $0.1 \text{ m}^2\text{kg}^{-1}$,所以一个光子在被电子散射前可以运动的距离为 $\bar{l} = \dfrac{1}{\kappa \rho} \approx 10^{-4} \text{ m}$。 对于给定的等离子体组分,在恒星核心的温度和压强下,不透明度在一阶近似下是常数。随着我们往外移动,温度下降而不透明度增加,而重要的是,不透明度使得等离子体与辐射维持热平衡。在更低的温度下,比如说红巨星的外包层处,原子得以形成,而这就会显著地降低不透明度,因为大部分光子的能量不足以使原子离子化,而能散射光子的离子和自由电子又很少。

正在收缩的原恒星要达到一个稳定的密度并停止收缩,就必须在其内部触发一个能量源。在最早建立恒星模型时,这个能量源一度很神秘。现在我们知道,原恒星会收缩直到其核心达到足以开始核聚变的高温。释放的能量提供了阻止进一步收缩的热压力。原恒星至此变成了一颗恒星。其一半的引力束缚能被释放到了太空中,而另一半成为了恒星的初始热能。只要核燃料还在继续燃烧,恒星就能继续保持稳定,其引力束缚能也保持不变。同样地,恒星的热能和温度分布也保持不变。这意味着,只要流体静平衡仍然得以维持,恒星表面的能量辐射率必然等于恒星核心处的聚变能量产生率。

那么形成一颗恒星要多久呢?时长正是恒星辐射掉一半引力束缚能所要花的时间。这称为恒星的热时间标度,可以估计如下

$$\tau_{\text{th}} \approx \frac{|\Omega|}{2L} \approx \frac{GM^2}{RL}, \tag{13.23}$$

其中 L 为恒星的光度,$\dfrac{GM^2}{R}$ 为对束缚能的估计,精确到只差一个接近于 1 的因子。太阳的光度为 $L_{\odot} = 3.846 \times 10^{26} \text{ W}$。把太阳的质量 $M_{\odot}$ 和半径 $R_{\odot}$ 代入到(13.23)式,就可以得到 $\tau_{\odot\text{th}} \approx 1.6 \times 10^7$ 年。这是气体云收缩,形成太阳质量的恒星所需时间的一个粗略估计。19 世纪的物理学家曾尝试以这种方法来估计太阳的年龄,不过当时错误地认为光度单纯地来自引力收缩所释放的能量。在此基础上,开尔文和亥姆霍兹估计太阳的总寿命不会超过热时间标度很多,但这与地理学家和生物学家导出的地球年龄相矛盾。后来证明是物理学家错了,核聚变能的发现化解了这个矛盾。

热时间标度也代表太阳核心产生的能量扩散到表面所需的时间。在太阳中心产生的一个光子,如果不经任何相互作用,它只需数秒的时间就能离开太阳,但在太阳内,光

子在逃离到太空中之前，一直不停地被电子和等离子体里的其他带电粒子散射、吸收和再发射。

太阳也通过中微子（ν）流损失能量，其光度为

$$L_{\nu\odot} = 0.023 L_{\odot}, \tag{13.24}$$

它们被诸如日本的超级神冈这样的中微子探测器测得。中微子的平均自由程远远大于恒星的半径，所以中微子辐射代表着核心能量的瞬间损失。有中微子射出意味着，聚变反应得到的热能比没有中微子的情况要低，因为中微子的能量并没有被困在恒星内，因此对支撑恒星的热压力没有贡献。要维持流体静平衡，核心处的温度和压强必须比没有中微子的情况高，这就要求核燃料燃烧得更快，释放更多的能量。在太阳里这是一个相对较小的效应，但在超大质量恒星的晚期，由于射出中微子而损失的能量大大增加了燃料消耗的速率，因而大幅缩减了这些阶段。

13.4 星体结构

构建恒星模型是一个复杂的问题，牵涉到热力学、流体力学和核物理。现在已经有一些非常好的计算机模型，能够准确地描述各种各样恒星的结构和演化。基于电脑的计算扮演了非常重要的角色，但有时候并不能揭示多少内在的物理。幸运的是，恒星结构的许多关键信息都可以通过研究简化模型来获得，所以我们在这里讨论它。由此得到的物理认知又可以通过数值计算的精确结果得以具体深化。

我们假设，恒星是静态的，处于热平衡状态，核心处有能源，组分单一但密度并不均匀。就是说我们忽略恒星随时间的任何演化，比如说核燃料的枯竭等。对于新近从气体云聚合、引发了核心处的聚变反应的年轻恒星，这些假设都是恰当的。我们将会看到，这些假设可以作为了解主序上的恒星的出发点。即使对恒星核心处的能源一无所知，也可以推导出许多恒星的信息。事实确实如此，早在理解聚变能量之前，爱丁顿就得到了许多恒星结构的基本信息。

绝大部分恒星都位于赫罗图对角线的主星序上。由于赫罗图画的是 $\log L$ 对 $\log T_{surf}$，这就意味着光度和表面温度有如下形式的关系：

$$L \propto T_{surf}^{a}, \tag{13.25}$$

其中 a 为对角线的斜率。事实上，最亮的恒星其主序斜率要比平均亮度的恒星大。只要假设主序星由其核心处的氢聚变供能就能对此作出解释。基于这个假设，我们就能推导出能够描述主序这两个部分斜率的光度-温度关系。

在半径 r 处，单位质量的能量产生率记为 $q(r)$，可以近似表示为

$$q = q_0 \rho^b T^n, \tag{13.26}$$

其中次幂 b 和 n 与聚变过程有关。大部分聚变反应涉及两个粒子的碰撞。这种反应的发生率正比于密度的平方 ρ^2，所以单位质量的能量产生率 q 就正比于 ρ，所以 $b=1$。对于

三粒子过程,碰撞率正比于 ρ^3,所以 q 正比于 ρ^2 而 $b=2$。 能流满足

$$\frac{\mathrm{d}F}{\mathrm{d}r}=4\pi r^2\rho q. \tag{13.27}$$

在产能的核心内,$q>0$,所以通过某个球壳的能流 F 随着 r 增加而增加。在核心以外,$q=0$,所以 F 为常数。

我们还需要一个等式来确定能量是怎样在恒星内传输的。光子一直不停被等离子体内的电子和粒子散射、吸收和发射,从而使得辐射与等离子体处于热平衡。因此辐射是黑体谱,且是各向同性的,热量稳定地扩散到表面只是因为从恒星的核心到表面有非常平缓的温度梯度。对于太阳,平均梯度只有 $\dfrac{T_{\odot\text{cen}}}{R_\odot}=\dfrac{1.6\times10^7}{7.0\times10^8}\,\mathrm{Km^{-1}}\approx0.023\,\mathrm{Km^{-1}}$。

爱丁顿建立了一个温度梯度与能流之间的关系,想法是考虑位于 r 与 $r+\mathrm{d}r$ 之间的一层物质对动能的吸收率。单位面积的能流为 $\dfrac{F}{4\pi r^2}$,所以单位面积的一层物质吸收的能量为 $\dfrac{F\kappa\rho}{4\pi r^2}\mathrm{d}r$,其中 κ 为单位质量的不透明度。

对于光子,我们有 $p=E$,所以吸收的动量就等于吸收的能量。吸收的动量转化为辐射压梯度,所以

$$\frac{F\kappa\rho}{4\pi r^2}=-\frac{\mathrm{d}P_{\text{rad}}}{\mathrm{d}r}. \tag{13.28}$$

在第 10 章中,我们证明了黑体辐射压由(10.115)式给出

$$P_{\text{rad}}=\frac{4}{3}\sigma T^4, \tag{13.29}$$

其中 $\sigma=\dfrac{\pi^2}{60\,\hbar^3}$ 为斯特藩-玻尔兹曼常数。这意味着:

$$\frac{\mathrm{d}P_{\text{rad}}}{\mathrm{d}r}=\frac{16}{3}\sigma T^3\,\frac{\mathrm{d}T}{\mathrm{d}r}. \tag{13.30}$$

结合(13.28)式和(13.30)式,我们就得到了爱丁顿关系:

$$\frac{\mathrm{d}T}{\mathrm{d}r}=-\frac{3}{64\pi}\,\frac{\kappa\rho}{\sigma T^3 r^2}F. \tag{13.31}$$

光子这样的缓慢扩散,是恒星内能量传输的主要机制。辐射压加上等离子体的不透明度负责维持恒星内的温度梯度。不过支撑恒星抵抗引力坍缩的却不是辐射压强,而是热等离子体的压强,这个压强主要源于电子。尽管如此,恒星的质量越大,辐射压强就越重要。质量比太阳大得多的恒星会缓慢地失去其外包层,这是由于辐射压强会把包层的粒子往外推向太空中。此外,极大质量的恒星会因其产生的高强度辐射而变得不稳定。

辐射压强给出了一个稳定恒星的质量上限，认为大约是 $120M_\odot$。

13.4.1　结构函数

把恒星各变量用径向质量函数 $m(r)$ 来表示，会比用径向位置 r 表示更为方便，这可以利用（13.11）式来进行如下转换：

$$\frac{\mathrm{d}r}{\mathrm{d}m} = \frac{1}{4\pi r^2 \rho}. \tag{13.32}$$

利用此式可以把流体静平衡（13.12）式变为

$$\frac{\mathrm{d}P}{\mathrm{d}m} = \frac{\mathrm{d}P}{\mathrm{d}r}\frac{\mathrm{d}r}{\mathrm{d}m} = -\frac{Gm}{4\pi r^4}. \tag{13.33}$$

类似的，从（13.27）和（13.26）式我们可得

$$\frac{\mathrm{d}F}{\mathrm{d}m} = \frac{\mathrm{d}F}{\mathrm{d}r}\frac{\mathrm{d}r}{\mathrm{d}m} = q_0 \rho^b T^n, \tag{13.34}$$

而由（13.31）式，

$$\frac{\mathrm{d}T}{\mathrm{d}m} = \frac{\mathrm{d}T}{\mathrm{d}r}\frac{\mathrm{d}r}{\mathrm{d}m} = -\frac{3}{16}\frac{\kappa F}{\sigma T^3 (4\pi r^2)^2}. \tag{13.35}$$

再加上理想气体定律（13.8）式，

$$P = \frac{1}{\mu m_p}\rho T, \tag{13.36}$$

我们就有了关于 r，ρ，P，F 和 T 的一组相互耦合的非线性微分方程组（13.32）—（13.36）。

通过对这些方程的量纲分析，我们可以推导出主序星结构的许多信息。定义相对质量：

$$x(r) = \frac{m(r)}{M}, \tag{13.37}$$

这将有利于我们比较不同质量的恒星。然后我们就可以把 $r(m)$，$P(m)$，$\rho(m)$，$T(m)$ 和 $F(m)$ 通过如下方式替换成无量纲的关于 x 的函数：

$$r = f_1(x)R_*, \quad P = f_2(x)P_*, \quad \rho = f_3(x)\rho_*, \quad T = f_4(x)T_*, \quad F = f_5(x)F_*, \tag{13.38}$$

对任意具体给定恒星，R_*，P_*，ρ_*，T_* 和 F_* 都是带量纲的常数。对不同恒星，这些常数不一样，依赖于总质量 M，称为恒星变量。我们会在随后确定这些量与 M 之间的关系。$f_i(x)$ 是无量纲的结构函数，随着 x 从 0 到 1，这些函数体现了那些热力学变量从恒星中心到表面的具体分布。结构函数如图 13.5 所示。那些方程只需要对一个标准恒星

来求解,比如说太阳,同样的结构函数就可以应用到其他满足相同假设的恒星上,只要根据恒星质量调整缩放就行。由这个简单模型所描述的恒星称为同系星。对主序星而言这个模型运作良好。

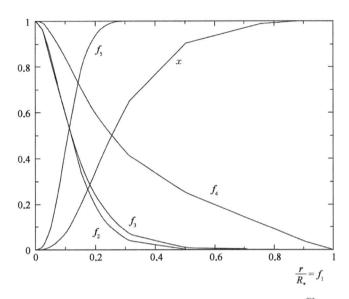

图 13.5 热力学变量从恒心中心到表面的分布。$x = \dfrac{m}{M_*}$,

$f_2 = \dfrac{P}{P_*}$, $f_3 = \dfrac{\rho}{\rho_*}$, $f_4 = \dfrac{T}{T_*}$ 以及 $f_5 = \dfrac{F}{F_*}$,

图中曲线都作为 $f_1 = \dfrac{r}{R_*}$ 的函数

举个例子,在恒星中心处的温度为 $T_{\text{cen}} = f_4(0)T_*$,而表面处的温度为 $T_{\text{surf}} = f_4(1)T_*$。 只要通过观测给出表面温度,我们就可以利用 f_4 算出恒星任意一点处的温度。我们还知道表面温度随恒星质量是怎样变化的,所以通过对一颗主序星表面温度的观测,我们就可以算出它的温度,稍后我们就来看到具体怎么做。

即使没有找到这些结构函数的显式表达式,从这些结构方程中也能提取出大量信息。首先,我们可以把结构方程中的变量分离出来。例如,(13.33)式的等号左边可以写为

$$\frac{\mathrm{d}P}{\mathrm{d}m} = \frac{\mathrm{d}P}{\mathrm{d}x}\frac{\mathrm{d}x}{\mathrm{d}m} = \frac{\mathrm{d}f_2}{\mathrm{d}x}\frac{P_*}{M}, \tag{13.39}$$

其中我们利用了(13.38)式的第二式和(13.37)式。再结合等号右边,代入 $m = Mx$ 和 $r = f_1 R_*$,有

$$\frac{\mathrm{d}f_2}{\mathrm{d}x}\frac{P_*}{M} = -\frac{GMx}{4\pi f_1^4 R_*^4}. \tag{13.40}$$

我们可以把此式分为两部分。第一部分是通用的结构函数之间的关系,

$$\frac{\mathrm{d}f_2}{\mathrm{d}x} = -\frac{x}{4\pi f_1^4}, \tag{13.41}$$

另一部分则把恒星变量联系起来，

$$P_* = \frac{GM^2}{R_*^4}. \tag{13.42}$$

这两个子方程之间的任何比例常数都可以吸收到结构函数里面。

对剩下的结构方程作同样的操作，有

$$\frac{\mathrm{d}f_1}{\mathrm{d}x} = \frac{1}{4\pi f_1^2 f_3}, \ \rho_* = \frac{M}{R_*^3}, \tag{13.43}$$

$$f_2 = f_3 f_4, \ T_* = \frac{\mu m_p P_*}{\rho_*}, \tag{13.44}$$

$$\frac{\mathrm{d}f_4}{\mathrm{d}x} = -\frac{3f_5}{16 f_4^3 (4\pi f_1^2)^2}, \ F_* = \frac{\sigma}{\kappa}\frac{T_*^4 R_*^4}{M}, \tag{13.45}$$

$$\frac{\mathrm{d}f_5}{\mathrm{d}x} = f_3^b f_4^n, \ F_* = q_0 \rho_*^b T_*^n M. \tag{13.46}$$

(13.41)式以及(13.43)—(13.46)式的左边等式构成一组关于 f_i 的微分方程闭集，因此可以找到唯一的数值解。

13.4.2　质量-光度关系

现在我们可以来推导各恒星变量间的简单关系。恒星的关键特征是其质量 M。由此可以得到恒星的几乎所有东西。把(13.42)式和(13.43)式的 P_* 和 ρ_* 代入到(13.44)式中，有

$$T_* = \mu m_p \left[\frac{GM^2}{R_*^4}\right]\left[\frac{R_*^3}{M}\right] = G\mu m_p \frac{M}{R_*}. \tag{13.47}$$

我们可以用此式来替换(13.45)式中的 $T_* R_*$，得到

$$F_* = \frac{\sigma}{\kappa}(G\mu m_p)^4 M^3. \tag{13.48}$$

所以，能流 F 正比于 M^3，又由于 $L = F(1)$，这就给出联系恒星光度与质量的重要结果 $L \propto M^3$。比如说，10 个太阳质量的主序星其亮度就是太阳的 1 000 倍。恒星可用的核燃料正比于其质量，所以这立即就可以用来估计恒星的主序寿命，

$$\tau_{\mathrm{MS}} \propto \frac{M}{L} \propto \frac{1}{M^2}. \tag{13.49}$$

这个关系很容易理解。质量更大的恒星，其核心温度就更高，所以核反应进行得更快。

它们以更高的速率燃烧其核燃料,并比质量较小的恒星更快地度过其一生,这是它们如此稀少的原因之一。稍后我们将会估算出,太阳作为主序星的寿命约为 10^{10} 年。我们可以预计,10 个太阳质量的恒星作为主序星的寿命只有太阳的百分之一,约为 10^8 年。

从(13.48)式我们还可以看到,主序星的光度正比于 μ^4。μ 是一个恒星组分的函数,在 13.3.1 节作过定义。随着核聚变的进行它会变大,这就意味着恒星亮度随着其核燃料的燃烧消耗会增加。我们相信,太阳现在的光度比它形成的时候,即大约 4.6×10^9 年之前,要大 30% 左右。

13.4.3　密度-温度关系

如果我们计算(13.42)式的立方,并用(13.43)式替换其中的 R_*^3,就得到

$$P_*^3 = \frac{G^3 M^6}{R_*^{12}} = G^3 M^2 \rho_*^4. \tag{13.50}$$

现在我们可以用(13.44)式来替换 P_*,得到

$$\frac{\rho_*^3 T_*^3}{\mu^3 m_p^3} = G^3 M^2 \rho_*^4. \tag{13.51}$$

两边除以 ρ_*^3,整理可得

$$\rho_* = \frac{1}{(G \mu m_p)^3} \frac{T_*^3}{M^2}, \tag{13.52}$$

这是 ρ_* 和 T_* 之间一个依赖于 M 的关系。利用结构函数,我们可以得到密度与温度之间的一个类似的关系,在恒星任意点都成立。它显示,在给定温度下,质量越大的恒星,其核心密度越小。

当一颗恒星耗尽了其核燃料,它的核心就会收缩,有可能会收缩到要依靠电子简并压抵抗坍缩的密度。不过这种情况只会在极高密度下出现。(13.52)式的关系表明,质量越大的恒星,要其密度达到电子简并压起重要作用的程度,所需要的温度就越高。由于核聚变反应非常依赖于温度,这就意味着大质量恒星可能会经历几轮核聚变,这是小质量恒星做不到的。我们接下来仔细探讨一下恒星中的核聚变反应和核合成。

13.5　核　合　成

爱丁顿于 1920 年首先提出,氢核聚变为氦核可以提供能量,使得太阳和其他恒星持续地发出光芒。氢原子的核是一个单独的质子,而氦原子的核由两个质子和两个中子组成。爱丁顿意识到,如果氦核可以由四个质子形成,那就会释放约 26 MeV 的能量。这即是四个质子的质量 4×938.3 MeV $= 3\,753$ MeV,与氦核质量 $3\,727$ MeV 之间的差。也就是说,约有 0.7% 的质子质量会被转变为能量。

强核力的力程非常短。要发生聚变反应,原子核必须互相靠近到约一飞米(10^{15} fm)以内。然而,由于原子核都带正电,要它们靠近,就必须克服库仑势垒。在 20 世纪早期,许多物理学家认为,太阳中心 1.6×10^{7} K 的温度不足以发生聚变反应。不过,在第 11 章我们看到,还有两个因素使得聚变反应可以在这样的低温下进行。一个是热动能的麦克斯韦分布有一条长尾,所以总有那么少数原子核拥有远高于平均值的能量。第二个因素是量子隧穿,即便原子核没有足够的能量到达库仑势垒的顶部,它们还是可以穿过势垒。分布的长尾意味着,氢变为氦的聚变反应更像是缓慢燃烧的火焰,而不是爆炸,而这已足以保持热压力,支撑恒星抵抗引力坍缩。由于热能不能轻易逸出恒星,在微弱的嘶嘶声中进行反应就足够了。有点搞笑的是,人体内单位质量的能量产生率都比太阳高。

通过太阳的光度,我们可以计算其总的氢质量在聚变反应中消耗的速率,

$$\left| \frac{dM_{H\odot}}{dt} \right| = \frac{L_{\odot} + L_{\nu\odot}}{0.007 c^2} = \frac{1.023 \times 3.846 \times 10^{26}}{0.007 \times 9 \times 10^{16}} \, \mathrm{kg \, s^{-1}} = 6.25 \times 10^{11} \, \mathrm{kg \, s^{-1}},$$

(13.53)

其中我们代入了(13.24)式的中微子流光度,并利用了在氢到氦的聚变中约 0.7% 的质量变为能量这一事实。c^2 这个因子是用来把能量散发率的单位瓦特转换为质量消耗率的单位 $\mathrm{kg \, s^{-1}}$ 的。尽管太阳每秒损失 6.25×10^{11} kg 的氢,但这对其总质量 $M_{\odot} = 2 \times 10^{30}$ kg 来说只是九牛一毛。氢的燃烧只发生在太阳的核心内,所以大部分的氢永远都不会被烧掉。假设太阳的光度为常数,且在其主序寿命中约 15% 的氢会被转换为氦,我们就可以估计太阳停留在主序上的时间

$$\tau_{\odot} = 0.15 \times 0.75 \times \frac{M_{\odot}}{\left| \dfrac{dM_{H\odot}}{dt} \right|} = \frac{2.25 \times 10^{29}}{6.25 \times 10^{11}} = 3.6 \times 10^{17} \, \mathrm{s} = 1.1 \times 10^{10} \, \text{年},$$

(13.54)

其中我们假设了太阳原来有 75% 的质量为氢。更细致的模型给出太阳的主序寿命数据为 1.0×10^{10} 年,所以太阳快到它寿命的一半了。

13.5.1 质子-质子链

在小质量恒星中,氢聚变为氦的过程称为质子-质子链。这一机制于 1938 年由汉斯·贝特和查尔斯·克里奇菲尔德研究清楚。至关重要的一点是,尽管强力可以把单个的质子和单个的中子束缚为氘核,但其强度却不足以只靠两个质子或只靠两个中子来形成一个原子核。在这件事上,形成氦核的第一步,是两个质子必须隧穿库仑势并碰撞,其中一个质子还必须在撞击的同时发生倒逆 β 衰变。这个质子于是转变为中子,释放出一个正电子和一个中微子。另一个质子和新形成的中子束缚在一起,成为氘核,

$$^1\mathrm{H} + {}^1\mathrm{H} \rightarrow {}^2\mathrm{H} + e^+ + \nu_e.$$

(13.55)

正电子 e^+ 很快与一个等离子体里的电子湮灭,产生光子,而电子中微子 ν_e 则逃逸。造成

β衰变的弱力极弱,使得这个关键的第一步极其缓慢。像太阳这样的一颗恒星中,两个质子的10^{22}次碰撞中,只有一次会导致氘核的产生。典型情况下,一个质子要被其他质子来回弹射一百亿年才会发生这个反应,所以氢到氦的转化率就决定于这一瓶颈。

下一步几乎立即发生。在一秒以内,氘核捕获另一个质子,形成氦-3核,束缚能以一个光子形式释放,

$$^2H + {}^1H \rightarrow {}^3He + \gamma. \tag{13.56}$$

平均来说,还要再过百万年,太阳核心内的氦-3核才能碰上另一个氦-3核,然后发生如下反应:

$$^3He + {}^3He \rightarrow {}^4He + {}^1H + {}^1H, \tag{13.57}$$

其结果就是产生氦-4,同时释放出两个质子回到等离子体中。这些反应总的结果就是四个质子转化为一个氦-4核(见图13.6)。(因为两个电子与第一步中释放的两个正电子湮灭了,电中性得以保持。)26 MeV的能量大部分以光子的形式释放,还有小部分由两个中微子带走。

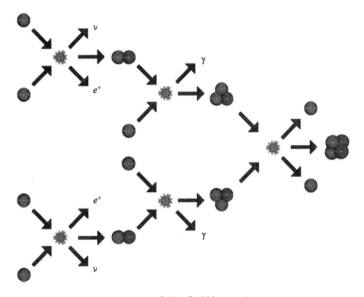

图13.6 质子-质子链($pp\,I$)

这个过程称为$pp\,I$。聚变也会由如下的另一条路径进行,称为$pp\,II$,在这个过程中${}^3He$核与一个${}^4He$核聚变:

$$\begin{aligned} &^3He + {}^4He \rightarrow {}^7Be + \gamma \\ &^7Be + e^- \rightarrow {}^7Li + \nu_e \\ &^7Li + {}^1H \rightarrow {}^4He + {}^4He. \end{aligned} \tag{13.58}$$

太阳内的质子-质子链过程86%是$pp\,I$,14%是$pp\,II$。

这两种质子-质子链的能量释放率由第一步(13.55)式决定,涉及到两个质子的相遇。所以这就正比于密度的平方ρ^2,于是单位质量的能量产生率q_{pp}就正比于ρ。在11.6.1

节,我们估计了质子-质子聚变率对温度的依赖关系,得到了当温度为太阳核心处的 1.6×10^7 K 附近时,指数为 $n=3.8$。为了简化后面的公式,我们把这个指数四舍五入为 $n=4$,从而把能量产生率近似为

$$q_{pp}\propto\rho T^4. \tag{13.59}$$

13.5.2 CNO 循环

太阳还有另一种过程能把氢转化为氦,约占其能量产出的 5%。这称为 CNO 循环或 CNOF 循环,因为该反应由碳、氮、氧和氟的原子核催化发生。催化的原子核带电量越大,意味着需要克服的库仑势垒越高,因而要求比质子-质子链更高的反应温度。在质量大于 $1.4M_\odot$ 的主序星中,其核心温度可以超过 2×10^7 K,此时 CNO 循环就变成了主要的氢聚变过程。如图 13.7 所示,循环的六个步骤可以表示为

$$
\begin{aligned}
{}^{12}\text{C}+{}^{1}\text{H}&\rightarrow{}^{13}\text{N}+\gamma\\
{}^{13}\text{N}&\rightarrow{}^{13}\text{C}+e^{+}+\nu_e\\
{}^{13}\text{C}+{}^{1}\text{H}&\rightarrow{}^{14}\text{N}+\gamma\\
{}^{14}\text{N}+{}^{1}\text{H}&\rightarrow{}^{15}\text{O}+\gamma\\
{}^{15}\text{O}&\rightarrow{}^{15}\text{N}+e^{+}+\nu_e\\
{}^{15}\text{N}+{}^{1}\text{H}&\rightarrow{}^{16}\text{O}^{*}\rightarrow{}^{12}\text{C}+{}^{4}\text{He}.
\end{aligned}
\tag{13.60}
$$

在最后一步中,一个质子与一个氮-15 核聚变形成一个处于激发态的氧-16 核,表示为 ${}^{16}\text{O}^{*}$,它几乎是立即就分解为一个碳核和一个氦核。

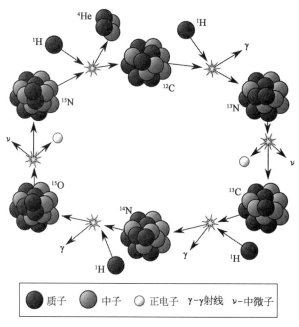

图 **13.7** CNO 循环

还有另一种可能性,CNOF 循环,在这个循环中激发态的氧原子核释放出一个 γ 射线光子,并掉到更稳定低能态,如下的第三式所示。从 ^{14}N 开始,这个循环为

$$^{14}N + {}^1H \rightarrow {}^{15}O + \gamma$$
$$^{15}O \rightarrow {}^{15}N + e^+ + \nu_e$$
$$^{15}N + {}^1H \rightarrow {}^{16}O^* \rightarrow {}^{16}O + \gamma$$
$$^{16}O + {}^1H \rightarrow {}^{17}F + \gamma \tag{13.61}$$
$$^{17}F \rightarrow {}^{17}O + e^+ + \nu_e$$
$$^{17}O + {}^1H \rightarrow {}^{14}N + {}^4He.$$

这两个循环的结果都是四个质子转化为一个氦-4 原子核,释放出 26 MeV 的束缚能,而碳、氮、氧和氟是循环使用的。其中有两个步骤是由弱作用控制的,会释放中微子。这些中微子没有进一步的相互作用,直接离开恒星,带走约 1 MeV 的能量,所以每轮循环约有 25 MeV 的能量留在了恒星内。CNO 循环在第一代恒星中是不可能发生的,因为紧接在大爆炸之后并不存在像碳这么重的原子核。

能量产生率 q_{CNO} 对温度非常敏感,通常表示为幂律关系

$$q_{CNO} \propto \rho T^n, \tag{13.62}$$

其中 n 在 16 到 20 之间。我们将采用 11.6.1 计算的 $n=18$ 这个数。确切的温度依赖关系其实并不重要,最关键的事实就是一旦达到临界温度,能量产生率将随温度极快速增长的情况。对于恒星聚变的后续阶段而言也是如此。

13.5.3 质量-半径关系

假设主序星的能量产生来自于氢的聚变,我们就可以推导出恒星半径与质量之间的关系。结合(13.46)式和(13.48)式,有

$$q_0 \rho_*^b T_*^n M = \frac{\sigma}{\kappa}(G\mu m_p)^4 M^3. \tag{13.63}$$

对于氢聚变反应 $b=1$,所以

$$\rho_* T_*^n \propto M^2, \tag{13.64}$$

然后用(13.44)式代入 T_*,我们得到

$$\frac{P_*^n}{\rho_*^{n-1}} \propto M^2. \tag{13.65}$$

再用(13.42)式和(13.43)式代入 P_* 和 ρ_*,有

$$\left[\frac{M^2}{R_*^4}\right]^n \left[\frac{M}{R_*^3}\right]^{1-n} \propto M^2, \tag{13.66}$$

化简指数后即

$$R_* \propto M^{\frac{n-1}{n+3}}. \tag{13.67}$$

对于通过质子-质子链燃烧氢的小质量恒星，能量产生率由(13.59)式描述，所以 $n=4$，这就给出 $R_* \propto M^{\frac{3}{7}}$。另一方面，对于通过 CNO 循环燃烧氢的大质量恒星，$n=18$，这就给出 $R_* \propto M^{\frac{17}{21}} \approx M^{0.81}$，所以质量更大的主序星，其半径几乎正比于质量。

13.5.4 质量-温度关系

从 (13.47) 式我们看到 $T_* \propto \dfrac{M}{R_*}$。对于通过质子-质子链聚变氢的恒星有 $R_* \propto M^{\frac{3}{7}}$，所以

$$T_* \propto M^{\frac{4}{7}}, \tag{13.68}$$

而对于通过 CNO 循环聚变氢的恒星，有 $R_* \propto M^{\frac{17}{21}}$，所以

$$T_* \propto M^{\frac{4}{21}} \approx M^{0.19}. \tag{13.69}$$

这些关系很重要，因为如前所述，恒星表面温度是直接利用维恩定律(13.6)式测量的。从这一观测量出发，我们可以推导出恒星的质量，而质量又是恒星其他性质的关键所在。

13.5.5 主序星的最小质量

利用质量-温度关系(13.68)式，对于以质子-质子链消耗核燃料的主序星，我们就能够估计它的最小质量 $M_{\min}$。太阳的核心温度为 1.6×10^7 K，而发生质子-质子链的最低温度为 4×10^6 K，所以

$$\frac{M_{\min}}{M_\odot} = \left(\frac{T_{\min}}{T_\odot} \right)^{\frac{7}{4}} \approx \left(\frac{4}{16} \right)^{\frac{7}{4}} \approx 0.1. \tag{13.70}$$

更精确的分析显示，$M_{\min}$ 约为 $0.08 M_\odot$，大概是 $80 M_J$，M_J 是木星质量。

小质量的主序星称为红矮星。质量更小的物体非常黯淡，称为褐矮星。褐矮星的中心太冷，氢不能通过质子-质子链转化为氦，但还是有可能发生其他聚变反应的。

质量大于 $65 M_J$ 的褐矮星会发生锂聚变，锂在大爆炸中会产生少量。锂核可以吸收一个质子而形成 ^{8}Be，而 ^{8}Be 不稳定，会立即分裂为两个 ^{4}He 核，

$$^7\text{Li} + {}^1\text{H} \rightarrow {}^8\text{Be} \rightarrow {}^4\text{He} + {}^4\text{He} + \gamma. \tag{13.71}$$

质量大于 $13 M_J$ 的褐矮星可以靠氘维持聚变反应，氘也是在大爆炸中少量产生的，

$$^2\text{H} + {}^1\text{H} \rightarrow {}^3\text{He} + \gamma. \tag{13.72}$$

质量在 $13M_J$ 以下时,无法发生聚变反应。这个质量被认为是恒星与行星的分界线。

13.5.6　温度-光度关系

斯特藩-玻尔兹曼定律说明恒星的光度为

$$L = 4\pi R^2 \sigma T_{\text{surf}}^4, \tag{13.73}$$

其中 R 为恒星半径,而 T_{surf} 为表面温度。R 正比于 R_*,而 R_* 由(13.67)式给出,所以

$$L \propto M^{\frac{2(n-1)}{n+3}} T_{\text{surf}}^4. \tag{13.74}$$

在 13.4.2 节我们证明了 $L \propto M^3$;因此

$$L \propto L^{\frac{2(n-1)}{3(n+3)}} T_{\text{surf}}^4. \tag{13.75}$$

整理指数可得

$$L^{\frac{n+11}{3(n+3)}} \propto T_{\text{surf}}^4 \text{ 或 } L \propto T_{\text{surf}}^{\frac{12(n+3)}{n+11}}. \tag{13.76}$$

对于由质子-质子链供能的小质量主序星,此时 $n = 4$,

$$L \propto T_{\text{surf}}^{\frac{28}{5}} = T_{\text{surf}}^{5.6}. \tag{13.77}$$

对于进行 CNO 循环的大质量主序星,此时 $n = 18$,

$$L \propto T_{\text{surf}}^{\frac{252}{29}} \approx T_{\text{surf}}^{8.7}. \tag{13.78}$$

图 13.3 的赫罗图是对数-对数图,所以这些关系表明,在主序的下部斜率应该约为 5.6,而上部斜率应该更陡,约为 8.7。这与观测的符合程度在合理范围内。

　　在构建主序星的这一模型时,我们假设了恒星的组分单一,而且在恒星核心处产生的能量通过热辐射扩散开来。我们还假设了单位质量的不透明度为常数。这些假设都很恰当合理,尤其是在氢燃烧的早期阶段更是如此。但在恒星的后续演化中,这些假设就变得不那么合理了。随着时间的推移,核心的组分逐渐改变,不再与恒星的包层组分一致。对流就变得更为重要。这会混合不同组分,使得恒星可以消耗其更多的核燃料。这也会影响能量在恒星内的扩散。对流并不容易建模描述,即便用数值方法也是很困难的。因辐射压而损失的质量同样难以建模计算,预期这样损失的质量是可观的。在恒星寿命的晚期阶段,辐射压把粒子蒸汽从恒星的外层推向太空,形成的恒星风远强于目前观测到的太阳风。

13.6　主星序外的巨星

　　当一颗恒星消耗掉其核心内的大部分核燃料时,其能量产生率就会下降。此时热压力就不足以平衡引力压,所以核心会收缩到热压力重新恢复为止。核心的密度和温度不

断增长,直至能触发新一阶段聚变反应的极端条件。

热辐射要花很长时间才能到达恒星表面。在氢燃料耗尽之后,恒星核心收缩的时间标度比起我们在13.3.3节介绍的热时间标度要短得多,所以恒星无法轻易地散失因收缩而释放的能量。此前我们一直把恒星的不透明度视为常数,但它其实是温度的函数。从恒星的核心往外,温度和压强递减而不透明度递增。当触发了新一轮的能量产生,热辐射就会增加,由于增加的热辐射不能轻易地逸出,额外的热压力就会迫使包层膨胀。通过这种膨胀,包层的温度和压强得以下降,这又增加了不透明度,从而阻碍热辐射的逸出,导致包层的进一步的膨胀。这一正反馈的效应就是恒星包层的大幅膨胀和冷却。最终,包层冷却到可以形成氦原子和氢原子的温度。这会使得不透明度突然降低,辐射于是就能够逸出恒星。恒星至此离开了主星序,变成了红巨星。

许多红巨星都在脉动,并不稳定,这导致它们光度经常变化。举个例子,造父变星一直膨胀至其包层冷却到可以形成中性氢原子的温度。这时候不透明度急剧下降,被困在恒星内的辐射得以逸出。损失掉这些热量后包层在引力下收缩,温度升高,氢原子一个一个都电离了,而包层的不透明度又再急剧升高。收缩一直持续,直到有足够的能量被束缚其中以阻止收缩,然后恒星便再一次进入膨胀阶段。这一循环的周期与恒星的质量有关,同时质量也决定了恒星的光度,造父变星本征光度 L 与循环周期之间存在一个关系式,加上(13.5)式,可以用来确定我们到恒星的距离 d。由于这个原因,造父变星被证明是非常重要的标准烛光,使得天文学家能够计算我们到邻近星系的距离,我们将在 14.2 节进行讨论。

3 重 α 过程

红巨星消耗了它们核心内的所有氢,只能通过聚变氦来进一步产生能量。然而,氦核是非常稳定的,从核结合能图(第 11 章的图 11.7)就能推导出来。这就是为什么它们会以 α 粒子的形式从放射性重元素中释放出来,也是恒星中合成它们会释放这么多能量的原因。它们的稳定性使得进一步的聚变反应很难达成。把两个氦核合成 4 号元素铍被证明是不可能的。产生的 ^{8}Be 核会立即再分裂成两个 ^{4}He 核。

埃德温·萨尔皮特在 1951 年提出,在三个氦核几乎同时的碰撞中,可能会合成碳(^{12}C),但弗雷德·霍伊尔指出,这样的三重碰撞是极不可能的事件,因为过渡产物 ^{8}Be 只会存在 10^{-16} 秒。他的计算显示,这一过程的发生率,相比于要能够解释宇宙中碳和其他重元素丰度所要求的元素产生率,只占极小的一部分比例。霍伊尔于是提出,恒星中碳的出现,只能通过存在 ^{12}C 核的激发态解释,激发态共振对应的能量刚好能增强其自身在 3 重 α 过程中的产生率。尽管对霍伊尔的论证持严重怀疑态度,加州理工大学的一组核物理学家还是去寻找了这一共振,让他们惊诧的是,就在霍伊尔预言的能量处发现了这一共振。霍伊尔的共振是 ^{12}C 核的第二激发态,比基态高 7.65 MeV,而比三个分开的氦核能量只高出 0.25 MeV。这一激发态的存在,使得恒星中的碳产生率增长了约 10^8 倍。

氦核对撞所要面对的库仑势垒是质子对撞的 4 倍,所以 3 重 α 过程在约 10^8 K 时发

生。巨星那耗尽氢燃料的核心必须要一直收缩到达到这个温度,然后氦的聚变才能开始。3 重 α 过程可以表示为

$$^4\mathrm{He} + {}^4\mathrm{He} + {}^4\mathrm{He} \rightarrow {}^{12}\mathrm{C} + \gamma. \tag{13.79}$$

这一过程涉及三个原子核的对撞,所以单位质量的能量产生率正比于 ρ^2,如 13.4 节所述,而且对温度极度敏感。3 重 α 过程的能量产生率 $q_{3\alpha}$ 可以近似为

$$q_{3\alpha} \propto \rho^2 T^{40}. \tag{13.80}$$

在燃烧氦的温度,$^{12}\mathrm{C}$ 核同样会发生下一步的核燃烧,有时候会与另一个 $^4\mathrm{He}$ 核聚变成氧原子核 $^{16}\mathrm{O}$。幸运的是,$^{16}\mathrm{O}$ 核不像 $^{12}\mathrm{C}$ 核,它没有会增强自身合成的共振能量。如果有的话,$^{12}\mathrm{C}$ 就会立即转化为 $^{16}\mathrm{O}$,而宇宙中就只含有非常少量的碳了。

燃烧氦产生的能量比燃烧氢产生氦时要少,所以恒星在这一阶段的寿命相应地要短些。每产生一个氦核会释放 26 MeV 的能量,而每合成一个 $^{12}\mathrm{C}$ 核需要三个氦核,只会释放 7.4 MeV 的能量。产生三个氦核时总计产出了 $3 \times 26 = 78$ MeV,是这三个氦核聚变成碳时释放能量的十倍。由于这个原因,聚变氦产生碳的持续时间,比从氢形成氦所花时间的十分之一还短。在一个像太阳这样的恒星中,氦燃烧阶段会持续约十亿年。超巨星参宿四已经耗尽其核心内的氢,进入了氦燃烧阶段。它的质量是太阳的 20 倍左右,因而会迅速地燃烧。只在几百万年的时间内,20 倍量的氦燃料会被烧掉。

13.7 晚 期 演 化

最终,恒星的氦燃料用尽。核心此时是碳和氧的混合物。随着能量供给的减少,核心收缩而温度再次上升。恒星的质量决定了接下来会发生什么。

13.7.1 白矮星

质量相对较小的恒星($M \leqslant 1.5 M_\odot$)其核心内的温度不会升高到足以触发新一轮核聚变的温度。它们的密度会达到核心内电子变为简并电子气的程度,简并的电子气抵抗着进一步的压缩,从而支撑核心不再进一步收缩。发生这种情况时,恒星包层的外层会消散到太空中,形成行星状星云。(图 13.8 展示了几个例子。)这些物体因其在望远镜中盘子状的样貌而得名,由威廉·赫谢尔在发现天王星后不久命名。它们其实是发光的气体云,与行星没有任何关系。在行星状星云中仍然有裸露的收缩后的核心,以约 10^5 K 的温度向太空辐射。这样的物体称为白矮星。白矮星的核心被认为由碳和氧组成,可能有一层氦和氢的外壳。在 10 000 年左右的时间里,行星状星云消散到星际间气体背景中,留下小小的白矮星渐渐熄灭了它的火焰。

白矮星是由电子简并压支撑的,我们可以基于此来估计它的大小。我们在 10.9.2 节看到,对于在体积 V 内的 N_e 个质量为 m_e 的电子,电子简并压为

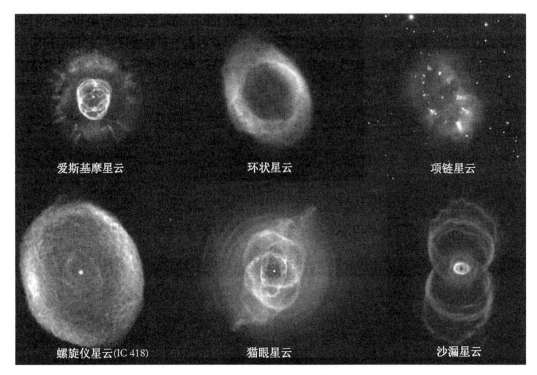

爱斯基摩星云　　　　环状星云　　　　项链星云

螺旋仪星云(IC 418)　　　猫眼星云　　　　沙漏星云

图 13.8　行星状星云的例子

$$P = \frac{2}{5}(3\pi^2)^{\frac{2}{3}} \frac{\hbar^2}{2m_e}\left(\frac{N_e}{V}\right)^{\frac{5}{3}}. \tag{13.81}$$

这个压强表达式不仅对于零温时适用，对于任意低于费米能量的温度也是适用的。电子密度很高，因而费米能量也很高，所以这个表达式对于白矮星也成立。

用总的质量密度 $\rho = \frac{M}{V}$ 来表示电子简并压更为方便，ρ 主要来自于核子。设 N_N 为体积 V 内的核子数。总的质量约为 $M = N_N m_p$，其中 m_p 为质子质量。设平均每个核子对应有 ξ 个电子。（对于氢 $\xi = 1$；氦、碳、氧以及其他轻元素 $\xi \approx 0.5$。）那么 $N_e = \xi N_N = \frac{\xi M}{m_p}$，所以

$$\frac{N_e}{V} = \frac{\xi M}{m_p V} = \frac{\xi \rho}{m_p}. \tag{13.82}$$

因此，简并电子气的压强可以表示为

$$P = \frac{2}{5}(3\pi^2)^{\frac{2}{3}} \frac{\hbar^2}{2m_e}\left(\frac{\xi \rho}{m_p}\right)^{\frac{5}{3}}, \tag{13.83}$$

或者简明地写为

$$P = K_1 \rho^{\frac{5}{3}}, \tag{13.84}$$

其中

$$K_1 = \frac{2}{5}(3\pi^2)^{\frac{2}{3}} \frac{\hbar^2}{2m_e} \left(\frac{\xi}{m_p}\right)^{\frac{5}{3}}. \tag{13.85}$$

恒星内的引力压强,可以通过结合(13.42)式和(13.43)式来给出以密度表示的表达式:

$$P = GM^{\frac{2}{3}} \rho^{\frac{4}{3}}, \tag{13.86}$$

其中我们把描述恒星整体特征的恒星变量换成了压强和密度。在白矮星中,电子简并压与这一引力压平衡,所以

$$K_1 \rho^{\frac{5}{3}} = GM^{\frac{2}{3}} \rho^{\frac{4}{3}}, \tag{13.87}$$

因此

$$\rho = \frac{G^3 M^2}{K_1^3}. \tag{13.88}$$

由于 $\rho = \dfrac{M}{V}$,白矮星的体积为

$$V = \frac{K_1^3}{G^3 M}, \tag{13.89}$$

反比于质量。这与我们在 13.5.3 看到的,半径随质量增加的主序星不同。知道了体积,我们就可以估计质量为太阳质量 $M_\odot$ 的白矮星的半径为

$$R_{\mathrm{WD}} = \frac{K_1}{G} \left(\frac{3}{4\pi M_\odot}\right)^{\frac{1}{3}} = \frac{3\pi \hbar^2}{5 m_e G} \left(\frac{\xi}{m_p}\right)^{\frac{5}{3}} \left(\frac{1}{4 M_\odot}\right)^{\frac{1}{3}}. \tag{13.90}$$

代入具体数字,包括 $\xi = 0.5$,我们估计白矮星的半径为数千公里。天文学家已经确定天狼星 B 的半径为 $0.008\,4 R_\odot = 5\,800$ km. 作为对比,地球的半径为 $6\,400$ km,所以质量跟太阳差不多的天狼星 B,被装进了比地球还小的体积里。白矮星这么小,它们相比于普通恒星要黯淡得多。聚变反应已经停止,所以它们随着辐射逐渐冷却,但由于它们由电子简并压(几乎与温度无关)而非气体热压强支撑,它们的大小保持不变。斯特藩-玻尔兹曼定律(13.73)式说明,白矮星的光度正比于温度的四次方。赫罗图是光度和温度的对数-对数图,所以随着时间的推移,白矮星的冷却,它会缓慢地沿着赫罗图左下一条斜率为 4 的路径移动。白矮星刚形成时,由非常炽热的碳和氧原子核液体组成,浸没在电子的海洋中。随着白矮星冷却,据猜想其碳-氧核心会结晶化成为极致密的类钻石结构。

　　白矮星有一个最大质量，在这个质量以下才是稳定的，所以并非所有恒星的演化归宿都是白矮星。随着白矮星质量上升，其体积减小。这就增加了电子各态之间的动量隙，又因为电子遵循不相容原理，它们被迫处于高动量态。在一颗质量足够大的白矮星中，大部分电子会达到相对论性的速度，这会显著地改变状态方程。

　　动量空间的态密度仍然由(8.12)式给出。考虑到电子的两个自旋态，在 p 内的密度为

$$\tilde{g}(p) = \frac{Vp^2}{\pi^2 \hbar^3}. \tag{13.91}$$

当电子高度相对论性时，它们的能为 $\varepsilon = p$，所以在 ε 内的态密度为

$$g(\varepsilon) = \frac{V\varepsilon^2}{\pi^2 \hbar^3}. \tag{13.92}$$

将这个密度积分到费米能量 ε_F，我们就得到体积 V 内的总电子数 N_e 与 ε_F 之间存在一种关系如下，

$$N_e = \frac{V}{\pi^2 \hbar^3} \int_0^{\varepsilon_F} \varepsilon^2 \,\mathrm{d}\varepsilon = \frac{V}{3\pi^2 \hbar^3} \varepsilon_F^3. \tag{13.93}$$

由此有 $\varepsilon_F = \left(3\pi^2 \hbar^3 \dfrac{N_e}{V} \right)^{\frac{1}{3}}$，而电子的总能量为

$$E = \frac{V}{\pi^2 \hbar^3} \int_0^{\varepsilon_F} \varepsilon^3 \,\mathrm{d}\varepsilon = \frac{V}{4\pi^2 \hbar^3} \varepsilon_F^4 = \frac{3}{4}(3\pi^2)^{\frac{1}{3}} \hbar N_e^{\frac{4}{3}} V^{-\frac{1}{3}}, \tag{13.94}$$

所以对于相对论性的简并电子气，压强为

$$P = -\frac{\mathrm{d}E}{\mathrm{d}V} = \frac{1}{4}(3\pi^2)^{\frac{1}{3}} \hbar \left(\frac{N_e}{V} \right)^{\frac{4}{3}}. \tag{13.95}$$

将数密度用(13.82)式的关系 $\dfrac{N_e}{V} = \dfrac{\xi\rho}{m_p}$ 代入，我们就得到

$$P = \frac{1}{4}(3\pi^2)^{\frac{1}{3}} \hbar \left(\frac{\xi\rho}{m_p} \right)^{\frac{4}{3}}, \tag{13.96}$$

或简明地写成

$$P = K_2 \rho^{\frac{4}{3}}, \tag{13.97}$$

其中 $K_2 = \dfrac{1}{4}(3\pi^2)^{\frac{1}{3}} \hbar \left(\dfrac{\xi}{m_p} \right)^{\frac{4}{3}}$。

　　如果我们现在令电子简并压与引力压相等，就像(13.86)式那样，我们就有

$$K_2 \rho^{\frac{4}{3}} = GM^{\frac{2}{3}} \rho^{\frac{4}{3}}. \tag{13.98}$$

两边的密度消掉了,所以我们得到结论,当 M 太大时电子简并压无法平衡引力压。如果白矮星的电子有相对论性的速度,就不存在稳定的密度。

白矮星的最大质量称为钱德拉塞卡极限,以首先计算出它的天体物理学家苏布拉马尼扬·钱德拉塞卡(Subrahmanyan Chandrasekhar)的名字命名。从(13.98)式我们可以估计最大质量为

$$M_{\mathrm{Ch}} = \left(\frac{K_2}{G}\right)^{\frac{3}{2}} \approx \left(\frac{\hbar}{G}\right)^{\frac{3}{2}} \left(\frac{\xi}{m_p}\right)^2 \approx 4\xi^2 M_{\odot}. \tag{13.99}$$

钱德拉塞卡极限依赖于白矮星的组分。更精确的分析下,这一极限估计为

$$M_{\mathrm{Ch}} = 5.83\xi^2 M_{\odot}. \tag{13.100}$$

对于一颗由氦、碳或氧组成的白矮星, $\xi = 0.5$,所以 $M_{\mathrm{Ch}} = 1.46 M_{\odot}$ 。 质量超出这一极限的白矮星会进一步坍缩。天文学家从未找到过质量超出理论上钱德拉塞卡极限的白矮星。(在恒星寿命的后期阶段,可能会有大量的物质因辐射压而损失掉,所以能够演化为白矮星的恒星质量上限并不清楚知道,可能在 $6M_{\odot}$ 到 $8M_{\odot}$ 之间。)

13.7.2　大质量星的引力坍缩

正如我们所看到的那样,当一轮核聚变的燃料耗尽,恒星的核心就会收缩。恒星质量足够大,温度就会一直上升,直到触发下一阶段的聚变。在大部分质量大于约八个太阳质量的恒星中,会有六个主要的核聚变阶段:氢燃烧、氦燃烧、碳燃烧、氖燃烧、氧燃烧和硅燃烧,前一轮核燃烧的灰烬变为后一轮燃烧的燃料。更重的元素其原子核带电量 Z 更大,因此发生聚变反应需要克服的库仑势垒就更大。随着 Z 增加,核聚变所需的温度也增加。在形成新恒星的气体云中,大部分比氢重的元素都是在超过 25 个太阳质量的恒星中合成的。元素的产生是一个进行中的过程,其确定性的证据是 1952 年在一颗恒星中探测到的 $Z = 43$ 锝元素的谱线。锝没有稳定的同位素。寿命最长的同位素是 $^{98}\mathrm{Tc}$,半衰期为 420 万年。

核聚变所需的温度大致上正比于聚变核所带电量的乘积,确切细节决定于核能级。氢聚变发生在约 1.6×10^7 K,氦聚变约在 1.0×10^8 K,而巨星中的核心温度达到 $(0.6 \sim 1.0) \times 10^9$ K 时才会发生碳聚变。主要的碳聚变过程为

$$^{12}\mathrm{C} + {}^{12}\mathrm{C} \rightarrow {}^{20}\mathrm{Ne} + {}^4\mathrm{He}$$
$$^{12}\mathrm{C} + {}^{12}\mathrm{C} \rightarrow {}^{23}\mathrm{Na} + {}^1\mathrm{H} \tag{13.101}$$
$$^{12}\mathrm{C} + {}^{12}\mathrm{C} \rightarrow {}^{23}\mathrm{Mg} + \mathrm{n}.$$

前两个过程释放能量。第三个过程吸能,但在这极高温度下还是会发生,而且这个过程很重要,因为它产生了自由中子。由于没有库仑势垒,这些中子轻易穿透附近的原子核而被吸收。这样就产生了新的同位素。吸收多个中子后会出现带有多余中子的不稳定

原子核。这些原子核接着就会发生 β 衰变，其中一个中子会转化为质子。许多轻元素的同位素就是这样形成的。对于奇数质子数 Z 的元素合成，这尤为重要。这个过程称为慢过程或 s 过程，因为典型情况下中子被先后吸收的间隔，要长于产生的不稳定原子核的 β 衰变半衰期。因此在 s 过程中产生的新原子核会靠近于稳定谷，如图 13.9 所示。

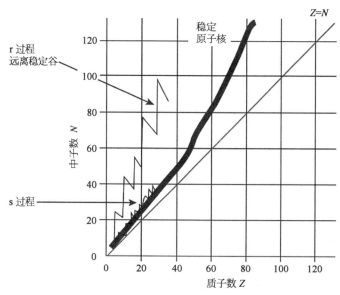

图 13.9　通过持续吸收中子和随后的 β 衰变而形成重原子核。这在巨星的核心内通过 s 过程发生，产生靠近稳定谷的同位素，而在超新星爆炸中通过 r 过程发生，产生远离稳定谷的富中子同位素

随着核心内的温度稳定增加，核心外壳层处的条件可能会变得适合其材料燃烧。例如，设一颗恒星在其核心内正在燃烧碳。包围着核心的是一层不太够热，不能发生聚变的碳。这一惰性碳层又被一层燃烧着的氦包围着。随着这些氦的消耗，燃烧层会缓慢外移，而燃烧氦产生的碳灰烬则会累积到惰性碳层上，从而增加其半径。在燃烧着氦的壳层外面，是一层太冷而无法聚变的氦。再外面还会有一层燃烧着的氢在聚变着逐渐外移，逐渐增加其下的氦。在燃烧着氢的壳层之外，就是恒星的氢包层。图 13.10 所示的是这一恒星壳层结构的示意图。

当每一阶段的核燃烧耗尽，核熔炉的温度升高，更多种类的聚变反应成为

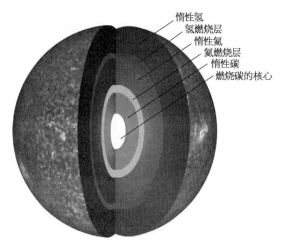

图 13.10　在晚期阶段，巨星的核心正在聚变碳，还可能会有一层正在聚变的氦和一层正在聚变的氢。这些区域的相对大小没有按比例展示

可能。对这些反应的分析变得更为复杂;原子核可能在聚变中合成,又在高能 γ 射线下解体。在每一轮的核燃烧中,各同位素的浓度趋于原子核的统计平衡态。碳的燃烧产生一个由氧、氖和镁组成的核心。在这之后,在温度 1.5×10^9 K 左右会发生氖的燃烧:

$$^{20}\text{Ne} + {}^4\text{He} \rightarrow {}^{23}\text{Mg} + \gamma. \tag{13.102}$$

此后在 2.0×10^9 K 又会迅速发生氧的燃烧,主要涉及如下反应:

$$^{16}\text{O} + {}^{16}\text{O} \rightarrow {}^{28}\text{Si} + {}^4\text{He}$$
$$^{16}\text{O} + {}^{16}\text{O} \rightarrow {}^{31}\text{P} + {}^1\text{H}. \tag{13.103}$$

在大质量恒星后期阶段的核聚变中,产生的能量要少很多,而其中一大部分会因射出中微子和反中微子而损失掉,所以这些阶段持续时间相应会更短些。碳的燃烧会持续数个世纪,氖的燃烧只要数年,而氧的燃烧只持续大约 8 个月到 1 年。最终阶段,硅的燃烧发生在 3.5×10^9 K,只持续几天,在这个过程中恒星核心的大部分都会转变为 ^{56}Ni。这基本就是恒星核反应的自然终点。

^{56}Ni 原子核并不稳定。给予足够的时间,它会发生两个阶段的逆 β 衰变来减少其质子数 Z,衰变为 ^{56}Co,这个过程半衰期为 6 天,接下来会衰变为 ^{56}Fe,这个过程半衰期为 77 天。如第 11 章所述,铁原子核 ^{56}Fe 是所有原子核中最致密的,因而也是最稳定的,所以涉及铁或其邻近核的聚变反应不会释放能量。一旦到达这个阶段,恒星便无法通过核聚变产生任何能量,也就无法维持能阻止引力坍缩的外向压力。

至此,核心最终的坍缩便开始发生。温度会一直上升直到约 10^{11} K,此时构成热辐射的 γ 射线其能量足以把镍、铁和其他致密原子核打碎为自由核子。恒星核心达到了核密度,此时核物质抵抗进一步的收缩,坍缩中的恒星核心发生一次反弹。大量引力束缚能在此时被释放出来,使得恒星自我爆炸,形成一次超新星爆发,和由千亿颗恒星组成的星系一样明亮。

随着超新星的爆发,γ 射线使得中子来从原子核中分开来了,火球中的原子核沐浴在这些中子之中。这些中子组建成元素周期表中更重的元素,这个过程称为快过程或 r 过程,因为这个过程中即使是不稳定的原子核也会在其衰变前吸收多个中子。这会产生远离稳定谷的富中子同位素,如图 13.9 所示。

许多对我们有重要意义的元素,比如金和铀,都只能在超新星爆发中产生。这些元素有数百种自然产生的同位素。天体物理学家如今弄清楚了各同位素形成的具体核过程,可以定量地计算它们在宇宙中的丰度。各元素的主要来源如图 13.11 所示。同时请回想一下图 11.6,给出了所有元素在太阳系内的丰度。

在超新星爆发后,恒星的核心可能会变成一个半径约为 15 km 的物体,只有一个大城市的大小,但却有原子核的密度。这种不可思议的物体称为中子星。如果坍缩中的核心质量超过两三个太阳质量,坍缩就完全无法停止。结果就是成为黑洞。

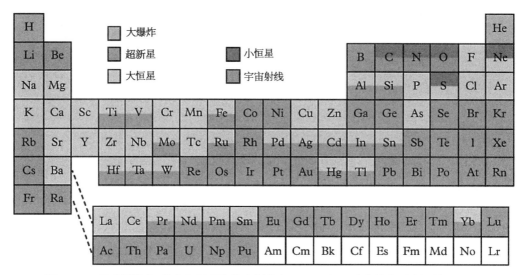

图 13.11 元素周期表,其中各元素按其来源着色(Li,Be 和 B 元素的主要来源是 C,N 和 O 通过宇宙射线撞击分裂而来,这个过程称为散裂)

13.8 中 子 星

在 13.7.1 节,我们看到,质量超过某个值的白矮星是不稳定的。质量更大的恒星会继续它的引力坍缩,最终会以超新星的形式爆发。在坍缩的最后几个微秒内,电子的费米能量变得非常高,以至于电子和质子通过弱力发生逆 β 衰变。电子和质子融合成中子,释放出中微子:

$$e^- + p \rightarrow n + \nu_e. \tag{13.104}$$

在极高的压强和温度下,中子整体的能量要低于质子,因为它们之间不会因静电力相互作用。结果就是恒星的核心转化为几乎完全由中子构成的物体。在恒星的外层被超新星爆炸气浪冲向深空后,这种不寻常的物体仍会保留下来。剩下的中子星其密度可与原子核相比拟。从效果上来看,恒星把自己变成了一颗巨大的原子核。一茶匙的中子星物质就重约 20 亿 t。至少可以这样说,平均一茶匙的中子星就这么重。相比于外壳,靠近中子星中心处的密度,压缩得要高得多。

类似于白矮星的最大质量,中子星也有个质量最大值,但关于这一物体的物理太奇特,这个质量极限值并不能像白矮星那样确切知道。不过,它肯定在 $(2 \sim 3)M_\odot$ 的范围之内。质量超过这个值的中子星将会无可避免地坍缩成黑洞。目前,精确知道质量的中子星中,最大质量的是 J0348+0432,为 $2.01 \pm 0.04 M_\odot$。

我们可能会简单地猜测,中子星会由中子简并压支撑在原子核的密度,因此可以通过跟白矮星一样的方法来确定其半径,只要把计算中的电子换成中子。由于白矮星的半径 R_{WD} 反比于 m_e,见(13.90)式,所以以上论证就意味着中子星的半径为

$$R_{\mathrm{NS}} \approx \frac{m_e}{m_n} R_{\mathrm{WD}}, \tag{13.105}$$

由于 $m_n \approx 1\,838 m_e$,上式的半径比白矮星小得多。然而,对于一颗钱德拉塞卡质量的中子星,以上计算出来的半径为 3 km,会使得中子星处于其史瓦西半径 $2GM$ 内,史瓦西半径约为 4.5 km。中子星是不能以这个半径存在的,因为这样它就会立即坍缩成黑洞。这个问题的解释似乎在于,当中子被压缩到超过原子核密度时,强力会在中子间产生很强的排斥,就是这种排斥支撑着中子星对抗引力坍缩。中子星半径据认为约为 15 km,这大约是 $2.5 M_\odot$ 的中子星的史瓦西半径的两倍。

中子星的结构如图 13.12 所示。这种奇怪的物体据信有一层炽热的等离子体大气,厚约几厘米,围绕在类白矮星物质的外壳之外,密度约为 10^9 kg m^{-3},由在简并电子海中的重原子核组成。往内我们就遇到了中子物质密度的内壳层。随着自由中子密度的增加,原子核内中子的比例也急剧增加,直到我们遇到一个转变密度,约为 1.7×10^{17} kg m^{-3}。此时我们就进入了核心外层,几乎只由中子组成,还有少量的质子、电子和 μ 子。在中子星中心处,构成内层核心的物质其物理结构还处在猜测中。对此有几种想法,致密地挤在一起的奇异重子,或者是 π 子和 K 子的玻色-爱因斯坦凝聚。还有一种可能是由某种夸克-胶子等离子体组成。

图 13.12　中子星的内部结构。外壳层由类白矮星物质的晶格构成,并由电子简并压支撑。内壳层由重原子核及自由中子的超流体晶格构成。核心外层由中子超流体和少量超导质子组成,由中子简并压支撑。内层核心的组分并不确定,可能是某种夸克-胶子的等离子体

脉冲星

随着恒星的坍缩，其旋转速率必然急速增加。我们可以这样来估计一颗新生中子星的角速度 ω。设想太阳坍缩到半径只有 15 km。如果没有损失质量，这样的中子星质量就是 $M_{NS} = M_{\odot}$。太阳的角动量为

$$J_{\odot} \propto M_{\odot} R_{\odot}^2 \omega_{\odot}. \tag{13.106}$$

由于角动量守恒，中子星的角动量 J_{NS} 就等于 $J_{\odot}$，因而中子星的转动周期 τ_{NS} 就是

$$\tau_{NS} = \left(\frac{R_{NS}}{R_{\odot}}\right)^2 \tau_{\odot} = \left(\frac{15}{7 \times 10^5}\right)^2 (2.1 \times 10^6)\,\text{s} \approx 10^{-3}\,\text{s}, \tag{13.107}$$

其中我们利用了太阳的转动周期为 24.5 天，即 2.1×10^6 s。这看来是新生中子星转动率的一种合理估计。中子星的磁场强度极强，大约是地球的一万亿倍。与地球一样，中子星的磁极与转动极不重合，所以磁偶极场绕着中子星转动。这一依赖于时间的磁场产生电场，这个场把电子和其他带电粒子从中子星的磁极往外加速，形成两束从磁极喷向太空的极强辐射束，这个阶段的中子星称为脉冲星。它们像宇宙的灯塔一样环扫天穹，如图 13.13 所示。当脉冲星的辐射束每圈一次地指向我们的方向时，射电天文学家就能在地球上检测到无线电波的脉冲，可能会持续数秒。

旋转的磁场就像中子星旋转的刹车片一样，产生的脉冲把损失的转动能量输送到周围的星云中。慢慢地中子星的角速度就降了下来。蟹状星云中的中子星大约在 1 000 年

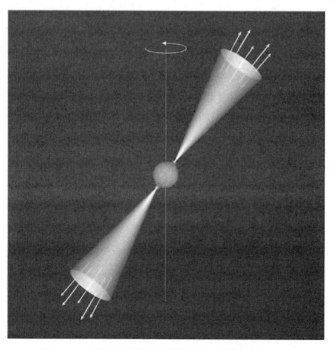

图 13.13　脉冲星是快速旋转并产生辐射的中子星

前形成,现在它大约每秒转 30 圈。计算可知,蟹状星云中的中子星损失的转动能量,与点亮星云所需的能量相符。脉冲星寿命有限。在约一百万年的时间里,中子星的转动周期就会增加到大约一秒,这个时候能量就不足以为脉冲供能,中子星就会消失在视野中。

与普通恒星构成双星系统的中子星,可能会从它的伴星处吸积物质。这可能会在老化的伴星撕掉其外层时发生,也可能是在伴星膨胀成巨星时。出现这种情况时,中子星周围可能会形成一个吸积盘。随着物质从吸积盘的内沿螺旋转入到中子星表面,中子星又转了起来,从而恢复了它早已沉寂的脉冲。据猜测这就是毫秒脉冲星的来源,观测到的周期极短。目前,已知转动周期最短的脉冲星是 PSR J1748 – 2446ad,每秒转动难以置信的 716 次。

13.9　超 新 星

仿佛无中生有般突然出现的恒星,称为新星,即新的恒星。天文学家经常能看到这种现象,这种现象也已被观测了数千年了。新星缓慢地黯淡下去,最终消失不见。在 1930 年代早期,沃尔特·巴德和弗里茨·兹威基识别出一种更明亮的恒星爆炸,他们称之为超新星。他们在其他星系里找到了几个,并开始系统地寻找更多超新星。以前天文学家没有多少样本可供研究,这个情况直到最近才有所改变。现在,每年都有数百个超新星被发现,被详细研究。近几十年,通过部署自动搜寻,如帕洛玛暂现工厂(PTF),还有业余爱好者的系统搜寻,超新星的样本大小得以改观。超新星爆发的计算机模型也随着处理能力的增加而进步。因此,超新星物理成为了一个快速发展的领域。在 1950 年代,基于超新星展现的谱线,曾有一种粗略的分类方法。而在取得大量样本可供分析之后,这一分类系统被扩展到可以兼容各种无法纳入标准模式的罕见情形。

如今我们知道,有两种主要的机制会导致超新星。Ⅰa 型超新星是由接近钱德拉塞卡极限的白矮星失控的热核爆炸产生的。Ⅱa 型超新星则是由耗尽核燃料的恒星其核心坍缩产生,如 13.7.2 所述。Ⅱa 型超新星的根本能量源是释放的引力束缚能。

在恒星中,很大部分属于双星或多星系统。这些恒星之间的相互作用呈多样性,而且很复杂,质量非常大的恒星在其晚期超巨星阶段尤为显著。这些相互作用对可能出现超新星的环境有显著影响。现在越来越清楚,分类系统的许多分支只不过是由于环境因素所致。举例来说,一颗发生核心坍缩的恒星,其包层可能是富氢的、富氦的,还可能由于伴星的原因完全失去了其包层,而这当然就会影响超新星的光谱谱线。超新星的外观还会因爆炸时恒星周围区域中的物质而改变,这些物质有些可能是恒星在之前的小规模喷发中喷射出来的。

双星系统内的相互作用也被认为是 Ⅰa 型超新星起源的关键,不过确切机制还有一些争议。双星系统中质量更大的那颗恒星可能会演化为白矮星,而其伴星会在一段时间后膨胀成为红巨星。白矮星是一颗死星,不再发生核聚变反应。但它绕着红巨星转时可能会从红巨星的外层积聚物质。这些物质被吸引到白矮星上,在强引力下被压缩成白矮星表面的球壳。最终,球壳的密度达到临界点,在巨大的核聚变爆炸中喷发,可能在星系的另一端都能看见。我们视这种事件为新星；银河系中每年大约会出现十次。(据猜测还有 30 次左右因尘埃和气体云阻碍而看不到。)这个导致新星的过程会重复发生，因为白矮星会一直持续从伴星处吸取物质。喷发的周期一般为数千年，但也有十到二十年那么短的。比如，蛇夫座 RS 就分别在 1898、1933、1958、1967 和 2006 年喷发。天体物理学家还不能确定在这个过程中白矮星质量是稳定增加，还是在每次爆发中削减。

在主星序上时，恒星中任何的温度上升都会增加热压力，这就像阀门一样控制着温度和聚变率。但白矮星中无法出现这一机制。当白矮星的质量接近钱德拉塞卡极限时，表面吸积物质的壳层被引爆，可能会触发其核心内的碳聚变。白矮星的强引力挤压着核心，而核心是高度简并的，由电子简并压支撑，这基本上不依赖于温度，所以碳聚变释放的任何能量都会导致温度的急剧上升，这又反过来大幅增加聚变率。这样所致的失控热核爆炸会摧毁白矮星，点亮成为 Ⅰa 型超新星，可能会比之前的新星亮 100 000 倍。人们相信所有 Ⅰa 型超新星都有类似的本征光度，自 1990 年代起就被当作标准烛光①，用来确定遥远星系到我们的距离。从 1998 年起，对远处 Ⅰa 型超新星爆发的研究就被用于证明宇宙的膨胀正在加速。最近，对于这一距离确定方法的可靠性也提出了一些疑虑。有些被归类为 Ⅰa 型的超新星，人们猜测来自于两颗白矮星的双星系统并合，在这种情况下，不同双星系统的总质量和并合过程就各不相同，所得到的超新星其光度也会各异。如果这是正确的，就会对超远尺度上的距离确定产生影响。

1987 年，天文学家目睹了自望远镜年代开始以来最近的一颗可见超新星。这是一颗 Ⅱa 型超新星，记为 SN1987A。它位于一个称为大麦哲伦云的矮星系中，在 168 000 光年外被引力束缚在我们的星系上。即使在这个的距离，这颗超新星在南半球的天空中看起来仍像一颗中等亮度的恒星。超新星在相对较近的距离出现，让天文学家有机会检验他们关于这些宇宙灾变的想法。在数天之内，SN1987A 的前身星就在照片记录中被找到。这颗被命名为萨恩度泄漏(Sanduleak−69°202)的恒星是一颗蓝超巨星，所以这颗超新星是核心坍缩的结果，这正是 Ⅱa 型超新星所期待的。然而它还是有些不常规的特点。

核心坍缩产生了很强的中微子和反中微子流。在核心内的惊人高压下，从能量角度来说，质子和电子倾向于通过倒逆 β 衰变来形成中子，并释放中微子：

$$p + e^- \rightarrow n + \nu_e. \tag{13.108}$$

核心内的对流可能会把极富中子的原子核带到压强稍低的区域，在那里它们迅速发生 β 衰变，释放反中微子：

$$n \rightarrow p + e^- + \bar{\nu}_e. \tag{13.109}$$

不过，还有一个过程更为重要。坍缩中的核心内，γ 射线能量足够高($>1.02\,\mathrm{MeV}$)，可以在散射等离子体中的离子时形成电子-正电子对。这些电子和正电子中的一些便湮灭形成(3 种类型的)中微子-反中微子对：

①　严格来说，它们是可标准化的。它们的本征光度可能会相差一个至多为 10 的因子，但它们本征光度的峰值可以从它们的光变曲线推导得出，光变曲线即它们光度随时间减弱的曲线。

$$e^- + e^+ \rightarrow \nu + \bar{\nu}. \tag{13.110}$$

核心坍缩过程中,在数秒的时间内就产生了约 10^{58} 个中微子和反中微子。在超新星的模型中,初始的爆炸总是会停滞,需要这涌现的大量中微子来重新点燃超新星爆发,撕裂这正在死亡的恒星。有那么一瞬,中微子被困在一起,形成简并气体,填满所有可能态,就像金属中的电子。

SN1987A 出现前的两到三小时,日本、美国和俄罗斯的中微子观测站在 10 s 内探测到总计 24 个反中微子。这是首次探测到来自太阳系外的中微子。据估计,银河系内每隔 30 年左右就有一次超新星爆发,只是其中大部分都被干扰的尘埃云隐藏在视野之外。天文学家上一次看见超新星爆发是在 1604 年。下一次出现应该很容易被今天更为精密的中微子观测站发觉。单是超级神冈探测器,估计就能从我们星系的超新星处看到约 10 000 个中微子和反中微子的脉冲。

SN1987A 的光在其出现后的几个月内慢慢淡去。光度的衰减与我们的理论理解符合得非常好,对上了半衰期为六天的 ^{56}Ni $\rightarrow$ ^{56}Co 衰变,接着是半衰期为 77.3 天的 ^{56}Co $\rightarrow$ ^{56}Fe。图 13.14 把 SN1987A 的光度衰减过程,与超新星产生的各种同位素放射性衰变引起的光度衰减进行了对比。直到约 1 000 天,光变曲线都符合 ^{56}Co 的衰变。目前从这超新星残迹接收到的光线,据认为大部分都是来自钛同位素 ^{44}Ti 的衰变,其半衰期为 60 年。

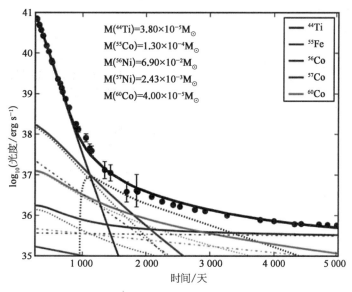

图 13.14 SN1987A 的光变曲线(黑点),与长寿命放射性原子核 ^{44}Ti, ^{55}Fe, ^{56}Co, ^{57}Co 以及 ^{60}Co 的总辐射相符

令天体物理学家惊异的是,发现的 SN1987A 前身是一颗蓝超巨星,质量为 $20M_\odot$,半径为 $40R_\odot$,而不是按照恒星演化理论预测的,半径约为 $1\,000R_\odot$ 的红超巨星。1990 年,这个超新星的残迹在一个奇怪的三环系统中被发现,如图 13.15 所示。如今,对于 SN1987A 的这些及其他与众不同的特点,已有了一个令人信服的解释。菲力普·波德西

特罗斯基、托马斯·莫里斯和娜塔莎·伊凡诺娃提出，该前身星初始时是一个双星系统，两颗恒星质量分别约为 $(15 \sim 20)M_\odot$ 和 $5M_\odot$，相互绕转的周期至少为 10 年。当较大的恒星进入红超巨星阶段，它的外包层就吞噬了它的伴星。扩散包层带来的摩擦力导致两颗恒星螺旋靠近，直到伴星在约 20 000 年前与红超巨星的核心相撞。碰撞使得红超巨星的核心物质与包层物质混合，加上额外的质量，把它从红超巨星转变为蓝超巨星。并合流体动力学的计算机模型显示，随着伴星在红巨星内螺旋接近，它的包层旋转形成了一个围绕着主星的圆盘。同时，伴的内旋也加热了包层，造成约 $0.5M_\odot$ 的物质被抛射出去。这些物质的逸出又在赤道圆盘面前被阻碍。这就形成了在圆盘上下往外流的两环，其中物质外流浓度最大的角度在圆盘的 $\pm 45°$。并合之后，红超巨星内的温度上升，它收缩变成了蓝超巨星，留下圆盘变成第三个物质外流环，质量为数个太阳质量。最终结果就是一个三环系统，如图 13.15 所示的哈勃太空望远镜图像。

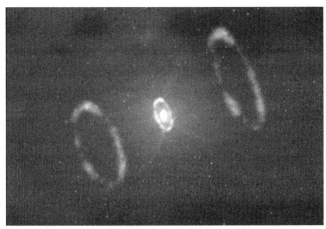

图 13.15 左：哈勃太空望远镜（HST）所见的 SN1987A 图像，可见在中央的超新星周围有三个环；右：印象派艺术家在不同角度下的三环系统作品，展示了其 3D 结构

图 13.16 所示的是 SN1987A 演化中的样子。在超新星爆发中喷出的物质，如今已经到达 20 000 年前由前身星喷射出来的致密物质环处，多个气体结点在碰撞中被激发，从而被点亮起来。天文学家一直在寻找 SN1987A 留下来的中子星，目前为止还没有找到。

γ 射线暴

1963 年，《禁止核试验条约》签署。为了监控条约的履行情况，4 年后美国发射了一系列卫星来探测 γ 射线，这是暴露核爆实情的信号。这些卫星马上就检测到时不时的 γ 射线闪烁，或者称为 γ 射线暴（GRB）。对此的调查随即展开。

到了 1973 年已经清楚，这些 γ 射线源自太空，军方解密了这些研究。典型的 γ 射线暴只持续数秒，事实证明，要揭开它们的秘密是一个相当大的挑战。这一挑战的成功，依赖于在卫星探测到 γ 射线暴后迅速部署的望远镜，以研究它的余辉。这在 1996 年意大

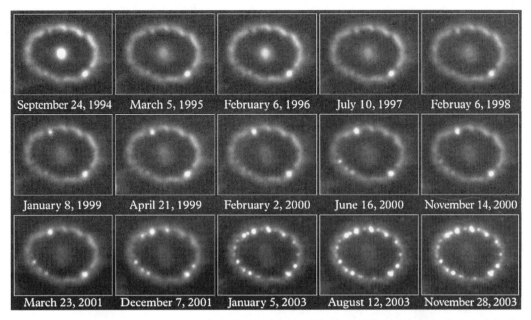

图 13.16 "SN1987A"的 HST 连续图像。爆发的冲击波追上并激发了致密的中央物质环,这个物质环是爆发前 20 000 年由该恒星喷射出来的

利-荷兰的卫星 BeppoSAX 升空后成为可能,这颗卫星被设计用来非常快速和准确地定位 γ 射线暴,使得光学望远镜可以迅速跟进。这些光学余辉中的吸收光谱是高度红移的,在 γ 射线暴事件穿过遥远干扰星系时,以光的形式产生。现在已经清楚,γ 射线暴是宇宙中最剧烈爆炸的产物。它们极为罕见,但非常强烈,以至于我们可以在数十亿光年外的宇宙另一端探测到。

γ 射线暴被分为两类。大部分事件持续数秒,典型持续时间为 20 s,称为长 γ 射线暴。另一类就是短 γ 射线暴,只持续两秒以下。γ 射线暴的能量巨大。要各向同性地发射这么多 γ 辐射,需要远超最亮超新星的、难以企及的能量。如今普遍认为,γ 射线暴是紧密汇聚的辐射束。当一束强烈的 γ 辐射从灾变事件向我们的方向射来时,我们就看到了 γ 射线暴。对于 γ 射线暴的两个分类,人们相信是两种不同事件的结果。

有些长 γ 射线暴被确定与最亮的那一类超新星有紧密联系,称为特超新星,这种特超新星至少是普通超新星十倍那么亮。天体物理学家得出结论,长 γ 射线暴是非常大质量的恒星核心坍缩形成黑洞时的产物。把整颗恒星挤压成黑洞是很困难的,因为黑洞在宇宙标准来看是很小的,直径只有数公里。坍缩中的恒星旋转得越来越快,在极点附近大量小角动量的物质迅速形成黑洞,而在赤道附近的大角动量物质则产生一个快速旋转的圆盘。黏滞过程使得这个圆盘可以迅速吸积进入新生的黑洞中,但有些物质从极点被喷射而出。这些物质被压缩到超过原子核密度,汇聚成两束喷流,以近乎光速喷射而出。喷流中的电子被加速,发出同步辐射,产生两束强大的 γ 射线。在宇宙另一端,恰好正往这 γ 射线枪口探视的一个文明,就看到了这短暂的辐射痕迹,显示着一个可能有 $40M_\odot$ 的恒星的死亡,以及一个黑洞的形成。

有些情况下，极点处的 γ 射线束可能无法从坍缩中恒星物质中打穿一条出路，所以很可能并不是所有特超新星都伴随着 γ 射线暴。也有可能某些质量最大的恒星会悄然地坍缩成黑洞，而非通过一次爆炸，完全没有产生超新星。它们只会直接从视野中消失。

已经证明，短 γ 射线暴更难研究，因为它们持续时间很短，而且没那么强烈。最近，它们已与同样是数十亿光年外的、微弱可见的余辉联系了起来。有非常有力的证据证明，这些事件来自于两个致密物体的并合，可能是两颗中子星，或者是一颗中子星与一个黑洞。

13.10 密度–温度图

在 13.4.3 节，我们了解到，恒星遵循（13.52）式，这意味着：

$$\rho(r) = \frac{1}{(G\mu m_p)^3} \frac{T^3(r)}{M^2}. \tag{13.111}$$

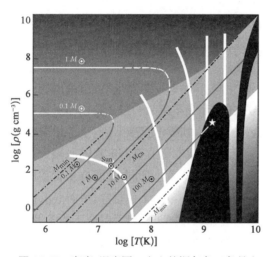

图 13.17 密度–温度图。左上的深灰色三角是电子简并压与引力压平衡的区域。在这个区域的顶部，白矮星不稳定，会坍缩形成中子星。在右下角的黑色区域，恒星因辐射压而不稳定。稳定的恒星存在于这些极端情形之间的对角狭长区域

这个等式把密度与恒星内各点温度的立方联系起来。对此取对数有 $\log \rho = 3 \log T - 2 \log M + \text{const}$，所以对于一颗质量为某个值 M 的恒星，其 $\log \rho$ 对 $\log T$ 的函数图将是一条斜率为 3 的直线，如图 13.17 所示。这就是该恒星的质量轨线。图中等距的代表性图线分别表示的是恒星质量为 $0.1M_\odot$，$M_\odot$，$10M_\odot$ 以及 $100M_\odot$ 的情况。（业已清楚，在恒星的演化中，质量的损失是显著的，尤其对于大质量恒星更是如此，但为了简单起见图中假设恒星质量保持为常数。）

本章的许多内容都可以在这张图中总结出来。左边的区域是白矮星区，电子简并压与引力压平衡。在这个区域之上我们就到了临界密度，此时简并的电子有相对论性速度，白矮星变得不稳定，会坍缩成中子星。在右下角的区域，辐射压比恒星内的热压力大。当辐射压变为主导，恒星就不稳定。这限制了恒星的质量，不能超过约 $120M_\odot$。在对角狭长区域中的，是处于前面那些极端情形之间的恒星质量轨线。

图上弯曲的白线表示发生各轮核聚变所需的温度和密度。最左边的曲线代表氢聚变。低温的一端对应于质子-质子链的能量产出，体现了（13.59）式的温度依赖关系 $n = 4$。高温的一端更陡，对应于通过 CNO 发生的聚变，温度依赖关系由（13.62）式给出，$n = 18$。当一颗原恒星在引力下收缩，其核心内的压强–温度条件会沿着合适的质量轨线上升，直

到遇到氢聚变线,然后开始产出能量。接下来核心就会停留在这一点度过其在主星序上的寿命。如果我们从核心往外移动到包层,就会看到恒星内的密度和温度沿着质量轨线回到了图的左下角。

当恒星耗尽了其核心内的氢燃料,核心就会收缩,继续沿着质量轨线右移。轨线的路径和恒星的命运,现在就依赖于其质量。小质量的轨线,比如说 $0.1M_\odot$,会到达一个急剧变陡的区域,此时(13.52)式就不再适用。这些轨线弯向白矮星区,恒星核心达到最大密度,由电子简并压支撑。随后它们在一个恒定质量下缓慢冷却,水平左移。

若核心耗竭而收缩的是一颗太阳质量的恒星,它就会沿着 $M_\odot$ 轨线移动,直到与第二条白色曲线相交,这条曲线代表的是适合氦聚变的条件。此时核心就停止收缩,直到氦燃料耗尽。氦在核心内燃烧时,稍外层的球壳中,条件可能会适合氢燃烧,质量轨线与氢聚变线相交。当氢也耗尽时,恒星同样沿着质量轨线进入到白矮星区。

质量更大的恒星,会在更低的密度时达到核聚变所需的温度。它们核心内的氢和氦耗尽时,这些恒星继续沿着质量轨线前进,直到触发新一轮的核聚变。这样的恒星可能会在核心的聚变之外,在好几层球壳中燃烧核燃料。这些恒星的核心最终会到达不稳定的条件,这时会发生超新星爆发,留下中子星或黑洞。不同质量恒星的归宿如图 13.18 所示。

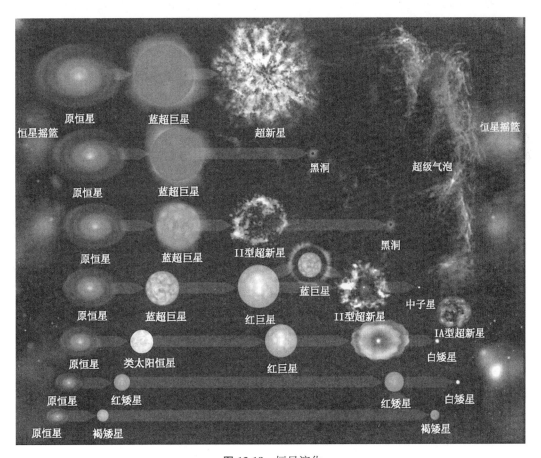

图 13.18　恒星演化

13.11　拓展阅读材料

关于恒星理论的引论，参见

R. J. Tayler. *The Stars: Their Structure and Evolution* (2nd ed.). Cambridge：CUP，1994.

D. Prialnik. *An Introduction to the Theory of Stellar Structure and Evolution* (2nd ed.). Cambridge：CUP，2010.

在恒星和超新星中核合成的详尽论述，参见

D. Arnett. *Supernovae and Nucleosynthesis: An Investigation of the History of Matter, from the Big Bang to the Present*. Princeton：PUP，1996.

关于奇异星的全面综述，包括白矮星、中子星，以及黑洞，参见

M. Camenzind. *Compact Objects in Astrophysics: White Dwarfs, Neutron Stars and Black Holes*. Berlin, Heidelberg：Springer，2007.

关于超新星和 γ 射线暴，参见

P. Podsiadlowski. *Supernovae and Gamma-Ray Bursts in Planets, Stars and Stellar Systems*. Vol. 4, Stellar Structure and Evolution, eds. T. D. Oswalt and M. A. Barstow. 693 – 733, Dordrecht：Springer，2013.

第 14 章 宇 宙 学

14.1 爱因斯坦的宇宙

1917 年,随着爱因斯坦使用广义相对论将宇宙作为整体结构的研究,他拉开了现代宇宙学时代的序幕。爱因斯坦的出发点是,我们在宇宙中不占有特殊地位;而且在非常大的尺度上,宇宙中充满了密度均匀的物质。他还假设宇宙在宇宙时间尺度上是永恒不变的。很快,他就意识到,要找到一个符合最后一个假设的模型,他需要通过增加一项来修正广义相对论的场方程。这一项具有形式 $\Lambda g_{\mu\nu}$,其中 Λ 被称为宇宙学常数,而 $g_{\mu\nu}$ 是时空的度规。类似于爱因斯坦张量,$g_{\mu\nu}$ 是对称的 2 秩张量,且协变守恒。它是唯一可以加入到场方程(6.47)而不破坏其协变性的项[①]。修正后的爱因斯坦方程为

$$G_{\mu\nu} - \Lambda g_{\mu\nu} = T_{\mu\nu}. \tag{14.1}$$

在牛顿引力的语境中,宇宙学项在空间的任意两个物体之间引入了额外的作用力。这是另一个与距离成正比的普适力。根据 Λ 的符号不同,这个力可以是吸引的,如万有引力;也可以是排斥的。此外,即便这种力在短得多的尺度上完全无法探测到,但由于它不像通常的引力那样随着距离的平方而衰减,它仍然可以在宇宙尺度上影响宇宙的结构。

爱因斯坦找到了修正后引力方程的解,它描述了一个静态的永恒宇宙。由于宇宙的质量组分会产生一种吸引力,使得宇宙有坍缩的趋势,正的 Λ 宇宙学常数项的出现,将提供一种排斥力与其平衡。然而,这个模型是不稳定的。任何密度略高于平均水平的区域都会发生引力坍缩;任何密度略低于平均水平的区域都会无限制地扩张。爱因斯坦的静态宇宙并非观测到的宇宙。与此相反,基本方程(14.1)的非静态解给出了我们在最大宇宙尺度上描述宇宙的最佳模型。

14.2 距离-红移关系

就在一个世纪前,人们还认为银河系构成了整个宇宙,而夜空中的任何模糊区域,如仙女座星云和大小麦哲伦星云,都被认为是我们星系中的气体云。只有当能够更精确地确定到星体间的距离时,这一观点才会受到挑战。现在我们知道,仙女座星云是一个类

---

① 译者注:"唯一"的说法是不够严谨的。事实上,在最近十多年来,大量的修正引力理论为场方程提供了很多种可能的保持协变性的添加项。

似银河系的星系，它与银河系的距离大约是银河系直径的 25 倍。

在 20 世纪，天文学家们付出了巨大的努力来建造通往最远星系的距离阶梯。超越太阳系的第一级阶梯用的是视差。地球围绕太阳运行时位置的变化会导致恒星的视位置发生变化。如果我们能够测得这种变化，那么要计算出恒星到地球的距离只不过是一个简单的几何练习题。如果视差位移为 1 弧度，这样的两物体之间的距离称为 1 秒差距（1 pc）。这对应于大约 3.26 光年。诸如半人马座 α 星和天狼星那样离我们最近的恒星，距离只有几秒差距。在 1989 至 1993 年期间，依巴谷卫星便使用这种方法确定了距离最近的 120 000 颗恒星间的距离（见 13.2 节）。然后我们可以使用标准烛光进入更深处的太空，这些天体的绝对光度 L 是可以计算出来的。这些标准烛光的绝对亮度可以使用依巴谷星表中的精确距离测量来进行校准。到更遥远的距离 d 的例子，是通过观察它们的光度 I，然后使用公式(13.5)，

$$I = \frac{L}{4\pi d^2}. \tag{14.2}$$

为了理解宇宙的大尺度结构，测量宇宙的距离是必要的。这些距离用 Mpc（百万秒差距）来计算。1912 年，亨利埃塔·利维特在哈佛大学天文台工作时发现了最重要的标准蜡烛。这些非常明亮的恒星被称为造父变星，它们的光度在一个常规的周期内变化，周期的变化规律与恒星固有光度的峰值有关。这意味着通过测量周期的长短，就可以确定恒星的固有亮度，从而确定其距离。离我们最近的造父变星是北极星，大约为 120 s 差距，而造父变的亮度足以在最近的星系中被观测到，这意味着它们可以用来延伸距离阶梯到我们的邻近星系。利维特通过分析附近矮星系小麦哲伦星云中的造父变星，发现了临界周期与光度间的关系。它的恒星与我们的距离基本上是一样的，所以它们的观察光度差异反映了它们的绝对光度之间的差异。

埃德温·哈勃利用利维特的发现证实了宇宙比以前认为的要大得多。他证明了我们的星系只是众多星系中的一个，并继续估算了我们的星系到众多相对邻近星系之间的距离。他还通过测量这些星系光谱的多普勒频移来确定它们移近或远离我们的速度。假设 $\Delta\lambda = \lambda_0 - \lambda$ 是波长的变化，其中 λ_0 是从一遥远的星系到达地球的光谱中的观测波长，且 λ 是地球上实验室中被激发原子产生的同一谱线的波长。这样，星系的红移 z 定义为波长的变化除以波长 $\frac{\Delta\lambda}{\lambda}$，且它与星系远离我们的速度 v 有关，

$$z \equiv \frac{\Delta\lambda}{\lambda} = v. \tag{14.3}$$

哈勃很快得出结论，星系的退行速度与它们之间的距离成正比，

$$v = H_0 d, \tag{14.4}$$

其中 d 是星系间的距离，H_0 是一个比例常数，又被称为哈勃常数。1929 年，哈勃做出了重大宣布——整个宇宙都在膨胀。自此，这一发现奠定了宇宙学基础。

如今,哈勃常数的值为 $H_0 = 68 \text{ km s}^{-1} \text{Mpc}^{-1}$。这意味着由于宇宙膨胀,一个处于 $1 \text{ Mpc} \approx 3.26$ 百万光年的物体,将会以 68 km s^{-1} 的速度远离我们。H_0 具有一个不寻常的单位,因为不管是 1 Mpc 还是 1 km 都是长度单位。H_0 自然是时间单位的逆,它大约是 140 亿年的逆。因此,哈勃常数是对宇宙年龄的一种测量。因为如果膨胀的宇宙在时间上向过去回溯,H_0 保持不变,那么所有的星系大约在 140 亿年前并合。

14.3 弗里德曼-罗伯逊-沃克宇宙学

宇宙学标准模型又被称为弗里德曼-罗伯逊-沃克宇宙学(或者 FRW 宇宙学)。它是爱因斯坦方程(14.1)的一个高度对称解。1922 年,亚历山大·弗里德曼(Alexander Friedmann)首次推导出该方程;30 年代,霍华德·罗伯逊(Howard Robertson)和阿瑟·沃克(Arthur Walker)也参与了其中的研究。此后,该解便以他们的名字命名。不像我们在第 6 章中讨论的施瓦西和克尔度规,FRW 宇宙学随时间演化。它基于空间在最大尺度上是完全均匀和各向同性的假设基础之上。

均匀性意味着 3 维空间在任何地方都是相同的。由此可见,宇宙的 4 维时空可以被匀整地切分成 3 维空间序列,并由所有观察者一致的时间坐标参数化。这样的时间又被称为宇宙时。宇宙时与牛顿力学中的时间相似;不同之处只在于,由于光速有限,宇宙时空具有洛伦兹度规。均匀性意味着在宇宙时的任何时刻,所有空间点都是几何等价的。它是哥白尼原理的现代版本;哥白尼原理认为,地球并不处于诸如宇宙中心这样的特殊位置。同样地,我们现在说银河系(或任何其他星系)在宇宙中没有特殊的位置。(时空并非均匀的,因为宇宙随时间演化。)

各向同性意味着从我们的位置(或从任何其他位置)去看,空间在所有方向上都是相同的。这意味着宇宙没有旋转,因为转轴会违反各向同性,所以时空度规不能包含时间和空间之间的任何交叉项。此外,度规的所有空间分量必须以相同的方式随时间演化。

建立 FRW 模型所依据的均匀性这一关键假设似乎得到了观察的证实。稍后我们将回到观察证据。各向同性的假设直接得到了天文学家的证实,他们观察到各个方向上星系的密度大致相等。

均匀性和各向同性一起,极大地限制了宇宙可能的几何形状,导致物理学上的极大简化。它们意味着空间黎曼曲率张量必须采用以下简单形式,

$$^{(3)}R_{abcd} = C(h_{ca}h_{bd} - h_{cb}h_{ad}), \tag{14.5}$$

其中 h_{ab} 是三维度规张量。第 5 章推导出来的这个黎曼张量,是常曲率空间中最普遍的一个。如果 C 是正的,那么宇宙是球形的,具有有限大小;如果 $C = 0$,则宇宙是平的;如果 C 是负的,则宇宙是双曲的。如果 C 是负的或者是零,宇宙将是无限大的。

将可能的空间几何与宇宙时间坐标相结合,可以在极坐标下写成以下 4 维 FRW 度规,

$$d\tau^2 = dt^2 - a^2(t)(d\chi^2 + f^2(\chi)(d\vartheta^2 + \sin^2\vartheta d\varphi^2)), \tag{14.6}$$

其中对于球形空间几何 $f^2(\chi) = \sin^2\chi$，对于平坦几何 $f^2(\chi) = \chi^2$，对于双曲几何 $f^2(\chi) = \sinh^2\chi$。唯一剩下的自由度是标度因子 $a(t)$，它是宇宙时 t 的函数。在球形宇宙中，$a(t)$ 是依赖于时间的半径，且空间曲率为 $K(t) = \dfrac{1}{a^2(t)}$。在双曲情形下 $K(t) = -\dfrac{1}{a^2(t)}$。即使在平坦空间情形下，四维时空仍然是弯曲的。（为了方便起见，在接下来的大部分情形下，我们将 $a(t)$ 记为 a。）

随着宇宙的膨胀或收缩，时代在不断更替，每个星系 g 却都保留着相同的坐标标号 $(\chi_g, \vartheta_g, \varphi_g)$。这样的坐标称为共动坐标。均匀性假设蕴涵着宇宙中的物质不可能有任何局部运动。换句话说，星系的随机相对运动可以忽略不计。我们可以将自己的位置选取为 $\chi = 0$。对于我们来讲，χ 是径向坐标，ϑ 和 φ 是天空中的极坐标。到其他星系的距离不仅依赖于 χ，而且依赖于 a。

将 FRW 几何表示成空间笛卡儿坐标也是自然的。由于所有的点都是等价的，因此我们可以将自己放在这些坐标的原点。于是，度规可以写成

$$d\tau^2 = dt^2 - a^2(t)\, \frac{dx^2 + dy^2 + dz^2}{\left(1 + \dfrac{k}{4}(x^2 + y^2 + z^2)\right)^2}, \tag{14.7}$$

其中曲率特征量 $k = +1, 0$ 或者 -1，分别对应于球形，平坦或双曲几何。这里，我们使用了 3 维球面度规的表达式 (5.74)，以及它的平坦和双曲类似形式。我们将集中讨论 $k = 0$ 时的平坦几何，因为这是最简单的情况，而且看起来好像最持有物理意义。这样，度规张量 $g_{\mu\nu}$ 和它的逆 $g^{\mu\nu}$ 可以简单地取为

$$g_{\mu\nu} = \mathrm{diag}(1, -a^2, -a^2, -a^2),\quad g^{\mu\nu} = \mathrm{diag}\left(1, -\frac{1}{a^2}, -\frac{1}{a^2}, -\frac{1}{a^2}\right). \tag{14.8}$$

14.3.1 爱因斯坦方程和 FRW 度规

迄今为止，我们仅从均匀性和各向同性的假设中，就推导出宇宙可能的几何形状。我们需要证明这些几何与广义相对论是相容的，并且满足爱因斯坦方程。这是一个直接而具启发性的练习。在目前情形，我们假设 $k = 0$ 和 $\Lambda = 0$。

度规 (14.8) 导数的非零值只剩下 $g_{xx,t}$，$g_{yy,t}$ 和 $g_{zz,t}$，它们都等于 $-2a\dot a$，其中点代表对时间的导数。因此，非零克里斯朵夫记号 (5.50) 都具有一个时间指标和两个相同的空间指标。它们是

$$\Gamma^t_{yy} = \Gamma^t_{zz} = \Gamma^t_{xx} = \frac{1}{2}g^{t\sigma}(g_{x\sigma,x} + g_{\sigma x,x} - g_{xx,\sigma}) = \frac{1}{2}g^{tt}(g_{xt,x} + g_{tx,x} - g_{xx,t})$$

$$= -\frac{1}{2}g^{tt}g_{xx,t} = a\dot a, \tag{14.9}$$

$$\Gamma^y_{ty} = \Gamma^y_{yt} = \Gamma^z_{tz} = \Gamma^z_{zt} = \Gamma^x_{tx} = \Gamma^x_{xt} = \frac{1}{2} g^{x\sigma}(g_{x\sigma,t} + g_{\sigma t,x} - g_{xt,\sigma}) = \frac{1}{2} g^{xx} g_{xx,t}$$

$$= \frac{1}{2}\left[-\frac{1}{a^2}\right](-2a\dot a) = \frac{\dot a}{a}. \tag{14.10}$$

里奇张量(5.41)为

$$R_{\mu\nu} = \Gamma^\rho_{\mu\nu,\rho} - \Gamma^\rho_{\rho\nu,\mu} + \Gamma^\alpha_{\mu\nu}\Gamma^\rho_{\alpha\rho} - \Gamma^\alpha_{\rho\nu}\Gamma^\rho_{\alpha\mu}, \tag{14.11}$$

其中不为零的分量为

$$\begin{aligned}
R_{tt} &= \Gamma^\rho_{tt,\rho} - \Gamma^\rho_{\rho t,t} + \Gamma^\alpha_{tt}\Gamma^\rho_{\alpha\rho} - \Gamma^\alpha_{\rho t}\Gamma^\rho_{\alpha t}\\
&= -\Gamma^\rho_{\rho t,t} - \Gamma^\alpha_{\rho t}\Gamma^\rho_{\alpha t}\\
&= -\Gamma^x_{xt,t} - \Gamma^y_{yt,t} - \Gamma^z_{zt,t} - \Gamma^x_{xt}\Gamma^x_{xt} - \Gamma^y_{yt}\Gamma^y_{yt} - \Gamma^z_{zt}\Gamma^z_{zt}\\
&= -3\Gamma^x_{xt,t} - 3(\Gamma^x_{xt})^2\\
&= -3\left(\frac{\ddot a}{a} - \frac{\dot a^2}{a^2}\right) - 3\frac{\dot a^2}{a^2}\\
&= -3\frac{\ddot a}{a},
\end{aligned} \tag{14.12}$$

和

$$\begin{aligned}
R_{xx} = R_{yy} = R_{zz} &= \Gamma^\rho_{xx,\rho} - \Gamma^\rho_{\rho x,x} + \Gamma^\alpha_{xx}\Gamma^\rho_{\alpha\rho} - \Gamma^\alpha_{\rho x}\Gamma^\rho_{\alpha x}\\
&= \Gamma^t_{xx,t} + \Gamma^t_{xx}\Gamma^\rho_{t\rho} - \Gamma^x_{tx}\Gamma^t_{xx} - \Gamma^t_{xx}\Gamma^x_{tx}\\
&= \Gamma^t_{xx,t} + 3\Gamma^t_{xx}\Gamma^x_{tx} - 2\Gamma^x_{tx}\Gamma^t_{xx}\\
&= \Gamma^t_{xx,t} + \Gamma^t_{xx}\Gamma^x_{tx} = (a\ddot a + \dot a^2) + a\dot a\left(\frac{\dot a}{a}\right)\\
&= a\ddot a + 2\dot a^2.
\end{aligned} \tag{14.13}$$

于是,里奇标量为

$$\begin{aligned}
R &= g^{\mu\nu}R_{\mu\nu} = R_{tt} - \frac{1}{a^2}(R_{xx} + R_{yy} + R_{zz})\\
&= -3\frac{\ddot a}{a} - \frac{3}{a^2}(a\ddot a + 2\dot a^2)\\
&= -6\left(\frac{\ddot a}{a} + \frac{\dot a^2}{a^2}\right).
\end{aligned} \tag{14.14}$$

这就得到了爱因斯坦张量(6.46)的下述分量:

$$\begin{aligned}
G_{tt} &= R_{tt} - \frac{1}{2}Rg_{tt} = -3\frac{\ddot a}{a} + 3\left(\frac{\ddot a}{a} + \frac{\dot a^2}{a^2}\right)\\
&= 3\frac{\dot a^2}{a^2},
\end{aligned}$$

$$G_{xx} = G_{yy} = G_{zz} = R_{xx} - \frac{1}{2} R g_{xx} = a\ddot{a} + 2\dot{a}^2 + 3\left(\frac{\ddot{a}}{a} + \frac{\dot{a}^2}{a^2}\right)(-a^2)$$
$$= a\ddot{a} + 2\dot{a}^2 - 3a\ddot{a} - 3\dot{a}^2$$
$$= -2a\ddot{a} - \dot{a}^2. \tag{14.15}$$

我们可以模型化宇宙中的物质成分，使它具有理想流体的能动张量形式(6.28)

$$T_{\mu\nu} = (\rho + P)v_\mu v_\nu - P g_{\mu\nu}, \tag{14.16}$$

其中 ρ 是能量密度，P 是压强。均匀性意味着 ρ 和 P 只是时间 t 的函数。能量密度描述了气体云、恒星和星系中物质的特征，同时也描述了宇宙辐射的能量。物质相对于共动坐标既无有序运动，也无随机运动，这意味着它引起的压强可以忽略不计。压力 P 主要是由辐射产生。因此，在共动坐标系下，$v_\mu = (1, 0, 0, 0)$，度规由(14.8)式给出，因此能动张量具有简单的形式 $T_{\mu\nu} = \mathrm{diag}(\rho, a^2 P, a^2 P, a^2 P)$。 爱因斯坦方程约化成

$$\begin{pmatrix} G_{tt} & 0 & 0 & 0 \\ 0 & G_{xx} & 0 & 0 \\ 0 & 0 & G_{yy} & 0 \\ 0 & 0 & 0 & G_{zz} \end{pmatrix} = 8\pi G \begin{pmatrix} \rho & 0 & 0 & 0 \\ 0 & a^2 P & 0 & 0 \\ 0 & 0 & a^2 P & 0 \\ 0 & 0 & 0 & a^2 P \end{pmatrix}. \tag{14.17}$$

仅仅存在两个独立的方程，一个是关于 G_{tt} 的，

$$3\frac{\dot{a}^2}{a^2} = 8\pi G \rho, \tag{14.18}$$

另一个是关于 G_{xx} 的，

$$-2\frac{\ddot{a}}{a} - \frac{\dot{a}^2}{a^2} = 8\pi G P. \tag{14.19}$$

关于 G_{yy} 和 G_{zz} 的方程与 G_{xx} 的方程相同。爱因斯坦方程通常与两个对称的 2 秩张量有关，所以它由 10 个耦合方程组成，对应于度规张量的 10 个分量，但是 FRW 几何的对称性将爱因斯坦的方程简化为两个方程，它们决定了标度因子 a 如何随时间变化。

这些代数运算的结果可以获得一个极为重要的结论。消去式(14.18)和式(14.19)中的 $\frac{\dot{a}^2}{a^2}$，可得

$$\frac{\ddot{a}}{a} = -\frac{4\pi G}{3}(\rho + 3P). \tag{14.20}$$

在非常合理的物理假设下，能量密度 $\rho > 0$ 和压强 $P \geqslant 0$，即 $\ddot{a} < 0$，这意味着宇宙不可能是静止不动的；它必定是动力学的。这就是为什么爱因斯坦要将宇宙学常数 Λ 引入场方程的原因。根据伽莫夫 1960 年的著作，爱因斯坦称这是他一生中最大的错误。如果爱因斯坦在没有引进宇宙常数的情况下寻找他最初的场方程的逻辑结论，他本可以预测宇

宙的膨胀(或收缩),这可能是超越任何时代科学家的最伟大的预测。

如果宇宙在膨胀,且 $\ddot{a} < 0$,那么膨胀速率就会减小。这并不奇怪,因为引力是相互吸引的。由于物质和辐射的引力作用,膨胀正在减慢。

14.3.2 一般的 FRW 宇宙解

一般的 FRW 宇宙有一个非零的宇宙学常数 Λ,可能是球形或者双曲的,所以 k 不一定要取零,还可以取 ± 1。方程(14.18)和(14.19)可以推广为

$$3\frac{\dot{a}^2}{a^2} + 3\frac{k}{a^2} = 8\pi G\rho + \Lambda, \tag{14.21}$$

$$-2\frac{\ddot{a}}{a} - \frac{\dot{a}^2}{a^2} - \frac{k}{a^2} = 8\pi GP - \Lambda. \tag{14.22}$$

FRW 模型是所有现代宇宙学基础,它可以归结为两个简单的方程。此外,需要指定一个宇宙中物质和能量的类型,以确定 P 和 ρ 之间的关系。

在宇宙演化史的大部分时间里,宇宙中的能量主要被锁定为物质的净质量,即构成恒星和星系物质的净质量。这个物质主导的宇宙,是由一系列没有相互作用的,压强 $P=0$ 和能动张量 $T_{\mu\nu} = \mathrm{diag}(\rho, 0, 0, 0)$ 的缓慢移动的粒子组成。然而,在最初的几十万年内,宇宙的大部分能量是以辐射或相对论性粒子的形式存在的。在第 10 章,我们证明了黑体辐射满足 $\rho = \dfrac{E}{V} = 3P$。 这是在辐射主导时期,宇宙中压强和能量密度之间的关系。

FRW 方程最简单的解是静态解,即 $a = a_0$ 为常数。这就是爱因斯坦的静态宇宙。如果它是物质主导的 $P=0$,那么这两个方程要求:

$$\Lambda = \frac{k}{a_0^2} \text{ 且 } \Lambda = 4\pi G\rho. \tag{14.23}$$

由于 ρ 是正的,Λ 也是正的,因此 $k=1$。 这样,爱因斯坦的静态宇宙是一个有限的球形宇宙,具有宇宙学常数 $\Lambda_E = 4\pi G\rho$ 和半径 $a_0 = \Lambda_E^{-\frac{1}{2}}$。

然而,我们观测到的并不是静态宇宙,因此我们需要的是 FRW 方程的时间依赖解。对第一个方程进行时间求导,两边都乘以 $\dfrac{a}{\dot{a}}$,可得

$$6\frac{\ddot{a}}{a} - 6\frac{\dot{a}^2}{a^2} - 6\frac{k}{a^2} = 8\pi G\frac{a\dot{\rho}}{\dot{a}}. \tag{14.24}$$

而将第一个和第二个方程相加,可得

$$-2\frac{\ddot{a}}{a} + 2\frac{\dot{a}^2}{a^2} + 2\frac{k}{a^2} = 8\pi G(\rho + P). \tag{14.25}$$

两式的左边相差 -3 倍,因此右边也是如此。于是,

$$\frac{a\,\dot{\rho}}{\dot{a}} = -3(\rho + P). \tag{14.26}$$

它又可以约化成

$$a\,\frac{\mathrm{d}\rho}{\mathrm{d}a} = -3(\rho + P). \tag{14.27}$$

这又被称为连续性方程。它是能动张量守恒的结果。对于任意的 Λ 和 k 的值都是有效的。

现在我们假定 P 和 ρ 之间的关系为

$$P = w\rho, \tag{14.28}$$

其中 w 是常数。$w=0$ 表示的是无相互作用的物质，即 $P=0$ 的尘埃。$w=\frac{1}{3}$ 描述的是辐射。连续性方程变为

$$a\,\frac{\mathrm{d}\rho}{\mathrm{d}a} = -3(1+w)\rho. \tag{14.29}$$

它是一个可分离的微分方程，其解为

$$\rho a^{3(1+w)} = c, \tag{14.30}$$

其中 c 是常数。对于尘埃，a 的幂次是 3；对于辐射，a 的幂次是 4。对尘埃来讲，ρa^3 恒定，这只是质量守恒的陈述。密度会随着宇宙体积的增大而减小。对辐射来讲，ρa^4 也是一件很容易理解的事情。与物质一样，如果宇宙的体积增加，光子的数密度按比例下降，但是能量密度会下降得更快，这是因为波长 λ 的光子能量 ϵ 等于

$$\epsilon = \frac{2\pi\,\hbar}{\lambda}. \tag{14.31}$$

正如我们将看到的，随着宇宙的膨胀，每个光子的波长随着 a 的红移而增加，因此它的能量减少。将这些因素都考虑进去，辐射的能量密度正比于 a^{-4}。

将 ρ 用 a 表示，第一个 FRW 方程(14.21)退化成

$$\dot{a} = \left(\frac{8\pi G}{3}ca^{-1-3w} - k + \Lambda a^2\right)^{\frac{1}{2}}. \tag{14.32}$$

这个微分方程是可积的，如果必要的话可以用数值积分。因为我们已经求解了连续性方程(14.29)，所以第二个 FRW 方程(14.22)是自动满足的。FRW 方程可能的宇宙学解如图 14.1 所示。

存在着一些具有简单精确解的特殊情形，例如，在无宇宙学常数平坦宇宙中的尘埃。在讨论关于大爆炸的 14.6 节中，我们将导出其中的一些解。FRW 方程也可用于尘埃和辐射混合物，以及具有不寻常的压强密度关系的物质。

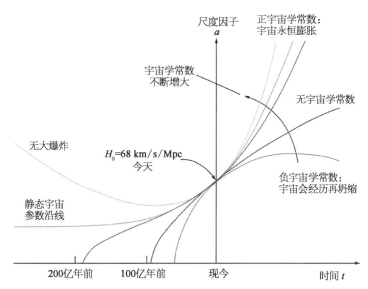

图 14.1　平坦的 FRW 宇宙中的标度因子 $a(t)$ 随时间的演化，其中
$w=0$，宇宙学常数在有限范围内取值。对于负的宇宙学
常数，宇宙会收缩。在没有宇宙常数的情况下，宇宙的膨
胀速度逐渐减慢，并渐近停止。具有正宇宙学常数的情况
下，宇宙会加速膨胀。由于哈勃参数 H_0 在其当前观测值
保持不变，宇宙的年龄随着宇宙常数的增加而增加

　　哈勃定律(14.4)是 FRW 宇宙学的一个自然特性，至少是一个近似结果。在 FRW 宇
宙中，星系不可能有任何特殊的运动，比如向邻近的星系团运动。星系的速度仅仅是由
于宇宙膨胀所导致的。如果一个遥远星系的距离是 $d = a\chi$，其中 a 是尺度因子，那么 d
随着 a 的减小而减少。但是 χ 是固定的，因此星系远离我们的速率为 $v = \dot{a}\chi$。如果我们
定义：

$$\frac{v}{d} = \frac{\dot{a}}{a} \equiv H_0(t), \tag{14.33}$$

则由上述定义可知(14.4)自动满足。于是，我们便将哈勃常数与标度因子的变化率联系
起来了。然而，就如我们所见，通常 $\ddot{a} < 0$，因此哈勃常数其实并非常数，而是一个随时间
变化的参数。只有相对较近的星系才能做线性近似，并将哈勃参数设为常数。宇宙膨胀
速度减慢的速率可以用一个无量纲参数来表示，该参数称为减速参数，其定义为

$$q_0 \equiv -\frac{\ddot{a}a}{\dot{a}^2}. \tag{14.34}$$

14.4　宇宙学红移

　　FRW 宇宙学如何与哈勃关于遥远星系红移的观测相联系？首先考虑一个离散辐射
脉冲源，比如脉冲星，它每旋转一次就向我们的方向发射一个无线电波脉冲。在它的静

止坐标系中,脉冲的周期等于脉冲星自转的周期。然而,如果脉冲星正在远离我们,我们探测到脉冲之间的时间间隔大于脉冲星的旋转周期,因为每一个连续的脉冲都比上一个脉冲要走得远。因此,观察到的脉冲序列的频率降低,波长增加。换句话说,脉冲序列是红移的。类似的,由于宇宙在膨胀,从脉冲星发射出的每一个脉冲都比上一个要走得远。所以正如检测到的,脉冲之间的间隔要大于旋转的脉冲星的周期。也就是说,由于宇宙的膨胀,脉冲序列会经历一个宇宙学红移。

在共动的极坐标下,来自遥远星系内脉冲星的光脉冲,沿着径向零曲线向我们传播,

$$d\tau^2 = dt^2 - a^2(t)d\chi^2, \tag{14.35}$$

从共动半径 χ 处,到达我们的位置 $\chi = 0$。在这条曲线上,$|d\chi| = \dfrac{dt}{a(t)}$。脉冲在时刻 t_e 发出,在时刻 t_o 接收。实际上,每个脉冲的传播距离由 $a(t)|d\chi|$ 沿着零曲线枳分得到。很明显,它随着时间的增加而增加。但是在 FRW 模型中,每个星系的共动坐标在整个宇宙历史中都是固定的,所以每个脉冲的传播距离在共动坐标系下都是相同的:

$$\chi = \int_{t_e}^{t_o} \frac{dt}{a(t)}. \tag{14.36}$$

下一个脉冲在很短的一段时间 δt_e 后发射,在很短的一段时间 δt_o 之后接收,它们两个的积分并无差别,于是

$$\int_{t_e+\delta t_e}^{t_o+\delta t_o} \frac{dt}{a(t)} = \chi = \int_{t_e}^{t_o} \frac{dt}{a(t)}. \tag{14.37}$$

这些积分几乎在整个区间内都是重合的,所以它们的差值的唯一贡献就是在它们的端点附近。因此,

$$\int_{t_o}^{t_o+\delta t_o} \frac{dt}{a(t)} - \int_{t_e}^{t_e+\delta t_e} \frac{dt}{a(t)} = 0. \tag{14.38}$$

由于脉冲间的尺度因子变化可以忽略,剩下的积分可以退化成被积函数和积分区间的乘积,因此,

$$\frac{\delta t_o}{a(t_o)} - \frac{\delta t_e}{a(t_e)} = 0. \tag{14.39}$$

简单地进行重排之后,便有

$$\frac{\delta t_e}{\delta t_o} = \frac{a(t_e)}{a(t_o)} = \frac{\omega_o}{\omega_e}, \tag{14.40}$$

其中 ω_e 和 ω_o 分别代表在时间间隔 δt_e 内的脉冲发射频率和在时间间隔 δt_o 内观测到的脉冲频率。同样,如果 δt_e 和 δt_o 是发射光波和观测光波的波峰之间的时间间隔,则 ω_e 和 ω_o 分别是发射光波和观测光波的频率。

在膨胀宇宙中,它对应于红移 $z = \dfrac{\Delta\lambda}{\lambda}$,其中

$$1 + z = \frac{\lambda_o}{\lambda_e} = \frac{\omega_e}{\omega_o} = \frac{a(t_o)}{a(t_e)}, \tag{14.41}$$

因此,

$$z = \frac{a(t_o) - a(t_e)}{a(t_e)}. \tag{14.42}$$

于是,在 FRW 模型中,红移和宇宙标度因子 $a(t)$ 之间存在一个简单的关系。人们常说,宇宙膨胀使从遥远的星系向我们传播的光的波长变长。从某种意义上说,这是正确的,因为波长和频率的变化是空间畸变的直接结果,但如果推断空间以某种方式对光波起了物理作用,那就错了。离散脉冲序列经历了完全相同的红移,在这种情况下,脉冲之间没有受到空间的作用。一般来说,考虑频率的变化是最安全的,因为在光的发射点和观察点的度规不同。在这两点之间的共动发射者和观测者测量到时间和空间是不同的,它就反映了这种不同。

14.5 FRW 宇宙学的牛顿型解释

让我们考虑 $\Lambda = 0$,但不选定 k 的 FRW 宇宙。如果我们将式(14.21)乘以 $\dfrac{a^2}{6}$,可得

$$\frac{1}{2}\dot{a}^2 + \frac{1}{2}k = \frac{4\pi}{3}G\rho a^2. \tag{14.43}$$

它具有一个简单的牛顿解释。

想象一个均匀密度 ρ,半径为 $d = \sigma a$ 的共动球,处在平坦的牛顿空间中。它的质量为 $M = \dfrac{4}{3}\pi\rho\sigma^3 a^3$。只要半径很小,相对速度就是非相对论的,所以物理可以用牛顿术语很好描述。考虑一薄层物质的能量,它处在共动球的一个薄壳内。由于假设宇宙是各项同性的,因此也具有球对称性。这一薄层物质不会受到球外物质的影响。与在 6.7 节讨论的伯克霍夫定理一致,该层物质只受球内物质的引力影响[①]。因此,每单位的该层物质具有的引力势能为

$$-\frac{GM}{d} = -\frac{4\pi}{3}\frac{G\rho\sigma^3 a^3}{\sigma a} = -\frac{4\pi}{3}G\rho\sigma^2 a^2. \tag{14.44}$$

由于球是共动的,这层物质相对于中心的速度为 $\sigma\dot{a}$,单位物质的动能为 $\dfrac{1}{2}\sigma^2\dot{a}^2$,所以单

---

① 这在均匀宇宙中有点奇怪,但对这个物质球来说是有意义的。

位物质的总能量为

$$\frac{1}{2}\sigma^2\dot{a}^2 - \frac{4\pi}{3}G\rho\sigma^2 a^2. \tag{14.45}$$

如果我们假设它等于常数 $-\frac{1}{2}k\sigma^2$，我们就会得到式（14.43）。这说明了，式（14.43）就是能量守恒方程，$-\frac{1}{2}k\sigma^2$ 为其中一薄层物质的总能量。

如果 $k<0$，则这一薄层物质的动能和引力势能之和为正，这一薄层物质最终会跑到无穷远。（但是，这样的薄层或者共动球与已有的定义之间不存在任何特别之处。尽管球半径已落到计算的外面，这个结果还是适用于宇宙中的所有物质。）$k<0$ 适用于双曲宇宙，因此这样的宇宙将会一直膨胀下去。如果 $k>0$，则那一薄层物质的动能和引力势能之和为负。因此这一层物质和宇宙中的其他物质一样，被引力束缚。这对应于一个球形宇宙，这样的宇宙最终会经历引力坍缩。最后，如果 $k=0$，动能和势能刚好达到平衡，我们就会得到平坦宇宙。这是最终再收缩和永恒膨胀之间的分界线。如果它发生，则满足

$$\frac{1}{2}\sigma^2\dot{a}^2 = \frac{4\pi}{3}G\rho\sigma^2 a^2. \tag{14.46}$$

因此临界的密度为

$$\rho_{crit} = \frac{3}{8\pi G}\frac{\dot{a}^2}{a^2} = \frac{3H_0^2}{8\pi G}, \tag{14.47}$$

它只依赖于现今的哈勃参数 H_0。

为了通过测量 ρ 来确定宇宙的最终命运，人们付出了巨大的努力。ρ 经常用术语临界密度表示为

$$\Omega = \frac{\rho}{\rho_{crit}}. \tag{14.48}$$

如果 $\Omega>1$，则 $k>0$，宇宙是球形的，最终会收缩。如果 $\Omega=1$，则 $k=0$，宇宙是平坦的。如果 $\Omega<1$，则 $k<0$，宇宙是双曲的，将会永远膨胀。最近的分析表明，Ω 非常接近 1，但只有当宇宙常数考虑进去才正确。这将会在 14.9 节中讨论。

14.6 大 爆 炸

如果宇宙正在膨胀，那么星系和所有星系间的物质在过去一定靠得更近。那时宇宙的能量密度更大，温度也更高。看起来宇宙最初是被压缩到一个点或一个很小的区域，从那以后它一直在膨胀。

宇宙的起源有一个响亮的名字——大爆炸。它有时被描绘成宇宙中的爆炸,但这绝对是不正确的。这种观点让人觉得,宇宙是一个预先存在的容器,形成恒星和星系的物质在其中爆发出来。这导致了一种误解,认为大爆炸发生在一个特定的地方。事实上,如果大爆炸在任何特定地方发生,它也同时发生在所有的地方。正确的理解是,按照 FRW 模型,宇宙的全部——空间、时间和物质——都始于大爆炸。

如图 14.2 所示,考虑向气球吹气的类比是有益的。两者主要的区别是气球的表面是二维的,而空间是三维的。当气球膨胀时,它表面的每一点都远离其他每一点,两个点相距越远,它们彼此远离的速度就越快,就像真实宇宙中的星系一样。我们可以逆向回溯,直到气球上的每一点都合并成一个点,代表宇宙的开始。从这个角度我们可以看到,气球宇宙的每一点距离它的起源都是一样的遥远,气球大爆炸同时发生在所有的地方。

图 14.2 气球宇宙

宇宙的年龄

让我们在这里再次假设 $\Lambda = k = 0$。在物质主导的宇宙中,具有零压强和密度 ρ,满足 $\rho a^3 = c$。将 ρ 代入(14.18)中,我们便可以得到

$$\dot{a}^2 \propto a, \quad \dot{a} \propto a^{\frac{1}{2}}, \quad a^{\frac{3}{2}} \propto t, \tag{14.49}$$

因此标度因子的变化为 $a \propto t^{\frac{2}{3}}$。这里,时间的原点是大爆炸发生的时刻,此时 $a = 0$。这个解使我们能够估计宇宙的年龄。假设宇宙在其几乎所有的历史中都是物质主导的,

$$H_0(t) = \frac{\dot{a}}{a} = \frac{\frac{2}{3}t^{-\frac{1}{3}}}{t^{\frac{2}{3}}} = \frac{2}{3}t^{-1}. \tag{14.50}$$

取哈勃参数的现时值为 $H_0 = 68 \, \mathrm{km \, s^{-1} \, Mpc^{-1}}$,这给出宇宙的年龄为 $\frac{2}{3}\frac{1}{H_0}$,大约为 100

亿年。正如图 14.1 中无宇宙学常数的曲线所示。

　　但是，现在有充足的证据表明，这个数字太小了。例如，通常在球状星团中发现的最古老恒星，已知它们的年龄要比这个年龄大。对此的解释是宇宙学常数 Λ 是正的，在现今的宇宙膨胀中起主要贡献的并非物质密度。这一结论是通过结合引力透镜、星系成团、遥远超新星的亮度-红移关系以及宇宙微波背景中最显著的各向异性的数据得出的。目前从这些观测中得出的大爆炸以来的最佳数据是 138 亿年。我们将在第 14.9 节中讨论这个问题。

　　宇宙学常数项与标度因子 $a(t)$ 无关。沿时间回溯，我们将会进入一个相比于暗能量，物质在能量组分中占据主导的时期。回溯的时间更久远，在宇宙的早期，能量由辐射主导。这是因为在辐射主导的宇宙中，$\rho = 3P$。方程 (14.28) 和 (14.30) 显示 $\rho \propto \dfrac{1}{a^4}$。

所以当宇宙收缩时辐射的能量增长速度快于物质的能量 $\left[\rho \propto \dfrac{1}{a^3}\right]$。将 $\rho \propto \dfrac{1}{a^4}$ 代入方程 (14.18)，对于辐射主导的宇宙，我们可得

$$\dot{a}^2 \propto a^{-2},\ \dot{a} \propto a^{-1},\ a^2 \propto t. \tag{14.51}$$

我们得出结论，在非常早期的宇宙，标度因子的变化 $\propto t^{\frac{1}{2}}$，其中 $t=0$ 再次代表了宇宙大爆炸发生的时刻。这一结论不受非零的 Λ 或 k 因素的明显影响。因为只要存在正的物质和辐射总量，当 a 趋近于零时，$8\pi G\rho$ 将会主导涉及 Λ 和 k 的项。

　　大爆炸的真实性存在着非常好的证据。首先，正如哈勃所发现的，遥远星系的运动表明宇宙正在膨胀，同时也存在独立的观测证据。在过去，宇宙会更热，密度更大。在最初的几分钟里，它是一个核熔炉。聚变反应产生了氘、氦和其他非常轻的元素，比如锂。（这些条件不会持续足够长的时间来合成任何较重的原子核。所有较重的元素都是在很久以后的恒星和超新星爆炸中产生的。）测量宇宙中氘、氦和其他轻元素的总量是可能的，观测结果与模拟大爆炸得出的数量非常接近。特别是氘的数量，对早期宇宙的条件非常敏感，这使得天体物理学家能够确定这个时代的能量密度，以及它以物质形式存在的比例和它以辐射形式存在的比例。这与估算的宇宙中现在的物质密度有关，我们现在要考虑这个问题。

14.7　暗　物　质

　　有两种方法可以确定宇宙中物质的总量。一种是测量它的引力效应，另一种是测量发光物体发出的光量。所有的物体都有引力，但并不是所有的物体都发射或散射光，所以我们希望第一个测量值给出的答案比第二个大，事实确实如此。即便如此，宇宙中大多数物质不发光，或者甚至不散射光的事实，还是相当令人惊讶的。天文学家称这种看不见的物质为暗物质，仅仅是因为我们看不见它。

　　有几种方法可以用来估计构成宇宙的物质密度。例如，一个螺旋星系的旋转速率可

以通过它的两个边缘的多普勒频移来测量。随着恒星在远离我们,来自一侧的星光会发生红移;而来自另一侧的光就会发生蓝移。根据旋转的速率,我们可以推断出将星系用引力结合在一起所必需的总质量。从这些测量中可以清楚地看出,如果它们仅仅由可见物质组成,这些星系的旋转速度是如此之快,它们就会飞离。

我们的星系,以及许多类似的星系,大约有 100 个球状星团。它们是由多达一百万颗恒星组成的紧密的星团,它们被引力束缚在星系中,并处在某个球状的光晕中。对球状星团速度分布的研究表明,寄主星系必须包含更多的不可见物质,否则球状星团将会逃逸。其他研究分析了星系团内星系的运动,也得出了类似的结论。另一种完全不同的技术是通过对更远星系的引力透镜效应来估计星系团的质量,如 6.9 节所述。这些研究都认为宇宙中含有大量的暗物质。

这就引出了一个大问题:它是什么?存在着很多解释它的建议。其中一类被提议的物体是 MACHO(晕族大质量致密天体)。这些是质量巨大的天体,由于太过微弱而无法被观测到,其中包括烧毁的恒星残骸,如白矮星、中子星或黑洞,以及非常微弱的恒星,如褐矮星。如果星系中充满了大量的 MACHO,则有一些效果会暴露他们的存在。由于引力透镜效应,MACHO 与背景恒星的偶然排列偶尔会在恒星的亮度上产生一个尖峰。天文学家已经对我们星系晕中的这些微透镜事件进行了系统的搜索,并得出结论:它们太罕见了,MACHO 无法解释暗物质的重要组成部分。另一种可能性是暗物质由尚未凝结成恒星的暗气体云组成。这种可能性也可以排除。宇宙学家把这样的普通物质称为重子物质,因为它主要由质子和中子组成。观察到的氘的丰度对重子物质的密度有严格的限制,因为氘的原始核合成非常依赖于早期宇宙的密度。如果暗物质是由任何形式的重子物质组成,那么这将破坏观测和原初核合成模型之间的一致性。

最后只剩下处在质量谱另一端的粒子了。许多物理学家现在相信暗物质是由大量稳定的粒子组成的,这些粒子只与重子物质发生非常微弱的相互作用,这就是为什么在宇宙射线中还没有发现它们与普通物质混合的原因。并不奇怪,这种物质被称为 WIMP(弱相互作用的大质量粒子)。此处,弱相互作用是一个通用术语,它不仅仅指标准模型中的弱力。WIMP 不通过电磁或强力发生相互作用,否则它们早就被发现了;它们可能通过弱力相互作用,也可能通过(目前尚不清楚的)更弱的力相互作用,或者仅通过引力相互作用。中微子是在早期宇宙中大量产生的,现在仍由恒星和超新星产生。人们曾经认为它们可能是暗物质。然而,我们现在知道,中微子的质量太小 ($m_\nu < 1\,\mathrm{eV}$),不足以解释所有这些观测。由于中微子的质量很小,所以它的运动是相对论性的,因此被归类为热暗物质。

在 14.10 节中,我们将研究早期宇宙中的星系形成。计算机模拟表明,诸如星系和星系团等复杂结构只能在由冷暗物质(CDM)主导的宇宙中形成。这更加倾向于具有非相对论性运动的 WIMP,而这些粒子的质量肯定比中微子大得多。总而言之,暗物质被认为是由大量未知的稳定粒子组成的,这些稳定粒子产生于宇宙的早期。识别这种粒子是大型强子对撞机研究的主要目标之一。在中微子观测站和宇宙射线探测器中,人们也一直在努力寻找这些难以捉摸的粒子。已经提出了许多可能的粒子模型，其中许多粒子是在标准模型的扩展模型中出现的。其中一种主要的候选粒子是超对称理论引进的最轻的额外粒子，该理论将在 15.5.2 节中讨论。

14.8　宇宙微波背景辐射

大爆炸最确凿的证据是 1964 年由阿诺·彭齐亚斯和罗伯特·威尔逊发现的，他们当时正在新泽西为贝尔实验室建造一个非常敏感的天线。他们的设备受到背景噪声的困扰，他们最初认为这是由于故障造成的。最终，普林斯顿的天体物理学家罗伯特·狄克、吉姆·皮布尔斯和大卫·威尔金森给出了解释，他们当时正准备寻找早期宇宙的微波。彭齐亚斯和威尔逊发现了宇宙微波背景辐射（CMB）。早在 1946 年，伽莫夫和他的团队就预测到了它的存在。

那么这些微波是从哪里来的呢？在原初核合成时代之后，膨胀的宇宙由带电粒子的热等离子体组成，这些带电粒子主要由氢、氦核和自由电子组成。等离子体中充满了光子，它们在原子核和电子之间来回弹跳和散射。由于辐射与物质处于热平衡状态，它的黑体光谱（10.111）的温度等于宇宙的环境温度。

随着宇宙的膨胀，能量密度下降，温度下降。在大约 38 万年的膨胀之后，等离子体冷却到 3 100 K，这个温度足以使得氢原子形成。宇宙学家把这种现象称为复合，尽管原子最初是在那个时代形成的。在此之前，任何与质子结合形成原子的电子都会很快被经过的光子再次踢出。然而，随着宇宙的膨胀，波长的红移意味着大多数光子的能量不足。有些原子仍然处于激发态，但离子化的部分是可以忽略的。正如氢气是透明的那样，这时宇宙变成透明的了，但它仍然沐浴在光子中，其黑体光谱在 3 100 K。

在这之后，光子继续在宇宙中穿行数十亿年，宇宙继续膨胀。这些就是 CMB 光子，它们产生了彭齐亚斯和威尔逊能够探测到的噪声。如 14.4 节所述，每个光子最后一次与电子或其他带电粒子相互作用是在大爆炸之后，从那时起，宇宙的尺寸扩大了约 1 100 倍，因此辐射的红移系数约为 $z = 1\,100$。在早期宇宙中以可见光的形式联系的遥远距离，现在可以用微波范围内的波长探测到。辐射保留了它的黑体光谱，但现在对应的温度要低得多。观测到的宇宙微波背景辐射的温度只有 2.7 K，大约是其原始温度的 1 100 分之一。目前宇宙每立方米包含大约 4.1×10^8 个 CMB 光子，对每一个质子大约有 10^9 个 CMB 光子与之对应。宇宙微波背景的能量密度比星光的平均能量密度大得多。只是因为宇宙微波背景辐射的光子处于光谱的微波区域，我们才会觉得夜空如此黑暗。

CMB 的精确测量

1989 年，美国国家航空航天局 NASA 发射了宇宙背景探测器（COBE），用以绘制整个天空的宇宙微波背景图。COBE 表明，它在各个方向上分布均匀，具有迄今为止所测得的最完美的黑体光谱。（星系的分布在大距离上是相当均匀的，但它与几乎完全均匀的 CMB 是无法比拟的。)图 14.3 所示是计算得到的光谱与 COBE 观测结果的对比。CMB 在整个天空的温度几乎是恒定 2.726 K。这是我们所拥有的最好的证据证明在宇宙早期空间的温度是非常均匀的,所以 FRW 模型的基本假设看来是一个非常好的假设。

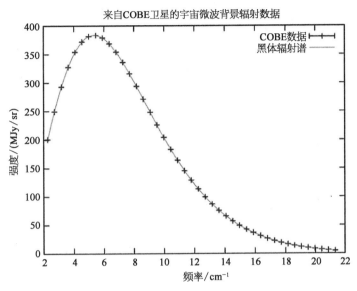

图 14.3 宇宙微波背景黑体辐射谱

FRW 宇宙学的共动坐标定义了一个宇宙微波背景辐射的静止框架。测量地球在这一背景下的(特殊)运动是可能的。事实上,我们现在知道太阳系正以 370 km/s 的速度朝室女座星系团的方向运动。太阳的轨道速度大约是 250 km/s,绕着银河系中心运动,方向几乎与此相反。当这些速度相结合时,它给我们星系的一个相对于微波背景 627±22 km/s 的速度,方向在长蛇座和半人马座星系团之间。

宇宙微波背景辐射在天空中温度的任何微小变化都包含着关于宇宙早期结构的重要信息。为了寻找这些变化,追随 COBE 卫星,2001 年发射的威尔金森微波各向异性探测器(WMAP),极大地提高了测量的分辨率。图 14.4 显示了 WMAP 生成的涵盖整个天

图 14.4 由 WMAP 收集的数据扣除地球相对微波背景的特殊运动的影响后,CMB 在整个天空中的细微变化

空的地图，其中显示了微波背景比平均温度稍低或稍高的区域。蓝色代表较平均温度冷 0.000 2 K，红色代表较平均温度暖 0.000 2 K。这些极小的温度变化对应着宇宙大爆炸 38 万年后密度的微小变化。在宇宙演化过程中，密度较大的区域被认为是最终形成星系团的种子。关于宇宙结构的大量信息都是从这些微小的温差或各向异性中梳理出来的。2008 年，欧洲航天局发射了普朗克探测器（PLANK），以更高的分辨率研究微波背景。

14.9 宇宙学常数

在宇宙学近几十年来最大的惊喜就是发现了宇宙学常数并不为零，这就是起先被爱因斯坦引进，后又被拒之门外的 Λ。这是通过使用 I a 型超新星进行的距离测量首先发现的。如第 13.9 节所述，I a 型超新星是一种优秀的标准蜡烛，非常明亮，因此可以在极远的距离观测到。在大的红移 $z \approx 1$ 处，I a 型超新星比预计的要微弱。它们看起来比在没有宇宙学常数的平坦 FRW 宇宙中要远。这意味着在遥远的过去，宇宙膨胀的速度较后来为慢；换句话说，宇宙在加速膨胀，因此我们的宇宙有一个正的宇宙常数。非零宇宙常数的含义如图 14.1 所示。

宇宙学常数的物理解释取决于它被添加到爱因斯坦方程（14.1）的哪一边。放在左边代表的是爱因斯坦张量的一个修正。放在右边，它可以被解释为宇宙能量密度的一个额外贡献，这个能量密度以某种方式构建在时空结构中。在 $\Lambda \neq 0$ 且没有物质或辐射的宇宙，爱因斯坦方程的形式

$$\begin{pmatrix} G_{tt} & 0 & 0 & 0 \\ 0 & G_{xx} & 0 & 0 \\ 0 & 0 & G_{yy} & 0 \\ 0 & 0 & 0 & G_{zz} \end{pmatrix} = \begin{pmatrix} \Lambda & 0 & 0 & 0 \\ 0 & -a^2\Lambda & 0 & 0 \\ 0 & 0 & -a^2\Lambda & 0 \\ 0 & 0 & 0 & -a^2\Lambda \end{pmatrix}. \tag{14.52}$$

方程（14.17）中有一个能量动量项，与此相比，宇宙学常数项模仿了具有能量密度 $\rho_\Lambda = \dfrac{\Lambda}{8\pi G}$ 和负压强 $P = -\rho$ 的物质。这种负压强意味着在式（14.28）中 $w = -1$。

为了与暗物质并存而相比拟，所观察到的宇宙学常数项被称为暗能量。它的起源和确切的性质仍然是个谜。然而，这种类比并不是特别准确。暗物质之所以如此命名，是因为它不发光，而不仅仅是因为它的成分未知。如第 12 章所述，暗能量也被称为真空能量，一个可能的来源是量子场真空态的能量。

分析宇宙微波背景辐射的各向异性，使得宇宙学家精确地测量了宇宙学常数并首次确认 Λ 是正的。现在我们知道，宇宙的年龄是 137.98 ± 0.37 亿年。宇宙的能量密度也已被精确地确定。它被分成 3 个组分：

$$\Omega_B = \frac{\rho_B(t_0)}{\rho_{crit}}, \quad \Omega_D = \frac{\rho_D(t_0)}{\rho_{crit}}, \quad \Omega_\Lambda = \frac{\rho_\Lambda(t_0)}{\rho_{crit}}, \tag{14.53}$$

分别对应着重子物质,暗物质和暗能量。在当前宇宙时刻 t_0,这些组分的值为

$$\Omega_B = 0.047, \quad \Omega_D = 0.233, \quad \Omega_\Lambda = 0.72. \tag{14.54}$$

因此,重子物质的能量密度不到宇宙能量密度的 5%,而几乎四分之一的能量密度是由暗物质构成的。最引人注目的是,超过 70% 是暗能量组分。光子和中微子也有贡献,但它们的现今值微不足道,具有的值约为 $\Omega_\gamma \sim \Omega_\nu \sim 10^{-4}$。 这给出了一个重要的结果

$$\Omega = \Omega_B + \Omega_D + \Omega_\Lambda = 1. \tag{14.55}$$

这意味着宇宙的几何是平坦的: $k = 0$。

这些参数是 FRW 宇宙学的基本组成部分。我们已经达到了宇宙学历史上的一个前所未有的高度,它们的值是通过观测精确测量的。FRW 模型非常符合观测数据,提供了对整个宇宙的描述。但是,到目前为止,还没有基本理论来解释为什么这些参数取观测值,甚至不知道暗物质到底是什么。暗能量的起源仍然是一个完全的谜。如果宇宙学和天体物理学继续以目前的速度发展,这些问题可能在未来几十年中得到解答。

14.10 星 系 形 成

宇宙的 FRW 模型是建立在宇宙在最大尺度上是均匀的假设上的。宇宙微波背景辐射提供了很好的证据证明这个假设是正确的,特别是在早期宇宙中。然而,仰望深空,在所有长度尺度上都具有结构——我们看到星系,星系团和超星系团。我们需要解释这些结构的起源,以及它们是如何从几乎完全一致的初始状态演化而来的。这是一个非常困难的非线性问题,只能通过大尺度的数值模拟来研究。

天体物理学家设计了相关软件来模拟宇宙质量分布的演变,目的是详细测试宇宙学理论。在这些模型中,早期宇宙中的微小非均匀性通过引力结团而增长,导致了星系、超大质量黑洞和类星体的产生,以及它们随后的相互作用和演化。非均匀性的起源还没有被很好地理解,尽管有一种可能性是它们产生于早期宇宙中物质密度或几何形状的量子涨落。其中一个模拟是由所谓的室女座联盟建立的;它运行在世界上最快的超级计算机之一上,并产生了 100 万亿字节的数据。2010 年,他们的黄金时代 XXL 仿真建模了 $6720^3 \approx 3 \times 10^{11}$ 个大规模"粒子"在一个膨胀的宇宙超过 130 亿年的引力相互作用。每一个粒子具有质量 $7 \times 10^9 M_\odot$。 为了与 CMB 数据相符,仿真假设冷暗物质和暗能量的存在,后者由宇宙常数 Λ 表示。现在这种标准形式被称为 ΛCDM 宇宙模型。选定的结果如图 14.5 和图 14.6 所示。观测宇宙的大尺度特征已经得到了很好的解释。从这些模拟中可以清楚地看到,我们在宇宙中看到的复杂特

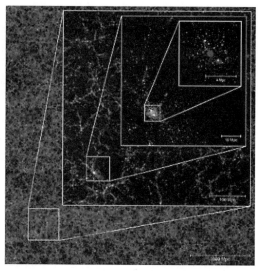

图 14.5 左图：黄金时代 XXL 模拟的当前年代质量密度场。每个嵌入的变焦画面都比前一个放大 8 倍；边长从 4.1 Gpc 到 8.1 Mpc 变化（1 Mpc = 3.26×10^6 光年）。所有这些图像都是通过模拟 8 Mpc 厚度得到的薄片投影。右图：左边的质量密度场对应的预测星系分布

图 14.6 黄金时代 XXL 模拟星系团的放大图（h 用下述关系确定：$H_0 = 100$ h km s^{-1}Mpc^{-1}，它的值被认为位于区间 $0.6 < h < 0.9$）

征只能在包含大量冷暗物质的宇宙中形成。这与宇宙微波背景辐射以及其他观测结果的分析一致。

模拟的结果现在被用作虚拟天文台，以进一步完善我们对早期宇宙的理解。天体物理学家正在将这些数据与真实宇宙的观测结果进行比较，包括普朗克卫星迄今为止对宇宙微波背景辐射最精确的测量，以及从引力透镜测量中推断出的星系团数据。位于夏威夷的全景观测望远镜和快速反应系统（PANSTARRS）不久将提供进一步的大规模观测数据。这台拥有 14 亿像素摄像头的望远镜将以极高的灵敏度绘制大片天空；每个月将有六分之一的天空将被五种波长进行探测。

14.11 暴 胀 宇 宙

FRW 宇宙学的迹象都被证实。然而，宇宙有一些奇怪的特征是它无法解释的。如果宇宙像气球一样膨胀，那么它应该像气球表面一样弯曲，但是宇宙似乎是平的，具有 $k = 0$。我们熟悉这样一个事实：当我们观察我们周围的环境时，地球在我们附近看起来

是平的,尽管我们知道它是球形的。这是因为地球很大。同样地,如果宇宙在空间上是平坦的或者非常接近平坦,那么它一定比我们能看到的区域大得多。这是为什么呢?

当我们仰望夜空时,宇宙在每个方向上都是一样的。考虑到我们相对室女座星系团的运动,天空一边的宇宙微波背景看起来和另一边的完全一样。这种一致性表明早期宇宙是均匀的,处于热平衡状态。虽然这种辐射到达我们这里已经花了 138 亿年的时间,但根据传统宇宙学,在产生宇宙微波背景辐射的相反区域,不可能有足够的时间发生因果联系。那么为什么它们的温度相同呢?这对宇宙学家来说是个严峻的难题。为了解决这个问题,我们必须研究粒子视界,也被称为因果视界。这是我们所能希望看到的最远的地方,它是黑洞事件视界的宇宙学等价物。

14.11.1 粒子视界

在平坦的闵可夫斯基时空中,可以看到宇宙的尽头。并不存在视界。这是因为闵可夫斯基时空无限延伸到过去,所以即使是在空间最偏远的地方,光也有足够的时间到达我们。相比之下,在一个膨胀的宇宙中,时间只会向过去有限延伸。既然如此,我们还能指望看到整个宇宙吗?

随着时间接近于 $t=0$,方程(14.21)中的 k 相关项变得可以忽略,球形和双曲宇宙的膨胀率都与平坦宇宙的膨胀率相同。因此,让我们考虑更简单的,空间平坦的 FRW 度规(14.7),其中 $k=0$。 我们可以将时间坐标变换到一个新的共形时间坐标,

$$dt' = \frac{dt}{a(t)}, \quad \text{和} \quad t' = \int a(t)dt. \tag{14.56}$$

在这个新的时间坐标下,度规就变成了形式:

$$d\tau^2 = a^2(t')(dt'^2 - dx^2 - dy^2 - dz^2). \tag{14.57}$$

它是闵可夫斯基度规乘以含时的共形因子 $a^2(t')$。 这个新版本的度规与沿径向线 $r = \pm t' + c$ 运动的光信号是共形平坦的。改变坐标并不会改变时空的因果结构。零测地线保持为类光,类时曲线保持为类时曲线,类空曲线保持为类空曲线,但变换后的度规更便于回答有关光信号传播和因果效应的问题。我们现在所处的宇宙状态只受到我们过去光锥内部和光锥上事件的因果影响。

光在初始时间 t_i 和之后时间 t 之间的最大共动距离是

$$r_h(t) = t' - t'_i = \int_{t_i}^{t} \frac{dt}{a(t)}. \tag{14.58}$$

$r_h(t)$ 被称为粒子视界的半径,到视界的物理固有距离是 $d_h(t) = a(t)r_h(t)$。 在闵可夫斯基时空中,时间坐标反向延伸回到负无穷,所以无论两点之间的距离如何,光信号总有足够的时间通过,而不存在视界。利用我们的新坐标,FRW 时空具有与闵可夫斯基时空相同的因果结构,所以如果 t' 也可延伸回到负无穷,于是 FRW 时空就没有视界。现在,原始的时间坐标 t 在 $t_i=0$ 时延伸回到宇宙的原点。将积分(14.58)下限设为 $t_i=0$,倘若

积分收敛，r_h 为有限的，所以存在视界；而当积分发散时，不存在视界。实际上，如果

$$a(t) \propto t^n, \tag{14.59}$$

其中 $n < 1$，积分收敛。然而，我们在 14.6.1 节中已经看到，在物质主导的宇宙中 $a \propto t^{\frac{2}{3}}$，在辐射主导的宇宙中 $a \propto t^{\frac{1}{2}}$。在两种情况下，积分都收敛，因此存在视界。自宇宙大爆炸以来，有些空间区域距离我们太远，以至于它们的光或任何运动更慢的粒子都无法抵达我们。因此，我们必须承认，宇宙可能比我们所能看到的区域大得多，而且宇宙的大部分是看不见的。作为补偿，随着时间的推移，我们将能够观测到宇宙中更大的区域。

图 14.7(左)显示了 FRW 宇宙的共形图。宇宙的历史可以追溯到奇点 $a = 0$。将方程(14.56)与尺度因子 $a \propto t^{\frac{2}{3}}$ 的表达式结合，可以确定在物质主导的宇宙中奇点发生的共形时间。这个表达式意味着 $da \propto t^{-\frac{1}{3}} dt \propto a^{-\frac{1}{2}} dt$，因此

$$dt' = \frac{dt}{a(t)} \propto a^{-\frac{1}{2}} da. \tag{14.60}$$

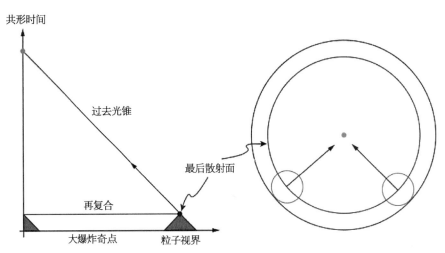

图 14.7 左图：显示 FRW 宇宙中粒子视界的共形图。CMB 从过去光锥上与最后散射(复合)面相交的点接收。右图：宇宙的空间切片，显示两个因果无关的区域对中央的宇宙微波背景辐射有贡献

我们由此得到，

$$t' \propto a^{\frac{1}{2}} \text{ 和 } a \propto t'^2. \tag{14.61}$$

类似地，在辐射主导的情形 $a \propto t^{\frac{1}{2}}$，这意味着 $da \propto t^{-\frac{1}{2}} dt \propto a^{-1} dt$。因此

$$dt' = \frac{dt}{a(t)} \propto da, \tag{14.62}$$

和

$$t' \propto a. \tag{14.63}$$

在物质主导和辐射主导的情况下，$a=0$ 对应于 $t'=0$。

图 14.7(左)中的每个点都位于其过去光锥的顶点，光锥定义了其整个因果过去。图 14.7(右)显示，根据 FRW 模型，当我们观察微波背景时，我们接收到的光来自于大量的区域，这些区域在最后散射(复合)时发出的辐射是不可能有因果接触的。然而，从宇宙微波背景辐射光谱的判定来看，这种辐射在同一宇宙时间发生在可见宇宙的所有区域，所以在这个时候的整个可见宇宙有着精确相同的温度。

14.11.2　暴胀

就像我们刚刚看到的那样，FRW 模型不能解释微波温度跨越整个天空的均匀性。1980 年，阿兰·古斯提出了一个名为暴胀宇宙的模型，它提供了一种可能的解决方案。古斯假设宇宙曾处于一个短暂的高度加速膨胀时期。在这个暴胀时期之前，整个可见宇宙的体积十分微小，据推测已经达到热平衡。宇宙因暴胀而分开的区域就会变成因果相关的，但温度保持不变。

这些被图表式地描述在图 14.8 中。在宇宙的最早时刻，每个点的因果视界可能包含了宇宙的绝大部分。然后在暴胀期间，每个点的因果视界急剧缩小。为了符合观测证据，暴胀必须在宇宙起源后 10^{-36} 秒左右开始，并持续类似的一段时间。在此期间，宇宙的大小至少增加了 e 的 50 次方倍。〔译者注：原文不严谨地说成，至少翻倍 60 次。〕当暴胀停止时，宇宙会继续膨胀，但它以常规 FRW 模式进行平稳膨胀。每个点的因果视界随之增大，宇宙中可观测的部分也随之增大。最终，在早期宇宙中失去因果联系的区域又恢复了因果联系。在暴胀结束时，宇宙中任何初始不均匀性都会暴胀到看不见的地方，任何空间曲率都会被伸直，直到宇宙与平坦宇宙无法区分为止。

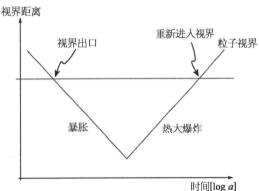

图 14.8　在宇宙早期有因果联系的区域，在暴胀期间会变得因果不相联，但之后可能会恢复因果联系。斜线表示宇宙演化过程中某个点到宇宙视界的距离。在图的左边，暴胀期间，视界距离收缩。在图的右边，在常规膨胀过程中，视界距离增大。从该点计算，视界线具有固定的共形距离。在宇宙的甚早期，在这个共形距离内的任何区域都在这个点的视界之内。在暴胀期间，随着视界的缩小，这个区域会越过视界。然后，在常规的膨胀过程中，随着视界的扩大，该区域会重新进入视界

古斯的观点在物理上是可信的，因为爱因斯坦方程具有这些暴胀性质的解。我们需要的是，在早期宇宙中很短的一段时间内，尺度因子服从于 $\ddot{a}>0$。从方程(14.20)我们看到 $\ddot{a}>0$ 显示 $\rho+3P<0$ 且由于 $\rho>0$ 则意味着条件 $P<-\dfrac{\rho}{3}$。所以一个足够的负压强会产生一个加速膨胀的宇宙。

这可以通过一个包含正宇宙学常数 Λ 的宇宙来实现。在 $k=0$ 的情况下，FRW 方程 (14.21) 和 (14.22) 为

$$3\frac{\dot{a}^2}{a^2}=\Lambda, \tag{14.64}$$

$$2\frac{\ddot{a}}{a}+\frac{\dot{a}^2}{a^2}=\Lambda. \tag{14.65}$$

很容易验证，第二个方程是第一个方程的自动推论。

第一个方程可简化为

$$\dot{a}=\sqrt{\frac{\Lambda}{3}}\,a, \tag{14.66}$$

它具有解：

$$a\propto\exp\left(\sqrt{\frac{\Lambda}{3}}\,t\right). \tag{14.67}$$

这个解被称为德西特空间解，以威廉·德西特的名字命名。由于暴胀的要求，$\ddot{a}=\dfrac{\Lambda}{3}a>0$。

通过联合方程 (14.67) 和 (14.56)，我们得到

$$\mathrm{d}t'=\frac{\mathrm{d}t}{a(t)}\propto\frac{\mathrm{d}a}{a^2}，因此 t'\propto-\frac{1}{a}. \tag{14.68}$$

因此 $a(t')\propto-\dfrac{1}{t'}$，在 $a=0$ 的奇点对应于共形时间 $t'=-\infty$。不存在任何视界。宇宙的原点在时间上可以回溯到 $-\infty$。在图 14.9 的共形图中所表示的，这意味着与传统的 FRW 宇宙学相比，在暴胀宇宙学中，宇宙的所有区域都有足够的时间进入热平衡。由此必然解释了微波背景的均匀性。

暴胀提供了一种机制，原则上对可观测宇宙的均匀性及现今的平坦性作出解释。另一个额外的好处是，暴胀提供了一个可能的答案，来回答星系形成所必需的小的初始非均匀性是如何产生的。在暴胀之前，宇宙的能量密度不可避免地会有量子涨落。任何密度更大的微小初始区域都会暴胀到一定的尺度，在那里它们可能已经形成了不均匀的原始种子，星系和星系团就从这些种子中成长。人们花费了大量精力来构造暴胀模型，从而创造出一个与我们的宇宙类似的宇宙。在宇宙的最早期，

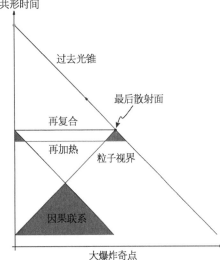

图 14.9 显示暴胀宇宙中粒子视界的共形图（比较图 14.7）

暴胀必须被短暂地打开,然后宇宙经历一个相变,在令人难以置信的短的 10^{-34} 秒左右的时间后,暴胀被关闭。传统的 FRW 模型很好地描述了宇宙随后的膨胀。目前这种方案只有在假设新的量子场存在的条件下才有可能成立,最终这种合适的场,只能从统一的自然力的理论中推导出。人们正在努力从弦理论中推导出合适的量子场。

我们目前对宇宙从大爆炸到现在的演化过程的理解如图 14.10 所示。宇宙学最近取得了惊人的进展,但仍有许多难题有待解决。

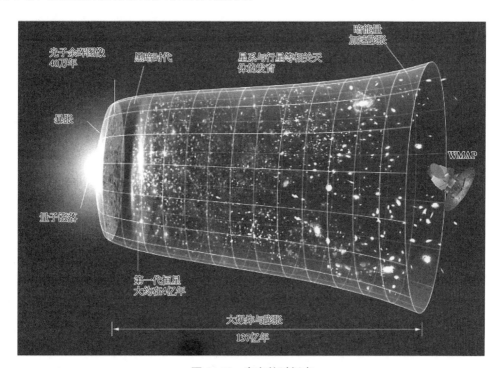

图 14.10 宇宙的时间表

14.12 拓展阅读材料

E. Harrison. *Cosmology: The Science of the Universe* (2nd ed.). Cambridge: CUP, 2000.

M. Longair. *The Cosmic Century: A History of Astrophysics and Cosmology*. Cambridge: CUP, 2006.

S. Weinberg. *Cosmology*. Oxford: OUP, 2008.

关于暴胀宇宙学的评述,参阅

D. Baumann. *TASI Lectures on Inflation*. arXiv: 0907.5424v2[hep-th], 2012.

第 15 章　物 理 学 前 沿

尽管现代物理学进步的潮流,浩浩汤汤,势不可挡,仍然存在着有待回答的问题。在这最后一章中,我们将选取部分未决问题进行讨论,这些问题来自于多个研究方向。诸如物质-反物质对称性,暗物质及更神秘的暗能量存在性等宇宙学问题,迄今尚未得以解释。标准模型并未将所有的力协调一致,而且引力量子化亟待解决,这些理论尚未美奂美轮。真正的粒子是什么? 时空的本性又是什么? 这说明了有待解决的更深层次的哲学问题。我们将从诠释量子力学,这一尚未解决的课题着手,量子力学是否确实代表一种实在的终极学说,还是一种植根于更深层次的理论?

15.1　量子力学的诠释

诚如我们已经看到的,量子力学预言了实验的概率结果,提供了一种极精确的方法。没有任何实验或者观测怀疑量子力学工作的真实性。然而,一旦查究量子力学的哲学内涵时,我们就会发现,量子力学建议的宇宙与经典直觉引导我们所信赖的宇宙迥然不同,甚至有些怪诞不经。

在 1927 年,玻尔、海森伯和泡利的哥本哈根会议上,量子力学的标准诠释创建了。该原理包括不确定原理、波粒二象性、波函数的概率解释和本征值认同为可观测的测量值。这整套观念称为哥本哈根诠释。1932 年,冯·诺依曼在《量子力学的数学基础》中,添加了标准量子力学的最后要素,波函数坍缩,人们通常将它考虑作为哥本哈根诠释的固有部分。冯·诺依曼建议将量子力学过程分成两个组成部分。其一,倘若不存在测量的主体,一个量子系统依照时间依赖的薛定谔方程,决定论性地演化,而且演化中的态,一般而言,是由任何给定可观测的特征函数的叠加所组成;其二,一旦可测的系统被测量,系统的波函数就是特定的特征函数,其对应于测量的特征值,这是测量制造的行为,它将系统投影到这个特征函数。这种投影被称作波函数坍缩。在诸如 12.9 节所考虑的中微子振荡那样的,我们所有先前的量子力学讨论中,我们已经追随了哥本哈根诠释。

量子论的一些先驱,爱因斯坦、薛定谔和德布罗意尤为突出,他们都未能接受哥本哈根诠释,而钟情于替代的论证和另类理论。我们用一个简单例子,来阐述这些哲学差异。诸如铀 238 那样的放射性原子核,可以存在 10 亿年,后来它突然衰变了,并发射出 α 粒子。但是人们无法预言衰变的时刻,仅能给出某段时间内核衰变的概率。相同的行为也发生在 μ 子那样的基本粒子中,它的半衰期大约是 1 μs。依爱因斯坦看来,我们之所以无法确定衰变的时刻,在于我们对所有相关变量并不都知晓。他确信在这些过程的量子描述后面，必是隐藏着准经典的隐变量，这将精确地确定粒子衰变。铀核是一个复杂的客体，所以我们可以设想它的组分始终处于关闭，直到它们到达了某个奇异的位形上，衰变发生了。然而，人们相信 μ 子确实是一种基本粒子，它没有结构，然而它表现出相同的行为。依照爱因斯坦的观点，即使在这种情形，仍然存在着我们未觉察到的隐变量，它们决定了衰变的时刻。倘若真是如此，量子力学就将约化到某种相似的经典力学，一个复杂系统所显现的"随机"动力学的概率计算。

量子力学的哥本哈根诠释描述粒子衰变是很不相同的。依照这种观点，我们必须描述诸如 μ 子那样的不稳定粒子系统的波函数作为叠加态进行演化。该叠加态既包括未衰变的 μ 子态，也包括已衰变的 μ 子态。系统演化是作为一种大量潜在的可能性，直到进行测量而波函数坍缩，作为可能的情况，系统是衰变或不衰变，二者择一的状态。我们仅能预言测量的各种可能性结果的概率。没有任何隐藏的信息。

玻尔、冯·诺依曼等人所捍卫的哥本哈根诠释，可以与观测取得一致，但它也招来了若干争议。依照量子力学，μ 子是全同粒子，即使在原则上也无法区分两个 μ 子。从而也无法区分此瞬间与彼瞬间的 μ 子，却在一个不可预测的时刻，μ 子变更到衰变。这是相当奇怪的，这是没有出现原因的一个效应，由此我们不得不放弃决定论。此外，物理的终极理论居然依赖于波函数坍缩这样的过程，这绝非理论的数学描述。更有甚者，假定了波函数坍缩是瞬间发生的，这起码与相对论的精神相冲突。它还要求测量这样的外部介入，况且这又会引起测量是什么实际构成的问题。

15.1.1 薛定谔猫和维格纳之友

面对哥本哈根诠释，爱因斯坦感到非常不自在，因为他觉得哥本哈根诠释否定了实际现实中的存在。玻尔坚决主张的是：对于小如原子那样的实体，我们没有任何直接的经验，从而我们不应当事先判断它们可以有怎样的行为。作为论证玻尔假设的荒谬性，最著名的尝试出现在爱因斯坦与薛定谔之间的通信中。思想实验薛定谔猫发表于 1935年，其目的在于指出量子力学的奇怪想法并不局限于微观世界，必定会感染宏观世界，其结果将与我们日常经验相反。

实验装置如下。一个放射性原子和一头猫一起放在密闭的钢盒里。原子的半衰期为 1 小时，并用盖革计数器监控。一旦原子经历衰变，盖革计数器将触发电路开关，释放出杀死猫的有毒气体。1 小时之后，原子衰变的机会是 50%，不衰变的机会也是 50%，而盒中的猫是关着的，不可能知道原子是否已经发生衰变。依照量子力学的哥本哈根观点，1 小时之后的原子必须描述成衰变和未衰变的叠加态，由于没有发生测量，描述整个系统的仅有方法，就是假定整个机械结构和猫现在处于一个叠加态。这个态是由活猫态和死猫态叠加，而且这个叠加态一直持续到进行测量为止，也就是打开盒子观测里面为止。为此，波函数坍缩披露的猫既死又活。

对于我们而言，由于原子的微观世界无法直接进入，可以准备接受原子存在着叠加态，但是我们永远不会体验到日常生活中的叠加，所以我们岂能真正接受叠加态猫中的概率吗？我们可以看到活猫，也可以看到死猫，但永远不会看到二者的叠加，只能二者选一. 倘若在盒中以人代猫, 又将是怎样呢?

尤金·维格纳是量子力学正统观点的一位支持者, 还可能是设计者之一, 因为在冯·诺依曼写其论文时, 维格纳正是他的亲密合作者。维格纳设计了一个称作维格纳之友的思想实验如下: 维格纳很忙, 所以要求一位朋友去核实一个实验的结果, 可以是关在盒中的一头猫, 不过更倾向于 LHC 对撞机的记录①。维格纳的朋友注意到一个令人感兴趣的结果, 或许是一个诸如产生希格斯粒子这样一个稀有事件, 它在前一天被记录。她及时将结果报告给维格纳。于是产生了下述问题, 描述希格斯粒子产生是用波函数描述的, 那么波函数是在何时坍缩的呢? 是在大型强子对撞机的 ATLAS 探测器记录这个事件的时刻, 或者是维格纳的朋友核实这个结果的时刻, 还是她向维格纳报告这条新闻的时刻?

依照哥本哈根诠释, 波函数在前天坍缩, 存在一个确定的希格斯粒子, 在前天与测量装置发生相互作用, 而后再衰变。然而, 在维格纳的朋友看来, 波函数坍缩应发生在她见到记录的时刻。维格纳的朋友现在走过去, 将她所见告知维格纳, 然则维格纳有了自己的波函数坍缩时刻。换句话说, 直到这个时刻, 维格纳才知道存在着将前天事件列为一种希格斯粒子的可能性, 但它是一个量子叠加的部分, 对于希格斯粒子的振幅是非常小的。维格纳的波函数在前天没有坍缩, 在维格纳的朋友查看记录时刻也没有坍缩。从维格纳的观点看来, 那个时刻所发生的一切, 是一种建立在可能的希格斯粒子信号和维格纳朋友心中的联系。当她告知他发生了什么的时刻, 维格纳的波函数完成坍缩。

倘若我们相信外部客观实在的真实性, 那么这些选择中, 仅有一个是正确的, 到底是哪一个呢? 维格纳采用了如下的观点, 诸如 ATLAS 这样的探测器都是由原子和其他粒子组成的。它们遵循量子力学规则, 所以必须按照某个极为复杂的薛定谔方程, 作为叠加态演化, 并且波函数坍缩对装置内部的影响无关紧要。在实验结果报告他时, 维格纳晓得了波函数已坍缩。他可以采用这样的观点, 坍缩发生在这一时刻。但是这蕴涵着仅仅他能够坍缩波函数。这实质上意味着维格纳是仅有的具有意识力的存在, 而他的朋友以及其他所有人只不过是自动操作装置而已。这种只有自我可知的灾难性哲学立场, 是十足的唯我论。不言而喻, 维格纳拒绝了这种可能的观点。维格纳认为他的朋友也是有意识力的存在, 并且在她向维格纳报告之前, 她已自觉意识到实验的结果, 这是仅有的合理方案。维格纳的结论是一个可观测量, 仅仅可以被诸如人类那样的意识存在测量, 而且促使波函数坍缩的正是意识与量子系统之间的相互作用。

这隐含着作为人类的我们, 是终极的测量装置, 并且仅仅是我们而不是猫, 能使波函数坍缩? 这看起来好像是一个有吸引力的提议。这还隐含着所有那些实验室的复杂测量装置及其物理内在, 以 ATLAS 那样的粒子探测器为例, 它对出射粒子作出反应, 并且计算机对长期碰撞事件记录的描写, 都是幸运地服从一个复杂的多粒子薛定谔方程, 并不发生波函数坍缩。坍缩仅仅发生在我们看的时刻。然而, 真正的难题现在到了这最后一步。什么是人类特有的异禀之处, 让我们有别于物理世界的其余部分, 服从不同的

---

① 我们关于维格纳之友佯谬的讨论有些年代错乱。该佯谬发表于 1961 年, 远先于 LHC 的建成。

定律？

维格纳将意识与波函数坍缩结合在一起是相当怪异的。从事物理学的最基本要求，是信仰外部客观实在的真实性。在波函数坍缩中，祈求意识的作用，会对物理学构成威胁，它暗中破坏了这条原理。它建议探索宇宙就像进行虚拟实在的游戏，重复不断地依赖新的信息去进一步了解详情。当我们造访一个新地方，或者通过望远镜观望遥远星系时，果真会发生一连串的波函数坍缩吗？自然并不知道如何参与编制，才能回到大爆炸时刻一致的宇宙。在人类变成具备自我意识之前，世界果真处于一个不确定的叠加态之中吗？维格纳也许简单地合并了两个迄今尚未理解的不同问题，量子测量问题和意识起源问题？尽管没有洞悉意识，对诸如类人猿、海豚、象与猫这样的实际存在物，赋予各种意识程度看来是合理的。佛教徒要我们相信，甚至于树木、阿米巴、岩石和基本粒子也有着某种程度的意识，那么这些存在物也能坍缩波函数？由于波函数要么是坍缩，要么未坍缩，所以坍缩必定是一种离散过程。意识实际上有着一个连续谱，波函数坍缩真能与具有连续特性的意识相关？

对测量问题而言，另一种较简单的解决方案是纯粹力学的。设想波函数与一个适当程度的复杂性建立直接联系，复杂程度可以用粒子数决定，或者用总质量描述，于是波函数必将自发坍缩。这种方案要求在薛定谔方程中，包括一个新的线性项。仅当诸如达到 10^{10} 个粒子互相影响这样的条件时，附加项才会变得有意义，并且不会损害量子力学预言能力的巨大成就。罗杰·彭罗斯已经提出了这样的提议。他建议，一旦卷入波函数的粒子总质量接近普朗克质量时，波函数就会坍缩。普朗克质量大约是 10^{-8} 千克，对于原子尺度，这是很大的；对于人类尺度，却又很小。

15.1.2 多世界诠释

在 1957 年，休·埃弗莱特三世形成了量子力学的另一种诠释，试图阻遏波函数坍缩问题发生。它被称作多世界诠释。依照这个观点，波函数并没坍缩。取而代之的是，不论有无人类介入，每当粒子相互作用，宇宙便分裂了。我们一测量，宇宙就分裂。我们将发现自己处于一个测量值为 λ_0，而测量后的波函数为 Ψ_0 的宇宙之中，倘若我们重复测量，我们将再次得到测量值 λ_0；在另一个宇宙中，测量值可以是 λ_1，而测量后的波函数可以是 Ψ_1，如此等等。以此方式，单个测量便可增加宇宙的数目，不过这样便使我们避免了不讨人喜欢的叠加。例如，薛定谔的死猫和活猫存在于不同的宇宙。在我们的宇宙中，猫已经被毒杀；在另一个宇宙中，猫活得好好的。

什么构成了测量？这是多世界诠释仍未清楚的问题。测量用不着一定牵涉到宏观装置，几乎所有发生的事皆是测量。如果二粒子对撞，一个粒子便测量了另一个粒子的位置。作为推论，宇宙并非只在稀有场合发生分裂；在所有时刻上都在发生。作为推论，这样悖于情理的未被发现的多重性，几乎到了令人无法相信的地步。我们当真栖息于单一的宇宙？我们可以这样想，但是并非正确，我们同一时刻处于多个全部具有某种感觉存在的宇宙中。这与我们处于周围世界的直觉，产生一种戏剧性冲突。例如，我们心仪的足球队正输了球，正是我们体验到的单个世界。不过，依照多世界诠释，在另一个宇宙存在着另一个"我们"，而我们的球队却赢了球。我们如何去到那儿？我们为何仅体验到单个未分裂的宇宙？从大爆炸到诸如动量与散射角那样有着量子系统反复无定的连续可能值的每一种相互作用，蕴涵着多世界诠释将宇宙分裂出现一种不可归类的无限性。多世界诠释并未提供任何宇宙分裂的机制，仍然是一种非定量结果的观念，并是一只有缺陷的包袱。

　　存在许多哲学上的形而上学思索，不过仅靠着沉思凝想、扪心自省，是难以取得任何坚实的结果。然而令我们发生兴趣的是，量子测量问题的一些特征，已在最近十年的实验室测试中证实。

15.1.3　EPR 佯谬

　　由爱因斯坦、鲍里斯·波多尔斯基和内森·罗森于 1935 年提出的一个思想实验，现在称作 EPR 佯谬。我们在这里所用的佯谬，是由大卫·玻姆给出的最清晰的表述版本。想像在静止参考系中，一个自旋为零的粒子 X。X 粒子衰变成两个自旋为 $\frac{1}{2}$ 的粒子 A 和 B，并且向相反方向 z 和 $-z$ 退去。（例如，这个衰变能产生一个电子和一个正电子）。我们安排装置，用来测量 A 粒子在垂直于 z 的 x 方向的自旋，测量将确定在 x 方向 A 粒子的自旋向上或向下。我们知道衰变产生的总自旋必定为零，所以 B 粒子有一个相对于 A 粒子的自旋，从而 A 粒子的自旋态测量同时确定了 B 粒子的自旋态。初看起来，这不值得有什么大惊小怪。我们更熟知的情形是，从一个客体得到一份信息，就同时得到另一个客体的信息。例如，我们在袋中放黑球和白球各一只，要求某人从袋中摸出一只球。倘若他取出的是白球，我们便知留在袋中的是黑球。我们已在放球时，取得了袋中球的信息，这里没有任何神奇；我们知道在这个过程中，观测不会影响袋中球，黑白球保持着它们的本色。然而，一旦考虑量子粒子的自旋态，就会有天差地远之别。依照哥本哈根诠释，这些自旋态直到我们进行测量之前，这些自旋态是未确定的。在测量之前，A 粒子和 B 粒子被描述成纠缠，而它们必须用波函数 ϕ_{AB} 描述，这是两粒子可能自旋的叠加态且满足总自旋为零。利用记号 $\phi_{Ax}^{\uparrow}$ 标记 A 粒子在 x 方向自旋向上的波函数，两粒子的自旋态波函数描述为

$$\phi_{AB} = \frac{1}{\sqrt{2}}(\phi_{Ax}^{\uparrow}\phi_{Bx}^{\downarrow} - \phi_{Ax}^{\downarrow}\phi_{Bx}^{\uparrow})。 \tag{15.1}$$

当我们进行测量时，波函数坍缩而投射出叠加态之一的 $\phi_{Ax}^{\uparrow}\phi_{Bx}^{\downarrow}$ 或者 $\phi_{Ax}^{\downarrow}\phi_{Bx}^{\uparrow}$。这提供了两个粒子的态。重要的是，我们也能安排装置，去测量 y 方向，或者任一方向的 A 粒子自旋。这至少意味着粒子并不是作经典旋转，它的自旋矢量并不是在 X 粒子衰变时刻就确定了的；直到对自旋测量之前，它们的自旋值不是精确取定的。而且，在我们进行测量时，对于 A 粒子和 B 粒子之间的距离没有任何限制。这看来好像隐含着，我们与 A 粒子的相互作用，瞬间就影响到 B 粒子。假如我们测量到 A 粒子自旋向上，那么波函数坍缩，直接蕴涵 B 粒子自旋向下，但是在该时刻之前，B 粒子自旋处在一个叠加态。我们并

不能利用这个事实传递信息;然而,它看来好像违背了相对论精神,爱因斯坦称纠缠为鬼魅般的超距作用。

约翰·贝尔证明了 EPR 思想实验隐含了下述论断,倘若量子力学是正确的,测量就不能用隐变量理论解释。这个关联首先由阿兰·阿斯佩克特用一系列实验进行测试。这些实验以及它们的精妙方式,清楚地说明了量子力学服从反直觉预言。

15.1.4 阿斯佩克特实验

1982 年,为了研究由 EPR 佯谬所激励的量子测量问题,阿斯佩克特领导的团队进行了一系列的实验。他们的实验装置建立在巴黎理论和应用光学研究所的地下室里。这些实验测量的是纠缠光子的极化态,而不是诸如电子和正电子那样的粒子对的自旋,不过两者的蕴涵是相同的。钙原子有一个 $4p^{21}S_0$ 态,其在外部的二个电子被安排成零自旋,在这个实验中它被用作纠缠光子的源。激发态分成两步迅速衰变到基态,先发射位于绿光谱区域中波长为 551.3 nm 的光子,随后发射蓝光谱区域中波长 422.7 nm 的光子。这些光子以相对方向发射,作为激发态和基态两者都是自旋为零的态,光子有着相对的偏振。

在阿斯佩克特实验中,密度相对低、大约为每立方米 3×10^{16} 个的钙原子平行束,通过一间特别的房间,其时原子处于两个极强的、波长分别为 406 nm 和 581 nm 的激光束作用,于是通过双光子的同步吸收,原子激发到零自旋的 $4p^{21}S_0$ 态。(实验中存在用来激发钙原子的光子和原子衰变产生的光子,技术设计避免了这两类光子之间的混淆。)在图 15.1 中,描绘了监控钙原子发射光的情形。向左的光,滤色镜撷取了标记为 A 的绿色光子;而向右的光,滤色镜撷取了标记 B 的蓝色光子。这些光子接着进入偏振分析装置,这

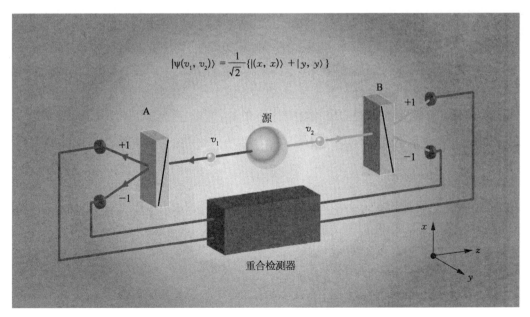

图 15.1 阿斯佩克特实验所用仪器的示意图(图片转载自 2015 年 12 月 16 日《物理》8,123。版权所有(2015)美国物理学会)

是用二块三棱镜胶合而成的立方体，它们的公共面上敷设了电介质。当光子撞击公共面时，垂直偏振光子直接被传送，而水平偏振光子作 $90°$ 的反射。随后光子进入光电倍增管通道，它们将被探测。在此种方式下，通过装置的任何光子的偏振均可确定。

每块检偏振镜安置在一个平台上，允许它能绕着它的光轴转动，从而二块检偏振镜的相对定向能够更改。对于激发的钙原子的第二个光子发射的半寿期大约是 5 ns，所以设电子位于一个特定的位置，以使 A 光子和 B 光子在 20 ns 内同时到达，这对于收集真正的符合是充足的，而在光子不同对之间产生交叠的概率很低又是足够短了。依赖于检偏振镜之间的角度，测量的符合比在每秒 0～40 范围。我们能将阿斯佩克特内部装置拆开，察看一块薄的塑性起偏振镜，通常称作偏振片。偏振片含有类针状的石英晶体，它的全部自旋指向于同一方向。当随机极化的光撞击偏振片时，它分裂成两个互为垂直的偏振态，平行或垂直于晶体。它们就偏振片而言，是垂直偏振（＋）和水平偏振（－）。只有垂直偏振光能被输送，它的强度是原有强度 I_0 的一半。第二偏振片设置在输送光的路径中，光再次投射成垂直与水平分量。倘若二片偏振片的偏振方向之间的夹角为 α，用第一偏振片输送的光的电场为 E，那么投射到垂直分量的电场为 $E\cos\alpha$。后者又会被第二偏振片输送，而水平分量 $E\sin\alpha$ 将被压制。通过这二片偏振片的光输送强度为 $\frac{1}{2}I_0\cos^2\alpha$。这个测量结论称作马卢斯定律。如果这二片偏振片是垂直的，那么 $\alpha=\frac{\pi}{2}$，没有光被输送。量子力学的一个值得注意的推论是，倘若在二片垂直的偏振片之间，附加另一片偏振片的话，一些光将会被输送。设第一与第二偏振片之间的夹角为 α，第二与第三偏振片之间的夹角为 $\frac{\pi}{2}-\alpha$，那么输送光的纯度为 $\frac{1}{2}I_0\cos^2\alpha\sin^2\alpha=\frac{1}{4}I_0\sin^2 2\alpha$，在 $\alpha=\frac{\pi}{4}$ 时，强度取最大值 $\frac{1}{4}I_0$。

现在我们能够考虑光子通过阿斯佩克特装置时，究竟发生了什么。当一个激发的钙原子衰变时，它几乎随着绿色光子发射，立即发射蓝色光子。按照量子力学的哥本哈根诠释，这两个光子是以总自旋为零的叠加态发射的。当绿色光子与检偏振片 PA1 作用时，它将投射到垂直或者水平偏振（每一种偏振均占有 $\frac{1}{2}$ 的概率）。这个波函数坍缩同步地影响到蓝色光子，它瞬时投射到关联于 PA1 相应偏振态，但是它的相位相对于绿色光子有相移 π。蓝色光子立即与 PA2 碰撞，相对于 PA1 的定向，它的夹角为 α。现在该光子经受二次投射到相关于 PA2 的垂直或者水平偏振。假如蓝色光子就 PA1 而言是垂直偏振，那么关于 PA2 垂直投射的概率为 $\cos^2\alpha$，而水平投射的概率为 $\sin^2\alpha$。对于每一对光子，只存在 4 种可能的结果：$(++)$，$(--)$，$(+-)$ 和 $(-+)$，圆括号中第一个符号表示绿色光子关于 PA1 的偏振态，第二个符号表示蓝色光子关于 PA2 的偏振态，对于每种结果的概率是两个投射概率的乘积：$P_{++}=\frac{1}{2}\cos^2\alpha$，$P_{--}=\frac{1}{2}\cos^2\alpha$，$P_{+-}=\frac{1}{2}\sin^2\alpha$

和 $P_{-+} = \dfrac{1}{2}\sin^2\alpha$，这个结果能够概括成符合函数，它随着检偏振片之间的角度 α 而变化，

$$
\begin{aligned}
E(\alpha) &= P_{++} + P_{--} - P_{+-} - P_{-+} \\
&= \frac{1}{2}\cos^2\alpha + \frac{1}{2}\cos^2\alpha - \frac{1}{2}\sin^2\alpha - \frac{1}{2}\sin^2\alpha \\
&= \cos 2\alpha
\end{aligned}
\tag{15.2}
$$

阿斯佩克特团队测量了角度 $\alpha = 0$，$\dfrac{\pi}{8}$，$\dfrac{\pi}{6}$，$\dfrac{\pi}{4}$，$\dfrac{\pi}{3}$，$\dfrac{3\pi}{8}$，$\dfrac{\pi}{2}$ 的符合函数，结果落在一条曲线上，如图 15.2 所示。它与量子力学的预言完全一致。

对于另类的隐变量理论，我们期待的结果又是什么？在这种理论中，钙原子衰变发射的光子的偏振是确定的。我们将考虑一种简单的理论，其中信息是用一个随机单变量 ϑ 描述，它代表光子偏振的方向。假如相对于 PA1，以 ϑ 角为偏振方向的绿色光子被发射，那么蓝色光子的偏振方向为 $\vartheta + \pi$，即相对的方向。当一个光子通过检偏振片时，如用这样一种理论来描写，它垂直还是水平投射，依赖于这些方向中的哪一个更为靠得近，说得更具体一些，对于 $\dfrac{\pi}{4} < \vartheta < \dfrac{3\pi}{4}$ 和 $\dfrac{5\pi}{4} < \vartheta < \dfrac{7\pi}{4}$，它将变成水平偏振，

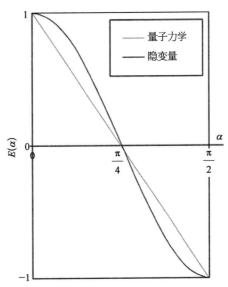

图 15.2 曲线显示了 $E(\alpha)$ 的量子力学预测，直线表示文本中描述的简单隐变量模型的预测结果。阿斯佩克特和其他量子纠缠实验的结果都在曲线上，排除了局部隐变量理论

而对于 $\dfrac{3\pi}{4} < \vartheta < \dfrac{5\pi}{4}$ 和 $\dfrac{7\pi}{4} < \vartheta < \dfrac{9\pi}{4}$，它变成垂直偏振。（译者注：原书将 $\dfrac{9\pi}{4}$ 误为 $\dfrac{\pi}{4}$。）至关重要的是，我们并不期待蓝色光子会受到绿色光子投射的影响。用这种理论，可以直接计算出结果。绿色光子垂直地投射通过 PA1 的概率是 $\dfrac{1}{2}$。假如 PA2 相对于 PA1 的角度为 α，那么蓝色光子垂直投射通过 PA2 的概率是 $\dfrac{1}{\pi} \times (\pi - 2\alpha)$，而水平投射的概率是 $\dfrac{1}{\pi} \times 2\alpha$。包括所有 4 种可能的符合函数表示如下

$$
E(\alpha) = P_{++} + P_{--} - P_{+-} - P_{-+}
$$

$$=\frac{1}{2}\times\frac{1}{\pi}((\pi-2\alpha)+(\pi-2\alpha)-2\alpha-2\alpha)$$

$$=\frac{\pi-4\alpha}{\pi} \tag{15.3}$$

这个函数表示一条直线，如图 15.2 所示。

在阿斯佩克特实验中，检偏振片相隔 13 m。如以光速传递信号，从这片到那片恰好是 40 ns。这是纠缠光子对探测所允许的最大时间尺度的 2 倍之多，从而实验排除了由光子间未知的亚光速作用而产生的漏洞可能性。在一种称为延时选择实验的实验变种中，每片检偏振片的角度有两个现成设定的位置，而且选择光子在射程中间使用，这样就排除了在衰变原子和检偏振片之间的任何联系。阿斯佩克特实验已经作出了进一步的艰难尝试，设计出新的量子纠缠实验方案，用以关闭任何在局域隐变量形式中可以想象的允许解释所导致的漏洞。这些改进包括保证所有的探测器都与检偏振片那样，具有类空间隔。探测器的效率也已得到极大提高，从而保证实验不会受到不可靠的样本损害，消除了系统仅能探测一个非典型的量子关联的粒子子集的可能性。此外，已经采用量子随机数生成器来确定每次测量的方向，用以确保结果不被先前配置的系统内的任何记忆所干扰。2015 年，代尔夫特大学团队首先报告了已完成无漏洞实验，他们测量了两个电子的纠缠，每个电子捕获在金刚石点阵的空位中，它们相隔 1.3 km。现今人们普遍认同，这些实验结果排除了局域隐变量理论存活的一切可能性。

量子力学支持粒子间的非局域作用，看来是一个不可避免的事实，并且作为阿斯佩克特实验所显示的，这些作用不受光速限制。然而，指出下述观点是极具价值的，没有任何信号能通过这种方式传输。一位监控 PA2 的物理学家能够设定偏振方向，而对于每个进入 PA2 的蓝色光子，总存在 $\frac{1}{2}$ 概率是垂直偏振，$\frac{1}{2}$ 概率是水平偏振。这绝对没有提供关于 PA1 的定向，或者绿色光子偏振任何信息，无论什么样的信息都没有。仅当 PA1 和 PA2 两者的结果被带到一起并比较的时候，这些统计结果之间的关联才会体现。由此可知，尽管我们对这些实验结果感到震惊，但它们并没有提供由某种原因引起的超光速相互作用任何证据。进一步而言，假如在 PA1 和 PA2 上的测量有一个类空间隔，那么在一些参考系中，PA2 上的测量将发生在 PA1 上测量之前。在这样的参考系中，结果有着很不相同的解释，但是这并不产生任何不自洽。这样的话，我们将在 PA2 上的测量解释为波函数的坍缩，而在 PA1 上的测量解释为作用在因而发生的本征态上。

量子纠缠已经是量子密码学这样一种新技术的基础，而且它还提供了诸如量子计算机那样的进一步创新的希望，当然那些值得考虑的技术障碍仍然有待于我们去克服。

这些量子神秘性本质上源于波与粒子的二重性。对于诸如电子、光子或中微子这样我们感兴趣的实体，在一些场合它们像波，而在另一些场合它们又像粒子。它们究竟是什么呢？粒子经常被处理成类点的，但这不能完全当真，因为类点粒子是高度奇性的。也许，更好地描述粒子会给围绕量子力学诠释的争议问题一种说明。

15.2　点 粒 子 问 题

一个粒子的理想经典图像是一个几何点,它在时空中描画出一条世界线。这导致了包括牛顿运动定律和爱因斯坦弯曲时空中粒子运动的测地方程在内的运动微分方程。这些方程业已建立。LHC 也已探明大约下至 10^{-18} m 的距离上,标准模型的基本粒子显得像是类点的。然而,一个粒子有着有限质量并经常载有非零电荷,倘若粒子名副其实地是类点的,那么就意味着存在无限的质量密度,无限的电荷密度以及无限的静电能。若要计及粒子发出的辐射,准确且自洽地确定类点粒子的经典运动也是不可能的。我们由此而考虑粒子的类点本质,只不过是在粒子间距离比它的尺寸大得多情况下的一种理想化状态罢了。

在标准非相对论性量子力学中,保留了粒子的类点模型。波函数的模方 $|\psi(x)|^2$,决定了发现粒子位于 x 的概率。$\psi(x)$ 通常是光滑且延展的,但粒子本身并非如此。至少在某个初始时刻,可以假定粒子依然是类点的,而波函数能够任意收窄形成高峰,这意味着位置不确定性可以忽略。此后,按照薛定谔方程演化,波函数将变得很宽。这是由于不确定性原理的缘故。一个精确局域化的粒子,将有一个大的动量不确定性,所以启发我们想到粒子将从初始位置向各方迅速运动,位置概率密度也由此迅速延展开来。

在量子力学中,类点模型必须再次认作是一种理想化方式,仅仅是近似正确的。在结合量子力学与相对论的量子场论中,关于粒子能有多小,存在一种真实的极限,尽管它的含义并不是非常确切。整个想法如下,倘若粒子是过分高度局域化,那么对于大动量有不可忽略的概率,从而它的动能比静质量大得多。这个能量将作为新粒子,或者粒子-反粒子对出现,面对着可得到的多个粒子,我们不再知道,究竟哪一个是原来的粒子。假设粒子局域于 L 距离内,那么动量至少是 $\dfrac{2\pi\hbar}{L}$。相对论的能量-动量关系为 $E^2 = p^2 + m^2$,当 p 是 m 阶时,粒子数开始变得不确定。这发生于 $\dfrac{2\pi\hbar}{L}$ 是 m 阶时,或者等价地,L 是 $\dfrac{2\pi\hbar}{m}$ 阶时。为了这个缘由,$\dfrac{2\pi\hbar}{m}$ 称作质量为 m 粒子的康普顿波长,希望粒子能局域于比康普顿波长更小的半径之内,是一种不切合实际的想法。质子的康普顿波长大约是 $1\,\mathrm{fm}(10^{-15}\,\mathrm{m})$,电子的康普顿波长是它的 1 836 倍,在 10^{-12} m 量级。两者皆比原子半径小得多。

这些论证给出了粒子能有多小的制约,但是对于粒子内部结构,或者准确尺寸,它们没有给出任何深入的见解。在电子的康普顿长度上,流行理解是它没有内禀结构。事实上,在下至 10^{-18} m 的尺度上,实验没有探测到电子的任何空间结构。类似地,单个夸克也没有显露出亚结构。另一方面,质子由 3 个夸克构成。在简单模型中,夸克的一个空间波函数给出的质子内禀尺寸,几乎与它的康普顿波长相同。

物理学家迄今仍未得到基本粒子最终结构的确信图像。倘若人们仅依赖于量子不确定性和无穷尽的较小亚单元解释,这样的论证不会使所有的人都满意的。我们将在下面另辟蹊径，利用非线性场论进行研究。类似于克莱因-戈登理论的一种非线性场论，可以作为非定域波的基础理论。在它的量子理论中，存在服从 $E^2 = p^2 + m^2$ 的态，由此可以推定有质量为 m 的粒子。另一方面，非线性场论经常会有更多的局域解，甚至在它们量子化之前就是类粒子的。这些解称作孤子（或称作孤立子），它们不是类点的。它们提供了基本粒子一种截然不同的模型。

15.2.1 孤子

在场论中，我们已经考虑了激发，它们像沿着绳索或弹性介质的波那样。仅当波量子化完成时，我们发现了粒子态。孤子与此不同，它们起源于经典场方程的类粒子解。孤子的一种合适的类比是麦比乌斯带中的扭折。孤子不是类点的，而是内在局域与光滑的，并具有一个依赖于理论参数的尺寸。它的经典能量看成是一个粒子的静质量。当场论进行量子化，孤子的性质并未受到多大影响。

我们将首先考虑正弦-戈登孤子。这是 1 维空间的孤子，所以它不是一个真实的物理粒子。然而，在数学上它提供了一种优雅的模型，供经典和量子理论进行详细分析。这个模型的名字用了英语"sine"与"Klein"发音相近谐用双关语。我们将讨论的第二个孤子是 3 维空间的斯凯尔米子。这是一种对于质子或中子具有物理兴趣的真实模型，尽管并不认为这是与 QCD 那样的基本理论。

存在多种其他类型的孤子。具有非零磁荷与孤子性质的磁单极子，便是一个例子。在麦克斯韦理论中，粒子不可能带有磁荷，若非如此便相悖于方程 $\nabla \cdot B = 0$，但是它们出现在更为复杂的杨-米尔斯理论中，其中麦克斯韦方程被组合到其他场方程中去了。标准模型本身不含单极子，这对于迄今尚未观测到磁单极子来说，或许是幸运的。孤子也存在于经典波语境中，包括水波和光纤波。在多体量子系统中，例如磁材料允许斯凯尔米子的类似物，新近文献将这些客体称作斯凯尔米子，但它们并不是基本粒子。[①]

正弦-戈登场论是一种具有特殊相互作用项的克莱因-戈登理论的 1 维版本。在 2 维时空中，理论是洛伦兹不变的。它有单个实标量场 $\phi(x, t)$ 的拉格朗日量，导出的正弦-戈登场方程为

$$\frac{\partial^2 \phi}{\partial t^2} - \frac{\partial^2 \phi}{\partial x^2} + \sin \phi = 0 。 \tag{15.4}$$

（选定时间与能量单位，使方程取最简形式。）$\sin \phi$ 相互作用项赋予模型名字。如果对小 ϕ 展开，正弦-戈登方程变为

---

① 译者注：作者关于磁单极子的论述不够严谨。严格地说，麦克斯韦理论中不存在孤子型磁单极解，但是大统一模型存在孤子型磁单极解。通过对称性自发破缺，大统一模型破缺成标准模型，从而不能说标准模型排斥孤子型磁单极解。事实上，磁单极的理论研究已有悠久的历史。1931 年，狄拉克在 Proc.Roy.Soc.A133,60 一文中构建了麦克斯韦理论的磁单极解，但它不是孤子型解；1974 年，特霍夫特在 Nucl.Phys.B79,276 一文和玻利雅可夫在 JETP Lett.20,194 一文中，分别构建了 SU(2) 规范理论的孤子型单极子解；1984 年，李新洲、汪克林和张鉴祖在 Phys.Lett.B140,209 一文中，构建了 SO(10) 大统一理论中的孤子型磁单极子解。

$$\frac{\partial^2 \phi}{\partial t^2} - \frac{\partial^2 \phi}{\partial x^2} + \phi - \frac{1}{6}\phi^3 + \cdots = 0 \tag{15.5}$$

(15.5)式中的 ϕ 项给出了场的质量,作为已在第 12 章所讨论的,ϕ^3 项生成的相互作用可以用费曼顶角图来表示。

回想我们关于希格斯机制的讨论,场论的真空不是一定要唯一的。在正弦-戈登理论中,真空能由满足场方程的任一稳定而均匀的场相构建。$\phi = 0$ 是一个真空解,但是当 N 为正或负的整数时,$\phi = 2\pi N$ 也是真空解。

正弦-戈登方程存在大量依赖于时间的类波解,值得注意的是,这些类波解中有无穷多个能写成解析形式。不过我们在这里感兴趣的是孤子解。这是一个局域稳定的有限能解,在空间朝左或朝右存在着无限多个不同的真空。假设一个定态场满足下式,

$$\frac{\mathrm{d}\phi}{\mathrm{d}x} = 2\sin\frac{1}{2}\phi \tag{15.6}$$

那么,我们有

$$\begin{aligned}
\frac{\mathrm{d}^2\phi}{\mathrm{d}x^2} &= \left(\cos\frac{1}{2}\phi\right)\frac{\mathrm{d}\phi}{\mathrm{d}x} \\
&= 2\cos\frac{1}{2}\phi\sin\frac{1}{2}\phi \\
&= \sin\phi
\end{aligned} \tag{15.7}$$

所以它满足正弦-戈登方程。(15.6)式是一个易解的一阶方程,它的解是 $\log\tan\frac{1}{4}\phi = x$,或者等价地写成

$$\phi(x) = 4\tan^{-1}(\mathrm{e}^x) \tag{15.8}$$

这个孤子解显示在图 15.3 中。

孤子的场变量 ϕ 有着一个单位卷绕数。当 $x \to -\infty$ 时,$\mathrm{e}^x \to 0$,而我们可以选择 $\tan^{-1}(\mathrm{e}^x)$ 的值,以便 $\phi \to 0$。当 $x \to \infty$ 时,$\mathrm{e}^x \to \infty$,而 $\tan^{-1}(\mathrm{e}^x) \to \frac{1}{2}\pi$,从而 $\phi \to 2\pi$。在空间坐标轴的两个端点,孤子都趋于真空,然而存在一种非平庸的、无法去除的拓扑特性,我们称其为单位卷绕数,产生于 ϕ 沿着坐标轴会增加 2π。由此原因,正弦-戈登孤子是一个拓扑孤子的例子。

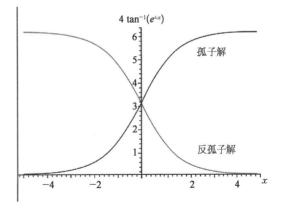

图 15.3 1 维正弦-戈登方程的孤子解和反孤子解

人们通常将正弦-戈登场看作是一个角变量。在这种意义上,我们所讨论过的真空,实际上是不可区分的。由于 ϕ 移动 2π 没有物理意义,结果真空仍是那个。然而,孤子还

存在着一个卷绕数，像一个完全环行的钟锤，并且它不会连续变形到一个常数真空解。

正弦-戈登孤子的特征是光滑且宽度有限。它有几种变体。我们能够向左或右移动孤子，只对应于选取(15.6)式的积分常数。我们也能用任意一个小于光速的速度 v，洛伦兹推动孤子，这样(15.4)的解为

$$\phi(x, t) = 4\tan^{-1}(\mathrm{e}^{\gamma(x-vt)}), \tag{15.9}$$

其中通常相对论中的伽马因子 $\gamma = (1-v^2)^{-\frac{1}{2}}$。我们也能计算孤子的场能量和动量。静态孤子的能量 $E=8$，而当它运动时，它的相对论性能量 $E=8\gamma$ 和动量 $p=8\gamma v$。从而允许我们解释孤子是静质量为 8 的粒子。

具有相反符号的方程 $\dfrac{\mathrm{d}\phi}{\mathrm{d}x} = -2\sin\dfrac{1}{2}\phi$，也蕴涵着 $\dfrac{\mathrm{d}^2\phi}{\mathrm{d}x^2} = \sin\phi$，这个解具有负单位的卷绕数，它是一个反孤子解，能量与孤子解相同。孤子与反孤子解，两者都示意于图 15.3 中。

正弦-戈登孤子是一种新类型的粒子，但是在真空 $\phi=0$ 附近的量子化波，引起理论中也存在基本的标量粒子。由于线性场的质量参数为 1，这些标量粒子的质量为 $\hbar$，如果在我们的单位中 $\hbar$ 是小的话，它们比孤子质量 8 轻得多。两种质量都要求进一步的量子修正，倘若 $\hbar$ 是小的，修正也是小的。孤子不仅较重，而且卷绕数使它有着一种拓扑稳定性，从而它不会衰变到一个较轻的粒子集。

关于正弦-戈登理论和它的孤子，已有大量深入的研究，人们已构造出多重卷绕数的经典解，尽管这些解中并没有静态解。这些解对应于相互作用中的多个孤子，人们可以算出孤子之间的力，也可以计算孤子的经典与量子散射。反孤子的量子行为可以将它看成是孤子的反粒子，而且还存在孤子与反孤子的束缚态，后者提供了一种没有卷绕数、质量为 $\hbar$ 的基本标量粒子的定域图像。

15.2.2　斯凯尔米子

斯凯尔米子是一种更接近现实的孤子，因为它发生在 3 维空间的理论中。该理论是托尼·斯凯尔米大约在 1960 年提出的。它发展了介子和核子的汤川理论。基本场是 3 个标量 π 子场，但对于核子并不存在明确的狄拉克场。斯凯尔米的想法是，用非线性方式结合 π 子场，为一个具有卷绕数而拓扑稳定的孤子留下余地。正弦-戈登场是一种在圆周上取值的角度场，斯凯尔米场与此类似，它在 3 维球面上取值。这可以引入 4 个场 σ，π_1，π_2，π_3 以及下述约束来实现，

$$\sigma^2 + \pi_1^2 + \pi_2^2 + \pi_3^2 = 1 \tag{15.10}$$

可以局部地消去 σ，而物理场是 π_1，π_2，π_3，它们密切相关于 π 子，π^-，π^0，π^+。

$\sigma=1$ 是真空解，这时 π 子场在时空各处都为零。此外，在真空附近存在着类波解，其中 π 子场在各处的强度都很小，而 σ 接近于 1。量子化这些拓扑平庸的波场，给出了自旋为零的 π 子及其强相互作用的颇为真实的模型。如有需要，电磁与弱作用效应可以添加

到理论之中。

　　在这个理论中,最令人感兴趣的是经典解斯凯尔米子,它是一种静态孤子。在空间所有方向的无穷远处,斯凯尔米子趋向于真实,而围绕在某个中心点,场完全卷绕着由(15.10)式定义的 3 维球面。斯凯尔米子示意于图 15.4 中。箭头标志 π 子场作为一个矢量 (π_1, π_2, π_3) 的值,σ 场在无穷远处趋向于 1,但在斯凯尔米子中心取值为 -1。单位卷绕数意味着,在这个理论中斯凯尔米子是绝对稳定的,不会衰变到 π 子波。

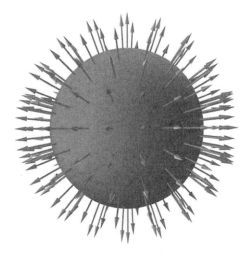

图 15.4　斯凯尔米子

　　具有多重卷绕数的静态和动力学的解也已得到。卷绕数恒同于重子数,是斯凯尔米的伟大想法。重子数守恒是一条自然定律,却难以从其他基本办法中理解。在斯凯尔米模型中,它是一条拓扑守恒定律。

　　斯凯尔米理论并不像正弦-戈登理论那样好理解。它的低能唯象研究是非常有趣的,近似的定量结果已被计算,但是归根结底,在比斯凯尔米子尺度更小的长度上,斯凯尔米模型的物理实在性,将被 QCD 所替代。从经典的角度来看,B＝1 的斯凯尔米子能绕着任何一根通过中心的轴旋转。由于拓扑的理由,转动斯凯尔米子的低能量子态有自旋 $\frac{1}{2}$。由于 π 子矢量与斯凯尔米子一起以确定方向转动,也存在着同位旋 $\frac{1}{2}$ 的态。因此,总共存在斯凯尔米子的 4 种基本量子态,每一种的重子数都为 1,并基本具有相等的能量。4 种态中的 2 种表示自旋向上或向下的质子,其余 2 种表示自旋向上或向下的中子。具有自旋 $\frac{3}{2}$ 和同位旋 $\frac{3}{2}$ 的高能态表示 Δ 共振态 Δ^{++}, Δ^{+}, Δ^{0} 和 Δ^{-}。也存在相对卷绕数的反斯凯尔米子,它们表示反重子。

　　值得注意的是,从一个具有 3 个标量场的场论,我们得到了两种不同类型的粒子,π子和核子,而且虽然粒子具有 $\frac{1}{2}$ 自旋,却并不需要一个基本的狄拉克方程。相互作用导致拓扑孤子的这种可能性,是量子场论的一个迷人的方面。

　　正如在正弦-戈登理论中所做的那样,在斯凯尔米理论中,除了单位重子数的静态孤子外,人们还能构造出多得多的解,但是这些解都要借助于数值计算。这些解包括具有多重子数 B 的斯凯尔米子束缚相,它可以用来作为核模型。斯凯尔米子的量子态可以描写核的基态,也可以描写某些激发态。在这里斯凯尔米子的有限尺寸,有一个重要的效应。在核中的质子和中子,通常处理作为具有强排斥力的点粒子,它们至少保持 1 飞米的分离距离。在斯凯尔米理论中,排斥力是自动出现的,而当斯凯尔米子相互靠近时,它们显著形变。作为图 11.9 所示,接触的黄球和红球表示质子和中子,斯凯尔米子给出了一种与熟悉的那种不同的图像。

概括地说，粒子的孤子模型有指望成为粒子的正统量子场论模型的另类理论。它们依仗于非线性相互作用这样一种基本方法，它们的稳定性求助于理论的某种拓扑结构，而从费曼图识别场方程的性质并非易事。除了描述粒子如何相互作用和散射之外，孤子范式也提供了粒子内部结构的统一模型，如图 15.3 和图 15.4 所示。孤子模型也有它的局限性。利用斯凯尔米子，我们仅有一种质子和中子的近似模型，而且也没有电子与其他轻子的成功孤子模型。迄今为止，轻子是完全无结构的。

我们必须暂时离开对于粒子具有有限尺寸的疑虑，回到标准模型，这是已有的最出色的粒子物理理论。

15.3　标准模型的评论

令人叹为观止的是，除了引力物理，所有本质上相关于电磁、弱和强相互作用的全部物理现象，都被标准模型这单一自洽理论所囊括了。此外，理论能产生详尽的定量预言，每个实验总是完美地符合于预言，在一些情形预言还异乎寻常的准确。然而，标准模型当然不是粒子物理的最终话语。

标准模型包含了大量自由参数，不能用当前理论计算，反而需要实验测量后，作为对理论的输入。它们是 12 个基本费米子的质量，一起还有 W，Z 和希格斯玻色子的质量。还有在弱相互作用中用来控制夸克味混合的 CKM 矩阵的 3 个角和相位，类似用来控制中微子味混合的 PMNS 矩阵的 3 个角和相位。最后，还有电磁和强两种相互作用的耦合程度，而弱相互作用耦合程度可用 W，Z 质量与电磁相互作用强度导出。总而言之，这 15 种质量，8 个混合参数和 2 个耦合强度，给出了整整 25 个参数，理论未能予以解释。

我们也不能解释标准模型为何取这种形式。理论所交换的玻色子反映了对称性构成了相互作用的基础。弱力的对称群是 SU(2)，色力的对称群是 SU(3)。正是这个 SU(3)对称群确定了，存在中介力的 8 个胶子。但是，为何是 SU(2)和 SU(3)，而不是其他的对称群？对于标准模型的其他方面，同样可以提出问题。为何只有三代物质粒子？为何只有左手粒子才能进行弱相互作用？为何希格斯势要取目前的形式，使它恰好自发破缺弱电对称性？

如何才能构建出一种比标准模型更好的模型，去解决这些问题？答案至今无人知晓，但在接下去的几节中，我们将浏览一些可能给出答案的途径。

15.4　拓扑和标准模型

宇宙存在着许多重要特征，解释它们是对我们智力的一种挑战。这些特征包括存在大量的暗物质和物质-反物质的不对称性。在第 14 章中，我们已讨论过暗物质存在的证据。我们现在考虑物质-反物质不对称性所隐含的物理内容。我们定义重子数 B，使得质子和中子的重子数 B＝1，而反质子和反中子的重子数 B＝－1。在通常的标准模型相互作用中，重子数是守恒的，所以我们期待宇宙会有同等数量的物质与反物质存在。倘若宇宙存在反物质为主的区域，那么在物质为主区域和反物质为主区域的交界处，必定会发生物质与反物质的湮灭，从而发射出 γ 射线。这将导致高能 γ 辐射背景，不过人们从来没有观测到这样的背景。所以，我们坚信无疑所有可观测宇宙是以物质为主的。

在 1967 年，安德烈·萨哈罗夫假设宇宙开始于 B＝0 的状态，后来演化到重子数 B＞0 的状态，这正是我们现在所看到的状态。要实现这样的演化，萨哈罗夫列出了三个必要条件。第一，宇宙必须处于热平衡之外，否则向前与向后的反应率相等，没有什么能改变，B 依旧为零。这一点不难实现，想象最早时刻的宇宙，膨胀极为迅速，所以并不处在热平衡状态。第二，必须存在破坏重子数守恒的相互作用。第三，必须破坏 C 和 CP 对称性，否则对于每个产生额外重子的过程，将存在一个产生额外反重子的对应过程。在标准模型中，我们已知弱作用的 C 和 P 几乎是最大破坏的，CP 也破坏，不过效应小得多，很可能不足以解释观测到的宇宙的物质-反物质不对称性。在超越标准模型的物理中，可以要求包含较强的 CP 破坏机制。

值得注意的是，重子数守恒的破坏也可在标准模型的框架内实现，尽管这仰仗于一种非平庸拓扑的过程，这种过程尚未在加速器实验中看到。由于对称群 SU(2) 和 SU(3) 以及希格斯机制作用的方式，标准模型存在某种拓扑结构。它不是孤子，而是一种带有拓扑意义的不稳定静态解，称作兀立子（sphaleron）。兀立子是一个光滑而局域化的场相，坐落在场位形能量分布图的山峦上。由于在一个特殊方向及反方向，它的能量将下降，而在其他任何方向能量增加，所以它是不稳定的。〔译者注：在诸如 SU(2)，SU(3) 这样的非阿贝尔规范理论中，存在无穷多个被势垒分隔的经典退化基态。这些经典真空可用卷绕数 $n=0, \pm 1, \pm 2, \cdots$ 标记。从这种观点出发，标准模型也具有不同的经典真空以及拓扑特征。对于弱电对称群 SU(2)，这些不同的真空可具有非零的重子数。1976 年，特霍夫特指出，穿透不同真空之间的势垒，对应于破坏重子数守恒。不过，对这些过程的估计，破坏重子数守恒的反应截面，小得难以置信，$\sigma \approx 10^{-129}$ pb。倘若兀立子真实存在，将会极大地提高这些反应截面。场论中稳定的局域化场相称孤立子，不稳定局域化场相称兀立子。〕

直接考虑 SU(2) 规范场和希格斯场，存在着这样一种通道，经过兀立子山上的真空而在另一边下降到又一个真空，这种迁移将改变费米子的态，一些费米子产生了，另一些费米子消失了。这是在于规范场和希格斯场拓扑与每种费米子的狄拉克海发生了相互作用的缘故。狄拉克海的行为很像一家"无限的宾馆"。这家宾馆的房间编号为 1，2，3，…直至无穷，所有房间均已入住。当另一位客人也要求入住时，经理要求所有客人搬进下一个房号的房间。他们确实能够这样做，于是 1 号房间便成了空房，让新客人入住。

类似地，从真空经过兀立子到真空的通道，在某种费米子的狄拉克海中产生了空位，这是因为往下推了所有能级的缘故。在狄拉克海中产生的空穴，将被作为反粒子观测

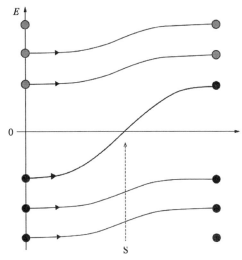

图 15.5 由兀立子中介的大型费米子粒子的产生。在兀立子背景 S 中，费米子具有零能态

到。如走相反的路径，费米子的负能级逐个上升，直至产生一个正能态，示例于图 15.5。这是作为一个正粒子而被观测到。净效应是产生了一些粒子和反粒子。它们可以不是同一种类型，实际上标准模型的每一代费米子中的三种夸克和一种轻子都能产生。这样总共产生 3 个重子和 3 个轻子，重子数和轻子数各改变 3，但是 B−L 不变，电荷也不会有净改变。对于产生反重子和反轻子的逆过程比率，由于 CP 破坏，所以有轻微的差别。所以在随机过程中，会倾向于产生物质多于反物质。产生费米子的过程要求能量，不过它是小的，无法与短暂产生一个兀立子和翻越它的山峦的能量相比。

可以计算出兀立子的能量，使我们知道在 9 TeV 处发现它，与 W, Z 和希格斯粒子这一组粒子相比，这个能量大约是 100 倍。它恰好在 LHC 的质子-质子对撞机能达到的范围之内，不过人们相信，在这个能量附近的兀立子产生和衰变率小得难以观测，因为这些碰撞并不以一种相干的方式，产生大量的 W, Z 和希格斯粒子。新近，下述观点已被提出，涉及 2 个能量高于 9 TeV 的夸克碰撞，更有可能形成兀立子中介过程。对于早期宇宙的极高温条件，物理学家们充满信心，兀立子过程更为常见，并伴以某种形式的 CP 破坏，这在一定程度上反映了今天观测到的物质-反物质不对称是如何产生的。

15.5　超越标准模型

在 12.9 节中，我们曾讨论过中微子振荡，电、μ 和 τ 中微子在数百万米的距离上相互转变。位于意大利大萨索山的中微子观测站已经研究了下述可能性，至少存在一种附加的中微子，可与已有的 3 种类型的中微子混合。这种中微子被称为惰性中微子，由于它不能通过弱力或由标准模型所描述的其他过程发生相互作用。

在这些短程中微子振荡实验中，利用了一个铈同位素 ^{144}Ce 的强电中微子源，位于口径中微子实验室（Borexino）的液体闪烁探器几米之内，它被光电倍增管包围。Borexino 的精确的光子到达计时，能够为确定中微子相互作用的位置提供方法。实验设计成在离中微子源的距离上，测量中微子数目的所有变化。对于电中微子与 μ 和 τ 中微子振荡而言，实验系统设计测量值实在太小了，倘若存在某种电中微子数目差额，必定是与第 4 种中微子混合的信号。这个新中微子的质量能从振荡的波长中导出。如果一种惰性中微子以此种方式发现，将是一个重要的突破，是超越标准模型的一种标志，惰性中微子可以在大爆炸之后和今天在暗物质组分中大量形成。

15.5.1　大统一理论

标准模型由弱电模型和 QCD 联合组成,作为第 12 章的描述,它分别考虑了弱电力和色力。弱电模型将电磁力与弱力组合在单个理论之中,依仗希格斯机制,在能量 100 GeV 区域破缺了规范对称性。几乎在标准模型刚建立时,下一步的力统一方案,就顺理成章地提出来了。在 1974 年,谢尔登·格拉肖和霍德华·乔治提出了两步对称性破缺方案。在极端高能时,色力和弱电力是统一的,它们由一个规范场论描述。这样的理论称作为大统一理论(GUT)。在 10^{15} 到 10^{16} GeV 的 GUT 能量标度,第一轮的对称性破缺,产生了色力与弱电力的差异。然后在低得多的能量标度(100 GeV),标准模型的弱电对称性破缺。最简单的理论,也是最先提出来的理论,规范对称群用 SU(5) 描述。

GUT 的矢量玻色子采用单个矩阵,这是一个 5×5 矩阵,具有 24 个独立分量。(译者注:用群表示论的语言,应说成为,规范玻色子是 SU(5) 群的 24 维伴随表示,对应于 SU(5) 群的 24 个生成元。)12 个矢量玻色子属于标准模型的,它们是 8 个胶子,W^+,W^-,Z 和光子。其余 12 个是新的,通常用 X 玻色子和 Y 玻色子来描述。第一轮对称性破缺给出 X 和 Y 玻色子非常大的质量,它们是 GUT 标度的质量。直到弱电破缺标度之前,其余的玻色子仍然是无质量的。所以理论要求希格斯粒子具有一个大统一能量标度的质量矩阵。[①]

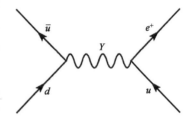

类似地,诸如轻子和夸克这样的物质粒子,也组合进 SU(5) 的多重态,这样就产生了一种有趣而可测试的预言,GUT 的力能够将反轻子转化到夸克,或者将夸克转化到反轻子。在标准模型中,除非通过兀立子过程,这是不可能的。这种相互作用是通过 X 和 Y 玻色子中介,示意于图 15.6。这些相互作用破坏重子数 B 守恒,但是 B−L 再次守恒,其中 L 是轻子数。

图 15.6　虚 Y 玻色子可以中介导致质子衰变的过程 $\left(\text{Y 玻色子的电荷是} +\dfrac{1}{3}\right)$。这个过程的半衰期是 M_Y^4 量级,因此非常长

假如这是正确的,那么质子 duu 将是不稳定的,具有衰变

$$p \rightarrow e^+ + \pi^0。 \tag{15.11}$$

由于 X 和 Y 玻色子很重,以至于相互作用弱得难以相信,所以质子的半反应期非常长。对于原初的 SU(5) GUT,质子寿命估计约为 10^{30} 年。

尽管标准模型的力和粒子非常自然地嵌入到一些较简单的大统一理论中,但是这些模型在理论和实验两方面都遭遇到一些严重问题。例如,质子衰变没有观测到,从超级神冈探测器给出的质子寿命下限为 10^{34} 年,这个结果排斥了诸如 SU(5) 之类的最简单大

---

①　译者注:这句话不够严谨。用群论语言说,希格斯粒子多重态填充了 SU(5) 规范群的 24 维和 5 维表示,希格斯场有非零的真空期待值。24 维表示的期望值是在 GUT 标度,5 维表示的期望值是在弱电能量标度。

统一模型。GUT 同时也预言了存在磁单极子，直到今天也没有观测到它们，反而给早期宇宙学带来了所谓的磁单极问题。

GUT 的动机是统一强、弱和电磁力。倘若能做到这一点，通过强和弱电耦合强度之间建立了关系，它将移走标准模型的未确定参数中的一个，不过所费代价甚高，需要引入众多的新粒子，矢量玻色子、希格斯玻色子和附加费米子，它们的质量并未被理论指明，所以未确定的参数反而大量增加。

由于存在着两轮基于希格斯机制的对称性自发破缺，于是产生了一个严峻的理论问题。我们知道如果存在一种未破缺的规范对称性，那么对应的自旋为 1 粒子必须是无质量的。作为熟知的手征对称性。对于未破缺的规范对称性，如果自旋为 $\frac{1}{2}$ 粒子的左手分量和右手分量带有不同的荷，那么它们也必须是无质量的。至于零自旋粒子，不存在这样的无质量性原理，所以我们期待它们的质量，与理论的自然能量标度相关联。对于 GUT 而言，最适当的标度是 10^{15} GeV，所以在 GUT 中包括标准模型的希格斯玻色子质量标度 125 GeV 是相当神奇的。这就是所谓的 *层次问题*。

已有多种解决层次问题的方案。其中一种方案建议希格斯粒子并不是基本玻色子，而是二个新类型的自旋 $\frac{1}{2}$ 粒子的束缚态。这样的粒子叫做人工夸克，而这样的理论称为人工色。这样的方案利用了类似于 QCD 的未知规范力和类似于 π 子的人工介子类型的希格斯玻色子。然而，为了不明显与现有的实验结果冲突，人工色理论结构要求引入许多新粒子和未定参数，这是一个难以对付的挑战。

层次问题的一种最流行的解决方案，是假定在费米子和玻色子之间存在一种对称性。这种对称性也称作为超对称性，只要理论中含有无质量的自旋 $\frac{1}{2}$ 粒子存在，就保证了无质量自旋为零的粒子存在。就像我们的世界中，含有低质量的自旋 $\frac{1}{2}$ 粒子那样，含有低质量的希格斯玻色子是可能的。在下面，我们将浏览一下超对称性和它的物理蕴涵。

15.5.2　超对称性

多年以来，理论家已被超对称量子场论的魅力深深地迷住了，这是一种具有费米子和玻色子之间对称性的场论。在这类理论中，玻色子和费米子的波模数目相同，蕴涵着这些场的零点能相消。我们已在 12.2.2 节中看到，复标量场的每个波模有 2 个分量，每个分量各有零点能 $\frac{1}{2}\hbar\omega$；而在 12.2.1 节中，我们已证明狄拉克场有 2 个自旋态，含有能量为 $-\hbar\omega$ 的负能量激发态。对于狄拉克场的这些波模，零点能是 $-\frac{1}{2}\hbar\omega$。所以，一个复标量场与一个狄拉克场的零点能之和为零。于是，超对称性极具魅力，它可以作为量子场论的一个绝佳出发点,倘若我们的终极目标要将引力也并合到这类理论中去的话,它显得尤为适宜。

在超对称理论中,费米子和玻色子成双成对,如影随形。例如,电子是费米子,必定有一个伙伴玻色子;光子是玻色子,必定有一个费米子伙伴。已知的基本粒子不能以这种方式相互配对,所以宇宙倘若确实是超对称的,就必定会存在着许许多多的新粒子等待发现。如果超对称性是完美而未破缺的,这些伙伴粒子应有相同的质量,那么他们就早该发现了。所以,如果超对称性在粒子物理中起到某种作用,那么它如同弱电模型一样,必定是自发破缺的。标准模型的最简单扩充,称作为最小超对称标准模型(MSSM)。

理论家已经命名了超对称性理论所预言的新粒子。电子的伙伴称为标电子(selectron)。一般而言,费米子的玻色子伙伴的取名,是在费米子原来名称前加上一个前缀 s,于是中微子的伙伴称作中微子(sneutrino),夸克的伙伴称作标夸克(squark)。在这个构词法中,s 既可理解成标量(scalar),也可以理解成超对称性(super symmetry)。光子的超对称伙伴是个费米子,理论家们称它为光微子(photino)。一般而言,玻色子的超对称伙伴命名法,是在玻色子原来名字后面加上后缀 ino,于是就有了 W 微子,Z 微子,胶微子和希格斯微子这样的一系列新名字。

LHC 正在寻觅这些新粒子的信号。假如超对称性是宇宙的一种真实对称性,那么人们将收获令人振奋的新粒子大丰收,而且它们的发现还将回答宇宙的最大神秘问题中的一个。几乎所有的基本粒子是不稳定的,它们要衰变到较轻的其他粒子。物质由几种稳定的粒子所组成。超对称性极为重要的一个推论是,最轻的超对称伙伴粒子是完全稳定的。期待这种粒子是不带电荷的自旋为 $\frac{1}{2}$ 的粒子,称作中性微子(neutralino)。它应该是光微子、Z 微子和两种中性的希格斯微子联合体中最轻的一个。在宇宙最早期时,它将大量产生,由于它是稳定的,在现在将与过去一样多。于是,中性微子就可以作为暗物质的解释之一。

这些推动物理学超越标准模型的尝试,没有一个是特别强制要求的。倘若以包含未确定参数数目来衡量理论的优雅性,那么诸如 GUT,人工色和超对称性这样的任何一种理论,都至少要求比标准模型增加上百个参数。40 年以来,标准模型依然称王,取得的成功层出不穷。下一步的不可思议之物究竟是什么呢?

15.6　弦　　论

我们已经考虑了一条自下而上的研究路径,用来探索新的基础物理学。与其说这是从标准模型出发,还不如说是构建比标准模型更为复杂的理论。事实上,还存在着一条自上而下抵达标准模型的道路。这些研究的最终目标是发现宇宙唯一自洽的理论,并在低能极限中含有标准模型。弦论是终极理论的第一个严肃的候选者。弦论的目标是囊括宇宙所有的力和粒子。作为弦论的显著特征,它的基本客体不再是零维的点,而是一维的弦。这种看似简单的想法，在最近几十年里，已经取得了大量有趣而意义深远的推论，并且在许多值得关注的方向上，作为理论家们前进的指针。与其认为存在着一大群不同的粒子，不如认为只存在一个基本客体，弦能以多种方式振动，而每种振动的模式表示某种类型的粒子。例如，一种模式可以是电子，另一种可以是夸克，第三种可以是光子。弦论已经产生出令人惊奇的、尚未完全理解的理论，其丰富多彩的程度超过了任何一个人的想像。实验支持是匮乏的，所以无法评判它是否与真实世界相联系。它只是一种关于自然的终极理论的纯粹探索性研究。在丰富得难以置信的理论内容中，我们只能根据自己的偏爱，作一个非常简明的评述。我们要回答的是，弦论是什么？为什么是如此重要？

弦论首次提供了一种自洽的量子引力理论的可能性。广义相对论与量子力学仰仗于不同的基本原理。然而，将引力考虑成一种量子场论时，普遍认为中介引力的是引力子，这是一种无质量的自旋为 2 的粒子。由于引力子来自于引力波的量子激发，所以它们的自旋为 2。引力波有两个不同的四极极化，每一个绕着波矢 **k** 方向转动 180° 是对称的，示意在图 6.13 和图 6.14 之中。

物理学家为了得到自洽的量子引力理论已经奋斗多年，不过迄今仍未成功。问题的症结所在是量子引力位于非常短的长度标度。在量子引力理论的极短距离上，时空几何实际上经历着剧烈的扰动。这使得理论难以确定。我们能估计出引力的量子效应变重要的标度，利用基本常数 $\hbar, G$ 和 c 的组合，就能得到一个具有长度量纲的基本量，称作普朗克长度，$l_p = \sqrt{\dfrac{\hbar G}{c^3}} \approx 1.6 \times 10^{-35}$ m。

弦可以是开的，也可以是闭的。一条开弦是具有两个端点的曲线，一条闭弦是个圈。一条闭弦的变分的基本模等同于无质量自旋为 2 的粒子，即等同于引力子。它的出现意味着弦论包含引力。倘若弦能解释引力，那么期待它们的尺寸在普朗克长度范围是合理的。弦变分的基本模对应于最低质量粒子，而弦的谐波模对应于较大质量的粒子；谐波愈高，粒子的质量愈大。对于普朗克长度的弦，这些谐波引起的粒子质量是普朗克质量 m_p 的倍数，$m_p = \sqrt{\dfrac{\hbar c}{G}} \approx 2.2 \times 10^{-5}$ g，等于 10^{19} GeV，没有比 GUT 的标度超出许多，但仍比 LHC 质子碰撞相关的能量高出 10^{15} 倍。弦激发态组成了一座普朗克质量的状态塔。除非在诸如黑洞中心，或者大爆炸后不久这样的极端环境下，我们并不期待发现这些激发态，但它们与理论的本质是连贯一致的。倘若弦论是正确的，我们所处的日常物理世界是由弦变分的最低模造成的，后者对应于无质量粒子。

由非常短距离所引起的量子引力潜在问题，在弦论中看来是纾缓了。当一条弦在时空中运动，它扫出了一个 2 维的曲面，称作世界叶。弦之间的相互作用也可用类似于点粒子的费曼图来表示。例如，二条闭弦组合成单条闭弦的相互作用，示意于图 15.7 之中。有时称它为裤子图。粒子物理中的相互作用发生在点上，在费曼图中，相关于粒子线相遇的顶角上。在非常短的长度标度上，这就造成了量子场论奇性结果。与此相反，弦论的费曼图是处处光滑的,它导致了好得多的理论行为。当然,这仅仅是在能定义弦的量子理论的前提下,才是正确的结论。

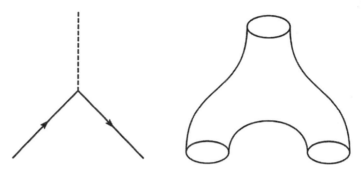

图 15.7　左图:粒子物理中费曼图的顶点;右图:弦理论顶点

当人们试图构建弦的量子理论,就产生了紧致化问题。尽管经典理论可以具备一种特定的对称性,但在理论的量子形式中可能会失去这种对称性。如果发生这种情况,理论就被称作反常。如果失去的对称性是规范对称性,或者洛伦兹不变性,它们是自洽理论必不可少的,那么我们必须认定量子形式在理论上不自洽。人们所考虑的弦论,几乎都会发生这种情形。由于洛伦兹不变性反常而失去对称性。仅仅在时空的临界维数,弦论的量子形式才有可能是反常自由的。在最简单的玻色子弦中,时空的临界维数是 26 维。不过这样的理论只含玻色子,不含自旋 $\frac{1}{2}$ 的粒子,所以它不能作为真正的物理理论的候选者。在既包含玻色子也包含费米子的超对称性弦论中,时空的临界维数是 10 维。它的名字叫超弦,这就意味着它具备描述真实世界中所有粒子和力的全部必要的构成元素。倘若它确实能够解释 4 维时空中的真实物理,那么我们不能正常地感知 6 个额外的空间维数。爱因斯坦告知我们,引力决定了时空的形状。弦理论家们相信以类似的方式,弦场塑造了弦在其中运动的背景时空。这决定了隐藏维数的形状,并且这些额外维数控制了非引力的力应取的形式。这提供基础物理一种潜在的完全几何化。

弦论不是一种简单的引力理论。开弦变分的最低量子化模是一个无质量自旋为 1 的粒子,我们可以将它认作为光子。假如色荷附着在弦的两端,那么理论变得更有兴趣。现在代替表示光子的单个零能模,理论包括若干个无质量的自旋为 1 的粒子,对应于弦的不同荷组合。这些粒子可以认作为胶子。在临界维数时,弦论自动包含一个类似于 QCD 的杨-密尔斯对称性,更准确地说,它包含了一个超对称形式的大统一理论[①]。

与普朗克能量 m_p 比较起来,整个已知物理学是作为一种低能物理学。倘若弦描述已被确认的物理学,那么它必须使用弦的零能态术语。体现在通常的 4 维时空时,超弦的全体零能态,对应于自旋为 0, $\frac{1}{2}$, 1, $\frac{3}{2}$ 和 2 的无质量粒子。唯一的无质量自旋为 2

①　即使在超弦的临界维数,也只有两种反常自由的可能理论,它们是 SO(32) 和 $E_8 \times E_8$ 理论。

的粒子是引力子,它给予我们引力。无质量自旋 $\frac{3}{2}$ 粒子多达 8 种,称作引力微子。一种引力微子是引力子的超对称伙伴,它的出现蕴涵着超弦的低能极限包含了超引力,这是一种超对称形式的量子引力理论。无质量自旋为 1 的粒子是 GUT 中交换力的玻色子。为了描述 GUT 费米子,超弦也包含了无质量自旋 $\frac{1}{2}$ 粒子,从而就包含了标准模型的费米子,超弦还含有无质量自旋为 0 的粒子,这是理论假设包含希格斯粒子所必须的。总而言之,弦论包含了描述低能物理所有的要素。余下的问题是,理论关于额外维的要求又是什么?

紧致化

弦论假定 6 个额外空间维度是紧致化的,这就意味着比起我们所熟悉的宏观空间维度来,它们卷了起来并且小得多。它们是如此微小,以致我们完全觉察不到它们的空间存在。通常假定它们具有可与普朗克长度相比拟的尺寸,对于实验室中的探针,它们的结构实在太小。然而,这些维度卷起来的精确方式,对低能物理来说,是至关重要的。弦能围绕着隐藏维度缠绕自己,这影响到弦的能量以及不同弦态之间的对称性。这意味着隐藏维度将决定粒子加速器中观测到的粒子谱以及非引力的力的本性。找到正确的紧致化,能导致与观测一致的粒子谱,是对弦论学家的挑战。

绝大多数紧致化方案的出发点是假定低能物理存在超对称性。倘若超对称性确实存活,那么 6 个额外维度必须组成为一种超曲面,它被称作卡拉比-丘成桐流形。为了相容于已确认的物理学,理论家们调查了所有可能的卡拉比-丘成桐流形,希望能找到唯一的解。已经发现的一些紧致化方案,使得它们的低能物理学接近于最小超对称标准模型,它不仅具有正确的对称群,还具有正确的费米子代数,不过十分遗憾的是,这样的解层出不穷,远非唯一。6 维卡拉比-丘成桐流形尚未完成分类工作,没有人知道究竟存在多少种这类流形。肯定存在数千种,或许是无限种。弦论学家无法通过解弦方程来决定正确的真空,面对如此多的可能性,如何自然地选择,他们变得束手无策。存在着完整的可能景观体系。事实上,如何自然选择适当真空的问题,被称为景观问题。弦论学家是否永远能够作出物理预言,匹配于实验室测试,人们对此已投下了怀疑的目光。

弦论的一些非特有的预言,可以通过 LHC 来检测。尽管超对称性能够不依赖弦论独立存在,但是一旦 LHC 证实了超对称性的话,就会极大鼓舞了弦论学家,使他们相信他们的探索是正确的,在自然定律的结构中,确实存在着更大的对称性。况且出现超对称性的弦论更为优美,任何超对称性的信号,都将被看作证明了他们的努力方向是正确的。绝大多数的紧致化方案导致了在弱电力与强力之外的额外的力。LHC 的物理学家们将认真探测中介额外力的玻色子。不过,我们重申,倘若弦论不存在,在超越标准模型的粒子物理中,也存在着额外的力,而且额外的空间维度也可以存在于弦论之外。当无与伦比且引人入胜的理论缺乏证据时,就需要实验结果来引导未来的理论工作。

15.7　拓展阅读材料

量子力学诠释的基本议题参见

J. Baggott. *Beyond Measure: Modern Physics, Philosophy and the Meaning of Quantum Mechanics*. Oxford：OUP，2004.

J. S. Bell. *Speakable and Unspeakable in Quantum Mechanics*（2nd ed.）. Cambridge：CUP，2004.

包括斯凯尔米子在内的孤子的数学理论与物理应用，参见

N. Manton and P. Sutcliffe. *Topological Solitions*. Cambridge：CUP，2004.

T. Dauxois and M. Peyrard. *Physics of Solitons*. Cambridge：CUP，2006.

弦论入门，参见

B. Zwiebach. *A First Course in String Theory*. Cambridge：CUP，2004.

图片来源注解

图 1.1,1.4,1.5,2.1,2.2,2.3,2.4—Chris Lau

图 1.2,1.3,1.6,1.7,1.8,1.9,1.10,2.6,2.7,2.8,2.11,2.12,2.14,3.1,3.2,3.3,3.4,3.5,
3.6,3.7,3.9,3.11,3.12,3.13,4.1,4.2,4.3,4.4,5.1,5.2,5.3,5.4,5.5,5.6,5.7,5.8,5.9,
5.10,5.11,5.12,5.13,5.14,5.16,6.1,6.2,6.6,6.7,6.9,6.11,6.13,6.14,8.6,9.3,9.6,9.7,
9.8,9.9,9.11,9.13,9.19,9.20,9.21,9.23,9.24,9.25,9.26,9.29,10.13,10.14,11.9,11.10,
11.11,11.12,11.13,11.18,11.22,11.23,11.26,12.2,12.5,12.6,12.7,12.8,12.9,12.10,
12.11,12.13,12.14,12.18,12.19,12.20,12.21,12.22,12.23,12.24,12.25,13.1,13.6,
13.10,13.12,14.2,15.4,15.6,15.7—Nicholas Mee

图 2.5—Pual Nylander,http://www.bugman123.com

图 2.13—NASA/NOAA

图 3.10—John Jenkins, http://www.sparkmuseum.com

图 4.5—ATLAS 实验 © 2016CERN

图 5.17—维基百科—Trammell Hudson,平顶脊建筑鱼眼

图 6.3—维基百科—SVG 版本:K.Aainsqatsi at en.wikipedia,原始 PNG 版本:Stib
at en.wikipedia

图 6.8—ESA/Hubble & NASA

图 6.10—C.Quinzacara and P.Salgado,爱因斯坦-陈-西蒙斯引力的黑洞 arXiv:
1401.1791[gr-qc]

图 6.12—X - ray:NASA /CXC /Univ.of Michigan /R.C.Reis et al.Optical:
NASA/STScI

图 6.15—维基百科—J.M. Weisberg and J.H. Taylor,相对论性脉冲双星 B1913+
16:观察和分析三十年,arXiv:astro-ph/0407149[astro-ph]

图 6.16 —LIGO/Cardiff Uni./C.North(CC - BY - SA)

图 6.17—承蒙 LIGO 科学合作组提供

图 7.1—Eiji Abe, Yanfa Yan and Stephen J.Pennycook,作为集团聚集的准晶体,
Nature Materials 3,759 - 767(2004)

图 8.3—承蒙玻尔档案馆提供

图 8.7—维基百科—Stannered,具有适当干涉模式的双重干涉实验简图

图 9.4—© 2013Todd Helmerstine，chemistry.about.com，sciencenote.org

图 9.10—© 1999 - 2016，Rice University.Creative Commons Attribution 4.0 License

图 9.28—T.-S.Choy，J.Naset，J.Chen，S.Hershfield and C.Stanton，在虚拟真实模型化语言（vrml）中的费米面的数据库，Bulletin of the American Physical Society，APS March meeting 2000，L36.042，http：//www.phys.ufl.edu/fermisurface/

图 9.31—left：K.Doll and N.M.Harrison，Chem.Phys.Lett.317，282（2000）

图 10.4—维基百科- Vulpecula，费米-狄拉克分布的简图

图 10.5—维基百科- Victor Blacus，费米-狄拉克、玻色-爱因斯坦和麦克斯韦-玻尔兹曼统计比较

图 10.8—NIST/JILA/CU-Boulder

图 10.9—原子量子气体，MIT 的 Wolfgang Ketterla 和 Dave Pritchard 小组

图 10.10—E.Generalic

图 10.15—Dave Mogk，均衡教育阶段网站 Science Education Resource Center，Carleton College，Northfield MN

图 11.4—维基百科- Benjamin Bannier，在 A＝50 和 a＝0.5fm 的 Woods-Saxon 势

图 11.6—维基百科-数值来源于 Katharina Lodders（2003），元素的太阳系丰度和凝聚温度，The Astrophysical Journal 591：1220 - 1247.

图 11.19—ITER Organisation

图 12.1—维基百科—Miss MJ，PBS NOVA，费米国家实验室粒子组

图 12.3—L.Alvarez-Gaumeet.al.，量子场引论讲义，arXiv：hep-th/0510040 CERN - PH - TH - 2005 - 147，CERN - PH - TH - 2009 - 257

图 12.4—维基百科—Carl D. Anderson（1933），正电子，Physical Review 43（6）：491 - 494.DOI：10.1103/PhysRev.43.491

图 12.12—F. Halzen and A. D. Martin，夸克和轻子：现代粒子物理简明教程，Wiley 1984

图 12.16—左：Nicholas Mee，右：CERN

图 12.17—Robert G. Arns，中微子探测，Phys. Perspect. 3（2001）314 - 334，Courtesy of the Regents of the University of California，operators of Los Alamos National Laboratory

图 12.26—Phys. Rept. 427（2006）257 - 454。关于 Z 共振的精确电磁测量，The ALEPH Collaboration，the DELPHI Collaboration，the L3 Collaboration，the OPAL Collaboration，the SLD Collaboration，the LEP Electroweak Working Group，the SLD electroweak，heavy flavor groups，arXiv：hep-ex/0509008

图 13.2—维基百科- Michael Perryman，喜帕恰斯卫星：天空中恒星的路径

图 13.3—CSIRO

图 13.7—维基百科- Borb，CNO 循环图

图 13.8—项链和猫眼星云：NASA，ESA，HEIC，and The Hubble Heritage Team

（STScI/AURA）。环状星云和 IC418：NASA and the Hubble Heritage Team（STScI/AURA）。沙漏星云：NASA，R. Sahai，J. Trauger（JPL），and The WFPC2 Science Team。爱斯基摩星云：NASA，A.Fruchter and the ERO Team（STScI）

图 13.14—I. R. Seitenzahl，F. X. Timmes and G. Magkotsios，SN1987A 光曲线修正：放射性核素产生质量的限制，arXiv：1408.5986［astroph.SR］

图 13.15—左：维基百科- ESA/Hubble & NASA，右：ESO/L. Calada，艺术家关于 SN1987 周围环的印象

图 13.16—超新星 1987A 1994 - 2003Hubble Space Telescope - WFPC2 - ACS，NASA and R. Kirshner（哈佛天体物理中心）STScI - PRC04 - 09b

图 13.17—Dina Prialnik

图 13.18—NASA/C210CXC/M. Wciss

图 14.5，14.6—The Millennium - XXL Project，在暗能量宇宙中模拟星系分布

图 14.7，14.8，14.9—Daniel Baumann，暴涨，arXiv：0907.5424［hep-th］TASI - 2009

图 14.10—NASA/WMAP Science Team

图 15.1—*Physics* 8，123，December 16，2015，Copyright（2015）the American Physical Society

术 语 索 引